TECNOLOGIA DE ALIMENTOS

T255	Tecnologia de alimentos / Juan A. Ordoñez Pereda (organizador) ; tradução Fátima Murad. – Porto Alegre : Artmed, 2005. 279 p. ; 25 cm. – (Alimentos de origem animal ; v. 2) ISBN 978-85-363-0431-1 1. Tecnologia de Alimentos – Origem Animal. I. Ordoñez Pereda, Juan A. CDU 664.9

Catalogação na publicação: Mônica Ballejo Canto – CRB 10/1023

Juan A. Ordóñez Pereda
María Isabel Cambero Rodríguez
Leónides Fernández Álvarez
María Luisa García Sanz
Gonzalo D. García de Fernando Minguillón
Lorenzo de la Hoz Perales
María Dolores Selgas Cortecero

TECNOLOGIA DE ALIMENTOS

Vol. 2

Alimentos de Origem Animal

Tradução:
FÁTIMA MURAD

Consultoria, supervisão e revisão técnica desta edição:
ERNA VOGT DE JONG
Doutora em Nutrição Experimental.
Professora do Instituto de Ciência e Tecnologia de Alimentos (ICTA)
da Universidade Federal do Rio Grande do Sul (UFRGS).

Reimpressão 2007

2005

Obra originalmente publicada sob o título
Tecnología de los alimentos — volumen II: alimentos de origen animal
ISBN 84-7738-576-9
Juan A. Ordóñez Pereda (editor), María Isabel Cambero Rodríguez, Leónides Fernández Álvarez, María Luisa García Sanz, Gonzalo D. García de Fernando Minguillón, Lorenzo de la Hoz Perales, María Dolores Selgas Cortecero.
©Editorial Síntesis, S.A., Madrid, Espanha.

Capa:
MÁRIO RÖHNELT

Preparação de original:
CRISTIANE MARQUES MACHADO

Leitura final:
IVANIZA OSCHELSKI DE SOUZA

Supervisão editorial:
CLÁUDIA BITTENCOURT

Editoração e filmes:
WWW.GRAFLINE.COM.BR

A presente edição foi traduzida mediante avaliação da Direção Geral do Livro, Arquivos e Bibliotecas do Ministério de Educação, Cultura e Desporto da Espanha.

Reservados todos os direitos de publicação, em língua portuguesa, à
ARTMED® EDITORA S.A.
Av. Jerônimo de Ornelas, 670 - Santana
90040-340 Porto Alegre RS
Fone (51) 3027-7000 Fax (51) 3027-7070

É proibida a duplicação ou reprodução deste volume, no todo ou em parte, sob quaisquer formas ou por quaisquer meios (eletrônico, mecânico, gravação, fotocópia, distribuição na Web e outros), sem permissão expressa da Editora.

SÃO PAULO
Av. Angélica, 1091 - Higienópolis
01227-100 São Paulo SP
Fone (11) 3665-1100 Fax (11) 3667-1333

SAC 0800 703-3444

IMPRESSO NO BRASIL
PRINTED IN BRAZIL

Prefácio

O presente livro se dirige a todos os alunos das diversas áreas em que se contempla o estudo dos alimentos, como Farmácia, Veterinária, Engenharia Agronômica e Ciência e Tecnologia de Alimentos e, de maneira geral, a qualquer licenciado com conhecimentos gerais de Química, Física, Microbiologia e Bioquímica que esteja interessado em aprofundar-se no conhecimento dos alimentos. Entretanto, os mais beneficiados serão os estudantes de Veterinária, uma vez que, neste livro, se estudam fundamentalmente os alimentos de origem animal. Além disso, todos os técnicos que trabalham na indústria alimentícia encontram nestas páginas boa fonte de informação relacionada com suas atividades.

A obra foi dividida em dois volumes: o primeiro trata dos aspectos bioquímicos dos alimentos, de seus componentes e dos tratamentos tecnológicos que lhes são aplicados habitualmente para a comercialização, e o segundo trata, especificamente, da tecnologia de alimentos de origem animal.

Dado que o estudo do processamento de alimentos requer conhecimentos prévios sobre seus diversos aspectos bioquímicos e microbiológicos específicos, o Volume 1, após um primeiro capítulo dedicado à história, ao conceito e aos objetivos da tecnologia de alimentos, inicia-se com uma série de temas em que se estudam a água, os princípios imediatos, os oligoelementos e as enzimas. A estrutura desses componentes não foi analisada de forma profunda por se considerar que os alunos já devam dispor desses conhecimentos; descrevem-se as propriedades físicas e químicas de interesse e, sobretudo, as propriedades funcionais de todos os componentes mencionados que apresentam relevância quanto à conservação e à elaboração dos alimentos. Além disso, como um dos objetivos da tecnologia de alimentos é prover o consumidor de alimentos nutritivos e apetitosos, incluíram-se as reações desfavoráveis em que esses componentes estão envolvidos e a sensibilidade de alguns deles, sobretudo as vitaminas, diante dos processos tecnológicos.

Outro objetivo da tecnologia de alimentos é a ampliação da vida útil dos alimentos (conservação) e o abastecimento (transformação dos alimentos), de que se ocupa o bloco seguinte, encerrando o Volume 1. Examinam-se os processos aplicados na indústria alimentícia, com a descrição das operações que podem ser utilizadas para a conservação e a transformação dos alimentos. Os conteúdos desses capítulos são válidos, em sua maior parte, tanto para os alimentos de origem animal como vegetal, embora nos mais relevantes se dê maior ênfase aos primeiros.

No Volume 2, específico sobre alimentos de origem animal, descrevem-se os tratamentos aplicados para sua conservação e/ou transformação. Em primeiro lugar, aborda-se o estudo do leite e dos produtos lácteos, com análise pormenorizada de seus componentes e dos microrganismos mais importantes em laticínios; em seguida, descrevem-se os processos de elaboração dos diferentes produtos lácteos, fazendo referência especial aos aspectos tecnológicos particulares de cada um deles. Prossegue-se com as características gerais e sensoriais da carne, sua tecnologia e a de seus produtos derivados. Com o mesmo esquema, estudam-se o pescado e os produtos derivados da pesca. Finalmente, o último capítulo é dedicado ao ovo e aos seus produtos.

O conjunto da obra inclui a análise mais profunda dos aspectos, processos ou operações desenvolvidos recentemente. Assim, por exemplo, no Volume 1, foram descritos sucintamente os tratamentos térmicos, os processos de evaporação e desidratação ou a aplicação de frio, operações bem conhecidas, ao passo que foram analisados com profundidade, entre outros, os fornos de microondas e suas aplicações; os tratamentos de irradiação, como um método físico de conservação menos difundido que a aplicação de calor; a extrusão, ainda em desenvolvimento, mas que já encontrou numerosas aplicações (massas, aperitivos, alcaçuz, gomas de mascar, proteína texturizada, etc.); a separação por membranas, que evoluiu muito nos últimos anos a partir da preparação de membranas com tamanho de poro uniforme, etc. Todavia, em relação aos processos clássicos, incorporaram-se os últimos avanços, por exemplo, a transição vítrea (um conceito físico-químico básico aplicado recentemente aos alimentos, que pode ser de grande utilidade para explicar a estabilidade dos congelados ou a dos produtos desidratados, extrusados, etc.), e introduziram-se as inovações dos equipamentos utilizados em operações clássicas, como o sistema Urschel Comitrol para a redução de tamanho.

Do mesmo modo, no Volume 2, foram analisadas, embora com menos profundidade, a refrigeração da carne e a fabricação de leite condensado ou em pó, e houve maior avanço no estudo das carnes reestruturadas e similares de carne (impulsionados a partir da década de 1970), no surimi e nos concentrados protéicos de pescado (que há pouco alcançaram grande aceitação no mercado ocidental), nos fenômenos bioquímicos da maturação do queijo (cujo conhecimento científico detalhado foi se revelando nos últimos anos) ou no uso de atmosferas modificadas para a ampliação da vida útil da carne (cuja implantação foi possível graças ao desenvolvimento do material plástico, aplicando-se comercialmente às carnes desde a década de 1980).

Esta obra reúne, ao mesmo tempo, os aspectos bioquímicos, microbiológicos, tecnológicos, etc., que permitem o estudo global dos alimentos de origem animal. Com ela, os autores esperam que o leitor compreenda não apenas os fundamentos, mas também os processos tecnológicos utilizados na indústria alimentícia.

Sumário

Capítulo 1   **Características gerais do leite e componentes fundamentais**

Definição, composição e estrutura do leite 13
Lactose 15
    Estrutura 15
    Propriedades físicas 15
    Propriedades químicas 17
    Fermentação 18
    Obtenção 18
    Valor nutritivo na alimentação 18
    Usos industriais 19
    Outros carboidratos 19
Lipídeos 19
    O glóbulo de gordura 19
    Auto-aglutinação 22
    Coalescência 23
    Fusão e cristalização 23
    Principais alterações que afetam os lipídeos 24
    Homogeneização 24
Substâncias nitrogenadas 25
    Proteínas do leite 26
Sais 33
    Distribuição dos sais entre as fases solúvel e coloidal 34
    Oligoelementos 36
Enzimas 36
    Hidrolases 36
    Oxidases 37
    Transferases 37
Vitaminas 37

Capítulo 2   **Microbiologia do leite**

Taxa total, tipo e origem de bactérias do leite cru 41
    Microbiota do interior do úbere 41
    Contaminação externa do leite 42
    Equipamento de ordenha e outros utensílios 42
Coleta, armazenamento e transporte de leite cru 42

Grupos microbianos mais importantes em laticínios e
suas repercussões no leite e em produtos lácteos 43
    Bactérias lácticas 43
    Bactérias esporuladas 45
    Bactérias psicrotróficas 45
    Bactérias de origem fecal 46
    Microrganismos patogênicos 47
    Miscelânea 47

Capítulo 3   **Leites de consumo**

Introdução 49
Leite pasteurizado 49
Leites esterilizados e UHT 50
Leites *concentrados* 55
    Definições 55
    Comportamento dos componentes lácteos durante
       a concentração e a desidratação do leite 56
    Concentração do leite 57
    Leites concentrado e evaporado 58
    Leite condensado 59
    Leite em pó 61
    Leite em pó de dissolução instantânea 62
Provas analíticas para controlar o tratamento térmico
    dos leites 63

Capítulo 4   **Leites fermentados**

Introdução 67
Tipos de leites fermentados 68
    Leites fermentados contendo ácido láctico e álcool 68
    Leites fermentados com bactérias lácticas e mofos 69
    Leites fermentados com bactérias lácticas mesófilas 69
    Leites fermentados com bactérias lácticas termófilas 69
    Produtos lácteos probióticos 72
Tecnologia do iogurte e de outros leites fermentados 73
    Enriquecimento em sólidos lácteos 73
    Filtração, desaeração e homogeneização 74
    Tratamento térmico 75
    Adição do iniciador 75
    Incubação 75
    Resfriamento 76
    Acondicionamento 76
Aspectos microbiológicos e bioquímicos do iogurte
    e de outros leites fermentados 77
    Cultivos iniciadores 77
    Manejo do cultivo iniciador na indústria 78
    Fermentação láctea 79
    Formação de gel 79
    Metabolismo de compostos nitrogenados 80
    Lipólise 80
    Compostos do sabor e do aroma dos leites fermentados ... 80
    Secreção de polissacarídeos 82

Capítulo 5   Queijos

Introdução	85
Definição	85
Processo geral de elaboração do queijo	86
Classificação dos queijos	89
Aspectos microbiológicos da maturação do queijo	90
Aspectos bioquímicos da maturação do queijo e desenvolvimento de seu sabor e aroma	93
Glicólise	93
Proteólise	95
Lipólise	99
Outras reações que dão origem a substâncias aromáticas e sápidas	100
Estudo comparativo da fabricação das variedades de queijos mais características	101
Queijos fundidos	101

Capítulo 6   Nata, manteiga e outros derivados lácteos

Nata	105
Definição e classificação	105
Desnate	105
Condições para um bom desnate	106
Natas de consumo	107
Homogeneização	107
Desacidificação	108
Normalização	108
Manteiga	108
Chegada da nata à central	109
Desaeração	109
Normalização e pasteurização da nata	109
Maturação da nata	109
Batedura da nata	111
Amassadura ou malaxagem da manteiga	114
Salga	115
Acondicionamento da manteiga	115
Processo contínuo	115
Novas tendências	116
Sorvetes	116
Estrutura	116
Componentes	117
Fabricação industrial	118
Fabricação de picolés	118
Sobremesas lácteas	119
Batidas	119
Caseinatos	120
Obtenção	120
Utilização	121
Lactossoro	122
Aproveitamento industrial	122
Utilização dos concentrados de proteínas de lactossoro (CPL)	125

Fermentação dos lactossoros 125

Capítulo 7 **Características gerais da carne e componentes fundamentais**

Estrutura do tecido musculoesquelético 129
Composição da carne 131
    Proteínas 131
    Gorduras 134
    Carboidratos 136
    Outros componentes menores 136
Mudanças *post-mortem* do músculo 137
    Mudanças químicas 137
    Mudanças físicas 138
    Maturação da carne 141
    Processos *post-mortem* anômalos e carnes PSE e DFD 141

Capítulo 8 **Características sensoriais da carne**

Introdução 145
Capacidade de retenção de água 145
    Conteúdo aquoso da carne 145
    Modificações da capacidade de retenção de água 146
    Importância da capacidade de retenção de água da
        carne e de seus produtos 150
    Determinação da capacidade de retenção de água 151
Suculência 152
Cor 153
    Pigmentos básicos da carne 153
    Fatores dos quais depende a cor da carne 154
    Determinação do conteúdo em mioglobina da carne 157
Textura e dureza 157
    Fatores que modificam a dureza da carne 159
    Amaciamento artificial da carne 161
    Determinação objetiva da dureza 163
Odor e sabor 163
    Precursores do sabor e do aroma da carne 164
    Fatores que participam do desenvolvimento do
        sabor e do aroma da carne 166
    Saborizantes, aromatizantes e potencializadores do
        sabor utilizados na indústria cárnea 169
    Particularidades dos métodos de análise de detecção
        e avaliação das substâncias sápidas e aromáticas 170

Capítulo 9 **Conservação da carne mediante a aplicação de frio**

Introdução 173
Refrigeração da carne 174
    Armazenamento da carne refrigerada 175
    Alteração da carne refrigerada 175
    Acondicionamento e armazenamento da carne
        refrigerada a vácuo e em atmosferas modificadas 177

Congelamento da carne 181
    Métodos de congelamento 183
    Armazenamento 184
    Descongelamento 185

Capítulo 10 Produtos cárneos

Introdução 187
Produtos cárneos: conceito e definição 187
Emulsões cárneas 188
    Fatores dos quais depende a estabilidade de uma
        emulsão cárnea 189
Géis cárneos 189
Reações de cura e coadjuvantes 190
    Ingredientes de cura e suas funções 190
Fabricação de produtos cárneos: processos gerais 193
    Ingredientes dos produtos cárneos 193
    Matéria-prima básica 193
    Preparação da mistura 195
    Moldagem dos produtos cárneos: embutidura 195
Características particulares dos processos de elaboração
    dos produtos cárneos 197
    Produtos cárneos frescos 197
    Produtos cárneos crus temperados 197
    Produtos cárneos tratados pelo calor 198
    Embutidos crus curados 199
    Produtos cárneos salgados 202
    Produtos cárneos hipocalóricos e hipossódicos 205
    Cultivos iniciadores 206
Defumação de produtos cárneos 207
Carnes reestruturadas 208
    Composição dos produtos reestruturados 208
    Estrutura e características de um produto reestruturado 209
    Processo de elaboração 211
    Apresentação e comercialização dos produtos
        reestruturados 213
Análogos da carne 213

Capítulo 11 Características gerais do pescado

Introdução 219
Estrutura do corpo 219
Composição química 220
    Proteínas 220
    Aminoácidos 221
    Gordura 221
    Outros componentes menores 223
Alterações *post-mortem* do pescado 225
Estimativa do grau de alteração do pescado 227
    Indicadores sensoriais 227
    Indicadores químicos 228

Capítulo 12 **Conservação do pescado e do marisco mediante a aplicação de frio**

Alteração do pescado 231
Manipulação do pescado a bordo 233
Refrigeração e acondicionamento em atmosferas
   modificadas 234
Congelamento do pescado e do marisco e seu
   armazenamento e descongelamento 236
   Congelamento do pescado e do marisco 236
   Armazenamento 236
   Descongelamento 238

Capítulo 13 **Produtos derivados da pesca**

Salga e/ou dessecação do pescado 241
   Salga 241
   Dessecação 243
Defumação 244
   Defumadores 245
   Tratamento após a defumação 245
Escabeches 246
Conservas e semiconservas 247
Surimi e derivados 249
   Processo de obtenção 249
   Composição química e características do surimi 255
   Produção de surimi e de produtos derivados 256
Concentrados protéicos de pescado (FPC) 259
   FPC de tipo A 259
   FPC de tipo B 260
Concentrado protéico texturizado de músculo de
   pescado (*marinbeef*) 262
Óleos de pescado 262
   Produção e características do óleo de pescado
      corporal 263
   Produção e características do óleo de fígado de
      pescado 264
Aproveitamento das ovas de pescado 264

Capítulo 14 **Ovos e produtos derivados**

Ovos 269
   Estrutura e composição da casca e de suas membranas . 269
   Composição da clara 269
   Composição da gema 272
   Alterações durante o armazenamento dos ovos 273
   Conservação dos ovos íntegros 274
   Estimativa da qualidade dos ovos 274
Produtos derivados do ovo 275
   Propriedades funcionais mais importantes 275
   Fabricação de produtos derivados do ovo 275

CAPÍTULO 1

Características gerais do leite e componentes fundamentais

 Este capítulo aborda a estrutura e a composição do leite e aprofunda-se no estudo das propriedades físico-químicas dos componentes mais importantes (lactose, gordura, proteínas, sais e vitaminas) e na maneira como elas são afetadas pelos processos tecnológicos mais comuns da indústria leiteira.

DEFINIÇÃO, COMPOSIÇÃO E ESTRUTURA DO LEITE

No Primeiro Congresso Internacional para a Repressão de Fraudes realizado em Genebra, em 1908, definiu-se o leite como o produto integral, não alterado nem adulterado e sem colostro, procedente da ordenha higiênica, regular, completa e ininterrupta das fêmeas domésticas saudáveis e bem-alimentadas.

Do ponto de vista biológico, o leite é o produto da secreção das glândulas mamárias de fêmeas mamíferas, cuja função natural é a alimentação dos recém-nascidos.

Do ponto de vista físico-químico, o leite é uma mistura homogênea de grande número de substâncias (lactose, glicerídeos, proteínas, sais, vitaminas, enzimas, etc.), das quais algumas estão em emulsão (a gordura e as substâncias associadas), algumas em suspensão (as caseínas ligadas a sais minerais) e outras em dissolução verdadeira (lactose, vitaminas hidrossolúveis, proteínas do soro, sais, etc.).

Nas tabelas de composição geral, registram-se os valores habituais de gordura, proteínas, carboidratos (quantitativamente este valor é equivalente ao da lactose), cinzas e extrato seco. Às vezes, indica-se também o extrato seco desengordurado, que é o extrato seco sem conteúdo em gordura. Na Tabela 1.1, apresenta-se a composição centesimal dos componentes mencionados. Os valores tabulados são cifras médias que servem apenas para estabelecer comparações entre o leite procedente de umas e outras espécies ou diferenças entre raças.

A gordura é o componente mais variável entre as espécies, alcançando valores extremamente elevados nos mamíferos aquáticos, como na foca. É também o componente que mais varia entre raças; de maneira geral, o conteúdo em gordura é inversamente proporcional à quantidade de leite produzido. Essas diferenças são exemplificadas na Tabela 1.1, com as raças de gado bovino Pardo suíça, Holstein e Jersey. A quantidade de proteínas está relacionada com a velocidade de crescimento do recém-nascido. Assim, os láparos levam apenas duas semanas para dobrar o peso apresentado ao nascer e, conseqüentemente, o leite de coelha é muito mais rico em proteínas. No extremo oposto, encontra-se o leite de mulher: as crianças dobram seu peso de nascimento em cerca de 6 meses. Na lactose, encontram-se igualmente grandes diferenças, como entre o leite de mulher (6,8%) e o de canguru (traços).

Além das diferenças entre as espécies e inter-raciais, existem outras individuais que dependem da idade, fase de lactação e da alimentação, havendo, inclusive, influências sazonais e climáticas. Não vamos nos aprofundar nestes aspectos, visto que correspondem mais à disciplina de Produção Animal. Remete-se o leitor à obra já clássica de Schmidt (1974).

O colostro é o produto da secreção da glândula mamária nos primeiros dias após o parto; sua composição é bastante diferente daquela do leite. No caso particular do colostro de vaca, os diversos componentes mencionados multiplicam-se pelos seguintes fatores: o extrato seco por um fator de 2, a gordura por 1,5, as proteínas por 4, a lactose por 0,5 e as cinzas por 2. Vale destacar que o colostro, em comparação

Tabela 1.1 Composição média do leite de diversas espécies e diferentes raças de gado bovino

		Gordura	Proteína	Lactose	Cinzas	Extrato seco
Mulher		4,5	1,1	6,8	0,2	12,6
Vaca	Parda suíça	4,0	3,6	5,0	0,7	13,3
	Holstein	3,5	3,1	4,9	0,7	12,2
	Jersey	5,5	3,9	4,9	0,7	15,0
Ovelha		6,3	5,5	4,6	0,9	17,3
Cabra		4,1	4,2	4,6	0,8	13,7
Canguru		2,1	6,2	traços	1,2	9,5
Foca		53,2	11,2	2,6	0,7	67,7
Coelha		12,2	10,4	1,8	2,0	26,4

com o leite, contém grandes quantidades de vitamina A; daí a cor ligeiramente amarelada que apresenta.

A disposição das diferentes substâncias do leite no meio aquoso varia dependendo de quais sejam elas.

Se observássemos uma gota de leite no microscópio (Figura 1.1) aumentando pouco (× 5), veríamos apenas um líquido uniforme e bastante turvo, indicando que nem todos os seus componentes estão em dissolução. Ao aumentar a resolução do microscópio (× 500), observaríamos um líquido ainda turvo no qual flutuam pequenas esferas de tamanho heterogêneo; são as gotículas de gordura em suspensão, de diâmetro variável. Se aumentássemos mais a resolução do microscópio (× 50.000), observaríamos um líquido transparente, o soro com as substâncias em dissolução, no qual flutuariam outras pequenas esferas, as micelas de caseína, e pedaços das gotículas de gordura que não caberiam no campo óptico. Essas gotas de gordura recebem o nome de glóbulos de gordura e compõem-se de uma série de substâncias cujas concentrações médias por 100 g de leite são:

- Glóbulo de gordura (interior): glicerídeos, 3,9 g (triglicerídeos, 3,8 g; diglicerídeos, 10 mg e monoglicerídeos, 1 mg); ácidos graxos livres, 2,5 mg; colesterol, 10 mg; carotenóides, 0,04 mg e vitaminas lipossolúveis, 0,2 mg.
- Glóbulo de gordura (membrana): proteínas, 35 mg; fosfolipídeos, 21 mg; cerebrosídeos, 3 mg; colesterol, 1,5 mg e traços de enzimas.

As micelas de caseína, por sua vez, compõem-se (em 100 g de leite) de caseínas, 2,6 g e minerais (cálcio, 80 mg; fosfatos, 95 mg; citratos, 14 mg e outros como Mg, Na, Zn, etc., cuja soma alcança um total de 15 mg).

Finalmente, no soro de 100 g de leite encontram-se: água, 87 g; lactose, 4,6 g; minerais (Ca, 37 mg; Mg, 7,5 mg; K, 134 mg; Na, 46 mg; Cl, 106 mg; fosfatos, 108 mg; sulfatos, 10 mg e bicarbonatos, 10 mg); minerais, traços (Zn, Fe, Cu, etc.);

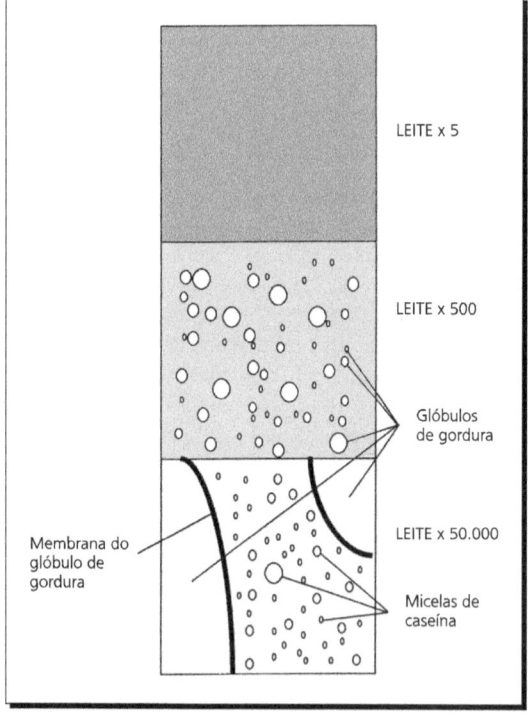

Figura 1.1 Distribuição e tamanho relativo dos componentes do leite.

ácidos orgânicos (citrato, 160 mg; formiato, 4 mg; acetato, 3 mg; lactato, 3 mg; etc.); ar, lipídeos, principalmente polares, traços; vitaminas (complexo B, 20 mg; vitamina C, 2 mg); proteínas (caseínas, traços; β-lactoglobulina, 320 mg; α-lactoalbumina, 120 mg; soroalbumina, 40 mg; imunoglobulinas, 75 mg, e outras, como lactoferrina e transferrina); compostos nitrogenados não-protéicos (uréia, 30 mg; aminoácidos livres, peptídeos, 20 mg, etc.) e numerosas enzimas em quantidades traços.

LACTOSE

A lactose é o único glicídeo livre que existe em quantidades importantes em todos os leites; e também o componente mais abundante, o mais simples e o mais constante em proporção. Costuma encontrar-se em proporções compreendidas entre 45 e 50 g/litro. Sua principal origem está na glicose do sangue; o tecido mamário isomeriza-a em galactose e liga-a a um resto de glicose para formar uma molécula de lactose. O processo é acompanhado da condensação da UDP-galactose com a D-glicose para tornar-se lactose mais UDP em uma reação catalisada pela lactose-sintetase.

A lactose pode ser um fator limitante da produção de leite, visto que as quantidades de leite produzidas na mama dependem das possibilidades de síntese de lactose.

É considerada como o componente mais lábil diante da ação microbiana, pois é um bom substrato para as bactérias, que a transformam em ácido láctico.

Estrutura

Quimicamente, a lactose é um dissacarídeo (342 Da) formado por um resto de D-glicose e outro de D-galactose unidos por uma ligação β-1,4-glicosídica (Figura 1.2).

A lactose aparece em duas formas isoméricas, α e β-lactose, que diferem em suas propriedades físicas (rotação específica, ponto de fusão, higroscopicidade e poder edulcorante fundamentalmente). No leite em pó e nos soros de leite, a lactose encontra-se em estado *amorfo*; é uma forma estável desde que não haja mais de 8% de água, pois nesse caso as moléculas apresentam mobilidade suficiente para orientar-se e poder cristalizar; essa forma de lactose aparece quando se produz desidratação brusca e aumento tão rápido da viscosidade que impede a cristalização; nesse caso, a lactose fica da mesma forma que estava na dissolução.

A lactose amorfa é muito higroscópica, ao passo que nas formas cristalinas caracteriza-se por sua baixa higroscopicidade.

Os três tipos de lactose (amorfa e α e β cristalizadas) podem ser identificadas por difração de raios X, sendo a α-lactose monoidrata a que alcança significado comercial; ela é obtida concentrando a solução em sobressaturação e posterior cristalização abaixo de 94°C. A forma β-anidra cristaliza acima de 94°C.

Propriedades físicas

Neste item, estudam-se as propriedades físicas de maior interesse em Tecnologia de Alimentos.

Poder edulcorante

A lactose tem sabor doce fraco; seu baixo poder edulcorante (6 vezes menor que o da sacarose) é considerado como uma qualidade do ponto de vista dietético, já que torna possíveis as dietas lácteas. Em parte, seu sabor doce é mascarado no leite pelas caseínas.

Cristalização

A cristalização da lactose tem grande importância prática, não apenas porque se obtém esse açúcar mediante sua cristalização, mas também porque pode cristalizar em deter-

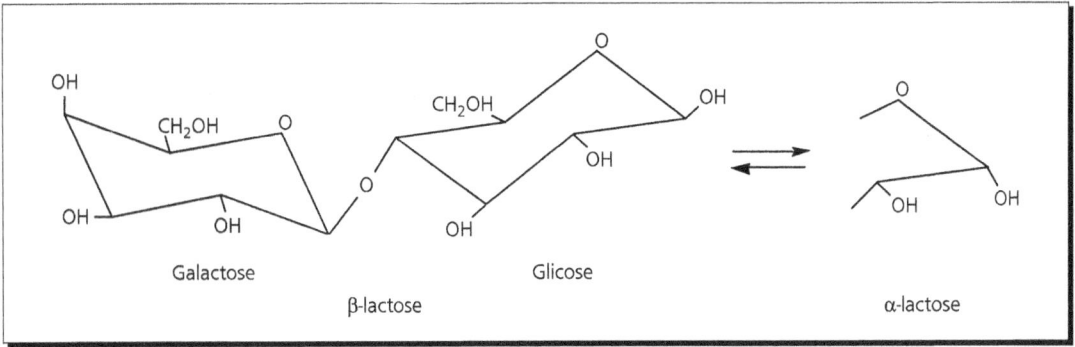

Figura 1.2 Estrutura química da α e β-lactose.

minados produtos lácteos, como no caso dos sorvetes e do leite condensado.

As condições de cristalização influem na forma dos cristais, sendo a lactose um claro exemplo de polimorfismo cristalino. A cristalização forçada e rápida dá lugar a pequenos prismas paralelepipedais, enquanto a cristalização lenta permite observar formas variadas: pirâmides e prismas de grandes dimensões (*tomahawk*) cuja complexidade resulta da velocidade de crescimento, que não é a mesma para as diferentes faces (Figura 1.3).

Em condições normais, a cristalização é um processo lento e traz consigo o aparecimento de grandes cristais em pequena quantidade. Os cristais formados são duros e pouco solúveis e podem ser detectados pelo paladar quando seu tamanho ultrapassa 16 μm.

Algumas substâncias impedem ou atrasam a cristalização ao serem absorvidas nos núcleos de cristalização; esse efeito pode manifestar-se ainda em pequenas doses. Um exemplo é a *riboflavina*, que em concentração de 0,25 mg/100 g impede a cristalização. Os agentes tensoativos exercem efeito semelhante. Além disso, como conseqüência da presença desses inibidores, os cristais de lactose não podem crescer por igual em todas as faces, o que justifica o aumento de sua irregularidade característica.

Mutarrotação

Os açúcares que possuem um ou mais átomos de carbono assimétricos são opticamente ativos, isto é, desviam o plano de polarização da luz polarizada que os atravessa. A rotação é observada e medida com um polarímetro. Cada açúcar tem sua rotação específica e característica, que dependerá de sua concentração, da temperatura e da longitude de onda. A α e a β-lactose diferem em sua rotação específica em água a 20°C: +89,4° e +35° respectivamente.

Quando se encontram em solução, produz-se a transformação de uma forma em outra, até alcançar o equilíbrio; esse fenômeno é acompanhado de mudança da rotação específica, recebendo o nome de mutarrotação.

Quando se alcança o equilíbrio entre as duas formas a 20°C, 37,3% é de α-lactose e 62,7% de β-lactose. Nesse momento, a rotação específica é $(a)^{20°C} = 55,3°$. A relação entre as concentrações dos dois isômeros é conhecida como constante de equilíbrio e corresponde a:

$$62,7/7,3 = 1,68$$

A constante de equilíbrio se modificará com a temperatura, mas não pelo pH; assim, a 100°C, o valor da constante é de 1,36.

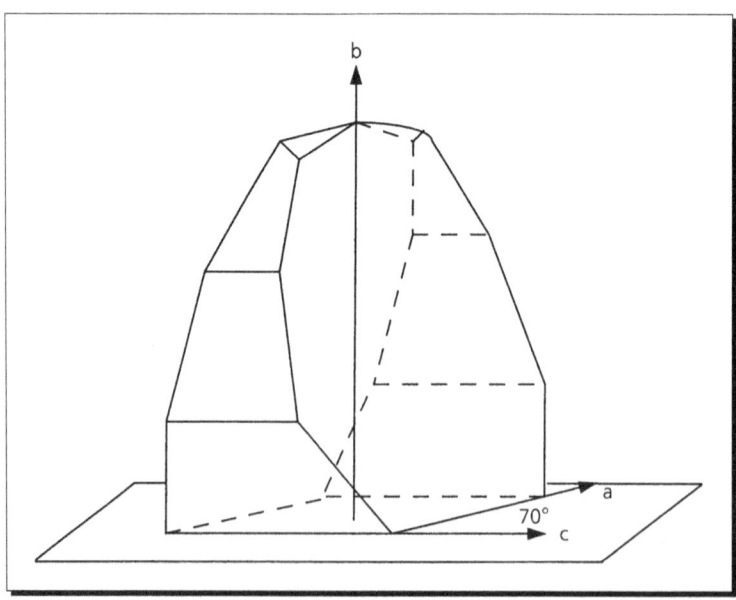

Figura 1.3 Forma característica (*tomahawk*) de um cristal de α-lactose monoidratada.

A mutarrotação manifesta-se, para efeitos práticos, por mudanças na solubilidade.

Solubilidade

Ainda que a solubilidade da lactose seja baixa comparada com a de outros açúcares, as soluções de lactose podem chegar a ficar supersaturadas. Quando se prepara uma solução supersaturada de lactose, aparece uma série de forças que favorecem a formação de cristais. O ponto de supersaturação está diretamente relacionado com os requisitos energéticos (energia de nucleação) necessários para a formação de um cristal.

Entre o ponto em que se atinge a concentração de saturação e o ponto em que se situa essa concentração crítica na qual aparecem os cristais, há uma zona intermediária conhecida com o nome de *zona metaestável de supersaturação*, em que a lactose pode cristalizar em uma forma conhecida como *forçada*, ou seja, incorporando à solução núcleos de cristalização, as moléculas de lactose podem sobrepor-se a eles em camadas concêntricas que chegarão a constituir um cristal. Essa zona metaestável varia com a temperatura, com a velocidade de agitação da solução e, naturalmente, com o nível de impurezas que possam atuar como núcleos de cristalização.

Para demonstrar a existência da zona metaestável, elaboram-se os diagramas de solubilidade ou *curvas de solubilidade*, nos quais se representa a solubilidade da lactose em uma solução a várias temperaturas (Figura 1.4). A primeira curva da esquerda representa a solubilidade inicial da lactose, a seguinte, a solubilidade final, isto é, o ponto em que se alcança o equilíbrio entre os isômeros da lactose; a curva mais à direita representa o limite no qual aparece a cristalização espontânea como conseqüência da imobilização das moléculas e, acima dela, encontra-se uma *área lábil*, na qual a cristalização é inevitável. A área ou zona metaestável situa-se entre a curva de solubilidade final e o limite de supersolubilidade. As áreas destas regiões não estão perfeitamente definidas, mas estima-se que a cristalização forçada aparece em concentrações da ordem de 1,6 vezes a da solubilidade final e a área lábil em concentrações 2,1 vezes a solubilidade final.

Propriedades químicas

A seguir são descritas as propriedades químicas mais importantes deste dissacarídeo.

Propriedades redutoras

Por possuir um grupo aldeído livre, a lactose é um açúcar redutor e, com isso, pode reagir com substâncias nitroge-

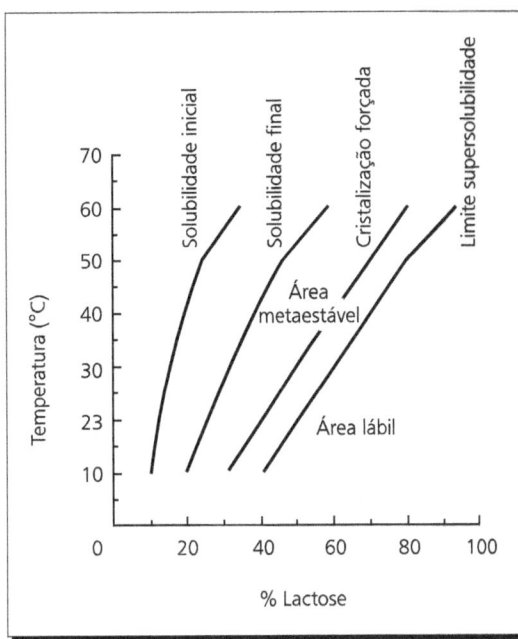

Figura 1.4 Curvas de solubilidade da lactose.

nadas, desencadeando as reações de Maillard e levando à formação de compostos coloridos (melanoidinas), de odores anômalos e à redução do valor nutritivo do leite quando a lactose reage com aminoácidos essenciais, como a lisina e o triptofano. Do ponto de vista técnico é muito importante eliminar o ferro e o cobre, catalisadores da reação de escurecimento não-enzimático, dos materiais que estão em contato com o leite, assim como o emprego de temperaturas baixas e a manutenção de produtos desidratados em atmosferas secas.

Adsorção de substâncias de baixo peso molecular

Essa característica justifica o poder da lactose de fixar aromas. Isso ocorre mediante o estabelecimento de pontes de hidrogênio e ligações do tipo forças de van der Waals entre a lactose e os compostos voláteis de caráter aromático.

Hidrólise

A lactose é um dos açúcares mais estáveis. Sua hidrólise *química* realiza-se em meio ácido e a alta temperatura, utilizando ácidos inorgânicos ou resinas trocadoras de íons. Costumam-se aplicar tratamentos com HCl 1,5 M a 90°C durante 1 hora ou de 150°C com HCl 0,1 M. O rigor desse tratamento apresenta importantes problemas tecnológicos, não sendo, por isso, implementado em nível industrial.

Contudo, a hidrólise *enzimática* da lactose é um processo de grande interesse tecnológico, já que os compostos resultantes são facilmente fermentáveis e absorvidos pelo intestino humano. A β-galactosidase ou lactase é a principal enzima responsável por essa hidrólise. Trata-se de uma oxidase que hidrolisa a ligação β-1, 4-glicosídica e libera glicose e galactose, moléculas que o homem pode absorver com facilidade. A lactase é encontrada em pequenas quantidades no leite, nas glândulas intestinais em nível do jejuno, podendo ser produzida por algumas leveduras, bactérias e mofos: *Kluyveromyces fragilis* e *lactis*, *Aspergillus niger*, *Rhizopus oryzae*, *Bacillus stearothermophilus* e as bactérias lácticas. Esses microrganismos são utilizados em nível industrial para a obtenção desta enzima.

Tem numerosas aplicações industriais, como a preparação de produtos lácteos pobres em lactose para pessoas com deficiências de lactase (problemas de intolerância à lactose), pré-hidrólise de lactose para acelerar a produção de ácido e a maturação do queijo, prevenção da cristalização da lactose em sorvetes e leites concentrados, redução da higroscopicidade em produtos lácteos desidratados e modificação das propriedades funcionais da lactose para aumentar seu uso em produtos lácteos.

Degradação da lactose pelo calor

Durante o tratamento térmico do leite, produz-se a decomposição da lactose, dando lugar a compostos ácidos (ácidos acético, levúlico, fórmico, pirúvico), hidroximetil furfural, aldeídos, alcoóis e redutonas. Estes compostos, por sua vez, são reativos, e podem dar origem a outros compostos coloridos, que fazem aparecer no leite tonalidades escuras diferentes das que aparecem por reação de Maillard.

Um composto que aparece no leite tratado pelo calor é a *lactulose* (galactose + frutose), que pode ser utilizada como indicador de aquecimento do leite. Assim, o conteúdo em lactulose pode diferenciar entre leites pasteurizado e esterilizado. A lactulose é um pouco mais doce e mais solúvel que a lactose; considera-se que estimula o crescimento de *Lactobacillus bifidus*, sendo benéfica, portanto, para dietas infantis. Podem aparecer ainda outros derivados, como o *lactitol*, álcool procedente da redução da lactose a altas pressões, e a *epilactose* (galactose + manose).

Fermentação

São muitos os microrganismos que metabolizam a lactose como substrato e a utilizam, dando lugar a compostos de menor peso molecular. As fermentações que produzem ácido láctico são as mais importantes para a indústria leiteira, mas há outras fermentações (propiônica e butírica) que têm importância igualmente considerável.

A fermentação *láctica* produz-se pela ação das bactérias lácticas homo- e heterofermentativas, sendo acompanhada da formação de ácido láctico (ver Capítulo 5).

$$2\ C_6H_{12}O_6 \rightarrow 4\ CH_3\text{--}CHOH\text{--}COOH$$

A acidificação espontânea é o fenômeno mais comum observado no leite mantido na temperatura ambiente. O leite acidificado tem odor e sabor diferentes dos do ácido láctico puro pelo fato de se formarem também outros compostos, ainda que em pequena quantidade, como diacetil e acetaldeído, alguns dos quais são muito importantes no aroma de certos produtos lácteos, como manteiga e iogurtes.

A fermentação *propiônica* é realizada pela ação das bactérias do gênero *Propionibacterium*, que fermentam o ácido láctico a ácido propiônico, ácido acético, CO_2 e água. Essa fermentação é típica de alguns tipos de queijo (*gruyère*), sendo o processo responsável pelo aparecimento dos *furos* característicos.

A fermentação *butírica* produz-se a partir da lactose ou do ácido láctico com formação de ácido butírico e gás. É característica das bactérias do gênero *Clostridium* e caracteriza-se pelo aparecimento de odores pútridos e desagradáveis.

Algumas leveduras (Sacharomyces e *Cândida*) podem transformar o ácido pirúvico em acetaldeído, que se reduz a etanol por ação da enzima álcool-desidrogenase. Em alguns países utiliza-se esse processo junto com a fermentação para o preparo de bebidas ácidas, espumantes e levemente alcoólicas, como o *kefir* e o *leben*.

Obtenção

A lactose pode ser isolada a partir de qualquer fração aquosa do leite: leite desnatado, soro do leite e soro de manteiga. Em qualquer um deles a lactose apresenta-se em concentração de 40 a 50 g/litro. A principal fonte de lactose é o soro do leite desengordurado, que se clareia e se concentra a uma faixa entre 55 e 65°C. Durante o resfriamento, grande parte da lactose cristaliza; o produto cristalino separa-se em lactose bruta e licor *mãe*. A lactose normal é obtida após sucessivas lavagens, enquanto a de alta qualidade (uso farmacêutico) é obtida por recristalização.

Valor nutritivo na alimentação

A lactose não é apenas uma fonte de energia, possuindo ainda valor nutritivo especial para as crianças. Tradicionalmente, considera-se que a lactose favorece a retenção de Ca, e por isso estimula a ossificação e previne a osteoporose. Atua interagindo com as vilosidades intestinais, sobretudo no nível do íleo, aumentando sua permeabilidade ao cálcio. Portanto, a lactose minimiza, em parte, a deficiência de vitamina D, e sugeriu-se que alto nível de lactose poderia ajudar a combater o raquitismo. Contudo, atualmente atribui-se essa função favorecedora da assimilação do cálcio também aos peptídeos que contêm resíduos de seril-fosfato e que procedem da proteólise das caseínas.

Nos adultos, entretanto, o interesse nutritivo da lactose ainda é visto com reservas em razão dos problemas de intolerância. A origem dessa intolerância encontra-se no déficit de *β-galactosidase* produzida pelas células da mucosa intestinal; nesses casos, a lactose comporta-se como um açúcar de absorção lenta e/ou nula. Os coliformes fermentam-na, produzindo gás, que resulta em flatulência, inflamação, cãibras nas extremidades e, posteriormente, diarréia e desidratação nos casos de intolerância aguda.

No entanto, a lactose não tem efeitos cancerígenos, não forma placa dentária e, no caso dos diabéticos, os níveis de glicemia são a metade dos alcançados com o consumo de glicose. Por isso, o uso de lactose é permitido, no caso dos diabéticos, em torno de 35 a 50 g/dia.

Usos industriais

É tradicionalmente utilizada em alimentos infantis e na elaboração de comprimidos, e considerada como um açúcar de grande importância nas indústrias de elaboração de alimentos.

Em sua forma mais purificada, a lactose converteu-se em excelente excipiente de pastilhas e pílulas. Por isso, existe grande variedade de apresentações de lactose quanto a sua granulação, e hoje se conhece sua estabilidade e condições de armazenamento.

É considerada ainda, uma fonte barata de glicose préhidrólise, mediante enzimas imobilizadas. É adicionada também a sopas, bebidas instantâneas, misturas de especiarias, produtos cárneos e, de maneira geral, a todos os alimentos em que se requeira redução do sabor doce, potencialização do aroma, longa vida útil e preço aceitável.

Outros carboidratos

Além da lactose, existem no leite outros carboidratos, como glicose e galactose livres. Outros carboidratos que podem ser encontrados são os nitrogenados (n-acetil glicosamina e N-acetil-galactosamina), os ácidos (ácidos siálicos) e os neutros (poliosídeos que contêm fucose). Todos eles aparecem em quantidades residuais.

LIPÍDEOS

Em termos gerais, a gordura do leite pode ser definida como o conjunto de substâncias passíveis de serem extraídas pelo método de Röse-Gottlieb, que consiste basicamente em uma extração com éter de petróleo e éter dietílico, ou pelo método de Gerber, que consiste em uma digestão ácida com ácido sulfúrico e posterior centrifugação.

De todos os componentes do leite, a fração que mais varia é formada pelas gorduras, cuja concentração oscila entre 3,2 e 6% (Tabela 1.2). Fundamentalmente, a raça, a época do ano, a zona geográfica e o manejo dos criadores de gado são os fatores que mais influem na concentração lipídica do leite. Apesar das variações podem-se tirar algumas conclusões gerais; assim, os lipídeos apolares constituem em torno de 98,5% do total e os apolares, o restante 1,5%. No que se refere à composição dos ácidos graxos, foram identificados mais de 150, dos quais os majoritários na gordura do leite de vaca são os ácidos mirístico (8 a 15%), palmítico (20 a 32%), esteárico (7 a 15%) e oléico (15 a 30%). Em torno de 60% são saturados, 35% são monoenóicos e 5% polienóicos. Na Tabela 1.3, são apresentados os ácidos graxos majoritários de leites de diferentes origens.

Os triglicerídeos são os componentes majoritários das espécies estudadas, constituindo mais de 95% do total de lipídeos. São sempre acompanhados de pequenas quantidades de di e monoglicerídeos, de colesterol livre e seus ésteres, de ácidos graxos livres e fosfolipídeos, e ainda de glicolipídeos e de outros componentes minoritários, como vitaminas lipossolúveis.

O glóbulo de gordura

A gordura encontra-se dispersa no leite em forma de glóbulos esféricos visíveis no microscópio, com diâmetro de 1,5 a 10 μm (em média, 3-5 μm), dependendo da espécie e das raças dos animais. Na Tabela 1.4, apresenta-se a distribuição dos componentes da gordura láctea dentro e fora do glóbulo de gordura. Os glóbulos são constituídos de um núcleo central que contém a gordura, envolvidos por uma película de natureza lipoprotéica conhecida com o nome de *membrana*.

A *origem* dos glóbulos de gordura situa-se nas vesículas do retículo endoplasmático das células do epitélio mamário, que se carregam de triglicerídeos. Após sua formação, as gotas de gordura vão crescendo ao se unirem umas às outras, migram para a superfície da célula e dali passam à luz alveolar. No interior do glóbulo de gordura, os triglicerídeos distri-

Tabela 1.2 Composição (%) da fração lipídica do leite de vaca

Lipídeos apolares (≈ 98,5)	Glicerídeos	Triglicerídeos	≈ 98
		Diglicerídeos	≈ 0,3
		Monoglicerídeos	≈ 0,03
	Ácidos graxos livres		≈ 0,1
	Insaponificáveis	Colesterol	≈ 0,3
		Ésteres do colesterol	≈ 0,02
		Carotenóides	≈0,002
		Vitaminas A, E, D	
Lipídeos polares (≈ 1,5)	Fosfolipídeos	Fosfatidilcolina	≈ 0,26
		Fosfatidiletanolamina	≈ 0,28
		Fosfatidilserina	≈ 0,03
		Fosfatidilinositol	≈0,04
		Esfingomielina	≈ 0,16
		Lecitina	≈0,26
	Cerebrosídeos		≈ 0,1
	Gangliosídeos		≈ 0,01

Tabela 1.3 Ácidos graxos majoritários (%) do leite

Ácido graxo	Vaca	Ovelha	Cabra	Mulher
C-4:0	3,3	4	2,6	
C-6:0	1,6	2,8	2,9	Tr
C-8:0	1,3	2,7	2,7	Tr
C-10:0	3	9	8,4	1,3
C-12:0	3,1	5,4	3,3	3,1
C-14:0	9,5	11,8	10,3	5,1
C-16:0	26,3	25,4	24,6	20,2
C-16:1	2,3	3,4	2,2	5,7
C-18:0	14,6	9	12,5	5,9
C-18:1	29,8	20	28,5	46,4
C-18:2	2,4	2,1	2,2	13
C-18:3	0,8	1,4		1,4
C-20 a C-22	Tr			Tr

Tr.: Traços.
Fonte: Fox (1994).

Tabela 1.4 Distribuição (%) dos lipídeos no leite de vaca

Lipídeos	Interior glóbulo	Membrana glóbulo	Soro
Glicerídeos neutros			
Triglicerídeos	100	Tr	Tr
Diglicerídeos	90	10	ND
Monoglicerídeos	Tr	Tr	Tr
Ácidos graxos livres	60	10	30
Fosfolipídeos	ND	65	35
Cerebrosídeos	ND	70	30
Gangliosídeos	ND	70	30
Esteróis	80	10	10

buem-se de tal forma que os insaturados situam-se no centro da gota de gordura, enquanto os saturados dispõem-se na periferia, formando um elemento de continuidade com a fração glicerídica da mesma natureza que eles, que faz parte da membrana.

A membrana do glóbulo de gordura atua como barreira protetora, impedindo que os glóbulos floculem e se fundam. Ao mesmo tempo, protege a gordura da ação enzimática. Todas as interações entre a gordura e o soro produzem-se por meio dela. A superfície total de membrana é grande (80 m² em um litro) e contém ainda substâncias reativas e enzimas. Conseqüentemente, a membrana determina em grande parte as reações como a lipólise e a oxidação.

Mediante microfotografias eletrônicas, pode-se observar que a membrana do glóbulo de gordura resulta em grande parte da membrana externa (plasmalema) da porção apical celular e da correspondente ao complexo de Golgi. Sua composição corresponde, portanto, à das membranas biológicas, mas estudos realizados com microscópio eletrônico demonstraram considerável redistribuição dos componentes imediatamente após sua formação.

Composição da membrana do glóbulo de gordura

A composição geral da membrana dos glóbulos de gordura do leite de vaca é apresentada na Tabela 1.5. A composição da membrana varia de um lote a outro, de um glóbulo do mesmo lote a outro e de um lugar a outro do mesmo glóbulo. Em geral, as proteínas e os lipídeos constituem 90% do peso seco da membrana, embora essa relação varie conforme o estado de lactância, a idade, a estação do ano e o tratamento do leite. O estudo analítico revela a presença dos seguintes componentes:

1. A fração lipídica constitui 48% dos componentes da membrana. A maioria são fosfolipídeos e triglicerídeos com elevado ponto de fusão; cerca de 60% da fosfatidiletanolamina e fosfatidilcolina do leite encontram-se na membrana. Quanto aos triglicerídeos, mais de 75% dos ácidos graxos totais correspondem a ácido palmítico (C-16:0) e ácido esteárico (C-18:0). O ácido oléico (C-18:1n-9) está presente em quantidade muito pequena e os polinsaturados são encontrados em níveis muito baixos. Há também pequenas quantidades de mono e diglicerídeos e de componentes insaponificáveis (colesterol e carotenóides).
2. A fração protéica constitui 48% do total dos componentes da membrana; apresenta padrão complexo de polipeptídeos cujo peso molecular oscila entre 11.000 e 250.000. Há também glicoproteínas (pelo menos 6 diferentes). Algumas das proteínas da membrana do glóbulo de gordura são metaloproteínas (enzimas e citocromos). A membrana contém pelo menos 10 enzimas diferentes, entre as quais destacam-se, por sua abundância, a fosfatase alcalina e a xantina-oxidase, que constituem, cada uma delas, em torno de 10% do total de proteínas da membrana. É possível encontrar também catalase e aldolase.
3. Substâncias diversas, como riboflavina e ARN.

Tabela 1.5 Composição da membrana do glóbulo de gordura do leite de vaca

Componente	Quantidade
Proteína	25 a 60% peso seco
Lipídeos totais	0,5 a 1,2% mg/mg proteína
Fosfolipídeos	0,13 a 0,34% mg/mg proteína
Fosfatidilcolina	34% dos fosfolipídeos totais
Fosfatidiletanolamina	28% dos fosfolipídeos totais
Esfingomielina	22% dos fosfolipídeos totais
Fosfatidilinositol	10% dos fosfolipídeos totais
Fosfatidilserina	6% dos fosfolipídeos totais
Lipídeos neutros	56 a 80% do total de lipídeos
Glicerídeos	53 a 74% do total de lipídeos
Ácidos graxos livres	0,6 a 6,3% do total de lipídeos
Hidrocarbonetos	1 a 2% do total de lipídeos
Esteróis	0,2 a 5,2% do total de lipídeos
Cerebrosídeos	3,5 nmols/mg proteína
Gangliosídeos	6 a 7,4 nmols/mg proteína
Ácidos siálicos	63 nmols/mg proteína
Hexonas	0,6 μmols/mg proteína
Hexosaminas	0,3 μmols/mg proteína

Estrutura da membrana do glóbulo de gordura

A membrana do glóbulo é uma estrutura complexa na qual se podem distinguir três camadas diferentes (Figura 1.5):

1. Camada *interna*, semelhante a uma membrana celular, constituída por proteínas de estrutura similar à das globulinas, e por fosfolipídeos, fundamentalmente fosfatidiletanolamina e fosfatidilcolina. Essa camada é muito resistente, e sua função é isolar o glóbulo de gordura. Apenas possui atividade enzimática. Encontra-se firme-

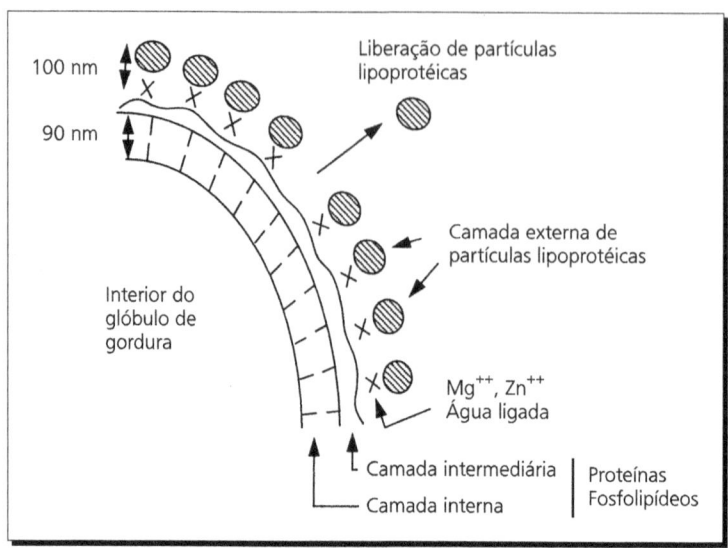

Figura 1.5 Estrutura da membrana do glóbulo de gordura.

mente unida à parte externa do núcleo do glóbulo de gordura, constituída por uma camada de triglicerídeos com alto ponto de fusão.

2. Camada *intermediária*, na qual se encontra água ligada e metais como cobre, ferro e zinco que se fixam facilmente na membrana, alcançando, deste modo, as proximidades dos lipídeos cuja oxidação podem catalisar. Atribui-se à proteína de membrana e à água unida grande influência na capacidade de dispersão da gordura no leite.

3. Camada *externa*, onde se localizam as atividades enzimáticas. É composta por partículas lipoprotéicas independentes, mais ricas em fosfolipídeos e proteínas que a camada interna.

A integridade dos glóbulos de gordura determina a estabilidade da gordura no leite. Qualquer alteração da membrana favorece a aproximação e a coalescência dos glóbulos que emergem à superfície do leite muito mais depressa que os glóbulos isolados (separação da nata ou *desnate*). Quando se rompe a membrana e o glóbulo perde sua individualidade, a união dos glóbulos torna-se irreversível, e a emulsão perde sua estabilidade.

Auto-aglutinação

Quando o leite cru é mantido a temperaturas de refrigeração, observa-se separação rápida da nata. Este fato se deve à formação de grandes agregados de glóbulos de gordura, às vezes de tamanho superior a 1 mm, podendo conter até um milhão de glóbulos e entre 10 e 60% de gordura (v/v). Os agregados apresentam forma e tamanho irregulares; a baixa temperatura são volumosos e firmes porque retêm soro em seu interior; a *linha de nata* que se obtém é espessa. Em temperatura maior, os agregados são pequenos e compactos.

O principal agente responsável por essa aglutinação é uma imunoglobulina (IgM) procedente do colostro ou do leite. A IgM é uma molécula grande (900.000 Da), que possui 10 pontos ativos pelos quais pode unir-se a outras moléculas; devido a seu tamanho, pode atuar como ponto de união entre partículas apesar das repulsões eletrostáticas que podem surgir a curta distância entre várias moléculas. Adsorve-se na superfície dos glóbulos de gordura, unindo uns aos outros e provocando sua agregação; por isso, essa proteína é conhecida com o nome de *aglutinina*. A adsorção da aglutinina na superfície dos glóbulos ocorre quando estes se encontram em estado sólido ou semi-sólido, isto é, a baixas temperaturas, mas não quando a gordura está em estado líquido, ou seja, a altas temperaturas, devido à desnaturação protéica. O pH influi na aglutinação, dado que a acidificação do leite implica uma redução das cargas negativas das membranas, o que favorece a aglutinação. Outro fator a ser considerado é o tamanho do glóbulo; quanto menor é o glóbulo, maior é a área superficial e, portanto, requer-se mais aglutinina para provocar a união dos glóbulos do que quando estes são grandes. De fato, no leite homogeneizado não se produz aglutinação pelo frio, a não ser que se adicione grande quantidade de aglutinina.

Coalescência

O leite é uma emulsão e, como tal, pode apresentar mudanças físicas (Figura 1.6). A coalescência é a fusão de duas gotas de uma emulsão em uma única. Esse fenômeno é acompanhado da ruptura da membrana que separa e individualiza duas gotas que estão muito próximas uma da outra. Portanto, a coalescência está diretamente relacionada com a espessura da membrana e com a sua estabilidade em função da tensão superficial entre as fases aquosa e gordurosa. Assim, a presença de cristais (gordura sólida) na superfície do glóbulo de gordura favorece a coalescência, já que podem romper a membrana e favorecer a fusão do conteúdo dos glóbulos afetados. Contudo, se a cristalização é total, a coalescência não é possível, visto que as partículas sólidas podem flocular, mas não podem se fundir.

A energia de ativação necessária para a coalescência geralmente é tão grande que a segregação ou separação pode atrasar indefinidamente. Para conseguir coalescência alta pode-se aplicar energia, por exemplo, mediante agitação. Essa operação aumenta a possibilidade de que os glóbulos se encontrem e, conseqüentemente, de que floculem ou se produza a coalescência. Portanto, quanto maior for o conteúdo de gordura, maior será a probabilidade de ocorrer a coalescência.

O fenômeno da coalescência é afetado pelos seguintes fatores:

- Agitação. É o fator mais importante de todos, pois quanto maior for a agitação, mais acentuada será a coalescência. Se uma parte da gordura estiver sólida, a coalescência durante a agitação será mais acentuada.
- Temperatura. A temperatura condiciona a coalescência já que influi na proporção de gordura sólida do glóbulo, mas, além disso, provoca aumento da viscosidade, que favorece a aproximação entre os glóbulos.
- Conteúdo de gordura. Quanto maior for o conteúdo de gordura, maior é a coalescência durante a agitação; isso se deve ao fato de que os glóbulos de gordura estão tanto mais unidos quanto maior é o conteúdo de gordura.
- Congelamento. O congelamento da nata provoca a coalescência parcial porque os cristais de gelo lesionam as membranas dos glóbulos de gordura.
- Membrana do glóbulo de gordura. A degradação parcial dos fosfolipídeos, mediante aditivos ou enzimas bacterianas, introduz modificações na membrana do glóbulo, afetando sua estabilidade.
- Tamanho do glóbulo. Quanto menor for o glóbulo, maior será a estabilidade diante da coalescência. Por isso, o leite homogeneizado é mais estável que o leite sem homogeneizar.

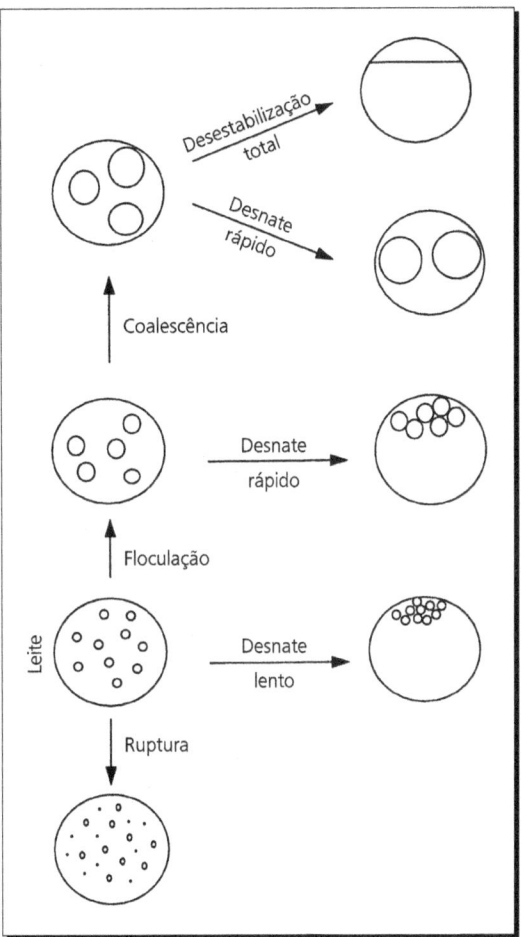

Figura 1.6 Formas de desestabilização da emulsão láctea.

Fusão e cristalização

Em termos gerais, o ponto de fusão de uma mistura de triglicerídeos depende dos ácidos graxos que constituem as moléculas. O ponto de fusão dos triglicerídeos varia de aproximadamente −40 a 72°C. Isso não significa que se trate do intervalo de fusão da gordura láctea; seu ponto de fusão normal situa-se em torno de 37°C.

A cristalização da gordura tem grande importância prática, já que dela dependem em grande parte a estabilidade dos glóbulos de gordura e a consistência dos produtos ricos em gordura (manteiga).

A cristalização da gordura láctea é um fenômeno muito complexo devido à quantidade e à variedade de triglicerídeos que a compõem. Em termos gerais, a gordura do leite é líquida acima de 40°C e completamente sólida a –40°C. Entre esses dois extremos, há uma mistura de cristais e gordura.

É importante considerar que a cristalização da gordura do leite comporta-se de forma diferente da cristalização da mesma gordura fora do glóbulo, já que a estrutura globular limita o tamanho dos cristais. Além disso, a proteção que o glóbulo de gordura exerce faz com que seja necessário resfriamento superior para iniciar a cristalização. O processo de cristalização começa no nível da membrana do glóbulo, que atuaria como núcleo de cristalização. A partir desse momento, formam-se pequenos cristais em forma de agulha que aos poucos vão aumentando de tamanho, formando-se uma rede aleatória que proporciona ao glóbulo estrutura firme. Durante o processo de armazenamento em refrigeração, produz-se o depósito de moléculas sobre esse cristal inicial, seguindo uma direção tangencial ao longo do glóbulo.

Principais alterações que afetam os lipídeos

São a lipólise e a auto-oxidação.

Lipólise

A hidrólise dos triglicerídeos provoca o aumento de fração de ácidos graxos livres, conferindo aos produtos lácteos sabor de ranço ou *de sabão*; os ácidos de C-4 a C-12 são os principais responsáveis por esse sabor. A intensidade da lipólise expressa-se como acidez ou como *índice de acidez* da gordura em milemol de ácido graxo livre por 100 g de gordura, começando-se a perceber o gosto de ranço quando a acidez da gordura é da ordem de 1,4 mmol/100 g.

O leite possui uma *lipase* endógena; sua temperatura ótima de atuação é de 37°C e seu pH ótimo situa-se em torno de 8; sua atividade é estimulada pela presença de íons cálcio. É uma enzima muito ativa, mas sua ação é limitada por diversos fatores:

- O pH do leite (6,7) desvia-se do ponto ótimo de atuação.
- A temperatura do leite (refrigeração) é sempre inferior à ótima da lipase.
- Está unida em grande parte às micelas de caseína, com o que diminui a concentração de enzima livre e, portanto, sua atividade.
- A membrana do glóbulo de gordura protege os triglicerídeos do ataque enzimático, já que a enzima não pode atravessá-la com facilidade.
- A lipase é instável, perdendo lentamente sua atividade; a instabilidade é maior à medida que aumenta a temperatura e diminui o pH. A enzima torna-se inativa com o

aquecimento a 75°C durante 20 segundos, condições muito próximas às da pasteurização.

Além da lipase endógena, pode haver outras enzimas de origem microbiana. Em geral são lipases extracelulares produzidas, fundamentalmente, por bactérias psicrotróficas, *Pseudomonas* e enterobactérias. Essas lipases atuam otimamente com pH alcalino e em temperaturas entre 40 e 50°C. São muito estáveis termicamente e inclusive algumas resistem a tratamentos UHT. Alguns microrganismos psicrotróficos podem produzir esterases que atacam preferencialmente substratos solúveis com ácidos graxos de cadeia curta, sobretudo a tributirina, melhor que os triglicerídeos de cadeia longa.

Finalmente, vale dizer que o fenômeno lipolítico nem sempre é prejudicial, já que alguns tipos de queijos (queijo azul, *cheddar* ou *gouda*) devem seu sabor, em parte, à presença de ácidos graxos livres.

Auto-oxidação

O processo de auto-oxidação da gordura é uma reação química que afeta os ácidos graxos insaturados livres ou esterificados. Essa reação é dependente do oxigênio, sendo catalisada pela luz, pelo calor e por metais como Fe e Cu. Os principais produtos da reação (hidroperóxidos) não têm aroma, porém são instáveis e degradam-se formando numerosas substâncias, especialmente carbonilas insaturadas de C-6 e C-11 e alguns álcoois e ácidos. Os aromas estranhos resultantes são conhecidos comumente como *ranço*.

A auto-oxidação da gordura láctea inicia-se nos fosfolipídeos, que são mais ricos em ácidos graxos insaturados e, além disso, estão em contato com o catalisador principal: o cobre. O papel do cobre é essencial e depende de sua concentração na membrana do glóbulo de gordura (em torno de 10 μg/100 g de glóbulos de gordura). A quantidade de cobre presente de forma natural (*cobre natural*) no leite pode aumentar pela presença de cobre procedente de contaminações a partir da superfície do úbere, do equipamento de ordenha e processamento e da água (*cobre adicionado*); esse cobre adicionado é mais ativo como catalisador que o natural. Outras substâncias, também envolvidas na auto-oxidação, são o ácido ascórbico, indispensável para a oxidação induzida pelo cobre, metaloproteínas (peroxidase, xantina oxidase) e o tocoferol (antioxidante natural), cuja presença depende da alimentação da vaca. A oxidação da gordura também pode ser induzida pela luz, sobretudo a de longitude de onda curta; assim, a exposição direta à luz solar desenvolve sabor de *ranço* no leite em apenas 12 horas.

Homogeneização

Essa operação tem como objetivo prolongar a estabilidade da emulsão da gordura reduzindo mecanicamente o tamanho dos glóbulos até atingir um diâmetro em torno de 1 a 2 μm. A diminuição do tamanho dos glóbulos evita a floculação e, portanto, impede que a nata se separe.

O processo consiste, basicamente, em submeter o leite a grande pressão e forçá-lo a passar por uma abertura estreita; cria-se grande energia cinética e, ao final, rompe-se o glóbulo de gordura. O tamanho dos novos glóbulos dependerá da pressão aplicada.

Realiza-se o processo em um *homogeneizador* cujo funcionamento é o seguinte (Figura 1.7): o leite, entre 65 e 70°C entra com forte pressão (25 MPa) em um tubo em cujo extremo encontra-se uma verga cônica de aço ou ágata que se mantém na posição desejada graças a um sistema de regulação externo; o leite deve vencer a resistência oferecida pela trava e abrir caminho entre ela e a parede. A ruptura dos glóbulos se produz pelo choque com a trava e pela laminação que sofrem ao sair por um canal tão estreito. Nesse momento, o leite expande-se e provoca a explosão dos glóbulos.

A homogeneização pode ser feita em *duas fases* (Figura 1.8). Esse processo consiste em fazer o leite passar por uma segunda válvula a pressão menor (3,5 a 5 MPa). Com isso, evita-se o reagrupamento dos glóbulos e consegue-se que a emulsão tenha maior estabilidade.

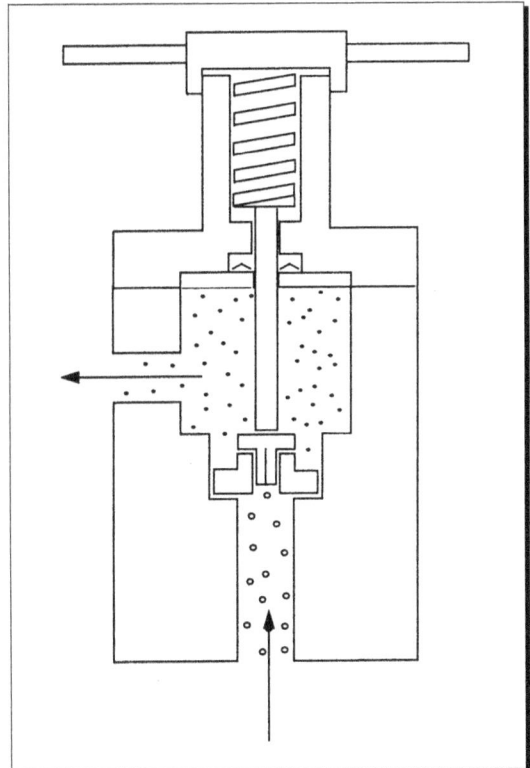

Figura 1.7 Corte transversal de um homogeneizador.

Efeitos da homogeneização

Além da redução do tamanho dos glóbulos, que é o principal efeito desejado, a homogeneização provoca uma série de efeitos secundários:

1. Modificação da membrana. A homogeneização aumenta consideravelmente a superfície total dos glóbulos de gordura. Os componentes originais da membrana não são suficientes para recobrir os novos glóbulos que se formam. Por isso, reestrutura-se espontaneamente formando uma nova membrana (Figura 1.9), que inclui restos da antiga e de novas proteínas (caseínas e proteínas do soro), fazendo com que a fração protéica aumente cerca de quatro vezes.
2. A cor se torna mais branca em razão de maior efeito dispersante da luz.
3. Aumenta a tendência a formar espuma devido ao maior conteúdo protéico da membrana, sobretudo devido às proteínas do soro.
4. A nova membrana não protege a gordura tão bem quanto a membrana original. Por isso, as lipases, de estrutura protéica, aderem parcialmente à superfície da gordura e chegam mais facilmente aos triglicerídeos do interior.
5. Diminui a tendência à auto-oxidação porque os cátions localizados na membrana, especialmente o cobre, migram para o soro.
6. O recobrimento parcial dos glóbulos com caseína faz com que eles se comportem como se fossem grandes micelas. Qualquer reação que dê lugar à agregação das micelas (acidificação ou aquecimento excessivo) provocará a agregação dos glóbulos homogeneizados.

Durante a homogeneização e antes que se forme a nova membrana, os glóbulos parcialmente desnudos batem uns nos outros, unindo-se ao mesmo tempo com uma micela de caseína, formando *grumos de homogeneização*. Aparecem na saída da válvula do homogeneizador, onde a intensidade da turbulência é baixa demais para romper os grumos, mas suficiente para permitir que os glóbulos parcialmente desnudos se choquem. A segunda fase de homogeneização permite a separação desses glóbulos e seu recobrimento pela nova membrana.

Normalmente os grumos têm cerca de 10^6 glóbulos, e a principal conseqüência de sua formação é o aumento da viscosidade, que pode chegar a multiplicar-se 30 vezes.

SUBSTÂNCIAS NITROGENADAS

Essas substâncias podem ser classificadas, em função de seu grau de solubilidade, em ácido tricloroacético (TCA), em proteínas, insolúveis em TCA a 12,5% e nitrogênio não-pro-

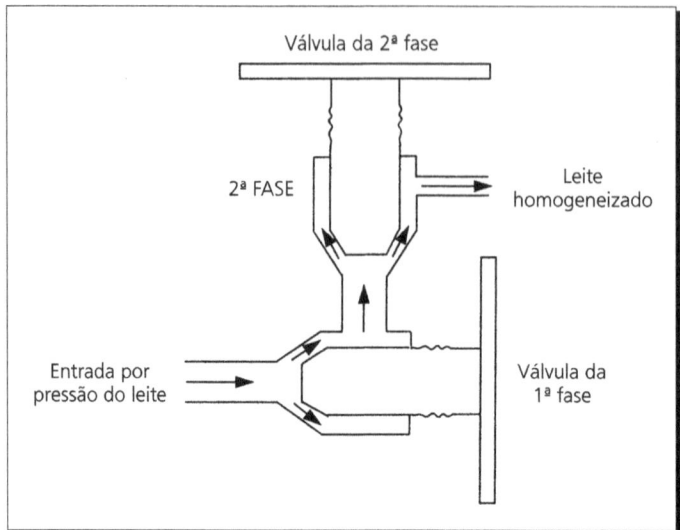

Figura 1.8 Esquema do funcionamento de um homogeneizador de dupla fase.

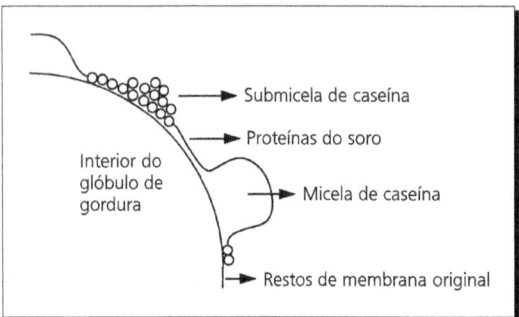

Figura 1.9 Membrana do glóbulo de gordura após a homogeneização.

téico (NPN), fração na qual se incluem todos os compostos que contêm nitrogênio e são solúveis em TCA a 12,5%. Os compostos nitrogenados mais importantes do leite, tanto do ponto de vista quantitativo como qualitativo, são as proteínas. Sua importância se deve a diversos fatores. Seu papel fundamental, obviamente, é nutritivo, pois têm de suprir as necessidades de aminoácido do lactente.

Igualmente essencial para a vida do lactente é o caráter imunológico de algumas proteínas (imunoglobulinas) contidas no leite e, sobretudo, no colostro (até 10% do colostro em peso pode ser de imunoglobulinas), que conferem imunidade passiva. Outra propriedade relevante é a atividade biológica devido à abundância de enzimas (proteases, fosfatases, etc.) presentes no leite. É preciso destacar também as propriedades físico-químicas das proteínas lácteas, que permitem a aplicação de operações tecnológicas, como a esterilização, a concentração, etc., sem modificar de forma significativa o valor nutritivo e as propriedades sensoriais do leite.

Na Tabela 1.6, apresenta-se a composição em substâncias nitrogenadas do leite de vaca. Cerca de 95% do nitrogênio aparece em forma protéica, sendo as proteínas mais abundantes as caseínas e, dentro destas, as α_{s1} e β. As quatro caseínas (α_{s1}, α_{s2}, β e κ) possuem estrutura primária diferente e bem-conhecida, enquanto as γ surgem da hidrólise da β-caseína por ação da plasmina. Entre o grande número de proteínas do soro existentes, vale destacar a β-lactoglobulina e a α-lactoalbumina.

Proteínas do leite

As caseínas e as proteínas do soro diferenciam-se (ver Tabela 1.7) por sua origem e características químicas. Do ponto de vista tecnológico, as diferenças mais destacáveis são:

- Sua solubilidade distinta a pH 4,6: as proteínas do soro são solúveis e as caseínas não (esse pH é o ponto isoelétrico destas). Graças a esta característica, fabrica-se iogurte, por exemplo, e podem separar-se facilmente as duas espécies protéicas.
- A capacidade de algumas proteases de coagular as caseínas e formar gel (base da indústria de queijo), enquanto as proteínas do soro são insensíveis à enzima.

Tabela 1.6 Concentração média de substâncias nitrogenadas (% nitrogênio total) do leite de vaca

PROTEÍNAS	95
Caseínas	76
α_{s1}	30
α_{s2}	8
β	27
κ	9
γ	2
Proteínas do soro	19
β-lactoglobulina	9,5
α-lactoalbumina	3,5
Soroalbumina bovina	1,0
Imunoglobulinas	2,0
Outras	3,0
NITROGÊNIO NÃO-PROTÉICO	5
Peptídeos	
Aminoácidos livres	
Outras substâncias	

Tabela 1.7 Diferenças mais importantes entre caseínas e proteínas do soro

	Caseínas	Proteínas do soro
Solubilidade a pH 4,6	Não	Sim
Coagulação por quimosina	Sim	Não
Termorresistência	Sim	Não
Fósforo	Sim	Não
Enxofre	0,8% (fundamentalmente Met)	1,7% (Met e Cys)
Origem	Glândula mamária	Glândula mamária e plasma
Estado	Coloidal	Em dissolução

- A termorresistência das caseínas, que permite a esterilização do leite sem que geleifique. As proteínas do soro se desnaturam pela ação do calor.

Outras diferenças são:

- O fósforo das caseínas aparece sob a forma de resíduos de ácido ortofosfórico unidos mediante ligações éster com o –OH dos resíduos serina. O número de moléculas de fósforo varia de uma caseína a outra. A α_{s1} contém normalmente 8 resíduos fosfato e, às vezes, 9; a α_{s2}, de 10 a 13; a β, 5 e algumas vezes 4; e a κ em geral 1, eventualmente 2 e muito raramente 3.
- No que se refere à quantidade de enxofre, todo ele se encontra em forma de metionina na α_{s1} e β-caseínas, enquanto nas outras caseínas (α_{s2} e κ), além dos resíduos de metionina correspondentes, encontram-se dois resíduos de cisteína por molécula. A presença desses resíduos, com grupos –SH que podem estar livres, é muito importante porque permite a união dessas proteínas com as outras mediante ligações dissulfeto.

- Todas as caseínas são sintetizadas na glândula mamária, enquanto algumas proteínas do soro (p. ex., imunoglobulinas, transferrina e soroalbumina) chegam ao leite procedentes do plasma e outras são de origem mamária (α-lactoalbumina, β-lactoglobulina, lactoferrina).
- As caseínas formam partículas coloidais (as micelas), enquanto as proteínas do soro encontram-se dissolvidas na fase aquosa do leite.

Estrutura primária das caseínas

No década de 1970, determinou-se a seqüência aminoacídica das quatro caseínas. Nessa mesma década, começaram-se a descobrir as variantes genéticas de cada uma delas (também foram descritas variantes genéticas das proteínas do soro). Essas variantes diferenciam-se umas das outras em um aminoácido ou em um grupo deles. Por exemplo, o resíduo aminoacídico número 192 da variante B da caseína α_{s1} (típica das raças de vacas do Ocidente) é ácido glutâmico, enquanto na variante C (típica do gado indiano) é uma molécula de glicina; a variante A (pouco freqüente) perdeu um grupo de aminoácidos, exatamente aqueles compreendidos entre os restos 14 e 26 da cadeia completa. Na Tabela 1.8, apresenta-se a composição aminoacídica das caseínas típicas do leite das raças bovinas da Europa e do mundo ocidental em geral.

Todas as caseínas contêm quantidade elevada de aminoácidos apolares, e por isso seria provável reduzida solubilida-

Tabela 1.8 Composição aminoacídica das caseínas, α-lactoalbumina e β-lactoglobulina típicas do leite de gado bovino ocidental

Aminoácido	α_{s1}-caseína	α_{s2}-caseína	β-caseína	κ-caseína	α-lactoalbumina	β-lactoglobulina
Asp	7	4	4	4	9	11
Asn	8	14	5	7	12	5
Thr	5	15	9	14	7	8
Ser	8	6	11	12	7	7
Ser P	8	11	5	1	0	0
Glu	24	25	18	12	8	16
Gln	15	15	21	14	5	9
Pro	17	10	35	20	2	8
Gly	9	2	5	2	6	3
Ala	9	8	5	15	3	14
Cys	0	2	0	2	8	5
Val	11	14	19	11	6	10
Met	5	4	6	2	1	4
Ile	11	11	10	13	8	10
Leu	17	13	22	8	13	22
Tyr	10	12	4	9	4	4
Phe	8	6	9	4	4	4
Trp	2	2	1	1	4	2
Lys	14	24	11	9	12	15
His	5	3	5	3	3	2
Arg	6	6	4	5	1	3
PyroGlu	0	0	0	1	0	0
Total:	199	207	209	169	123	162
Peso molecular	23.612	25.228	23.980	19.005	14.174	18.362

de em água, mas a relativa abundância de grupos fosfatos, a escassez de enxofre e a presença de um grupo carboidrato, muito polar, em número elevado de moléculas κ-caseína fazem com que essas proteínas tenham solubilidade mais do que aceitável em água. De fato, o verdadeiro fator limitante no momento de obter soluções de caseína muito concentradas é sua elevada viscosidade, mais do que a solubilidade da proteína. Como já dissemos, a κ-caseína pode estar glicosilada. A unidade básica do grupo glicosídeo pode ser formada por 3 ou 4 moléculas: uma de galactose, outra de N-acetilgalactosamina e uma ou duas de ácido siálico (neuramínico)

(Figura 1.10) unidas covalentemente a um resíduo de treonina, provavelmente o 131, da κ-caseína. As κ-caseínas, por sua vez, podem conter 1, 2, 3 e mesmo 4 unidades glicosídicas ou carecer dela. No colostro há abundância maior de κ-caseínas ricas em carboidratos.

As caseínas são ricas em prolina. A α_{s1} contém 17 resíduos, a α_{s2} 10, a β 35 e a κ 20. A presença desse aminoácido na cadeia polipeptídica de uma proteína provoca alterações no ângulo de giro da ligação peptídica, pois o grupo amino da prolina é secundário. As mudanças na cadeia aminoacídica impedem que os resíduos de aminoácidos próximos se rela-

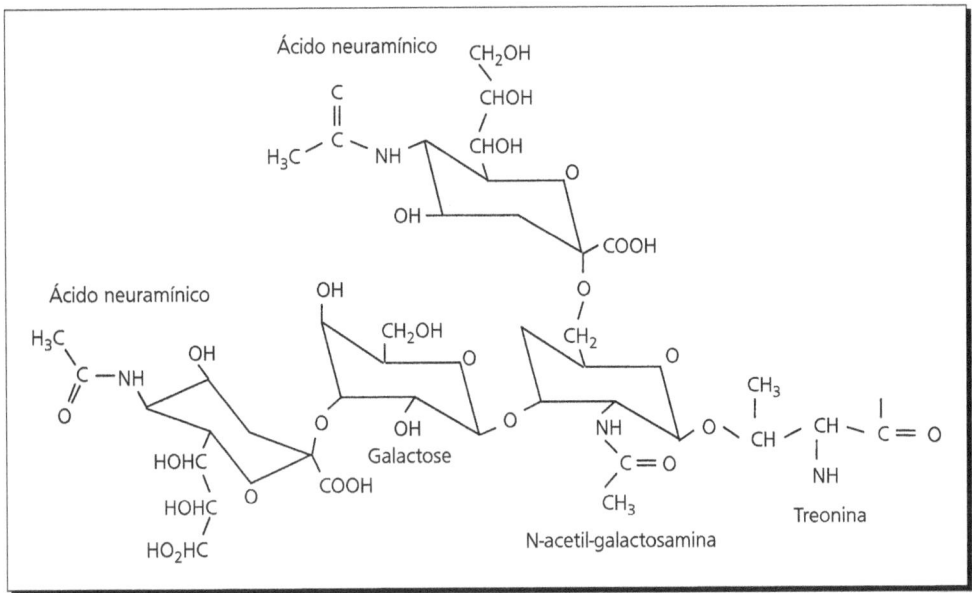

Figura 1.10 Oligossacarídeo da κ-caseína.

cionem estericamente para formar as estruturas secundárias típicas das proteínas (α-hélice, lâminas β, etc.). Portanto, as caseínas, dada sua riqueza em prolina, caracterizam-se por possuir amplas zonas desorganizadas.

Os aminoácidos das caseínas também não estão uniformemente distribuídos; há zonas ricas em aminoácidos polares, enquanto, em outras, concentram-se os resíduos mais apolares (Figura 1.11). Por conseguinte, há partes da molécula protéica de acentuado caráter hidrófilo, enquanto predomina a hidrofobicidade em outras zonas. Essa estrutura é característica de um dipolo ou de um detergente e permite às caseínas formar emulsões e espumas de estabilidade aceitável. A caseína em que mais predomina o caráter hidrófobo é a β, e a mais hidrófila é a α_{s2}. A zona próxima à carboxila

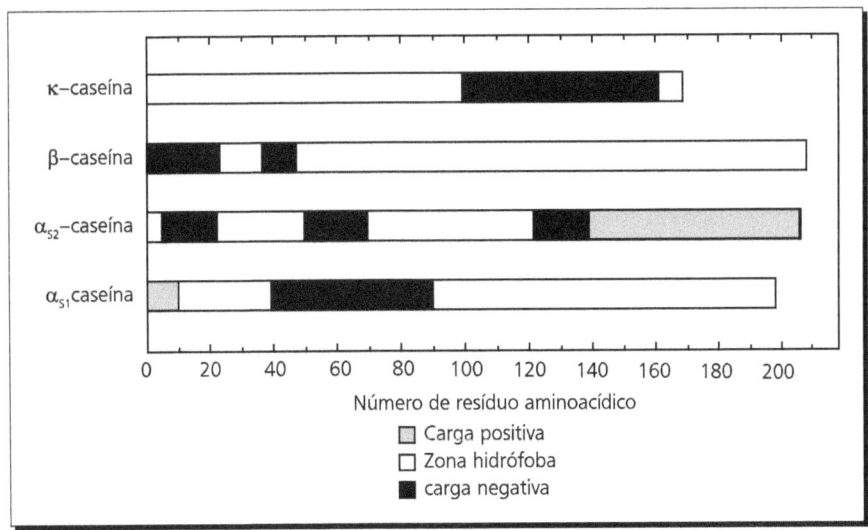

Figura 1.11 Representação esquemática da estrutura primária das caseínas.

terminal da κ-caseína é acentuadamente polar, sobretudo, quando contém o grupo glicosídico, enquanto o resto da molécula é bastante hidrofóbico. Essa estrutura é decisiva para a estabilidade da micela caseínica (ver mais adiante).

Os resíduos de serina esterificados com fosfatos também não estão homogeneamente distribuídos. Por exemplo, os 11 grupos fosfato de uma molécula de α_{s2}-caseína estão contidos nos resíduos aminoacídicos 8, 9, 10, 16, 56, 57, 58, 61, 129, 131 e 143. Ou seja, estão agrupados em 3 zonas e, portanto, suas cargas negativas podem atrair com maior intensidade os cátions, especialmente o cálcio (ver mais adiante).

Estrutura secundária e terciária das caseínas

Já se mencionou que a elevada quantidade de resíduos de prolina, peculiaridade dessas proteínas, faz com que o grau de estruturação dessas proteínas seja menor que o de outras. A menos organizada é a β-caseína. Nela, 70% de seus restos não formam estrutura secundária. Ao contrário, a κ-caseína, a mais estruturada, contém apenas quarta parte de seus aminoácidos desorganizados.

Essa desorganização tem conseqüências interessantes:

- São mais facilmente proteolisáveis do que as proteínas globulares em estado nativo. Ou seja, as caseínas são digeridas com mais facilidade, fator fundamental para o lactente. Também tem importância tecnológica, especialmente no queijo, já que os fenômenos proteolíticos que ocorrem durante sua maturação serão decisivos nas características sensoriais do produto acabado (Capítulo 5).
- A estrutura aberta, junto com a natureza dipolar das caseínas (Figura 1.11), faz com que tenham boa capacidade emulsificante e espumante.
- A estrutura aberta faz com que sejam resistentes a diversos agentes desnaturadores, especialmente ao calor. Pode-se assegurar de que o leite se esteriliza sem perder substancialmente seus atributos sensoriais, graças à desorganização inerente às caseínas.

Micela

Já se disse que, no leite, as caseínas encontram-se sob a forma de dispersão coloidal, formando partículas de tamanho variável. Essas partículas que dispersam a luz e que, portanto, conferem ao leite sua cor branca característica, recebem o nome de micelas. Cerca de 95% das caseínas formam partículas coloidais, ficando as restantes molecularmente dispersas dentro do leite. A micela não é formada apenas por caseínas, mas, em termos de extrato seco, aproximadamente 7% são componentes de baixo peso molecular, e recebem o nome de fosfato coloidal (esta fração em geral é conhecida com a sigla CCP, derivada das iniciais de *colloidal calcium phosphate*). Apesar de seu nome, o CCP é composto não apenas por fosfato cálcico, mas também por citrato, magnésio e outros elementos minerais. No microscópio eletrônico, as micelas são observadas como partículas esféricas com diâmetro entre 40 e mais de 300 μm. O tamanho e o número de micelas estão inversamente relacionados; isto é, quanto menores são as micelas, maior é seu número. A micela é uma partícula muito hidratada; calcula-se que para cada grama de matéria seca pode haver cerca de 3 g de água.

Propriedades das micelas

As micelas são estáveis:

a) Nos tratamentos térmicos empregados para a esterilização e, evidentemente, para a pasteurização do leite. Essa afirmação é certa quando o pH do leite não sofreu mudanças (mantém-se próximo a 6,8) isto é, não se acidificou como conseqüência do crescimento microbiano. À medida que o pH diminui, o tratamento térmico necessário para desestabilizar o leite (coagulá-lo) é cada vez menos intenso; quando se chega ao pH 4,6 (ponto isoelétrico das caseínas), a coagulação já se observa à temperatura ambiente.
b) Na compactação. Isto é, podem sedimentar-se por ultracentrifugação e depois ressuspender-se.
c) Na homogeneização.
d) Em concentrações de cálcio relativamente elevadas (até 200 mM a 50°C), embora as caseínas α_{s1}, α_{s2} e β, quando molecularmente dispersas, precipitem-se em presença de 4 mM de cálcio.

As micelas não são estáveis:

a) Em pH ácido (já discutido).
b) Muitas proteases são capazes de coagular o leite porque desestabilizam as micelas caseínicas. Essa propriedade é uma das bases da indústria de queijo. A adição de quimosina (enzima extraída do abomaso de ruminantes lactentes) ou de outras proteases provoca a cisão da molécula de κ-caseína em nível de ligação peptídica entre os resíduos aminoacídicos 105 (Met) e 106 (Phe) e, se houver cálcio livre no leite, forma-se um gel que recebe o nome de coalhada.
c) No congelamento. À medida que o leite se congela, todos os solutos vão se concentrando na parte líquida e, por conseguinte, concentram-se o cálcio e as micelas. Quando a concentração de cálcio é excessiva, as micelas se desestabilizam.
d) Em etanol a 40% a pH 6,7. A precipitação com etanol é obtida com concentrações menores com pH inferiores.

Estrutura da micela

Durante os últimos quarenta anos, propuseram-se muitos modelos da estrutura da micela caseínica. Neles, procurava-se incorporar os conhecimentos que iam sendo adquiridos sobre as propriedades das micelas a uma estrutura que explicasse o comportamento destas em face de diversos agentes. Ao longo de todos esses anos demonstrou-se que:

a) A κ-caseína precisa estar majoritariamente na superfície da micela porque:
— Após a adição de algumas proteases ao leite, ele começa a coagular como conseqüência da hidrólise da ligação peptídica entre os resíduos 105 e 106 das moléculas de κ-caseína. Esse processo pode durar apenas alguns minutos. Dada a velocidade com que o leite coagula, é lógico deduzir que a κ-caseína encontra-se na superfície da micela e, portanto, as proteases chegam facilmente a ela, hidrolisam-na e coagulam o leite.
— Ao se aquecer o leite acima de 90°C durante alguns minutos, as proteínas do soro se desnaturam, entre elas a β-lactoglobulina, suas pontes dissulfeto se rompem, sua estrutura se abre e podem formar-se novas ligações dissulfeto, desta vez entre os resíduos cisteínicos da β-lactoglobulina e da κ-caseína. É óbvio que para que estas ligações possam se formar, as moléculas de κ-caseína devem estar na superfície micelar.
— A κ-caseína estabiliza outras caseínas. Já se mencionou que esta proteína é estável nas concentrações de cálcio do leite, enquanto as α e β se precipitariam se estivessem molecularmente dispersas. A melhor forma de proteger o restante das caseínas pode ser cobrindo-as.
— Como se verá no próximo ponto, a micela tem estrutura submicélica (Figura 1.12). A forma de união das submicelas é pelo CCP, que se une a resíduos fosfato de duas submicelas contíguas. Por conseguinte, é lógico pensar que as caseínas mais ricas em grupos fosfatos (recorde-se que a κ-caseína é a que menos os tem) estejam na superfície das submicelas do interior da micela, e as submicelas cuja superfí-

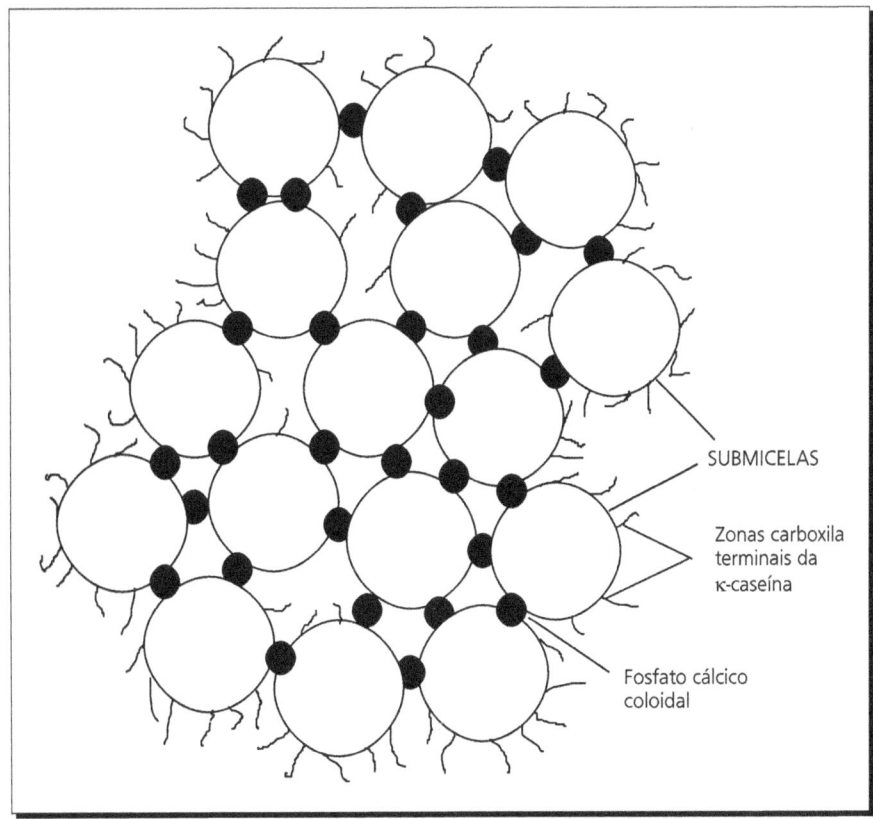

Figura 1.12 Modelo esquemático da micela de caseína.

cie seja rica em κ-caseínas fiquem na superfície da micela, dada sua dificuldade de unir-se a outras submicelas pelo CCP, em função de pobreza em resíduos fosfato.

b) A partícula coloidal ou micela, por sua vez, é formada de partículas menores, denominadas submicelas. Essa afirmação baseia-se em observações com o microscópio eletrônico. As submicelas têm peso molecular de alguns milhões e propriedades diferentes das da micela: não coagulam com quimosina nem com outras proteases, precipitam-se com concentrações menores de cálcio, etc. A forma de união de uma submicela a outras é pelo CCP e por ligações hidrofóbicas. Essa afirmação está bem demonstrada, pois se o CCP é obrigado a sair do interior da micela mediante vários tratamentos (diálise ou acidificação), a partícula coloidal desagrega-se em suas subunidades. A desagregação também é obtida com tratamentos que não afetam o CCP, mas sim as ligações hidrofóbicas, como o tratamento com uréia ou a alcalinização.

c) A micela é porosa. Não forma estrutura compacta que impeça o transbordamento de moléculas de seu interior. Observou-se que as moléculas de β-caseína emigram do interior da micela para o espaço externo em condições de refrigeração, reincorporando-se à micela quando aumenta a temperatura. Também se observou que algumas carboxipeptidases podem chegar ao interior da micela e hidrolisar as caseínas mais internas.

d) A micela está hidratada, retendo uma quantidade de água em torno de 3 g por grama de proteína.

Para resumir, pode-se dizer que as micelas são partículas coloidais hidratadas com diâmetro entre 40 e 300 μm, de estrutura porosa, formadas por submicelas e, sua superfície é rica em κ-caseínas.

O modelo mais aceito atualmente pode ser visto na Figura 1.12. Observa-se a disposição periférica da κ-caseína, a estrutura submicélica e a forma de união de umas submicelas a outras pelo CCP. Nota-se também as pequenas saliências em forma de capa pilosa (zonas C-terminais da κ-caseína), que se sobressaem da superfície micelar. Essas formações explicariam a facilidade com que a quimosina e outras proteases chegam à ligação entre os resíduos 105 e 106 dessa proteína. Essas saliências protéicas também ajudam a compreender a capacidade de retenção de água da micela e sua estabilidade. Considera-se que:

— A porção de κ-caseína que sobressai da superfície micélica está carregada negativamente (nessa zona encontra-se o carboidrato, de acentuada eletronegatividade) e, portanto, é hidrófila.

— O acúmulo de cargas negativas na periferia da micela, que inclusive sobressaem da superfície da partícula coloidal, influi na estabilidade porque provoca certa repulsão entre as micelas mais próximas, evitando choques entre elas e sua possível união, não apenas pelas cargas negativas, mas também por impedimento estérico; a união de micelas contíguas seria mais fácil se sua superfície fosse lisa.

Proteínas do soro

Cerca de 20% do nitrogênio protéico do leite de vaca aparece em forma de proteínas do soro. Essas substâncias são solúveis a pH 4,6 e insolúveis em TCA a 12,5%. Por suas propriedades nutritivas e funcionais, é comum a indústria alimentícia extrair essas proteínas do leite e, com mais freqüência, do soro, resultante do processamento de queijos ou manteigas. Os sistemas de obtenção são diversos e a escolha de um deles baseia-se na matéria-prima disponível e do grau de pureza desejado. Os métodos de separação de caseínas e proteínas do soro (precipitação ácida, coagulação enzimática, centrifugação, etc.) podem ser empregados para a obtenção destas últimas. Nesses casos, é comum eliminar impurezas (lactose, sais minerais, etc.), isto é, purificar a fração protéica resultante se a intenção é obter um produto de alta qualidade. A purificação pode ser feita mediante diversas técnicas, como ultrafiltração, eletrodiálise, etc. (Capítulo 6).

Como já se mostrou na Tabela 1.6, as proteínas do soro mais abundantes no leite de vaca são β-lactoglobulina (9,5% do nitrogênio total do leite), a α-lactoalbumina (3,5%), as imunoglobulinas (2%) e a soroalbumina bovina (1%). Além destas, há mais uma centena de espécies protéicas distintas, sempre em quantidades muito pequenas. Em seguida, serão estudadas brevemente as proteínas mais interessantes do ponto de vista científico e tecnológico.

β-lactoglobulina

Seu peso molecular é de 18.000. Esta proteína representa 50% das proteínas do soro do leite de vaca, enquanto o leite de mulher carece dela. Contém 5 resíduos de cisteína, formando duas pontes dissulfeto que proporcionam sua forma globular. Portanto, fica livre um resto cisteínico com um grupo –SH livre capaz de reagir com outros.

Não se conhece com exatidão a função biológica dessa proteína. Alguns autores afirmam que ela age como transportador de vitamina A. Essa vitamina unir-se-ia mediante ligações hidrofóbicas nas zonas mais internas da estrutura globular da proteína, e assim ficaria protegida, podendo atravessar incólume as primeiras zonas do trato digestivo até chegar onde pudesse ser assimilada.

α-lactoalbumina

Representa 20% das proteínas do soro do leite bovino, enquanto no leite humano, é a proteína mais abundante. Seu peso molecular é de cerca de 16.000. Sua função biológica é perfeitamente conhecida, fazendo parte do sistema enzimático responsável pela síntese da lactose.

UDP-galactose + D-glucose → lactose + UDP

Essa reação é catalisada pela lactose sintetase, composta de duas proteínas. A parte A, uma galactosil transferase inespecífica, e a parte B (a α-lactoalbumina), que torna específica a parte A, fazendo com que se transfiram exclusivamente galactoses a moléculas de glicose. É sensível a relação existente entre a concentração dessa proteína e a da lactose no leite; ou seja, em leites muito ricos em α-lactoalbumina encontra-se sempre elevada proporção de lactose (p. ex., no leite humano).

A α-lactoalbumina é uma metaloproteína que liga um átomo de cálcio por molécula. Esse elemento confere-lhe certa estabilidade térmica, sendo, de fato, a soroproteína menos termolábil.

Soroalbumina bovina

Esta proteína procede do sangue. Sua concentração costuma oscilar entre 0,1 e 0,4 g/L de leite. Não se conhece exatamente sua função, mas assinalou-se que ela pode unir-se a ácidos graxos e estimular as atividades lipásicas.

Imunoglobulinas

Até 10% do colostro (em peso úmido) pode ser formado por estas proteínas. No leite, podem atingir concentrações de 0,6 a 1,0 g/L. As imunoglobulinas presentes no leite são a IgA, a IgG e a IgM.

Outras proteínas do soro

Como já dissemos, há muitas outras proteínas — mais de cem — consideradas proteínas do soro. Pode-se destacar cerca de 60 enzimas identificadas (lipases, proteases, fosfatases, lactoperoxidases, etc.) (ver "Enzimas", neste capítulo), proteínas da membrana do glóbulo de gordura, lactoferrina, que quela ferro, atuando como transportadora desse elemento e tornando-o assimilável para o lactente, ceruloplasmina (quela cobre), proteínas ligantes de folato e vitamina B_{12}.

Desnaturação térmica das soroproteínas do leite

As caseínas são muito estáveis termicamente e suportam bem as condições de esterilização. Ao contrário, as proteínas do soro são mais ou menos termolábeis. Podem ser ordenadas da maior à menor estabilidade: α-lactoalbumina, β-lacto-globulina, soroalbumina bovina, imunoglobulinas. A α-lactoalbumina, inclusive, se desnatura praticamente em sua totalidade após tratamento de 30 minutos a 90°C. Apenas a β-lactoglobulina foi estudada em profundidade a esse respeito por ser a soroproteína majoritária no leite de vaca e pelas conseqüências tecnológicas que decorrem de sua desnaturação. Ao ser tratada termicamente uma solução de β-lactoglobulina, as moléculas começam a soltar-se ao se atingir 65°C, ocasião em que se rompem suas ligações dissulfeto. A presença de grupos SH livres permite a formação de novas ligações, isto é, formam-se polímeros de tamanho pequeno. À medida que a temperatura continua aumentando, os pequenos polímeros formados podem reagir uns com os outros de forma inespecífica, provavelmente mediante ligações hidrofóbicas, formando grandes agregados que dão turbidez à solução ou, se esta for suficientemente concentrada, um gel. Se é o leite que sofre o tratamento térmico, a desnaturação ocorre da mesma forma, mas, nesse caso, a β-lactoglobulina deposita-se sobre a micela, ancorando-se firmemente mediante ligações dissulfeto com os restos –SH livres da κ-caseína. Como conseqüência disso, modificam-se as propriedades da micela, dificultando-se a coagulação por quimosina e formando-se uma coalhada mais mole. Ao mesmo tempo, dificulta-se a geleificação do leite durante sua concentração (Capítulo 3). Não se sabe com exatidão se outras proteínas do soro podem formar esse mesmo tipo de ligação, depositar-se sobre a superfície micélica e modificar igualmente as propriedades do leite.

SAIS

Sob a epígrafe *sais* serão englobados compostos não-ionizados e os que se encontram ou podem encontrar-se sob a forma de íons de baixo peso molecular no leite. Portanto, a referência não é apenas a sais minerais ou inorgânicos, mas incluem-se também alguns compostos orgânicos.

Os componentes majoritários são fosfatos, citratos, cloretos, sulfatos, carbonatos e bicarbonatos de sódio, potássio, cálcio e magnésio. Há outros elementos em quantidades menores, como cobre, ferro, boro, manganês, zinco, iodo, etc. O conteúdo total em sais é bastante constante: em torno de 0,7 a 0,8% do leite em peso úmido. Acrescentando-se a essa quantidade os pouco menos de 0,2 g/100 mL de sais orgânicos, resulta que cerca de 1% do leite seja constituído de sais.

Na Tabela 1.9, apresenta-se a composição salina do leite. Os elementos mais abundantes são potássio, cálcio, cloro, fósforo e citratos. As cifras indicadas são valores aproximados e não correspondem a uma determinada espécie ou a um momento de lactação concreto, etc.; por isso, talvez se encontrem algumas diferenças ao compará-las com as de outros textos.

Tabela 1.9 Composição média de sais (mg/100 mL) do leite de vaca

Sódio	50
Potássio	145
Cálcio	120
Magnésio	13
Fósforo	95
Cloro	100
Sulfatos	10
Carbonato (como CO_2)	20
Citrato	175

Tabela 1.10 Distribuição aproximada dos sais entre as fases solúvel e coloidal do leite fresco (pH = 6,8) de vaca (mg/100 mL)

	Total	Fase solúvel	Fase coloidal
Sódio	50	46 (92%)	4 (8%)
Potássio	145	133 (92%)	12 (8%)
Cálcio ionizado	120	40 (33%) 12 (100%)	80 (67%)
Magnésio	13	9 (67%)	4 (33%)
Fósforo	95	41 (43%)	54 (57%)
Cloro	100	100 (100%)	
Sulfatos	10	10 (100%)	
Citrato	175	164 (94%)	11 (6%)

Os sais do leite podem ser encontrados em solução ou em estado coloidal.

Distribuição dos sais entre as fases solúvel e coloidal

Na Tabela 1.10, apresenta-se a distribuição aproximada dos sais entre as fases solúvel e coloidal. Os únicos elementos que nunca são encontrados na fase coloidal são os ânions de ácidos fortes (cloreto e sulfato). Os demais, em proporções mais ou menos elevadas, estão distribuídos entre as duas fases. Os elementos mais abundantes na fase coloidal são o cálcio e o fósforo.

Os sais em estado solúvel são encontrados como íons livres e fazendo parte de complexos iônicos ou de complexos sem ionizar. No pH normal do leite, sempre se encontram na fase solúvel os íons Na^+, K^+, Cl^- e SO_4^{2-}, enquanto os sais dos ácidos fracos (fosfatos, citratos e carbonatos) estão distribuídos em várias formas iônicas. A concentração de cada uma delas depende fundamentalmente do pH do leite. Conhecendo esse pH e os pK dos equilíbrios que se estabelecem entre as diversas formas iônicas (Tabela 1.11), pode-se determinar aproximadamente a concentração relativa de cada íon, aplicando a equação de Henderson-Hasselback:

$$pH = pK + \log([sal]/[ácido]) \quad (1.1)$$

As formas iônicas existentes no leite de pH normal, no que se refere aos fosfatos, são $H_2PO_4^-$ (60%) e $HPO_4^=$ (40%). Para cada 16 moléculas de íon tricitrato, haverá uma de dicitrato. Os poucos carbonatos presentes aparecem em forma de bicarbonato. Além desses íons, também podem-se encontrar na fase solúvel complexos iônicos como $CaPO_4^-$, CaCitr⁻ ou $CaHCO_3^+$, e complexos não-iônicos que não se dissociam (p. ex., $CaHPO_4$, $MgHPO_4$).

Na Tabela 1.10, observa-se que cerca de dois terços do cálcio e um pouco mais da metade do fósforo do leite encontram-se em suspensão coloidal, formando parte da micela caseínica. Como já dissemos, o conjunto dos elementos minerais que fazem parte da micela é denominado CCP (ver Micela). Essa denominação pode induzir ao erro, pois parece indicar que o único componente mineral da micela é o fosfato cálcico, quando, de fato, embora esse composto seja majoritário, há também sódio, magnésio, potássio, citratos e outros elementos. O papel do CCP na micela é manter as submicelas unidas umas às outras. Postularam-se diversos mecanismos de união. A teoria mais aceita é a de que os restos seril-fosfato da cadeia protéica na periferia de uma submicela unem-se a um átomo de cálcio e este, por sua vez, fica unido ao CCP; o CCP se uniria a outra molécula de cálcio que estaria unida a outro fosfato de outra submicela. Ou seja, o CCP atuaria como ponte entre submicelas (ver Fi-

Tabela 1.11 pK dos equilíbrios entre as formas iônicas dos fosfatos, citratos e carbonatos

Ácido	pK_1	pK_2	pK_3
Cítrico	3,08	4,74	5,40
Fosfórico	1,96	6,83	12,32
Carbônico	6,37	10,25	

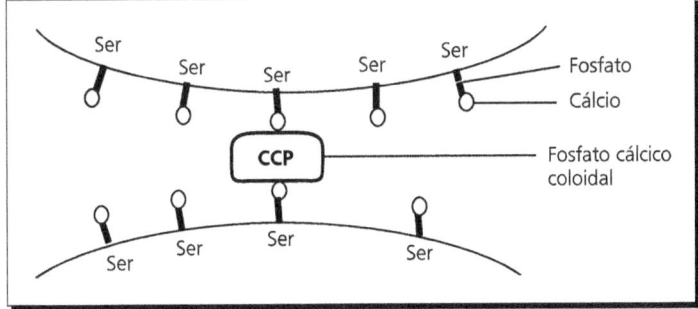

Figura 1.13 Representação esquemática da união de duas submicelas pelo fosfato cálcico coloidal (CCP).

gura 1.13). Não se conhece com certeza a estrutura do CCP. Dos diversos modelos propostos, podem ser destacadas as estruturas em forma de apatita [$3Ca_3(PO_4)_2 \cdot CaHCitrato^-$ ou $2,5Ca_3(PO_4)_2 \cdot CaHPO_4 \cdot 0,5Ca_3Citrato_2^-$], de hexafosfato de nonacálcio [$Ca_9(PO_4)_6$] e de brusita [$CaHPO_4 \cdot 2H_2O$].

A concentração do fosfato cálcico no leite é consideravelmente maior na solubilidade desses sais, encontrando-se em sobressaturação na fase aquosa do leite. O excesso encontra-se em estado coloidal na micela de caseína. Há um equilíbrio, denominado equilíbrio salino do leite, entre os fosfatos cálcicos em fase aquosa e em fase coloidal:

Fosfato cálcico
Fase aquosa ↔ Fase coloidal

Diversos fatores perturbam esse equilíbrio, trazendo conseqüências de grande interesse tecnológico:

— pH. A acidificação aumenta a solubilidade do fosfato cálcico. À medida que diminui o pH, o CCP vai se solubilizando, de tal forma que, em pH menor do que 4,9, praticamente todo o CCP já estará em fase aquosa. Nisso reside o fundamento da desestabilização micélica, como conseqüência da acidificação. A alcalinização tem efeito inverso.
— Adição de sais ao leite (a legislação permite a adição de citratos e fosfatos de sódio e potássio, entre outras substâncias, ao leite esterilizado, evaporado, etc., como amortecedores do pH):
  • Cátions divalentes. A adição de cálcio provoca aumento da concentração do Ca^{2+} na fase aquosa; logo se forma fosfato cálcico, que passa a fazer parte da micela (recorde-se que o fosfato cálcico estava em sobressaturação antes da adição do cálcio) em forma de CCP, diminuindo a concentração de íons fosfato (tanto o di como o monovalente) na fase aquosa. Como conseqüência, o pH diminui.
  • Fosfatos. A adição de Na_2HPO_4 ou k_2HPO_4 provoca a formação de CCP e a conseqüente diminuição da concentração de cálcio iônico em fase solúvel. Nesse caso, se a quantidade de fosfato adicionada não for elevada demais e a micela admitir todo o fosfato cálcico formado, o pH não tem por que mudar. Se, ao contrário, acrescentam-se polifosfatos (p. ex., hexametafosfato sódico) ao leite, estes quelam o cálcio, portanto, diminui a concentração de fosfato cálcico em fase aquosa, e permite-se a solubilização de CCP. Conseqüentemente, aumenta a concentração de fosfato iônico na fase aquosa e o pH aumenta.
  • Citratos. Ocorre praticamente o mesmo que no caso anterior. Os citratos reagem avidamente com o cálcio e, por isso, diminuem as concentrações de cálcio iônico e a de fosfato cálcico na fase aquosa, e dissolve-se o CCP. Também ocorre aumento do pH.
— Temperatura. A solubilidade do fosfato cálcico é muito dependente da temperatura. Diferentemente da grande maioria das substâncias, o fosfato cálcico é menos solúvel à medida que a temperatura aumenta. Por conseguinte, quando o leite esfria, parte do CCP se dissolve e passa à fase aquosa; com isso, aumenta a concentração de fosfatos em forma iônica, e o pH aumenta ligeiramente. O processo inverso, isto é, o aquecimento (pasteurização, esterilização) provoca o efeito contrário: insolubilização dos fosfatos cálcicos e diminuição do pH, que pode ter conseqüências práticas importantes; se à redução do pH própria do tratamento térmico associa-se acidez significativa da matéria-prima, as micelas podem desestabilizar-se e o leite coagular durante o processo de esterilização. Por isso, o

controle do pH ou da acidez antes dos tratamentos térmicos é um aspecto essencial.
— Concentração. Como já foi dito, a fase aquosa do leite está sobressaturada de fosfato cálcico. É evidente que ao se concentrar o leite (processo realizado na obtenção de leite concentrado, evaporado, condensado e em pó), parte do fosfato cálcico passará à micela em forma de CCP, o que implica perda de fosfato em forma iônica e, conseqüentemente, o pH diminuirá. Também é evidente que a diluição do leite terá o efeito contrário, alcalinizando-se ligeiramente.

Oligoelementos

Além dos componentes estudados até agora, o leite pode conter grande quantidade de elementos minerais em concentrações traço. Desses, alguns podem ser considerados como inerentes ao leite (zinco, ferro, cobre, manganês, etc.) e outros procedentes de contaminação (chumbo cádmio, mercúrio, etc.). As concentrações que podem atingir são: zinco (3 a 6 ppm), silício (1 a 6 ppm), iodo (0,01 a 0,3 ppm), bromo (~0,15 ppm), flúor (~0,15 ppm), manganês (0,01 a 0,03 ppm), selênio (0,01 a 0,03 ppm) e quantidades ainda menores de cromo, alumínio, molibdênio, etc. O ferro e o cobre merecem menção à parte, dado seu caráter prooxidante e a concentração que podem atingir em alguns produtos lácteos. Demonstrou-se que sua concentração no leite depende do sistema de coleta. Se ela fosse feita em vidro, a concentração desses metais seria consideravelmente menor do que a que se obtém com o sistema de coleta tradicional. A quantidade de ferro diminuiria de 1,5 a 2,4 para 0,6 a 1,2 ppm e a de cobre, de 0,2 a 0,8 para 0,2 a 0,4 ppm.

ENZIMAS

No leite de vaca, foram detectadas cerca de 60 enzimas diferentes cuja origem é difícil determinar. Em termos gerais, pode-se dizer que algumas procedem das células do tecido mamário, outras do plasma sangüíneo e outras, ainda, dos leucócitos do sangue. As enzimas são encontradas em baixas concentrações, mas sua atividade é tal que, por serem catalisadores bioquímicos, podem provocar importantes mudanças, inclusive em baixa concentração.

A importância do estudo das enzimas do leite se deve a diversas razões:

- Algumas são agentes que provocam a hidrólise dos componentes do leite (proteases, lipases, etc.)
- A sensibilidade ao calor de algumas delas é utilizada para controlar tratamentos térmicos (fosfatase alcalina e lactoperoxíidase).
- Sua origem serve como índice de contaminação microbiana (superóxido dismutase)
- Sua atividade bactericida pode inibir o crescimento microbiano (sistema lacto-peroxidase-tiocianato).
- Sua função biológica (lactose sintetase).

As enzimas do leite podem ser classificadas nos seguintes grupos:

Hidrolases

As principais enzimas desse grupo são:

Lipases

A principal enzima lipolítica da gordura é a *lipase* do leite; trata-se de uma glicoproteína (cujo peso molecular é de 62.000 a 66.000), que atinge sua maior atividade com pH de 7 a 8, embora seu intervalo de atuação seja bastante amplo; pode hidrolisar triglicerídeos de cadeia curta e longa, fosfolipídeos, monoglicerídeos e ésteres sintéticos. É termolábil, pois perde sua atividade a temperaturas de pasteurização. No item "Principais alterações que afetam os lipídeos", temos mais detalhes sobre essa enzima.

Proteases

A atividade proteolítica endógena do leite é representada por um sistema enzimático constituído por duas proteases diferentes: uma alcalina e outra ácida.

A *protease alcalina* ou *plasmina* é uma enzima de 48.000 dáltons e pH ótimo de atuação de 8. É uma proteína de atividade semelhante à tripsina e está associada às micelas da caseína. Sua atividade recai fundamentalmente sobre as caseínas β e $α_{s2}$ embora também se mostre ativa em face das caseínas κ e $α_{s1}$. A ação da plasmina pode causar graves defeitos nos produtos lácteos submetidos a tratamento UHT (sabor amargo e mudanças na viscosidade). A hidrólise que provoca na β-caseína dá origem às γ-caseínas.

A *protease ácida* apresenta ótima atuação em pH 4. Seu peso molecular é de 36.000, sendo mais termolábil que a protease alcalina. Sua ação está centrada preferencialmente na $α_{s1}$ caseína, gerando λ-caseínas.

Fosfatases

Esse grupo de enzimas hidrolisa os ésteres do ácido fosfórico. Foram identificadas duas fosfatases: alcalina e ácida.

A *fosfatase alcalina* está localizada majoritariamente na camada externa da membrana do glóbulo de gordura. É uma glicoproteína constituída por duas subunidades de 85.000 dáltons. Apresenta resistência aos tratamentos térmicos ligeiramente superior à da *Mycobacterium tuberculosis*, considerada, tradicionalmente, como a bactéria mais termorresistente entre as normalmente encontradas no leite. A destruição da enzima assegura o desaparecimento dos patógenos e a salubridade do leite; por isso, sua inativação é utilizada para controlar o processo de pasteurização. Entretanto, dada a importância da inativação térmica dessa enzima, é preciso levar em conta que depois de algum tempo de armazenamento observa-se uma reativação, provavelmente devido à reorganização interna da molécula parcialmente modificada durante o aquecimento.

A *fosfatase ácida* apresenta-se em concentração inferior à alcalina. Seu pH ótimo é de 4,5 e também está associada à membrana do glóbulo de gordura. Seu interesse tecnológico é bem menor do que o da alcalina.

Oxidases

As principais enzimas desse grupo são:

Lactoperoxidase

É uma glicoproteína (77.500 dáltons) com grupo um prostético *heme*, o que lhe confere a capacidade de catalisar as reações oxidantes dos ácidos graxos. Essa enzima transfere O_2 dos H_2O_2 a outros substratos:

$$H_2O_2 \rightarrow H_2O + O^-$$

Aparece associada às proteínas do soro do leite. A lactoperoxidase é mais resistente ao calor (80°C) que a fosfatase alcalina e, por isso, é utilizada também para controlar a pasteurização.

Contudo, a importância fisiológica e tecnológica da lactoperoxidase está em sua capacidade de inibir o crescimento de bactérias Gram positivas e Gram negativas. Assim, em presença de H_2O_2 e tiocianato (SCN^-), a lactoperoxidase catalisa a oxidação do tiocianato (sistema lactoperoxidase-tiocianato), produzindo substâncias ($OSCN^-$, O_2SCN^-, O_3SCN^-) que inibem a síntese de carboidratos e aminoácidos e, conseqüentemente, de proteínas, ADN e ARN, inibindo assim o crescimento microbiano.

Xantina oxidase (redutase de Schardinger)

É uma flavoproteína (275.000 dáltons) que se apresenta associada à membrana do glóbulo de gordura. Catalisa a oxidação da xantina, da hipoxantina, de aldeídos e de NADH. Durante esse processo, produz-se H_2O_2, que pode ser utilizado no sistema lactoperoxidase-tiocianato.

Catalase

Esta enzima possui um grupo *heme* (250.000 dáltons), que pode potencializar a oxidação dos ácidos graxos insaturados. Está associada às partículas lipoprotéicas da membrana do glóbulo de gordura. A catalase catalisa a reação:

$$2 H_2O_2 \rightarrow 2 H_2O + O_2$$

A determinação da catalase é um indicador indireto da qualidade higiênica do leite, visto que nos leites de vacas com mastite e no colostro é encontrada em quantidades superiores do que as do leite normal.

Superóxido dismutase

É uma metaloproteína (16.000 dáltons) constituída por duas subunidades que contêm, cada uma, um Cu e um Zn por mol. Catalisa a dismutação do ânion superóxido:

$$2 O_2^- + 2 H \rightarrow O_2 + H_2O_2$$

Esse ânion permite a formação de compostos oxidantes, como o oxigênio singlete e radicais hidroxila, que podem causar a oxidação dos lipídeos, a destruição das membranas biológicas e a degradação das macromoléculas.

Sulfidriloxidase

Esta enzima é constituída por várias subunidades, com peso molecular de 89.000. Sua principal missão é catalisar a formação de pontes dissulfeto a partir dos grupos sulfidrila livres.

Transferases

A transferase do leite que mais se destaca é a lactose sintetase, uma galactosiltransferase que catalisa a biossíntese da lactose (ver itens "Lactose" e "Proteínas do leite", neste capítulo).

VITAMINAS

No leite, estão presentes todas as vitaminas. As lipossolúveis (A, D, E) aparecem associadas ao componente graxo do leite e perdem-se com a eliminação de gordura. As vitaminas hidrossolúveis podem ser isoladas a partir do soro do leite; por isso, seu conteúdo reduz-se drasticamente no processo de elaboração dos queijos.

Na Tabela 1.12, apresenta-se o conteúdo em vitaminas dos leites humano e bovino. Pode-se dizer que o leite é uma excelente fonte de riboflavina, de vitamina B_{12}, de tiamina e

Tabela 1.12 Vitaminas dos leites bovino e humano

Vitamina	Conteúdo (mg/litro)		IDR (mg/dia)	
	Bovino	Humano	Lactentes	Adultos
Vitamina A	0,4	0,6	0,4*	1*
Caroteno	0,2	0,4		
Vitamina D	0,0006	0,0006	0,01	0,05
Vitamina E	0,98	6,64	3	10
Tiamina	0,44	0,16	0,3	1,4
Riboflavina	1,75	0,36	0,4	0,6
Niacina	0,94	1,47	6	18
Ácido pantotênico	3,46	1,84	2	
Piridoxina	0,64	0,1	0,3	2,2
Biotina	0,031	0,008	0,035	
Ácido fólico	0,05	0,05	0,03	0,4
Cianocobalamina	0,0043	0,0003	0,0005	0,003
Vitamina C	21,2	43	35	60
Colina	121	90		
Mio-inositol	50	330		

IDR: Ingestão diária recomendada.
*Equivalentes de retinol, 1 µg retinol = 6 µg de β-caroteno.

de vitamina A. A vitamina D e o ácido fólico aparecem em quantidades pequenas. Embora normalmente o leite não seja considerado boa fonte de vitamina C, com o processamento adequado talvez se possa reter o suficiente dessa vitamina para que sua concentração no leite proporcione quantidade significativa dela à dieta.

Na Tabela 1.13, apresenta-se a perda aproximada de algumas vitaminas com os tratamentos térmicos aplicados ao leite. Os mais intensos, como a esterilização hidrostática ou a desidratação, provocam perdas significativas de muitas vitaminas, sobretudo da B_{12}, da qual o leite é uma fonte importante.

A significativa contribuição das vitaminas ao valor nutritivo do leite (Tabela 1.14), o conhecimento das causas de sua degradação e o uso de métodos para reduzir ao mínimo as perdas (processamento a alta temperatura e tempo curto ou a exclusão do oxigênio e da luz durante o armazenamento) devem permitir que, no futuro, sejam obtidos produtos lácteos estáveis, seguros e quase inalterados em relação aos nutrientes originais.

Tabela 1.13 Perda aproximada (%) de algumas vitaminas após o tratamento térmico do leite

Processo	Tiamina	Riboflavina (1)	Piridoxina	Cianocobalamina (2)	Ácido ascórbico (3)
Pasteurização HTST (4)	10	0	0	0	25
Pasteurização + Ebulição (5)	10	10	10	5	30-70
Esterilização:					
Hidrostática (6)	40	0	50	80-100	60
UHT direto	10	0	10	5	30
UHT indireto	10	0	10	5	30 (7)
Leite evaporado (6)	50	0	60	80-100	80
Leite condensado (8)	20	0	10	30	30
Leite em pó (9)	10	0	10	15	40

(1) Esta vitamina é fotolábil. A exposição à luz causa perdas. É importante o tipo de embalagem. (2) Pode-se perder até 20% durante o armazenamento prolongado. (3) Pode-se perder em sua totalidade em armazenamento prolongado. (4) Considera-se que possui a mesma riqueza que o leite cru, exceto em vitamina C. (5) Se, além disso, é fervido sem agitação, perde-se de 10 a 15% do cálcio (deposita-se no fundo do recipiente). (6) Ocorrem ainda outros fenômenos, como o escurecimento não-enzimático. (7) A perda durante o armazenamento é mais rápida por esse procedimento, pois a eliminação do ar não pode ser feita de modo eficaz. (8) Tem alto valor energético pelo açúcar adicionado. (9) Quando se utiliza o método dos cilindros, as reações de escurecimento não-enzimático são muito intensas.

Tabela 1.14 Ingestão diária recomendada e porcentagem aproximada de proteínas, vitaminas e minerais proporcionados por 500 mL de leite

	Crianças		Adultos	
	IDR	% aporte	IDR	% aporte
Proteínas (mg)	30	37	56	23
Vitamina A (µg RE)	500	47	1.000	47
Vitamina D (µg)	10	1	5	
Vitamina C (mg)	450	14	60	8
Tiamina (mg)	0,9	32	1,4	15
Riboflavina (mg)	1	100	1,6	43
Cianocobalamina (mg)	2,5	100	3	
Ca (mg)	800	100	800	75
P (mg)	800	60	800	48
Fe (mg)	10	2,5	10	1,6

IDR: Ingestão diária recomendada. RE: retinol. Crianças: 5 a 7 anos. Adultos: 25 a 30 anos.

REFERÊNCIAS BIBLIOGRÁFICAS

ALAIS, C.H. (1985): *Ciencia de la leche*. Reverté. Barcelona.
FOX, P. F. (1992): *Advances in Dairy Chemistry: Proteins, vol. 1*. Elsevier Applied Science Publishers. Londres.
FOX, P. F. (1994): *Advances in Dairy Chemistry: Lipids, vol. 2*. Elsevier Applied Science Publishers. Londres.
FOX, P. F. (1996): *Advances in Dairy Chemistry: Lactose, water, salts and minor constituents, vol. 3*. Elsevier Applied Science Publishers. Londres.
PADLEY, F. B.; GUNSTONE, F. D. y HARWOOD, J. L. (1992): *The lipid handbook*. Chapman & Hall. Londres.
SCHMIDT, G. H. (1974): *Biología de la Lactación*. Acribia. Zaragoza.
WALSTRA, P. y JENNESS, R. (1986): *Química y física lactológica*. Acribia. Zaragoza.

RESUMO

1 O leite é uma mistura de substâncias das quais algumas encontram-se em emulsão (gordura), outras em suspensão (caseínas e alguns sais) e o restante em solução (lactose, proteínas do soro, sais, etc.)

2 A lactose é um dissacarídeo fermentável, de reduzido poder edulcorante, pouco solúvel em água, que pode cristalizar em alguns produtos lácteos. Em determinadas ocasiões, essa cristalização é desejável para a elaboração de determinados produtos, mas deve ser controlada para que se produza na forma adequada. A lactose é o substrato que as bactérias lácticas utilizam durante a fabricação de leites fermentados e queijos.

3 A gordura do leite aparece formando glóbulos, compostos por uma membrana lipoprotéica externa e em cujo interior há, fundamentalmente, triglicerídeos. Para evitar a separação da gordura, recorre-se à homogeneização, processo que diminui o tamanho dos glóbulos. O conhecimento das propriedades físicas da gordura é de grande importância para poder conferir a alguns produtos lácteos, como sorvetes e manteigas, sua estrutura característica.

4 As proteínas do leite são classificadas em solúveis a pH 4,6 (proteínas do soro) e insolúveis (caseínas). Entre as primeiras, as mais importantes no leite de vaca são a α-lactoalbumina e a β-lactoglobulina, que se caracterizam, entre outras propriedades, por sua termolabilidade. Por outro lado, as caseínas são muito termorresistentes, tolerando tratamentos esterilizantes sem que se produzam mudanças estruturais e sensoriais muito evidentes. Algumas modificações em sua estrutura (por acidificação ou tratamentos com determinadas proteases) podem induzir à formação de gel, o que constitui o fundamento da fabricação de iogurte e queijo.

5 Os sais majoritários do leite são fosfatos, citratos, cloretos, sulfatos e carbonatos de sódio, potássio, cálcio e magnésio. A maior parte deles está distribuída entre as fases aquosa e coloidal do leite, com um sutil equilíbrio entre ambas. Qualquer mudança no leite (acidificação, tratamentos térmicos, adição de determinadas substâncias, etc.) pode modificar o equilíbrio e induzir mudanças nas propriedades do leite.

6 Existem mais de 60 enzimas no leite. As que mais se destacam são hidrolases, como lipases, proteases e fosfatases (a alcalina é utilizada para controlar a pasteurização do leite), oxidases (lactoperoxidase, xantina, oxidase, catalases, superóxido dismutase, sulfidriloxidase) e transferases, como responsáveis pela síntese da lactose.

7 No leite encontram-se todas as vitaminas e muitos minerais. Esse alimento é uma excelente fonte de cálcio, riboflavina, vitamina B_{12}, tiamina e vitamina A, mas é deficitário, sobretudo, em vitamina D, folatos e ferro.

CAPÍTULO 2

Microbiologia do leite

Neste capítulo são estudados os microrganismos que podem estar presentes no leite cru e nos diversos produtos lácteos. Ao mesmo tempo, é analisada a transcendência que têm, em laticínios, os diferentes grupos microbianos.

TAXA TOTAL, TIPO E ORIGEM DE BACTÉRIAS DO LEITE CRU

Por sua composição química, o leite é um alimento de extremo valor na dieta humana, mas, pela mesma razão, constitui excelente substrato para o crescimento de grande diversidade de microrganismos heterótrofos que, como o homem, utilizam os princípios nutritivos presentes nesse alimento. A atividade de alguns microrganismos que contaminam o leite é claramente benéfica para o homem, visto que eles participam ativamente das mudanças físicas, químicas e organolépticas que ocorrem no leite ao se preparar os diversos produtos lácteos por ele consumidos. Por outro lado, a atividade microbiana incontrolada é prejudicial e leva à alteração deste, tornando-o inadequado para o consumo. Em outros casos, os microrganismos patogênicos presentes no leite podem causar graves problemas à saúde humana.

O leite, mesmo o que procede de animais saudáveis, sempre contém uma série de microrganismos cuja taxa é muito variável (10^3-10^6 fc/mL), dependendo das medidas higiênicas que tenham sido adotadas durante a ordenha e das condições de armazenamento na granja, nos centros regionais de coleta e nas centrais. A taxa e os tipos de microrganismos que o leite cru possui ao chegar à central decorrem de três fontes principais: o interior do úbere, o exterior do úbere e os equipamentos e outros utensílios utilizados em laticínios.

É difícil saber a procedência dos microrganismos mediante as contagens microbianas. A contagem total de aeróbios nunca indica a fonte dos microrganismos contaminadores, e é necessário recorrer à contagem de grupos específicos (psicrotróficos, termodúricos, esporulados, estreptococos, coliformes, etc.). De qualquer maneira, a Federação Internacional de Laticínios (FIL-IDF) estabeleceu que uma contagem total superior a 10^5 ufc/mL indica que o leite foi obtido em condições higiênicas insatisfatórias, enquanto um valor inferior a esse indica que a higiene foi adequada durante a ordenha e as manipulações posteriores. Em alguns países, adotou-se a qualificação de Grau A ou Grau 1 para o leite cru que apresenta contagem total inferior a 10^5 ufc/mL; trata-se de uma norma muito rígida dificilmente atingida, pelo menos na Espanha e em outros países de clima quente. Contudo, esse é o objetivo que se propõe a União Européia. Com a introdução da refrigeração nas granjas, o transporte isotérmico até os centros regionais de coleta e às centrais e o armazenamento nas mesmas condições, também sob refrigeração, está se conseguindo reduzir a taxa microbiana a valores próximos àqueles.

Microbiota do interior do úbere

No interior do úbere, mesmo que o animal esteja saudável, sempre existem bactérias banais que contaminam o leite no momento da ordenha. Essa carga original é pequena, e consiste principalmente de micrococos e bactérias corineformes (30 a 90%) e de estreptococos (0 a 50%), mas também pode haver grande variedade de bactérias Gram positivas esporuladas ou não, e Gram negativas, embora em taxas que geralmente não ultrapassam 10%.

Se o animal estiver doente, os microrganismos podem atingir o interior do úbere por via endógena, como no caso de *Mycobacterium tuberculosis* e das brucelas, e se estiver com mastite, encontra-se no interior do úbere grande quantidade do agente etiológico responsável.

Contaminação externa do leite

Desde o momento que sai do úbere, o leite fica exposto a contaminações posteriores. A taxa original do leite procedente de um animal saudável (aproximadamente 10^3 ufc/mL) multiplica-se imediatamente, após chegar ao exterior por um fator 10 ou 100 mL se o leite é obtido com alguma higiene, e o número de bactérias pode ultrapassar o nível de 10^6 ufc/mL se não forem respeitadas as condições mínimas de higiene.

Uma das fontes mais importantes é constituída pelo exterior das tetas; se estiverem sujas de terra, de esterco, de material das camas, etc. (que podem ter carga microbiana de até 10^8-10^9 ufc/g) causam grande contaminação do leite, podendo produzir contagens superiores a 10^5 ufc/mL, mas quando são limpas e secas cuidadosamente antes da ordenha, a taxa de bactérias do leite reduz-se consideravelmente.

O ar, desde que os locais estejam limpos e evitem-se as correntes, contribui pouco para a contaminação do leite. Nessas condições, não costuma haver mais de uma centena de microrganismos (principalmente micrococos, esporos e bactérias corineformes) por litro de ar. Além disso, se a ordenha é mecânica, fica mais difícil aos microrganismos chegarem ao leite.

Se a ordenha é manual, a pessoa que a realiza pode proporcionar quantidade variável de microrganismos. Nesse caso, a maior importância reside no risco de patógenos que podem chegar ao leite procedentes do ordenhador.

As águas utilizadas para limpeza dos utensílios são outra fonte de contaminação do leite. Mesmo sendo potável, pode ocorrer contaminação da água em tanques de armazenamento insuficientemente protegidos de pássaros, insetos, pó, etc.

O tipo de microrganismo que provém dessas fontes é muito variável: esporos (solo, ar, camas, silo, etc.), coliformes (esterco, camas, água, etc.), estreptococos fecais (esterco, águas), micrococos (pêlos, ar), bactérias psicrotróficas (camas, forragem, água), bactérias lácticas (alimentos verdes), patógenos (do animal, da pessoa que ordenha), etc.

Equipamento de ordenha e outros utensílios

Quando se asseguram as condições higiênicas adequadas durante a ordenha, as ordenhadeiras, as tubulações, os tanques refrigerantes, as cântaras, etc., constituem as principais fontes de contaminação do leite nas instalações modernas. Pode haver milhões de bactérias nas paredes dos utensílios mal-lavados e mal enxutos. Os microrganismos mais comuns que provêm desse material são bactérias lácticas e psicrotróficas, sendo comum a presença de coliformes em grandes quantidades. Portanto, para evitar a contaminação geral do leite, é preciso fazer limpeza exaustiva de cântaras, máquinas, tubulações e tanques, e, inclusive, fazer uma verdadeira esterilização ou desinfecção destes (com vapor, ebulição controlada, aplicação de desinfetantes, etc.).

Um fator importante a considerar é a temperatura. Quando o leite sai do úbere, sua temperatura é muito favorável ao crescimento microbiano. É necessário criar rapidamente condições que inibam sua proliferação, o que em geral é feito mediante o resfriamento do leite. O ideal é que as granjas disponham de tanques refrigerados para reduzir rapidamente a temperatura do leite a valores inferiores à faixa de 5 a 8°C e mantê-la assim até o momento da coleta. Com isso, inibe-se eficazmente o desenvolvimento das bactérias lácticas e de outras de crescimento rápido, como os coliformes. Contudo, proliferam-se as psicrotróficas cujas repercussões serão estudadas mais adiante.

De qualquer modo, até o momento do transporte e durante ele, a taxa total de bactérias aumentará e virão outras bactérias procedentes das paredes das cisternas transportadoras. Se a temperatura em que se realiza o transporte não for muito baixa, multiplicam-se principalmente as bactérias lácticas, os coliformes e outras mesófilas, mas se for baixa (inferior a 8 até 10°C) proliferam as psicrotróficas.

COLETA, ARMAZENAMENTO E TRANSPORTE DE LEITE CRU

Após a ordenha, o leite é mantido na granja em cântaras ou em tanques refrigerados até ser transportado aos centros de coleta, às centrais leiteiras ou a outros centros de processamento do leite.

Nas regiões produtivas de clima temperado ou frio, o leite normalmente é coletado uma vez por dia, e costuma-se resfriá-lo com água à temperatura mais baixa possível, o que depende do método de resfriamento utilizado e da temperatura da água disponível. No verão, parte do leite obtido pode permanecer por tempo considerável a temperaturas elevadas, da ordem de 20 a 25°C, sendo aconselhável coletá-lo duas vezes ao dia para evitar crescimento abundante da microbiota mesófila. Um período de 6 horas pode ser suficiente para que a acidez aumente a níveis indesejáveis. Ao chegar ao seu destino, o leite é resfriado a temperaturas de até 5°C ou inferiores, e assim permanece armazenado até seu processamento; não deveria permanecer nessas condições mais do que 24 a 48 horas, mas isso nem sempre é possível.

Quando se coleta o leite a granel (de mistura), o normal deve ser refrigerá-lo imediatamente após a ordenha mediante um trocador de calor intercalado no circuito ou mediante o emprego de tanques com refrigeração. A coleta do leite, que pode ser diária ou em dias alternados, é feita em caminhões equipados com cisternas isotérmicas que recolhem o leite produzido em diversas granjas. Por isso, há o risco de que um problema não-detectado no leite procedente de uma das granjas possa alterar a totalidade de sua carga. Ao chegar a seu destino, o leite refrigerado na granja, quando não utilizado de imediato, é transferido para silos de armazenamento, alguns com capacidade de até 100.000 litros ou mais, onde é mantido refrigerado até seu tratamento térmico ou processamento. Dados adicionais sobre a coleta e o transporte do leite cru podem ser encontrados no RD 1679/94 (*BOE* 24/09/94).

O tipo de microbiota inicial, a taxa, a temperatura e o tempo de armazenamento são parâmetros que influem na proliferação das bactérias durante o armazenamento em estado cru. Por essa razão, só é possível fazer generalizações acerca das mudanças na microbiota durante o transporte e o armazenamento em centros de coleta e centrais. Contudo, a temperatura talvez seja um dos fatores mais importantes. Na temperatura de 25 a 30°C, a microbiota láctica e os coliformes são os microrganismos mais abundantes, mas, dado que a maioria das cepas e espécies dessas bactérias é mesófila, seu crescimento é eficazmente inibido ao se resfriar o leite, tanto mais quanto mais baixa for a temperatura, que não deveria ser superior à faixa de 4 a 5°C. Assim, a microbiota psicrotrófica encontra grande oportunidade de proliferar-se, e é essa microbiota que atingirá as maiores taxas. Nessa microbiota costumam prevalecer as bactérias aeróbias Gram negativas por serem as de crescimento mais rápido. Esses microrganismos não têm efeitos consideráveis uma vez que seu número não exceda valores da ordem de 10^7 ufc/mL; por isso, o leite pode apresentar aspecto normal durante vários dias, embora tenha sido elaboradas enzimas extracelulares que causam grandes problemas posteriormente (ver mais adiante).

De maneira geral pode-se dizer que em uma amostra de leite com taxa inicial de bactérias da ordem de 10^4 ufc/mL, que já na granja é resfriado a 4°C, e durante o transporte e o armazenamento não passa de 5 a 6°C (são condições excepcionais), depois de 3 a 4 dias sua taxa pode ter-se multiplicado por um fator 100, que ultrapassa o objetivo da UE. A microbiota será composta por bactérias psicrotróficas, e entre elas prevalecerão, quase sempre, as pseudomonas. Isso pode variar, visto que depende das espécies e da quantidade presente originalmente no leite. Dada a proliferação tão rápida dessas bactérias, permitiu-se a aplicação do tratamento térmico chamado de *termização* (63°C durante 15 segundos mediante trocadores de calor), a fim de manter o nível de bactérias psicrotróficas o mais baixo possível, minimizando, assim, os efeitos decorrentes da elaboração de enzimas extracelulares.

GRUPOS MICROBIANOS MAIS IMPORTANTES EM LATICÍNIOS E SUAS REPERCUSSÕES NO LEITE E EM PRODUTOS LÁCTEOS

Quando o leite chega à central leiteira, à queijaria, etc., sempre contém abundante e variada microbiota procedente das fontes estudadas anteriormente. Existem microrganismos termófilos, mesófilos e psicrotróficos; destes, a maioria é termolábil, mas alguns são termodúricos. Entre eles, alguns possuem β-galactosidase e/ou P-β- galactosidase, capazes, portanto, de metabolizar ativamente a lactose, o principal carboidrato do leite; alguns elaboram proteases, podendo atacar as proteína do leite, e outros produzem lipase e, por isso, podem degradar a gordura; há outros que não se desenvolvem bem no leite, que se comporta como um simples veículo; há, ainda, os patógenos, que podem causar graves problemas ao consumidor.

O estudo detalhado de uma microbiota tão complexa pode ser orientado a partir de diferentes pontos de vista. A maioria dos tratados clássicos de laticínios leva em conta as características fisiológicas, bioquímicas e morfológicas, isto é, segue uma ordem taxonômica; um estudo dessa natureza não reflete a importância e as repercussões dos diferentes grupos no leite e nos produtos lácteos. O estudo também pode ser feito conforme os elementos que predominam nos diferentes produtos lácteos; é o que faz o livro de Robinson (1987). A análise dos microrganismos do leite e de seus produtos realizada dessa forma dá uma idéia muito clara dos microrganismos mais importantes em cada produto, mas talvez se preste a muitas repetições desnecessárias, dado que uma determinada bactéria pode exercer a mesma função em diferentes produtos lácteos; por exemplo, *Lactococcus lactis* subsp. *lactis* biovar *diacetylactis* (de forma abreviada, *Lc. diacetylactis*) contribui para o sabor e o aroma da manteiga e de alguns tipos de queijos frescos. Por tudo isso, elaborou-se uma classificação funcional dos microrganismos mais importantes em laticínios, isto é, observando os efeitos que podem ter sobre o leite e os produtos lácteos. Foram classificados em: bactérias lácticas, bactérias esporuladas, bactérias psicrotróficas, bactérias de origem fecal, microrganismos patogênicos e miscelânea.

Bactérias lácticas

Podem ser classificadas como se observa na Tabela 2.1. A importância das bactérias lácticas deve ser examinada sob dois pontos de vista totalmente opostos, já que podem comportar-se como microrganismos deletérios ou benéficos. A ação deletéria deve-se ao fato de que metabolizam a lactose produzindo ácido láctico, que, ao acumular-se no leite, causa

Tabela 2.1 Principais bactérias lácticas de interesse em laticínios

1. HOMOFERMENTATIVAS

Lactococcus
    Lc. lactis subsp. *cremoris*: Queijos, alguns leites fermentados
    Lc. lactis subsp. *lactis*: Queijos, alguns leites fermentados
    Lc. lactis subsp. *lactis* biovar *diacetylactis*: Queijos moles, manteiga, creme ácido, nata fermentada

Streptococcus
    St. thermophilus: Iogurte, skyr, queijos duros de massa cozida

Lactobacillus
    Lb. delbruckii subsp. *bulgaricus*: Iogurte, nata fermentada, leite búlgaro, koumis
    Lb. lactis: Queijos duros de massa cozida
    Lb. helveticus: Queijos duros de massa cozida
    Lb. acidophilus: Leite acidófilo, koumis, probiótico
    Lb. kefir: Kefir

2. HETEROFERMENTATIVAS

Leuconostoc
    Le. mesenteroides subsp. *cremoris*: Queijos, creme ácido, manteiga, nata fermentada
    Le. mesenteroides subsp. *dextranicum*: Kefir

Lactobacillus
    Lb. brevis: Kefir

3. HETEROFERMENTATIVAS FACULTATIVAS

Lactobacillus
    Lb. casei: Queijos semiduros e duros
    Lb. plantarum: Queijos semiduros e duros
    Lb. kefir: Kefir

Bifidobacterium
    Bf. bifidum: Probiótico
    Bf. longum: Probiótico

---

redução do pH, e quando alcança um valor em torno de 4,6 (a temperatura ambiente) provoca precipitação das caseínas; com isso, produz-se alteração no leite. Normalmente, o leite cru é o produto mais afetado. No leite cru é necessário, portanto, deter a proliferação das bactérias lácticas, o que se consegue eficazmente mediante a refrigeração, já que são bactérias mesófilas ou termófilas, parando de proliferar ativamente abaixo de 8 a 10°C.

Todas as bactérias lácticas podem degradar a lactose e, portanto, ser responsáveis por essa ação deletéria. Contudo, as mais envolvidas costumam ser *Lactococcus lactis* subsp. *cremoris* e *Lactococcus lactis* subsp. lactis (de forma abreviada, *Lc. cremoris* e Lc. lactis por duas razões: porque se encontram sempre em taxas muito altas e porque seus tempos de geração são mais curtos no pH usual (6,7 a 6,8) do leite fresco. Colaboram com elas outras bactérias, se estiverem presentes, não classificadas como lácticas, mas que metabolizam a lactose, principalmente coliformes e enterococos.

Os efeitos benéficos das bactérias lácticas residem principalmente em três ações:

- Atacam a lactose produzindo ácido láctico
- Participam das degradações protéicas que acontecem durante os processos de maturação
- Produzem diacetil acetaldeído, etc., a partir de citrato (*Lactococcus diacetylactis* e *Leuconostoc cremoris*).

Todas as bactérias indicadas na Tabela 2.1 são de interesse na indústria láctea. Na mesma tabela mostra-se, de forma resumida, em que produtos são mais importantes.

Essas bactérias, isoladas originalmente de diversos produtos fabricados de forma artesanal, foram muito bem selecionadas, e atualmente fazem parte dos chamados cultivos iniciadores, cujo destino é a adição ao leite pasteurizado para a preparação dos diversos produtos lácteos apresentados na Tabela 2.1.

Bactérias esporuladas

Na microbiota do leite, pode haver formas esporuladas, principalmente dos gêneros *Bacillus* e *Clostridium*. Em laticínios a importância da presença de esporos no leite tem duas fontes: uma relacionada com os leites esterilizados e a outra com os queijos duros e semiduros.

O conceito de leite esterilizado, independentemente do método que se empregue para obtê-lo, implica chegar à estabilidade microbiológica, o que se consegue mediante tratamentos térmicos que pretendem a destruição de todos os microrganismos viáveis, incluídos os esporulados. Quando se deseja preparar um leite microbiologicamente estável, é necessário reduzir as formas bacterianas mais termorresistentes, os esporos, a níveis estatisticamente desprezíveis, o que só pode ser alcançado submetendo o leite a tratamento térmico com temperatura bastante superior a 100°C.

Durante muitos anos, a única forma de esterilizar um alimento era colocá-lo, não-estéril, em embalagens não-estéreis que, em seguida, eram lacradas e, posteriormente, submetidas, em autoclaves, à ação do calor. No caso particular do leite, observou-se que aplicar o conceito 12D, referente a *Clostridium botulinum* (ver Volume 1, Capítulo 8), não era suficiente para assegurar a estabilidade do leite do ponto de vista microbiológico. Isso porque havia outros esporos mais termorresistentes que as de *Cl. botulinum*, como é o caso dos de *Bacillus stearothermophilus*, ou porque outros com a mesma termorresistência que este eram encontrados normalmente em taxas muito maiores (*B. subtilis* e *B. cereus*), razão pela qual, dada a natureza logarítmica da destruição dos microrganismos pelo calor, não era possível conseguir a esterilidade comercial.

Embora esse problema tenha sido resolvido mediante a aplicação de tratamentos térmicos mais intensos, observou-se que, durante as esterilizações convencionais em autoclaves, ocorria uma série de reações que conferiam ao leite características sensoriais indesejadas (modificações da cor e do sabor como conseqüência das reações de escurecimento não-enzimático), ao mesmo tempo em que se perdia parte do valor nutritivo (desativação parcial de algumas vitaminas, perda de lisina, etc.). Por isso, desenvolveram-se os processos de esterilização atuais, que são conhecidos como UHT (*ultra high temperature*). Devido à maior inclinação do gráfico de termodestruição dos esporos em relação ao gráfico da velocidade das reações químicas dependentes da temperatura (ver Capítulo 3), os tratamentos UHT apresentam maior eficácia esporicida e, ao mesmo tempo, são menos prejudiciais no que se refere às modificações das propriedades sensoriais e às perdas do valor nutritivo. As combinações tempo-temperatura utilizadas nos tratamentos esterilizantes do leite foram calculadas de acordo com a termorresistência dos esporos de *B. stearothermophillus* e *B. subtilis*.

Em relação aos queijos duros e semiduros, os esporos que adquirem maior importância são os de algumas espécies do gênero *Clostridium*. A pasteurização do leite não destrói as formas esporuladas e, por isso, se estiverem presentes nele, passarão ao queijo. Em determinadas condições, podem germinar e proliferar-se, gerando gás como um dos produtos resultantes de seu metabolismo. Esse gás é prejudicial ao queijo, provocando o inchamento que é conhecido como *inchamento tardio*. Essa alteração é particularmente importante nos queijos semiduros e duros. A espécie que em geral está envolvida é *Cl. tyrobutyricum* cujos esporos procedem do alimento armazenado.

Bactérias psicrotróficas

As bactérias psicrotróficas adquiriram grande importância a partir das observações, não muito antigas (década de 1970), de cientistas da Universidade de Lund, que revelaram a presença de proteases ativas no leite esterilizado, produzidas por pseudomonas que contaminavam o leite cru.

Os métodos atuais de coleta de leite nas granjas em tanques refrigerados (igual ou menor a 5°C), seu transporte às centrais leiteiras em cisternas isotérmicas (ou previamente a centros regionais de coleta onde é mantido em refrigeração até ser transportado à central) e sua manutenção nas centrais, também sob refrigeração, durante horas (às vezes mais de 24 horas) tornaram possível aumentar a vida útil do leite cru em alguns dias antes do tratamento térmico. Contudo, a aplicação de frio acarretou outros tipos de problemas graves decorrentes da oportunidade que se apresenta às bactérias psicrotróficas de proliferar-se, podendo atingir níveis tais que chegam a produzir por elas mesmas e, sobretudo, por suas enzimas extracelulares, efeitos indesejáveis.

As bactérias psicrotróficas encontradas no leite e nos produtos lácteos não constituem um grupo taxonômico específico. As cepas descritas pertencem aos dois grandes grupos de bactérias (Gram positivas e Gram negativas), e foram incluídas em pelo menos 15 gêneros. Nessa diversidade, normalmente predomina *Pseudomonas* spp., e quase invariavelmente detectam-se *Flavobacterium* spp., *Acinetobacter* spp. e enterobactérias embora em proporções menores.

As bactérias psicrotróficas são francamente termolábeis, muito mais que as bactérias lácticas; por isso, sua taxa sempre se reduz a valores estatisticamente desprezíveis durante os tratamentos de pasteurização HTST. Contudo, as proteases e as lipases extracelulares produzidas por algumas cepas, particularmente pseudomonas (justamente as que predominam), são verdadeiramente termorresistentes, não sendo desativadas totalmente nem mesmo com os tratamentos térmicos utilizados na esterilização do leite mediante processos UHT. A termorresistência das lipases e das proteases das pseudomonas psicrotróficas é muito maior (mais de 100 vezes a temperaturas usuais no processo UHT) que a dos esporos mais termorresistentes (os de *B. stearothermophilus*).

A conseqüência da grande termoestabilidade das proteases e das lipases elaboradas pelas bactérias psicrotróficas é que elas podem continuar agindo nos produtos já elaborados se as condições de temperatura de armazenamento e pH do produto forem favoráveis, dando margem a degradações do material protéico e lipídico nos produtos (leite UHT, queijo, manteiga, etc.) e derivados lácteos (batidas, sorvetes, etc.), que ficam armazenados durante longos períodos. O resultado dessas atividades enzimáticas manifesta-se pelas modificações das propriedades sensoriais desses produtos que podem ser recusados pelo consumidor.

As proteases atacam principalmente a β-caseína e a κ-caseína, resultando no aparecimento de sabores amargos e no aumento da viscosidade do leite. É difícil determinar o tempo de armazenamento do produto para que se verifiquem essas alterações, mas algumas experiências realizadas a respeito indicam que concentrações de bactérias psicrotróficas de cerca de 10^6 ufc/mL no leite cru elaboram quantidade de proteases capaz de dar margem ao aparecimento, no leite UHT, das alterações mencionadas, em períodos inferiores a 20 semanas.

O substrato das lipases é constituído por triglicerídeos do leite, que são o componente majoritário da gordura (em torno de 98% dela), cuja ligação éster é rompida com a conseqüente liberação de ácidos graxos. Quando há taxa excessiva de ácidos graxos livres de baixo peso molecular, particularmente ácido butírico, aparecem os sinais típicos da rancificação hidrolítica. Também é difícil estabelecer a taxa de bactérias psicrotróficas do leite cru e o tempo necessário para que apareçam os sinais de rancificação no leite UHT ou em outros produtos lácteos. Afirmou-se que, quando o leite cru apresenta uma carga de bactérias psicrotróficas não excessivamente alta (em torno de 10^5 ufc/mL), no leite UHT começa-se a perceber leve sabor de ranço entre 32 e 88 dias de armazenamento em temperatura ambiente. Essas contagens e outras ainda maiores são comuns nos tanques de leite cru.

As repercussões da presença de bactérias psicrotróficas constituem, portanto, um problema para a indústria láctea atual, cuja solução exigirá inúmeras pesquisas, visto que até o momento não se conseguiu um método eficaz para combatê-lo. O único meio disponível para evitar a presença de bactérias psicrotróficas no leite cru, em proporções elevadas, baseia-se nos seguintes pontos: *a)* A obtenção do leite de forma higiênica. *b)* O resfriamento imediato (antes de 2 horas) do leite cru até 4°C ou menos. *c)* A manutenção dessa temperatura até o momento do tratamento na central, que deve ser realizado antes de 48 horas de sua chegada. *d)* Limpeza e esterilização efetivas dos equipamentos utilizados na produção, coleta e transporte do leite. Recentemente, como se comentou antes, foi autorizado o emprego da termização para manter a taxa de bactérias psicrotróficas o mais reduzida possível.

Bactérias de origem fecal

A presença de taxas elevadas de bactérias fecais no leite cru é um indicador de obtenção e de manipulação do leite em condições higiênicas deficientes. Os coliformes metabolizam a lactose, produzindo, entre outras substâncias, ácido láctico e dióxido de carbono. O primeiro, junto com o que é produzido pelas bactérias lácticas, provoca aumento da acidez do leite. Portanto, os coliformes colaboram com os lactococos na alteração do leite cru por acidificação. Combate-se esse efeito mediante a refrigeração do leite, com o que se inibe eficazmente o crescimento de todas essas bactérias. O CO_2 produzido pelos coliformes adquire importância nos queijos. Os coliformes proliferam-se ativamente nos primeiros dias de maturação, e o CO_2 produzido fica retido na massa do queijo, dando lugar à formação de grande número de pequenos buracos. Se o número de coliformes é excessivo, o gás gerado pode causar o inchamento do queijo; é o que se conhece com o nome de *inchamento precoce* dos queijos. Quando a maturação avança, o pH terá descido a valores suficientes para deter o desenvolvimento dos coliformes, de tal maneira que, depois de 2 a 3 meses de maturação, não se detectam mais coliformes (ou detectam-se em níveis muito baixos).

De outro ponto de vista, os coliformes são importantes porque algumas cepas são patogênicas, como *Escherichia coli* enteropatogênica, podendo representar perigo para a saúde.

O *inchamento precoce* dos queijos, com o risco que significa a presença de coliformes patogênicos no leite, é combatido mediante a pasteurização.

A importância da presença no leite de bactérias fecais não-fermentadoras da lactose, como as do gênero *Salmonella*, é o caráter patogênico de muitas espécies. Trata-se de bactérias termolábeis que, portanto, são destruídas durante a pasteurização.

Quanto aos enterococos, o aspecto mais importante é seu caráter termodúrico; se estiverem presentes em taxas elevadas, muitos deles sobreviverão à pasteurização. Outra particularidade dos enterococos é o poder de multiplicar-se em amplo intervalo de temperaturas (entre menos de 10°C até mais de 45°C), e por isso, se sobreviverem à pasteurização, poderão participar dos processos de maturação de alguns tipos de queijos. A capacidade que têm de crescer em atividades de água mais baixas do que as bactérias lácteas coloca-as entre as bactérias predominantes nas últimas fases do processo de maturação de alguns queijos duros e semiduros, depois de 4 a 6 meses de maturação.

A possibilidade de sobreviver à pasteurização faz com que permaneçam viáveis no leite assim tratado. Fermentam a lactose por via homoláctica, do mesmo modo que as bactérias lácticas, mas não é provável que provoquem a alteração do leite pasteurizado se este for mantido sob refrigeração.

Microrganismos patogênicos

A OMS, em sua obra já clássica de 1966, *Higiene do leite*, apresentava uma lista de doenças transmissíveis ao homem por intermédio do leite. Nela incluíam-se viroses, infecções por riquétsias, infecções bacterianas, protozoonose e helmintíase. Não é preciso falar aqui do risco que significa para a saúde humana o consumo de leite não-pasteurizado (ou não-fervido) ou de queijos frescos elaborados com leite cru. Isso já é bem-conhecido. As legislações da maioria dos países não permitem, de maneira geral, o consumo de leite cru nem de queijos produzidos com leite não-pasteurizado com tempo de maturação inferior a dois meses.

Devido aos graves surtos de listeriose nos Estados Unidos, durante a década de 1980, por consumo de leite e de algum tipo de queijo fresco, talvez valha a pena, neste item, falar um pouco sobre a *Listeria monocytogenes*. Embora já se tenha sugerido há mais de meio século que a *L. monocytogenes* poderia ser transmitida pelos alimentos, os recentes surtos de listeriose voltaram a chamar a atenção para o papel dos alimentos na transmissão dessa doença. Alguns trabalhos recentes informam que a *L. monocytogenes* não é destruída pela pasteurização, enquanto outros concluem que as condições mínimas estabelecidas pela FDA para a pasteurização do leite (71,7°C, 15 segundos) destrói eficazmente a *L. monocytogenes*. Porém, a termorresistência dessa bactéria parece ser maior quando sua localização é intracelular, nos leucócitos polimorfonucleares. Outro ponto que merece ser destacado é que, aparentemente, no leite pasteurizado mantido sob refrigeração por tempo mais ou menos prolongado, voltam a detectar-se algumas listérias, talvez devido a uma revitalização das bactérias lesadas, não-mortas, ou a uma revitalização e ao crescimento posterior ou simplesmente ao crescimento de um número muito reduzido de bactérias sobreviventes (não se pode esquecer a natureza logarítmica da morte microbiana pelo calor). O que está claro é que a *L. monocytogenes* cresce a temperaturas de refrigeração.

De qualquer maneira, é preciso ser muito prudente ao utilizar os resultados experimentais para reduzir a periculosidade que representa a presença de *L. monocytogenes* nos alimentos, por várias razões: 1) Nas experiências de laboratório costumam-se utilizar taxas muito elevadas de bactérias, da ordem de 10^6 a 10^8/mL, que não refletem a contaminação real do leite cru. Nesse sentido, informou-se que o leite procedente de vacas com mastite por *L. monocytogenes* pode conter entre 18.000 e 400.000 células somáticas por mL, mas, em leite de mistura, essa bactéria está presente em taxas muito reduzidas, em torno de poucas bactérias por mL 2) Não se conhece ainda a dose infecciosa para seres humanos, mas estima-se em 100 a 1.000 unidades. 3) Não se sabe em que extensão se transmite *L. monocytogenes* pelos alimentos, pois, sem dúvida, existem outras formas de transmissão.

Para concluir, pode-se dizer que devido à ubiqüidade de *L. monocytogenes* na natureza (onde se incluem os alimentos) e à baixa incidência da doença no homem (embora quando se apresente seja grave), mesmo em pessoas de alto risco (mulheres gestantes, indivíduos imunodeprimidos, etc.), ainda resta muito a ser descoberto acerca das ocorrências que levam a uma infecção grave.

Seja como for, vale reiterar que a FDA dos Estados Unidos assegura que os tratamentos pasteurizadores aplicados naquele país são suficientes para destruir a bactéria e, no caso da Espanha, é permitido ultrapassar 72°C, com o que a possibilidade de sobrevivência de *L. monocytogenes* é praticamente nula (ver também o item "Definições" no Capítulo 3).

Miscelânea

Nesse grupo, inclui-se uma série de microrganismos, não relacionados entre os anteriores, que participam da maturação de alguns tipos de queijos ou nos processos fermentativos de determinados produtos lácteos.

Brevibacterium linnens é uma bactéria pigmentada, de cor vermelho-alaranjada, que se instala na superfície de certos tipos de queijos (Limburger, Saint Paulin, etc.), sendo responsável pela cor e untuosidade da casca. Além disso, participa da degradação protéica que ocorre durante a maturação desses queijos.

Propionibacterium freudenreichii, var. *shermanii* é a bactéria responsável pela fermentação propiônica dos queijos *grüyè-*

re e *emmenthal*, cujas conseqüências são os *buracos* e o sabor típicos desses queijos, devidos, respectivamente, ao CO_2 e ao ácido propiônico produzidos durante a fermentação.

Penicillium camemberti é um mofo de cor esbranquiçada que se desenvolve na superfície dos queijos *camembert*, *brie* e similares. Suas enzimas difundem-se até o interior da massa, participando, assim, das degradações protéicas e lipídicas dos componentes da coalhada.

Penicillium roqueforti é o mofo azul responsável pelos processos bioquímicos que ocorrem durante a maturação dos queijos azuis.

Sacharomyces kefir, *Sacharomyces lactis* e *Torulopsis kefir* são as leveduras responsáveis pela fermentação alcoólica produzidas no *kefir* e no *koumiss*.

REFERÊNCIAS BIBLIOGRÁFICAS

KAPLAN, M. M.; ABDUSSALAM, M. y BIJLENGA, G. (1966): "Enfermedades transmitidas por la leche". En *Higiene de la leche*. OMS, Ginebra.

ROBINSON, R. K. *(1987)*: *Microbiología Lactológica*. Acribia. Zaragoza.

RESUMO

1. O leite, devido à sua composição química e à sua elevada a_w é um excelente substrato para o crescimento de grande diversidade de microrganismos. Entre os que podem ser encontrados no leite, alguns são benéficos (p. ex., bactérias lácticas), alguns são alterantes (p. ex., bactérias psicrotróficas e esporuladas) e outros são prejudiciais à saúde (patógenos).

2. A contaminação do leite ocorre já nas zonas inferiores do interior do úbere, e quando o produto é extraído fica exposto a múltiplas contaminações externas (do animal, do ar, das águas e dos utensílios de leiteria). Atualmente a contaminação que tem mais relevância é a dos utensílios da granja leiteira (ordenhadeiras, tanques, cisternas transportadoras, tubulações, silos, etc.).

3. A coleta, o armazenamento e o transporte do leite são operações que devem ser realizadas com a máxima higiene possível para obter leite cru de alta qualidade microbiológica. É necessário que chegue à indústria no tempo mais curto e à temperatura de refrigeração mais baixa possível (próxima a 4°C).

4. Os grupos microbianos mais importantes em laticínios podem ser divididos, do ponto de vista funcional, em: bactérias lácticas, bactérias esporuladas, bactérias psicrotróficas, bactérias de origem fecal, microrganismos patogênicos e miscelânea.

CAPÍTULO 3

Leites de consumo

Esse capítulo aborda o leite pasteurizado, o esterilizado e os leites concentrados, isto é, privados de uma parte mais ou menos considerável de água. Definem-se esses produtos, descrevem-se os tratamentos necessários para obtê-los e as conseqüências destes em sua conservação, características sensoriais e valor nutritivo. No último item do capítulo, são examinadas as provas analíticas usadas para o controle dos tratamentos térmicos aplicados ao leite.

INTRODUÇÃO

Os leites disponíveis no mercado para consumo direto podem ter vida útil curta (3 a 6 dias sob refrigeração) e longa (estáveis durante meses a temperatura ambiente). Entre os primeiros estão o leite pasteurizado certificado, o leite pasteurizado e o leite concentrado pasteurizado. O primeiro procede de granjas cujos animais e instalações têm garantia sanitária; o segundo é o leite natural de animais saudáveis, geralmente uma mistura procedente de diversas granjas que depois é pasteurizado nas indústrias lácteas; e o terceiro é o leite natural, como o anterior, mas privado de parte da água.

Os leites de vida útil longa são aqueles em que se conseguiu a estabilidade microbiológica mediante tratamentos térmicos (leite esterilizado, leites UHT e leite evaporado) ou redução da atividade de água, eliminando a quase totalidade da água de constituição (leite em pó) ou apenas uma parte desta e acrescentando, ao mesmo tempo, sacarose (leite condensado).

LEITE PASTEURIZADO

O leite pasteurizado é o leite natural, integral, desnatado ou semidesnatado, submetido a um processo tecnológico adequado que assegure a destruição dos microrganismos patogênicos não-esporulados e reduza significativamente a microbiota banal, sem modificação sensível de sua natureza físico-química e de suas características nutritivas e sensoriais.

A elaboração de *leite pasteurizado* consta, de forma resumida, das fases que são mostradas esquematicamente na Figura 3.1. A homogeneização da gordura pode ocorrer ou não.

O aspecto mais relevante do processo é o tratamento térmico. Este foi ajustado, já há muitos anos, de acordo com os parâmetros térmicos de uma das bactérias patogênicas não-esporuladas mais termorresistente, a *Mycobacterium tuberculosis* (D_{72} = 1 segundo; z = 4,8°C), e a termoestabilidade da fosfatase alcalina; esta enzima é desativada a 71,7°C durante 15 segundos. Por isso, os valores do binômio anterior foram tomados como condições da pasteurização; esse tratamento leva à redução de aproximadamente 15 D para *M. tuberculosis*. Quando se desativava a enzima, tinha-se a segurança de ter destruído o microrganismo a níveis estatisticamente desprezíveis. Esse tratamento é equivalente aos de 62,7°C, 30 min e 88,4°C, 1 segundo.

Existem dois microrganismos, uma riquétsia (*Coxiella burnetti*) e uma bactéria (*Listeria monocytogenes*) um pouco mais termorresistentes que a *M. tuberculosis* (valores D a 72°C de 1,3 e 1,2 segundo respectivamente). Em 1966, a Organização Mundial da Saúde indicou que, nas áreas geográficas onde a *C. burnetti* fosse endêmica, bastaria aumentar a temperatura em dois graus para assegurar a ausência desse microrganismo no leite pasteurizado. O aparecimento de graves surtos de listeriose nos Estados Unidos, nos primeiros anos da década de 1980, pelo consumo de leite e de queijo fresco levou vários cientistas a determinarem a termorresistência de *L. monocytogenes* em diversos meios; embora alguns tenham obtido resultados que indicavam ser essa bactéria mais

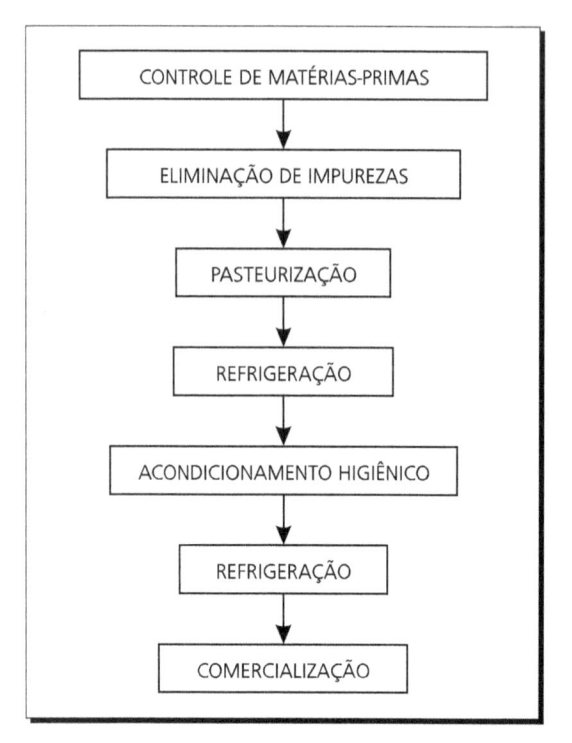

```
CONTROLE DE MATÉRIAS-PRIMAS
          ↓
ELIMINAÇÃO DE IMPUREZAS
          ↓
    PASTEURIZAÇÃO
          ↓
     REFRIGERAÇÃO
          ↓
ACONDICIONAMENTO HIGIÊNICO
          ↓
     REFRIGERAÇÃO
          ↓
    COMERCIALIZAÇÃO
```

Figura 3.1 Esquema da fabricação de leite pasteurizado.

termorresistente que *M. tuberculosis*, a *Food and Drug Administration* afirmou, a partir dos resultados publicados, que as condições utilizadas nos Estados Unidos para a pasteurização de leite eram suficientes também para destruir a *L. monocytogenes*. No entanto, na Espanha, é permitido ultrapassar a temperatura de 72°C a fim de obter uma taxa de microbiota banal inferior a 10^5 ufc/mL após a incubação do leite pasteurizado a 6°C durante 5 dias (Diretriz UE). Portanto, para cumprir a diretriz, às vezes é necessário que o tratamento se aproxime dos 78°C e, conseqüentemente, o tratamento é mais eficaz para assegurar a destruição da *L. monocytogenes*, dado que, assumindo um valor z de 5 a 6°C, causaria a redução, a 76 e 78°C durante 15 segundos, de mais de 60 e 100 D respectivamente.

Duas modalidades são permitidas para realizar o tratamento térmico:

1. Pasteurização HTST (*high temperature, short time*). É realizada em fluxo contínuo com trocadores de calor entre 72 e 78°C durante não menos de 15 segundos.
2. Pasteurização LTH (*low temperature holding*) ou baixa pasteurização. Utiliza-se para pequenos volumes de leite (p. ex., 100 a 500 litros) e as condições são de 62 a 65°C durante 30 minutos.

Os equipamentos utilizados em cada uma das modalidades foram descritos no Capítulo 8 do Volume 1.

Nos dois casos o leite pasteurizado deve ser fosfatase alcalina negativo e, recentemente, a União Européia passou a exigir que seja também lactoperoxidase positivo. Esta enzima é mais termorresistente (85°C, 20 segundos) que a fosfatase alcalina e a sua não-desativação durante a pasteurização indica que não foram ultrapassadas as condições estabelecidas para o tratamento, assegurando-se, assim, boa retenção de nutrientes e modificação mínima das propriedades físico-químicas e sensoriais.

Os microrganismos que podem sobreviver à pasteurização são principalmente os termodúricos; entre eles, encontram-se as bactérias esporuladas, as bactérias termófilas não-esporuladas (p. ex., algumas espécies de lactobacilos, *Streptococcus thermophilus*, etc.) cuja termorresistência é significativamente maior que a das mesófilas e psicrotróficas, as bactérias mesófilas com termorresistência anormalmente elevada (p. ex., *Microbacterium lacticum* e algumas espécies de enterococos). Com exceção de algumas cepas dos gêneros *Bacillus* e *Enterococcus*, esses microrganismos não causam nenhum problema para a vida útil do leite pasteurizado, já que não se proliferam às temperaturas de refrigeração (6 a 8°C) nas quais que o leite deve ser armazenado. Acima dessas temperaturas podem crescer lentamente, dependendo da espécie e da cepa.

As enterobactérias e as bactérias psicrotróficas Gram negativas não deveriam ser encontradas no leite pasteurizado, dado que os dois grupos são muito termolábeis e, portanto, são destruídas durante o tratamento térmico. Entretanto, os estudos realizados sobre a microbiota presente no leite pasteurizado mostraram que as bactérias mesófilas/psicrotróficas isoladas com mais freqüência pertencem ao grupo das Gram negativas. Por serem muito termolábeis, concluiu-se que chegam ao leite após a pasteurização. Mostrou-se, inclusive, que 95% das amostras analisadas contêm esse tipo de bactérias, podendo ser encontradas concentrações de 50 células por 100 mL no leite recém-tratado. Por se tratar de microrganismos psicrotróficos, são os que têm maior possibilidade de proliferar-se durante o armazenamento e, portanto, causar alteração. Dado que as enterobactérias são onipresentes em todos os *habitat* alimentares, podem chegar ao leite após o processo de pasteurização. Por isso, a norma microbiológica permite a presença de 10 células desse grupo por mL.

LEITES ESTERILIZADOS E UHT

O objetivo de qualquer tratamento esterilizante é a destruição dos microrganismos presentes, esporulados ou não, ou pelo menos de todos aqueles que possam proliferar-se no produto final. Com isso busca-se obter um produto microbiologicamente estável para ser possível armazená-lo a temperatura ambiente por um longo período.

Durante muitos anos, a única forma de obter a esterilidade era introduzir o alimento não-estéril em embalagens apropriadas, igualmente não-estéreis, fechá-las hermeticamente e submetê-las posteriormente a tratamento térmico adequado. Foi assim que, há mais de cem anos, passou-se a fabricar muitos alimentos, conhecidos com o nome genérico de conservas. Foi assim também que se obteve o leite esterilizado desde o início do século XX. O termo *esterilizado* não implica necessariamente que o produto seja estéril em um sentido microbiológico estrito. Dada a natureza logarítmica da destruição dos microrganismos pelo calor, é mais correto falar de esterilidade comercial (ver Volume 1, Capítulo 8, "Cinética da destruição dos microrganismos pelo calor"). A porcentagem de alteração poderia ser reduzida aplicando-se um tratamento térmico mais rígido, mas o aumento da intensidade do tratamento é limitado pelas mudanças químicas adversas decorrentes da aplicação de calor, sobretudo no que se refere à qualidade sensorial e ao valor nutritivo. Assim, o fabricante se vê diante do dilema entre diminuir o risco de alteração e oferecer um produto com mudanças mínimas na qualidade sensorial e nutritiva.

A esterilização do leite e os processos UHT perseguem, portanto, o mesmo objetivo: a obtenção de um produto microbiologicamente estável mediante a destruição dos microrganismos mais termorresistentes, ou seja, as formas esporuladas das bactérias.

A elaboração de *leite esterilizado* compreende as fases indicadas na Figura 3.2. A limpeza prévia do leite é feita mediante centrifugação ou filtração para eliminar as partículas macroscópicas.

O preaquecimento é realizado em fluxo contínuo com trocadores de calor até 70°C. Após esse tratamento térmico, a gordura é homogeneizada e depois acondiciona-se o leite em recipientes herméticos impermeáveis aos líquidos e microrganismos. O tratamento térmico aplicado é de 110°C durante 20 minutos ou outras combinações de temperaturas e tempos igualmente eficazes (ver Volume 1, Capítulo 8, "Esterilização").

A elaboração de leite UHT consta das etapas que se indicam na Figura 3.3. Diferencia-se da anterior essencialmente no aquecimento. Nesse caso, produz-se um fluxo contínuo antes do acondicionamento mediante trocadores de calor (UHT indireto) ou por injeção de vapor (UHT direto) a temperaturas de 140 a 150°C durante 2 a 4 segundos (Volume 1, Capítulo 8, "Esterilização"). A homogeneização pode ser feita antes ou depois do aquecimento. Como o leite já é estéril ao abandonar o sistema, requer acondicionamento asséptico (Volume 1, Capítulo 8), que é realizado depois de se resfriar o produto até a temperatura adequada.

Para a elaboração dos dois tipos de leite (esterilizado e UHT) permitem-se outras operações: a normalização da quantidade de gordura para a fabricação de um produto semidesnatado ou desnatado e a adição de atenuadores do pH (sais sódicos ou potássicos dos ácidos cítrico e fosfórico). No caso do leite esterilizado, pode-se substituir o preaquecimento por uma pré-esterilização em trocadores de calor a cerca de 135°C durante uns 2 segundos. Esse tratamento (praticamente um processo UHT indireto) exerce acentuado efeito bactericida (ver mais adiante); com isso, é mais fácil conseguir a esterilização comercial com o tratamento térmico posterior. Não há dúvida de que o processo completo efetua-se em detrimento da qualidade nutritiva.

Nos dois casos, comprova-se a esterilidade fazendo recontagens para mesófilos (31°C) e termófilos (55°C) depois de incubar o leite na própria embalagem durante 14 dias a 31°C e 7 dias a 55°C respectivamente.

Como já se mencionou, as condições tempo-temperatura típicas aplicadas na esterilização clássica são de 110 a 120°C durante 20 a 10 minutos respectivamente. Contudo, quando se eleva a temperatura até valores de 140 a 150°C e se reduz o tempo de tratamento a uns poucos segundos (pro-

Figura 3.2 Esquema da fabricação de leite esterilizado acondicionado.

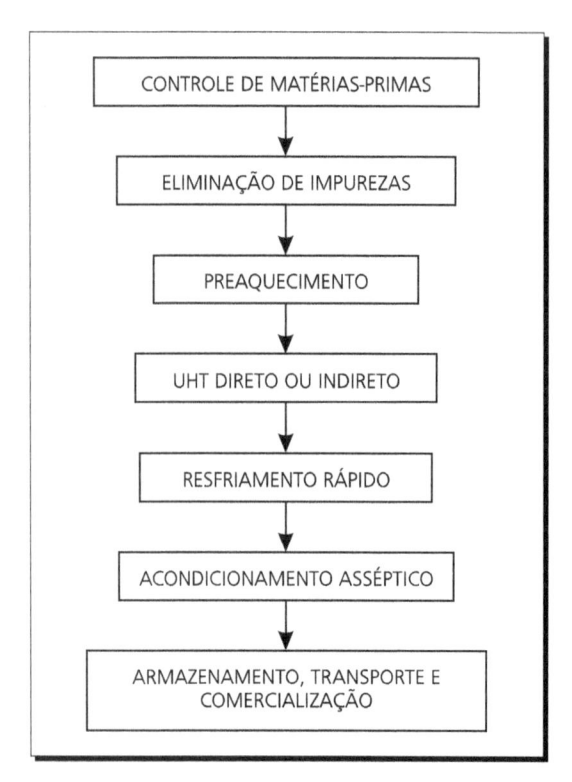

```
┌─────────────────────────────────┐
│  CONTROLE DE MATÉRIAS-PRIMAS    │
└──────────────┬──────────────────┘
               ▼
┌─────────────────────────────────┐
│   ELIMINAÇÃO DE IMPUREZAS       │
└──────────────┬──────────────────┘
               ▼
┌─────────────────────────────────┐
│       PREAQUECIMENTO            │
└──────────────┬──────────────────┘
               ▼
┌─────────────────────────────────┐
│    UHT DIRETO OU INDIRETO       │
└──────────────┬──────────────────┘
               ▼
┌─────────────────────────────────┐
│      RESFRIAMENTO RÁPIDO        │
└──────────────┬──────────────────┘
               ▼
┌─────────────────────────────────┐
│   ACONDICIONAMENTO ASSÉPTICO    │
└──────────────┬──────────────────┘
               ▼
┌─────────────────────────────────┐
│  ARMAZENAMENTO, TRANSPORTE E    │
│        COMERCIALIZAÇÃO          │
└─────────────────────────────────┘
```

Figura 3.3 Esquema da fabricação de leite UHT.

cessos UHT), consegue-se aumentar a eficácia esporicida, ao mesmo tempo em que se minimizam as mudanças químicas. As grandes vantagens que oferece um tratamento UHT em relação à esterilização clássica (na embalagem) decorrem das diferenças nos parâmetros que definem a morte dos microrganismos pela ação do calor e nos parâmetros das mudanças químicas. Os dois fenômenos são dependentes de temperatura. A forma mais simples de descrever o efeito da temperatura na velocidade da reação é mediante o coeficiente de temperatura, Q_{10} (fator pelo qual se multiplica a velocidade de reação quando a temperatura aumenta 10°C) ou o valor z (graus em que é necessário aumentar ou diminuir a temperatura para que o tempo de redução decimal, valor D, diminua ou aumente, respectivamente, 10 vezes). O valor z para a destruição das formas esporuladas das bactérias, as que mais interessam na esterilização, costuma estar compreendido entre 7 e 9°C (Q_{10} = 27 a 13), enquanto o z das reações químicas (desativação de enzimas, perda de lisina, perda de vitamina, formação de hidroximetilfurfural, desnaturação das proteínas do soro) apresenta valores compreendidos entre 21 e 33°C (Q_{10} = 3 a 2). A 110°C (temperatura típica de esterilização hidrostática), a relação efeito esporicida/mudanças químicas (EE/MQ) é de cerca de um. Portanto, pode-se deduzir facilmente que, mantendo o tempo do tratamento constante e aumentando a temperatura em 10°C, até 120°C, a eficácia esporicida multiplica-se no mínimo por 13, enquanto as mudanças químicas multiplicam-se no máximo por um fator 3. A relação EE/MQ seria 4,33 vezes maior. Se aumentássemos a temperatura em mais 10°C, ou seja, até 130°C, a EE/MQ se multiplicaria por um fator 18,7 e a uma temperatura UHT típica (p. ex., 145°C), a EE/MQ seria mais de 100 vezes maior. Conseqüentemente, ao passar da esterilização clássica aos processos UHT (aumento da temperatura e diminuição do tempo), o efeito esporicida do processo aumenta de forma acentuada, ao mesmo tempo em que se reduzem consideravelmente as mudanças químicas.

Os tratamentos térmicos aplicados na prática para a esterilização do leite foram avaliados de acordo com a taxa de formas esporuladas de *Bacillus stearothermophilus* e de *Bacillus subtilis* no leite cru e com seus parâmetros termobacteriológicos. Considerando os parâmetros descritos na bibliografia para estas bactérias (*B. subtilis* D_{121} = 20 segundos, z = 7°C; *B. stearothermophilus* D_{121} = 240 segundos, z = 8°C), pode-se deduzir facilmente, utilizando a equação (8.8) do Capítulo 8 do Volume 1, que um tratamento UHT (p. ex., 145°C, 3 segundos) para esses microrganismos é cerca de 20 a 7 vezes mais eficaz, respectivamente, que o tratamento esterilizante clássico (p. ex., 120°C, 10 min). Conseqüentemente, um tratamento UHT permite obter, no caso do leite ou de outros produtos lácteos, um produto final que, do ponto de vista prático, pode ser qualificado como microbiologicamente estável. Por outro lado, os Q_{10} descritos para diferentes reações químicas estão compreendidos, de maneira geral, entre 2 e 3. Dessas reações, as mais importantes são o escurecimento não-enzimático (Q_{10} = 2,26 a 2,95); a desnaturação das proteínas do soro (Q_{10} no intervalo 100 a 150°C entre 1,61 e 3,31); a desativação de proteases e lipases elaboradas por bactérias psicrotróficas (Q_{10} = 1,4 a 3,2); a perda de lisina disponível (Q_{10} = 2,15); e a perda de tiamina (Q_{10}=2,08 a 2,19). Todos esses valores indicam que, em comparação com a esterilização clássica, as mudanças químicas diminuem de forma bastante considerável nos processos UHT, afetando favoravelmente a qualidade final do alimento. Por exemplo, no caso das tiaminas (D_{120} = 60 minutos, z = 30°C) retém-se 50 vezes mais atividade vitamínica nos processos UHT que na esterilização clássica. Apenas no caso das proteases e das lipases produzidas por bactérias psicrotróficas, o efeito é adverso (sua importância é explicada mais adiante).

Embora as mudanças químicas sejam minimizadas nos processos UHT, sempre ocorrerão em alguma medida, modificando a qualidade sensorial e nutritiva. Além disso, ocorrem mudanças durante o armazenamento, às vezes mais significativas do que aquelas verificadas durante o tratamento, que também influem na qualidade final. A seguir, serão examinadas brevemente as mais relevantes.

Os efeitos do tratamento térmico assim como os do armazenamento são de vários tipos. Os sensoriais (mudanças de cor, sabor e textura) são facilmente detectados pelo consumidor, e podem reduzir a aceitabilidade do produto. Outras mudanças, as que afetam o valor nutritivo, não são detectadas pelo consumidor, mas é necessário levá-las em conta no momento de projetar o produto, escolher o tipo de embalagem e estimar as condições de armazenamento.

Os processos UHT provocam aumento da refletância do leite, dando lugar a um produto mais branco. Esse efeito óptico está relacionado com a desnaturação das proteínas do soro e sua agregação com as caseínas, mas em parte também com a homogeneização da gordura.

O sabor do leite UHT é o resultado de uma mistura de sabores procedentes de várias fontes e de diversas reações. Imediatamente após seu processamento, o sabor do leite UHT é deficiente; apresenta pouca aceitabilidade pelo consumidor devido a forte sabor sulfuroso, que vai diminuindo progressivamente durante o armazenamento posterior. Esse sabor se deve à formação de grupos –SH livres pela desnaturação da β-lactoglobulina. Propôs-se acrescentar diversos aditivos químicos para minimizar o sabor *sulfuroso*, como substâncias oxidantes (iodatos e bromatos de sódio e de potássio) ou agentes com capacidade de bloquear os grupos –SH (tiossulfonatos, tiossulfatos, L-cistina). Propôs-se também o tratamento do leite, depois de esterilizado, com sulfridila oxidase (enzima que catalisa a reação entre os grupos –SH para render –S-S-). Entretanto, por problemas legais e/ou tecnológicos não são aplicados na prática.

O sabor de *cozido* decorrente da reação de Maillard contribui igualmente para o sabor global do leite UHT, mas, na realidade, sua importância é mínima no leite recém-processado.

O valor nutritivo das proteínas pode ser reduzido durante o aquecimento devido à perda de lisina disponível que ocorre durante a reação de Maillard e ao formar-se o complexo lisina-alanina. Porém as perdas de lisina disponível não são muito importantes se comparadas com as que ocorrem no leite esterilizado pelo procedimento clássico. Os valores apresentados por diversos autores para os diferentes tipos de leite são: para o pasteurizado, entre 0,6 e 2%; para o tratado por UHT direto, entre 0,6 e 4,3%, para o indireto, entre 0,8 e 4%, e para o esterilizado pelo procedimento clássico, entre 6,2 e 13%.

As proteínas do soro desnaturam-se durante os processos UHT em quantidade que depende das condições tempo/temperatura. O sistema direto provoca desnaturação do menor (50 a 75%) do que o indireto (70 a 90%). Esse fenômeno tem pouca influência, se tiver alguma, no valor nutritivo. Experiências com ratos demonstraram que não há mudanças no valor biológico entre as proteínas do soro nativas e desnaturadas. Contudo, a desnaturação das proteínas do soro implica mudanças muito importantes nas propriedades tecnológicas. Vale destacar a diminuição da velocidade de coagulação pela quimosina e outras enzimas coagulantes. Esse fenômeno se deve à interação entre a β-lactoglobulina e as caseínas, em particular com a κ-caseína.

Os tratamentos UHT não provocam mudanças físicas ou químicas na gordura do leite que tenham conseqüências nutricionais adversas. O comportamento físico dos glóbulos de gordura modifica-se pelos tratamentos UHT; o volume de nata que sobe à superfície é menor e mais sólido, o que pode ser pouco atrativo para o consumidor. Portanto, a homogeneização é um processo necessário para que a gordura se distribua uniformemente. Além disso, é muito mais conveniente que seja feita depois do aquecimento, pois, do contrário, pelo menos no UHT direto, pode haver reaglomeração dos pequenos glóbulos de gordura.

Em relação aos minerais, os tratamentos UHT produzem um movimento reversível de íons cálcio, magnésio, citrato e fosfato entre as caseínas e as proteínas do soro, podendo ocasionar redução do cálcio solúvel após o tratamento. Contudo, não há perdas que prejudiquem o valor nutritivo.

Muitas vitaminas são termoestáveis (A, D, E, riboflavina, ácido nicotínico e pantotênico e biotina) e, portanto, não se modifica sua riqueza durante o tratamento térmico. O conteúdo de tiamina tem redução de 10%, quantidade ligeiramente maior do que a que se perde com a pasteurização e cerca de três vezes menor do que a quantidade que se destrói durante a esterilização clássica. Porcentagens similares (aproximadamente 10%) de destruição ocorrem para as vitaminas B_{12} e B_6, um pouco maior para o ácido fólico (15%) e o ácido ascórbico (25%). O ácido ascórbico existe em duas formas ativas, uma reduzida (ácido ascórbico), relativamente termoestável, e outra oxidada (ácido deidroascórbico), que é termolábil. A perda dessa vitamina durante o tratamento térmico refere-se à forma oxidada. Portanto, a perda de vitamina C depende da extensão em que o ácido ascórbico transforma-se em ácido deidroascórbico pelo oxigênio que chega ao leite cru. Cerca de um quarto da vitamina C presente originalmente pode oxidar-se e destruir-se completamente durante o tratamento. A vitamina B_{12} e o ácido fólico são termolábeis, mas ambos e o ácido ascórbico reagem de forma complexa; por isso, a perda dessas vitaminas não é determinada apenas pelo tratamento térmico, mas está associada também com a degradação oxidante do ácido ascórbico.

Os efeitos do armazenamento no leite UHT são muito complexos. Alguns se produzem como conseqüência dos que se iniciam durante o tratamento térmico e agora prosseguem, mas a velocidade menor, alguns ocorrem devido à não-desativação de determinados agentes, como as enzimas termorresistentes elaboradas pelas bactérias psicrotróficas e, finalmente, outros se devem a substâncias que chegam ao leite e não são eliminadas posteriormente, como o oxigênio.

Do ponto de vista da qualidade, as mudanças mais importantes são as que afetam as propriedades sensoriais e nutritivas.

O sabor e o aroma do leite UHT recém-fabricado são pouco apetecíveis, alcançam nível ótimo após alguns dias de armazenamento e, em seguida, deterioram-se progressivamente à medida que se prolonga o armazenamento. O leite UHT apresenta no início forte sabor *sulfuroso*, que foi associado, como já se comentou, à liberação de grupos –SH durante o tratamento térmico. Os grupos –SH oxidam-se pelo oxigênio dissolvido, e o sabor *sulfuroso* vai diminuindo aos poucos, a uma velocidade que depende da quantidade de oxigênio presente: em 2 a 5 dias, se a taxa de oxigênio for de 8 a 9 mg/L (como no produto tratado por UHT indireto) e em 2 a 3 semanas, se a concentração de oxigênio é de cerca de 1 mg/L (como no UHT direto).

De maneira geral admite-se que, à temperatura ambiente, a deterioração do sabor e do aroma do leite UHT reaparece, ou pelo menos começa a ser percebida, após cerca de 8 semanas de armazenamento. Se a embalagem é opaca e impermeável aos gases, o oxigênio não participa da deterioração do sabor e do aroma, mas se entra luz podem ocorrer, ainda que lentamente, reações de rancificação oxidativa. As embalagens laminadas previnem eficazmente o progresso desse tipo de reação.

Os agentes que contribuem de forma mais ativa para a deterioração do sabor durante o armazenamento talvez sejam as enzimas extracelulares (lipases e proteases) elaboradas pela microbiota psicrotrófica durante o armazenamento de leite cru sob refrigeração. Essas enzimas, fundamentalmente aquelas elaboradas por pseudomonas (as bactérias psicrotróficas que atingem as maiores taxas), são extremamente termoestáveis, sobretudo às temperaturas utilizadas nos processos UHT, devido a que seus parâmetros térmicos (Q_{10} = 1,4 a 3,2) diferem muito daqueles das bactérias esporuladas (Q_{10} = 13,27). Assim, mostrou-se que essas enzimas apresentam termorresistência, na zona UHT, até mais de 100 vezes maior que a dos esporos de *B. stearothermophilus*. Conseqüentemente, permanecem ativas após o tratamento térmico e atacam seus substratos correspondentes. As lipases rompem a ligação éster dos triglicerídeos provocando o acúmulo de ácidos graxos que conferem sabores anômalos descritos como ranço, de *sabão*, de produto *velho*, etc. As proteases dão lugar a sabores amargos e geleificações, devido ao ataque sobre a β-caseína e a κ-caseína, que produzem, respectivamente, peptídeos hidrófobos e a desestabilização da micela de caseína. Evidentemente, quanto maiores forem os níveis de bactérias psicrotróficas, maior será a taxa de enzimas. Por isso, autorizou-se o tratamento térmico (60 a 65°C durante 20 a 15 segundos) do leite cru a fim de evitar a presença de níveis elevados de bactérias psicrotróficas e de suas enzimas. De qualquer modo, a aplicação de medidas higiênicas estritas na obtenção, na manipulação e no transporte do leite cru, associadas à refrigeração imediata em temperatura mais baixa e durante o tempo mais curto possível, é essencial para obter taxas reduzidas de bactérias psicrotróficas.

É bem conhecido que a reação de Maillard pode avançar, ainda que de forma lenta, à temperatura ambiente. Não é muito importante durante o armazenamento do leite UHT, mas se o produto permanecer armazenado a temperaturas elevadas (superiores a 30°C) ou durante tempo muito longo (maior que 3 a 4 meses), as substâncias resultantes da reação de Maillard podem contribuir para a menor aceitabilidade do leite UHT.

No que se refere à qualidade nutritiva, o aspecto mais importante durante o armazenamento é a inativação de algumas vitaminas. Na ausência de luz, as vitaminas lipossolúveis A, D e E são estáveis no leite UHT durante pelo menos 3 meses e a A durante tempo maior (8 meses). Do mesmo modo, a vitamina hidrossolúvel riboflavina permanece estável, no escuro, durante 3 meses ou mais. As perdas mais acentuadas de vitaminas são as que afetam o ácido fólico e a forma reduzida do ascórbico (a que não se destruiu durante o tratamento térmico). As perdas dessas vitaminas estão relacionadas com a quantidade de oxigênio residual e, portanto, se o tratamento térmico aplicado foi UHT direto ou indireto. Nesse último, o oxigênio residual é maior (8 a 9 mg/L), perdendo-se praticamente a totalidade das duas vitaminas em cerca de duas semanas. No caso do UHT direto (ou quando se aplica ao indireto um processo de desaeração), a taxa de oxigênio é mais baixa, de cerca de 1 mg/L, ou mesmo menor. Nessas condições, a perda de ácido ascórbico é da ordem de 20% após 3 meses de armazenamento. A quantidade de vitamina B_{12} perdida durante o armazenamento é menos importante, da ordem de 20% depois de 9 semanas, quando o conteúdo de oxigênio é de 8 a 9 mg/L e de 10% se a taxa do gás for de 1 mg/L.

Não há dúvida de que o tipo de embalagem é essencial para a estabilidade, durante o armazenamento, das vitaminas fotolábeis e facilmente oxidáveis. Alguns tipos de embalagens atuais (as que incluem tampa de papelão, lâmina de alumínio e diversas de polietileno) são praticamente impermeáveis à luz e ao oxigênio e, por isso, protegem de forma eficaz os componentes do leite sensíveis a esses agentes.

Em vista dos comentários anteriores, pode-se estabelecer, como conclusão, uma série de princípios básicos para a obtenção de leite UHT da mais alta qualidade, tanto microbiológica quanto sensorial e nutritiva. 1) Deve-se partir de um leite cru de alta qualidade microbiológica, sobretudo no que se refere à taxa da microbiota psicrotrófica que deve ser a mais baixa possível. 2) O tratamento térmico deve ser o adequado para a obtenção de um produto comercialmente estéril, mas não mais intenso que o estritamente necessário para atingir essa meta, se a intenção é que o produto não adquira sabor de *cozido* nem que se produza inativação importante das vitaminas termolábeis. 3) Deve-se eliminar o oxigênio do produto depois de esterilizado e utilizar embalagens opacas e impermeáveis ao oxigênio. A presença do oxigênio após o tratamento melhora o sabor do leite durante os primeiro dias de armazenamento, mas não tem nenhuma vantagem posterior, além do que pode provocar efeitos indesejáveis. Por outro lado, esses primeiros dias têm pouco significado prático, dado que um produto UHT tem vida útil longa. 4) Deve-se evitar o armazenamento em temperatura ambiente elevada durante períodos muito longos.

LEITES *CONCENTRADOS*

A concentração e a desidratação são processos que, pelo menos teoricamente, oferecem duas vantagens: o prolongamento da vida útil do leite e a redução do espaço para seu armazenamento, transporte, comercialização, etc. O maior interesse desses produtos, sobretudo do leite em pó, está em poder guardar excedentes lácteos durante um período muito prolongado ou transportar leite a longas distâncias com facilidade e economia.

Os objetivos da fabricação de leites privados de uma parte de sua água podem ser resumidos em:

- prolongar a vida útil do leite;
- reduzir custos de armazenamento, comercialização e transporte, ao diminuir de forma mais ou menos considerável o volume que se manuseia; e
- oferecer esses produtos como matéria-prima para fabricar sorvetes, doces e grande diversidade de alimentos.

Os primeiros dados disponíveis sobre a fabricação e o consumo de leites concentrados datam do século XIII. Quando Marco Pólo chegou ao Oriente distante, observou e registrou por escrito um método de dessecação de leite. O método consistia em ferver leite em fogo brando ao mesmo tempo em que se retiravam as camadas mais superficiais (ricas em gordura) para conseguir um leite parcialmente desnatado e concentrado, que depois era exposto ao calor do sol para se conseguir desidratá-lo mais profundamente. Até o século XIX, a tecnologia não avançou muito. A partir de então, e graças às experiências, entre outros, de Nicholas Appert (o primeiro a utilizar ar quente como agente desidratante), Samuel R. Percy (pioneiro no uso de sistemas de pulverização) e Just e Hatmaker (com seu método de dessecação por cilindros), a indústria láctea passou a contar com vários sistemas, cada vez mais sofisticados, para a fabricação de leites privados de parte ou da maior parte da água, podendo oferecer ao consumidor um produto com características quase idênticas (depois de reconstituídos) às do leite de que provém.

Definições

Observe-se que no início deste item o termo concentrados aparece em itálico. Pretendia-se com isso ressaltar as diferenças entre o plural *concentrados*, que abarca todos os tipos de leite privados de parte de sua água, e o singular *concentrado*, um dos tipos estudados a seguir.

São quatro os produtos lácteos englobados sob a qualificação de leites concentrados. A legislação vigente define-os como se segue:

- *Leite concentrado* é o leite natural, integral ou desnatado, pasteurizado e privado de parte de sua água.
- *Leite evaporado* é o leite de vaca esterilizado privado de parte de sua água.
- *Leite condensado* é o produto obtido pela eliminação parcial da água do leite natural, integral, semidesnatado ou desnatado, submetido a um tratamento térmico adequado, equivalente, pelo menos, a uma pasteurização, antes ou durante o processo de fabricação, e conservado mediante a adição de sacarose.
- *Leite em pó* é o produto seco e pulverulento que se obtém mediante a desidratação do leite natural integral ou total ou parcialmente desnatado, submetido a um tratamento térmico equivalente, pelo menos, à pasteurização, realizado em estado líquido, antes ou durante o processo de fabricação.

A análise detida dessas definições pode levar a várias conclusões. O leite concentrado sofre processo térmico similar ao do leite pasteurizado e, portanto, a única diferença entre ambos é a eliminação de água. O mesmo se pode dizer do leite evaporado e do esterilizado: só se diferenciam pela quantidade final de água. Mais adiante se verá que, do ponto de vista microbiológico, a quantidade de água que se subtrai nos leites concentrado e evaporado não tem praticamente nenhum significado; ou seja, os microrganismos desenvolvem-se da mesma maneira no leite concentrado e no pasteurizado e, por isso, a microbiologia dos dois produtos é idêntica. No que se refere ao leite condensado, o tratamento térmico que recebe é comparável a uma pasteurização elevada, razão pela qual não seria um produto de longa conservação; mas, nesse caso, a quantidade de sacarose que se adiciona provoca redução da a_w suficiente para impedir o desenvolvimento dos microrganismos viáveis presentes. Por esse motivo, não requer armazenamento em refrigeração e pode-se considerar, na prática, como um leite microbiologicamente estável. Quanto ao leite em pó, o tratamento térmico que recebe não garante a esterilização do produto, mas a mínima quantidade de água residual (menos de 5% em peso) faz com que a a_w seja tão baixa que torna impossível o desenvolvimento microbiano; ou seja, trata-se também, obviamente, de um leite microbiologicamente estável.

Esses tipos de leite, segundo a legislação vigente, subdividem-se, por sua vez, em várias classes, dependendo de diversos fatores (% de gordura e extrato seco desengordurado, tratamento térmico, etc.). Nos itens correspondentes aos leites concentrado e evaporado, condensado e em pó, especificam-se as diversas variedades contempladas pela legislação vigente.

Comportamento dos componentes lácteos durante a concentração e a desidratação do leite

Quando o leite natural é submetido a processos de concentração ou de desidratação, suas propriedades sofrem mudanças importantes. Entre elas:

- A concentração dos componentes do leite, salvo a água e algumas substâncias voláteis, aumenta e, portanto, aumentarão a densidade, a pressão osmótica, o ponto de ebulição, a condutividade elétrica, o índice de refração, a viscosidade e a reatividade termodinâmica do leite, ao mesmo tempo em que diminuirão seu ponto crioscópico e sua condutividade térmica.
- O grau de ionização não se modifica de forma significativa.
- Os fosfatos cálcicos que estão em supersaturação no leite antes de concentrar, passam à fase coloidal e, devido a isso, o pH do leite diminui (ver Capítulo 1).
- A conformação das proteínas pode mudar; ao diminuir sua carga elétrica, sua tendência a associar-se aumentará. Além disso, ao se concentrar o leite, haverá maior número de micelas por unidade de volume, ao mesmo tempo em que o cálcio se concentra. Todos esses fatores fazem com que as micelas percam um pouco de estabilidade e que a tendência a unir-se umas às outras se potencialize. Em experiências de laboratório, demonstrou-se que a perda de estabilidade não tem conseqüências na indústria, já que um leite com 26% de água requer tratamento térmico extremamente rígido (de cerca de 130°C durante 10 min) para se conseguir a coagulação. Esse tratamento é impensável na indústria processadora de leite, mas isso se aplica em condições ótimas de pH. Quanto mais ácido for o pH, maior será o perigo de se formarem coágulos no interior do evaporador ou no momento da esterilização (leite evaporado).

Em termos práticos, durante a fabricação de leites concentrados, observa-se que as micelas aumentam de tamanho apesar de perderem parte de sua água de hidratação, muito possivelmente por se agregarem umas às outras. O aumento do tamanho é menor quando se tem a precaução de preaquecer o leite antes de proceder à sua desidratação. Isso se deve a que a β-lactoglobulina e, possivelmente, a α-lactoalbumina desnaturam-se durante o preaquecimento e formam ligações dissulfeto com moléculas de κ-caseína e, talvez, da $α_{s2}$-caseína presentes na superfície da micela. Essas agregações conferem estabilidade térmica às micelas, já que o depósito das proteínas do soro na superfície micelar é um impedimento à agregação das micelas umas às outras.

- Ao perder água, a atividade de água (a_w) diminui. Valores típicos de a_w são: leite fresco, 0,993; leite evaporado ou concentrado, 0,986; leite condensado, 0,830; no caso do leite em pó, dada a pequena porcentagem de água presente nesse produto, a a_w é de aproximadamente 0,4 e, às vezes, até inferior a 0,2. Somente os valores de a_w do leite em pó são totalmente incompatíveis com o desenvolvimento microbiano, já que abaixo de 0,6 nenhum microrganismo se prolifera (Volume 1, Capítulo 11). Alguns microrganismos podem proliferar-se em leite condensado e, obviamente, a imensa maioria pode proliferar-se nos leites evaporado e concentrado.
- Como conseqüência da diminuição da a_w, a higroscopicidade aumenta. É evidente que a higroscopicidade será tanto maior quanto menor for a a_w. Esse fato tem conseqüência direta nas precauções que se deve ter no acondicionamento. Assim, o leite em pó deve ser acondicionado em material totalmente impermeável ao vapor d'água, ao passo que se poderia ser mais permissivo no acondicionamento do leite evaporado.
- Quando se concentra leite, provoca-se redução da distância entre os glóbulos de gordura. Além disso, a carga elétrica de sua superfície será menor. Portanto, a coalescência é facilitada, e a tendência a formar-se a linha de nata será maior. Esse problema é facilmente evitado mediante a homogeneização.

Por suas características particulares, no leite em pó adquirem relevância os seguintes fatos:

- Dependendo do procedimento de fabricação, é possível obter grânulos de leite em pó com alguma quantidade de ar ocluído (fabricação por nebulização) ou mais compactos (sistema Just-Hatmaker ou de cilindros). A presença de ar ocluído diminui consideravelmente a densidade do leite em pó.
- Como conseqüência da grande velocidade a que se desenvolve o processo de desidratação, a lactose encontra-se no leite em forma de lactose amorfa, formando uma camada contínua, impermeável ao ar (o que explica a retenção deste no interior do grânulo) e sendo quase uma espécie de *esqueleto*. O leite em pó é um produto muito higroscópico e capta água se houver umidade circundante suficiente (ou seja, acondicionamento inadequado). Quando a umidade ultrapassa 8%, as moléculas de lactose adquirem mobilidade suficien-

te para orientar-se, e pode começar a cristalização. No início, costumam formar-se alguns poucos núcleos de cristalização, que irão crescendo de forma paulatina e, ao fazer isso, vão unindo moléculas de lactose de outras partículas de leite, com o que, depois de certo tempo, podem aparecer grumos mais ou menos grandes (unidos por cristais de lactose), de dureza considerável e bastante insolúveis, o que provoca a recusa do consumidor. Paradoxalmente, como se estudará mais adiante, a indústria láctea projetou um método para facilitar a dissolução do leite em pó — a *instantaneização* —, em que, entre outras coisas, induz-se a cristalização da lactose. Mas, nesse caso, formam-se múltiplos núcleos de cristalização, os cristais crescem pouco e o consumidor não os detecta.

- O estado das proteínas, após a desidratação, é fundamental do ponto de vista da reconstituição do leite. As proteínas solúveis desnaturam-se em maior ou menor grau, dependendo da intensidade do tratamento térmico aplicado. A qualidade do leite em pó depende, por um lado, do sistema de desidratação empregado, e, de outro, do tratamento térmico prévio, que determina o grau de desnaturação das proteínas. Para determinar a qualidade do leite em pó, adotaram-se diversos critérios. Um dos mais utilizados é o índice de proteínas solúveis ou do soro, conhecidos geralmente por sua sigla inglesa WPNI (*whey protein nitrogen index*).

WPNI = N solúvel a pH 4,6 – N não-protéico

Se não há desnaturação, o índice é de aproximadamente 9. Quanto mais o WPNI se distancia dessa cifra, mais intensa terá sido a desnaturação das proteínas solúveis, e as características de reconstituição do leite em pó serão piores. É impossível, de qualquer modo, impedir totalmente a desnaturação durante a fabricação de leite em pó, mas se o preaquecimento limita-se às condições de uma pasteurização a menos de 80°C, o produto resultante (com WPNI de 6 ou inclusive maior) é chamado de leite em pó de *baixa temperatura*; tem boas características de reconstituição, sendo mais adequado para leite de consumo. Se o tratamento térmico tiver sido mais intenso, obtêm-se leites em pó de temperatura média (WPNI = 1,5 a 6) e de alta temperatura (WPNI menor que 1,5). Esses leites não costumam ser destinados ao consumo direto após reconstituição, mas são empregados na alimentação humana em panificação, para fabricar biscoitos, etc.

- É importante evitar qualquer alteração do glóbulo que leve à liberação da gordura livre, pois pode dar aspecto oleoso ao leite depois de reconstituído. Além disso, a gordura liberada pode sofrer auto-oxidações, conferindo características sensoriais indesejáveis ao produto. A integridade do glóbulo de gordura é mantida nos sistemas de desidratação por nebulização. Além disso, não se deve esquecer que a umidade inadequada durante o armazenamento pode provocar a formação e o crescimento de cristais de lactose que, como efeito secundário, podem romper as membranas do glóbulo e provocar liberação de lipídeos de seu interior.

Quando se fabrica um leite em pó de *alta temperatura*, como conseqüência da desnaturação protéica, o produto se enriquece de grupos sulfidrila, que têm capacidade antioxidante.

- A quantidade de água que fica no leite em pó após a desidratação é fundamental para a qualidade final do produto. Se a quantidade de água supera 5%, a lactose pode cristalizar, provocando uma série de problemas, desde o mau cheiro até a diminuição da solubilidade, escurecimento, etc.

Concentração do leite

São diversos os métodos que podem ser empregados para concentrar leite. Destacam-se a separação por membrana (osmose inversa e ultrafiltração), a concentração por congelamento e, obviamente, a concentração por evaporação. A concentração por congelamento não se aplica de forma industrial. As técnicas de separação por membranas aplicam-se apenas à indústria queijeira e ao aproveitamento de soros de leite. O motivo pelo qual essas técnicas não são utilizadas para obter leites concentrados para consumo após sua reconstituição é que a composição dos concentrados difere não apenas quantitativa, mas também qualitativamente, daquela do leite original. Já o concentrado obtido mediante a evaporação é praticamente idêntico à matéria-prima, salvo que tem menos água (também são perdidos os componentes mais voláteis que a água, mas estes não são importantes nem do ponto de vista nutritivo nem tecnológico). Todos os evaporadores empregados atualmente para concentrar leite funcionam a pressões inferiores à atmosférica para que o ponto de ebulição do leite seja inferior a 100°C, o que evita modificações indesejadas (excessiva desnaturação das proteínas do soro, perda de nutrientes, etc.). Em níveis práticos, os fatores dos quais depende a temperatura de ebulição do leite em um sistema de evaporação são a pressão em cada ponto do sistema, o grau de concentração conseguido em cada evaporador e a cabeça hidrostática.

Inúmeros sistemas, modelos e patentes foram projetados para concentrar alimentos líquidos em geral e leite em particular. Os mais usados para concentração de leite são os evaporadores de tubos longos descendentes, visto que costumam provocar dano térmico menor que outros sistemas; são de construção relativamente simples e comparativamente baratos. Além disso, atualmente empregam-se apenas sistemas com mecanismos de economia energética, como é o caso dos evaporadores com base no princípio do efeito múltiplo (ver Volume 1, Capítulo 12). Estima-se que, com um evaporador desse tipo, a energia consumida para obter o mesmo rendimento é aproximadamente a metade do que se gastaria com um evaporador simples ou, o que é o mesmo, com um único efeito. Na indústria, não é raro encontrar evaporadores de até 7 efeitos. A seguir, apresenta-se um exemplo das temperaturas de ebulição do leite em um sistema de 7 efeitos: 1º efeito 70°C, 2º 67°C, 3º 63°C, 4º 59°C, 5º 55°C, 6º 50°C e 7º 45°C. Vale lembrar que a única forma de fazer funcionar esse sistema é que a pressão vá diminuindo em cada efeito para conseguir que os pontos de ebulição de um líquido cada vez mais concentrado sejam cada vez menores. O emprego dos efeitos múltiplos não é único sistema de economia energética. Outra possibilidade cada vez mais utilizada é a recompressão do vapor, seja mecânica ou termicamente (Volume 1, Capítulo 12). Aparentemente, conseguem-se melhores rendimentos energéticos com a recompressão mecânica conforme se observa no exemplo a seguir, em que se comparam as necessidades energéticas (KJ/Kg de água evaporada) de 3 sistemas de evaporação:

3 efeitos	750
5 a 6 efeitos com recompressão térmica	360
3 efeitos com recompressão mecânica	125

Leites concentrado e evaporado

A legislação espanhola vigente contempla os seguintes tipos de leite evaporado:

- Leite evaporado rico em gordura (com mais de 15% de gordura e de 11,5% de extrato seco desengordurado [ESM] de procedência láctea).
- Integral (mais de 7,5% de gordura e de 17,5% de ESM lácteo).
- Semidesnatado (de 1 a 7,5% de gordura e mais de 20% de ESM lácteo).
- Desnatado (menos de 1% de gordura e mais de 20% de ESM lácteo).
- Leite evaporado aromatizado, que pode ser qualquer um dos anteriores, adicionado a corantes e aromatizantes permitidos.

Existem apenas dois tipos de leite concentrado: o leite concentrado integral (com porcentagem de gordura de pelo menos 11,75% e ESM lácteo mínimo de 30,15%) e desnatado (gordura mínima de 1,1% e ESM lácteo mínimo de 30,9%).

Quanto aos ingredientes permitidos, a legislação é muito explícita. O leite concentrado será composto exclusivamente de leite de vaca, enquanto, na composição do leite evaporado, podem estar presentes, além do leite em pó ou nata para normalizar o produto, alguns aditivos, como estabilizantes (bicarbonatos, citratos e ortofosfatos sódico e potássico, entre outros), corantes e aromas.

Esses dois produtos lácteos serão tratados conjuntamente, já que a fabricação de leite concentrado e a do leite evaporado diferem apenas no tratamento térmico que recebem: o de pasteurização para o concentrado e o de esterilização para o evaporado. No esquema que aparece na Figura 3.4, resumem-se as etapas que devem ser seguidas para a obtenção desses produtos.

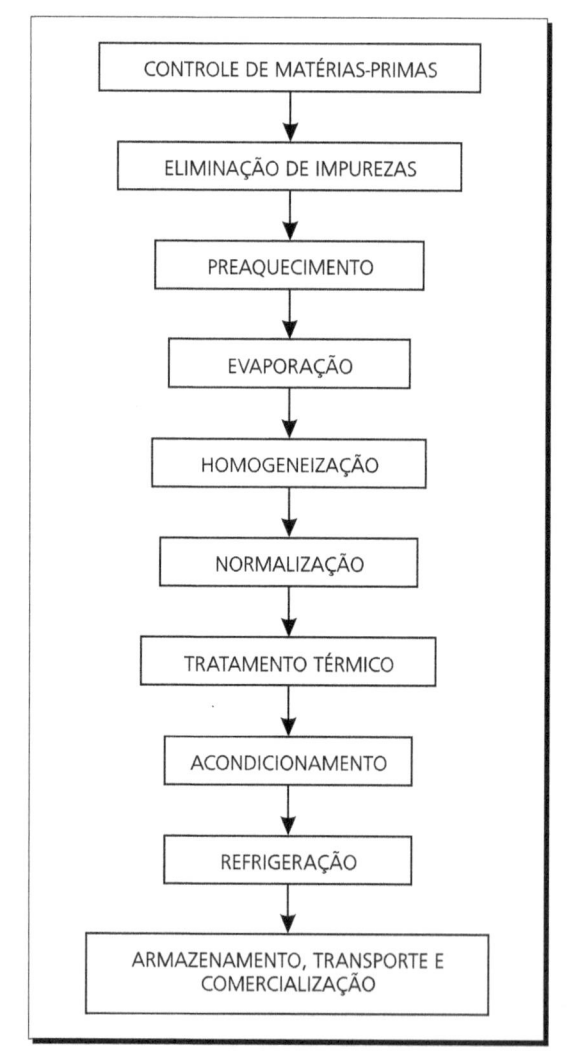

```
CONTROLE DE MATÉRIAS-PRIMAS
           ↓
ELIMINAÇÃO DE IMPUREZAS
           ↓
     PREAQUECIMENTO
           ↓
       EVAPORAÇÃO
           ↓
     HOMOGENEIZAÇÃO
           ↓
       NORMALIZAÇÃO
           ↓
    TRATAMENTO TÉRMICO
           ↓
     ACONDICIONAMENTO
           ↓
       REFRIGERAÇÃO
           ↓
ARMAZENAMENTO, TRANSPORTE E
       COMERCIALIZAÇÃO
```

Figura 3.4 Esquema da fabricação de leites concentrado e evaporado.

Antes de concentrar o leite, do mesmo modo que em outros produtos lácteos, deve-se controlar a qualidade da matéria-prima com a qual se vai trabalhar; além disso, convém depurá-lo fisicamente, isto é, eliminar a maior quantidade possível de impurezas mediante vários sistemas (filtração, centrifugação, etc.). Em seguida, pode-se proceder à normalização do leite, embora essa prática seja recomendada após a concentração e antes do tratamento térmico. Isso porque se, após a concentração, o produto deixar de cumprir por qualquer motivo as concentrações (de gordura e de extrato seco de origem láctea) determinadas pela legislação, ainda é possível corrigir a falha. Assim, quando se normaliza antes da concentração, talvez seja necessário segunda normalização, o que tornaria a primeira dispensável.

Entretanto, antes da concentração deve-se tratar termicamente o leite em um processo chamado de preaquecimento. As condições em que se realiza podem ser de 105 a 130°C por alguns minutos ou segundos, respectivamente. Ou seja, tratamento muito mais rígido que a pasteurização, mas sem chegar a ser esterilizante. O objetivo fundamental desse tratamento é provocar a desnaturação das proteínas do soro e seu depósito sobre a micela de caseína, à qual se unem de forma covalente mediante ligações dissulfeto, formadas entre radicais –SH livres de β-lactoglobulina e de κ-caseína. Também é possível que na formação dessas pontes dissulfeto participem moléculas de α-lactoalbumina e de $α_{s2}$-caseína. Com o depósito das proteínas do soro sobre as micelas, consegue-se estabilizar o leite contra uma possível coagulação durante o processo de concentração. É evidente que, com o preaquecimento, desnaturam-se muitas enzimas, tanto de origem láctea como microbiana e, ao mesmo tempo, destrói-se grande quantidade de microrganismos. Em resumo, após o preaquecimento, pode-se considerar o leite resultante como higienizado, e é mais difícil que coagule nas fases seguintes de fabricação.

Após o preaquecimento, o leite é concentrado mediante tratamento térmico suave (a pressão inferior à atmosférica) até se obter o extrato seco desejado. Após a evaporação, se for necessário, pode-se normalizar o produto para cumprir os requisitos legais. Em seguida, ele é homogeneizado para evitar a separação das fases de gordura e aquosa (formação da linha de nata). Esse processo rompe as micelas coaguladas existentes, provocando aumento da viscosidade, e faz com que a aparência do leite se torne mais oleosa que o desejável (outro fato que indica a necessidade do preaquecimento estabilizante das micelas). Em seguida, o leite pode ser resfriado, se não for submetido imediatamente ao tratamento térmico, pasteurizador ou esterilizante, para obter, respectivamente, leite concentrado ou leite evaporado.

Até esse ponto, a fabricação de leite concentrado e a evaporado podem ser consideradas idênticas. Quando se deseja obter leite concentrado, não é mais imprescindível pasteurizá-lo — recorde-se que ele já sofreu um tratamento térmico mais intenso que uma pasteurização convencional —, embora o tratamento higienizador nunca seja demais para garantir a inocuidade do produto final. Considere-se que, desde o preaquecimento, realizaram-se diversos processos: evaporação, homogeneização e, sobretudo, normalização, que podem contribuir para a contaminação do leite. A pasteurização é praticamente idêntica à do leite, com diferentes tratamentos térmicos (ver "Leite pasteurizado" neste capítulo). A única diferença digna de nota entre a pasteurização do leite e a pasteurização do leite concentrado é que, no último, costumam-se aplicar tratamentos térmicos um pouco mais intensos, como conseqüência de seu maior extrato seco, de sua maior viscosidade, etc., que o tornam pior condutor de calor; além disso, a termorresistência microbiana cresce quando um produto se concentra. Segundo a legislação espanhola vigente, o tratamento pasteurizador consistirá do aquecimento do leite em fluxo contínuo a uma faixa de 72 a 78°C, no mínimo, durante pelo menos 15 segundos. Em relação ao leite evaporado, é evidente que a esterilização é imprescindível. Os requisitos legais (tratamentos mínimos) são de 110°C durante 10 minutos (esterilização com o produto já acondicionado) ou cerca de 140°C durante 2 segundos (tratamento UHT do produto antes de acondicioná-lo). Para mais informações, ver "Leites esterilizados e UHT" neste capítulo.

Após o tratamento térmico, resta apenas resfriar o produto até a temperatura ambiente (leite evaporado) ou até a refrigeração (4°C ou menos) (leite concentrado). A vida útil desses produtos é idêntica à dos leites pasteurizado e esterilizado, respectivamente. As condições de armazenamento, as alterações, a microbiologia e as perdas de valor nutritivo também são muito semelhantes. Portanto, essas questões não serão tratadas neste item. A única vantagem que apresentam em relação aos leites pasteurizado e esterilizado é que ocupam menos espaço e são transportados e armazenados mais facilmente.

Leite condensado

Segundo a legislação espanhola, podem ser comercializados quatro tipos diferentes de leite condensado:

- Leite condensado propriamente dito, com quantidade de gordura de pelo menos 5% e extrato seco desengordurado (ESM) de procedência láctea de no mínimo 22%.
- Leite condensado semidesnatado. Com 4 a 4,5% de gordura e, no mínimo, 28% de ESM láctico.
- Leite condensado desnatado. Com um máximo de 1% de gordura e um mínimo de 24% de ESM láctico.
- Leite condensado aromatizado. Pode ser qualquer um dos anteriores, mas nesse caso podem-se adicionar corantes e aromatizantes permitidos.

Os ingredientes essenciais para obtenção de leite condensado são leite de vaca e sacarose. Além disso, na formulação desse produto podem-se adicionar leite em pó ou nata para sua normalização e lactose cristalina (ver mais adiante). A quantidade de sacarose é regulada estritamente para garantir a conservação do produto final. A quantidade que se deve acrescentar depende do extrato seco lácteo do leite condensado:

% de sacarose mínima = 62,5 – 0,625E
% de sacarose máxima = 64,5 – 0,645E

sendo E o extrato total seco procedente do leite. Para se ter uma idéia da quantidade de sacarose necessária para fabricar leite condensado, considere-se uma partida com 35% de extrato seco lácteo. Substituindo nas equações, tem-se que a porcentagem mínima de sacarose será de 40,62% e a máxima de 41,92%. Ou seja, mais de 40% e menos de 42% do leite condensado, em termos de peso, será sacarose. Com essa grande quantidade de solutos (menos de um quarto do produto é água), a a_w do produto resultante costuma ser em torno de 0,83, incompatível com o desenvolvimento da maior parte dos microrganismos. Os que podem proliferar-se nessas condições não têm por que estar presentes ou ser viáveis no produto final, mas, se estiverem, não poderão desenvolver-se, dada a ausência ou a mínima concentração residual de oxigênio que permanece na embalagem (se o sistema de fabricação for o correto).

Além do leite condensado, a indústria requer e utiliza atualmente produtos lácteos concentrados enriquecidos em açúcar para a formulação de outros alimentos (p. ex., sobremesas lácteas e confeitos em geral); porém, por sua composição, não podem ser chamados de leite condensado. A fabricação desses concentrados lácteos adoçados não difere essencialmente do leite condensado, salvo quanto ao grau de concentração necessário e à quantidade de açúcar adicionada; em resumo, naqueles fatores que controlam a composição do derivado lácteo.

Na Figura 3.5, apresenta-se um esquema da fabricação de leite condensado. Até a evaporação, inclusive, pode-se dizer que é igual à fabricação de leite concentrado e evaporado. A única diferença destacável é a adição de sacarose, que pode ser feita em diferentes momentos:

- *Antes da evaporação*. A vantagem dessa prática reside em que se pode adicionar a sacarose cristalina, que se distribuirá de forma rápida e homogênea e se dissolverá facilmente. Como inconvenientes, vale destacar que a viscosidade do leite aumentará de maneira considerável; por isso, o trânsito no evaporador será dificultado. A transmissão de calor também será mais lenta, o risco de caramelização é maior e é mais provável que se formem crostas no interior do evaporador com todos os prejuízos que isso implica.

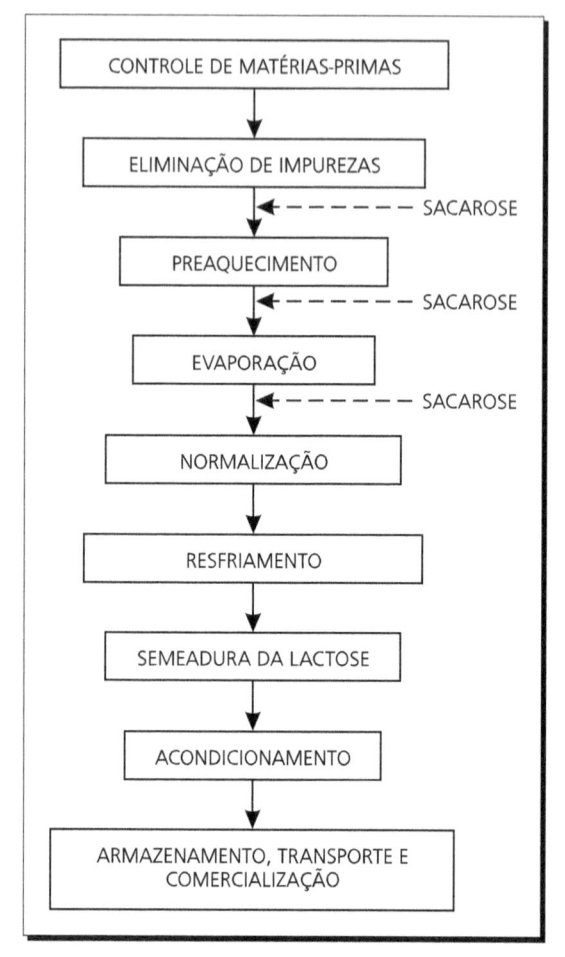

Figura 3.5 Esquema da fabricação de leite condensado. Incluem-se os três momentos em que se pode adicionar a sacarose.

- *Antes do preaquecimento*. A distribuição e a dissolução do açúcar são iguais ao do caso anterior. Além disso, com essa prática se terá outra vantagem, já que se higieniza o açúcar mediante o preaquecimento. Aos inconvenientes do ponto anterior, é preciso acrescentar que os riscos de caramelização aumentam, porque haverá dois tratamentos térmicos (preaquecimento e evaporação), e que o efeito microbicida do preaquecimento (se for igualmente intenso) será menor por se ter acrescentado um soluto em grande quantidade (ver mais adiante).
- *Depois da evaporação*. Quando se acrescenta açúcar após a evaporação, evitam-se todos os inconvenientes mencionados nos pontos anteriores. Porém, nesse caso, por ter-se perdido grande quantidade de água durante a evaporação, o leite concentrado é algo viscoso, e não é possível

adicionar o açúcar em forma sólida porque ele não se distribui de forma homogênea, e sua dissolução é dificultada. Portanto, é necessário adicionar a sacarose em forma de xarope concentrado (com concentração aproximada de 75% de açúcar). A adição de xarope costuma ser feita logo que o leite concentrado deixa o evaporador. Assim, aproveita-se a temperatura a que o produto sai (em torno de 55°C), para vencer a grande viscosidade não apenas do xarope, que também pode ter sido aquecido a essa temperatura previamente, mas também a do leite.

Após a dissolução da sacarose ou à saída do evaporador, nos casos em que a sacarose foi adicionada previamente à evaporação, é necessário esfriar o leite condensado cuidadosamente. Depois da concentração, a lactose encontra-se em solução supersaturada e, ao diminuir a temperatura, ela começa a cristalizar. Se a operação se realiza lentamente, entre 50 e 40°C, formam-se poucos cristais que, em seguida, à medida que o esfriamento avança, crescerão de tal forma que poderão ser detectados no paladar. De fato, ao se consumir esse leite condensado, percebe-se uma textura arenosa indesejável. Para evitar esse fenômeno, é necessário direcionar a cristalização para a obtenção de numerosos cristais de lactose minúsculos e imperceptíveis, em vez de poucos e grandes. Isso é conseguido esfriando muito rapidamente até 30 ou 32°C. A velocidade de esfriamento requerida com um líquido tão viscoso como o leite condensado pode ser obtida nos chamados *flash coolers*. Nesses aparelhos, trabalha-se a pressões inferiores à atmosférica; com isso, facilita-se a evaporação de um pouco da água do alimento que se vai esfriar; essa evaporação requer energia para a mudança de estado (líquido-gás), subtraído do próprio alimento, que desse modo esfria rapidamente. Quando o leite condensado encontra-se entre 30 a 32°C, temperatura a que já se produz a cristalização da lactose, induz-se a aparição de grande número de núcleos de cristalização mediante a *semeadura* de um pó finíssimo de lactose cristalina (conforme a legislação, pode-se acrescentar até 0,02% de lactose, em peso de produto final). Uma vez semeada a lactose, o leite condensado mantém-se em torno de 30°C por pouco menos de meia hora, para depois continuar esfriando lentamente até alcançar 15°C. Durante todas essas operações, não se deve temer a cristalização da sacarose, já que ela nunca se encontra em solução supersaturada. O leite condensado, depois de esfriar, é acondicionado nos recipientes permitidos pela legislação vigente, geralmente embalagens metálicas ou plásticas, e está pronto para a comercialização.

Leite em pó

A legislação espanhola contempla cinco tipos de leite em pó:

- Rico em gordura (com quantidade de gordura entre 42 e 50%).
- Integral (entre 26 e 42% de gordura).
- Semidesnatado (entre 1,5 e 26% de gordura).
- Desnatado (com menos de 1,5% de gordura).
- Para uso em máquinas automáticas (qualquer um dos anteriores, permitindo-se, nesse caso, a adição de sacarose e de lactose).

Os ingredientes permitidos no leite em pó, além do leite de vaca, são estabilizantes (citratos e ortofosfatos de sódio e de potássio, entre outros), antioxidantes (p. ex., ácido L-ascórbico), emulsificantes (lecitina) e, no leite em pó a ser processado em máquinas automáticas, podem-se acrescentar sacarose, lactose e anticoagulantes (p. ex., silicato de alumínio ou de cálcio).

Na Figura 3.6, apresenta-se um esquema dos passos necessários para obtenção de leite em pó.

Observe-se que se inclui evaporação antes de desidratar o leite. Em nenhum caso se deve desidratar diretamente

Figura 3.6 Esquema da fabricação de leite em pó.

o leite, mas é necessário concentrá-lo previamente até aproximadamente 30 ou 40% de extrato seco por dois motivos:

- Se um leite fosse desidratado sem concentrar, o resultado seria uma partícula de leite em pó muito rica em ar, muito pouco densa, que ocuparia muito espaço e se oxidaria facilmente. Isso se deve ao fato de o leite conter quantidade muito grande de água e de a velocidade de desidratação ser muito significativa (sobretudo no método de pulverização, como se verá mais adiante), o espaço que a água ocupava no leite é ocupado por ar na partícula de leite em pó. Portanto, a densidade da partícula é baixa, e, ao se reconstituir o leite (misturar leite em pó com água para dissolvê-lo), pode flutuar, sendo muito difícil submergi-la e dissolvê-la. Do que foi exposto, deveríamos deduzir que o leite ideal como matéria-prima para a desidratação seria um leite muito concentrado, que proporcionasse uma partícula de leite em pó com muito pouco ar retido e muito densa. Mas é preciso levar em conta que quando se desidrata um leite excessivamente concentrado, o pó resultante pode ser denso demais, propenso às aglomerações e com resfriamento muito lento após o processo de desidratação. Por isso, recomenda-se empregar leite previamente concentrado até 30 a 40% de extrato seco.
- Economia de calor. É mais barato o processo de concentrar e depois desidratar leite do que desidratar leite fresco diretamente.

Tradicionalmente, empregavam-se dois métodos de desidratação; o procedimento de Just-Hatmaker ou método dos cilindros, e o sistema de nebulização ou atomização (ver Volume 1, Capítulo 12). O primeiro utiliza um tratamento térmico muito forte, o que provoca intensa desnaturação das proteínas solúveis, com isso o WPNI desse tipo de leite será muito baixo e sua solubilidade durante a reconstituição, muito escassa. Esse tipo de leite em pó foi muito consumido durante a Segunda Guerra Mundial, mas atualmente é utilizado apenas com fins industriais ou para alimentação animal. Na desidratação por nebulização, apesar de se empregar ar entre 150 a 160°C como fonte desidratante, o leite quase não sofre dano térmico, porque a evaporação da água é rapidíssima e requer energia em forma de calor latente de evaporação para mudar de estado. Essa energia subtraída do próprio alimento faz com que a temperatura real alcançada pela parte *seca* do leite seja muito menor do que a temperatura da fonte calórica. Na realidade, não costumam ultrapassar 80°C. Portanto, com esse procedimento, evita-se o grande inconveniente do leite em pó obtido por cilindros: a péssima reconstituição pelo dano térmico provocado. De todo modo, a solubilidade do leite em pó obtido por nebulização não é ótima porque suas partículas costumam ser muito pequenas e pouco densas; por isso, tendem a flutuar na água, isto é, sua submersibilidade é pequena, sendo muito difícil dissolvê-las.

Após o processo de desidratação, só resta esfriar o leite e acondicioná-lo. O acondicionamento requer certos cuidados, dado o caráter extremamente higroscópico do produto. É imprescindível um acondicionamento hermético e impermeável ao vapor d'água. Também é preciso estar atentos às possíveis oxidações, visto que se trata de um alimento de longa conservação que será mantido em temperatura ambiente. O mais comum é incluir antioxidantes, mas também é freqüente acondicionar o leite em pó em atmosferas de nitrogênio. Outro sistema para combater as oxidações é comprimir o leite em pó em grandes blocos, eliminando parte do ar, para o armazenamento e o transporte.

Leite em pó de dissolução instantânea

Nos últimos anos, desenvolveram-se novas técnicas que melhoram sensivelmente a solubilidade do leite em pó, tanto em água quente como fria, e obtiveram-se os chamados leites em pó de dissolução instantânea (a instantaneização já foi tratada no Volume 1, Capítulo 11). A principal característica que diferencia o leite em pó convencional do leite de dissolução instantânea é o tamanho e a densidade de suas partículas. De fato, conseguiu-se fabricar leite em pó mediante pulverização, mas aumentando a densidade e o tamanho dos grânulos de leite em pó resultante; portanto, ao acrescentar esse produto *instantâneo* à água, ele submerge, distribui-se e dissolve-se rapidamente nela. Além disso, graças à instantaneização, também se obtém a cristalização controlada da lactose. Nos diferentes métodos de instantaneização o leite concentrado (com pouco mais de 10% de umidade) mantém-se com essa umidade por algum tempo para conseguir, por um lado, a aglomeração das partículas de leite em pó (aumento do tamanho e da densidade) e, por outro, a cristalização da lactose. Nas condições de instantaneização, os cristais formados são pequenos e muito numerosos, não resultando nenhum problema quanto à solubilidade do produto final. Ao contrário, representam uma vantagem, já que a lactose nesse estado é muito menos higroscópica do que a amorfa. Por isso, o leite em pó instantaneizado tem menos tendência a captar água que o convencional e, se o fizesse, não haveria tantos inconvenientes como os que foram apontados para o leite em pó convencional, visto que a lactose já está cristalizada.

Entre os diferentes sistemas existentes para obter esse tipo de produto vale destacar:

a) Fabricação em uma fase. A única diferença entre esse método e o de pulverização (leite não-instantaneizado) é que, nesse caso, o leite desidrata-se em duas etapas: a primeira, até atingir umidade em torno de 12%, mantendo-se assim o tempo suficiente para que as partículas se aglomerem (aumentando sua densidade e seu tamanho) e cristalize em lactose; depois, prossegue-se a desidratação até atingir a quantidade de água preconizada (menos de 5%). O atomizador Niro é uma das patentes que instantaneízam leite em uma fase. Nesse sistema, o leite sai da câmara de desidratação com pouco mais de 10% de umidade e passa a um desidratador-fluidificador, no qual entra ar quente em direção ascendente a cerca de 80°C para manter em base fluidizada as partículas de leite em pó, para permitir sua aglomeração (com o conseqüente aumento de tamanho e densidade) e para que a lactose cristalize. Em seguida, as partículas passam a uma câmara de fluidificação-desidratação, na qual também circula ar em direção ascendente para manter o leite *em levitação*. O ar na primeira parte dessa câmara é quente (mais de 100°C) para concluir a desidratação, e, na última parte, é frio para evitar o superaquecimento da partícula de leite em pó instantaneizado. As partículas de leite menores e menos densas, procedentes tanto da câmara de atomização, do desidratador-fluidificador ou do fluidificador-desidratador são recolhidas, separadas do ar úmido e recicladas, incorporando-se novamente à câmara de desidratação junto com o leite concentrado. De fato, no desidratador-fluidificador e no fluidificador-desidratador, a velocidade do ar é regulada não apenas para manter fluidificadas as partículas de leite em pó, mas também para eliminar as partículas que não atingem o mínimo quanto ao tamanho e à densidade. Em termos gerais, calcula-se que a cada vez reciclam-se 50% das partículas de leite.

b) Fabricação em duas fases. Esse procedimento consiste em obter, em primeiro lugar, leite em pó convencional mediante o sistema de pulverização e depois instantaneízá-lo mediante:

1. reumidificação do leite em pó para aglomerar os grânulos e provocar a cristalização da lactose;
2. nova desidratação; e
3. calibragem das partículas de leite em pó para evitar grânulos pequenos demais e muito pouco densos (estes, obviamente, voltam a sofrer o processo).

Existem diversas patentes de instantaneização de leite em duas fases:

- Método Blaw-Knox, caracterizado por umidificar e redesidratar o leite na mesma câmara. Nesse sistema, a umidificação é feita com vapor d'água em uma superfície vibratória para facilitar que o pó se desloque em camada fina, entre em contato com o vapor d'água e não se condense. Dessa bandeja vibratória, o leite cai na zona de aglomeração e, em seguida, passa à zona de desidratação, de onde já sai leite em pó instantaneizado, que deve ser calibrado para eliminar as partículas que não atingem a densidade e o tamanho mínimos.
- Método Cherry-Burrel. Nesse sistema, a umidificação e a redesidratação são feitas em câmaras separadas. Nesse caso, o leite em pó convencional é depositado úmido na câmara de aglomeração na qual também entra ar úmido, de onde passa a um coletor de leite em pó úmido. Esse coletor tem uma saída pela qual vai depositando o leite em um tubo onde circula o ar quente que irá desidratar o produto. Esse tubo de desidratação é de diâmetro crescente e desemboca em um coletor de leite em pó instantaneizado. Este, por sua vez, dispõe de uma saída que deposita o leite em uma superfície vibratória refrigerada e de peneiras que calibram o leite para somente permitir o acondicionamento daquele que cumpre determinadas condições de tamanho e densidade.

PROVAS ANALÍTICAS PARA CONTROLAR O TRATAMENTO TÉRMICO DOS LEITES

Tanto a administração quanto o setor lácteo estão interessados em dispor de métodos analíticos confiáveis para conhecer a intensidade do tratamento térmico que se aplicou a um leite e para diferenciar entre os vários tipos de leite comerciais existentes no mercado.

Numerosos grupos de pesquisadores estudaram esse tema, procurando encontrar um composto que cumprisse os seguintes requisitos: que esteja ausente no leite cru ou, se estiver presente, que sua concentração não seja variável; que sua concentração mude ao variar a intensidade de aquecimento aplicado ao leite; que, em sua formação ou destruição durante o processo, não haja a influência de outro componente do leite; que sua concentração não varie durante o armazenamento do produto final; e, por último, que sua quantificação seja simples para que possa ser feita em qualquer laboratório de controle de qualidade.

Nesse contexto, os esforços feitos até o momento foram dirigidos, alguns, a desenvolver um método que diferencie os leites UHT daqueles esterilizados hidrostaticamente, outros a diferenciar entre os vários tipos de leite em pó, e outros ainda a diferenciar o leite pasteurizado daqueles conhecidos em outros países como *high pasteurized* ou de alta pasteurização (leites submetidos a aquecimento entre 80 e 85°C, de 5 segundos a 5 minutos dependendo do país).

Todos os métodos propostos baseiam-se na mudança de algum dos componentes do leite durante o aquecimento, como inativação de enzimas, perda de vitaminas, desnaturação das proteínas do soro, interação das proteínas do soro desnaturadas com as caseínas, reações de isomerização e degradação da lactose.

A FIL (Federação Internacional de Leiteria) propôs, para diferenciar o leite pasteurizado do leite de alta pasteurização, que se determinasse a inativação da peroxidase. Essa enzima, assim como a fosfatase alcalina, encontra-se naturalmente presente no leite cru, e inativa-se quando o tratamento térmico é mais intenso que o da pasteurização. Assim, um leite pasteurizado seria aquele que fosse fosfatase alcalina (–) e peroxídase (+), enquanto se consideraria de pasteurização alta o que fosse fosfatase alcalina (–) e peroxidase (–). A FIL continua trabalhando para desenvolver um método alternativo ao sugerido.

Como se afirmou anteriormente, alguns dos métodos propostos baseiam-se nas reações de isomerização e de degradação da lactose (Figura 3.7).

Quando se aquece o leite, forma-se um isômero da lactose, a lactulose (4-O-β-galactopirano-sil-D-frutose), ausente no leite cru.

Comprovou-se que a concentração de lactulose aumenta de forma diretamente proporcional à intensidade do tratamento térmico aplicado. A partir de numerosos estudos em colaboração entre diversos países, decidiu-se que a quantificação da lactulose por HPLC (cromatografia líquida de alta resolução) seja utilizada como método oficial para diferenciar o leite UHT do esterilizado. A FIL propôs que o leite comercial com menos de 600 mg/L de lactulose seja considerado UHT, e quando o valor for maior, que se considere o leite como esterilizado hidrostaticamente. Um método alternativo ou complementar ao anterior é a quantificação por HPLC da β-lactoglobulina, que permanece sem desnaturar, isto é, que se encontra no sobrenadante depois de se tratar o leite com HCl até o pH alcançar um valor de 4,6. O leite UHT conteria mais de 50 mg/L de β-lactoglobulina, e o esterilizado hidrostaticamente teria um conteúdo inferior a 50 mg/L. Em resumo, um leite foi tratado pelo procedimento UHT quando contém mais de 50 mg/L de β-lactoglobulina e, ao mesmo tempo, menos de 600 mg/L de lactulose, e esterilizado hidrostaticamente quando tem menos de 50 mg/L de β-lactoglobulina e, ao mesmo tempo, mais de 600 mg/L de lactulose. Essa proposta está sendo discutida atualmente pela União Européia para a elaboração das normas de diferenciação dos diversos leites comerciais de acordo com o tratamento térmico recebido.

Uma das reações que ocorrem durante o tratamento térmico é a reação de Maillard. Embora vários autores tenham proposto métodos apoiados na determinação de substâncias formadas na reação de Maillard para diferenciar o leite UHT do leite esterilizado hidrostaticamente, esses métodos não tiveram total aceitação por parte da FIL. Entre os métodos propostos encontram-se a quantificação do hidroximetil furfural e da perda de lisina disponível, a determinação de mudanças na coloração do leite, a quantificação de furosina, etc.

Outros métodos baseiam-se na desnaturação das proteínas do soro. Propôs-se a quantificação de cada uma das proteínas de soro que não são desnaturadas para distinguir os diversos tipos de leite em pó e para diferenciar os leites UHT dos leites esterilizados hidrostaticamente.

Embora não tenha sido aprovado pela FIL, um dos métodos mais utilizados para a diferenciação dos tipos de leite em pó é o que foi proposto pelo ADMI (American Dry Milk Institute), com base na precipitação das proteínas do soro desnaturado com NaCl e HCl e na sua posterior medida da transmitância a 420 nm. Considera-se que um leite em pó foi submetido a elevado tratamento térmico quando o conteúdo em proteínas do soro sem desnaturar é menor que 1,5 mg/g de leite, a um tratamento térmico médio quando situa-se entre 1,5 e 5,99 e de baixo tratamento térmico quando o conteúdo é maior que 6 mg/g de leite.

REFERÊNCIAS BIBLIOGRÁFICAS

ROBINSON, R. K. (ed.) (1986): *Modern Dairy Technology*. Elsevier Applied Science Publishers. Londres.
SPREER, E. (1991): *Lactología Industrial*, 2ª ed. Acribia. Zaragoza.
VARNAM, A. H. y SUTHERLAND, J. P. (1994): *Milk and Milk Products. Thechnology, Chemistry and Microbiology*. Chapman y Hall, Londres.
VEYSSIERE, R. (1980): *Lactología técnica*. Acribia. Zaragoza.

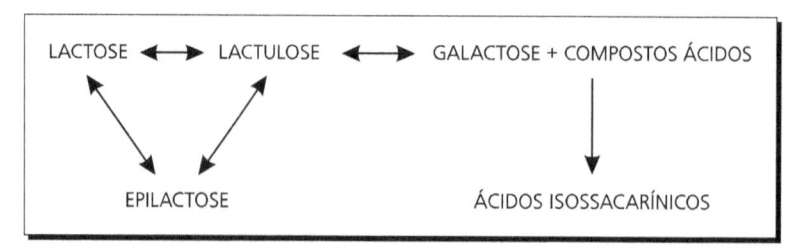

Figura 3.7 Esquema das reações de isomerização e degradação da lactose.

RESUMO

1 Para elaborar o leite pasteurizado, submete-se o leite cru a um tratamento térmico, que pode ser HTST (72 a 78°C, 15 s) ou LHT (62 a 65°C, 30 min). Ambos garantem a destruição dos microrganismos patogênicos e provocam destruição importante da flora banal. As propriedades sensoriais desse leite são quase idênticas às do leite cru; deve ser conservado em refrigeração e tem vida útil curta, de apenas alguns dias.

2 A esterilização do leite visa a destruição dos microrganismos mais termorresistentes (os esporulados), para conseguir um produto microbiologicamente estável que possa ser armazenado a temperatura ambiente. Pode-se esterilizar o leite mediante o tratamento hidrostático ou o UHT. No primeiro, o leite é acondicionado e, depois, tratado termicamente a cerca de 120°C por aproximadamente 20 minutos. Esse binômio tempo/temperatura é muito agressivo do ponto de vista químico, provocando modificações sensíveis da qualidade sensorial e nutritiva.

3 O processo UHT pode ser direto (injeção de vapor d'água no leite) ou indireto (o calor é transmitido por trocadores tubulares ou de placa). Em ambos os casos, o binômio tempo/temperatura empregado é de cerca de 140°C, 2 a 4 segundos. Esse tratamento tem maior efeito esporicida do que a esterilização hidrostática, minimizando as mudanças sensoriais e nutritivas.

4 Os leites concentrado e evaporado são, respectivamente, leites pasteurizado e esterilizado, dos quais se elimina uma parte da água mediante evaporação a pressões menores que a atmosférica para diminuir o ponto de ebulição do leite durante o processo e minimizar mudanças químicas indesejadas. A quantidade de água eliminada não chega a reduzir a a_w o suficiente para obter a estabilidade microbiológica. Portanto, sua microbiologia e conservação são idênticas às dos leites pasteurizado e esterilizado.

5 O leite condensado é fabricado do mesmo modo que os anteriores, com a diferença de que, nesse caso, adiciona-se sacarose (em torno de 41%), o que leva à diminuição da a_w a valores incompatíveis com o desenvolvimento de quase todos os microrganismos, razão pela qual esse produto é considerado microbiologicamente estável. Durante o processamento, é preciso ter o cuidado de controlar a cristalização da lactose mediante a semeadura de cristais desse dissacarídeo para evitar a consistência arenosa que se produz em caso de não ser feito esse procedimento.

6 Para fabricar leite em pó, em primeiro lugar é preciso concentrar o leite até um extrato seco em torno de 40 a 50% e, em seguida, desidratá-lo. Este último processo pode ser realizado por contato com superfície quente (método dos rolos) ou por atomização do leite e pelo contato das gotículas com ar seco a aproximadamente 150°C. O primeiro sistema obtém leite em pó com grande quantidade de proteínas do soro desnaturadas, o que costuma tornar difícil sua reconstituição. O segundo preserva as proteínas séricas, mas não se dissolve com facilidade por sua pouca densidade.

7 Para solucionar os problemas assinalados no ponto anterior, recorre-se à instantaneização; trata-se de um processo que permite obter partículas de leite em pó de tamanho grande e bastante densas, que submergem, distribuem-se na água e dissolvem-se bem.

8 Os métodos analíticos propostos para o controle dos tratamentos térmicos aplicados ao leite baseiam-se na mudança de algum dos componentes do leite durante o aquecimento: inativação de enzimas, perda de vitaminas, desnaturação das proteínas do soro, interação das proteínas do soro com as caseínas e reações de isomerização e de degradação da lactose.

CAPÍTULO 4

Leites fermentados

Este capítulo descreve, em primeiro lugar, os leites fermentados, classificando-os em função dos microrganismos responsáveis pela fermentação da lactose. Em seguida, estuda a tecnologia desses produtos e os aspectos microbiológicos e bioquímicos mais relevantes.

INTRODUÇÃO

Os leites fermentados podem ser definidos como preparados lácteos em que o leite de diferentes espécies (vaca, ovelha, cabra e, em alguns casos, búfala e égua) sofre um processo fermentativo que modifica suas propriedades sensoriais. O objetivo fundamental da elaboração desses alimentos era, inicialmente, a conservação do leite e de seu valor nutritivo, mas, hoje, essa finalidade passou a um segundo plano e busca-se, principalmente, ampliar a gama de produtos lácteos.

A origem dos leites fermentados remonta à Antigüidade, mas não é difícil imaginar como as tribos nômades adquiriram a arte de conservar o leite que produziam mediante o armazenamento em odres e recipientes de cerâmica ou de peles de animais, onde o leite fermentava graças à flora láctica que chegava a ela acidentalmente após a ordenha. Logo observaram que o leite transformava-se em um produto apetecível cuja vida útil era mais prolongada do que a da matéria-prima. Também não é difícil imaginar como as bactérias lácticas iam sendo selecionadas nesses recipientes que receberiam mais leite à medida que o produto fermentado era consumido. É de se supor que essas tribos preparassem mais tarde o iogurte, o queijo ou outros produtos de forma intencional. Desse modo, dependendo da zona geográfica, desenvolveu-se uma tecnologia empírica e foram surgindo os diferentes tipos de leites fermentados e queijos.

Há muitos tipos de leites fermentados no mundo. Eles possuem muitos aspectos comuns, em particular os que são elaborados na mesma região geográfica ou em zonas limítrofes. Praticamente todos os leites fermentados foram evoluindo de maneira similar. No início, foram elaborados por artesãos; depois, os microbiologistas e os tecnólogos compreenderam o processo, isolaram e selecionaram os microrganismos responsáveis pela fermentação e pelas características sensoriais do produto e, finalmente, a indústria regularizou o processo de elaboração e o produto acabado.

Neste século, os avanços científicos tornaram possível passar da produção artesanal à fabricação industrial que, no caso específico do iogurte, é submetida a um rígido controle, obtendo-se produtos finais totalmente regularizados. Não é o caso de muitos outros leites fermentados, dos quais nem sequer se definiu a microbiologia. Na Tabela 4.1, apresentam-se diversos tipos de leites fermentados fabricados atualmente no mundo. A classificação baseia-se na microbiota responsável pela fermentação. Apesar das diferenças em sua microbiologia e em sua tecnologia, evidentemente têm muitos aspectos em comum. Em termos gerais, a elaboração desses alimentos pode ser considerada bastante simples. O leite é pasteurizado e, em seguida, semeia-se o cultivo iniciador selecionado, dependendo do produto em questão. Os microrganismos provocam a acidificação e, em muitos casos, a coagulação do produto e o desenvolvimento de características organolépticas típicas. Após a fermentação, o alimento é refrigerado para comercialização.

A tradição na Espanha não legou grande variedade de leites fermentados. Mas, graças à abertura de mercados, às tendências do consumo, à facilidade no transporte, às comunicações, etc., o mercado de leites fermentados está evoluindo e, atualmente, é possível encontrar nas prateleiras dos supermercados ampla gama de produtos que, sem dúvida, em um futuro próximo, crescerá ainda mais. Embora o iogurte seja o mais conhecido e o de maior consumo em todos os níveis populacionais, nos últimos anos a produção e o consumo de leites fermentados, em que se incluem microrganismos com propriedades probióticas, vêm adquirindo maior relevância.

Tabela 4.1 Tipos de leites fermentados

Agentes de fermentação	Produtos
LEVEDURAS	Kefir, Kumys, leite acidófilo fermentado por levedura
MOFOS	Viili
BACTÉRIAS	
Mesófilas	Nata fermentada (*buttermilk*), Lactofil, Filmjolk, Täetmjolk, Maziwa lala, Ymer
Termófilas	Iogurte, Laban, Zabadi, Labneh, Chakka, Shirkhand, Skyr[1], nata fermentada búlgara
Probióticas	Leite acidófilo, Cultura-AB, Iogurte AB, Yakult, Miru-Miru, Bioghurt®, Biogarde®, Bifighurt®, Ofilus®, Biokys®, Progurt®, Actimel®, LC1®

[1]Esse produto pode ser considerado como de fermentação mista, dado que, após a fermentação láctica, há uma segunda fermentação, produzida por leveduras.

TIPOS DE LEITES FERMENTADOS

De acordo com a classificação da Tabela 4.1, podem-se considerar diversos tipos genéricos:

Leites fermentados contendo ácido láctico e álcool

Nesses produtos, a concentração de etanol pode chegar até 2%. Costumam ser bebidas espumosas e efervescentes devido ao CO_2 que contêm. Os microrganismos iniciadores responsáveis por esses produtos ainda não foram tão bem descritos como em outros produtos lácteos fermentados. Os exemplos mais típicos procedem do Cáucaso e da Mongólia.

Kefir

O cultivo iniciador apresenta-se em forma de grãos de forma irregular (às vezes, sua estrutura lembra uma couve-flor), brancos ou amarelados, de consistência elástica, com diâmetro muito variado (1 mm a 3 cm), dependendo das condições de cultivo e manejo. São chamados de grãos de *kefir* e podem conter uma microbiota variável, com diversas leveduras e bactérias agrupadas de forma muito organizada; nas camadas periféricas predominam as formas bacilares, provavelmente lactobacilos e, à medida que se avança para o centro, vai aumentando a população de leveduras. Desconhece-se o modo como se forma essa associação tão particular e a relação existente entre os microrganismos que compõem os grãos. Isolou-se um polissacarídeo, denominado *kefirano*, provavelmente sintetizado por *Lactobacillus brevis*. É composto de cadeias ramificadas de glicose e galactose; os microrganismos ficariam retidos nesse polissacarídeo formando o grão. Contudo isso não explica a disposição espacial que adotam leveduras e lactobacilos nessa estrutura.

Nos grãos, foi isolada e identificada quantidade considerável de microrganismos; alguns autores consideram que muitos deles são contaminantes, mas outros não acreditam nisso. Por exemplo, em determinados lugares, considera-se desejável a presença de mofos, como *Geotrichum candidum*, enquanto, em outros, considera-se o *kefir* com mofos como um defeito.

Várias tentativas foram feitas para a normalização do cultivo iniciador. Alguns dos que foram preparados são constituídos de: lactococos (10^8 a 10^9 ufc/mL), *Leuconostoc* spp. (10^7 a 10^8 ufc/mL), lactobacilos termófilos (10^5 ufc/mL), bactérias acéticas (10^5 a 10^6 ufc/ml) e leveduras (10^5 a 10^6 ufc/ml), enquanto outros são compostos por *Lactobacillus* spp., cocos, sobretudo *Lactococcus lactis* subsp. *lactis* e subsp. *cremoris* e leveduras [*Saccharomyces cerevisiae* (não-fermentadora de lactose) e *Candida kefir* (fermentadora de lactose)].

O sistema de elaboração em nível industrial é, essencialmente, o seguinte: diferentemente do iogurte e de outros leites fermentados, o leite de vaca não é enriquecido, e seu conteúdo de gordura pode variar entre menos de 0,1 e 3,2%. É aquecido a 70°C, homogeneizado e tratado termicamente entre 85 e 87°C durante 10 minutos ou entre 90 a 95°C durante 2 a 3 minutos; em seguida, resfria-se até aproximadamente 22°C, e inocula-se o cultivo iniciador. O período de fermentação oscila entre 8 e 12 horas até que a acidez atinja cerca de 1% em termos de ácido láctico. Depois, agita-se o coágulo, esfriando-o lentamente durante 10 a 12 horas. Antes de seu acondicionamento, deve ser agitado novamente para obter consistência líquida, mantendo-o em refrigeração até seu consumo. Com essa temperatura de fermentação, consegue-se *kefir* com baixo conteúdo em álcool (em torno de 0,1%). Quando se quer aumentar esse conteúdo, deve-se fermentar a uma temperatura mais baixa (4 a 15°C), o que favorece o desenvolvimento e o metabolismo das leveduras.

Kumys

Originalmente era fabricado com leite de égua, por isso era sempre uma bebida, já que esse leite não coagula. O produto é acinzentado, leve, efervescente e com acentuado sabor ácido e alcoólico. Os principais metabólitos após a fermentação são ácido láctico (0,7 a 1,8%), etanol (0,6 a 2,5%) e CO_2 (0,5 a 0,9%).

No *kumys* elaborado tradicionalmente, foram encontrados os seguintes microrganismos: *Lactobacillus delbrueckii* subsp. *bulgaricus*, *Lb. acidophilus*, leveduras fermentadoras de lactose (*Saccharomyces lactis* e *Torula koumiss*), leveduras não-fermentadoras de lactose (*Saccharomyces cartilaginosus*) e leveduras não-fermentadoras de carboidratos (*Mycoderma* sp.).

No *Kumys* da Mongólia, isolaram-se lactococos, mas estes não parecem ser recomendados porque produzem ácido láctico muito rapidamente e inibem as leveduras.

Atualmente, o *kumys* pode ser preparado com leite de outras espécies, sobretudo de vaca.

Leites fermentados com bactérias lácticas e mofos

Não são nada freqüentes, mas, na Finlândia, produz-se o *viili*, ao qual se adiciona intencionalmente, além das bactérias lácticas, o mofo *Geotrichum candidum*.

Leites fermentados com bactérias lácticas mesófilas

A origem da maior parte deles é o norte da Europa, onde o clima reinante selecionou uma microbiota cuja temperatura ótima de crescimento é relativamente baixa (20 a 22°C). Os cultivos utilizados nesse tipo de produtos são compostos de uma ou mais das seguintes bactérias:

— *Lactococcus lactis* subsp. *lactis*
— *Lactococcus lactis* subsp. *cremoris*
— *Lactococcus lactis* biovar. *diacetylactis*
— *Leuconostoc mesenteroides* subsp. *cremoris*

Em linhas gerais, pode-se dizer que o papel desses cultivos é similar àquele desempenhado no queijo. Os dois primeiros são principalmente acidificantes, enquanto os dois últimos são responsáveis pelo sabor e pelo aroma, similares aos da manteiga, e com uma leve efervescência associada, às vezes, a esses produtos.

Nesse grupo, destaca-se a nata fermentada ou *buttermilk*, que tradicionalmente era elaborada a partir do soro ou nata que restava após a separação de fases na fabricação de manteiga. O soro fermentava espontaneamente, produzindo-se uma bebida láctea não muito ácida, com sabor muito similar ao da manteiga e um pouco efervescente devido ao CO_2 formado, o que lhe conferia caráter refrescante. Atualmente, é elaborado com leite desnatado ou semidesnatado, homogeneizado e tratado termicamente entre 90 e 95°C durante 10 minutos. Depois esfria-se a 22°C e semeia-se o iniciador (uma mistura de bactérias acidificantes e aromatizantes). Incuba-se até que atinja pH de 4,6; em seguida, resfria-se entre 2 e 4°C e acondiciona-se em embalagens similares às do leite pasteurizado. O frio evita superprodução de gás carbônico. A vida útil do produto final não é excessivamente longa.

Existem outros produtos *mesófilos*, como o *filmjolk* e o *taetmjolk*. Este último era preparado, tradicionalmente, fermentando leite, ao mesmo tempo em que maceravam folhas de *Pinguicula vulgaris* ou *Drosera* sp. para alcançar a viscosidade desejada. Atualmente, esse leite *viscoso* é obtido industrialmente à base de leite de vaca com cerca de 3% de gordura, é tratado termicamente entre 85 e 90°C durante 30 minutos e inoculam-se *Le. mesenteroides* subsp. *cremoris* e uma cepa de *Lc. lactis*, comumente chamada de sorovar. *longi*. Essa cepa, além de acidificar, libera quantidade considerável de uma proteína extracelular que provoca aumento da viscosidade. Depois de incubar durante 20 a 23 horas a uma temperatura de 17 a 18°C, consegue-se a acidez (pH 4,5 a 4,6) e a viscosidade desejadas.

Leites fermentados com bactérias lácticas termófilas

Esses produtos, em particular o iogurte, dominam o mercado mundial. Os microrganismos responsáveis são cepas de *Streptococcus thermophilus* e de *Lactobacillus delbrueckii* subsp. *bulgaricus*. Nesse caso, o leite é fermentado a uma temperatura de 42 a 43°C. Devido aos microrganismos presentes, o sabor é peculiar e a acidez pode ser considerável, chegando a valores de pH de 3,8 a 4,0. Os principais componentes do aroma e do sabor são aldeídos e cetonas, sendo o acetaldeído e o diacetil os mais destacados (ver "Compostos do sabor e o aroma dos leites fementados" neste capítulo).

Iogurte

Sua origem deve situar-se no Oriente Médio ou na Índia. Os pastores nômades, ao armazenar o leite sempre nos mesmos recipientes, foram selecionando uma microbiota que fermentava o leite e produzia um alimento de sabor agradável. Além disso, o alto grau de acidez conseguido não permitia o desenvolvimento de bactérias patogênicas. Sem dúvida, perceberam que seu consumo não lhes causava nenhum prejuízo; por isso, esse produto tornou-se popular e era oferecido às crianças na desmama.

A legislação espanhola trata de forma muito diferente os leites fermentados. Enquanto o iogurte é definido em termos claros e estritos, os outros tipos não são especificados. Assim, o iogurte é definido como o produto de leite coalhado por fermentação láctica mediante a ação de *Lactobacillus bulgaricus* (que atualmente é denominado *Lb. delbrueckii* subsp. *bulgaricus*) e *Streptococcus thermophilus* a partir de leite pasteurizado, leite concentrado pasteurizado, leite integral ou parcialmente desnatado pasteurizado, leite concentrado pasteurizado integral ou parcialmente desnatado, com ou sem adição de nata pasteurizada, leite em pó integral, semidesnatado ou desnatado, soro em pó, proteínas de leite e/ou outros produtos procedentes do fracionamento do leite. Na legislação vigente também se especifica que os microrganismos produtores de fermentação láctica devem ser viáveis e estar presentes no produto final em quantidade mínima de 10^7 colônias por grama ou milímetro. Essa premissa de microrganismos vivos pode ser justificada:

- pelo conceito tradicional de um leite fermentado e
- pelo fato das bactérias viáveis poderem apresentar efeitos profiláticos e terapêuticos para o consumidor.

Existem no mundo muitos tipos de iogurte. Podem ser classificados segundo diversos critérios:

- Porcentagem de gordura (integral, semidesnatado ou desnatado).
- Métodos de produção do gel (sem bater, batido, líquido).
- Aroma e sabor (natural, com frutas, aromatizado).
- Tratamentos pós-incubação (tratados termicamente, congelados, desidratados ou concentrados).

A legislação espanhola classifica os iogurtes em cinco tipos, que refletem os possíveis ingredientes que podem ser utilizados: 1) natural, 2) com açúcar, 3) com edulcorante, 4) com frutas, sucos e/ou outros produtos naturais e 5) iogurte aromatizado.

Na legislação, especifica-se ainda que o iogurte sem desnatar deve conter no mínimo 2% de gordura láctea, enquanto o desnatado conterá, no máximo, 0,5%. Já na Grã-Bretanha, considera-se o baixo em gordura, com 0,5 a 2%, e o extrabaixo em gordura, com menos de 0,5%. Todos os iogurtes terão no mínimo 8,5% de extrato seco desengordurado lácteo. Para os iogurtes com frutas, sucos, etc., a porcentagem mínima de iogurte na mistura será de 70%. Essa cifra chega até 80% para os aromatizados.

O sabor ácido do iogurte é dissimulado quando são acrescentadas frutas ou outros ingredientes naturais. Assim, pode-se evitar que um iogurte com pH de 3,8 se torne desagradavelmente ácido ao paladar. A maioria dos iogurtes com frutas ou outros ingredientes contém espessantes para que a consistência seja adequada. Esses iogurtes podem ser acrescidos de ingredientes naturais como frutas e hortaliças (frescas, congeladas, em conserva, liofilizadas ou em pó), purê de frutas, polpa de frutas, compota, doces em pasta, confeitos, xaropes, sucos, mel, chocolate, cacau, frutos secos, coco, café, especiarias e outros ingredientes naturais. Na prática, as frutas utilizadas são muito variadas e refletem os gostos dos consumidores desde os clássicos iogurtes de morango e de banana até os mais exóticos de maçã com caramelo, frutas silvestres, etc.

Além dos ingredientes conhecidos pela definição de cada tipo de iogurte, podem-se acrescentar gelatina e amidos comestíveis, modificados ou não, aos iogurtes com fruta, sucos e/ou outros produtos naturais e aos iogurtes aromatizados. A dose máxima é de 3g/kg de iogurte. A esses iogurtes, podem-se acrescentar ainda corantes autorizados (p. ex., açafrão, tartrazina, azorubina, clorofilas, caramelo, bixina, xantofilas, vermelho beterraba ou betaína). Aos iogurtes anteriores, junto com os corantes, podem-se acrescentar edulcorantes (ciclamato, sacarina) e estabilizantes, emulsificantes, espessantes, geleificantes (alginatos, ágar, carragenato, amidos, diferentes gomas e pectina) e conservantes (ácido sórbico e sorbatos, ácido benzóico e benzoatos e anidrido sulfuroso).

Atualmente são comercializados iogurtes com diferentes texturas: o de consistência firme, o batido e o líquido. Na Figura 4.1, esquematizam-se os processos de elaboração dos três tipos. As primeiras fases de produção são comuns. O extrato seco do leite (desnatado ou não) é enriquecido e pasteurizado, e inocula-se o cultivo iniciador. A partir deste ponto, estabelecem-se as diferenças. A matéria-prima para obter iogurte de consistência firme é acondicionada, incubada e finalmente refrigerada antes de sua distribuição e venda. Diferentemente do anterior, para obter iogurtes batido e líquido, incuba-se o leite enriquecido e inoculado em grandes fermentadores. Esses dois tipos de iogurte diferenciam-se apenas no grau de ruptura do gel láctico formado durante a incubação. O batido é bombeado a um trocador de calor para esfriar, enquanto o líquido é submetido a um processo mais intenso (pode ser homogeneizado) antes de ser resfriado. Após o resfriamento, são acrescentados os demais ingredientes (fruta, cacau, baunilha, corantes, etc.). Finalmente procede-se ao acondicionamento, armazenamento em refrigeração e distribuição.

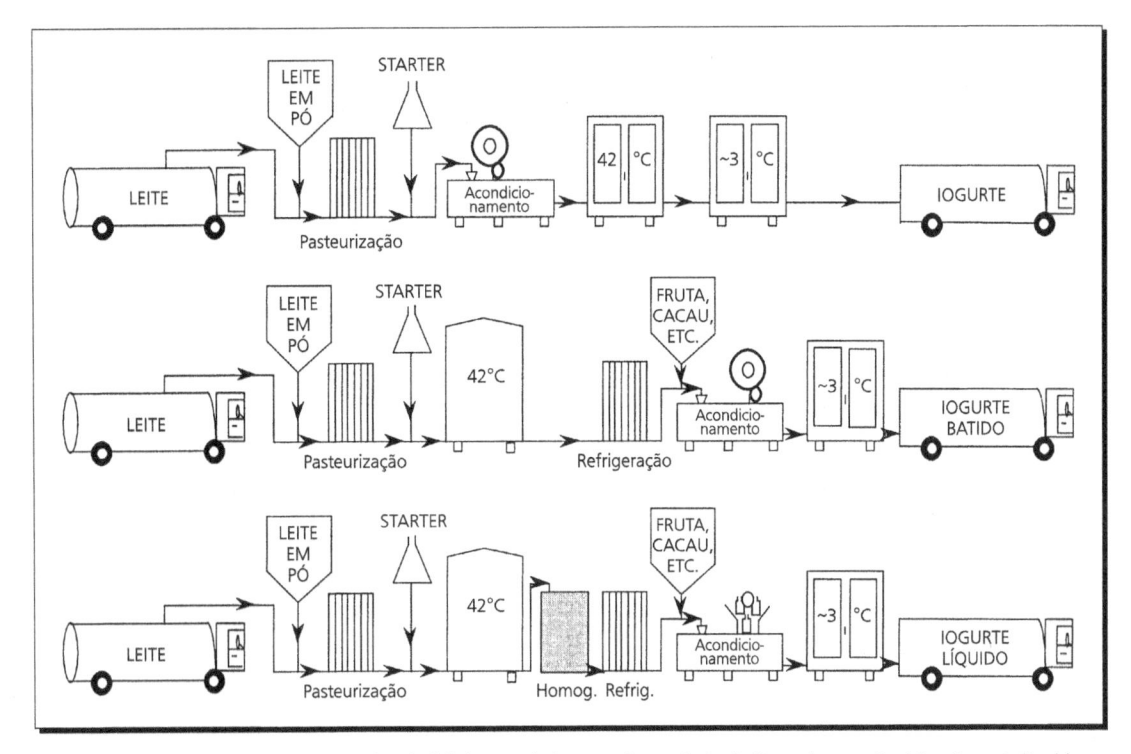

Figura 4.1 Representação esquemática da fabricação de iogurte de consistência firme, iogurte batido e iogurte líquido.

Quanto à data de validade, a legislação determina que seja explicitada na embalagem e que não ultrapasse 24 dias da fabricação, isso desde que não se exceda a temperatura de armazenamento. A mais de 10°C, a vida útil é calculada em poucos dias, visto que o produto atinge grau de acidez excessivo, porque o *Lb. delbrueckii* subsp. *bulgaricus* pode continuar metabolizando a lactose, chegando-se até 2,5% de ácido láctico.

Labneh (iogurtes de estilo grego)

Para compreender este produto, é preciso remontar às suas origens, quando os nômades transportavam o leite em peles de animais que permitiam a acidificação do produto e a evaporação parcial do soro, obtendo-se um iogurte muito ácido, com elevado conteúdo em extrato seco e de consistência semi-sólida. O *labneh* é o produto mais conhecido com essas características no Oriente Médio.

Essencialmente esse tipo de produto é similar ao iogurte natural, mas concentra-se por ultrafiltração ou centrifugação. Seu conteúdo em sólidos aumenta até 22%, sendo que quase metade (cerca de 10%) é gordura. Embora a acidez também se concentre até 1,8 a 2,0% durante o processo, este não provoca sabor ácido recusável porque é dissimulado pela elevada porcentagem de gordura. Na Grécia, esse leite fermentado não costuma ser consumido como um *snack* ou sobremesa, mas sim em combinação com outros ingredientes para diversos preparos culinários, como o *tzatziki*, prato elaborado à base de iogurte, pepino e menta.

Skyr

É um produto típico da Islândia. O cultivo iniciador é o mesmo que o do iogurte, mas também pode-se incluir *Lb. helveticus*. A fabricação artesanal utilizava como inóculo o *skyr* de uma fabricação anterior e, às vezes, adicionava-se pequena quantidade de coalho para facilitar a coagulação. Atualmente, após sua pasteurização, fermenta-se o leite a 40°C até um pH de 5,2, e depois resfria-se até 18 a 19°C para que se produza a fermentação secundária, normalmente à noite. Essa fase é muito importante porque as leveduras presentes, contaminadores naturais do sistema, entram em atividade e colaboram na obtenção de um produto com pH de 4,1 e 4,2 e conteúdo em álcool de 0,5%. Em seguida, pasteuriza-se suavemente (a cerca de 70°C) para eliminar as leveduras sem que o resto da microbiota seja muito prejudicado. O leite assim fermentado concentra-se levemente mediante centrifugação de até 17,5% de extrato seco.

Produtos lácteos probióticos

Talvez seja pretensioso qualificar um produto como probiótico. Mas, se consideramos que o objetivo fundamental do consumo destes derivados lácteos é obter um benefício para a saúde — quer se consiga ou não —, a denominação é justificada. O termo *alimento probiótico* foi definido como um suplemento alimentar à base de microrganismos vivos que afeta beneficamente o animal ou o homem que o consome para melhorar seu equilíbrio microbiano intestinal.

É cada vez mais comum encontrar no comércio leites fermentados que oferecem uma série de características dietéticas e terapêuticas baseadas no aporte de microrganismos que não são estranhos ao nosso organismo. Sua elaboração é parecida com a dos produtos termófilos, mas difere nos microrganismos utilizados. Os mais importantes são *Lactobacillus acidophilus* e várias espécies do gênero *Bifidobacterium*, como *Bf. bifidum*, *Bf. longum*, *Bf. adolescentis*, *Bf. breve* e *Bf. infantis*. Todas essas espécies fazem parte da microbiota intestinal ordinária do homem, e seu consumo pode ter efeitos *profiláticos*, *terapêuticos* e inclusive *imunoestimulantes*. Os lactobacilos são os microrganismos predominantes nas porções finais do intestino delgado, enquanto as bifidobactérias encontram-se em grande número, junto com muitos outros microrganismos, no cólon. Os dois grupos bacterianos ocupam a luz do intestino e também colonizam as paredes. Nessa situação, essas bactérias competem com os demais microrganismos (p. ex., os patogênicos) pelos nutrientes e pelo espaço na parede intestinal. Além disso, ao liberar ácido láctico (as bifidobactérias também liberam ácido acético), inibem as menos tolerantes aos ácidos, como *Salmonella spp.* e *Escherichia coli*. Admite-se que, se o número dessas bactérias lácticas diminui no intestino, pode haver efeitos perniciosos. Portanto, é cada vez mais aceita a idéia de que o consumo regular de produtos lácteos que contenham essas bactérias é benéfico para o consumidor. Essas bactérias não produzem os níveis de acidez de outras bactérias lácticas e, além disso, são menos tolerantes ao ácido láctico. Com isso, alguns consumidores que não gostam de iogurte por ser ácido demais não recusam os derivados lácteos fabricados com bactérias probióticas.

Das bifidobactérias, as mais utilizadas são *Bf. bifidum* e *Bf. longum*. Esta última parece desenvolver-se bem no leite, e sobrevive mais tempo que a outra espécie, razão pela qual as poucas tentativas de fabricar leite fermentado exclusivamente com bifidobactérias utilizaram os dois microrganismos ou apenas o *Bf. longum*. As bifidobactérias resistem bem às condições gástricas e duodenais, o que lhes permite atravessar essas porções do tubo digestivo e colonizar o restante do intestino, normalizando sua microbiota. De fato, 99% dos microrganismos viáveis das fezes dos lactantes são compostos por bifidobactérias.

Leite acidófilo

Trata-se de um leite fermentado cuja consistência final é líquida. Nos Estados Unidos, prepara-se leite acidófilo em nível industrial. Dado que o microrganismo responsável pela fermentação desse produto, o *Lb. acidophillus*, não cresce bem no leite, deve-se inoculá-lo em taxas elevadas (aproximadamente 5%) em leite estéril. Em seguida, incuba-se a 37°C durante 10 a 12 horas, alcançando-se com isso uma acidez de 0,6 a 0,7% em ácido láctico, limite de tolerância do cultivo. Depois resfria-se o produto a 5°C para evitar a acidez excessiva que poderia ser prejudicial para a viabilidade do lactobacilo. Esse produto não é muito popular, visto que o consumidor ocidental não aprecia muito produtos lácteos ácidos líquidos. Para evitar esse problema, fabrica-se atualmente nos Estados Unidos o leite acidófilo doce, que nada mais é que leite pasteurizado ao qual se adiciona um cultivo iniciador concentrado ou liofilizado de *Lb. acidophilus* em quantidade suficiente para alcançar 10^7 ufc/mL de produto final. Em seguida, resfria-se e distribui-se como o leite pasteurizado normal. A única precaução que o consumidor deve ter é de não esquentar excessivamente o produto para não destruir o lactobacilo. A concentração de *Lb. acidophilus* baseia-se na experiência. Sabe-se que para conseguir efeitos *probióticos,* a ingestão mínima deve ser de 100 a 150 mL de um produto com pelo menos 1 milhão de bactérias viáveis por mL. O sabor do produto é praticamente igual ao do leite pasteurizado, porque não houve fermentação. O consumo atual desse produto nos Estados Unidos é de vários milhões de litros por ano. Outro produto consumido na mesma quantidade é o Leite-Bio. O Leite-Bio ou leite A/B (*Acidophilus/Bifidus*) é elaborado da mesma forma que o leite acidófilo doce, mas utilizando-se a mesma quantidade de *Bifidobacterium* spp. e de *Lb. acidophilus*. No momento, esses produtos não são encontrados no mercado europeu, onde a preferência é pelo consumo de produtos sólidos, como sobremesas ou *snacks*.

Outros leites fermentados probióticos

Como no caso do iogurte, esses produtos podem ser naturais, aromatizados, batidos aromatizados, etc. São fermentados com *Lb. acidophilus* e/ou *Bifidobacterium*. É muito comum combiná-los com *Streptococcus thermophilus*, já que este último metaboliza a lactose e baixa o pH com muita rapidez, reduzindo consideravelmente o tempo necessário para a fermentação. Além disso, consome oxigênio, o que facilita o desenvolvimento de *Bifidobacterium*. Tanto o estreptococo como as bactérias probióticas devem alcançar um nível de 10^7 ufc/g ao final do processo.

Muitos produtos probióticos foram elaborados industrialmente. A seguir, apresentam-se alguns exemplos:

- Biogurte modificado. Nesse produto tentou-se substituir *Lb. delbrueckii* subsp. *bulgaricus* por *Lb. acidophilus* na fabricação de iogurte, mas não se obteve muito êxito, porque este último não cresce muito bem em leite e modifica o sabor típico do iogurte.
- Cultura®. A consistência desse produto é a de um iogurte natural batido. Foi desenvolvido na Dinamarca. É feito a partir de leite integral homogeneizado, enriquecido com proteínas e tratado pelo calor. Fermenta-se com elevada concentração de *Bf. bifidum* e *Lb. acidophilus* a 37°C durante 16 horas até alcançar a acidez desejada.
- Biogarde®. O iniciador consiste de *St. thermophilus*, *Lb. acidophilus* e *Bf. bifidum*. Foi desenvolvido na Alemanha.
- Bifighurt®. Também foi desenvolvido na Alemanha; elabora-se com leite tratado termicamente, ao qual se acrescenta 6% de um cultivo iniciador composto de *Bf. longum* e de *St. thermophilus*. Fermenta-se a 42°C durante 4 horas.
- Biokys®. Foi desenvolvido na antiga Tchecoslováquia. Esse produto inclui *Bf. bifidum* juntamente com outras bactérias lácticas. Para fabricá-lo, tomam-se 9 partes de leite, inoculam-se com 1% de uma mistura de *Bf. bifidum* e *Pediococcus acidilactici* e fermentam-se a 37°C. A parte restante do leite é inoculada com 1% de *Lb. acidophilus* e fermentada a 30°C. Após a fermentação, os dois leites são misturados, homogeneizados e refrigerados.
- Progurte®. Derivado lácteo desenvolvido no Chile, que é preparado por fermentação de leite em pó reconstituído e pasteurizado com 1 a 3% de um cultivo que mistura *Lactococcus lactis* subsp. *diacetylactis* e *Lc. lactis* subsp. *cremoris* (1:1), até se conseguir 0,7 a 0,8% de ácido láctico. Em seguida, elimina-se parte do soro, acrescenta-se nata e 0,5 a 1% de um cultivo que contenha *Lb. acidophilus* e/ou *Bf. bifidum*. Por último, homogeneíza-se e refrigera-se.
- Actimel®. É fermentado pelas bactérias do iogurte e *Lc. casei*.

TECNOLOGIA DO IOGURTE E DE OUTROS LEITES FERMENTADOS

Visto que iogurte é o leite fermentado mais difundido no mundo e na Espanha, o presente item abordará fundamentalmente esse produto. As considerações feitas aplicam-se, essencialmente, a outros tipos de leite fermentado. Nas Figuras 4.1 e 4.2, apresentam-se esquematicamente as principais fases da fabricação.

Na realidade, a fabricação de um iogurte de boa qualidade implica cuidados prévios. Nas centrais leiteiras, analisa-se o leite rotineiramente no momento de sua recepção para assegurar-se de que cumpre os requisitos indispensáveis para o processamento e a fabricação de iogurte. Determina-se sua composição, fazem-se contagens microbiológicas e de células somáticas, analisam-se possíveis resíduos de antibióticos e mede-se a temperatura de recepção do leite. A presença de antibióticos pode prejudicar os microrganismos iniciadores. Quando há muitas proteases procedentes de psicrotróficos, o gel que se pretende obter na fabricação do iogurte não terá a textura mais desejável; perde-se firmeza, viscosidade e capacidade de retenção de água. Para evitar a presença maciça de psicrotróficos, recomenda-se o aquecimento prévio do leite antes de seu armazenamento em refrigeração. Com esse tratamento térmico suave, destrói-se a maioria dos psicrotróficos presentes.

Basicamente a fabricação desses produtos compreende quatro fases: tratamentos prévios do leite [enriquecimento em sólidos lácteos, desaeração, etc. (ver mais adiante)], incubação, resfriamento e acondicionamento.

Enriquecimento em sólidos lácteos

O enriquecimento ou fortificação do leite implica incremento da concentração de sólidos para obter as propriedades reológicas desejadas no iogurte e/ou uma normalização (ajustar o leite a determinada composição). O objetivo principal é aumentar a porcentagem de sólidos lácteos não-gordurosos e, mais concretamente, a porcentagem de proteína, a fim de potencializar a viscosidade do produto terminado. A fortificação é imprescindível no iogurte e em alguns leites fermentados, mas não em outros, como o *kumys*, a nata fermentada e o *kefir*, nos quais se busca uma consistência menos viscosa.

Dependendo do tipo de iogurte, o extrato seco de procedência láctea (ESL) é diferente. No iogurte natural, de consistência firme, o enriquecimento chega até 16 a 18% de ESL, enquanto o iogurte batido, embora requeira viscosidade elevada, só se enriquece até 13 a 14%, pois nele permite-se a adição de espessantes.

Quanto à porcentagem de gordura, podem-se elaborar desde iogurtes desnatados (inferior a 0,5%) até os enriquecidos em gordura (estilo grego com aproximadamente 10% de gordura). Embora a gordura não afete a consistência do coágulo, admite-se que a textura dos iogurtes com gordura é melhor.

Para conseguir a normalização, é cada vez mais comum desnatar quase completamente o leite em desnatadeiras centrífugas, e depois misturar o leite desnatado com a nata, obtendo a porcentagem de gordura requerida. Em geral, depois de normalizada a porcentagem de gordura, aumenta-se o extrato seco desengordurado.

Os métodos empregados para o enriquecimento são:

- concentração mediante aquecimento (não se utiliza comercialmente);

```
┌─────────────────────────────────────────────────────────────────────┐
│  Recepção e controle de matérias-primas                             │
│                │                                                    │
│                ▼                                                    │
│       Enriquecimento em    ◄──── Leite ou produtos lácteos em pó    │
│       sólidos lácteos      ◄──── Concentração mediante evaporação a vácuo │
│                            ◄──── Concentração mediante filtração por membrana │
│                │◄─── Estabilizantes                                 │
│                ▼                                                    │
│          Filtração                                                  │
│                ▼                                                    │
│          Desaeração                                                 │
│                ▼                                                    │
│        Homogeneização                                               │
│                ▼                                                    │
│     Tratamento térmico   (80 a 85°C, 30 min/90 a 95°C, 5 min)      │
│                ▼                                                    │
│         Resfriamento                                                │
│                ▼◄─── Cultivo iniciador                              │
│           Mistura                                                   │
│                ▼                                                    │
│      Acondicionamento   (iogurte de consistência firme)            │
│                ▼                                                    │
│         Incubação    (iogurte, 42°C, ~4h; produtos probióticos, 37°C) │
│                ▼                                                    │
│         Resfriamento                                                │
│                ▼                                                    │
│      Acondicionamento   (iogurte batido e líquido)                 │
└─────────────────────────────────────────────────────────────────────┘
```

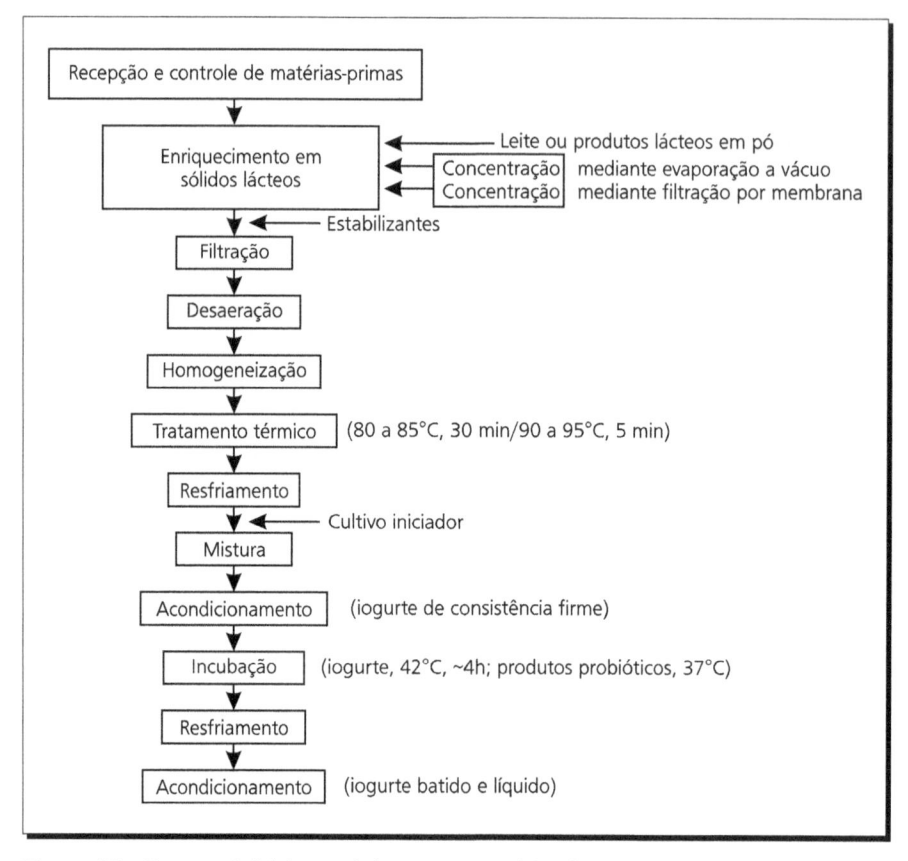

Figura 4.2 Esquema da fabricação de iogurte e outros leites fermentados.

- adição de leite a produtos lácteos em pó;
- concentração mediante evaporação a vácuo; e
- concentração mediante filtração por membrana (ultrafiltração ou osmose inversa).

A forma mais comum de concentração é adicionar leite em pó desnatado. Para acelerar o processo, a dissolução é feita a cerca de 40°C e com a ajuda de um agitador. Também se pode utilizar leite em pó integral, o material é retido na filtração desidratado ou os caseinatos. Com cada produto, obtém-se uma fortificação diferente em termos de gordura, lactose e proteína.

O método utilizando em determinado momento, em uma fábrica ou outra, dependerá do custo e da disponibilidade de matéria-prima, da quantidade da produção, das instalações disponíveis, de imperativos legais e das características desejadas para o produto final. Por exemplo, na Dinamarca não se permite a adição de leite em pó; por isso, é preciso concentrar a matéria-prima, normalmente por evaporação a vácuo ou filtração (ultrafiltração e osmose inversa).

Nessa fase, também se podem adicionar ao leite os espessantes e os estabilizantes permitidos pela legislação a fim de aumentar a viscosidade do produto final.

Filtração, desaeração e homogeneização

A filtração é recomendada para eliminar as possíveis partículas não-dissolvidas dos sólidos lácteos — acrescentados na fase anterior — e os grumos procedentes do leite de base. Isso pode ser feito de diversas formas: passando o leite através de filtros cônicos ajustados no interior dos condutores, com centrífugas clareadoras ou com filtros de *nylon* ou de aço inoxidável. O motivo de eliminar essas partículas é evitar obstruções e danos no orifício do homogeneizador e depósitos nos trocadores de calor.

A eliminação de ar é recomendada, sobretudo, quando o cultivo iniciador cresce mal em presença de tensões elevadas de oxigênio (p. ex., *Lb. acidophilus*, *Bifidobacterium* spp.).

Para homogeneizar o leite, deve-se passá-lo através de um pequeno orifício a elevada pressão no homogeneizador, o que reduz o tamanho dos glóbulos de gordura e impede sua coalescência e a formação da linha de nata (ver Capítulo 1).

Tratamento térmico

O tratamento térmico pode variar de 75°C durante 15 segundos (pasteurização ordinária) até um tratamento UHT a 133°C durante 1 segundo. Contudo, parece que as condições ótimas são de 80 a 85°C durante 30 minutos em sistemas descontínuos e de 90 a 95°C durante aproximadamente 5 minutos em sistemas de fluxo contínuo. Quando se trabalha em sistemas descontínuos para a elaboração do iogurte, todas as operações podem ser feitas em uma única cuba ou tanque multifuncional. Esses tanques possuem parede dupla para a circulação do agente calefador e refrigerante, normalmente água.

Os efeitos desse tratamento térmico podem ser resumidos como segue:

- Microrganismos. Destroem-se praticamente todas as formas vegetativas, enquanto as esporuladas mantêm-se viáveis. Pode-se assegurar que se elimina toda a microbiota patogênica não-esporulada. Além disso, a redução da carga microbiana garante que o iniciador encontrará substrato bastante livre de competidores e crescerá velozmente.
- Enzimas endógenas do leite. Os tratamentos térmicos utilizados não destroem completamente todas as enzimas do leite, mas as que mantêm sua atividade não causam problemas para os leites fermentados.
- As proteínas do soro desnaturam-se parcialmente e podem criar novas ligações e unir-se entre si mesmas ou com outros componentes do leite. As β-lactoglobulinas podem formar agregados, com a união das moléculas umas às outras, mas também podem depositar-se na micela de caseína, unindo-se covalentemente com moléculas de κ-caseína (ligações dissulfeto). Esses agregados aumentam a viscosidade do iogurte.
- Com o aquecimento, induz-se a insolubilidade do fosfato de cálcio de outros íons, que passarão a fazer parte da fase coloidal. Isso não tem repercussão na formação do gel por acidificação.
- Reduz-se a quantidade de oxigênio dissolvido, criando-se condições de microaerofilia favoráveis para o crescimento do cultivo iniciador.
- Ao se desnaturar as proteínas do soro por ação do calor, são liberados compostos nitrogenados de baixo peso molecular passíveis de estimular o desenvolvimento dos microrganismos iniciadores.

Adição do iniciador

Antes de ser acrescentado o cultivo iniciador, o leite deve ser resfriado até uma temperatura diferente para cada leite fermentado. Essa temperatura é a mesma que a da incubação, e depende, fundamentalmente, das características do cultivo iniciador. Quando o objetivo é fabricar iogurte, a temperatura ajustada ao desenvolvimento do iniciador situa-se entre 40 e 45°C, mas quando se pretende o desenvolvimento de *Bifidobacterium* spp. ou de outras bactérias probióticas, a temperatura deve ser de 37°C.

O iniciador pode ser adicionado em pó, congelado concentrado ou em forma de suspensão líquida.

No caso específico do iogurte, o cultivo iniciador adicionado não deve apenas fornecer uma quantidade abundante de microrganismos viáveis, mas deve proporcionar também uma população em equilíbrio com o mesmo número de indivíduos das espécies que intervêm na fermentação (*Streptococcus thermophilus* e *Lactobacilus delbrueckii* subsp. *bulgaricus*). A quantidade de inóculo utilizada pode variar dentro de certas margens: geralmente 2 a 3% do volume total de leite para iogurte, 10% no caso de iniciadores probióticos e até 30% no *kumys*. No iogurte, pretende-se que a taxa inicial de microrganismos seja bastante elevada, da ordem de 10^7 ufc/mL para que a fermentação se produza com rapidez.

Incubação

A acidificação do leite durante a fabricação de iogurte é um processo biológico que deve ser controlado ao máximo, mantendo-se higiene esmerada e o emprego de condições de incubação definidas.

Para obter iogurte, costuma-se incubar a 42°C, temperatura que representa um compromisso entre a ótima das duas espécies responsáveis por sua fermentação: 45°C para a maioria das cepas de *Lb. delbrueckii* subsp. *bulgaricus* e 39°C para *St. thermophilus*. A essa temperatura, completa-se a fermentação em cerca de 4 horas. É evidente que se a temperatura de incubação for menor, o tempo necessário para completar a fermentação e obter iogurte se prolonga. Por exemplo, a 30°C são necessárias cerca de 20 horas. A proporção inicial de ambas as espécies (1/1) modifica-se rapidamente após a semeadura, dado que o *St. thermophilus* entra em seguida na fase de crescimento exponencial, enquanto o *Lb. delbrueckii* subsp. *bulgaricus* deve esperar que se acumule ácido láctico para iniciar seu crescimento. Contudo, o desenvolvimento do estreptococo é freado pela acidez gerada antes do lactobacilo, e o resultado global é que ao se atingir o grau de acidez de 0,90 a 0,95% em termos de ácido láctico — comum no iogurte — instaura-se novamente o equilíbrio entre as duas espécies.

Para cada tipo de leite fermentado, recomendam-se condições de incubação específicas. Basta dizer que quando são utilizados iniciadores probióticos, embora a temperatura seja a mesma, de 37°C, o tempo necessário para obter a fermentação pode variar desde poucas horas até vários dias, dependendo da cepa empregada. Inclusive, em alguns casos, como no leite acidófilo *doce*, não é necessário incubar o produto (ver "Produtos lácteos probióticos" neste capítulo).

Dependendo do sistema de fabricação utilizado, empregam-se diferentes incubadores. Para a incubação na própria embalagem, utilizavam-se, no início (quando eram usadas embalagens de vidro), banhos de água mantidos à temperatura desejada. Atualmente utilizam-se câmaras multifuncionais através das quais pode circular ar quente (para a incubação) ou frio (para o resfriamento posterior). Às vezes, a câmara de incubação é utilizada apenas para esse fim, e as embalagens, após a coagulação do leite, passam às câmaras de resfriamento. Existem ainda, para a incubação na própria embalagem, túneis para a fabricação em contínuo. O túnel geralmente é dividido em duas seções. A primeira é uma câmara quente, onde é incubado o leite, e a segunda, uma câmara fria. As bandejas com as embalagens de iogurte movem-se em uma esteira rolante. A velocidade e a extensão desta determinam o período de incubação. O iogurte líquido é elaborado incubando o leite inoculado em tanques fermentados e, uma vez concluída a fermentação, bate-se o coágulo intensamente para obter a consistência desejada e, finalmente, acondiciona-se. No caso do iogurte batido com frutas, uma vez coagulado o leite, bate-se, bombeia-se a um tanque junto com a fruta e, finalmente, bombeia-se a um carregador onde se procede ao acondicionamento.

Resfriamento

Sua finalidade é frear a atividade do iniciador e suas enzimas para evitar que a fermentação prossiga. Recomenda-se que a temperatura final do iogurte não exceda 5°C; desse modo, tem-se a coexistência de pH baixo e temperaturas de refrigeração, que atuam em sinergia para manter o iogurte em um estado apropriado para o consumo por, no mínimo, 15 ou 20 dias. Já se comentou que o resfriamento do iogurte acondicionado pode ser feito em equipamentos multifuncionais ou expressamente em câmaras frias. Ao que parece, o resfriamento do iogurte não apresenta grandes problemas, mas diversos estudos mostraram que o resfriamento muito rápido pode afetar a estrutura do coágulo; levando à separação do soro devido à intensa retração das proteínas do coágulo, o que, por sua vez, afeta a capacidade de retenção de água destas. Atualmente recomenda-se que o resfriamento do iogurte seja feito em fases sucessivas, primeiro, de forma rápida, até 30°C, depois, mais lentamente, a 20°C, e mais tarde a 14,5°C, antes de chegar, finalmente, a uma temperatura de 2 a 4°C. Assim, consegue-se a melhor textura sem permitir acidificação excessiva.

O resfriamento do iogurte antes da embalagem é feito mediante trocadores de calor de placas ou tubulares. Estes últimos causam dano menor à estrutura do coágulo e, por isso, rendem um produto um pouco mais viscoso.

Acondicionamento

Cada leite fermentado tem suas peculiaridades e, portanto, seu acondicionamento tem de estar de acordo com elas. Por exemplo, o conteúdo em CO_2 do *kefir* recomenda que sejam utilizadas embalagens fabricadas com materiais de pouca permeabilidade a esse gás para evitar sua perda durante o armazenamento.

As embalagens de iogurte evoluíram desde as clássicas de vidro até as atuais de materiais plásticos, sobretudo polietileno de alta densidade e poliestireno. As embalagens são sempre opacas, e não apenas para proteger o produto da luz, como também para facilitar a impressão (desenhos, rótulos, etc.) e dissimular a possível turbidez desses plásticos. As embalagens mais características de iogurte (terrina 125 g) são fabricadas por termoformação. Parte-se de uma lâmina, que é aquecida até alcançar a temperatura do amolecimento do plástico, prendem-se as bordas forçando-as a assumir a forma do molde mediante pressão. Portanto, a grossura das paredes é menor do que a da parte superior da embalagem, já que o plástico foi estirado para preencher o espaço do molde. O plástico solidifica-se ao esfriar e está pronto para ser enchido. Depois que o produto é depositado em seu interior, fecha-se com um material multilaminar composto de alumínio e de plástico. O fechamento é feito por termosselagem, aquecendo-se as bordas, que entram em contato (da embalagem e da tampa), amolecem, aderem e, em seguida, esfriam e se solidificam, ficando a embalagem hermeticamente fechada. O acondicionamento pode ser feito antes da incubação (iogurte de consistência firme) ou após a fermentação (iogurte batido e líquido). É feito por máquinas acondicionadoras desenhadas para esse fim. O enchimento das embalagens baseia-se no ajuste da quantidade de produto distribuída mediante o controle pelo nível volumétrico ou mediante pistões volumétricos. Este último é o modelo mais utilizado atualmente. A embalagem do iogurte líquido difere substancialmente da embalagem do iogurte de consistência firme. Como pode ser bebido, o desenho assemelha-se ao de uma garrafa, mas com forma e tamanho próprios.

ASPECTOS MICROBIOLÓGICOS E BIOQUÍMICOS DO IOGURTE E DE OUTROS LEITES FERMENTADOS

Neste item, serão discutidos os aspectos mais relevantes da microbiologia e da fisiologia microbiana que tornam possível a fabricação de leites fermentados.

Cultivos iniciadores

Um cultivo iniciador pode ser formado por um ou mais microrganismos e, geralmente, por várias cepas da mesma espécie. As bactérias são selecionadas por sua capacidade de produzir ácido láctico a partir de lactose e por outras aptidões metabólicas, que desempenham papel importante no sabor e no aroma do produto final. Fazem parte do iogurte: *Streptococcus thermophilus* (na década de 1980, era conhecido como *St. salivarius* subsp. *thermophilus*). Trata-se de formas cocáceas de menos de 1 μm de diâmetro que formam cadeias. São Gram positivos, homofermentadores, microaerófilos, produzem L(+)lactato, acetaldeído e diacetil a partir da lactose no leite, e algumas cepas produzem exopolissacarídeos. Não crescem a 15°C, mas a maior parte das cepas pode fazê-lo a 50°C. Sua temperatura ótima de crescimento é de 37°C. Requerem vitaminas do grupo B e alguns aminoácidos como estimulantes de crescimento.

Lactobacillus delbrueckii subsp. *bulgaricus*. Esta bactéria tem forma bacilar, de 0,5 a 0,8 × 2 a 9 μm; aparece em cadeias curtas ou de forma individualizada. Produz D(+)lactato e acetaldeído a partir da lactose no leite, diferentemente das outras subespécies, *delbrueckii* e *lactis*, que só produzem lactato. Algumas cepas produzem exopolissacarídeos. Crescem muito devagar abaixo de 10°C, sendo que a maioria das cepas pode crescer entre 50 a 55°C.

Embora há algum tempo diversas bactérias lácticas tenham sido testadas para a fabricação de iogurte, logo se restringiram a duas: *Streptococcus thermophilus* e *Lactobacillus delbrueckii* subsp. *bulgaricus*. Estas duas bactérias crescem simbioticamente. O resultado do crescimento conjunto é que se acelera o metabolismo e consegue-se a mesma concentração de ácido láctico (Figura 4.3) e de outros metabólitos em menos tempo do que se crescessem separadas. Desse modo, o tempo de incubação necessário para obter iogurte reduz-se a cerca de 4 horas a 42°C. Atualmente, esse desenvolvimento simbiótico está bem-documentado (Figura 4.4). O *Lb. delbrueckii* subsp. *bulgaricus* libera, a partir das proteínas lácteas, diversos aminoácidos (entre eles, valina, ácido glutâmico, triptofano e metionina) e alguns peptídeos que estimulam o crescimento de *St. thermophilus*. Por sua vez, esta bactéria produz formiato durante o metabolismo da lactose e CO_2 a partir da uréia presente no leite. Os dois metabólitos estimulam o desenvolvimento do lactobacilo.

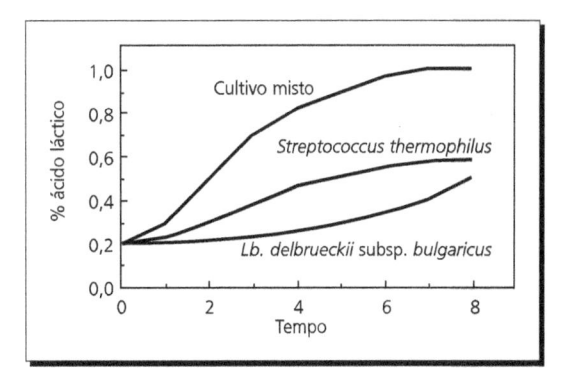

Figura 4.3 Crescimento simbiótico de *Streptococcus thermophilus* e *Lactobacillus delbrueckii* subsp. *bulgaricus*. Compare-se a acidez que se desenvolve com o crescimento do cultivo misto e com o crescimento das bactérias separadas.

Também a geração do aroma do iogurte é mais acentuada no cultivo misto, sendo a *Lb. delbrueckii* subsp. *bulgaricus* a espécie fundamentalmente envolvida na liberação de acetaldeído.

Os principais produtos metabólicos dos microrganismos iniciadores são ácido láctico, compostos do aroma (acetaldeído e diacetil) e, às vezes, exopolissacarídeos. Cada cepa tem fisiologia específica, que a tornará mais ou menos aromática, mais produtora de exopolissacarídeos, etc. Portanto, a indústria tem a faculdade de escolher o iniciador mais adequado para o seu iogurte, embora o consumidor pareça preferir os iogurtes elaborados com iniciadores mais aromáticos àqueles que resultam em um produto mais viscoso.

Em outros leites fermentados, podem-se encontrar muitos tipos de bactérias lácticas. As mais importantes comercialmente são:

Lactobacillus acidophilus. Cresce muito devagar no leite. Trata-se de uma bactéria originária do intestino humano. Utilizou-se em leite acidófilo, leite acidófilo doce e nos produtos chamados AB (junto com a *Bifidobacterium* spp.). As cepas utilizadas são de origem humana e, levando em conta a finalidade terapêutica ou profilática de seu uso, são cepas que devem sobreviver no estômago e colonizar a parte distal do intestino delgado. Além disso, a concentração de viáveis no produto final deve ser de, no mínimo, 1 milhão por mL. De outro modo, seriam muito poucas as células que chegariam ao intestino, e seu efeito não seria sentido.

Lactobacillus casei. Utiliza-se em alguns leites fermentados com a mesma finalidade que o anterior. Essa bactéria faz parte do Actimel®, produto comercializado na Espanha.

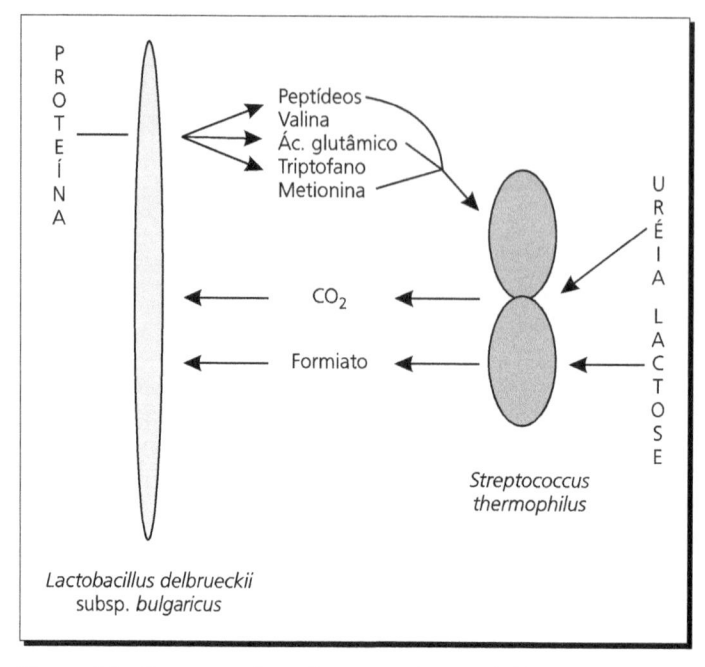

Figura 4.4 Fatores que determinam o crescimento simbiótico de *Streptococcus thermophilus* e *Lactobacillus delbrueckii* subsp. *bulgaricus*.

Bifidobacterium spp. O gênero *Bifidobacterium* é composto de 24 espécies, das quais cinco atraíram a atenção da indústria láctea: *Bf. adolescentis*, *Bf. breve*, *Bf. bifidum*, *Bf. infantis* e *Bf. longum*. Seu hábitat é o intestino grosso dos animais de sangue quente, onde exercem numerosos efeitos desejáveis. São Gram positivas, com morfologia variável entre bacilar e a forma de Y. A maioria das cepas é sensível ao O_2. São utilizadas por seus efeitos probióticos, não como iniciadoras propriamente dito. Já existem no mercado vários produtos com essas bactérias, sobretudo *Bf. bifidum* e *Bf. longum*. No momento de consumir o produto, a concentração de bifidobactérias deve ser superior a 10^6 ufc/g para que se possa sentir seu efeito benéfico. São sempre empregadas junto com outra ou outras bactérias lácticas devido ao seu escasso crescimento no leite, com a conseqüente produção mínima de ácido láctico que podem gerar e o sabor — não desejável — de ácido acético que desenvolvem. Portanto, utilizam-se em combinação com *Lactobacillus acidophilus* (produtos AB), com *Streptococcus thermophilus* ou com os microrganismos iniciadores do iogurte.

Esses três microrganismos ou grupos de microrganismos têm sido utilizados com fins profiláticos ou terapêuticos e, por essa razão, costumam ser qualificados como cepas probióticas. Para que uma bactéria láctea seja considerada como *probiótica*, deve cumprir os seguintes requisitos:

- estável em meio ácido e em bílis;
- capacidade de aderir avidamente às células da mucosa intestinal do homem;
- capacidade de sobreviver às condições do tubo digestivo em seus diferentes ambientes;
- capacidade de colonizar o intestino humano;
- produzir substâncias antimicrobianas que possam inibir o crescimento de outros microrganismos indesejáveis; e
- colonizar o intestino durante tratamentos com penicilina, ampicilina ou eritromicina.

Manejo do cultivo iniciador na indústria

Atualmente a indústria costuma adquirir os cultivos-mãe e propagá-los para conseguir o volume de inóculo necessário para a sua produção. Normalmente a propagação é feita em duas fases bem distintas. A primeira em nível de laboratório, trabalhando com volumes não muito grandes e com meio de propagação (leite) estéril, e a segunda em nível de fábrica, com grande volume de leite, em geral pasteurizado. O iniciador é propagado em leite integral ou, mais freqüentemente, em leite desnatado.

Em alguns casos, a indústria prefere não propagar os iniciadores e adquiri-los em quantidade suficiente para inoculá-los diretamente em volume definido de leite para obter o iogurte ou o produto lácteo de que se trate. Com esse sistema tão simples, evitam-se incontáveis problemas de iniciadores inativos, desequilibrados, de contaminações com bactérias competitivas, sendo, inclusive, possível uma certa economia, já que a indústria não precisa montar a instalação para a propagação do iniciador.

Fermentação láctea

As bactérias lácticas dos produtos derivados do leite (lactococos, lactobacilos, leuconostoc e bifidobactérias) podem fermentar os carboidratos por duas vias: a homofermentativa e a heterofermentativa.

Fermentação homoláctica

Lactococcus spp., *Lactobacillus delbrueckii* subsp. *bulgaricus*, *Lb. acidophilus* e *Streptococcus thermophilus* fermentam a lactose homofermentativamente, mas há uma diferença. Algumas cepas de *Lb. acidophilus* e os lactococos conseguem metabolizar a galactose e a glicose ao mesmo tempo, enquanto os demais microrganismos metabolizam apenas a glicose. No Capítulo 5, apresentam-se as duas rotas metabólicas. As duas vias de degradação convergem no mesmo composto, o gliceraldeído-3-fosfato. Este composto pode oxidar-se, produzindo 3- e 2-fosfoglicerato, e depois fosfoenolpiruvato, que se transforma em piruvato graças à ação da piruvato-quinase. Finalmente, o piruvato transforma-se em lactato em uma reação catalisada pela lactato-desidrogenase e mediante a oxidação do NADH, que se transforma em NAD.

Lb. delbrueckii subsp. *bulgaricus*, *Lb. acidophilus* e *St. thermophilus* utilizam apenas a via de Embden-Meyerhof-Parnas. A lactose entra na célula mediante o sistema facilitando e, por isso, não se encontra fosforilada (Capítulo 5). A β-D-galactosidase hidrolisa a lactose em galactose e glicose. Esta última é catalisada até lactato e a galactose é excretada da célula. Depois de utilizada toda a glicose disponível, *St. thermophilus* e *Lb. delbrueckii* subsp. *acidophilus* podem fermentar a galactose pela via de Leloir.

Fermentações heterolácticas

Com *Leuconostoc* spp. produz-se nata fermentada e outros leites fermentados, além de alguns queijos de coalhada eminentemente láctica. Essas bactérias fermentam a lactose e a glicose por via heterofermentativa (Capítulo 5). Utiliza o sistema facilitado para introduzir a lactose no interior da célula, e ali desdobra-a em glicose e galactose mediante a β-D-galactosidase. A glicose-6-fosfato oxida-se a fosfogliconato, que depois sofre descarboxilação, e a pentose resultante cinde-se em um composto de 2 carbonos (o acetil-fosfato) e em outro de 3 (gliceraldeído-3-fosfato). Essa cisão é catalisada por uma fosfocetolase que dá nome à via. O gliceraldeído-3-fosfato segue o mesmo destino que na via Embden-Meyerhof-Parnas. O acetil-fosfato é um composto rico em energia que pode converter-se em acetato ou em acetil-Co A, que, por sua vez, pode reduzir-se e formar acetaldeído que, após outra redução, transforma-se em etanol. Nessas últimas transformações, liberam-se moléculas de NAD, que podem reingressar no metabolismo oxidando moléculas de glicose. Outra possibilidade é que o acetil-fosfato transforme-se em acetato, embora isto não seja o mais comum, visto que a célula necessita das moléculas de NAD geradas nas reduções que produzem etanol. Em resumo, os leuconostocs geram eqüimolecularmente ácido láctico, CO_2 e etanol.

As bifidobactérias também são heterofermentativas e catabolizam a glicose, produzindo uma mistura de acetato e lactato na proporção 3:2 respectivamente. Nesse caso, não é liberado CO_2 porque não é produzida a descarboxilação, como no caso anterior (ver Figura 4.5.). As bifidobactérias transformam a frutose-6-fosfato em eritrose-4-fosfato e acetil-fosfato, e este último pode transformar-se em acetato com a formação de uma molécula de ATP. Por outro lado, as moléculas de eritrose-4-fosfato sofrem reordenação e transformam-se em heptose-fosfato e triose-fosfato que, por sua vez, transformam-se em acetil-fosfato e gliceraldeído-3-fosfato, que podem, finalmente, produzir acetato e lactato, respectivamente, com a formação concomitante de ATP.

Formação de gel

É possível que as proteinases dos iniciadores desempenhem algum papel na formação do gel nos leites fermentados, visto que este é mais complexo do que o esperado pela simples queda do pH. Diferentemente do gel induzido enzimaticamente (ver o Capítulo 5), este não muda sua permeabilidade durante as primeiras 24 horas, é mais frágil e desfaz-se mais facilmente.

Conforme o pH vai diminuindo, observa-se aumento do conteúdo de cálcio (e em menor quantidade de magnésio e de citrato) no soro devido à solubilização do fosfato cálcico coloidal (CCP). A capacidade de união do cálcio e do magnésio iônico à micela não se modifica entre os pH 5,6 e 6,7. Porém, abaixo de 5,3 já se observa a solubilização do fosfato cálcico.

A alteração física da micela desempenha papel decisivo na formação do gel industrial pela acidez. Aparentemente os processos de dissociação e de agregação da micela dependem do pH, da concentração iônica e da temperatura. Todas as caseínas podem dissociar-se da micela quando o pH dimi-

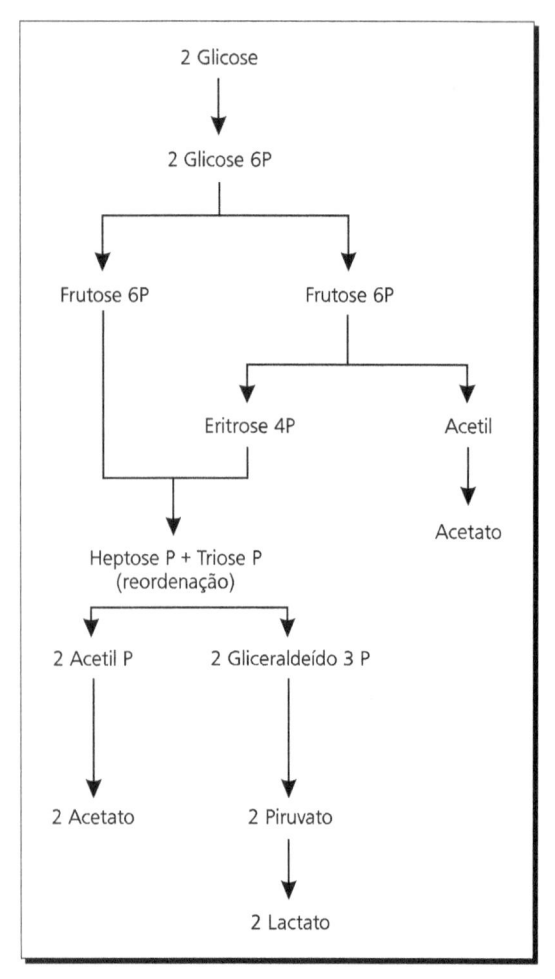

```
        2 Glicose
            │
            ▼
       2 Glicose 6P
        ┌───┴───┐
        ▼       ▼
   Frutose 6P  Frutose 6P
        │       │
        │       ▼
        │   Eritrose 4P        Acetil
        │                        │
        │                        ▼
        │                      Acetato
        ▼
Heptose P + Triose P
    (reordenação)
    ┌───┴───┐
    ▼       ▼
 2 Acetil P  2 Gliceraldeído 3 P
    │           │
    ▼           ▼
 2 Acetato   2 Piruvato
                │
                ▼
             2 Lactato
```

Figura 4.5 Fermentação da glicose pelas bifidobactérias.

Metabolismo de compostos nitrogenados

Os microrganismos do iogurte, embora estejam longe de poder ser considerados muito proteolíticos, possuem diversas enzimas capazes de hidrolisar proteínas — o *Lb. delbrueckii* subsp. *bulgaricus* possui duas proteinases ligadas à parede celular — e peptídeos — tanto o *S. thermophilus* como o anterior possuem peptidases —, com as quais metabolizam compostos nitrogenados e assimilam aminoácidos. De todo modo, seu desenvolvimento é claramente favorecido e seu crescimento potencializado quando dispõem de aminoácidos livres no meio, e não precisam da hidrólise de compostos mais complexos. A degradação protéica está associada principalmente ao *Lb. delbrueckii* subsp. *bulgaricus*.

Lipólise

As bactérias lácticas apresentam atividade lipolítica pouco destacável. Contudo, os produtos que se formam, ácidos graxos livres, contribuem para o sabor e o aroma do produto final. A atividade das lipases das bactérias do iogurte recai principalmente sobre os triglicerídeos com ácidos graxos de cadeia curta. Em termos gerais, a concentração dos ácidos de cadeia curta aumenta no iogurte em relação à taxa presente no leite. Por exemplo, a concentração de ácidos acético, isobutírico, butírico, isovalérico e capróico multiplica-se pelos fatores 2,5; 4; 4; 3 e 2, respectivamente.

Compostos do sabor e do aroma dos leites fermentados

O catabolismo da lactose rende compostos que participam do aroma e do sabor. O principal é o ácido láctico, responsável pela acidez característica de todos os produtos lácticos fermentados, mas também geram-se outras substâncias, como diacetil, acetaldeído, peptídeos, acetato, CO_2, etanol, etc. A Figura 4.6 mostra esquematicamente em que produtos essas substâncias estão presentes e quais os microrganismos que as geram.

O diacetil aparece em iogurtes, na nata fermentada e em outros derivados lácteos, sendo o principal responsável pelo aroma da manteiga. É produzido, entre outros, pelas bactérias lácticas, *Lc. lactis* subsp. *lactis* sorovar. *diacetylactis* e *Leuconostoc spp.*, em presença de citrato. O diacetil não é utilizado como fonte de energia, mas é metabolizado facilmente quando se consegue energia com a fermentação da lactose. O citrato é catabolizado no interior da célula, como mostra a Figura 4.7. O CO_2, fruto da descarboxilação, é liberado formando acetaldeído-tiamina-pirofosfato (acetaldeído-TPP).

nui, embora essa capacidade tenha sido demonstrada principalmente na β-caseína. Em pH 5,6, todas as caseínas são propensas à dissociação, que ocorre, sobretudo, nas camadas mais superficiais das submicelas.

A queda do pH também afeta as propriedades espaciais, pois se modificam as interações eletrostáticas entre os grupos das caseínas e os sais. Ao diminuir o pH, reduzem-se as forças de repulsão entre as micelas e induzem-se as interações hidrofóbicas, provocando a coagulação do leite. Se o leite é tratado termicamente antes de ser acidificado, observa-se que, à medida que aumenta o tratamento térmico, o pH necessário para a coagulação é menos ácido, e o tempo para obtê-la é menor (p. ex., após aquecer a 60°C durante 10 minutos, a coagulação é obtida a pH 5,1 e demora cerca de 2 horas; em contrapartida, após tratar leite a 90°C durante 10 minutos, consegue-se a coagulação a pH 5,5 em cerca de 20 minutos).

Através desta descarboxilação podem ocorrer diversas reações que geram diacetil, acetoína ou 2,3-butanodiol a partir do acetolactato. Em termos absolutos de produção de diacetil, esta não é a via mais importante. A via principal é a condensação do acetaldeído-TPP com acetil CoA, que também pode se transformar em acetaldeído (Figuras 4.7 e 4.8).

As vias de formação de acetaldeído são apresentadas na Figura 4.8. O acetaldeído é importante para o aroma e o sabor do iogurte. Como as bactérias do iogurte carecem da enzima álcool-desidrogenase, não podem reduzir o acetaldeído e, por isso, excretam-no ao meio extracelular. Entretanto, muitas cepas de *Lb. acidophilus* possuem essa enzima, e, por essa razão, degradam o acetaldeído formando etanol. Mas a atividade da álcool-desidrogenase dessa bactéria, assim como a de *Lb. paracasei* subsp. *paracasei*, não é suficiente para reduzir todo o acetaldeído que podem formar, razão pela qual, no leite fermentado por essas bactérias, aparecem certa quantidade de etanol e quantidades significativas de acetaldeído.

O acetaldeído também se forma no metabolismo de substâncias nitrogenadas. A degradação de ADN gera timidina que, por sua vez, pode ser metabolizada, formando-se acetaldeído. Ao mesmo tempo, a degradação protéica gera aminoácidos livres, e um deles, a treonina, pode transformar-se em glicina e gerar uma molécula de acetaldeído. O *Lb. delbrueckii* subsp. *bulgaricus* é o principal produtor de

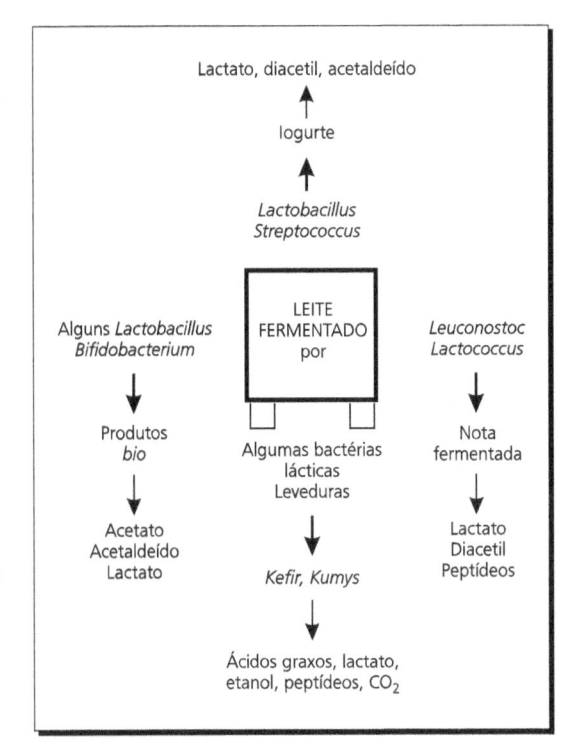

Figura 4.6 Compostos do aroma e sabor dos leites fermentados e agentes que os produzem.

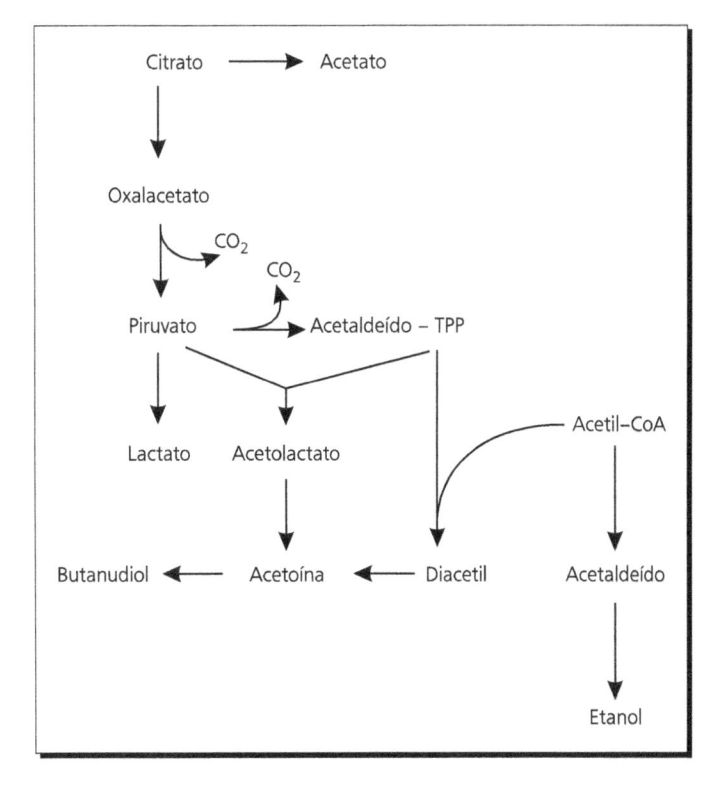

Figura 4.7 Síntese de diacetil durante o metabolismo do citrato.

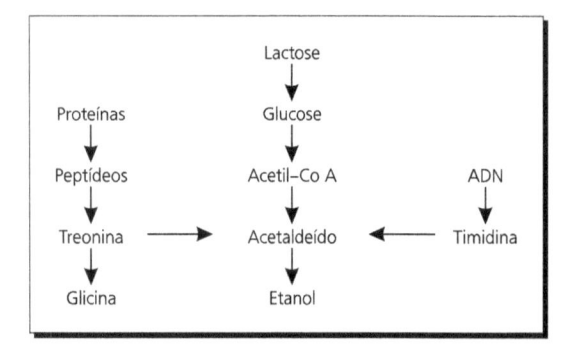

Figura 4.8 Rotas de síntese do acetaldeído no iogurte.

acetaldeído no iogurte. O *St. thermophilus* também o produz, mas sua rota metabólica é muito menos ativa às temperaturas habituais utilizadas na fermentação. A atividade pode ser potencializada elevando-se a temperatura (ao passar de 40 para 45°C).

Secreção de polissacarídeos

Algumas bactérias lácticas têm a capacidade de sintetizar e secretar substâncias poliméricas que provocam aumento da viscosidade do leite fermentado. Atualmente, sabe-se que esses exopolímeros são polissacarídeos e que existem vários tipos deles. Os leuconostocs geram homopolissacarídeos (dextranas), enquanto alguns lactococos e determinados lactobacilos produzem heteropolissacarídeos, cuja composição depende dos carboidratos presentes no meio onde cresce o microrganismo. Os polissacarídeos de cepas termófilas e mesófilas estudados até o momento são bastante similares. A maioria contém, em ordem decrescente, embora em proporções diversas, galactose, glicose e ramnose.

A viscosidade proporcionada por essas substâncias está inversamente relacionada à permeabilidade do gel lácteo, ainda que a rede protéica formada também seja importante nessas propriedades. Observou-se ainda que os polissacarídeos gerados provocam a adesão das bactérias à rede protéica, induzindo a um gel de consistência menos firme.

REFERÊNCIAS BIBLIOGRÁFICAS

MARSHALL, V. M. E. y TAMINE, A. Y. (1997): "Physiology and biochemistry of fermented milks", en *Microbiology and Biochemistry of cheese and fermented milk*. Law, B. A. (ed.) 2ª ed. Blackie Academic & Professional. Londres.

ROBINSON, R. K. (ed.) (1995): *A colour guide to cheese and fermented milks*. Chapman & Hall, Londres.

ROBINSON, R. K. y TAMINE, A. Y (1986): "Recent developments in yoghurt manufacture", en *Modern Dairy Technology*, Vol. 2. Robinson, R. K. (ed.) Elsevier Applied Science Publishers. Londres.

TAMINE, A. Y (1990): *Yogur: Ciencia y Tecnología*. Acribia. Zaragoza.

TAMINE, A. Y y MARSHALL, V. M. E. (1997): "Microbiology and technology of fermented milks", en *Microbiology and Biochemistry of cheese and fermented milk*. Law, B. A. (ed.) 2ª ed. Blackie Academic & Professional. Londres.

RESUMO

1. Os leites fermentados podem ser definidos como produtos lácteos nos quais a lactose do leite sofre um processo fermentativo que modifica as propriedades sensoriais desse alimento.

2. Classificam-se os leites fermentados, de acordo com os microrganismos responsáveis por sua fermentação, em: leites fermentados por leveduras e bactérias lácticas (*kefir*, *kumys*), leites fermentados por bactérias lácticas e mofos (*viili*), leites fermentados por bactérias lácticas mesófilas (nata fermentada, *filmjolk*), leites fermentados por bactérias lácticas termófilas (iogurte, *labneh*, *skyr*) e produtos lácteos *probióticos* (leite acidófilo, produtos *bio*).

3. Após rigorosa seleção da matéria-prima, a produção de leites fermentados compreende quatro fases gerais: tratamentos prévios do leite (normalização, filtração, homogeneização, tratamento térmico e semeadura do cultivo iniciador), incubação, resfriamento e acondicionamento.

4. No caso do iogurte, o cultivo compõe-se de *Streptococcus thermophilus* e *Lactobacillus delbruekii* subsp. *bulgaricus*; a temperatura de incubação é de 42°C, que se prolonga por 4 horas. Dependendo do tipo de iogurte, o acondicionamento será feito antes da incubação (fermentado na embalagem definitiva) ou depois (fermentado em grandes volumes). Os ingredientes não-lácteos podem ser muito variados: cacau, cereais, frutas, corantes,

aromatizantes, etc., e são adicionados antes (iogurte preparado na embalagem definitiva) ou após a incubação. O desenvolvimento do cultivo iniciador do iogurte é simbiótico, isto é, o *St. thermophilus* favorece o desenvolvimento de *Lb. delbruekii* subsp. *bulgaricus* e vice-versa.

5   O catabolismo microbiano libera substâncias que determinam o aroma e o sabor dos leites fermentados; a principal delas é o ácido láctico, responsável pela acidez característica desses produtos, embora muitas outras substâncias matizem o sabor e o aroma, como o diacetil e o acetaldeído.

6   Os microrganismos responsáveis pela fermentação da lactose na elaboração de outros tipos de leites fermentados podem ser homofermentativos (p. ex., *Lactococcus* spp., *Lb. delbruekii* subsp. *bulgaricus*, *Lb. acidophilus* e *St. thermophilus*) ou heterofermentativos (p. ex., *Leuconostoc* spp. e *Bifidobacterium* spp.).

CAPÍTULO 5

Queijos

No presente capítulo é estudado o processo geral de elaboração, a classificação, os aspectos microbiológicos e bioquímicos da maturação do queijo e, finalmente, é realizado um estudo comparativo da fabricação das variedades de queijos mais representativas.

INTRODUÇÃO

Não se sabe ao certo quando se começou a elaborar queijo, mas acredita-se que tenha sido nos férteis vales dos rios Tigres e Eufrates há cerca de 8.000 anos. Os primeiros registros que mencionam o leite e o gado bovino aparecem nos escritos sânscritos dos sumérios (4000 a.C.), dos babilônicos (2000 a.C.) e nos hinos védicos. Provavelmente o queijo e os leites fermentados tenham surgido acidentalmente ao se armazenar o leite em recipientes feitos com estômagos de ruminantes. No leite assim contido, horas depois, ocorria coagulação; e se o soro fosse drenado, restava uma massa compacta que podia ser consumida fresca ou ser armazenada para ser consumido dias ou meses depois. Desse modo, a partir de uma matéria-prima altamente perecível, o leite, obtinha-se um alimento muito nutritivo, com características sensoriais muito apetecíveis. Com o tempo, o homem observou que o extrato procedente do estômago dos ruminantes jovens era o responsável pela coagulação do leite, o que levou à preparação do coalho para elaborar o queijo de forma dirigida.

Uma vez conhecido o processo de fabricação de queijo, ele difundiu-se por todas as civilizações antigas localizadas no Oriente Médio. É certo que os egípcios fabricavam queijos, pois eles foram encontrados nas tumbas, particularmente na de Tutankamón (1500 a.C.), descoberta intacta em 1924. Há igualmente numerosas referências ao queijo no Antigo Testamento (p. ex., Jó em 1520 a.C. ou Samuel em 1190 a.C.) e nos escritos gregos (p. ex., Homero em 1184 a.C.). No Império Romano, era um alimento muito apreciado, e sua tecnologia era razoavelmente bem-conhecida, como demonstram os escritos do século I de Plínio, de Varro e, sobretudo, de Columella que, em seu tratado *De Re Rustica*, descreve de forma detalhada o processo de fabricação do queijo.

Posteriormente as grandes emigrações de povos após a queda do Império Romano contribuíram para difundir o modo de fabricar queijo, como também, na Idade Média, os deslocamentos realizados nas Cruzadas e as peregrinações a outros lugares sagrados. Contudo, é muito provável que os monges tenham contribuído de forma muito significativa, nos monastérios, para o aperfeiçoamento da tecnologia e o desenvolvimento de novas variedades, podendo ter ocorrido o mesmo com o vinho. Parecem atestar isso os nomes que ostentam algumas das variedades atuais de queijos (p. ex., Saint Paulin, Fromae de Tamie ou Maroilles).

A fabricação de queijo era feita de forma artesanal até bem pouco tempo, e em muitas regiões ainda é assim. Enquanto não se conseguiu identificar os fenômenos microbiológicos e bioquímicos, não foi possível introduzir mudanças na tecnologia para controlar o processo e obter um produto normalizado. Contudo, ainda restam muitas lacunas, sendo necessário mais pesquisas, sobretudo acerca de variedades que não são muito difundidas e cuja produção está centrada em regiões geográficas relativamente pequenas.

DEFINIÇÃO

A forma mais simples de definir o queijo talvez seja como o produto fresco ou maturado obtido por separação do soro depois da coagulação do leite. Contudo, esta definição não permite deduzir os diversos ingredientes e operações que podem ser utilizados para a obtenção da grande diversidade de queijos que podem ser fabricados a partir de um produto relativamente homogêneo como é o leite. Por isso, optou-se por oferecer uma definição mais completa:

O queijo é a coalhada que se forma com a coagulação do leite de alguns mamíferos pela adição de coalho ou enzimas coagulantes e/ou pelo ácido láctico produzido pela atividade de determinados microrganismos presentes normalmente no leite ou adicionados a ele intencionalmente; dessora-se a coalhada por corte, aquecimento e/ou prensagem, dando-lhe forma em moldes e, em seguida, submetendo-a à maturação (da qual participam bactérias lácticas e, às vezes, também outros microrganismos) durante determinado tempo a temperaturas e umidades relativas definidas.

PROCESSO GERAL DE ELABORAÇÃO DO QUEIJO

Na Figura 5.1, apresenta-se um esquema do processo geral da elaboração de queijo. O *leite* que se utiliza normalmente é o de vaca, mas em muitos países, como os mediterrâneos e alguns não-ribeirinhos da África e do Oriente Médio, também se utiliza, de maneira geral, leite de ovelha e de cabra. Na Índia e no Egito, elaboram-se diversas variedades de queijos a partir do leite de búfala.

A maioria das variedades de queijo é fabricada com leite integral. Contudo, em alguns tipos, normaliza-se o conteúdo de gordura, por exemplo, o *emmenthal* (2,8 a 3,1%) e o parmesão (em torno de 2%). Em todo caso, o leite deve ser de boa qualidade microbiológica para evitar fermentações e reações enzimáticas indesejáveis e, igualmente, deve ser isento de agentes inibidores, como antibióticos, que podem afetar negativamente o crescimento das bactérias lácticas presentes.

Em muitas queijarias modernas de grande porte, é comum receber leite de diversas granjas e armazená-lo sob refrigeração (em torno de 4°C) para utilizá-lo na fabricação do queijo no(s) dia(s) seguinte(s). Essas condições provocam o crescimento de bactérias psicrotróficas (*Pseudomonas*, *Aeromonas*, *Flavobacterium*, etc.), de tal modo que se o tempo de armazenamento tiver sido de cerca de 72 horas, o leite pode conter uma taxa desses microrganismos de até 10^6 ufc/mL. A pasteurização do leite reduz drasticamente o número dessas bactérias, mas não afeta a atividade de proteinases e lipases extracelulares produzidas por elas. Essas enzimas influem negativamente nas propriedades do leite e podem prejudicar sua qualidade. As proteinases, particularmente, ao atacar as proteínas, levam à formação de peptídeos que escapam com o soro, o que implica diminuição do rendimento. Observou-se que esse efeito é mais acentuado nos queijos moles.

A *pasteurização* do leite é uma operação que pode ou não se realizar para a fabricação de queijo. É obrigatória para destruir potencialmente os microrganismos patogênicos presentes no leite cru e, assim, salvaguardar a saúde do consumidor quando se fabricam queijos com período de maturação inferior a dois meses. Em geral, admite-se que esses microrganismos não sobrevivem no queijo após esse tempo. As con-

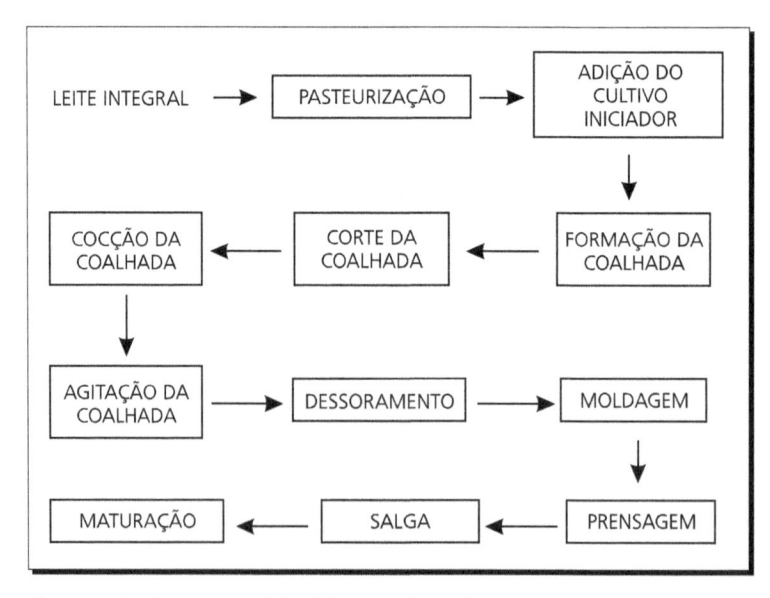

Figura 5.1 Processo geral de elaboração de queijo.

dições da pasteurização são as mesmas utilizadas para o leite destinado ao consumo direto, isto é, 72°C durante 15 segundos (procedimento HTST) ou 64°C durante 30 minutos (pasteurização baixa LTH). O leite pasteurizado perdeu algumas de suas propriedades coagulantes ao se produzirem perdas (8 a 30%) do cálcio solúvel durante o tratamento térmico, o que implica atraso no tempo de coagulação. Para evitar isso, costuma-se adicionar Ca_2Cl, normalmente na proporção de 1,2 g/L. A pasteurização, além de eliminar as bactérias patógenas não-esporuladas, também destrói a maioria da microbiota láctica naturalmente presentes no leite; por isso, é necessário acrescentar, depois, um cultivo iniciador composto de bactérias lácticas.

A pasteurização do leite é opcional se o período de maturação do queijo que se pretende fabricar for superior a 2 ou 3 meses. Se e o leite não é pasteurizado, a fermentação da lactose fica a cargo das bactérias lácticas autóctones. Além disso, todos os microrganismos presentes no leite passam à coalhada. Portanto, todos eles, sejam bactérias lácticas ou não, participam dos fenômenos bioquímicos que ocorrem durante a maturação, colaborando, desde que suas taxas sejam suficientemente elevadas para produzir efeitos manifestos, no aparecimento das características sensoriais próprias do produto final. Em muitas variedades de queijo, cujo tempo de maturação é superior a um período de 2 a 3 meses, é cada vez mais freqüente pasteurizar o leite e acrescentar um cultivo iniciador definido. Dessa forma, evita-se a participação das bactérias lácticas e da microbiota secundária que chega fortuitamente ao leite, cujas atividades bioquímicas podem diferir de uma ocasião a outra, e assegura-se que as cepas atuantes sejam sempre as mesmas. Com isso, contribui-se para obter a normalização do produto final, uma meta sempre desejável em qualquer indústria moderna. Outra opção é inocular o cultivo iniciador no leite sem pasteurizar. Assim, a microbiota láctica majoritária será incluída no cultivo iniciador. Porém, muitas vezes, sobretudo na elaboração de queijos genuínos, fabrica-se o queijo com leite cru, confiando nos microrganismos presentes naturalmente no leite.

A *adição do cultivo iniciador* é uma das etapas-chave da elaboração do queijo. É nesse momento que se criam as condições para produzir queijos moles ou duros. Quando se elabora queijos moles, é necessário acumular ácido láctico antes da formação da coalhada, e se os queijos são duros, passa-se rapidamente à coagulação do leite. O acúmulo de ácido láctico depende do crescimento do cultivo iniciador. Assim, quando se deseja elaborar um queijo mole, mantém-se o leite inoculado durante determinado tempo em temperatura que favoreça a multiplicação do cultivo iniciador antes de acrescentar o coalho. Esse tempo será tanto mais prolongado quanto mais mole for o queijo que se pretenda fabricar. Ao contrário, se o queijo que se pretende elaborar é duro, acrescenta-se o coalho imediatamente após o cultivo iniciador, praticamente não havendo ácido láctico nesse caso. Entre os dois extremos, encontram-se as possibilidades para fabricar todas as variedades de queijos.

A *formação da coalhada* é uma operação que consiste na adição de coalho para obter a coagulação das caseínas.

Durante muitos anos, designava-se como coalho ou renina o extrato procedente do abomaso de bezerros lactentes, cujo princípio ativo é a quimosina, e que contém apenas pequenas quantidades de pepsina. Os coalhos atuais costumam conter quantidades variáveis de pepsina (entre 10 e 60%, em geral mais de 35%), indicando que utilizam grande número de estômagos de animais maiores (não-lactentes) para sua obtenção. Em alguns países, como Espanha e Portugal, utilizava-se tradicionalmente coalho vegetal (extrato solúvel procedente de algumas espécies de cardos do gênero *Cynara*) para a elaboração de diversos tipos de queijo com leite de ovelha. Atualmente utilizam-se também enzimas coagulantes elaboradas por diversos mofos, principalmente *Mucor mihei*, *M. pusillus* e *Endothia parasitica* e, mais recentemente, inclusive enzimas coagulantes obtidas por técnicas de ADN recombinante.

Todas essas enzimas coagulantes são endopeptidases do grupo das aspartil proteinases (EC 3.4.23), chamadas anteriormente de proteases ácidas, que têm a particularidade de hidrolisar, especificamente, em presença de hidrogênio, a ligação peptídica estabelecida entre a Phe(105) e Met(106) da κ-caseína, provocando a desestabilização da suspensão coloidal das caseínas.

A coalhada pode formar-se, portanto, por duas vias: láctica e enzimática. A primeira é obtida por acidificação, graças ao ácido láctico formado pela ação das bactérias lácticas sobre a lactose do leite, e a enzimática pela atividade do coalho ou de qualquer outra enzima coagulante.

A coalhada láctica consiste essencialmente na diminuição do pH por acúmulo de ácido láctico, o que determina a solubilização dos sais cálcicos das micelas de caseína, produzindo migração progressiva do cálcio e dos fosfatos para a fase aquosa, com paulatina desmineralização das caseínas, que é total a pH próximo de 4,6, ponto isoelétrico das caseínas. Dado o papel tão importante do cálcio e dos fosfatos na estrutura micélica, o deslocamento desses minerais é acompanhado de desestabilização das micelas, favorecida ainda pela neutralização da sua carga superficial. Ao mesmo tempo, há uma desidratação muito profunda das caseínas. Tudo isso determina sua insolubilização. A temperatura é um dos fatores que mais influi na coagulação ácida do leite. A baixas temperaturas (entre 0 e 5°C), pode-se acidificar o leite até o pH de 4,6, sem que se produza a formação do coágulo; só será observado aumento de viscosidades. Contudo, as caseínas precipitam a pH tanto maior quanto mais elevada for a temperatura. Por exemplo, a 20°C obtém-se a precipitação das caseínas a pH em torno de 4,6, enquanto a 40°C a precipitação se produz a pH próximo a 5,2. O coágulo obtido é o resultado da formação de um retículo protéico insolúvel que engloba em sua rede tridimensional a gordura e a totalidade da fase aquosa. A coalhada láctica é porosa, frágil, pouco contrátil e, enfim, difícil de dessorar. É ela que predomina na elaboração de queijos moles.

Na formação da coalhada enzimática, podem-se distinguir duas fases: a primeira, fase enzimática, corresponde à ação específica da enzima ao cindir a ligação Phe-Met, uma ligação particularmente lábil devido aos aminoácidos envolvidos, ao resto de serina adjacente e aos restos de hidrófobos (Leu e Ile) próximos à ligação cindida. Ao romper-se, a κ-caseína perde a função estabilizante que exerce sobre as demais caseínas. Dessa maneira, a κ-caseína fica fragmentada em duas cadeias polipeptídicas; o segmento 1-105, denominado para-κ-caseína e o 106-169, que corresponde ao chamado glicomacropeptídeo. A para-κ-caseína integra-se com as demais caseínas e o glicomacropeptídeo, muito solúvel, separa-se da estrutura micélica e passa ao soro. Essa fase enzimática apresenta um Q_{10} de aproximadamente 3, não requer Ca^{2+} e pode se produzir inclusive a temperaturas de refrigeração. A segunda fase, de coagulação, não começa até ter sido hidrolisada 85 a 90% da κ-caseína, e consiste na precipitação da para-κ-caseína. O mecanismo íntimo da coagulação ainda é pouco conhecido, mas, ao que parece, ocorre graças a interações hidrofóbicas entre os restos da κ-caseína junto com ligações iônicas, Ca e fosfato de Ca, entre as caseínas $α_{s1}$, $α_{s2}$ e β. Em todo caso, a precipitação das micelas de para-κ-caseína forma inicialmente grumos pequenos e irregulares, que depois dão lugar a uma rede com poros de poucos micrômetros de diâmetro. Os glóbulos de gordura acomodam-se na rede, mas não fazem parte dela, a não ser que contenham caseínas nas camadas superficiais. O coágulo torna-se cada vez mais firme, implicando na formação de mais ligações entre as micelas caseínicas, que ficam cada vez mais empacotadas. Quando isso ocorre, o gel expulsa o soro, processo conhecido como sinérese do coágulo. A fase de coagulação, diferentemente da enzimática, requer Ca^{2+} para que se produza, e é extremamente dependente da temperatura (Q_{10} próximo a 15), de tal forma que a precipitação não se produz a temperaturas inferiores a 10°C, é muito lenta entre 10 e 20°C, sua velocidade aumenta progressivamente a partir de 20°C até chegar à velocidade máxima entre 40 e 42°C, diminuindo em seguida até 65°C, quando cessa devido à inativação da enzima. A temperatura influi, ainda, sobre a dureza do gel, sendo diretamente proporcional a ela. O pH é outro fator que influi na velocidade de agregação das micelas de para-κ-caseína e na dureza do gel formado; o tempo de coagulação é mais curto à medida que o pH se reduz a partir do normal do leite, de tal forma que o tempo de coagulação é cerca de 7 vezes menor em pH de 5,6 em relação ao que apresenta em pH de 6,7. A dureza do gel também aumenta à medida que diminui o pH, porém, a valores inferiores a 6, diminui a dureza, pois se fazem sentir os efeitos da desmineralização das caseínas por acidificação. A natureza e a quantidade da enzima também influem no tempo de coagulação e, no caso do coalho animal, na relação quimosina/pepsina. A coalhada enzimática apresenta características que são totalmente opostas às da coalhada láctica; é impermeável, flexível, compacta, contrátil e, enfim, fácil de dessorar. É a utilizada para a elaboração de queijos duros. Contudo, a maioria dos queijos é fabricada com coalhadas mistas, que apresentam, em maior ou menor medida, as propriedades da coalhada láctica ou enzimática, dependendo do produto final pretendido, que pode ser mais ou menos duro.

O *corte da coalhada* consiste em dividir o coágulo em partes iguais a fim de facilitar a expulsão do soro. Para os queijos moles, de caráter predominantemente láctico, o corte da coalhada é reduzido, obtendo-se blocos grandes. Quando se pretende elaborar um queijo mais duro, é necessário preparar uma coalhada mais enzimática, e seu corte será mais intenso para obter proporções cada vez menores, as quais condicionam a intensidade do dessoramento. Assim, em termos descritivos, fala-se de coalhada do tamanho de *ladrilho*, de *noz*, de *grão-de-bico* ou de *arroz*. Em todas as situações, o corte da coalhada deve ser feito cuidadosamente em função da fragilidade do coágulo. As facas ou fios (*lira*) devem ser desenhadas de acordo com as características da cuba de coalhar, e sua manipulação tem de ser pausada para não provocar desprendimentos da coalhada. É preciso evitar a formação de partículas excessivamente pequenas para que não corram o risco de escaparem com o soro quando se realizar a separação.

A *cocção da coalhada* consiste no tratamento térmico que se aplica às porções de coalhada obtidas durante seu corte. A temperatura afeta profundamente a expulsão do soro, sendo mais intensa quando ela se eleva, pois favorece a formação de ligações intermicelares com a conseqüente retração do coágulo. Observa-se esse efeito mesmo com aumentos de temperatura de apenas 2°C acima da temperatura de coagulação. O aumento da temperatura depende de cada tipo de queijo, variando desde as coalhadas sem nenhum aumento da temperatura (queijos moles), até chegar inclusive a temperaturas de 55 a 60°C (queijos muito duros). É muito importante a homogeneidade da temperatura em toda a cuba, o que se consegue com a agitação das partículas de coalhada.

A *agitação da coalhada* realiza-se mediante movimento contínuo do lactossoro, em que os grãos de coalhada obtidos durante seu corte encontram-se em suspensão. Essa operação é necessária para evitar a aglomeração e a sedimentação das partículas de coalhada. A agitação das coalhadas eminentemente lácticas é muito suave ou nula, e quando se realiza, é sempre de curta duração. Ao contrário, é uma operação totalmente necessária para os queijos fabricados com coalhadas enzimáticas nos quais, muitas vezes, o corte, a cocção e a agitação são feitos simultaneamente.

Dessoramento. As partículas de coalhada começam a expulsar soro já no momento do corte, pois nessa fase é conseguida a separação do lactossoro que não ficou retido. A intensidade do dessoramento depende do tipo de queijo. Em alguns, os pedaços de coalhada são transferidos a moldes e, a partir destes, o lactossoro drena pelos orifícios que os moldes possuem; em alguns, toda a coalhada de um lote é colocada em um tecido grande que se suspende separando-se o soro através das malhas do tecido e, em outros, a separação do soro é feita mecanicamente, mediante uma prancha de aço inoxidável que comprime os grãos de coalhada em um dos extremos da cuba, provida de um orifício que se abre para evacuar o soro. Os grãos de coalhada unem-se com maior ou menor firmeza, dependendo diretamente do grau de cocção e de acidez. Evidentemente, quanto mais duro é o queijo que se vai fabricar, mais intenso é o dessoramento.

Durante todas as etapas anteriormente descritas, as bactérias lácticas vão se multiplicando e produzindo ácido láctico. O aumento da acidez é diferente em cada variedade de queijo, de tal forma que nos queijos moles, de coalhada eminentemente láctica, ela é muito elevada desde o início mesmo no leite. Contudo, nos queijos de massa cozida, com coalhadas predominantemente enzimáticas, o aumento mais significativo de acidez ocorre nas fases posteriores, de tal forma que, em alguns queijos, como o *emmenthal*, as bactérias lácticas começam a multiplicar-se ativamente quando a coalhada já está nos moldes, uma vez que a temperatura desceu a valores adequados. Esse fenômeno é essencial porque determinará as características da coalhada e do queijo elaborado com ela. A caseína formada pela ação do coalho na forma de paracaseína está presente na coalhada, e quando se produz ácido láctico, este vai eliminando o cálcio e a coalhada, vai perdendo elasticidade. Se a produção de ácido prossegue, a coalhada fica mais protonada. A quantidade de ácido formado pelo cultivo iniciador determina, portanto, a forma como a caseína está presente. Nas variedades muito ácidas (pH 4,6-4,8), a paracaseína apresenta-se em forma livre, mas nas pouco ácidas (pH 5 a 5,2) aparece em forma de paracaseinato cálcico. As características reológicas de umas e outras são muito diferentes.

A *moldagem* consiste em introduzir a coalhada em moldes adequados para dar-lhe a forma típica de cada variedade. Esses moldes são providos de pequenos orifícios por onde drena parte do soro ainda retido e, dependendo do tipo de queijo, submete-se a uma prensagem mais ou menos intensa, às vezes em prensas mecânicas ou pneumáticas, para que a expulsão de soro seja ainda maior. A coalhada une-se fortemente, resultando em uma massa bem firme.

A *salga* é uma operação realizada em todas as variedades em algum momento da fabricação. Sua finalidade é potencializar o sabor, inibir o crescimento de bactérias indesejáveis, potencializar o crescimento das desejáveis e favorecer as mudanças físico-químicas da coalhada. Pode-se aplicar o sal introduzindo os queijos recém-fabricados em salmouras, nas quais flutuam, acrescentando sal seco à superfície dos queijos ou adicionando sal seco aos grãos de coalhada, com a qual se mistura até sua dissolução antes da moldagem. A quantidade de sal que passa ao queijo depende do seu tamanho, da concentração da salmoura, do tempo e da temperatura de exposição. Em qualquer caso, o sal difunde-se lentamente dentro dele até alcançar o equilíbrio.

O sal afeta o crescimento dos microrganismos. Inibe a grande maioria dos indesejáveis e, dentro das lácticas, há algumas, como o *Lactococcus cremoris*, muito sensíveis, inibidas em concentrações de 2% do NaCl, enquanto outras, como a *Lc. lactis*, são mais resistentes.

A *maturação* é um processo muito complexo durante o qual modificam-se as características físicas e químicas do queijo e geram-se as substâncias responsáveis por seu sabor e aroma. A operação consiste em submeter os queijos, durante determinado tempo, a temperatura e umidade relativa definidas. Os valores desses três parâmetros dependem do tipo de queijo e, em algumas variedades, também podem diferir, sobretudo no tempo de maturação. Os fenômenos microbiológicos e bioquímicos que ocorrem durante a maturação serão estudados no capítulo "Classificação dos queijos".

CLASSIFICAÇÃO DOS QUEIJOS

Todos os tipos de queijos fabricados no mundo ajustam-se à definição simples apresentada no item (definição do produto fresco ou maturado obtido por separação do soro depois da coagulação do leite). As diferentes manipulações aplicadas à coalhada, os microrganismos presentes na massa e as condições de maturação provocam mudanças tão profundas que, a partir de uma matéria-prima relativamente homogênea, obtêm-se produtos muito heterogêneos, que diferem amplamente uns dos outros, não apenas na forma, mas também em suas propriedade reológicas e sensoriais. Estima-se que mais de mil variedades diferentes sejam fabricadas no mundo, embora todas elas possam ser agrupadas em apenas algumas famílias.

Por motivos científicos, legais, comerciais, etc., tentou-se muitas vezes fazer uma classificação que incluísse todas as variedades de queijos. Assim, eles foram classificados conforme suas características reológicas (decorrentes de seu conteúdo em umidade), de acordo com algumas operações distintas do processo de elaboração, por sua origem geográfica, em relação à espécie de procedência do leite, conforme os microrganismos que participam da maturação, etc., mas nenhuma teve aceitação geral. Oferecemos aqui uma classificação mista, original de Walter e Hargrove (1972), de acordo com seu conteúdo em umidade, os microrganismos que participam da maturação e seus efeitos (Tabela 5.1). Os aspectos mais característicos da tecnologia das variedades apresentadas na classificação são mostrados no item "Estudo comparativo da fabricação das variedades de queijo mais características".

ASPECTOS MICROBIOLÓGICOS DA MATURAÇÃO DO QUEIJO

Quando um queijo é fabricado com leite cru, os microrganismos presentes neste passarão à coalhada. Da grande diversidade dos que existem no leite, alguns se multiplicarão velozmente desde o início, como os lactococos; alguns o farão mais ativamente em etapas mais avançadas da maturação, como os lactobacilos e outra microbiota secundária; outros terão seu crescimento inibido porque as condições presentes no queijo não são as mais adequadas para sua multiplicação; e outros, finalmente, desaparecerão durante o período maturativo.

Na Figura 5.2, é mostrada a evolução dos grupos microbianos que mais se destacam durante 10 meses de maturação do queijo Manchester fabricado com leite cru. Da análise da figura, depreende-se que a microbiota láctica (lactococos e lactobacilos) é a predominante durante todo o processo; a soma de lactococos e lactobacilos é mais ou menos igual à microbiota total; os demais grupos microbianos situam-se várias unidades logarítmicas abaixo, que, no caso dos enterococos, é de 2 a 3 unidades até cerca de 8 meses, e a partir de então é de apenas uma unidade. Contudo, a evolução de lactococos e lactobacilos é diferente; os primeiros multiplicam-se ativamente já no leite e alcançam as taxas máximas aos 2 a 3 meses de maturação, momento em que começam a declinar progressivamente de tal modo que, ao final da maturação, sua taxa é inferior a 10^5-10^6 ufc/g. Os lactobacilos, ao contrário, multiplicam-se mais lentamente no início, mas, em períodos mais avançados da maturação, dos 4 aos 6 meses e até o final do processo, passam a ser os microrganismos predominantes. Esse comportamento deve-se, por um lado, a que os lactococos apresentam um valor g menor que o dos lactobacilos e, por outro, a que os lactococos são muito sensíveis à acidez gerada por eles mesmos e à redução da a_w que se produz como consequência da desidratação parcial durante o processo, juntamente com o acúmulo de compostos com atividade osmótica. Os lactobacilos crescem mais lentamente, mas são mais resistentes a essas condições disgenésicas.

Os enterococos, sempre onipresentes nos alimentos crus, têm metabolismo semelhante ao das bactérias lácticas, e são muito mais resistentes do que elas nas condições de acidez e de a_w que reinam no queijo em maturação. Não é de se estranhar, portanto, que permaneçam em nível relativamente elevado durante todo o processo e estejam entre os microrganismos mais relevantes ao final da maturação.

Os coliformes competem com as bactérias lácticas quando o pH é elevado, como no leite, e a temperatura é adequada. Por isso, experimentam aumento importante durante as primeiras etapas, mas, à medida que a acidez aumenta e a a_w diminui, esses microrganismos começam a diminuir até desaparecer aos 3 a 4 meses. Os valores máximos que os coliformes podem alcançar dependem da taxa inicial. Se for muito elevada, podem provocar o chamado *inchamento precoce do queijo* devido ao gás produzido por esses microrganismos, podendo inclusive chegar à rachadura do queijo, e se a taxa original for muito baixa, ficam apenas marcas

Tabela 5.1 Classificação dos queijos de acordo com seu conteúdo de umidade e os microrganismos que participam da maturação

1. QUEIJOS MUITO DUROS (umidade inferior a 25%)
1.1 Maturados por bactérias: Parmesão (I), Romano (I)
2. QUEIJOS DUROS (umidade de 25 a 36%)
2.1 Com buracos. Maturados por bactérias: Emmenthal (S), Gruyère (F)
2.2 Sem buracos. Maturados por bactérias: Cantal (F), Cheddar (GB), Manchego (E), Catellano (E), Mohón (E), Edam (H), Gouda (H), Cacicavallo (I).
3. SEMIMOLES (umidade de 36 a 40%)
3.1 Maturação por bactérias: Gallegos (E), tipo manchego (E), St. Paulin (F), Lancashire (GB)
3.2 Maturação por bactérias e microrganismos (bactérias e leveduras) superficiais: Limburger (B), Tilsit (A), Bel Pasese (I), Munster (F)
3.3 Maturação por mofos internos (azuis): Roquefort (F), Cabrales (E), Gorgonzola (I), Stilton (GB), Danablu (D)
4. MOLES (umidade superior a 40%)
4.1 Maturados por mofos artificiais: Camembert (F), Brie (F)
4.2 Não-maturados: Mozzarella (I), Cottage (GB), Burgos (E), Villalón (E), Petit Suisse (F)

(I): Itália, (S): Suíça, (F): França, (GB): Grã-Bretanha, (E): Espanha, (H): Holanda, (B): Bélgica, (A): Alemanha, (D): Dinamarca.

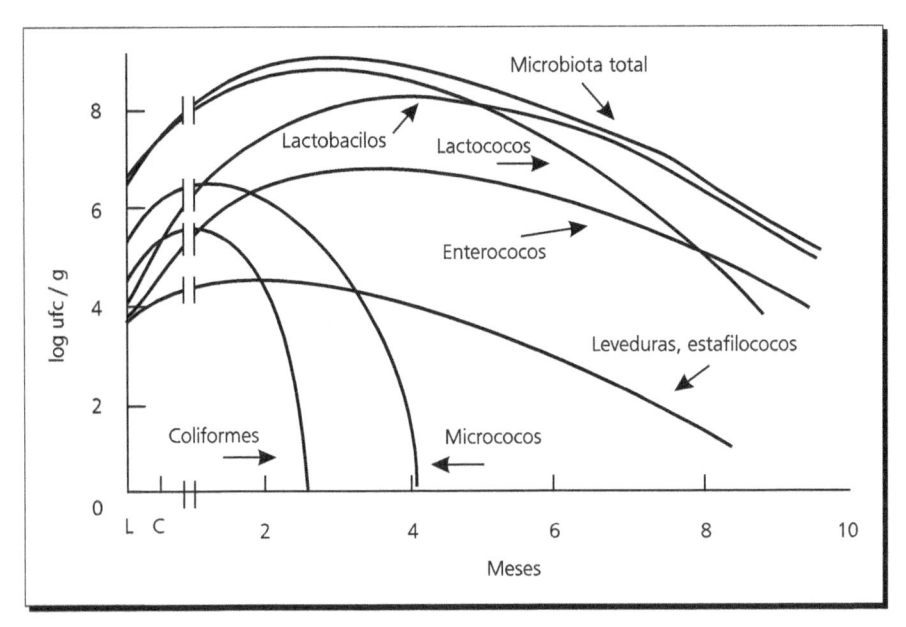

Figura 5.2 Mudanças microbiológicas durante a maturação de queijo Manchego fabricado com leite cru. L: leite; C: coalhada.

(pequenos orifícios irregularmente distribuídos pela massa) de sua atividade metabólica. Supõe-se que as bactérias patógenas seguem evolução similar já que também são muito sensíveis à acidez e a baixas taxas de a_w; visto que, em princípio, suas taxas são menores, admite-se geralmente que ao final de 2 a 3 meses terão desaparecido ou, pelo menos, seu número será tão baixo que não chegarão a ser prejudiciais à saúde do consumidor.

Os micrococos têm comportamento parecido com o dos coliformes, mas sua queda não pode ser explicada da mesma maneira, pois essas bactérias são muito resistentes às a_w baixas. Seu decréscimo talvez se deva ao ambiente anóxico que existe no interior do queijo, dado que esses microrganismos são estritamente aeróbios. Os microrganismos não são patógenos e, por isso, não preocupam do ponto de vista sanitário. Contudo, são importantes do ponto de vista tecnológico, pois podem liberar no meio lipases e proteases que participam, junto com outras enzimas, dos fenômenos bioquímicos que ocorrem durante a maturação. Fazem parte da chamada microbiota secundária dos queijos.

Outros microrganismos (leveduras fermentativas e estafilococos) não se multiplicam bem no queijo e, se estiverem presentes (como ocorre no exemplo), declinam muito lentamente embora possam permanecer no queijo durante todo o processo de maturação. É preciso atribuir sua persistência ao caráter anaeróbio facultativo desses microrganismos. Suas taxas são tão baixas que não exercem nenhum efeito importante.

De todos os grupos microbianos presentes, só participam dos fenômenos bioquímicos os que estão em número elevado: em primeiro lugar, e de forma destacada, os lactococos e os lactobacilos, junto com o leuconostoc (não-analisados no caso do queijo Manchego apresentado na Figura 5.2) e, em segundo lugar, a microbiota secundária (enterococos, micrococos, etc.). Os grupos microbianos cujas taxas sejam inferiores a 10^6 ufc/g não exercem efeitos significativos.

Quando se pasteuriza o leite para destruir a microbiota patógena ou para inocular um cultivo iniciador definido, reduzem-se significativamente todos os grupos microbianos mencionados; talvez os que sobrevivam em maiores taxas sejam os enterococos, dado que são os mais termorresistentes. Nessas circunstâncias, é necessário acrescentar um cultivo iniciador para repor a taxa inicial de bactérias lácticas; costuma ser constituído de lactococos e, às vezes, é acompanhado de cepas do gênero *Leuconostoc*. Os lactobacilos não são totalmente destruídos com a pasteurização e, embora permaneçam em taxas muito baixas, os sobreviventes podem multiplicar-se até alcançar valores elevados. Em queijos fabricados com leite pasteurizado, as bactérias inoculadas são, sem dúvida, as mais importantes seguidas da microbiota secundária; só terão algum efeito na maturação os microrganismos que sejam capazes de multiplicar-se até alcançar taxas elevadas, provavelmente os lactobacilos e os micrococos.

Os aspectos microbiológicos descritos produzem-se em todos os tipos de queijos maturados por bactérias lácticas.

Quando outros microrganismos participam da maturação, evidentemente exercerão papel relevante. Descreveremos apenas brevemente a evolução microbiana no caso de um queijo de cuja maturação participam propionibactérias (Emmenthal, por exemplo) e de outro maturado por mofos (Roquefort, por exemplo).

Nos queijos com *buracos* (p. ex., o suíço Emmenthal), as mudanças microbianas mais relevantes ocorrem durante o primeiro mês de maturação (Figura 5.3). Como se trata de um queijo fabricado a partir de coalhada eminentemente enzimática, a concentração de ácido láctico no momento da moldagem é muito baixa, predominando, em compensação, a lactose (aproximadamente 1,8%); esta é metabolizada em seguida pelo *Streptococcus thermophilus*, que aumenta rapidamente sua taxa, atingindo o máximo 6 a 8 horas após a moldagem e, ao mesmo tempo, vai se acumulando L-lactato, até chegar a concentrações de 1,2% em 24 horas. Durante a multiplicação do estreptococo, acumula-se também galactose (até níveis de 0,8% nas primeiras 12 horas), dado que essa bactéria utiliza apenas o resto de glicose da lactose. O *Lactobacillus helveticus* (nos Estados Unidos utiliza-se *Lb. bulgaricus*) multiplica-se posteriormente até alcançar, em 24 horas, taxas em torno de 10^8 ufc/g. Essa bactéria utiliza a galactose, produzindo uma mistura dos ácidos D- e L-láctico. Ao transferir o queijo à sala climatizada (18 a 23°C; 80 a 85% UR), facilita-se o crescimento das propionibactérias que utilizam primeiro o L-lactato, gerando propionato, acetato e dióxido de carbono, enquanto a concentração de D-lactato aumenta um pouco mais até que, ao diminuir ou esgotar-se o L-lactato, é utilizado pelas propionibactérias. Mais tarde, o crescimento dessas bactérias é inibido pelo efeito do sal, que vai se difundindo aos poucos do exterior, e da queda da temperatura que ocorre ao se transferir o queijo à câmara fria (13°C; 80 a 85% UR), quando se considera que a quantidade de gás gerada já é suficiente (4 a 8 semanas). É nessa câmara que se completa a maturação, que leva pelo menos 6 meses.

Os queijos de veia azul (Roquefort, Gorgonzola, Stilton, Cabrales, etc.) são elaborados com uma coalhada muito ácida; sua fabricação comporta lenta formação de ácido láctico a cargo de bactérias lácticas mesófilas (normalmente *Lactococcus lactis* e *Lactococcus cremoris*) durante o longo período de expulsão de soro. Esses queijos não são prensados, mas a coalhada é consolidada por seu próprio peso. O sal pode ser adicionado à coalhada ácida, já sem soro, antes de ser transferido aos moldes (Stilton) ou por fricção nas variedades em que a formação de ácido láctico ocorre nos moldes (Gorgonzola e Roquefort).

O queijo Roquefort (Figura 5.4) é fabricado com leite cru de ovelha e, por isso, contém uma microbiota variada, predominando as bactérias lácticas (10^7 a 10^8/mL), embora possa conter quantidades variáveis de outros microrganismos (leveduras, coliformes, enterococos, micrococáceas), dependendo da contaminação inicial do leite. Ao longo da maturação, cada grupo microbiano tem evolução própria, mais ou menos como na descrita para o queijo Manchego nas primeiras fases, com a diferença de que os lactococos diminuem

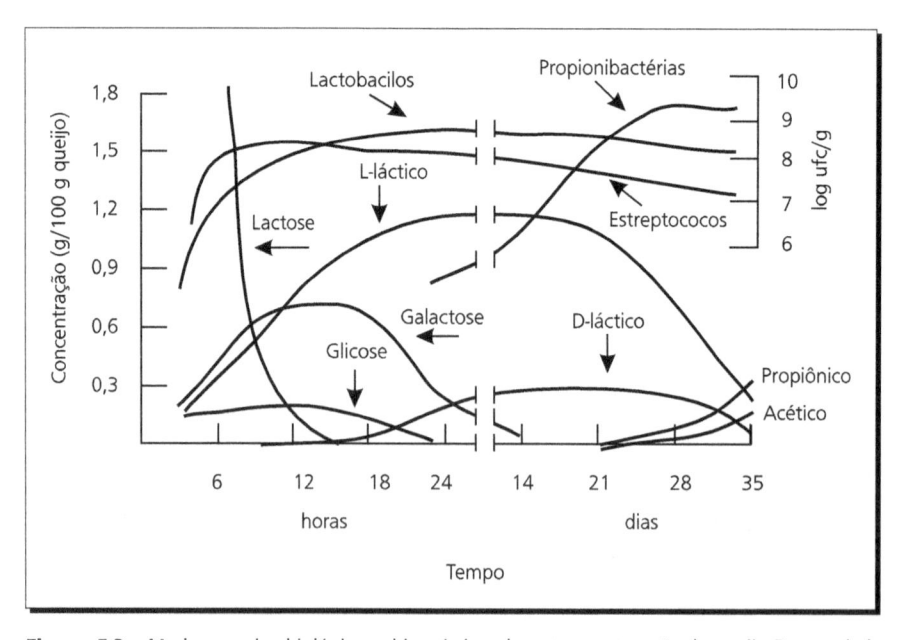

Figura 5.3 Mudanças microbiológicas e bioquímicas durante a maturação do queijo Emmenthal.

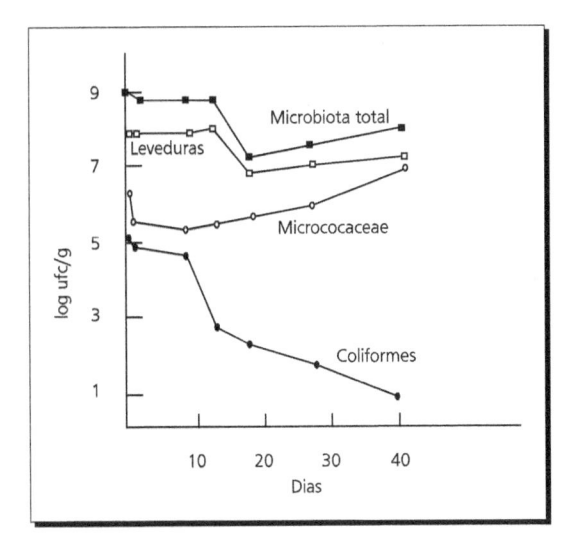

Figura 5.4 Mudanças microbiológicas durante a maturação do queijo Roquefort.

algumas das manipulações a que são submetidos a coalhada e o próprio queijo na elaboração dos diversos tipos de queijo.

Ao longo da maturação, vão se acumulando, em graus diversos, as numerosas substâncias que contribuem para o sabor e o aroma (peptídeos, aminoácidos livres, aminas, cetonas, aldeídos, ácidos graxos livres, etc.). Esses compostos, geralmente ausentes ou em baixa concentração na coalhada, surgem como conseqüência das transformações sofridas pelos componentes majoritários do leite (lactose, proteínas, especialmente as caseínas e os lipídeos, sobretudo os triglicerídeos). Todas essas transformações são catalisadas por enzimas de procedência diversa: algumas chegam ao queijo diretamente do leite, de cuja composição normal fazem parte, algumas são trazidas pelo coalho, como a quimosina, e outras são enzimas extra e intracelulares de origem microbiana.

Sem negar a importância dos processos de síntese que dão lugar a muitas das substâncias capazes de contribuir para o sabor e o aroma dos queijos, é inegável, no entanto, que a maturação começa com os fenômenos hidrolíticos: glicólise, proteólise e lipólise.

Glicólise

A acidificação do leite e da coalhada ocorre graças à produção de ácido láctico a partir da lactose por cepas selecionadas de bactérias lácticas, denominadas cultivos iniciadores. Tradicionalmente essas bactérias dividem-se em mesófilas (crescem otimamente a temperaturas em torno de 30°C) e termófilas (cuja temperatura ótima de crescimento situa-se em torno de 45°C). Os cultivos mesófilos sempre contêm *Lactococcus lactis*, subsp. *lactis* e/ou *Lactococcus lactis*, subsp. *cremoris* (abreviadamente *Lc. lactis* e *Lc. cremoris*), responsáveis pela produção de ácido láctico e, às vezes, também de *Lactococcus lactis* subsp. *lactis* sorovar *diacetylactis* (abreviadamente *Lc. diacetylactis*) e/ou *Leuconostoc mesenteroides*, subsp. *cremoris* (abreviadamente *Le. cremoris*) necessários para o desenvolvimento de aroma (principalmente diacetil e acetaldeído). Os cultivos iniciadores termófilos contêm normalmente *Streptococcus thermophilus* e algumas espécies do gênero *Lactobacillus*, *Lb. helveticus* e/ou *Lb. delbrueckii* subsp. *lactis* (abreviadamente *Lb. lactis*), para a elaboração de queijo Emmenthal e similares e *St. thermophilus* e *Lb. delbrueckii* subsp. *bulgaricus* (abreviadamente *L. bulgaricus*) para a fabricação de iogurte. Além disso, na maioria dos queijos de maturação média e longa encontram-se, em taxas elevadas, lactobacilos mesófilos, sobretudo *Lb. plantarum* e *Lb. casei*, embora não seja comum adicioná-los ao cultivo iniciador.

As bactérias lácticas (LAB) transportam a lactose a seu interior por dois mecanismos: por transporte ativo com a aju-

rapidamente, devido, por um lado, ao seu alto grau de acidez e, por outro, à crescente concentração de sal na fase aquosa. Os micrococos talvez sejam os que apresentam comportamento mais diferenciado, porque, embora sua taxa diminua no início pelo ácido formado, volta a aumentar depois com o ingresso de oxigênio através da massa quebradiça e, sobretudo, quando se fazem orifícios para que o *Penicillium roqueforti* possa desenvolver-se no interior do queijo. Essa microaerobiose forçada é acompanhada da elevação do pH que ocorre quando o ácido láctico é consumido pelo mofo e pela geração de substâncias nitrogenadas de caráter básico. Uma vez que se implanta o mofo (8 a 10 dias), ele se multiplica ativamente, sendo o microrganismo predominante nas fases mais avançadas da maturação.

ASPECTOS BIOQUÍMICOS DA MATURAÇÃO DO QUEIJO E DESENVOLVIMENTO DE SEU SABOR E AROMA

Um queijo em maturação é um sistema bioquímico muito complexo, no qual se estabelecem múltiplos equilíbrios e entrecruzam-se numerosas rotas de degradação e síntese; o produto de algumas dessas reações muitas vezes converte-se em substrato de outras. Por isso, a composição de um queijo ao longo do processo maturativo sofre mudanças consideráveis. Pequenas modificações ambientais e intrínsecas podem levar a profundas alterações do equilíbrio das diversas reações envolvidas, o que constitui o fundamento científico de da de uma permease (PS), utilizada por *Lactobacillus* spp., *Leuconostoc* spp. e *St. thermophilus*, ou pelo sistema fosfoenolpiruvato fosfotransferase (PEP/PTS), utilizado pelas espécies do gênero *Lactococcus*. No sistema PS, a lactose ingressa no interior da célula sem se modificar, enquanto no sistema PEP/PTS entra fosforilada. Este último requer a participação de três enzimas e uma proteína de baixo peso molecular, cujo mecanismo foi revisado recentemente (Fox et al. 1990). A lactose, já no interior da célula, é atacada por uma P-β- galactosidase no sistema PEP/PTS ou por uma β-galactosidase no PS, produzindo galactose-P e glicose ou galactose e glicose, que se metabolizam (Figura 5.5), no caso das bactérias lácticas homofermentativas (gênero Lactococcus e algumas espécies do gênero *Lactobacillus*), a galactose-P pela via da tagatose, a glicose pela via Embden Mayerhof (via glicolítica) e a galactose pela via de Leloir. As heterofermentativas (algumas espécies do gênero *Lactobacillus* e do gênero *Leuconostoc*) metabolizam a glicose pela via fosfocetolase, chamada também de fosfatos de pentoses (Figura 5.6). Nas bactérias lácticas homofermentativas, o metabólito final majoritário (em torno de 98% da lactose utilizada) é o ácido láctico (quatro moléculas para cada uma de lactose), enquanto nas heterofermentativas são o ácido láctico (duas moléculas para cada uma de lactose), o dióxido de carbono, o ácido acético e o etanol.

Nas bactérias homofermentativas, o metabolismo do piruvato pode desviar-se em certas ocasiões, produzindo, em vez de lactato, outros produtos. A lactato desidrogenase (LDH) é uma enzima alostérica que se ativa pela concentração de certos produtos metabólicos, como a frutose-1-6-difosfato; quando existem baixas concentrações de glicose no meio, diminui o conteúdo intracelular de frutose-1-6-difosfato, que

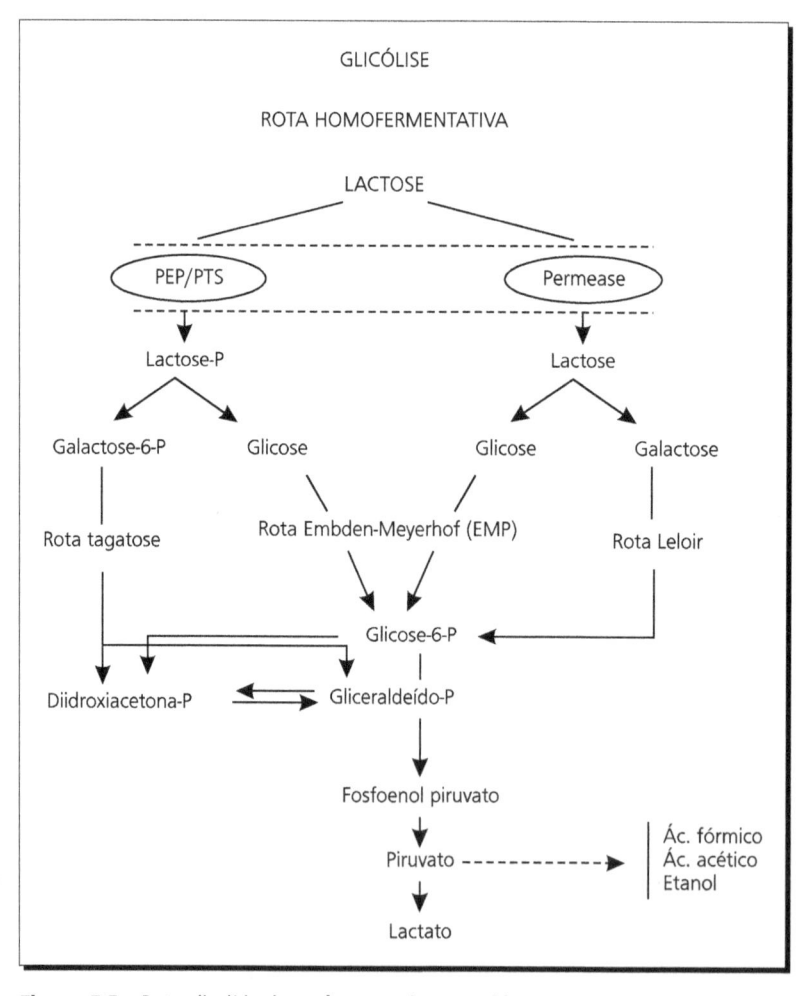

Figura 5.5 Rota glicolítica homofermentativa resumida.

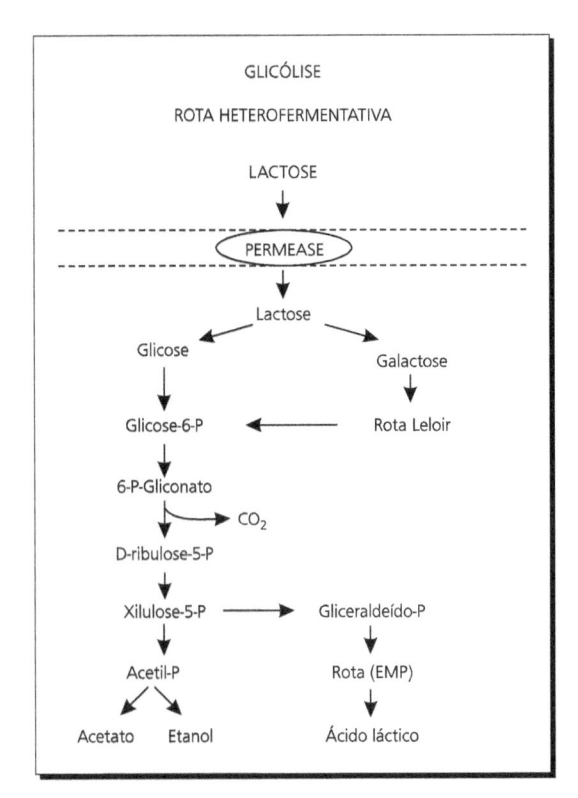

```
                GLICÓLISE
          ROTA HETEROFERMENTATIVA

                 LACTOSE
                    ↓
- - - - - - - -(PERMEASE)- - - - - - - -
                    ↓
                 Lactose
                ↙       ↘
         Glicose         Galactose
            ↓                ↓
       Glicose-6-P  ←    Rota Leloir
            ↓
       6-P-Gliconato
            ↘  CO₂
       D-ribulose-5-P
            ↓
       Xilulose-5-P  →   Gliceraldeído-P
            ↓                ↓
         Acetil-P          Rota (EMP)
          ↙   ↘              ↓
      Acetato  Etanol    Ácido láctico
```

Figura 5.6 Rota glicolítica heterofermentativa resumida.

ativa a LDH, e das trioses fosfato, que inibem a piruvato formiato liase, o que traz como resultado final a transformação do piruvato em formiato, acetato e etanol. Um fato similar foi descrito quando existia deficiência de LDH ou pela inibição dessa enzima por ácidos graxos presentes no meio. Em outras ocasiões, a deficiência de NADH (necessária para a transformação do piruvato em lactato) faz com que se desvie o metabolismo do piruvato para produzir diacetil/acetoína, que não requerem a participação de NADH. Essas reações, embora sejam minoritárias, podem tornar-se relevantes, dado que as substâncias produzidas são voláteis, podendo contribuir para o sabor e o aroma dos queijos.

O destino do ácido láctico acumulado durante a fermentação da lactose não despertou o interesse dos pesquisadores, e só começou a ser estudado há uma década. Por exemplo, no queijo Cheddar observou-se a presença, em concentrações significativas, de D-lactato, quando os lactococos produzem apenas L-lactato; poderia formar-se pela fermentação da lactose residual por lactobacilos ou por racemização do L-lactato graças à catalisação por racemases, tendo-se informado que este último pode ser o principal mecanismo. As racemases foram encontradas em diversas espécies do gênero *Lactobacillus* que estão presentes em taxas elevadas em períodos avançados da maturação. A racemização é pH-dependente (ótimo 4 a 5), inibindo-se por concentrações de sal superiores a 2% como no caso dos lactobacilos. A racemização do L-lactato provavelmente não tem muito significado do ponto de vista sensorial, embora alguns autores tenham atribuído a esse isômero sabor ácido mais acentuado. Outra reação a que o lactato está exposto é a oxidação, cujo resultado, por mol de lactato utilizado, é 1 mL de acetato e 1 mol de dióxido de carbono, consumindo-se 1 mol de oxigênio, embora o fenômeno só ocorra quando se tiver consumido a totalidade de glicose. Diversos lactobacilos (*Lb. plantarum*, *Lb. brevis*) podem oxidar tanto o L- como o D-lactato. A oxidação do lactato pode ser muito mais ativa nas zonas mais superficiais de alguns queijos, quando se instala uma microbiota variada (mofos, leveduras, *Brevibacterium linnens*), que rapidamente oxidam o lactato a CO_2 e H_2O, provocando redução da acidez na superfície, com a formação de um gradiente de pH da superfície ao centro, o que causaria difusão de lactato para o exterior. Esse fenômeno explicaria o aumento de pH que se registra em algumas variedades de queijo à medida que avança a maturação. Contudo, também poderia ocorrer como conseqüência de grande atividade proteolítica, como no caso dos queijos maturados por mofos, ao serem geradas substâncias nitrogenadas básicas.

Em algumas variedades de queijo (Emmenthal e similares), o lactato é metabolizado pelas propionibactérias para produzir propionato, CO_2 e acetato, que desempenham importante papel no sabor (propionato e acetato) e na formação dos *buracos* (CO_2) característicos desses queijos (ver "Aspectos microbiológicos da maturação do queijo" neste capítulo).

Proteólise

A proteólise que ocorre durante a maturação do queijo é um fenômeno de grande relevância, pois afeta de maneira muito acentuada tanto a textura como o sabor e o aroma; é um processo gradual que começa com a ruptura da molécula protéica, podendo alcançar profundidades muito diversas, desde a fragmentação da molécula original em polipeptídeos de tamanhos diversos até a formação de oligopeptídeos e de aminoácidos livres, que podem, junto com substâncias geradas durante a glicólise e a lipólise, participar por si mesmos do sabor e do aroma dos produtos ou permanecer no meio dispostos para sofrer transformações posteriores, produzindo outros compostos aromáticos e de sabor.

A matriz protéica é o componente estrutural da coalhada e do queijo fresco, e pode ser comparada a uma esponja repleta de glóbulos de gordura, com uma fase aquosa constituída de água livre e água ligada, na qual estão dissolvidos diversos componentes. As proteínas rompem-se em vários locais durante a maturação, e a rede protéica perde progressivamente parte de sua estrutura original; com isso, modificam-se as propriedades reológicas do queijo. As enzimas coagulantes, além de sua função específica de desestabilizar as caseínas ao romper a ligação Phe (105)-Met (106) da κ-caseína (Figura 5.7), desempenham papel fundamental em sua degradação primária. Contudo, junto com essas proteinases, colaboram as enzimas proteolíticas próprias do leite, sobretudo se o pH é favorável.

As degradações primárias que afetam as caseínas ficam a cargo principalmente da quimosina e das proteinases do leite, tanto a ácida (termolábil) como a alcalina (termoestável), e dependem de outros fatores, como a temperatura, o pH e a concentração de NaCl.

Dessas degradações, a mais importante é a que afeta a α_{s1}-caseína (Figura 5.7). A quimosina rompe primeiramente, e de forma invariável, a ligação Phe(24)-Val(25), dando lugar a um polipeptídeo solúvel (1 a 24) e ao fragmento insolúvel C-terminal α_{s1}-I, compreendido entre os restos de aminoácidos 25 e 199. Essa ação ocorre em amplo intervalo de pH (2,2 a 7), e independe da concentração de NaCl. A quimosina ataca posteriormente o polipeptídeo α_{s1}-I nas ligações Leu(169)-Gly(170), Leu(149)-Phe(150) e Phe(150)-Arg(151), dando lugar, respectivamente, aos peptídeos α_{s1}-II(25 a 169), α_{s1}-III(25 a 149) e α_{s1}-IV(25 a 150) em um intervalo de pH entre 5,8 e 7,0. Na ausência de NaCl, e se o pH for de 4,0 a 5,2, produz-se, a partir do fragmento α_{s1}-I, o peptídeo α_{s1}-V(33 a 199), enquanto, se o pH for de 5,2 e a concentração na fase úmida de NaCl for de 5%, formam-se os peptídeos α_{s1}-VI/VII, de tamanho molecular incerto. Enfim, produz-se uma complexa hidrólise da α_{s1}-caseína, cuja extensão e profundidade depende estreitamente do pH e da concentração de NaCl. As condições mais favoráveis para a degradação da α_{s1}-caseína parecem ser um pH próximo a 5 e concentração na fase úmida de NaCl de 4%, muito similares às que reinam em muitos tipos de queijos; por isso, essa caseína pode degradar-se quase totalmente durante a maturação, se esta for muito longa, como ocorre no queijo Manchego em que, após 9 a 10 meses de maturação, só permanece intacta cerca de 10% de α_{s1}-caseína. Mas se a concentração de NaCl for de 8%, degrada-se em torno de 40%, existindo relação linear entre os dois extremos.

A proteinase ácida do leite ataca a α_{s1}-caseína da mesma maneira que a quimosina e, se na pasteurização não for desa-

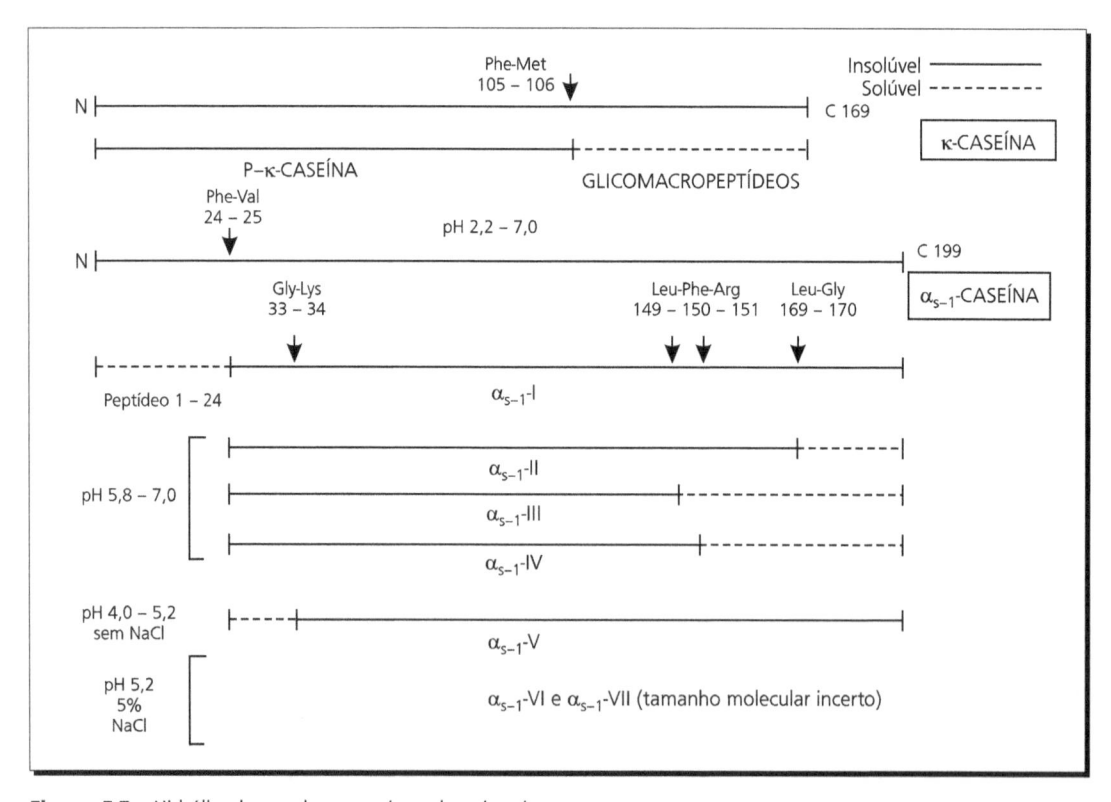

Figura 5.7 Hidrólise da κ- e da α_{s1}-caseína pela quimosina.

tivada, colabora com o coalho na hidrólise primária dessa caseína. A plasmina também degrada progressivamente a α_{s1}-caseína ao pH em que atua otimamente, em torno de 8. A valores de pH mais baixos, sua atividade está francamente reduzida, embora possa ser estimulada, em parte, pela temperatura e por concentrações de 2% de NaCl. Assim, a atividade da plasmina sobre a α_{s1}-caseína não parece ser relevante na maturação da maioria dos queijos em comparação com a da quimosina, dado o pH baixo normalmente existente neles.

A ação da quimosina sobre a β-caseína é menos importante durante a maturação do queijo, já que sua atividade depende estreitamente do pH e da concentração de NaCl. Em solução (Figura 5.8), a um pH de 6,5 e na ausência de sal, o coalho hidrolisa a β-caseína em uma série de fragmentos partindo do N-terminal, que foram denominados β-I (1 a 189/192), β-II (1 a 165/167), β-IIIa (1 a 139) e β-IIIb (1 a 127). O NaCl comporta-se como agente fortemente inibidor cuja ação diminui à medida que o pH desce de 7 para 4,6. Com 4% de NaCl na fase úmida, como é o caso de muitos queijos, a β-caseína degrada-se apenas ligeiramente. Além disso, é necessário utilizar grande quantidade de coalho para que a degradação seja aparente. Portanto, não parece que a degradação da β-caseína pelo coalho seja importante na maturação da maioria dos queijos.

Sabe-se que a plasmina ataca a β-caseína (Figura 5.8), produzindo as γ-caseínas γ1 (29 a 209), γ2 (106 a 209) e γ3 (108 a 209), e os peptídeos PP8F (1 a 28), PP5 (1 a 105) e PP5a (1 a 107), embora também se tenham detectado os peptídeos PP8S (29 a 105) e PP8Sa (29 a 107). Sua atividade depende do pH e da concentração de NaCl. A uma concentração de NaCl de 4%, a degradação aumenta à medida que o pH sobe de 4,9 a 6,2, sendo 5 a 6 vezes maior neste pH do que em pH de 5,4. A proteinase alcalina do leite continua ativa em concentrações de sal de até 8%, supondo-se que o pH seja suficientemente elevado (p. ex., 6,8), sugerindo que a atividade da plasmina dependendo mais do pH do que da concentração de NaCl. A proteinase ácida do leite comporta-se sobre a β-caseína da mesma maneira que a quimosina.

Do que foi exposto anteriormente, é de se esperar que, em queijos dos quais não participam mofos, a β-caseína possa sofrer dois tipos de ataques primários, mas não muito intensos, um da quimosina e outro da plasmina. Embora se tenha mencionado a presença do peptídeo β-I em algumas amostras de queijo, sua detecção não é freqüente e muito menos a dos peptídeos β-II e β-III, que derivam do β-I. Pode-se dizer, portanto, que as condições de pH e de concentração de NaCl da maioria dos queijos não são adequadas para que a quimosina ataque eficazmente a β-caseína. Contudo, as κ-caseínas são quase sempre detectadas nos queijos. Isso indica que a plasmina pode desempenhar um papel importante na hidrólise primária da β-caseína, sobretudo nos queijos com pH mais favorável, como o Emmenthal, ou na superfície do Camem-

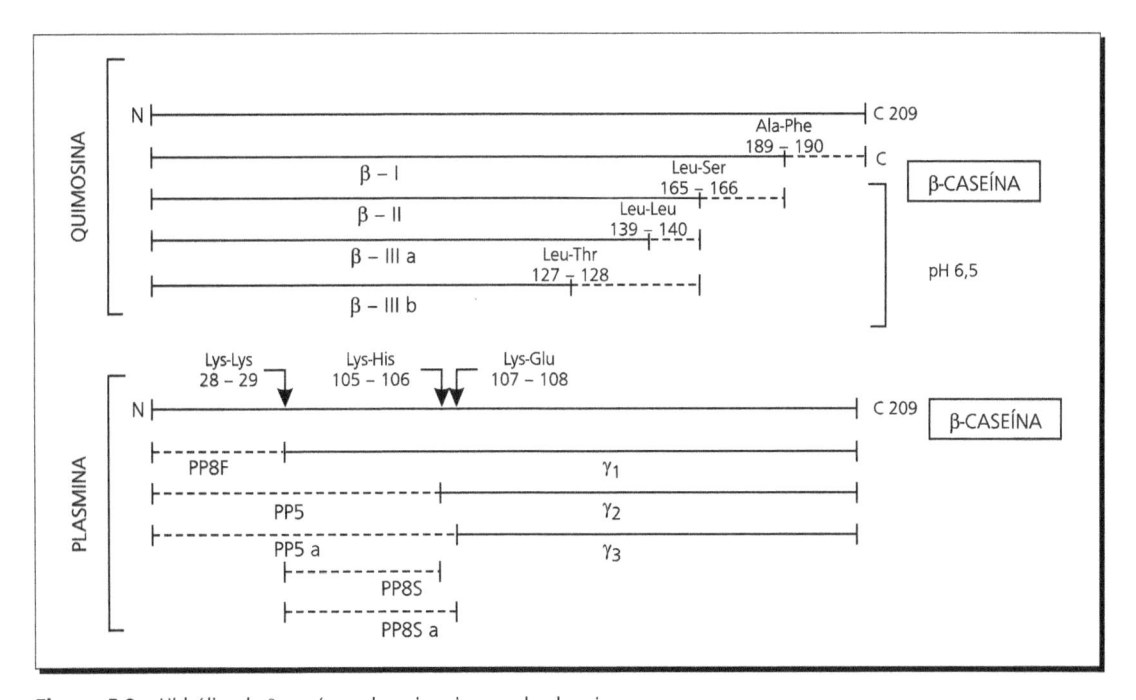

Figura 5.8 Hidrólise da β-caseína pela quimosina e pela plasmina.

bert. Assim, ao final da maturação, grande quantidade de β-caseínas (até 80 a 90%) permanece sem degradar, exceto naqueles queijos maturados por mofos.

Cabe se perguntar qual seria o papel dos microrganismos na proteólise. As bactérias lácticas (LAB) possuem um sistema proteolítico necessário para seu crescimento ótimo no leite, dados seus estritos requisitos nutritivos em relação a alguns aminoácidos e a escassez de aminoácidos livres no leite. Esse sistema proteolítico é muito complexo, e consta de uma proteinase extracelular (PrtP), ligada à parede celular, e de um conjunto de peptidases. As primeiras enzimas proteolíticas que atacam as caseínas são as proteinases extracelulares que degradam a caseína a peptídeos de tamanhos diferentes. Entre elas, há algumas que hidrolisam a β-caseína, mas não hidrolisam significativamente a α_{s1} nem a κ-caseína, como aquela produzida por algumas cepas de Lc. cremoris e de Lc. lactis, e outras que degradam os três tipos de caseínas (α_{s1}, β e κ), sendo a hidrólise da β-caseína diferente da que se observa com outro tipo de proteinase. As LAB elaboram ainda grande variedade de peptidase, pelo menos 11 ou 12 tipos diferentes de aminopeptidases, endopeptidases, peptidases específicas de prolina, dipeptidases e carboxipeptidases, algumas das quais foram caracterizadas tanto em nível bioquímico como genético. As peptidases descritas até o momento foram revistas recentemente (Fox et al., 1996.). É preciso destacar que, embora se tenham estudado mais detalhadamente as enzimas do gênero Lactococcus, nos casos analisados, elas guardam grande similaridade, em nível bioquímico e genético, com as de outros gêneros de bactérias lácticas, como, por exemplo, Lactobacillus. Além disso, não parecem ser essenciais, pelo menos em separado, para o crescimento das bactérias. É possível que, dada a complexidade da dotação de peptidases, a ausência de alguma delas possa ser suprida pelas demais.

Para concluir, pode-se dizer que, por sua especificidade e atuação cooperativa, o sistema proteolítico das LAB, quando cultivadas individualmente em um meio lácteo isento de enzimas de outras origens, é mais do que suficiente para assegurar bom provimento dos aminoácidos necessários para a síntese protéica. Contudo, in vivo (no queijo em maturação), onde existem enzimas proteolíticas trazidas pelo próprio leite, pelo coalho e por outros microrganismos, é possível que a participação das LAB na hidrólise primária das caseínas seja irrelevante, devido à grande atividade de outras enzimas, em particular a da quimosina sobre a α_{s1}-caseína. É provável, inclusive, que a proteinase ligada à parede celular das LAB nem sequer atue, uma vez que se libera no meio na ausência de Ca^{2+} e sua síntese, como se disse anteriormente, depende dos níveis de peptídeos e aminoácidos livres no meio.

Por isso, o papel fundamental das LAB na proteólise durante a maturação dos queijos, dos quais essas bactérias participariam majoritariamente mediante sua bagagem de peptidases, talvez esteja nos fenômenos proteolíticos secundários, isto é, na degradação dos peptídeos que se acumulam como resultado da hidrólise primária das caseínas pelo coalho. Essa função é coerente com os resultados de diversas pesquisas que mostraram que queijos assépticos experimentais fabricados apenas com quimosina continham nitrogênio solúvel a pH de 4,6, mas poucos peptídeos e, igualmente, pequena quantidade de nitrogênio aminoacídico. Contudo, os queijos preparados com quimosina e cultivos iniciadores também apresentam taxa de aminoácidos livres relativamente grande. É bem provável que a ação conjunta das enzimas proteolíticas intracelulares possa degradar totalmente os polipeptídeos resultantes da hidrólise primária das caseínas. Embora essas enzimas atuem otimamente a pH neutro, retêm atividade suficiente nos valores de pH que reinam nos queijos, podendo, assim, atacar os substratos de uma forma razoavelmente eficaz. Por outro lado, gozam de grande estabilidade, tendo sido detectadas de forma ativa em extratos procedentes de queijos muito maturados.

O papel das LAB termófilas foi muito menos estudado nos queijos em que participam. Ainda que essas bactérias não sejam muito proteolíticas, pode-se afirmar que os lactobacilos termófilos tendem a apresentar mais atividade que os lactococos e que o S. thermophilus. A detecção de proteinases e peptidases é bastante similar ao indicado para os lactococos. Pode-se supor, então, que sua função é similar à das LAB dos queijos fabricados com cultivos iniciadores mesófilos. Entretanto, convém ressaltar que os queijos nos quais encontram-se as LAB termófilas (queijos nos quais a coalhada é submetida a temperatura de cocção relativamente elevada) têm pH mais favorável para a atuação da plasmina e, por isso, pode haver quantidade maior de peptídeos procedentes da degradação da β-caseína.

Um panorama bem diverso é o que se apresenta em queijos maturados por mofos, tanto superficiais como internos. Tanto no P. camemberti como no P. roqueforti foram detectadas uma aspartilproteinase ácida e uma metaloproteinase neutra, que atuam sobre a α_{s1}-caseína e sobre a β-caseína. Essas enzimas atacam a α_{s1}-caseína da mesma maneira que a quimosina e, além disso, podem degradar o peptídeo α_{s1}-I. As aspartilproteinases de P. roqueforti e de P. camemberti são muito ativas sobre a β-caseína; rompem pelo menos três ligações específicas: Lys(29)-Ile(30), Lys(97)-Val(98) e Lys(99)-Glu(100). A metaloproteínase de P. camemberti ataca a β-caseína nas ligações Lys(28)-Lys(29), Pro(90)-Glu(91) e Glu(100)-Ala(101). Embora o número de ligações rompidas por essas proteinases não seja muito grande, a textura do queijo modifica-se profundamente porque se destrói a rede que associa às moléculas caseínicas. Contudo, os peptídeos resultantes podem sofrer degradações adicionais pelas diversas proteases existentes no queijo.

Portanto, durante a maturação do queijo, produz-se uma ação colaborativa entre todas as enzimas atuantes. O resultado é a degradação parcial das caseínas, cuja extensão depende de diversos fatores (microrganismos presentes, pH, tempo de maturação, concentração de NaCl, etc.). A conseqüência de tudo isso (Figura 5.9) é a geração progressiva de peptídeos e aminoácidos livres que se acumulam no meio, participando assim do sabor do queijo diretamente ou após sua transformação graças a outras atividades microbianas (descarboxilações, desaminações, etc.) ou químicas (p. ex., reação de Strecker). Os aminoácidos podem dar origem a uma série de compostos de baixo peso molecular, voláteis (ácidos orgânicos, aldeídos, amoníaco, etc.) ou não (outros aminoácidos, aminas, etc.), que, por sua vez, podem dar lugar a outras substâncias aromáticas e sápidas.

Lipólise

As modificações sofridas pelo material lipídico durante a maturação do queijo não afetam a textura, mas sim o sabor e o aroma finais do produto. A primeira transformação sofrida pela gordura é a hidrólise de seus triglicerídeos, a fração lipídica majoritária (em torno de 98% do total de gordura), com liberação de ácidos graxos que se acumulam no meio, contribuindo assim para o sabor e o aroma finais, ou transformam-se em outras substâncias igualmente aromáticas e sápidas.

O leite bovino contém uma lipase localizada entre as micelas caseínicas, com pH ótimo entre 8 e 9 e com atividade pouco específica, capaz de hidrolisar os triglicerídeos, os 1- e 3-monoglicerídeos e os fosfolipídeos, especialmente a fosfotidilcolina. É termolábil (desativa-se nos tratamentos pasteurizadores) e inibe-se com concentrações 1M de NaCl, permitindo deduzir que atuará escassamente durante a ma-

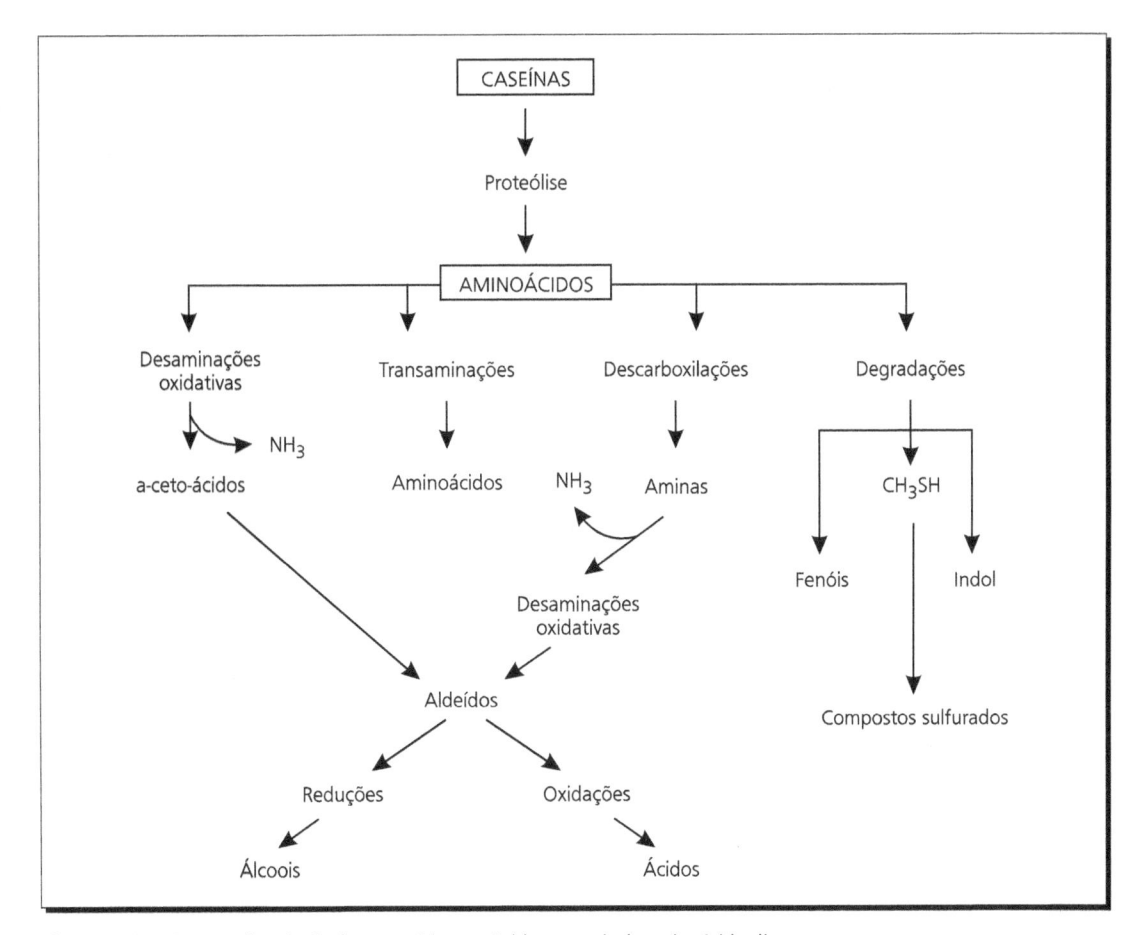

Figura 5.9 Geração de substâncias aromáticas e sápidas a partir de aminoácidos livres.

turação dos queijos, e apenas nos que são fabricados com leite cru.

Nos queijos maturados por bactérias, a contribuição das LAB à hidrólise da gordura pode ser pouco importante. As LAB possuem escassa atividade lipolítica, que recai fundamentalmente sobre os triglicerídeos com ácidos graxos de cadeia curta e sobre mono e diglicerídeos. De fato, informou-se que, no queijo Cheddar, os ácidos graxos C_4-C_8 são os únicos derivados das reações lipolíticas que contribuem para o seu sabor e o seu aroma. O aumento da taxa de ácidos graxos livres que se observa em muitos queijos maturados por bactérias pode ser decorrente da atividade da microbiota secundária. Vale mencionar os micrococos, que poderiam contribuir para a hidrólise da gordura mediante suas lipases extracelulares. Em alguns queijos, como os italianos (Parmesão, Romano e Provolone), acrescenta-se lipase pancreática junto com o coalho para potencializar a liberação de ácidos graxos.

Contudo, os ácidos graxos têm participação importante no sabor e no aroma dos queijos azuis. *P. roqueforti* e *P. camemberti* são responsáveis pela liberação maciça de ácidos graxos. Esses microrganismos metabolizam depois os ácidos graxos liberados (Figura 5.10), transformando-os primeiramente, via β-oxidação, em cetoacil-CoA que, graças a uma tioidrolase, rendem cetoácidos. Ao descarboxilar-se esses cetoácidos, geram-se metil-cetonas, que podem reduzir-se a álcoois secundários. Do octanóico, por exemplo, se formaria a heptan-2-ona e o heptan-2-ol. As metil-cetonas foram reconhecidas, já em 1950, como componentes fundamentais do sabor e do aroma dos queijos azuis. Os álcoois secundários foram eclipsados pelas cetonas, mas sua participação no sabor dos queijos azuis também pode ser muito importante, pois estão em equilíbrio com as cetonas, e seu poder aromático é tão grande quanto o das metil-cetonas.

Outras reações que dão origem a substâncias aromáticas e sápidas

As lactonas são consideradas como substâncias que podem contribuir ativamente para o sabor e o aroma dos queijos e, de fato, foram incluídas como aromatizantes nas fórmulas destinadas a potencializar o sabor *de queijo*. Sua geração nos queijos pode resultar da formação espontânea de um anel a partir de hidroxiácidos resultantes de fenômenos lipolíticos, embora também se tenha dito que as leveduras e mofos podem reduzir os cetoácidos a hidroxiácidos, convertendo-se depois em lactonas.

Os ésteres de ácidos graxos podem formar-se facilmente nos queijos por via microbiana. Dado que o etanol procedente da glicólise é o álcool mais abundante no queijo, os ésteres etílicos são os mais comuns, sobretudo o que provém do hexanóico. A esterificação de ácidos graxos de cadeia curta com metanetiol (normalmente presente nos queijos como produ-

```
QUEIJOS AZUIS E MOFOS SUPERFICIAIS

        Triglicerídeos (C2n)
                │
                ↓ Lipase
                
        Ácidos graxos ─────────→ Acumulam-se ou transformam-se
                │
                ↓ β-oxidação
                
        Cetoacil-CoA
                │
                ↓ Tioidrolase
                
        Cetoácidos + CoA – SH
                ↓
         CO₂ ←──┤ Descarboxilação
                │
        Metil cetonas ─────────→ Acumulam-se ou transformam-se
                │
                ↓ Redução
                
        Álcoois secundários (C2n – 1)
```

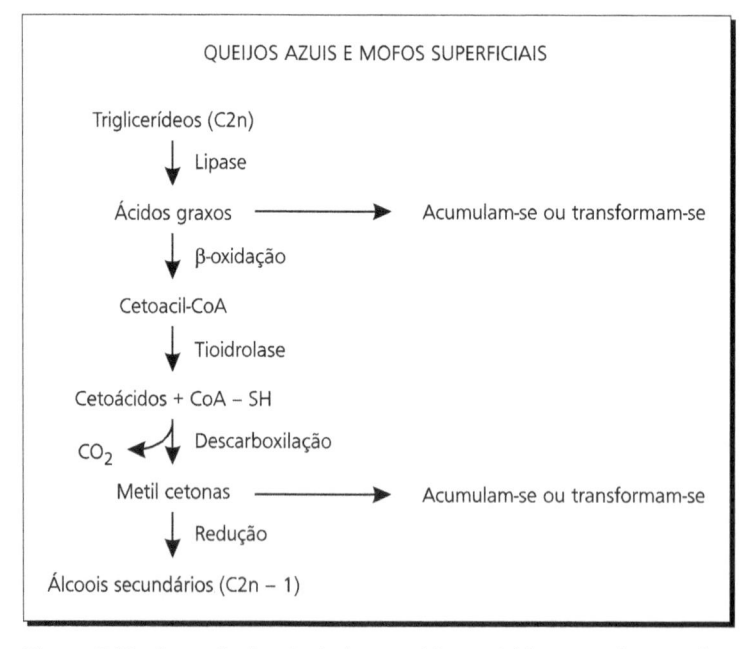

Figura 5.10 Formação de substâncias aromáticas e sápidas por mofos a partir de ácidos graxos livres.

to de degradação da metionina) pela microbiota secundária (micrococos, bactérias superficiais) gera tioésteres.

Os compostos sulfurados voláteis também estão entre as substâncias que, muitas vezes, foram associadas ao aroma de algumas variedades de queijos. *P. camemberti* pode produzir, a partir da metionina, H_2S, dimetilsulfuro e metanetiol, mediante um processo combinado de desaminação e desmetilação. Comprovou-se que o metanetiol, por si mesmo, pode participar do sabor e do aroma, como também, ao se transformar, mediante reações químicas (p. ex., com formaldeído) em outras substâncias, como bis-(metiltio)-metano que, acredita-se, contribui ativamente para o perfil aromático de alguns queijos.

Por último, uma das vias de degradação dos aminoácidos é a reação de Strecker, que consiste em desaminação oxidativa-descarboxilação de aminoácidos que implica a interação de compostos dicarbonilas e aminoácidos, gerando um aldeído que possui menos um átomo de carbono do que o aminoácido envolvido na reação inicial. Originam-se assim 3-metilbutanal, 2-metilbutanal e fenilacetaldeído a partir de leucina, isoleucina e fenilalanina, respectivamente. Embora essa reação seja temperatura-dependente, desenvolvendo-se rapidamente a temperaturas próximas a 90°C, muito distantes das dos queijos, há a possibilidade de progredir lentamente durante os longos períodos de maturação e de ser potencializada pela presença de taxa elevada de aminoácidos livres junto com uma baixa a_w.

ESTUDO COMPARATIVO DA FABRICAÇÃO DAS VARIEDADES DE QUEIJOS MAIS CARACTERÍSTICAS

Como se estudou no item "Processo geral de elaboração do queijo" neste capítulo, a elaboração das diversas variedades de queijo requer diferentes manipulações do leite e da coalhada para obter o tipo de queijo desejado. Além disso, as condições de maturação, embora sejam similares para muitas variedades, podem influir decisivamente na obtenção de um determinado tipo de queijo. As mesmas considerações poderiam ser feitas a respeito do cultivo iniciador; muitas vezes, são microrganismos específicos, muito distantes filogeneticamente das bactérias lácticas.

Na Tabela 5.2, apresentam-se de forma resumida as tecnologias comparadas para a fabricação das variedades de queijo mais características. A título de exemplo, uma delas será descrita no texto, a que se refere aos queijos maturados com mofos azuis.

Os queijos azuis são fabricados a partir do leite de vaca (Danablue, Stilton, Gorgonzola, etc.), de ovelha (Roquefort) ou de mistura (Cabrales), que podem ser ou não pasteurizados. Quando se realiza essa operação, inocula-se um cultivo iniciador composto por *Lc. lactis* e *Lc. cremoris*, embora também possam ser adicionados ao leite cru. A coalhada é predominantemente láctica e, para isso, deixa-se maturar o leite por um tempo relativamente longo (30 a 40 minutos) e, em seguida, adiciona-se o coalho em uma proporção aproximada de 0,02%; após 1,5 a 2 horas a 30°C, consegue-se a formação da coalhada, que então é cortada até se obter cubos de 20 a 25 mm de aresta. A coalhada não é submetida a nenhum aquecimento adicional, sendo dessorada mecanicamente. Depois, é introduzida em moldes sem prensar. Posteriormente, inoculam-se por nebulização esporos de *Penicillium roqueforti* e, após isso, os queijos são submetidos à maturação. Passados 5 dias em temperatura de 18 a 25°C, para completar a fermentação láctica, são colocados em câmaras de 9 até 10°C durante mais 6 dias, adiciona-se sal seco, no caso do Roquefort na superfície, e fazem-se orifícios na massa do queijo para semear o mofo e permitir que ingresse oxigênio no interior. O mofo desenvolve-se na fissura do queijo e ao longo das linhas de perfuração, alcançando seu crescimento máximo entre 30 e 90 dias. Durante esse tempo, os queijos ficam em cavas, quando se trata de Roquefort e de outras variedades, a uma temperatura de 7 a 8°C e a elevada umidade relativa, próxima a 95% ou mais. Uma vez concluída a maturação, os queijos são envolvidos em películas de alumínio e mantidos em refrigeração para retardar os fenômenos maturativos durante o período restante até seu consumo. Das tecnologias apresentadas na Tabela 5.1, a mais parecida com a dos queijos espanhóis mais importantes (Manchego, Roncal, Castellano, Mahón, etc.) talvez seja, com os matizes característicos de cada variedade, aquela que corresponde aos queijos semiduros (Gouda). Os queijos galegos (leite de vaca) e outros, como o de la Serena e a torta del Casar (leite de ovelha), caracterizam-se por ser sua coalhada mais láctica do que a dos anteriores, razão pela qual a temperatura de coagulação do leite é mais baixa e sua duração mais longa.

QUEIJOS FUNDIDOS

Os queijos fundidos surgiram no início deste século, quando se submeteram a aquecimento (cerca de 80°C) queijos Gruyère ou Emmenthal, com agitação em presença de uma solução de citrato sódico; formava-se assim um colóide que, ao esfriar, formava um *gel* de sabor agradável, lembrando o queijo original e, além disso, tinha uma vida útil razoável. Mais tarde, comprovou-se que o fenômeno que ocorria durante o processo era um intercâmbio de íons; o citrato sódico seqüestrava o cálcio do queijo e transformava o paracaseinato cálcico, instável ao calor, em paracaseinato sódico, que, por sua vez, originava uma solução coloidal termoestável. Esse é, basicamente, o fundamento da elaboração de queijo fundido, embora se tenham introduzido melhorias ao longo do tempo.

Durante o processo, a membrana dos glóbulos de gordura é destruída, mas reorganiza-se posteriormente, formando-se

Tabela 5.2 Tecnologias comparadas da fabricação das variedades de queijo mais características

	MUITO DUROS Parmesão (70 kg)	DUROS COM BURACOS Emmenthal	SEMIDUROS Gouda	BACTÉRIAS SUPERFÍCIE Limburger	MOFOS AZUIS Roquefort	MOFOS BRANCOS Camembert	LÁCTICOS Quarg	MASSA DESFIADA Mozzarella
LEITE (NORMALIZAÇÃO) PASTEURIZAÇÃO	2% Gordura Caldeiras 700L +/−	2,8-31% Gordura 700-1.000L +	+ Cubas +	+ Cubas +	Rico em gordura Ovelha +/−	Gordura de leite toda +	Sim +	Sim +
CULTIVO	St. thermophilus 1% Lb. bulgaricus	St. thermophilus Lb. bulgaricus 0,3% Lb. helveticus Propiônicas 0,2%	Lc. lactis 0,5% Lc. cremoris	Lc. lactis Lc. cremoris 0,2%	Lc. lactis Lc. cremoris	Lc. lactis 1,5-2,0% Lc. cremoris	Lactococos 2%	Termófilos 0,05-0,5%
MATURAÇÃO	Não	Não	Breve	Breve	30-40 min	60 min	—	—
COALHO	0,025% Lipases	0,016%	0,03%	0,02%	0,02%	0,016%	0,002%	0,02%
COALHADA	Enzimática ++++ 32-34°C, 30 min	Enzimática ++++ 30-35°C, 30 min	Enzimática +++ 30-32°C, 40 min	Enzimática +++ 30-32°C, 40 min	Láctica ++ 30°C, 1,5-2 h	Láctica +++ 25-30°C, 2 h	Láctica ++++ 28-30°C, 6-16 h	Enzimática
CORTE	Ø 3 mm	Tiras, cubos, partículas 3 mm	Cubos 10 mm	Ø 10 mm	Cubos, "noz" 20-25 mm	Massa mole	Massa mole	
TRABALHO (COCÇÃO)	Agitação 43°C, 15 min 54-58°C, 30 min	Agitação 45°C, 45 min 55-58°C, 45 min	Agitação 36-38°C, 30 min	35°C moles 45°C duros	Não aquece	Não se trabalha	Não se trabalha	Amassamento Moldagem 85°C
DESSORAMENTO	Tecido ≈ 30 min	Tecido	Mecânico	Mecânico	Mecânico	Moldes Drenagem, 6 h	Moldes Drenagem	
PRENSAGEM	++++ 24 h 3 dias, 15°C Sem sal Fermentação	++++ 24 h 1-2 dias, 10°C Sem sal Fermentação	+++	+++	Não se prensa Moldes →Giros Inoculação P. roqueforti	Não se prensa 22°C, 12 h	Não se prensa Separações do soro	Não se prensa
SAL	2,6% NaCl 8-10°C, 14 dias	2,3% NaCl 8-12°C, 2-4 dias	2,5% NaCl 24-48 h Secagem casca	2,3% NaCl 24 h	18-25°C, 4-5 dias 9-10°C, 6 dias Salgado a mão Orifícios 7-8°C 2 meses 90-100% U.R.	A seco, 18-20°C Nebulização P. camemberti	Homogeneização 1% NaCl	1,6-2,0% NaCl 2-3 dias
MATURAÇÃO	1ª FASE 10°C, U.R. 85% 6 a 12 meses 2ª FASE 10-12°C, 85-90% U.R. 1 a 2 anos	CÂMARA FRIA 10-12°C, 80-85% U.R., 8-10 dias CÂMARA TEMPERADA 18-23°C, 80-85% U.R. 4 a 8 semanas Fermentação propiônica Câmara de MATURAÇÃO 13°C 6 a 9 meses	12-15°C; 85% 6 semanas ou mais	2-3 dias Flora esbranquiçada (leveduras) pH ↑ 6,0-7,0 G. candidum Depois B. linnens (avermelhado)		11-14°C; 85-90% H.R. ≈ 15 dias	Fresco	Fresco

uma nova camada constituída de paracaseinato sódico. Atualmente se empregam polifosfatos ou difosfatos sódicos, o que permite obter queijos fundidos de massa dura (para sua comercialização em fatias ou em bloco) ou de massa mole (para *untar*). Podem ser adicionados aos queijos fundidos diversos ingredientes. Entre eles, vale destacar as proteínas lácteas que proporcionam enriquecimento nutritivo, determinados aromatizantes e corantes e extratos ou porções vegetais que contribuem para modificar as propriedades sensoriais, diversificando-se os produtos finais. A quantidade total de água é variável, dependendo do destino do produto, isto é, se será consumido em pedaços ou se será utilizado para espalhar. O conteúdo de gordura é igualmente variável (extragordo, gordo, semigordo, semidesnatado e desnatado), dependendo do tipo de produto que se pretenda oferecer. A baixa a_w, que em parte se deve à elevada quantidade de sal, assegura a esses queijos boa vida de prateleira, dado que a grande maioria dos microrganismos presente foi destruída durante o aquecimento, sobrevivendo apenas os esporos bacterianos responsáveis pelas alterações que podem ocorrer nesses queijos. Dado que essas bactérias são mesófilas, esses produtos devem ser mantidos sob refrigeração.

REFERÊNCIAS BIBLIOGRÁFICAS

ECK, A. (1990): El *Queso*. Omega. Barcelona.
FOX, P. F.; LUCEY, J. A. y COGAN, T. M. (1990): "Glycolisis and related reactions during cheese manufacture and ripening". *CRC Cric. Rev. Food Sci. Nutr* 29: 237 -253.
FOX, P. F.; O'CONNOR, T. P.; McSWEENEY, P. L. H.; GUINEE, T. P. y O'BRIEN, N. M. (1996): "Cheese: physical, biochemical and nutritional aspects". En *Advances in Food and Nutrition Research* (ed. S. L. Taylor). Academic Press. Nueva York.
LAW B. A. (1997): *Microbiology and Biochemistry of Cheese and Fermented Milk*. 2ª ed. Blackie Academic and Professional. Londres.
ROBINSON, R. K. (1995): *A colour Guide to Cheese and Fermented Miks*. Chapman and Hall. Londres.
WALTER, H. E. y HARGROVE, R. C. (1972): *Cheeses of the world*. Dover. Nueva York.

RESUMO

1 O queijo é o produto fresco maturado obtido por separação do soro depois da coagulação do leite. A fabricação do queijo compreende diversas etapas: seleção do leite, pasteurização, adição do cultivo iniciador, formação, corte, cocção e agitação da coalhada, dessoramento, moldagem, prensagem, salga e maturação.

2 Os queijos moles são obtidos mediante a formação de uma coalhada láctica (devido à geração de ácido láctico pelas bactérias lácticas) e os queijos duros mediante a formação de uma coalhada enzimática (devido à ação da quimosina ou outras enzimas coagulantes). Os dois tipos de coalhada possuem propriedades opostas. A maioria dos queijos é fabricada com coalhadas mistas, que alguns aproveitam majoritariamente das propriedades da coalhada láctica (moles e semimoles) e outros, as propriedades da coalhada enzimática (duros e semiduros).

3 A classificação dos queijos apresentada baseia-se no conteúdo de umidade, no tipo de coalhada e nos microrganismos que participam da sua maturação.

4 A maturação do queijo é um fenômeno bioquímico muito complexo, no qual se estabelecem múltiplos equilíbrios e entrecruzam-se numerosas rotas de degradação e síntese. A composição de um queijo ao longo do processo maturativo sofre mudanças consideráveis. Durante a maturação, vão se acumulando, em graus diversos, os diferentes componentes do sabor e do aroma (aminoácidos livres, cetonas, aldeídos, ácidos graxos livres, ésteres, etc.). Esses compostos, geralmente ausentes ou em baixa concentração na coalhada, surgem, sem diminuir a importância dos fenômenos de síntese, principalmente como conseqüência das transformações degradadoras ocorridas nos componentes majoritários do leite (lactose, proteínas e lipídeos), catalisadas por enzimas de procedências diversas: algumas chegam ao queijo diretamente do leite, de cuja composição normal fazem parte, algumas são trazidas pelo coalho e outras são enzimas de origem microbiana.

CAPÍTULO 6

Nata, manteiga e outros derivados lácteos

No presente capítulo descreve a elaboração de alguns derivados lácteos como nata, manteiga, sorvetes, sobremesas lácteas e batidas. Além disso, estuda os sistemas de obtenção dos caseinatos e a sua utilização na indústria. Finalmente, são abordados os diferentes tratamentos que podem ser aplicados aos lactossoros destinados, sobretudo à obtenção de concentrados protéicos para uso na indústria alimentícia.

NATA

Definição e classificação

A nata é considerada como leite enriquecido em lipídeos. As palavras *nata* e *creme* significam o mesmo, e podem ser usadas indistintamente conforme a legislação vigente e os costumes de cada país.

Fisicamente a *nata* é uma emulsão de gordura em água na qual os glóbulos graxos mantêm-se intactos. A riqueza em gordura pode variar de 12 a 60% segundo a forma de desnate, mas o conteúdo de gordura mais freqüente é de 35%, supondo que para cada 10 litros de leite obtém-se 1 litro de nata. Segundo as Normas Gerais de Qualidade para a nata na Espanha (BOE 20/7/1983), e dependendo do conteúdo de gordura, as natas podem ser classificadas como:

- *Dupla nata* quando contém um mínimo de 50% de gordura.
- *Nata* quando contém de 30 a 50% de gordura.
- *Nata fina ou leve* quando contém de 12 a 30% de gordura.

Conforme a finalidade do uso da nata, pode-se estabelecer a seguinte classificação em relação ao conteúdo de gordura:

- *Nata para o café*: 10%
- *Nata acidificada*: 10 a 30%
- *Nata de confeitaria*: 30 a 45%
- *Nata plástica*: 60 a 75% utilizada para sorvetes de nata

Desnate

O desnate espontâneo, como já se viu no Capítulo 12 do Volume 1, é uma operação lenta e descontínua. Para acelerá-la e torná-la contínua, recorre-se à força centrífuga cuja ação sobre os glóbulos de gordura é expressa mediante a equação de *Loncin*:

$$F_1 = 1/6\, D^3\, \pi (P - p)\, \omega^2\, L$$

D = Diâmetro dos glóbulos de gordura
P = Densidade do leite desnatado
p = Densidade da gordura
ω = Velocidade angular de rotação
L = Distância dos glóbulos em relação ao eixo de rotação

O processo de desnate realiza-se em uma desnatadeira (Figura 6.1), que consiste em um tambor ou tacho rotatório em cujo interior dispõe-se uma série de pratos ou discos tronco-cônicos, constituindo um *dispositivo de polarização* que aumenta consideravelmente o poder de separação da desnatadeira. Durante a centrifugação, produz-se a aglomeração dos glóbulos de gordura pela tendência destes a depositar-se sobre os pratos; a velocidade de separação desses agregados é maior do que a dos ácidos graxos individualizados e, portanto, aumenta a eficácia da centrifugação. Conseqüentemente, o número de pratos influi consideravelmente na eficácia do processo, e dependerá da capacidade da desnatadeira; em geral, são inseridos em um tubo central e separados entre si por 2 mm.

O *funcionamento* da desnatadeira centrífuga é, essencialmente, o seguinte: o leite entra a 35°C pela parte superior do recipiente (Figura 6.1) e distribui-se pela zona neutra, onde não há correntes; os pratos dividem o leite em camadas finas, facilitando sua separação. Esses discos têm alguns furos que formam um conduto vertical no nível da zona neutra. Os líquidos saem separados até o alto pelos diferentes orifícios; pelo central, obtém-se a nata e pelo mais distal, o leite desnatado.

As desnatadeiras centrífugas podem ser *abertas*, *semi-herméticas* e *herméticas* ou *fechadas*. As primeiras são as mais tradicionais, e nelas a nata sai com força do coletor, provocando a formação de grande quantidade de espuma pela incorporação de ar. Essa espuma é muito problemática na indústria porque diminui a capacidade dos recipientes e dificulta o bom funcionamento das bombas. Para eliminar o ar e, assim, evitar a formação de espuma, utilizam-se as desnatadeiras semi-herméticas e, de preferência, herméticas, nas quais a evacuação do leite é realizada mediante um canal de evacuação pelo qual sai o leite aspirado do exterior. Além disso, trabalham sempre cheias de leite, que ingressa pela parte inferior do tacho, evitando o choque brusco dos glóbulos contra o fundo, como ocorre nas abertas e, portanto, a possibilidade de *homogeneização parcial*, que implicaria perda de eficácia e de rendimento do processo por se produzirem perdas de gordura no leite desnatado (Figura 6.2).

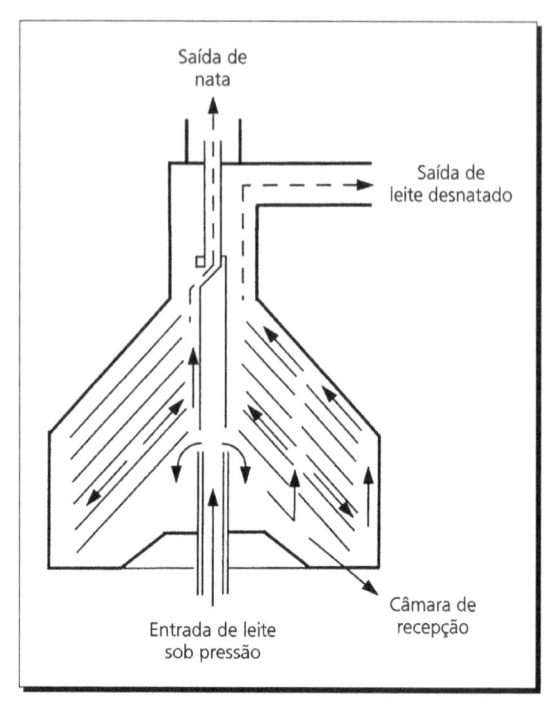

Figura 6.2 Esquema de uma desnatadeira fechada.

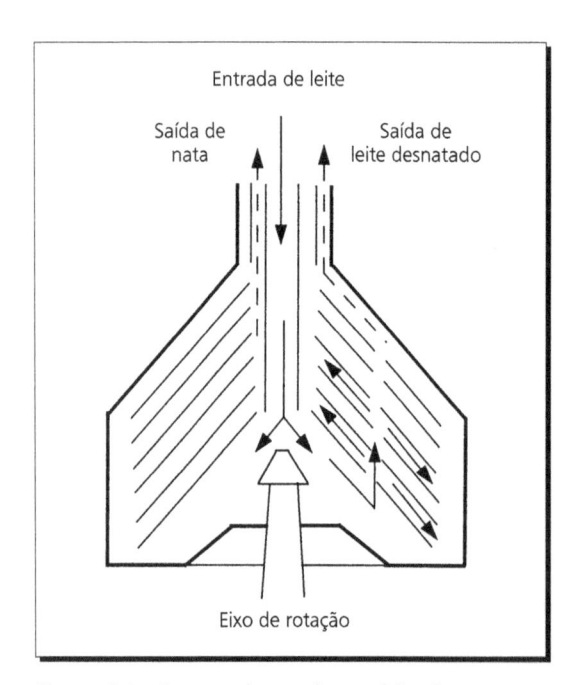

Figura 6.1 Esquema de uma desnatadeira aberta.

Condições para um bom desnate

O rendimento de uma desnatadeira depende dos seguintes fatores:

- *Qualidade do leite*. O leite sujo e ácido deixa na desnatadeira grande quantidade de resíduos que dificultam a livre circulação do leite desnatado que, às vezes, é forçado a sair pelos orifícios de saída da nata.
- *Temperatura do leite*. Deve ser superior a 30°C, mas sem chegar à temperatura de pasteurização, para evitar a destruição dos glóbulos de gordura.
- *Velocidade*. A velocidade de giro das desnatadeiras está relacionada com seu tamanho; assim, as menores giram em velocidade maior que as maiores.
- *Alimentação do tacho*. Se a passagem do leite é muito rápida, a força centrífuga não é aplicada durante o tempo suficiente, e a separação da nata não é correta como se desejaria.
- *Evitar excesso de gás*. Uma batedura exagerado ou a incorporação acidental de ar produz a ruptura dos glóbulos de gordura por sucessivas compressões e descompressões.

Natas de consumo

A nata pode ser liberada para o consumo após ser submetida a diferentes tratamentos.

Pasteurização

O processo de pasteurização da nata realiza-se em instalação com as mesmas características da utilizada para a pasteurização do leite. As temperaturas e os tempos utilizados são ligeiramente superiores aos que se aplicam ao leite, já que a gordura da nata exerce certo efeito protetor ao cobrir os microrganismos, implicando aumento aparente da termorresistência destes. Costumam-se aplicar tratamentos de 72°C em 15 segundos (nata leve) e 85 a 100°C durante 10 a 15 segundos (outras natas). A temperaturas superiores a 100°C, aparecem sabores estranhos, conhecidos como *de nata passada* ou *velha*. Contudo, esses tratamentos não excluem outras combinações tempo/temperatura, igualmente eficazes. Em todo caso, o teste de lactoperoxidase deve ser negativo (Capítulos 1 e 3).

Esterilização

Entende-se por nata esterilizada aquela que é submetida a um tratamento térmico na própria embalagem de venda ao público. Realizam-se tratamentos de 108°C em 45 minutos, 114°C em 25 minutos e 116°C em 20 minutos ou relações equivalentes que consigam os mesmos resultados.

As natas esterilizadas pelo procedimento UHT devem ser submetidas a um mínimo de 132°C durante 2 segundos ou a tratamentos equivalentes. Normalmente, são comercializadas em embalagens semi-rígidas de material laminado.

Natas sob pressão

Tanto as natas pasteurizadas com as esterilizadas e as UHT podem ser acondicionadas em vasilhas de vidro herméticas submetidas à ação de um gás solvente. O produto é constituído por nata com conteúdo de gordura próximo a 20% acrescido de sacarose (10 a 15%) e de um estabilizador (alginato sódico 0,25%). A adição de 2% de leite em pó desnatado aumenta a consistência do creme após a formação da espuma. A mistura é mantida sob pressão com protóxido de nitrogênio, a saída violenta de gás após a abertura da válvula provoca a formação de espuma e, conseqüentemente, a consistência de nata batida ou *montada*.

Congelamento

São as natas pasteurizadas e acondicionadas, açucaradas ou não, submetidas a tratamento de congelamento em torno de –30°C, até obter a temperatura de –18°C no centro da massa. É muito importante controlar o binômio tempo/temperatura para evitar a formação de cristais grandes, que podem provocar a ruptura dos glóbulos de gordura; por isso, o resfriamento deve ser feito de forma rápida para formar cristais que não ultrapassem 40 a 50 mm de diâmetro.

Batedura ou montagem

Trata-se de uma espuma na qual o ar ocupa pelo menos metade do volume do produto final, e encontra-se em forma de pequenas borbulhas de 60 a 70 μm de diâmetro. Para sua elaboração, parte-se da nata pasteurizada com conteúdo de gordura de 32 a 35%; após a pasteurização, procede-se o resfriamento entre 8 a 10°C durante 48 a 72 horas, o que provoca a cristalização da gordura. Então realiza-se a batedura entre 5 a 6°C por agitação com injeção de ar, nitrogênio ou protóxido de nitrogênio; não convém utilizar CO_2, já que provocaria a acidificação da nata. Armazena-se entre 3 a 4°C para terminar a cristalização da nata líquida. Para aumentar a formação de espuma, podem-se incorporar proteínas de lactossoro e co-precipitados de proteínas lácticas a 3%, assim como caseinatos (3 a 6%), embora estes últimos tenham tendência a formar grumos quando o pH é inferior a 5. A espuma torna-se mais estável quando se incorpora, sempre antes da pasteurização, amido (3 a 4%), ágar (0,1 a 0,5%) ou carragenatos (0,5 a 1%).

Outros tipos de nata

Os tipos de nata citados a seguir serão submetidos a qualquer dos tratamentos térmicos expostos anteriormente:

1. nata para montar ou bater: deve estar acondicionada para esse fim mediante sua manutenção a baixas temperaturas, de modo a assegurar a cristalização parcial da gordura;
2. nata açucarada: com adição de açúcar;
3. natas aromatizadas: com a incorporação de aromas;
4. natas com frutas ou outros alimentos naturais;
5. natas ácidas: acidificadas pela ação de cultivos lácticos;
6. natas em pó: obtidas por desidratação de natas pasteurizadas com conteúdo de gordura entre 50 e 65%; e
7. natas maturadas: são natas submetidas à cristalização da gordura a fim de provocar seu endurecimento. O tempo de maturação deve ser de pelo menos 1 a 2 dias em temperatura inferior a 10°C. No item "Maturação da nata", neste capítulo, será estudado detalhadamente o processo de maturação.

Homogeneização

Quando a nata é preparada para um longo período de conservação, deve-se evitar a agregação dos glóbulos de gordura, impedindo a formação de espuma e, portanto, a montagem da nata. Qualquer dos tipos de nata citados anteriormente é homogeneizado.

O processo de homogeneização é feito em duas fases para evitar que a formação de grumos provoque aumento da viscosidade. Para uma nata com 30% de gordura, admitem-se os seguintes valores: uma primeira etapa a 70°C a uma pressão de 6 a 7 MPa e uma segunda à mesma temperatura e a uma pressão de 1,5 a 2 MPa. Se a nata é de vida útil curta, a homogeneização não é imprescindível.

Desacidificação

Um dos controles que se realizam na nata ao chegar à indústria láctea é controlar a acidez na fase não-gordurosa para que não ultrapasse 18 a 20°D. A finalidade da *desacidificação* é dupla: por um lado, evitar que a nata ácida, mais espessa que a nata normal, coagule no pasteurizador e se superaqueça, levando ao aparecimento de sabores *de cozido*, que são pouco agradáveis; por outro lado, a acidez dificulta o desenvolvimento dos cultivos lácteos adicionados após a pasteurização e favorece o aparecimento de alterações do sabor, como o *gosto de peixe*.

A desacidificação da nata pode ser feita de duas formas:

- adição de produtos básicos neutralizantes.
- lavagem para eliminar as substâncias ácidas.

Neutralização

Os agentes neutralizantes mais utilizados são óxidos e hidróxidos de Ca e Mg, assim como hidróxido sódico, carbonato e bicarbonato cálcico e ortofosfato sódico. Esses agentes neutralizantes devem ser de grande pureza e incorporam-se finamente pulverizados às cubas, onde se mantém a nata em movimento. As cubas são providas de uma serpentina pela qual circula um fluido calefator para manter líquida a nata. A concentração do neutralizante dependerá do grau de acidez que a nata apresente.

Lavagem das natas

A lavagem é feita diluindo as natas em um ou dois volumes de água, e procedendo ao desnate posterior. A fase aquosa arrasta os produtos de degradação, especialmente o ácido láctico, assim como a caseína floculada pela acidez. A lavagem parece sensibilizar os glóbulos de gordura à oxidação, sobretudo se a água for rica em oxigênio, cloro ou metais pesados. Além disso, a nata lavada caracteriza-se por sua pobreza em elementos fermentáveis, basicamente lactose. Por isso, costuma-se acrescentar a elas certa quantidade de leite que proporciona lactose e outros componentes, como os citratos, capazes de elevar e tamponar o pH.

Normalização

O processo de normalização tem como objetivo a preparação de natas com determinado conteúdo de gordura conforme seja a finalidade a que será destinada. Assim, as natas destinadas à elaboração de manteiga normalizam-se a um conteúdo de gordura de 30 a 40%, compatível com a correta realização da batedura. A normalização é feita com água ou, melhor ainda, com leite desnatado, que proporciona a lactose necessária para a posterior maturação, além de melhorar sensivelmente as qualidades organolépticas da nata.

A operação é realizada normalmente à saída da desnatadeira, misturando a nata e o leite desnatado nas proporções adequadas, operação que é regulada automaticamente em função da quantidade de gordura desejada. O conteúdo de gordura é inversamente proporcional ao fluxo da desnatadeira, sendo controlado com um caudalímetro. Calculando a relação entre o caudal da nata e a do leite normalizado que se incorpora, o microprocessador mantém constante o conteúdo de gordura da nata. Os cálculos que se realizam são dados pela seguinte equação:

$$M_1/M_2 = G_S\text{-}G_2/G_1\text{-}G_S$$

onde:

M_1: Quantidade de nata com determinado conteúdo de gordura
G_1: Conteúdo de gordura da nata
M_2: Quantidade de leite desnatado
G_2: Conteúdo de gordura do leite desnatado
M_S: Quantidade de nata normalizada
G_S: Conteúdo de gordura da nata normalizada

MANTEIGA

A denominação manteiga é reservada ao produto gorduroso obtido exclusivamente de leite ou nata de vaca higienizados. O conteúdo mínimo de gordura deve ser de 80% com no máximo 16% de água e 20% de extrato seco desengordurado.

Basicamente, a manteiga divide-se em duas categorias principais:

- Manteiga de *nata doce* (natas sem maturar): deve ter gosto apenas de nata, embora seja aceitável certo sabor de cozido.
- Manteiga de *nata ácida* (natas acidificadas por crescimento microbiano): deve apresentar odor de diacetil.

A manteiga de nata *ácida* tem uma série de vantagens em relação à nata doce: apresenta mais aroma, maior rendimento e menor risco de alterações microbianas, já que o cultivo iniciador predomina sobre os microrganismos indesejáveis. Contudo, o leitelho ácido (soro de manteiga) que se obtém é mais ácido e, por isso, menos aproveitado. A nata ácida é mais sensível à oxidação, já que no processo os íons metálicos são arrastados com a gordura, enquanto na nata doce os íons escapam com o leitelho.

Chegada da nata à central

O mais importante é que, independentemente de sua origem, a nata chegue à central leiteira com temperatura entre 2 e 4°C para evitar, na medida do possível, o crescimento de psicrotróficos. Normalmente, se a nata procede de outra indústria láctea, é pasteurizada e transportada de modo a evitar não apenas a contaminação microbiana como também a aeração excessiva e a formação de espuma. Após a recepção, a pesagem e a análise, a nata é armazenada em depósitos e, se necessário, procede-se à desacidificação (ver o item "Desacidificação" neste capítulo).

Desaeração

O processo de desaeração é mais comum no verão, quando a alimentação dos animais baseia-se em pastos frescos e a gordura do leite pode veicular substâncias aromáticas procedentes deles, transmitindo-as à manteiga. Para evitar esses aromas estranhos, faz-se um preaquecimento da nata, antes da pasteurização, a 78°C, seguido de um resfriamento a 62°C a vácuo para eliminar os gases e as substâncias voláteis aproveitando a pressão reduzida. Depois, a nata passa ao pasteurizador e segue-se o processo habitual.

Normalização e pasteurização da nata

Os processos de normalização e pasteurização das natas destinadas à elaboração de manteiga são aqueles descritos nos itens "Normalização" e "Leitelho" (neste capítulo), respectivamente.

Maturação da nata

O processo de maturação traduz-se na aromatização e na acidificação adequadas da nata, cuja estrutura física deve permitir uma batedura correta. Durante a maturação, ocorrem dois fenômenos que condicionam o aroma e a textura das manteigas: desenvolvimento do aroma e cristalização da gordura.

Aroma da manteiga

O desenvolvimento do aroma característico das manteigas está ligado à atividade de determinadas bactérias lácticas conhecidas como *cultivares do aroma*. Essas bactérias, quando crescem na nata, geram uma série de substâncias, como *acetilmetil-carbinol* ou *acetoína* que, por oxidação, transforma-se em *diacetil*, considerado o principal responsável pelo aroma. A quantidade de diacetil varia entre 0,5 a 1,5 mg/kg de manteiga.

As bactérias lácticas responsáveis pertencem ao gênero *Leuconostoc* (*Le. citrovorum* e *Le. paracitrovorum*), microrganismos que necessitam de meio ácido para desenvolver-se. Por isso, devem estar associados a bactérias acidificantes, como *Lactococcus lactis* sorovar *cremoris*. Observou-se também que esses microrganismos são capazes de formar simultaneamente ácido láctico e acetoína; o mesmo ocorre com *Lactococcus lactis* sorovar *diacetylactis* cuja produção de acetoína converte-o em um verdadeiro cultivo de aroma.

A produção de diacetil e acetoína é um fenômeno fugaz, já que em 24 horas esses compostos reduzem-se a 2,3-butilenglicol, substância desprovida de sabor e aroma; portanto, é importante utilizar cepas de baixo poder redutor. Disso se deduz a importância da proporção relativa de cada uma das bactérias integrantes do cultivo iniciador. A proporção mais adequada situa-se entre 20 a 40% de *Lactococcus* e 5 a 10% de *Leuconostoc*. Normalmente a nata é semeada com 1 a 7% de um cultivo de título 85 a 90°D, homogeneiza-se por agitação, e depois verte-se sobre a nata que é agitada para facilitar a distribuição. A quantidade de cultivo adicionada está relacionada com a composição da gordura expressa como índice de iodo (gordura insaturada). Para alcançar o grau de acidez escolhido, pode-se jogar com a dose de cultivo, a temperatura e o tempo. Em geral, trabalha-se em temperatura de 14 a 15°C durante 15 horas.

É importante levar em conta também o papel do *ácido cítrico* na produção de aroma, já que a partir desse ácido produz-se acetoína e diacetil por uma rota metabólica na qual os ácidos pirúvico, oxalacético e acetoláctico atuam como intermediários (Figura 6.3). Na ausência de ácido cítrico, as bactérias heterofermentativas não formam quantidade suficiente de ácido pirúvico a partir da lactose para que, posteriormente, possam sintetizar os componentes do aroma. Assim, para conseguir bons resultados, é conveniente associá-las a bactérias homofermentativas, que são grandes produtoras de ácido pirúvico. Disso se deduz a importância de incorporar ácido cítrico à nata para acentuar a produção do aroma.

O desenvolvimento do cultivo do aroma ocorre em três etapas (Figura 6.4):

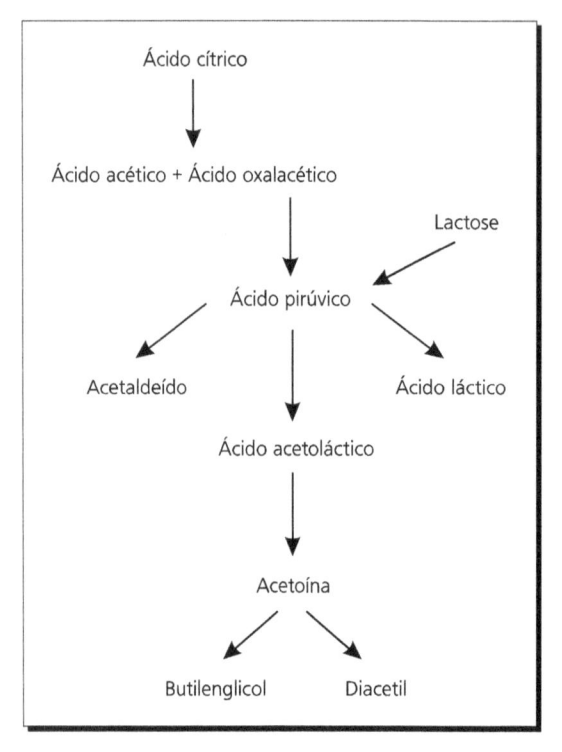

Figura 6.3 Formação dos compostos responsáveis pelo aroma da manteiga.

1. A produção de ácido cítrico e o rendimento em diacetil são insignificantes.
2. Produz-se muito ácido devido à fermentação do ácido cítrico assim como diacetil, que é uma conseqüência direta da fermentação, já que se atinge pH 5,2.
3. Quando diminui o ácido, desce o nível de diacetil, que se transforma em substâncias não-aromáticas; a diminuição da concentração indica que a nata está maturada.

Seria errôneo imaginar que o aroma da manteiga depende exclusivamente da produção de acetoína e diacetil por parte das bactérias. Comprovou-se que a composição química e, mais concretamente, a de sua gordura, desempenha um papel muito importante no aroma da manteiga.

A nata pode ser aromatizada artificialmente, adicionando-se misturas adequadamente dosadas de diacetil, ácido acético e ácido láctico. Nesse caso, a manteiga deixa de ser um produto *natural* e os consumidores sensíveis a esse critério podem preferir determinadas marcas a outras.

Cristalização da gordura

A cristalização da nata é um processo complexo que condiciona a textura da manteiga. A variabilidade dos ácidos

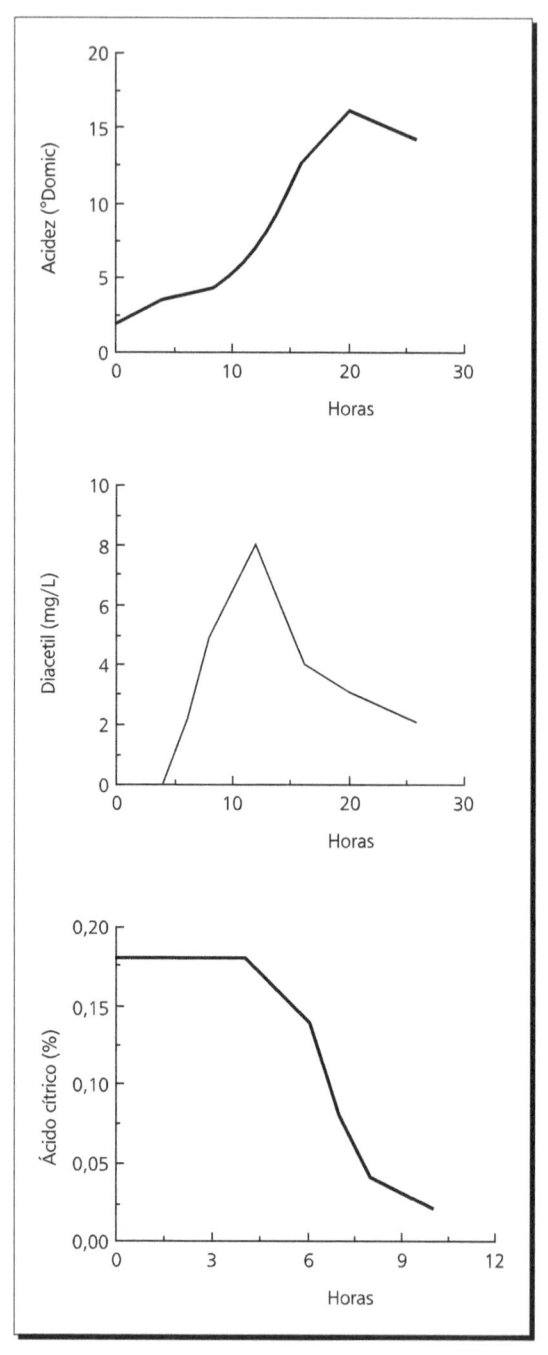

Figura 6.4 Desenvolvimento da acidez e do aroma durante a maturação da nata por fermentos lácticos.

graxos que constituem os triglicerídeos possibilita que a gordura láctea cristalize de diferentes formas. Por sua vez, essa composição depende da alimentação do gado nas diferentes épocas do ano. Como conseqüência, durante os meses de inverno, a alimentação rica em fibra produz uma gordura *dura*, caracterizada por ácidos graxos saturados e de cadeia curta; ao contrário, a alimentação no verão (pastos verdes) condiciona o aparecimento de gordura *mole*, mais insaturada e com maior proporção de ácidos graxos de cadeia longa. Como conseqüência, a gordura de inverno começa a cristalizar a 25°C, enquanto a de verão cristaliza a 10°C.

A proporção de ácidos graxos saturados e insaturados, isto é, a dureza da gordura é estimada através do *índice de iodo* ou do *índice de refração*, medido com um refratômetro; este último teste é o mais utilizado.

Desse modo, é preciso considerar que o tamanho dos cristais está relacionado com a duração e a intensidade do resfriamento. Se este é rápido e suficientemente intenso, formam-se muitos cristais bem pequenos (manteiga de textura suave e esponjosa). Ao contrário, quando o resfriamento é lento, aparece número reduzido de cristais muito grandes (manteiga de textura muito firme e inclusive quebradiça).

Procedimentos de maturação e ciclos térmicos

Os procedimentos de maturação referem-se às temperaturas utilizadas durante o processo maturativo. Essas temperaturas devem ser escolhidas de forma que se desenvolvam simultaneamente a cristalização da gordura e os cultivos lácticos, com a conseqüente produção de aroma. Ao final, deve-se instaurar a temperatura de batedura.

Conforme as temperaturas aplicadas, distinguem-se os seguintes *ciclos de maturação*:

Ciclo de maturação frio-calor-frio

É um processo adequado para a maturação das natas duras de inverno. Nessa época do ano, formam-se glóbulos de gordura com fortes camadas periféricas cristalinas que são muito difíceis de romper durante a batedura, fazendo com que a manteiga tenha consistência mais mole (menor resistência ao corte).

Durante esse procedimento, a nata é resfriada bruscamente à saída do pasteurizador até atingir 3°C, ficando nessa temperatura durante 2 a 3 horas. A gordura começa a cristalizar e formam-se cristais mistos, onde ficam retidos os triglicerídeos de cadeia curta. Em seguida, semeia-se o cultivo láctico e leva-se a uma temperatura (19 a 21°C) em que possam desenvolver-se os microrganismos iniciadores. De forma simultânea, os triglicerídeos de cadeia curta fundem-se, abandonando o cristal misto. Essa fase dura de 3 a 5 horas e nela é atingido pH entre 5,4 e 5,2.

Transcorrido esse tempo, volta-se a baixar a temperatura até 14 a 16°C, com o que se retarda a acidificação, desenvolve-se o aroma e após 10 a 15 horas atinge-se a cristalização definitiva da gordura e o grau de maturação adequado para a batedura. Por último, leva-se a nata à temperatura de batedura (12 a 14°C). O acompanhamento do processo de acidificação pode ser feito com um sistema de controle de medida do pH.

Ciclo de maturação calor-frio-frio

É um processo adequado para a gordura de verão na qual os glóbulos de gordura carecem de envoltura cristalina; conseqüentemente, rompem-se com facilidade durante a batedura; por isso, o número de glóbulos intactos é muito baixo e os cristais distribuem-se de forma homogênea. A resistência ao corte é maior do que na manteiga obtida pelo ciclo anterior.

Nesse caso, primeiramente a nata é aquecida a uma temperatura de 21 a 23°C; em seguida, resfria-se e inicia-se um aquecimento de 19 a 21°C. Depois, resfria-se para a semeadura dos cultivos, deixa-se descansar 2 a 3 horas e quando é alcançado o valor de pH em torno de 5,7 a 5,9 leva-se a 6°C durante 2 a 3 horas. A cristalização é concluída entre 12 e 14°C, temperatura em que é mantida até a batedura.

Maturação a quente

Nesse procedimento, a nata é acidificada entre 13 e 16°C durante 4 a 6 horas até alcançar pH de 5,1 a 5,5. Depois, resfria-se a nata a temperatura de batedura (12 a 14°C) para frear a acidificação.

Maturação a frio

Nesse processo, a nata, após um resfriamento entre 5 a 6°C, é mantida, durante 16 a 24 horas, entre 13 a 16°C até o momento da batedura. Esse sistema não garante o correto desenvolvimento da acidificação e da cristalização da gordura.

Batedura da nata

A batedura tem como objetivo transformar a nata (emulsão de gordura em água) em manteiga (emulsão de água em gordura). Durante esse processo, separa-se a fase aquosa, constituindo o leitelho ou manteiga.

Mecanismo da batedura

A manteiga é uma emulsão do tipo água/gordura, na qual a fase contínua ou dispersante é constituída por *gordura livre*, na qual encontram-se dispersos glóbulos de gordura cristalizados e gotículas de leitelho mais ou menos diluída pela água de lavagem. É fácil observar que essa emulsão é justamente o oposto do leite, no qual se observa uma fase contínua constituída de água e uma fase dispersa na qual se encontram os glóbulos de gordura. Essa mudança de emulsão ou *inversão de fases* é obtida fazendo sair dos glóbulos seu conteúdo de gordura para que atue como cimento de união entre os glóbulos intactos e as gotículas de soro.

A operação requer duas fases distintas:

1. aproximação dos glóbulos de gordura.
2. expulsão da gordura livre e distribuição em seu interior das gotas de leitelho emulsificadas.

Os glóbulos presentes na nata contêm tanto gordura cristalizada como gordura líquida. Os cristais de gordura dispõem-se na superfície do glóbulo formando uma cobertura que será tanto mais rígida quanto maior for sua espessura, o que, por sua vez, dependerá da composição da gordura (grau de saturação e extensão da cadeia dos ácidos graxos integrantes) e do processo de cristalização.

Ao agitar ou *bater* a nata, incorporam-se bolhas de ar produzindo uma espuma que se torna mais compacta à medida que prossegue a agitação, e, desse modo, pressiona os glóbulos de gordura. Isso faz com que estalem, deixando sair de seu interior o conteúdo gorduroso. Quanto mais se bate, mais gordura se expulsa, e a espuma fica em situação tão instável que se rompe. É nesse momento que os glóbulos de gordura intactos fundem-se uns aos outros, e se observa o aparecimento do que é conhecido com o nome de *grãos de manteiga*, que no início são imperceptíveis à primeira vista, mas depois crescem ao ser amassados.

Assim, separam-se duas fases: uma gordurosa (manteiga) e uma aquosa (leitelho).

O estado globular pode ser modificado igualmente pela adição de enzimas que atuem sobre os componentes da membrana; é o caso de lecitinases produzidas por *Bacillus cereus*, que hidrolisam a lecitina (fosfatidilcolina) da membrana.

A *eficácia* da batedura proporciona uma medida da quantidade de gordura que se transformou em manteiga. Expressa-se levando em conta a quantidade de gordura que se perdeu com o leitelho. A curva da Figura 6.5 mostra como a eficácia da batedura varia ao longo do ano. Em todo as perdas de gordura no leitelho nunca devem ultrapassar 0,6%.

A batedura da nata é feita em *batedeiras* conhecidas como *manteigueiras*; podem apresentar-se sob diversas formas (Figura 6.6) (cilíndricas, cônicas, poliédricas, etc.) e giram a velocidade ajustável. Em seu interior, dispõem-se raspadores e faixas axiais ou pás batedoras cuja disposição e tamanho variam segundo o tipo de manteigueira, condicionando o rendimento do processo.

O *tempo de batedura* é determinado por diversos fatores, como o diâmetro e a extensão da manteigueira, seu volume e a distância radial entre as pás e a parede da batedeira (1 a 2 mm).

As manteigueiras modernas têm um seletor de *velocidade* que permite o giro a uma velocidade determinada, dependendo do tipo de manteiga que se queira obter; em termos gerais, giram à velocidade de 20 a 30 rpm, e nunca se deve enchê-la além de 50% de sua capacidade.

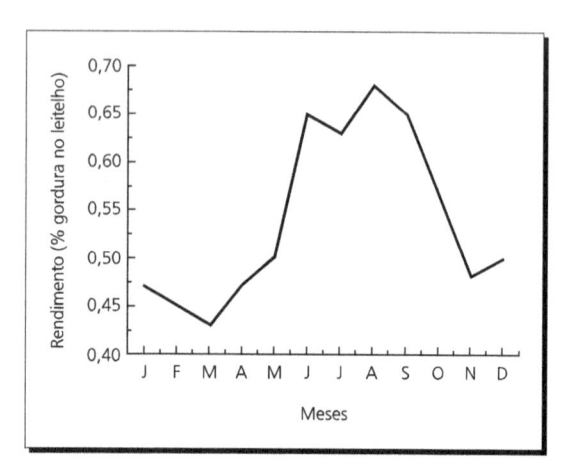

Figura 6.5 Variação da eficácia da batedura ao longo do ano*.

A *temperatura* da batedura também condiciona o rendimento do processo já que, em princípio, quanto maior for a temperatura, maior será a velocidade da batedura, mas aumenta a perda de gordura no leitelho; normalmente, trabalha-se entre 11 e 15°C.

Outro fator que influi no rendimento do processo é o *grau de maturação da nata*; assim, batem-se as natas ácidas (maturadas) mais rapidamente que as doces (não-maturadas), já que a membrana do glóbulo de gordura está parcialmente desnaturada, o que a torna menos hidrófila. As natas doces são batidas durante mais tempo para se obter os mesmos resultados.

Em geral, batem-se natas com conteúdo de gordura entre 30 e 40%, pois se for maior elas serão muito viscosas e a batedura se torna mais difícil e, se o conteúdo for muito baixo, será necessário volume maior para obter o mesmo rendimento, o que é pouco econômico, já que também se observam maiores perdas de gordura com o leitelho.

Separação do leitelho

Uma vez formados os grãos de manteiga, é necessário separar a fase aquosa resultante, isto é, o leitelho. O processo realiza-se mediante um dispositivo de drenagem que, como um crivo ou peneira, retém os grãos enquanto o soro o atravessa e é despejado em um circuito complementar.

Em termos gerais, pode-se dizer que quanto maiores sejam os grânulos e maior seja a quantidade de leitelho, maior será o conteúdo em extrato seco desengordurado da manteiga.

---

*N. de R.T. Não esquecer que o gráfico da Figura 6.5 representa a variação da eficácia da batedura ao longo do ano, na Espanha, e que as estações do ano são inversas às nossas.

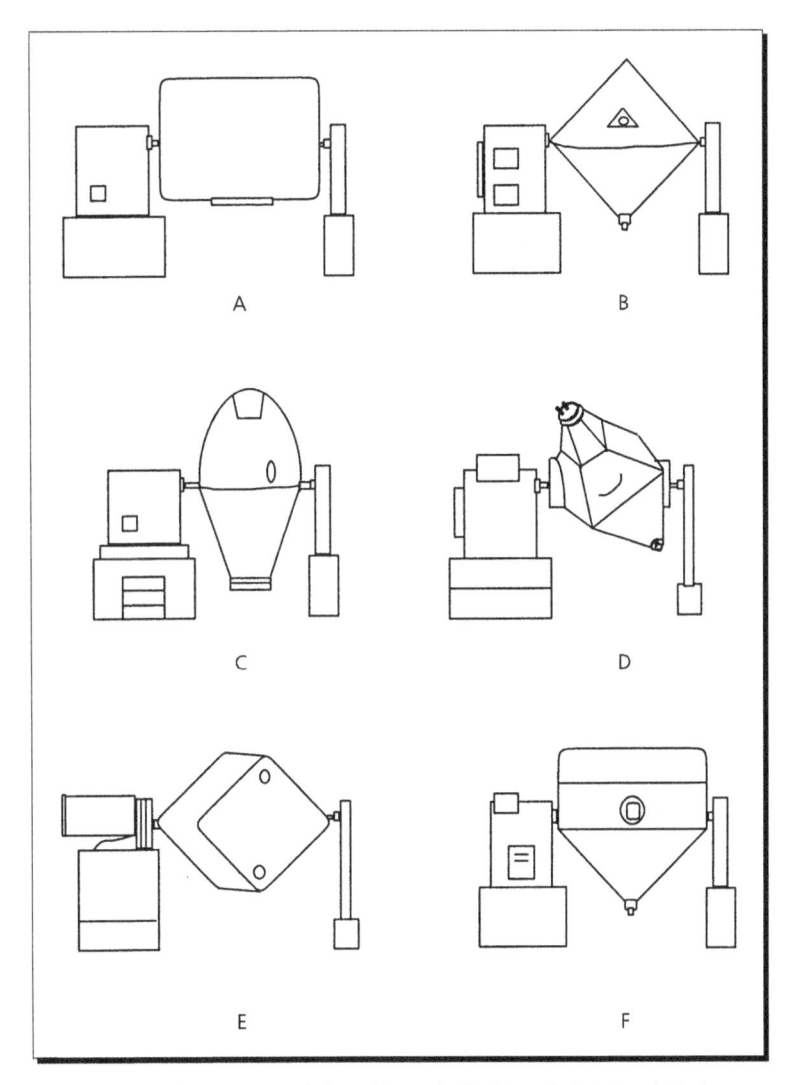

Figura 6.6 Diferentes tipos de batedeiras. A) Cilíndrica. B) Bicônica. C) Cônico-elíptica. D) Octaédrica. E) Cúbica. F) Forma de pião.

O leitelho obtido de natas ácidas é comercializado sob a denominação de *produto de leite fermentado*, e pode ser utilizado para a alimentação de gado ou apara elaborar outros produtos lácteos. O que se obtém da nata doce pode ser empregado, por seu conteúdo de lactose, para elaborar produtos de leite fermentado.

Lavagem da manteiga

Para eliminar os restos do leitelho que permanecem aderidos, os grãos de manteiga são submetidos a lavagem com água potável de boa qualidade em temperatura de refrigeração entre 2 e 4°C. Com essa lavagem, consegue-se eliminar os restos de lactose, substrato sobre o qual podem crescer microrganismos, prevenindo-se, assim, alterações microbianas; também se eliminam ácido láctico e substâncias aromáticas que podem causar mudança no sabor. Contudo, com o leitelho perdem-se antioxidantes naturais (tocoferol), cuja presença poderia evitar o gosto *de ranço*.

A lavagem dos grãos de manteiga geralmente é feita por aspersão, e, uma vez lavados, são conduzidos à seção de amassadura na qual a água escoa por um ralo.

Amassadura ou malaxagem da manteiga

A finalidade desse processo é tripla:

- facilitar a soldagem dos grãos, formando uma massa compacta e homogênea
- pulverizar finamente a fase aquosa
- normalizar o conteúdo de gordura segundo a norma vigente

A malaxagem deve assegurar que as gotículas de água tenham tamanho máximo de 10μm; dessa forma, os microrganismos carecerão de espaço vital, limitando-se seu metabolismo e seu crescimento. Como conseqüência, o tamanho e a distribuição das gotículas de água influem decisivamente na conservação da manteiga.

É muito importante conseguir um conteúdo percentual constante de água, já que, se o controle do processo não for correto, pode haver oscilações de ± 5%, o que daria manteigas com conteúdo de gordura inferior ao mínimo exigido.

O processo de malaxagem pode ser realizado em bateideiras-amassadeiras (Figura 6.7) em cujo interior dispõem-se cilindros onde, por laminação, ocorre a fusão dos grãos; outro tipo são as amassadeiras *de choque*, as quais contêm em seu interior pás fixas que levam a massa à parte superior e a deixam cair do lado oposto. Às vezes, utilizam-se batedeiras sem pás, nas quais a malaxagem é feita pelo mero choque da manteiga contra as paredes. Em todo caso, não é aconselhável malaxagem excessiva, já que se obteria uma manteiga de textura pegajosa por liberação de quantidade excessiva de gordura livre em estado líquido.

Atualmente se realiza o amassamento à vácuo. É uma malaxagem muito efetiva, resultando em manteiga com menos ar e, portanto, mais dura do que a normal. O conteúdo residual de ar é de 1% comparado com os 5 a 7% habituais.

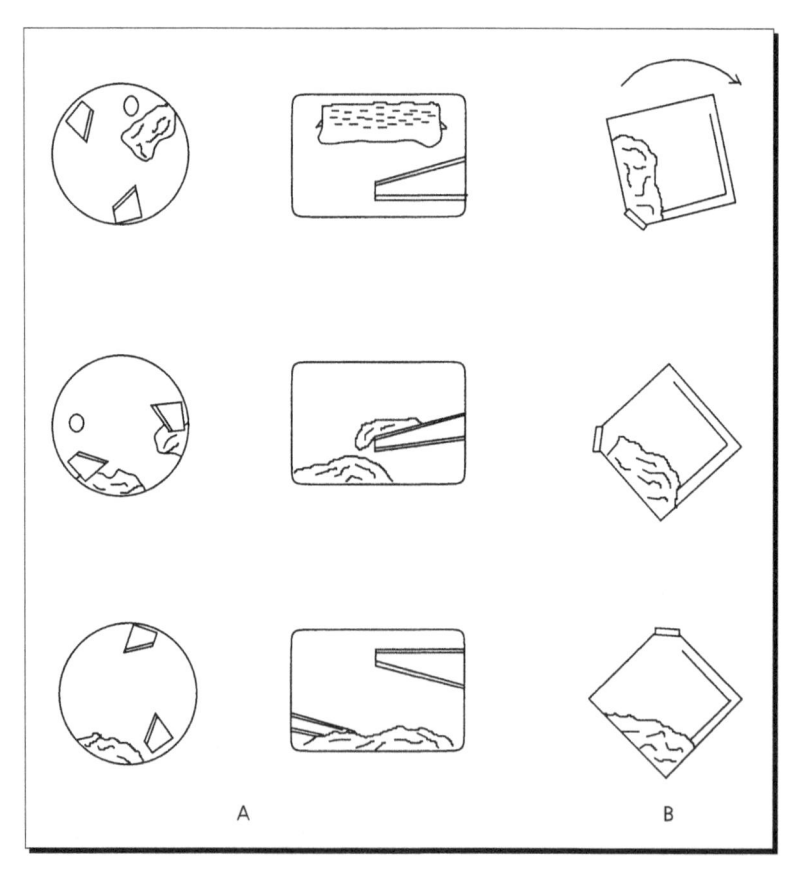

Figura 6.7 Deslocamento da manteiga na batedeira durante a amassadura. A) Com peças incorporadas. B) Sem peças interiores.

Salga

A salga e a incorporação de ervas, especiarias e aditivos aromatizantes têm como finalidade ampliar a gama de produtos no mercado. Contudo, além da apreciação de seu sabor, a manteiga salgada apresenta uma vantagem especial, que é a de contribuir para o controle do crescimento microbiano.

Realiza-se a salga incorporando sal puro e limpo em proporção de 0,3 a 0,5%, embora esta varie em função do sabor que se deseja. A salga também pode ser feita com salmouras a 25% desde que a manteiga esteja suficientemente seca e não ultrapasse a margem de 16% de água que a legislação determina.

Acondicionamento da manteiga

A manteiga é acondicionada em materiais resistentes às gorduras e impermeáveis à luz, como também às substâncias com odores estranhos. Também devem ser impermeáveis à umidade, pois, do contrário, a manteiga dessecaria e as camadas externas adquiririam uma cor mais amarela que o resto. Normalmente, acondiciona-se em plásticos ou em papel alumínio.

Uma vez acondicionada, a manteiga é mantida em refrigeração a 4°C durante um curto período, mas deve ser congelada a –25°C se precisar de ser armazenada por um período muito longo. Apenas a manteiga da melhor qualidade deve ser ultracongelada. Além de aumentar a vida útil e reduzir o risco de deformação dos pacotes durante sua distribuição, o armazenamento a frio contribui para a cristalização da gordura, assegurando a consistência final conhecida pelo consumidor.

Processo contínuo

O processo descrito até o momento é um processo *descontínuo* no qual, embora o rendimento seja maior, dado que se pode interromper o processo no momento ótimo, apresenta o inconveniente de requerer muito tempo entre uma carga e outra (2 a 3 horas), além de ser um processo caro devido à mão-de-obra e ao elevado custo energético. Por tudo isso, a partir dos anos de 1940 desenvolveram-se sistemas de fabricação de manteiga de processo contínuo, que barateiam os custos e asseguram pleno rendimento das instalações.

O mais importante, por ser o mais utilizado, é o processo *Fritz/Eisenreich*, que utiliza uma máquina batedora e amassadora que trabalha em contínuo (Figura 6.8).

A nata é preparada da mesma forma que para a batedura tradicional: o conteúdo ótimo de gordura é de 35 a 40% para evitar a formação de um creme espumoso demais. A cristalização da gordura deve ser realizada previamente à batedura, mediante resfriamento adequado para reduzir as perdas de gordura no leitelho. A nata assim preparada ingressa na manteigueira passando a um cilindro bastidor (1) com duplo resfriamento; nesse cilindro, dispõe-se batedores acionados por um motor de velocidade variável que transforma a nata em grãos de manteiga. Esses grãos caem na seção 2 ou *primeira*

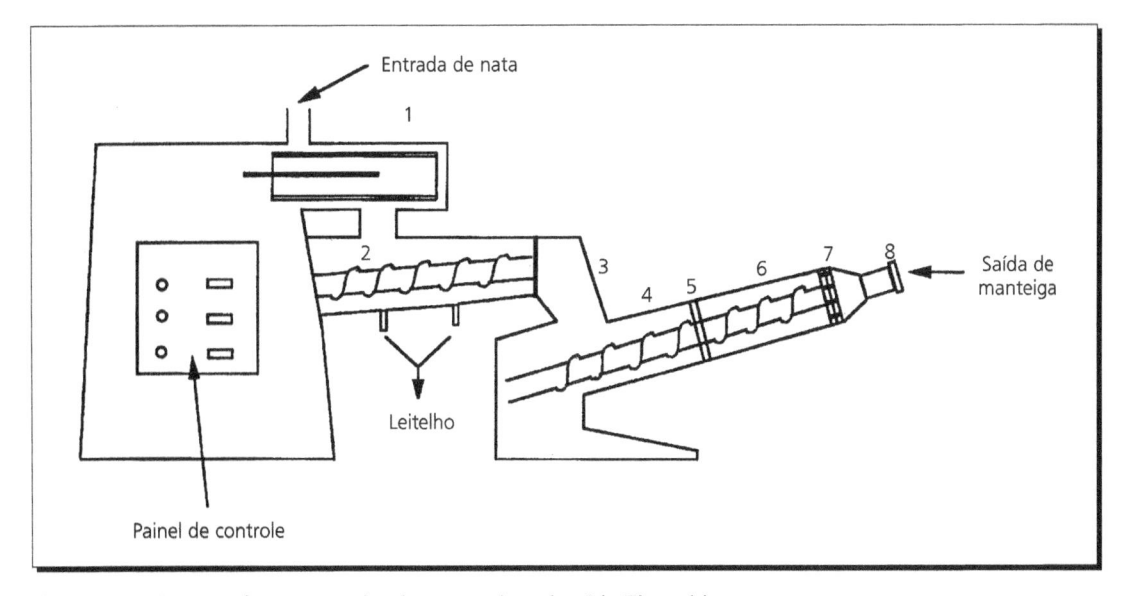

Figura 6.8 Esquema de uma manteigueira em contínuo tipo *Fritz/Eisenreich*.

seção de amassadura, onde a manteiga é separada do leitelho. Nessa zona, realiza-se uma primeira lavagem dos grãos com leitelho resfriado, enquanto são transportados ao longo do cilindro por uma rosca sem fim à seção seguinte da manteigueira por um canal cônico (3). A *segunda seção de amassadura* (4) recebe os grãos e transporta-os mediante outra rosca sem fim à seção seguinte, enquanto se realiza a lavagem com água finamente pulverizada das paredes dessa seção; ao final dessa etapa, pode-se adicionar sal com um injetor de alta pressão situado na câmara (5). A seção seguinte (6) está acoplada a uma instalação de vácuo a fim de eliminar o ar até se alcançar o mesmo nível de um processo convencional descontínuo. A última etapa de amassadura (7) consta de seções de placas perfuradas pelas quais os grãos lavados são forçados a passar, e é neste ponto que se produz a malaxagem ou fusão dos grãos. Na primeira dessas seções, há injetores de água que servem para controlar o conteúdo de umidade da manteiga. O produto finalizado é descarregado por um bocal em forma de jorro contínuo e passa a um silo, onde permanece até seu envio aos acondicionadores.

O controle do processo é feito mediante sensores, dispostos na saída da manteigueira, que permitem determinar a quantidade de sal, a densidade, a umidade e a temperatura; os sinais são registrados em um sistema de controle automático. A manteiga que se obtém é de excelente qualidade, com fina dispersão das gotas de água pela massa (tamanho inferior a 5 μm), o que contribui para a estabilidade microbiológica do produto e, portanto, para a conservação satisfatória, apesar do conteúdo de ar.

Existem outros métodos contínuos de elaboração de manteiga, como os procedimentos *Senn*, *Golden-Flow* e *Alfa* que, embora obtenham bons rendimentos, não são tão difundidos como o descrito anteriormente. Remete-se o leitor às obras de Veisseyre (1980) e Robinson (1986).

Novas tendências

Manteigas fáceis de untar

Embora a manteiga normalmente seja passível de untar a 15°C, a temperatura de manutenção nos frigoríficos é menor e, por isso, requer-se temperamento prévio ao seu uso. Para tornar a manteiga mais fácil de untar, desenvolveram-se vários métodos:

1. Aumento da umidade até 25 a 30%. O processo é eficaz, mas o produto não pode ser considerado legalmente como manteiga.
2. Aumento da aeração, insuflando ar ou, melhor ainda, nitrogênio, para evitar riscos de oxidação. O aumento do volume pode chegar até 50 a 100%, e aparece uma espuma sólida de cor esbranquiçada. O processo deve ser controlado rigorosamente para evitar textura quebradiça.
3. Manipulação da dieta dos animais. Os resultados são mais teóricos do que práticos, já que os ácidos graxos poliinsaturados ingeridos sofrem intensa hidrogenação no rúmen, rendendo baixos níveis desses ácidos no leite.
4. Uso de frações gordurosas, isto é, enriquecimento da manteiga com oleínas isoladas da gordura do leite; essa fração, ao ser insaturada, apresenta ponto de fusão baixo, aumentando a capacidade de untar.

Manteigas especiais e produtos associados

Consideram-se quatro tipos principais:

1. Manteiga *batida* na qual se injetou um gás inerte à pressão, após a batedura. Essa manteiga funde-se antes e é mais fácil de espalhar mesmo quando acaba de sair do refrigerador doméstico.
2. Manteiga *baixa em calorias*, que apresenta conteúdo de gordura de 39%. Esse tipo de manteiga incorpora caseínas, agentes emulsificantes, estabilizantes, conservantes e um corante alimentar. Trata-se de uma emulsão de água em gordura que se fabricou emulsificando uma fase gordurosa (ingredientes lipossolúveis) com uma fase aquosa (ingredientes hidrossolúveis).
3. Manteiga *em pó*. É uma forma fácil de incorporar manteiga aos alimentos. Obtém-se prévia desidratação por atomização de uma manteiga convencional.
4. *Azeite* de manteiga. É a matéria gordurosa pura extraída da nata ou da manteiga. Para obtê-la, primeiro elimina-se o ar e clarifica-se a gordura com uma centrífuga; o azeite obtido é seco em um dessecador a vácuo. Usa-se principalmente na fabricação de sorvetes e na indústria confeiteira em geral.

SORVETES

Sorvete é definido como um preparado alimentício levado a um estado sólido, semi-sólido ou pastoso por congelamento simultâneo ou posterior à mistura das matérias-primas, e que deve manter o grau de plasticidade e de congelamento suficiente até o momento de sua venda ao consumidor.

Estrutura

O sorvete é uma mistura muito complexa. Trata-se de uma mistura heterogênea, ao mesmo tempo emulsão, gel, suspensão e espuma, cuja coesão é mantida graças ao congelamento.

Estruturalmente, trata-se de uma espuma na qual as bolhas de ar estão cobertas por cristais de gelo, glóbulos de gordura individualizados ou parcialmente fundidos (grânulos gordurosos) e cristais de lactose (Figura 6.9). A estrutura dos glóbulos parcialmente fundidos e sua união às bolhas de ar dão ao sorvete firmeza residual depois da fusão dos cristais de gelo; isso é muito importante para a mastigação.

Componentes

O principal ingrediente de um sorvete é o leite em todas as suas formas, representando 60% da mistura; seguem-se, em ordem de importância quantitativa, os açúcares, as gorduras, as proteínas, os estabilizantes e outros ingredientes. As principais *funções* exercidas por esses componentes são as seguintes:

1. A *gordura* confere cremosidade e proporciona textura suave, dando *corpo* ao sorvete, mediante as estruturas de grânulos de gordura.
2. O *estrato seco desengordurado*, fundamentalmente *proteínas*, é necessário para a palatabilidade, visto que a intensidade e o tempo de permanência do sabor na boca estão relacionados com o conteúdo de sólidos da mistura; é importante também para baixar o ponto de congelamento e aumentar a viscosidade do líquido restante.

Além disso, a proteína cobre a superfície dos glóbulos e as bolhas de ar, estabilizando a espuma.
3. Os *açúcares* proporcionam o sabor *doce* ao sorvete, fixam os compostos aromáticos e freiam sua volatilização, tornando a sensação de sabor mais duradoura. Contribuem também para o aumento da viscosidade e para diminuir o ponto de congelamento.
4. Os *estabilizantes* servem como elo de união de todos os elementos devido ao aumento de volume que experimentam após sua hidratação. Quando usados em proporção exagerada, podem causar sabor amargo. Formam-se pela integração de agentes *emulsificantes* (p. ex., mono e diglicerídeos) e *espessantes*, tanto naturais (carragenatos e gomas) como artificiais (carboximetil celulose).
5. Os *cristais de gelo* são indispensáveis para dar consistência e sensação de frescor; porém, não devem ser grandes demais para evitar a sensação de arenosidade na boca.
6. As *bolhas de ar* possuem três funções especiais:
    a) Tornam mais leve o sorvete que, sem ar, seria muito difícil de digerir.
    b) Proporcionam-lhe maciez e tornam o produto deformável à mastigação.
    c) Atuam como isolante do frio intenso; sem ar, seria impossível consumir o sorvete.
7. Os *aromas*, *corantes* e *acidulantes* são adicionados para realçar o sabor e a cor, dando ao produto o aspecto desejado. Todos eles podem ser naturais ou artificiais. Os aci-

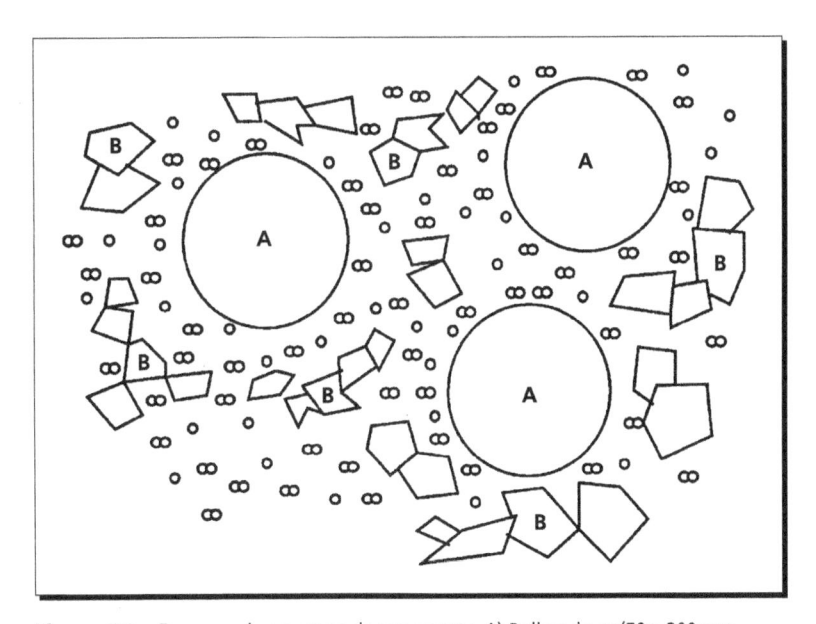

Figura 6.9 Esquema da estrutura de um sorvete. A) Bolhas de ar (50 a 200 mm diâmetro). B) Cristais de gelo (10 a 50 mm diâmetro). C) Glóbulos e grânulos de gordura (1 a 5 mm diâmetro).

dulantes contribuem ainda para a sensação de frescor na boca ao rebaixar o pH da mistura.

Fabricação industrial

A Figura 6.10 apresenta um esquema do processo de elaboração dos sorvetes. Em primeiro lugar, realiza-se a *mistura* dos ingredientes em uma cuba com agitação para obter a correta distribuição dos componentes na massa. A temperatura vai subindo gradualmente até um máximo de 63°C. Os corantes são incorporados posteriormente na fase prévia ao congelamento.

Uma vez realizada a mistura, ela é submetida à pasteurização entre 70 e 80°C durante 20 a 40 segundos, com a qual se consegue o efeito higienizador desejado e não se provoca a desnaturação de proteínas nem a caramelização dos açúcares.

Imediatamente após a pasteurização, realiza-se a homogeneização do produto para reduzir o tamanho dos glóbulos de gordura (diâmetro inferior a $2\mu m$) e assim tornar a emulsão mais fina e estável. Posteriormente, procede-se a um rápido resfriamento a 4°C e armazena-se entre 2 a 24 horas para que a gordura comece a cristalizar até iniciar-se a maturação.

A massa, resfriada previamente, é levada a depósitos refrigerados onde se conclui a cristalização da gordura, produz-se a adsorção das proteínas na superfície dos glóbulos de gordura e hidratam-se completamente os estabilizantes. Esse período, conhecido com o nome de *maturação*, pode durar 12 horas, mas atualmente, com os agentes espessantes disponíveis, pode ser supérflua. Apenas as misturas estabilizadas com gelatina necessitam de tempo de maturação. Uma vez maturada, a mistura é acrescida de sucos de frutas, corantes, aromas, etc., e procede-se ao congelamento.

Ou congelamento ou *glaciação* é feito de forma simultânea à batedura. O congelador contínuo (Figura 6.11) dispõe de uma camisa dupla pela qual circula amoníaco ou um líquido refrigerante que consegue descer a temperaturas de 4 a –7°C em questão de instantes a fim de conseguir minúsculos cristais de água e, portanto, uma textura suficientemente cremosa. Durante a operação, a esponjosidade do creme pode atingir 100% e, com isso, duplica-se o volume inicial da mistura. O que antes era mistura converteu-se em *sorvete*.

O sorvete, ainda mole e fluido (–7°C) é dosado por máquinas automáticas para encher diferentes recipientes: terrinas, copos, casquinhas, taças adquirem a forma de sorvetes de fantasia, tanto em moldes como em máquinas de extrusão.

Uma vez moldado, o sorvete *endurece* com a redução de sua temperatura a –20°C em túneis de endurecimento com ar forçado a –40°C; existem também outros meios de endurecimento, como congeladores de placas. Depois, é submerso em massas líquidas de revestimento, como no caso dos picolés, bombons e sorvetes *de palito*. O produto deve permanecer *armazenado* a –30°C no mínimo por 4 dias, nos quais se realiza o controle de qualidade.

Fabricação de picolés

O processo é praticamente igual ao exposto antes; a principal diferença reside em que a glaciação é menos intensa, visto que apenas 25 a 30% dos componentes encontram-se em forma de cristais finos. A moldagem é feita em blocos alveolares cobertos por uma tampa com varetas de madeira

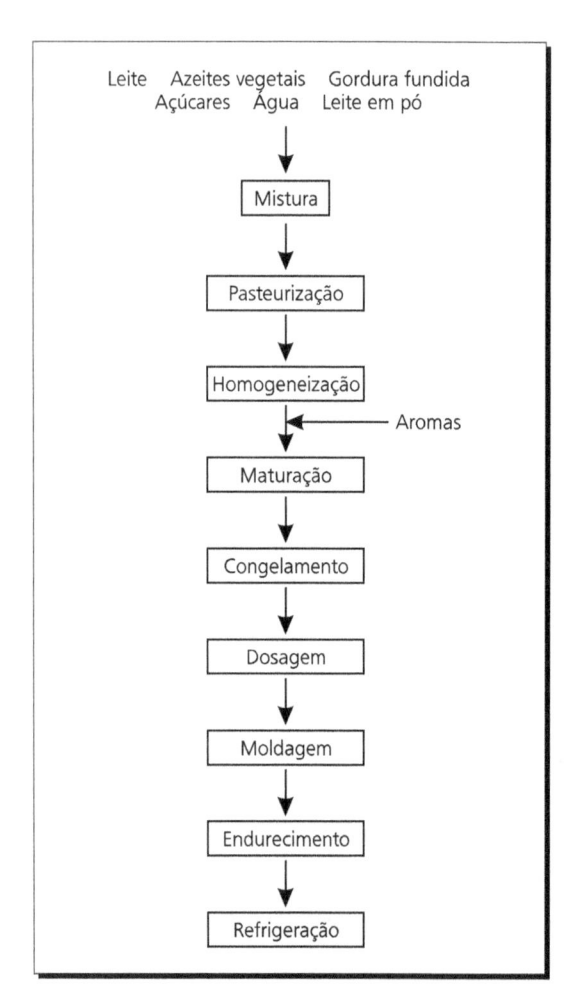

Figura 6.10 Diagrama básico de fabricação dos sorvetes.

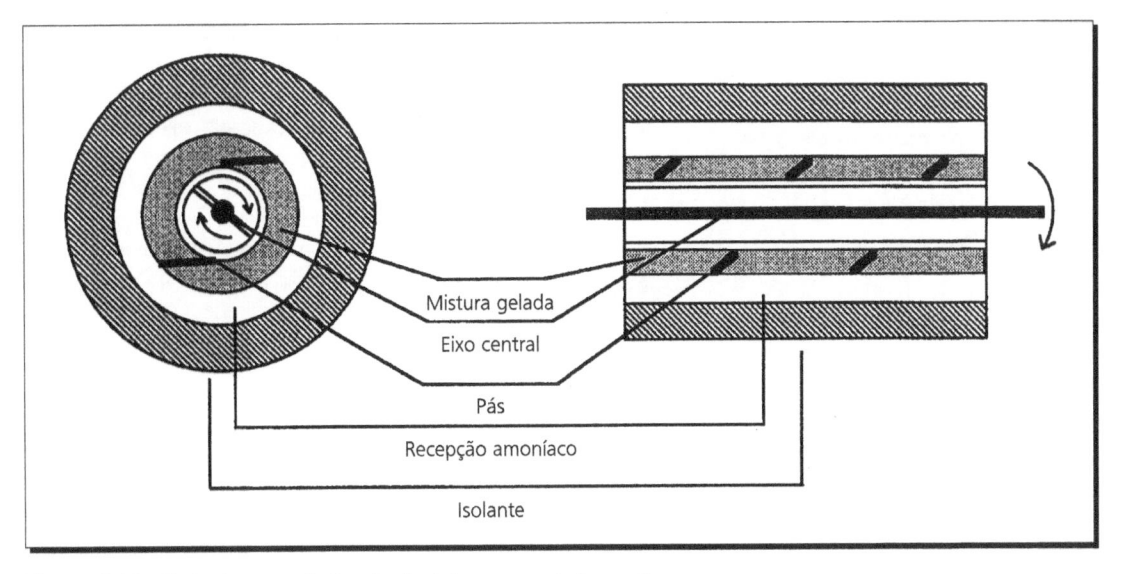

Figura 6.11 Cortes transversal e longitudinal de um congelador contínuo.

que se cravam no sorvete. Os moldes se soltam deixando passar água aquecida e levantando a tampa com suas varetas, onde os picolés ficaram grudados. O *achocolatado* é feito por imersão em um banho de chocolate líquido a não mais de 40°C para não produzir a fusão do sorvete.

SOBREMESAS LÁCTEAS

Trata-se de produtos elaborados com leite e misturas de ingredientes, como cacau, chocolate, frutas e aditivos. São saborosos, facilmente digeríveis e acondicionados em porções, podendo servir como substitutos de refeições, como complemento ou como integrantes de dietas especiais.

Os aditivos utilizados nesses produtos são emulsificantes (sobretudo lecitina), aromas, corantes e substâncias de recheio (celulose e polidextrose), ovo em pó, ácido cítrico, etc. Vale destacar o importante papel dos hidrocolóides, visto que são responsáveis pela consistência característica desses produtos. A quantidade de espessante incorporada oscila entre 0,5 e 4%.

O processo de elaboração desses produtos é praticamente igual ao dos sorvetes, embora, evidentemente, não ocorra a fase de glaciação ou de congelamento (Figura 6.12). Pode ser realizado nas instalações normais das centrais leiteiras. Deve-se examinar muito atentamente a fórmula, visto que o tipo de ingrediente utilizado pode condicionar o processo de fabricação. Assim, às vezes, é preciso dissolver os ingredientes separadamente e, em seguida, proceder à dosagem; em outros casos, os ingredientes são termolábeis, e deve-se adicioná-los após o tratamento térmico (pasteurização alta ou procedimento UHT).

Para alguns produtos (p. ex., flãs), requer-se um acondicionamento a quente, entre 65 a 70°C; esse acondicionamento cria um problema na medida em que pode formar-se água de condensação no interior das embalagens.

No caso particular das musses, injeta-se determinada quantidade de gás à mistura para conferir-lhe a leveza característica dessa sobremesa láctea.

BATIDAS

São leites aos quais se adicionaram substâncias aromatizantes, concentrados de frutas, cacau em pó, açúcar e outros ingredientes (p. ex., hidrocolóides) que, distribuídos homogeneamente pelo leite, determinam o sabor final do produto. A ampla gama de substâncias que podem ser adicionadas, junto com a possibilidade de incorporar estabilizantes e a esterilização com métodos UHT, permitiram ampliar a variedade desses produtos no mercado, o que, por sua vez contribuiu para o aumento do consumo de leite. As substâncias preferidas são o cacau, a baunilha e os concentrados de frutas; atualmente estão sendo enriquecidos com proteínas de lactossoro e inclusive são preparados com lactose hidrolisada para evitar problemas de intolerância a esse açúcar.

O processo de elaboração é simples, já que se trata de preparar uma solução concentrada dos ingredientes escolhidos em uma pequena quantidade de leite. Uma vez prepara-

```
Leite normalizado      Ingredientes
         ↓                  ↓
           → Mistura ←
                ↓
           Aquecimento
      (Pasteurização alta,
         processo UHT)
                ↓
          Homogeneização
         (simples ou dupla)
                ↓
                   ← Substâncias termolábeis
                   ← Ar (em sobremesas cremosas)
                ↓
            Batedura
                ↓
          Congelamento
        (somente em sorvetes)
                ↓
          Acondicionamento
                ↓
           Armazenamento
```

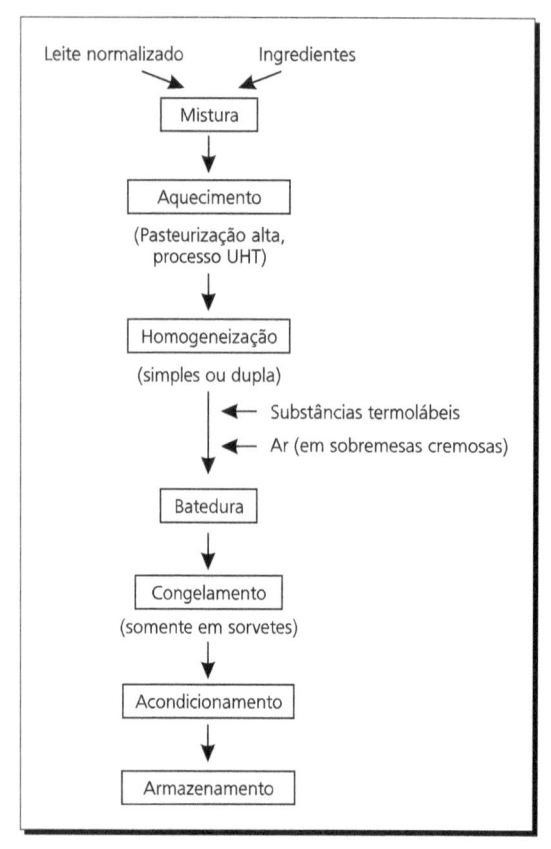

Figura 6.12 Esquema do processo industrial de elaboração de sobremesas lácteas.

da a solução prévia, acrescenta-se o restante do leite (normalizado em seu conteúdo de gordura), esteriliza-se para garantir a qualidade microbiológica do produto e resfria-se a temperatura de 4 a 6°C, acondicionando-se em embalagens idênticas às utilizadas para o leite líquido.

CASEINATOS

Os caseinatos encontram-se entre os produtos lácteos mais utilizados pela indústria alimentícia. Ao final deste item, serão dados alguns exemplos e será observada a grande variedade de produtos em cuja formulação são incluídos os caseinatos, aproveitando algumas de suas propriedades funcionais: capacidade emulsificante, espumante, de retenção de água, etc.

Obtenção

Nas Figuras 6.13 e 6.14 resume-se o processo de obtenção. Normalmente parte-se do leite pasteurizado, ao qual se acrescenta um ácido diluído, em geral clorídrico ou láctico, até atingir pH de 4,6, ponto isoelétrico das caseínas. Não se costuma empregar ácido sulfúrico pelas propriedades laxantes dos sulfatos. A mistura é feita a cerca de 20°C, em seguida aquece-se entre 50 e 55°C para possibilitar a aglomeração das partículas de caseína. Outro sistema de acidificação consiste na semeadura de um cultivo iniciador (geralmente *Lactococcus lactis* sorovar *cremoris*, embora também possam ser empregados outros microrganismos, como *Lactobacillus bulgaricus* ou *Streptococcus thermophillus*...) em quantidade próxima a 0,3% do volume de leite; nesse caso, o leite semeado é mantido entre 22 e 26°C durante 14 a 16 horas, tempo suficiente para alcançar pH de 4,6. Transcorrido esse tempo, o coágulo formado é aquecido para favorecer a separação de soro e caseínas. Depois disso, e em qualquer dos sistemas indicados, o gel formado separa-se do soro mediante filtrações sendo, em seguida, lavado. A lavagem pode ser feita de diversas maneiras. Uma delas consiste em uma série de planos inclinados com perfurações e banhos (pelo menos 4) pelos quais escorre a mistura de caseínas e soro. Nos banhos, costuma haver um sistema de agitação para favorecer a mistura. Nesses banhos, introduz-se água para que se dilua e/ou arraste as "impurezas" (substâncias solúveis, como lactose, sais, proteínas do soro, etc.). O material contido na bandeja transborda e desliza pela superfície perfurada do plano inclinado, drenando-se o soro. Ao final do plano inclinado, as caseínas, já um pouco purificadas, depositam-se em outra bandeja, e o processo se repete; a temperatura nos sucessivos banhos vai aumentando até atingir 65 a 70°C no último. Esse sistema de lavagem garante a pasteurização da caseína obtida, já que o tempo total de permanência nos banhos é de 15 a 20 minutos. A caseína ácida assim obtida é muito úmida. Quando se deseja eliminar a água, costuma-se primeiro centrifugar o produto para retirar parte da água e depois desidratá-lo para obtê-lo em forma de pó. Os sistemas de desidratação mais utilizados são os de base fluidizada.

Na realidade, a indústria alimentícia quase sempre utiliza as caseínas em forma de caseinatos, isto é, sais de caseínas, porque são solúveis em água, enquanto a caseína ácida é insolúvel. O mais empregado é o caseinato sódico, e depois o potássico, o amoníaco e o cálcico. A forma de obtê-los a partir da caseína ácida é muito simples. A matéria-prima pode ser caseína ácida úmida ou desidratada. Neste último caso, o passo prévio consiste em hidratar o produto para obter uma massa. O caseinato de sódio, o mais comum, é obtido adicionando-se soda diluída à massa de caseína ácida que geralmente se encontra finamente moída. A dissolução é favorecida por aquecimento entre 60 a 70°C e agitação vigorosa. A forma de obter outros caseinatos é idêntica, mudando apenas o álcali empregado. A solução que se desenvolve é muito viscosa, sendo necessário desidratá-la para sua comercialização em pó e garantir conservação prolongada. Os sistemas de desidratação empregados podem ser por cilindros, atomiza-

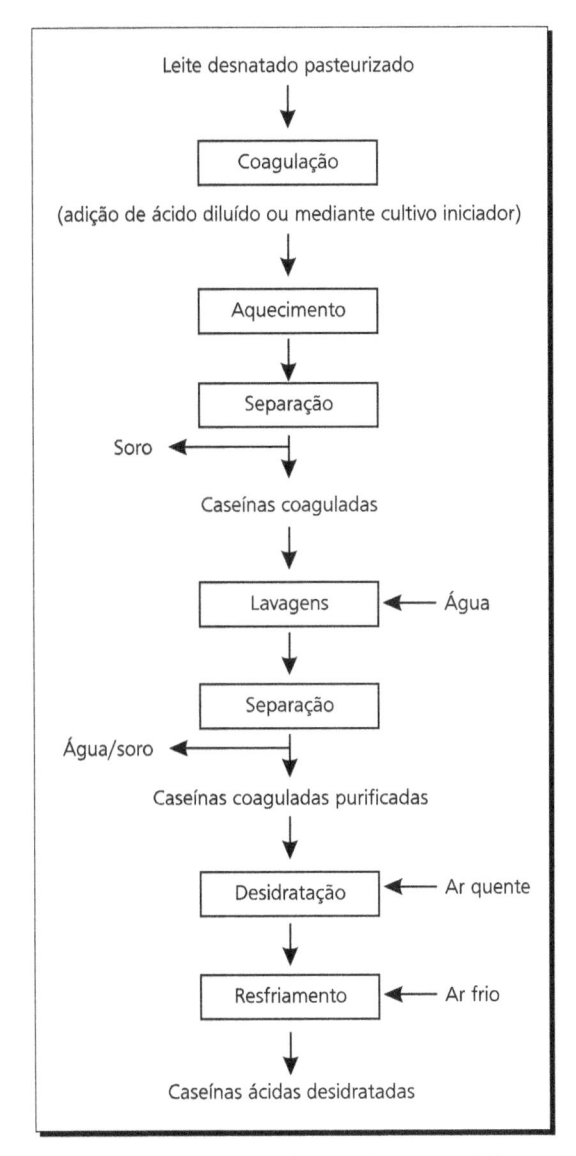

Figura 6.13 Esquema da obtenção de caseínas ácidas.

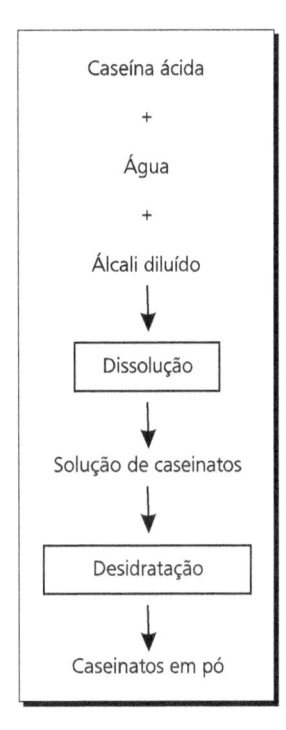

Figura 6.14 Esquema da obtenção de caseinatos a partir de caseína ácida.

ção ou desidratadores de base fluidizada. Os elevados custos desses sistemas induziram a busca de técnicas alternativas. Uma delas consiste em provocar a extrusão do caseinato sódico; para isso, misturam-se no extrusor carbonato sódico, água e caseína ácida desidratada, obtendo-se o caseinato em forma granular.

A propriedades dos caseinatos sódico, potássico e amoníaco são similares, enquanto as do caseinato cálcico diferem substancialmente, já que este forma partículas coloidais em água, dando aspecto mais leitoso às suas soluções. Além disso, o caseinato cálcico é muito menos estável à temperatura do que os outros e tem capacidade de retenção de água consideravelmente menor.

Utilização

Os caseinatos são utilizados em numerosos produtos alimentares. A seguir, citam-se alguns exemplos, especificando seu papel:

a) *Panificação*. Para fortificar o valor nutritivo dos produtos de panificação, já que a proteína dos cereais é mais pobre em aminoácidos essenciais que os caseinatos. Pode-se aproveitar igualmente sua capacidade de absorção de água (baixa capacidade da caseína ácida, média do caseinatos cálcico e elevada a de sódio, amoníaco e potássico). Quando se pretende fortificar nutritivamente um cereal de desjejum, em que um dos atributos de qualidade seja a crocância, deve-se empregar uma proteína com baixa capacidade de retenção de água para que, ao misturar o cereal com leite, ele não fique emplastado e pastoso. Ao contrário, na formulação de um bolinho, que requer fritura para sua elaboração, recomenda-se uma caseína com elevada capacidade de retenção de água para

que, durante o tratamento térmico, não absorva óleo em excesso; além disso, permanecerá suculento por mais tempo.
b) Produtos lácteos:
1. *Queijos de imitação*. Os caseinatos incluem-se na formulação desses sucedâneos de queijos cuja fórmula essencial inclui óleos vegetais, caseinatos e água. Esses produtos são comercializados principalmente em cadeias de *fast food* em forma de *cheeseburgers*, lasanhas, pizzas, etc.
2. *Branqueadores de café*. Esses produtos podem ser considerados como sucedâneos de nata fina, sendo usados em lugar do leite pelos anglo-saxões, entre outros povos, para misturar com o café. A formulação desses branqueadores inclui óleos vegetais, carboidratos, caseinato sódico, estabilizantes e emulsificantes. A função do caseinato, nesse caso, é emulsificar a gordura, dar textura (viscosidade) e melhorar o sabor do produto.
3. *Musses, sorvetes*. Nesse caso, aproveita-se a capacidade espumante e a de estabilização da espuma formada e a viscosidade que desenvolvem.
4. *Bebidas lácteas* (batidas, leites de imitação, etc.).
5. *Outros produtos lácteos*. Podem ser incluídos na formulação do iogurte ou de outros leites fermentados para normalizar seu extrato seco. Podem ser utilizados, igualmente, para a obtenção de sucedâneos de natas montadas, etc.
c) *Produtos cárneos*. Essas proteínas têm sido empregadas em carnes picadas, presuntos cozidos, salsichas, etc. A função aqui é emulsificar, melhorar a textura, beneficiando-se de sua capacidade de retenção de água e, portanto, aumentar a suculência.
d) *Bebidas alcoólicas*. Os caseinatos têm sido utilizados como clarificadores de vinho e cerveja. Entram, ainda, na formulação de alguns licores (tipo Baileys®).
e) *Bebidas não-alcoólicas*. Como clarificadores do suco de maçã; podem entrar também na formulação de alguns produtos, como o chá com leite instantâneo.
f) *Outros alimentos*. Há uma infinidade de outros produtos que incluem os caseinatos em sua formulação. Basta mencionar os *snacks* salgados, como ganchinhos, cascas, etc.; em margarinas, gorduras emulsificáveis e untáveis; sopas, molhos e, inclusive, têm sido utilizados na formulação de caviar sintético.

LACTOSSORO

O *lactossoro* é o líquido resultante da separação das caseínas e da gordura do leite no processo de elaboração do queijo. Antigamente o lactossoro era considerado como um líquido residual inaproveitável ou então era utilizado como alimento para o gado. Contudo, o conhecimento de sua composição e os avanços tecnológicos levaram a que fosse considerado, atualmente, como uma fonte importante de componentes lácteos de grande valor para a indústria alimentícia e farmacêutica. Sua composição média é apresentada na Tabela 6.1.

Os lactossoros contêm mais da metade dos sólidos presentes no leite integral original, incluindo a maioria da lactose, minerais e vitaminas hidrossolúveis, sobretudo do grupo B (tiamina, riboflavina, ácido pantotênico, ácido nicotínico, cobalamina) e 20% das proteínas do leite (Tabela 6.2). Essas proteínas são de qualidade excepcional, pois não são deficientes em nenhum aminoácido, e seu conteúdo de lisina e triptofano converte-as em complemento ideal da dieta de qualquer organismo em crescimento.

Conforme o procedimento utilizado para a separação da coalhada, distinguem-se dois tipos de lactossoro: *ácido*, procedente da coagulação ácida do leite (pH em torno de 4,5) e *doce*, procedente da coagulação enzimática do leite (pH aproximado de 6,4).

Aproveitamento industrial

As possibilidades de utilização do lactossoro são muitas e muito diversas; contudo, a excessiva diluição de seus componentes e seu conteúdo relativamente alto em sais exigem a aplicação de tratamentos tecnológicos para o seu melhor aproveitamento. Esses tratamentos são basicamente: concentração, fracionamento e desmineralização.

Concentração de lactossoros

O elevado conteúdo de água do lactossoro supõe o transporte de grandes volumes com capacidade de conservação

Tabela 6.1 Composição percentual dos lactossoros

Componente	Líquido		Sólido	
	Doce	Ácido	Doce	Ácido
Proteína	0,8	0,7	12	12
Lactose	4,9	4,4	73,3	68,7
Minerais	0,5	0,8	7,9	11,5
Gordura	0,2	0,04	1,3	0,8
Água	93	93,5	4,6	3,9
Ácido láctico	0,2	0,5	1,7	4,6

Tabela 6.2 Proteínas do lactossoro do leite de vaca

Proteína	Concentração (g/L)	% do total de proteínas	Peso molecular (Da)
β-lactoglobulina	3	60	18.300
α-lactoalbumina	1,2	20	14.200
Imunoglobulinas	0,5	12,5	80.000-90.000
Soroalbumina	0,3	5,5	66.300
Protease-peptonas	0,2	15	4.000-80.000
Proteínas minoritárias	0,1	0,5	30.000-100.000

muito reduzida. Por isso, antes de serem submetidos a qualquer tratamento, elimina-se grande parte da água, com redução do volume e concentração de seus componentes. A concentração pode ser feita por *evaporação térmica* ou por *osmose inversa*.

Evaporação

A concentração do lactossoro por evaporação deve ser feita a temperaturas baixas para evitar a desnaturação das proteínas. Utilizam-se vários evaporadores (de três a seis efeitos), controlando a temperatura em todo o processo, que não deve ultrapassar 40°C. O concentrado resultante ou o pó obtido dele é usado como ingrediente de alimentos para o gado.

Osmose inversa

Com a osmose inversa ou *hiperfiltração*, consegue-se a separação da água dos demais componentes do lactossoro. O filtrado ou permeado é composto basicamente por água, quantidade muito pequena de sais minerais (NaCl), concentrado ou retido e demais componentes. O tamanho dos poros das membranas utilizadas oscila entre 0,3 e 0,5 nm.

Até alguns anos atrás, as *membranas* de osmose inversa (Tabela 6.3) eram de acetato de celulose (mistura de ésteres de celulose com diferentes graus de acetilação), mas devido aos inconvenientes que requereriam sua manutenção e limpeza, como também ao elevado risco de contaminação microbiana, foram substituídas atualmente por membranas poliméricas (polissulfona, poliamida, policarbonato, ésteres de poliestireno) e minerais (argila e óxidos de zircônio, alumínio, titânio), que suportam temperaturas altas e elevados valores de pH. Independentemente de sua natureza, as membranas devem ter suporte mecânico resistente, que possa suportar a pressão aplicada ao sistema para fazer circular o lactossoro. No caso da osmose inversa, a pressão que se aplica é alta, entre 2.800 e 7.500 kPa.

A vantagem da aplicação da osmose inversa é que a operação é realizada a baixa temperatura, e por isso não se desnaturam as proteínas e, além disso, a eliminação de água é feita sem mudança de fase líquido-vapor, representando uma considerável economia de energia.

Fracionamento

O fracionamento do lactossoro visa principalmente a separação das proteínas e da lactose.

Tabela 6.3 Tipos de membranas e suas principais características

Tipo	Composição	Resistência	
		Temperatura °C	pH
Celulósica	acetato de celulose	< 50	< 8
Poliméricas	polissulfona	< 120	< 14
	poliamida	< 120	< 14
	polivinila	< 120	< 14
	policarbonato	< 120	< 14
	poliestireno	< 120	< 14
Minerais	óxido de zircônio	< 1.000	< 14
	óxido de alumínio	< 1.000	< 14
	óxido de titânio	< 1.000	< 14
	argila	< 1.000	< 14

Obtenção de concentrados de proteínas

A separação das proteínas do lactossoro pode ser feita por diferentes procedimentos, como a ultrafiltração, a precipitação com polifosfatos e a aplicação das técnicas de adsorção e filtração em gel.

Ultrafiltração

É o método de separação de proteínas mais utilizado. Oferece a vantagem fundamental de manter em estado natural as proteínas, que não se alteram pelo efeito do calor nem pela acidez. Portanto, as proteínas obtidas mantêm sua funcionalidade e, por isso, podem ser consideradas como de muito boa qualidade. O concentrado ou retido que se obtém é constituído basicamente de proteínas, enquanto o filtrado ou permeado contém, além da água, sais minerais, lactose e componentes minoritários.

As membranas utilizadas são praticamente iguais às da osmose inversa; a principal diferença reside no tamanho do poro, já que uma membrana de ultrafiltração deve permitir a passagem de moléculas de maior tamanho que a água e, por isso, o poro deve ter entre 2 e 20 nm de diâmetro. A pressão que se aplica ao sistema oscila entre 70 e 700 kPa.

Os concentrados de proteína do lactossoro (CPL) que se obtém apresentam conteúdo protéico entre 25 e 95%, superior ao obtido com lactossoro concentrado. Os CPL mais utilizados na indústria são os de 50%. Os concentrados de 65% representam o limite prático de concentração por ultrafiltração, a partir do qual requer-se a diafiltração, processo que exige a diluição dos CPL em água e uma posterior ultrafiltração.

Assim como na osmose inversa, o fluxo de permeação e, conseqüentemente, o rendimento do processo dependem da pressão, da temperatura e da obstrução das membranas motivada pelo aumento da viscosidade produzida à medida que avança a concentração de lactossoro.

Na indústria, produzem-se basicamente quatro tipos de CPL (Tabela 6.4) que, após sua concentração por evaporação ou osmose inversa, são atomizados para serem transformados em pó.

Precipitação com polifosfatos

Nesse processo, o lactossoro a 55°C é acidificado até atingir pH de 5,5 e é misturado com uma solução de polifosfatos em proporção de 300/900 mg/100 mL. O precipitado é recolhido por centrifugação e lavado. Retiram-se os fosfatos do complexo ajustando o pH e adicionando cálcio. A concentração de proteínas que pode ser obtida oscila entre 30 e 85%. Devido ao elevado custo que representa a eliminação dos polifosfatos, as concentrações minerais são relativamente altas,

Tabela 6.4 Composição aproximada dos concentrados de proteínas do lactossoro

Componente	Porcentagem			
	A	B	C	D
Umidade	4,6	4,3	4,2	4
Proteínas	32,2	52,1	63	81
Lactose	46,5	30,9	21,1	3,5

por isso, esses CPL não podem ser utilizados em alguns alimentos, como, por exemplo, os que se destinam à alimentação dos recém-nascidos.

Técnicas de adsorção

O processo mais difundido é o *Spherosil*, no qual são utilizadas resinas à base de silício, em que se fixam grupos funcionais. O lactossoro passa por essas colunas, uma aniônica e outra catiônica, nas quais as proteínas ficam retidas em virtude de sua carga. Assim, as colunas aniônicas retêm a β-lactoglobulina, a α-lactoalbumina e a soroalbumina, enquanto as imunoglobulinas e os demais componentes são recolhidos a partir da coluna catiônica. Esse processo é caro devido à manutenção que as colunas exigem, mas permite obter as proteínas de forma isolada e purificada.

Filtração em gel

Trata-se de um processo comercial. Primeiramente, o lactossoro é concentrado por osmose, centrifugado e filtrado para eliminar os resíduos sólidos. É aplicado a uma coluna cheia de gel e eluído com água desionizada. Obtêm-se duas frações: uma de alto peso molecular (proteínas) e outra de baixo peso molecular (lactose e sais). Essa técnica pode ser usada também para a separação das diversas proteínas dos CPL em função de seu peso molecular. Utiliza-se, sobretudo, na indústria farmacêutica para a obtenção de imunoglobulinas, lactoferrina, lisozima e lactoperoxidase.

Obtenção de lactose

Em função da forma e do grau de obtenção, distinguem-se duas variedades de lactose: lactose bruta e lactose propriamente dito ou lactose pura.

A *lactose* bruta é obtida a partir do filtrado da ultrafiltração previamente concentrado por evaporação e posterior cristalização, resfriando-se lentamente de 30°C até 10 a 12°C sob suave agitação. Acelera-se a cristalização adicionando cristais de lactose. Separam-se os cristais por centrifugação e dessecam-se por correntes de ar quente entre 70 e 80°C. O líquido espesso resultante da centrifugação (*melaço*) contém 35% de lactose bruta, mas também inclui sais minerais e algumas proteínas e, por isso, pode ser processado de novo, precipitando as proteínas mediante ebulição e realizando-se posteriormente uma nova cristalização. Dessa forma, recupera-se a lactose bruta residual.

A *lactose pura* é obtida mediante refinação da lactose bruta a fim de eliminar as substâncias que não são açúcares. Para isso, é aquecida em água a 50°C em presença de carvão ativado e terra de diatomáceas aos quais aderem todas as substâncias que não são açúcares. A solução açucarada é filtrada em uma prensa filtradora, e o filtrado é evaporado, cristalizado e centrifugado. Os cristais obtidos a partir da lactose pura são dessecados em armários-estufas e moídos; com isso, ela está pronta para sua expedição. O melaço resultante pode ser misturado com o soro bruto e voltar a concentrar-se.

Desmineralização

A finalidade desse processo é eliminar a alta concentração de sais do lactossoro, tornando-o apto para o uso, entre outros, em alimentos dietéticos e leites infantis. Consegue-se eliminar até 90% dos sais presentes no lactossoro. Os processos mais utilizados são a *eletrodiálise* e o *intercâmbio iônico*.

O procedimento da eletrodiálise baseia-se na transferência de eletrólitos através de uma membrana por ação de corrente elétrica. O estabelecimento da diferença de potencial entre uma membrana aniônica e outra catiônica faz com que os sais minerais ionizados desloquem-se para um e outro conforme sua carga elétrica. Os sais são arrastados por um efluente ligeiramente acidificado para evitar que se acumulem.

Nos processo de *intercâmbio iônico*, utilizam-se resinas catiônicas (ácido sulfônico) e aniônicas (compostos de amônia quaternária), onde é realizado o intercâmbio dos cátions por H^+ e dos ânions por OH^-.

Utilização dos concentrados de proteínas de lactossoro (CPL)

Devido às boas propriedades funcionais das proteínas do lactossoro, os CPL são amplamente utilizados na indústria alimentícia. Assim, por sua capacidade espumante, são empregados em confeitaria, como substitutos da clara de ovo na elaboração de cremes e merengues; por sua boa capacidade emulsificante, são empregados na indústria cárnea, sobretudo na elaboração de embutidos cozidos, substituindo a proteína da carne. Ao mesmo tempo, se estiverem desnaturadas, as proteínas do lactossoro apresentam grande solubilidade e, por isso, podem ser incorporadas a bebidas, como aquelas destinadas aos esportistas, e, sobretudo, a leites infantis, com prévia desmineralização. Na indústria láctea, podem ser incorporadas a iogurtes para enriquecer seu conteúdo protéico e na elaboração de queijos pelo procedimento Centri-Whey, que implica na incorporação dessas proteínas ao leite destinado à elaboração de queijos, com o conseqüente enriquecimento protéico.

Fermentação dos lactossoros

O extrato seco do lactossoro é composto por aproximadamente 70% de lactose. A lactose constitui fonte de energia considerável para os microrganismos (fundamentalmente bactérias e leveduras) e, por isso, é possível utilizá-lo como substrato de fermentações a fim de obter diversos produtos de aplicação industrial.

O lactossoro pode ser fermentado diretamente ou fracionado antes de sua fermentação. Assim, os possíveis substratos fermentáveis são o lactossoro bruto, o permeado resultante de ultrafiltração e os melaços obtidos da cristalização da lactose.

Fermentação alcoólica

A fermentação dos lactossoros por *Kluyveromyces fragilis* leva à obtenção de etanol. A *Torula cremoris* também foi utilizada com esse fim. Inicialmente os permeados de ultrafiltração são concentrados mediante um sistema de evaporadores e introduzidos em grandes tanques de fermentação (110.000 litros); após 20 horas, a massa de leveduras é retirada por centrifugação e o sobrenadante é transferido a outro tanque para ser destilado. O álcool resultante (96,5% aproximadamente) pode ser utilizado na elaboração de genebra e vodca e na obtenção de álcoois anidros para uso industrial. Atualmente, imobilizam-se as leveduras utilizadas em tanques de poliacrilamida, sobretudo no tratamento dos permeados de lactossoros, a fim de operar em processos contínuos.

Produção de levedura de uso alimentar (biomassa)

A fermentação de lactose sob condições fortemente aeróbias utilizando cepas adequadas de leveduras, fundamentalmente *Kluyveromyces fragilis*, leva à obtenção de uma biomassa que, separada e seca, apresenta conteúdo protéico de 45% e pode ser destinada à fabricação de rações para a alimentação animal, substituindo a proteína de soja. Pode-se obter igualmente uma biomassa de *Saccharomyces cerevisiae* destinada ao uso como *levedura de panificação*.

Fermentação para produzir metano (biogás)

A digestão anaeróbia do lactossoro ou de seus permeados conduz à formação de metano (15 litros de metano/litro de lactossoro). Estudos realizados sobre o aproveitamento desse gás demonstraram que 75% do combustível ou do propano utilizados como fonte de energia, em uma indústria, pode ser substituído por esse biogás, embora ainda não tenha sido utilizado no âmbito de grandes indústrias.

Fermentação para produzir lactato amoníaco/ácido láctico

Nesse processo, o lactossoro é fermentado por *Lactobacillus* spp., produzindo ácido láctico, que é neutralizado em um processo contínuo com amoníaco. A mistura de reação concentra-se a 60% de sólidos totais, sendo incorporada a alimentos compostos.

Bebidas à base de lactossoro

Os lactossoros e seus permeados podem ser utilizados na elaboração de bebidas alcoólicas e não-alcoólicas. A preparação dessas bebidas requer ampla gama de tratamentos, que vão desde a fermentação alcoólica por leveduras até a substituição de alguns de seus componentes por sucos de frutas. Em alguns casos, e para dar sabor mais doce às bebidas, os substratos são submetidos à pré-hidrólise a fim de obter glicose e galactose livres; estas últimas bebidas são destinadas ao consumo por pessoas que apresentam problemas de intolerância à lactose.

REFERÊNCIAS BIBLIOGRÁFICAS

FOX, P. F. (1989): *Advances in dairy chemistry. Functional milk proteins*, vol. I. Elsevier Applied Science. Londres.
ROBINSON, R. K. (1986): *Modern dairy technology*, vols. I y II. Elsevier Applied Science. Londres.
SPREER, E. (1991): *Lactología Industrial*. Acribia. Zaragoza.
TIMM, F. (1989): *Fabricación de helados*. Acribia. Zaragoza.
VARNAM, A. H. y SUTHERLAND, J. P. (1995): *Leche y productos lácteos: tecnologia, química y microbiologia*. Acribia. Zaragoza.
VEISSEYRE, R. (1980): *Lactología Técnica*. Acribia. Zaragoza.

RESUMO

1. A nata é considerada como leite enriquecido em gordura (12 a 60%); é obtida em desnatadeiras centrífugas em cujo interior dispõe-se de pratos sobre os quais depositam-se os glóbulos de gordura que deslizam até o eixo central; a nata e o leite desnatado são recolhidos por cada um dos condutos localizados na parte superior da desnatadeira. O conteúdo em gordura é normalizado na saída da desnatadeira, incorporando, se necessário, leite desnatado. As natas podem ser submetidas a diferentes tratamentos para sua conservação: pasteurização, esterilização, homogeneização e congelamento. A incorporação de ar ou nitrogênio de forma simultânea à batedura permite elaborar nata batida ou montada.

2. A manteiga é um produto lácteo elaborado a partir de nata. Trata-se de uma emulsão de tipo água/gordura que se caracteriza por ter um mínimo de 80% de gordura com conteúdo máximo de 16% de água e de 2% de extrato seco desengordurado. A fabricação de manteiga consta das seguintes fases: maturação da nata (geração de substâncias aromáticas mediante a ação de cultivos iniciadores), batedura (transformação da emulsão gordura/água em água/gordura), malaxamento (fusão da gordura), resfriamento da mistura e cristalização da gordura.

3. O sorvete é elaborado mediante um processo de congelamento simultâneo à batedura de uma mistura de matérias-primas, constituída basicamente de gordura, proteínas, açúcares, estabilizantes e aditivos que são incorporados para realçar o sabor e a cor.

4. As sobremesas lácteas são elaboradas com leite e misturas de ingredientes e aditivos, entre os quais destacam-se extratos de frutas e agentes espessantes, que lhes conferem textura característica. As batidas são elaboradas basicamente com os mesmos ingredientes, embora a quantidade de leite seja maior, apresentando consistência líquida.

5. Os caseinatos são obtidos acidificando o leite pasteurizado até pH 4,6 a cerca de 20°C; em seguida, eleva-se a temperatura até 50 a 55°C, separando o soro e as caseínas mediante filtrações e lavagens, para eliminar a maior quantidade possível de componentes hidrossolúveis. A caseína ácida e úmida é centrifugada e, depois, desidratada. Posteriormente, mistura-se com água e um álcali, favorecendo a dissolução por aquecimento entre 60 e 70°C e agitação vigorosa. Comercializa-se o produto desidratado. O mais utilizado é o caseinato sódico e, depois, o potássico, o amoníaco e o cálcico. Os caseinatos são empregados com certa freqüência, aproveitando suas propriedades funcionais (valor nutritivo, capacidade de retenção de água, emulsificante, espumante, etc.), para melhorar a textura e o sabor de muitos alimentos (p. ex., produtos de panificação, produtos lácteos, cárneos, etc.).

6. O lactossoro é o líquido que resulta da separação das caseínas e da gordura do leite no processo de elaboração de queijo. Os concentrados de proteínas do lactossoro são obtidos mediante o fracionamento do soro por ultrafiltração; também são obtidos mediante técnicas de precipitação com polifosfatos, técnicas de adsorção ou de filtração em gel. O conteúdo em sais pode ser eliminado mediante eletrodiálise ou empregando resinas de intercâmbio iônico. As proteínas do lactossoro, além de seu valor nutritivo, são amplamente utilizadas na indústria alimentícia, em particular como agentes espumantes e emulsificantes.

CAPÍTULO 7

Características gerais da carne e componentes fundamentais

Este capítulo, aborda a estrutura do tecido musculoesquelético e a composição da carne. Além disso, descreve as mudanças *post-mortem*, sofridas pelo músculo, inclusive a maturação da carne, o efeito da temperatura e do estímulo elétrico sobre ela. Finalmente, descreve brevemente os processos *post-mortem* anômalos.

ESTRUTURA DO TECIDO MUSCULOESQUELÉTICO

Em termos gerais, o tecido musculoesquelético representa aproximadamente 50% do peso da carcaça do gado bovino, ovino e suíno, e esta, por sua vez, corresponde a cerca de 55, 50 e 75%, respectivamente, do peso vivo desses animais. Assim, pode-se dizer que o tecido muscular é um componente importante do corpo dos animais e o principal da fração comestível.

O músculo esquelético é formado por feixes de fibras musculares recobertos por tecido conjuntivo composto, sobretudo, de colágeno. A fibra da célula muscular é a unidade contrátil do tecido muscular. São células longas e multinucleadas de comprimento e diâmetro variáveis.

As miofibrilas são estruturas que se encontram exclusivamente no interior da fibra muscular, sendo elementos contráteis responsáveis pela aparência estriada do músculo esquelético (Figura 7.1). Em seu interior, constatam-se várias bandas facilmente observáveis, chamadas A, I e linha Z. As áreas de miofibrila que estão mais obscuras correspondem à banda ou linha Z e às regiões da banda A, na qual se produzem sobreposições de filamentos delgados e grossos. A unidade da estrutura muscular é o sarcômero, delimitado por duas linhas Z. O sarcômero é a unidade básica repetitiva da miofibrila, assim como a unidade básica na qual ocorrem os ciclos de contração e relaxamento. Sua extensão depende do grau de contração e relaxamento muscular, e compõe-se de filamentos delgados, grossos e da linha Z.

Outras estruturas miofibrilares relevantes são a linha M, a zona H (regiões da banda A nas quais não há sobreposição de filamentos delgados e grossos) e a banda N_2. A linha M, localizada no centro da zona H que, por sua vez, encontra-se no centro da banda A, aparece como uma linha paralela à linha Z, conectando os centros dos filamentos grossos. A linha N_2 é uma estrutura localizada na banda I, correndo paralela à linha Z.

São igualmente de interesse na fibra muscular outras estruturas, como os núcleos, mitocôndrias e lisossomos. A fibra muscular é multinucleada; às vezes, uma fibra tem milhares de núcleos localizados na periferia imediatamente abaixo do sarcolema. Os lisossomos estão localizados no interior da fibra e contêm grande variedade de enzimas importantes na bioquímica muscular. As mitocôndrias estão localizadas no sarcoplasma e contêm enzimas relacionadas com processos oxidativos da fibra.

Alguns músculos procedentes do mesmo animal têm cores distintas, o que reflete diferentes tipos de fibras musculares. As de músculos de coloração vermelho-escura costumam ser pequenas e de contração lenta em comparação com as que procedem de músculos mais claros. Em geral, fala-se de três tipos de fibras musculares: brancas, vermelhas e intermediárias. A maioria dos músculos é formada por misturas dos três tipos de fibras, embora normalmente os músculos

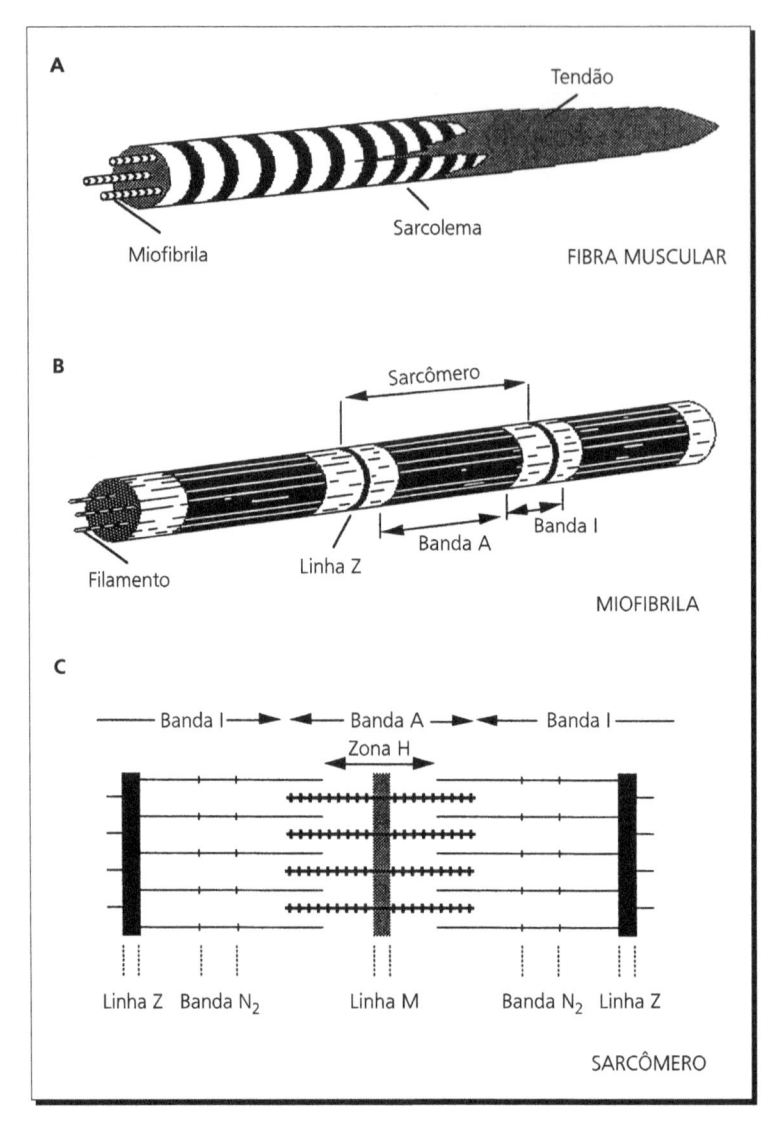

Figura 7.1 Esquemas: A) da estrutura de uma fibra muscular, B) da miofibrila e C) do sarcômero.

dos animais de abate contenham proporção maior de fibras brancas do que de vermelhas. As fibras vermelhas têm contração lenta e tônica, enquanto a das brancas é rápida e fásica. Por essa razão, e devido ao seu metabolismo, as fibras vermelhas fatigam-se menos desde que disponham de oxigênio. As fibras brancas fatigam-se com relativa facilidade.

A membrana da fibra muscular ou sarcolema é similar à de outras estruturas celulares e apresenta diversas funções, entre as quais destacam-se a compartimentalização das unidades contráteis e a regulação da entrada e da saída de determinadas substâncias na fibra muscular.

Uma série de invaginações do sarcolema forma um sistema de túbulos transversais, sistema T ou túbulos T. Cada sarcômero compreende dois sistemas de túbulos T, que se localizam ao redor das miofibrilas na área de intersecção das bandas A e I. A membrana dos túbulos T é cerca de nove vezes maior que a do sarcolema, dando idéia da extensão dessa estrutura, que tem grande importância nos fenômenos de contração e relaxamento muscular.

O retículo sarcoplásmico é uma estrutura de grande interesse na fibra muscular. Sua principal função é reter ou liberar cálcio na fibra muscular, o que faz parte da regulação da contração muscular. Os músculos com velocidades de contração rápidas têm o retículo sarcoplásmico muito desenvolvido.

COMPOSIÇÃO DA CARNE

Não é fácil estabelecer a composição química da carne, já que existem muitas diferenças devido a fatores como espécie animal estudada, raça, sexo, tipo de alimentação e, em muitos casos, é ainda mais importante o corte de carne ou o músculo analisado.

Os componentes majoritários da carne são água (65 a 80%), proteína (16 a 22%), gordura (3 a 13%) e cinzas, embora também exista pequenas quantidades de outras substâncias, como as nitrogenadas não-protéicas (aminoácidos livres, peptídeos, nucleotídeos, creatina), carboidratos, ácido láctico, minerais e vitaminas. A composição da carne depende da espécie, pode variar amplamente dependendo de diversos fatores, como idade, sexo, alimentação e zona anatômica estudada (Tabela 7.1).

A água da carcaça encontra-se principalmente no tecido muscular magro; o tecido adiposo contém pouca água. Portanto, quanto maior for a proporção de gordura, tanto menor será o conteúdo aquoso total da carcaça ou de uma peça de carne. Essa relação inversa independe de outros fatores que afetam a composição química corporal (sexo, raça, idade, alimentação, etc.). Muitas propriedades físicas, como a cor, a textura e a firmeza da carne crua, assim como a suculência, a palatabilidade e a dureza quando cozida, dependem em parte da capacidade de retenção de água da carne, intimamente relacionada com seu pH final.

Proteínas

A maioria das substâncias nitrogenadas da carne é constituída pelas proteínas que são os componentes mais abundantes, superados unicamente pela água e, em alguns casos, pela gordura. As proteínas da carne são, essencialmente, muito similares em todos os animais de abate, podendo ser classificadas, segundo sua solubilidade, em três grandes grupos: proteínas sarcoplásmicas, miofibrilares e insolúveis.

Proteínas sarcoplásmicas

São solúveis em água ou em tampões de pouca força iônica; representam cerca de 30 a 35% do total das proteínas. Pertencem a esse grupo os dois principais tipos de proteínas: o primeiro, composto de enzimas, e o segundo, de substâncias que participam da cor da carne, como a mioglobina e pequenas quantidades de hemoglobina, dado que a maior parte desta é eliminada durante a sangria. A mioglobina localiza-se principalmente no músculo cardíaco e estriado dos vertebrados. É uma proteína conjugada hemoglobular monomérica de peso molecular de 18.000. O conteúdo de mioglobina no músculo esquelético varia dependendo do tipo de fibra muscular, da espécie e da idade do animal. Os mús-

Tabela 7.1 Composição química aproximada da carne (%)

Animal	Corte	Água	Proteína	Gordura	Cinzas
SUÍNO	Paleta	74,9	19,5	4,7	1,1
	Lombinho	75,3	21,1	2,4	1,2
	Chuleta*	54,5	15,2	29,4	0,8
	Presunto	75,0	20,2	3,6	1,1
	Toucinho	40,0	11,2	48,2	0,6
BOVINO	Coxa	76,4	21,8	0,7	1,2
	Lombo*	74,6	22,0	2,2	1,2
FRANGO	Músculo	73,3	20,0	5,5	1,2
	Peito	74,4	23,3	1,2	1,1

*Com tecido adiposo adjacente
Fonte: Belitz e Grosch (1997)

culos de contração lenta contêm mais mioglobina que os de ação rápida.

Os músculos do peito do frango contêm concentração de mioglobina inferior a 1 mg/g de músculo, enquanto nos músculos de bovinos adultos a quantidade pode situar-se em torno de 10 mg/g de músculo.

A quantidade de mioglobina muscular no animal é afetada por fatores genéticos, assim como pela idade, pelo exercício e pela dieta. Em geral, a quantidade de mioglobina muscular aumenta com a idade do animal. Em suínos, observou-se diminuição do conteúdo de mioglobina quando os animais têm deficiência em ferro, e descreveu-se também aumento naqueles com deficiência de vitamina E e como conseqüência do exercício.

Proteínas miofibrilares

Para sua extração, é necessário utilizar tampões de força iônica média ou alta; são as mais abundantes, constituindo 65 a 75% do total das proteínas musculares. Inclui-se nesse grupo grande número de proteínas associadas com os filamentos grossos e delgados do tecido muscular, destacando-se por sua abundância a actina e a miosina que, quando associadas, aparecem como actomiosina; em menor quantidade, encontram-se tropomiosina, troponina, actininas, proteínas C e M (Tabela 7.2). De uma forma ou de outra, todas essas proteínas têm grande importância nas mudanças bioquímicas que ocorrem após o abate do animal.

Actina

É o principal constituinte dos filamentos delgados. Quando a actina se manifesta em sua forma monomérica, recebe o nome de actina G que, ao polimerizar-se, forma filamentos de actina ou actina F. A forma filamentosa da actina constitui o esqueleto do filamento delgado e aloja a tropomiosina e o complexo troponina. Um extremo da actina F une-se à linha Z. O ponto isoelétrico da actina é 4,7. Na presença de cálcio, a actina entra em contato com as cabeças de miosina dos filamentos, dando rápida degradação de ATP e contração muscular.

Miosina

É uma proteína em forma de bastão que tem duas saliências em uma das extremidades. As duas saliências ou regiões globulares são conhecidas como cabeças de miosina e têm capacidade para unir-se à actina e ao ATP. As porções alongadas de diferentes moléculas de miosina estão unidas umas às outras, dando lugar a uma coluna vertebral dos filamentos grossos. O ponto isoelétrico dessa proteína é 5,4. Durante a contração muscular, cada cabeça de miosina une-se a uma de actina G do filamento delgado. A união da actina e da miosina forma um complexo denominado *actomiosina*, que constitui a maioria das proteínas miofibrilares encontradas na carne.

Associadas aos filamentos grossos, encontram-se outras proteínas, destacando-se a proteína C, com função estrutural ao controlar a formação dos filamentos grossos e da proteína M.

No filamento delgado, encontram-se também a *tropomiosina* e o complexo *troponina*; ambos regulam a contração muscular, sendo que cada um deles representa 5% das proteínas miofibrilares. Outras proteínas miofibrilares minoritárias do filamento delgado são β-actinina e γ-actinina.

Entre as proteínas miofibrilares, há uma série delas (do citoesqueleto) que contribuem para manter a armação estrutural na qual funcionam as proteínas contráteis da fibra muscular. Essas proteínas miofibrilares são a conectina ou titina (10% das proteínas miofibrilares), nebulina (4%), α-actinina ou proteína majoritária da linha Z, e eu-actinina e filamina também da linha Z. Envolvendo a linha Z e formando uma rede, encontram-se filamentos de desmina e vimentina. Outra proteína do citoesqueleto é a vinculina.

Proteínas insolúveis ou do estroma

Constituem as fibras extracelulares de *colágeno*, *elastina* e *reticulina* que, por sua vez, fazem parte do tecido conetivo típico que recobre as fibras e os feixes musculares.

O colágeno é a proteína mais abundante nos animais de abate, podendo atingir 30% do total de proteínas corporais nos indivíduos adultos. Os tecidos ricos em colágeno compreendem ossos, cartilagens, tendões e pele. O colágeno tem composição em aminoácido muito característica: 33% dos resíduos de aminoácido que formam o colágeno são de glicocola e 23% da mistura prolina mais hidroxiprolina. O conteúdo neste último aminoácido é relativamente constante (13 a 14%) e não aparece em quantidades significativas em outras proteínas animais. Outro aminoácido típico do colágeno é a hidroxilisina.

A unidade estrutural básica do colágeno é a molécula monomérica de tropocolágeno. Três moléculas de tropocolágeno enroladas em hélice dão origem à fibrila de colágeno. À medida que um animal envelhece, o colágeno vai sofrendo algumas modificações; a estrutura vai se estabilizando mediante ligações covalentes transversais das quais fazem parte a lisina e a hidroxilisina.

Aminoácidos

As proteínas da carne são constituídas por uma mistura de cerca de 20 aminoácidos. Pode-se dizer que as diferenças entre espécies são pequenas, mas merecem

Tabela 7.2 Principais proteínas miofibrilares do músculo esquelético

Proteína	Peso molecular (kDa)	% (p/p)	Localização
FILAMENTOS GROSSOS			
Miosina	480	43	Banda A
Proteína C	135	2	Banda A
Miomesina	165	2	Banda A
Proteína F	121	< 1	Banda A
Proteína I	50	< 1	Banda A
Proteína X	152	< 1	Banda A
FILAMENTOS DELGADOS			
Actina	43	22	Banda I
Troponina (C, I, T)	70	5	Banda I
Tropomiosina (a, b)	70	5	Banda I
β-actinina	35 + 32	< 1	Final da actina
γ-actinina	35	< 1	Banda I
Nebulina	800	4	Banda I
Vinculina	130	< 1	Une banda I com sarcolema
FILAMENTOS INTERMEDIÁRIOS			
Desmina	53	1	Periferia de miofibrilas e
Vimentina	55	1	Entre linhas Z
FILAMENTOS ELÁSTICOS			
Titina	1.000	10	União linha Z e linha M
DISCO Z			
α-actinina	95 × 2	2	Linha Z
Eu-actinina	43	< 1	Linha Z
Proteína Z	50	< 1	Linha Z
Filamina	250 × 2	< 1	Linha Z

destaque as diferenças de composição entre diversos tipos de proteínas. Na Tabela 7.3, é mostrada a composição em aminoácidos de dois tipos diferentes de músculos (bovino e ave) e a das três proteínas musculares (miosina, actina e colágeno). A qualidade nutritiva da carne não decorre apenas de sua riqueza em proteína, mas também do fato de que esta é de grande qualidade biológica, visto que contém todos os aminoácidos essenciais em proporções bastante similares àquelas requeridas para o desenvolvimento dos tecidos humanos.

Tabela 7.3 Composição em aminoácidos das proteínas musculares (g/16 g N*)

Aminoácidos	Músculo de bovino	Músculo de ave	Miosina	Actina	Colágeno
Asp	9,8	10,2	10,9	10,4	5,4
Thr	4,8	4,0	4,7	6,7	2,1
Ser	4,3	–	4,1	5,6	2,9
Glu	16,0	17,0	21,9	14,2	9,7
Pro	3,5	–	2,4	4,9	13,0
Hyp					10,5
Gly	5,3	5,6	2,8	4,8	22,5
Ala	6,2	–	6,7	6,1	8,2
Cys	1,4	–	1,0	1,3	0
Val	5,1	4,8	4,7	4,7	2,9
Met	4,3	–	3,1	4,3	0,7
Ile	5,2	4,9	5,3	7,2	4,8
Leu	8,4	7,6	9,9	7,9	
Tyr	3,9	–	3,1	5,6	1,2
Phe	4,1	3,8	4,5	4,6	2,2
Lys	9,3	8,5	11,9	7,3	3,9
Hyl					1,1
His	3,8	2,2	2,2	2,8	0,7
Arg	5,4	5,9	6,8	6,3	7,6
Trp	–	–	0,8	2,0	0

*Aproximadamente g/100 g de proteína
Fonte: Belitz e Grosch (1997)

O colágeno tem valor nutritivo muito baixo ou nulo devido ao seu desequilíbrio aminoacídico e ao seu baixo conteúdo em aminoácidos essenciais. A existência de hidroxiprolina e hidroxilisina é exclusiva do colágeno. Por isso, a determinação do conteúdo do primeiro aminoácido pode ser utilizada para calcular a riqueza de colágeno nos produtos cárneos.

Gorduras

Entre os componentes básicos da carne (umidade, proteína, gordura e cinza), o mais variável, tanto do ponto de vista quantitativo como qualitativo, é a fração de gordura e, por isso, merece ser estudada mais detalhadamente.

A gordura acumula-se principalmente em quatro depósitos: cavidade corporal, zona subcutânea e as que se localizam inter e intramuscularmente. Cada um desses depósitos desempenha papel contínuo e importante no metabolismo energético. Salvo esse papel fisiológico, a distribuição de gordura e o conteúdo relativo de vários ácidos graxos podem adquirir importância em relação a fatores de palatabilidade.

A gordura animal é composta por diversos tipos de lipídeos, embora predominem os lipídeos neutros, que se localizam, em forma de triglicerídeos, nos depósitos de tecido adiposo e associados aos septos de tecido conetivo frouxo que se encontram entre os feixes musculares (gordura intramuscular), formando o que se conhece como betado ou marmorização. Os fosfolipídeos e outros lipídeos polares, ainda que sejam minoritários, também exercem funções muito importantes, contribuindo para a estrutura e a funcionalidade das membranas celulares.

Embora em termos gerais os animais de espécies diferentes apresentem sempre as mesmas frações lipídicas, as concentrações de cada uma delas variam conforme a espécie. Entre os animais de abate, o suíno e o cordeiro são os que geralmente contêm maior proporção de gordura, com 5,25 e 6,6%, respectivamente, enquanto as carnes de bovino, frango, coelho e peru apresentam níveis mais baixos (entre 2 e 3,2%). Igualmente, o suíno e o cordeiro são os que contêm porcentagem maior de lipídeos neutros (4,9 e 6,1% respectivamente). Nas demais espécies, essa fração revela valores sempre inferiores a 3%. Contudo, a porcentagem de fosfolipídeos de todas elas é bastante similar, entre 0,07 e 0,1% da carne, o que representa entre 1,2 e 2,4% do total lipídico. Entre os componentes dos lipídeos neutros (fração apolar) predominam sempre os triglicerídeos, ainda que também se encontrem quantidades muito pequenas de mono e diglicerídeos, ácidos graxos livres, colesterol e seus ésteres e alguns hidrocarbonetos. A fração polar é composta principalmente de fosfolipídeos (fosfatidilcolina, fosfatidiletanolamina, fosfatidilserina, difosfatidilglicerol), embora também existam ceramidas hexosídios e gangliosídeos.

Os ácidos graxos que se encontram esterificados fazendo parte dos lipídeos diferem na extensão de sua cadeia de átomos de carbono e no tipo de ligação que une esses átomos. A grande maioria dos ácidos graxos de origem animal tem número par de átomos de carbono (4 a 24), embora também se encontrem em pequenas porcentagens os de cadeia ímpar (entre 15 e 21 átomos de carbono). Os ácidos graxos saturados costumam ter de 12 a 20 átomos de carbono, e os insaturados, de 14 a 22. Os principais ácidos graxos saturados da carne são, de maior a menor concentração, o palmítico (C16:0), o esteárico (C18:0) e o mirístico (C14:0). O ácido oléico (C18:1) é o monoinsaturado mais abundante, seguido do palmitoléico (C16:1). Os ácidos linoléico (C18:2), linolênico (C18:3) e araquidônico (C20:4) são os principais ácidos graxos poliinsaturados (PUFA). As duplas ligações dos ácidos graxos insaturados costumam apresentar configuração *cis*, embora também tenha sido descrita a forma *trans*, mas esta é muito rara. Igualmente as gorduras animais possuem normalmente ácidos graxos de cadeia linear, embora em proporções muito pequenas também se tenham identificado formas ramificadas, dos quais se detectaram os isômeros iso e anteiso. Os ácidos graxos saturados e monoinsaturados são os majoritários nos triglicerídeos da gordura da carne. Assim, nas gorduras animais há grande diversidade de ácidos graxos, mas contêm apenas quantidades relativamente grandes de alguns poucos que, em geral, entre os saturados, são o mirístico, o palmítico e o esteárico e, dos insaturados, o palmítico, o oléico, o linoléico e o linolênico.

Os fatores intrínsecos que influem na composição da carne de determinada espécie são diversos, entre os quais vale citar a raça, a idade e o sexo. O conteúdo de gordura é sempre maior nos animais que foram submetidos a menor seleção genética. A idade influi na composição da carne, tanto no que se refere à gordura (acumula mais gordura à medida que envelhece) como às proteínas que, com o avanço da idade, contêm menos colágeno embora com mais entrecruzamentos. O sexo afeta o conteúdo em gordura intramuscular; os machos apresentam menos que as fêmeas. Além disso, a castração, efetuada desde os primórdios dos sistemas extensivos para facilitar o manejo dos animais, afeta tanto a riqueza da gordura, que é maior nos animais castrados, como sua composição, o que se reflete fundamentalmente nos ácidos graxos, que são mais insaturados nos animais inteiros.

Os fatores extrínsecos que afetam a composição da carne também são inúmeros, mas sem dúvida nenhuma o de maior importância é a alimentação; influi de forma imediata na qualidade da carne obtida em determinada exploração, de tal modo que, ao se aumentar o conteúdo de carboidratos ou de gordura de uma dieta, favorece-se a quantidade de gordura das carcaças, mas não tem efeito na composição protéica. Os animais monogástricos tendem a depositar a gordura da dieta quase sem modificações. A alimentação com dietas acrescidas de gordura com grande conteúdo de ácido linoléico, como óleo de soja ou de amendoim, eleva a quantidade desse ácido e do araquidônico na gordura de suínos, coelhos e frangos. O incremento do conteúdo de ácido araquidônico deve-se, obviamente, à síntese deste ácido graxo a partir do linoléico. Igualmente a adição à dieta dos ácidos C20:5n-3 e C-22:6n-3 eleva significativamente seus níveis nos lipídeos da carne, reduzindo os valores de ácido araquidônico.

Na década passada, foram publicados numerosos artigos acerca dos efeitos dos ácidos graxos da família n-3 na saúde humana. A ingestão de ácidos graxos n-3 em muitos países ocidentais parece inadequada para compensar a elevada ingestão dos da família n-6. Um excesso destes últimos pode interferir nos efeitos benéficos dos n-3 ao reduzir a agregação das plaquetas. Por isso, sugeriu-se que, aumentando o consumo de PUFA n-3 até 0,5 a 1,0 g/dia, seria possível reduzir 40% o risco de mortes por problemas cardiovasculares em pessoas de meia-idade. Aumentando a ingestão do precursor dos PUFA n-3, o ácido α-linolênico, consegue-se aumento dos PUFA n-3 no plasma.

Visto que a composição em ácidos graxos essenciais do frango, do coelho, do porco e inclusive do pescado pode ser manipulada mediante a dieta, esses animais são potencialmente aptos a proporcionar ao homem uma carne nutritivamente favorável para controlar os efeitos dos PUFA n-6 e n-3. Assim, está documentada a manipulação do conteúdo de PUFA n-3 da carne e da gordura de porco adicionando à dieta dos animais óleos de pescado ou sementes de linho como fonte de C18:3n-3. A adição de óleo de peixe à ração dos suínos incrementa o conteúdo de C20:5n-3 e C22:6n-3 na gordura dos animais, mas diminui a dureza e pode causar problemas associados ao aroma e susceptibilidade maior dos produtos cárneos à oxidação. A carne de frango tem naturalmente um maior conteúdo de PUFA n-3 do que outras carnes. De todo modo, estudou-se a possibilidade de aumentar seu conteúdo de n-3 para produzir os chamados *omegafrangos*, em referência ao enriquecimento uma uma ácidos graxos n-3 (antes denominados ω-3). Suplementando as dietas dos frangos com farinhas de pescado de boa qualidade podem-se obter carnes com níveis de PUFA n-3 similares aos encontrados em peixes magros sem que se observe diferenças sensoriais em relação ao controle, em frangos recém-assados, embora se observe aumento da oxidação após alguns dias de refrigeração. Em ruminantes, a composição da gordura é mais constante, dado que os microrganismos do rúmen podem hidrogenar as duplas ligações dos ácidos graxos, o que se manifesta em efeito menor da dieta na composição dos ácidos graxos das diversas substâncias lipídicas. Apesar do que se disse anteriormente, o tipo de ácido graxo depende em grande medida da espécie. Na Tabela 7.4, observam-se as diferenças em ácidos graxos dos lipídeos do tecido muscular de diversas espécies. Pode-se constatar que a gordura das aves é mais insaturada do que a de suínos, e esta, por sua vez, é mais insaturada que a de bovino ou ovino.

Tabela 7.4 Grau de saturação dos ácidos graxos componentes dos lipídeos do tecido muscular de diversas espécies

Espécie	% Saturados	% Monoenóicos	% Polienóicos
Bovino	40-71	41-53	0-6
Suíno	39-49	43-70	3-18
Carneiro	46-64	36-47	3-5
Aves	28-33	39-51	14-23
Bacalhau	30	22	48
Cavala	30	44	26

Fonte: Fennema (1992)

Carboidratos

A carne não é uma boa fonte de carboidratos. Contém cerca de 0,8 a 1% de glicogênio e quantidades muito baixas de outros carboidratos. Embora constituam uma pequena porção do peso corporal, exercem importantíssimas funções nos fenômenos *post-mortem*.

O glicogênio é um polissacarídeo formado por unidades de α-D-Glicose unidas mediante ligações glicosídicas α-1,6 e α-1,4. O glicogênio é um reservatório de energia e, estando armazenado no interior da fibra muscular, é um substrato facilmente degradável para a geração de ATP. A quantidade de glicogênio muscular depende em grande medida da alimentação, da espécie e da idade do animal e do tipo de fibra muscular. Nos eqüídeos, encontram-se concentrações de glicogênio superiores às dos bovídeos e, nestes, maiores do que nos ovídeos. As fibras musculares brancas e os animais jovens são mais ricos em glicogênio do que as fibras vermelhas e os animais adultos.

Na carne, apresentam-se baixas quantidades de açúcares (0,1 a 0,15%), sendo os mais abundantes a glicose-6-fosfato e outros açúcares fosforilados.

Outros componentes menores

Além de proteínas, gorduras e carboidratos, encontram-se na carne aminoácidos livres, peptídeos simples, creatina, creatininafosfato, creatinina, vitaminas, nucleotídeos e nucleosídeos.

Todos os aminoácidos que fazem parte das proteínas também encontram-se livres, mas em concentrações pouco elevadas (0,1 a 0,3% do peso úmido). Os peptídeos simples característicos da carne são a carnosina e a anserina, com concentrações de 0,05 a 0,3% e 0,01 a 0,05% respectivamente. A creatina e a creatinina são componentes característicos do músculo e encontram-se em concentrações de 0,05 a 0,3% e 0,01 a 0,05%, respectivamente. A creatina e a creatinina são componentes característicos do músculo e encontram-se em concentrações de 0,3 a 0,6% e 0,02 a 0,04% no músculo fresco do bovino. No músculo procedente de um animal recém-sacrificado, encontra-se de 50 a 80% da creatina em forma de creatininafosfato.

O nucleotídeo majoritário no músculo é o ATP (em torno de 5 a 10 mM). Nos processos *post-mortem* degrada-se até hipoxantina mais ribose, passando por ADP, AMP e IMP, sendo mínima sua concentração na carne (inferior a 1 μmol/g de tecido fresco).

O conteúdo de vitaminas da carne depende muito da espécie, da idade, do grau de cevadura, do tipo de alimentação e da peça cárnea estudada. A carne de suíno contém cerca de cinco vezes mais tiamina que as carnes de outras espécies, enquanto a de frango é rica em niacina e B_6, e a de bovino em B_6 e B_{12}. Em geral a carne é uma boa fonte de tiamina, riboflavina, niacina e vitaminas B_6 e B_{12} sendo pobre em vitaminas A e C. A maior parte das vitaminas da carne é relativamente estável no processamento industrial ou culinário.

A carne é uma excelente fonte de zinco, ferro e cobre, e proporciona quantidades significativas de fósforo, potássio, magnésio e selênio.

MUDANÇAS *POST-MORTEM* DO MÚSCULO

Quando se sacrifica um animal de abate, a falha da circulação sangüínea provocada pela sangria causa a interrupção do fornecimento de oxigênio e de nutrientes, e também há quebra no sistema de eliminação dos produtos resultantes do metabolismo celular. Esses fatos são a causa das intensas modificações químicas e físicas que provocam a chamada transformação do músculo em carne ou a mudança *post-mortem* do músculo.

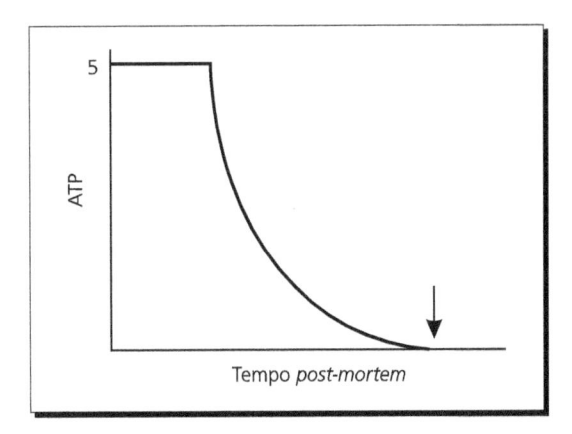

Figura 7.2 Decréscimo da concentração de ATP muscular ao longo dos fenômenos *post-mortem*.

Mudanças químicas

Após o abate, a fibra muscular deve modificar seu metabolismo para adaptar-se às novas condições e manter a homeostasia que permita seu funcionamento. A fibra muscular, inclusive no período *post-mortem*, precisa manter a taxa de ATP para poder realizar suas funções vitais. A degradação *post-mortem* do ATP deve-se à ação de numerosas ATPases musculares, sobretudo à ATPase associada às cabeças da miosina. Ao cessar o fornecimento de nutrientes e de oxigênio, a única fonte de ATP é o metabolismo anaeróbico do glicogênio, o que, associado à incapacidade da fibra muscular para eliminar as substâncias resultantes do metabolismo, provoca modificações químicas muito importantes, que são: queda da taxa de ATP e de glicogênio e acúmulo de ácido láctico. Essas modificações ocorrem quase que simultaneamente e traduzem-se como queda do pH da fibra muscular. A taxa de ATP muscular é de 5 a 10 mM e tem duas funções muito importantes: é fonte direta de energia para manter o metabolismo celular e atua dissociando a interação actina-miosina que ocorre durante a contração, isto é, determina o relaxamento da fibra muscular. No músculo em repouso, o ATP é desfosforilado lentamente, rendendo ADP e produzindo energia que sirva para diversos fins metabólicos. Essa desfosforilação prossegue após o abate, e a taxa de ATP poderia desaparecer rapidamente se não fosse restaurada. Ao cessar o metabolismo aeróbio e instaurar-se o anaeróbio, a ressíntese de ATP é menos eficaz, e o gasto não pode ser compensado. Assim, depois de um certo período, a concentração de ATP começa a diminuir (Figura 7.2) e, como conseqüência, iniciam-se interações actina-miosina, com o que o músculo começa uma fase de contração que continua até que o ATP desapareça. Com o desaparecimento total do ATP, as ligações actina-miosina se completam, e o músculo entra em contração irreversível, na qual a extensibilidade é nula, sendo chamada de *rigor mortis*.

A produção de ATP durante o período *post-mortem* mantém-se graças à degradação anaeróbia do glicogênio. O metabolismo *post-mortem* do glicogênio segue as mesmas rotas aeróbias (apenas no início e durante curto tempo) e anaeróbia, que atuam no animal vivo. A rota aeróbia só funciona até se esgotarem as reservas de oxigênio; por isso, o metabolismo *post-mortem* do glicogênio é quase que exclusivamente anaeróbio e pouco eficaz em termos de rendimento em ATP. As taxas iniciais de ATP se mantêm, enquanto os mecanismos de ressíntese compensam o gasto e começam a decair quando as perdas superam a produção. Os principais mecanismos de ressíntese são:

a) ADP + CP → ATP
b) 2 ADP → ATP + AMP
c) Glicólise anaeróbia
  (CP: creatininafosfato)

O conteúdo de glicogênio muscular depende da espécie e da raça animal, como também do grau de nutrição e de fadiga prévia ao abate. Quase imediatamente após o sacrifício, as taxas de glicogênio muscular começam a diminuir até se reduzirem de 5,5 a 6 vezes em 24 horas. A redução dos níveis de glicogênio é relativamente lenta no bovino, sobretudo se comparada à que ocorre no músculo do suíno, onde quase metade do glicogênio pode consumir-se nos primeiros 15 minutos *post-mortem*. Quando não funcionam os sistemas de eliminação do produto resultante do metabolismo anaeróbio do glicogênio, o ácido láctico, este se acumula no interior da fibra muscular. Em muitas ocasiões, e devido às condições que imperam no músculo, sobretudo de pH, inativam-se as enzimas glicolíticas, sobretudo a fosfofructoquinase, e cessa a degradação do glicogênio quando ainda restam 2 a 20% da quantidade original.

O pH do músculo de um animal sadio e devidamente descansado no momento imediatamente posterior ao abate varia de 7 a 7,3. Após o sacrifício do animal, o pH diminui devido à degradação do ATP, que gera hidrogênio até chegar ao chamado pH final, entre 5,5 e 5,4. A velocidade de decréscimo do pH é influenciada por muitos fatores, como a espécie animal, o tipo de músculo, a temperatura em que ocorre o processo *post-mortem* e fatores de estresse (Figura 7.3). O pH último ou final do músculo varia conforme a espécie animal e o tipo de músculo. Nos músculos em que predominam as fibras de contração rápida ou fibras brancas, o pH final atinge valores de 5,5, 5,5 e 5,8, respectivamente, na carne de bovino, de frango e de peru. Nos músculos de contração lenta (principalmente com fibras vermelhas), as carnes dessas mesmas espécies alcançam valores de 6,3, 6,1 ou 6,4.

O pH do músculo de suíno diminui 0,64 unidades/hora a 37°C, enquanto do bovino, do ovino e do coelho descem mais lentamente (0,27 a 0,44 unidades/hora). Os diversos músculos de uma mesma espécie têm reduções de pH diferentes. O músculo *psoas* do bovino atinge pH de 5,8 em 2,5 horas, enquanto o *longissimus dorsi* e *semimembranosus* necessitam de 3,7 e 5,4 horas, respectivamente.

A temperatura do músculo tem grande influência na velocidade da glicólise *post-mortem*, medida como queda do pH. As temperaturas elevadas (em torno de 40°C) aceleram a queda de pH (Figura 7.4), enquanto as baixas temperaturas retardam o decréscimo, sendo necessário mais horas para atingir valores de pH de 5,8. Esse fato não é surpreendente, já que as altas temperaturas aceleram a velocidade das reações químicas. Essa generalização é correta no caso da glicólise *post-mortem* somente quando não se incluem temperaturas muito baixas. A temperaturas musculares próximas a 0°C (Figura 7.4), observa-se na zona de pH entre 7 e 6,4 um decréscimo mais rápido desse parâmetro que a temperaturas superiores; a partir do pH 6,4, o decréscimo é lento e gradual. Esse fenômeno enquadra-se em um processo *post-mortem* mais amplo, denominado encurtamento pelo frio, e deve-se a que, a temperaturas entre 0 e 5°C, o retículo sarcoplásmico e as mitocôndrias da fibra muscular perdem parte de sua capacidade para reter Ca^{2+}, fazendo com que exista excesso de cátion no espaço intracelular e que se acelerem os fenômenos *post-mortem*. Um fenômeno similar chamado de *rigor* do descongelamento ocorre quando se congela a carne antes do desenvolvimento da rigidez e logo se descongela. Assim como no caso anterior, esse fenômeno deve-se a um excesso de Ca^{2+} no espaço intracelular, o que provoca uma contração muito forte.

Mudanças físicas

No momento da morte, o músculo é mole e extensível, mas em poucas horas converte-se em uma estrutura inextensível e relativamente rígida, o que é conhecido como *rigor mortis* ou rigidez cadavérica. No desenvolvimento desse fenômeno, do mesmo modo que nas mudanças químicas, muito inter-relacionadas embora sejam estudadas separadamente, influem muitos fatores, como a espécie animal, o tipo de músculo ou a temperatura muscular. O desenvolvimento da rigidez cadavérica foi estudado tradicionalmente determinando-se as modificações da extensibilidade muscular ao longo do período *post-mortem* (Figura 7.5). Para isso, uma tira de músculo é submetida a uma carga intermitente de 50 g/cm². Os ciclos de carga e descarga são de 8 minutos, registrando-se, durante todo o processo, as mudanças do comprimento

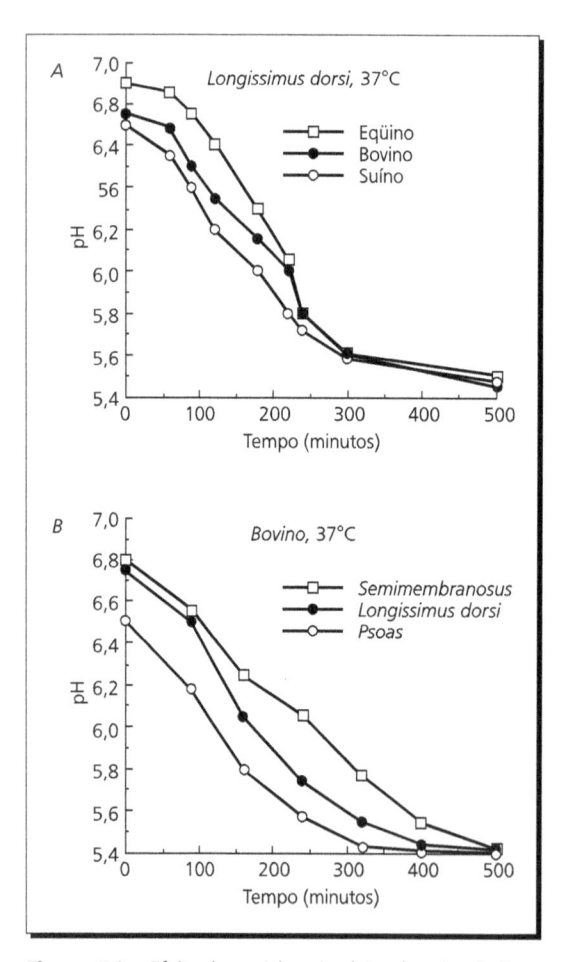

Figura 7.3 Efeito da espécie animal *A* e do músculo *B* na queda *post-mortem* do pH.

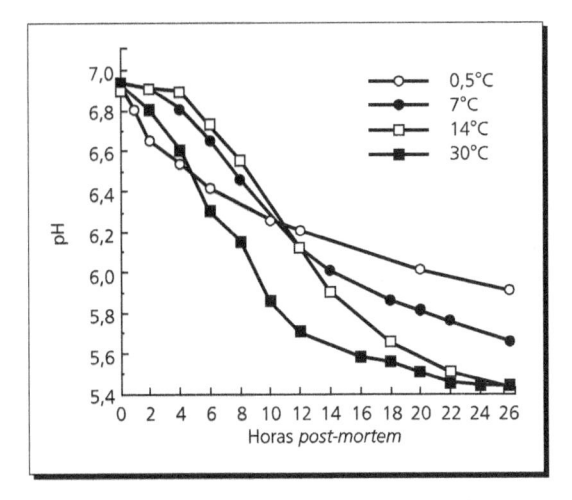

Figura 7.4 Efeito da temperatura muscular no descenso do pH.

da tira de músculo. Em músculos procedentes de animais bem-nutridos e descansados antes do abate, observa-se um gráfico típico (Figura 7.5) que compreende várias fases:

a) Uma primeira fase na qual não são observadas modificações; o músculo conserva sua extensibilidade, chamada de *fase de espera*.
b) Uma segunda fase na qual se vai observando, de forma paulatina, um decréscimo na extensibilidade muscular; é denominada *fase de apresentação*.
c) Uma terceira fase na qual existe decréscimo brusco da extensibilidade, chegando a valores quase nulos. Nesse momento, diz-se que o *rigor mortis* está *instaurado*.

A perda da extensibilidade está muito relacionada com o decréscimo na concentração de ATP (Figura 7.6). Enquanto a taxa de ATP permanece sem alteração, não são observadas mudanças na extensibilidade (*fase de espera*), sendo que, à medida que diminui a taxa de ATP, a extensibilidade também diminui (*fase de apresentação*). Esta diminui aproximadamente 50% quando as reservas de ATP descem à metade da original. Quando se esgota a reserva de ATP, a extensibilidade é mínima (*fase de instauração* e *rigidez cadavérica*). O tempo transcorrido desde o sacrifício até a instauração do *rigor mortis* e a duração de cada uma das fases dependem muito da espécie animal, da forma de abate e da temperatura ambiente. O tempo que transcorre até a instauração do *rigor mortis* em condições normais de processamento é inferior a 30 minutos para o frango, de menos de 1 hora para o peru, entre 25 minutos e 3 horas para o suíno e de 6 a 12 h para o bovino. Durante o desenvolvimento desses fenômenos, o que ocorre é uma contração muscular irreversível que, em alguns casos, determina uma diminuição do comprimento do sarcômero. Às vezes, sobretudo quando o músculo não está sujeito a uma estrutura rígida, como o esqueleto, e quando os fenômenos pós-morte ocorrem a temperaturas musculares inferiores a 10°C, produzem-se encurtamentos do sarcômero que levam a extensões do músculo isolado de apenas 50% da original. Esses fenômenos, cuja causa foi explicada anteriormente, e a modificação da velocidade do decréscimo do pH levam a carnes mais duras e com maior quantidade de exsudação. Para que se desenvolva o encurtamento pelo frio, devem existir certas condições no músculo: estado de *pre rigor mortis*; temperatura do músculo inferior a 10°C; concentração adequada de ATP que permita o encurtamento. Para prevenir o encurtamento pelo frio, foram testados muitos métodos, mas os mais usados são o *acondicionamento* (*conditioning*) e o estímulo elétrico.

O acondicionamento consiste em manter as carcaças, ou os cortes cárneos, a temperaturas superiores a 10°C. Quanto maior é a temperatura, menor é o tempo exigido. É comum o uso de temperaturas de 15 a 16°C durante 16 a 24 horas, embora exigências sanitárias tenham feito com que se reduzisse a temperatura a valores próximos e inclusive inferiores a 10°C. A aplicação de correntes elétricas às carcaças (estímulo elétrico) previne o encurtamento pelo frio, já que esgota o ATP durante a contração muscular causada pela eletricidade, ao mesmo tempo em que se produz rápido decréscimo do pH muscular e sobrevém o *rigor mortis*. Muitos fatores influem na eficácia do estímulo elétrico, mas, sobretudo: tempo *post-mortem* ou tempo que transcorre desde o abate do animal até a aplicação do estímulo elétrico, tipo de voltagem e tempo de aplicação da corrente elétrica. Na Figura 7.7, pode-se observar o efeito dos fatores mencionados anteriormente; quanto maior é a voltagem usada, mais rápido é o decréscimo de pH, e quanto menor é o tempo *post-mortem*, mais eficaz é o estímulo elétrico e mais rapidamente o pH diminui. Quando aumenta o tempo *post-mortem*, reduz-se a resposta do sistema nervoso e requerem-se volta-

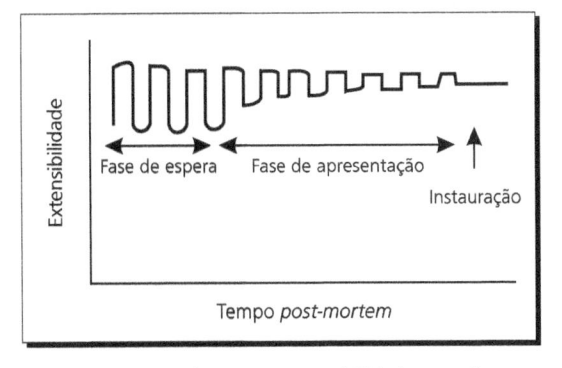

Figura 7.5 Modificação da extensibilidade muscular ao longo do período *post-mortem*.

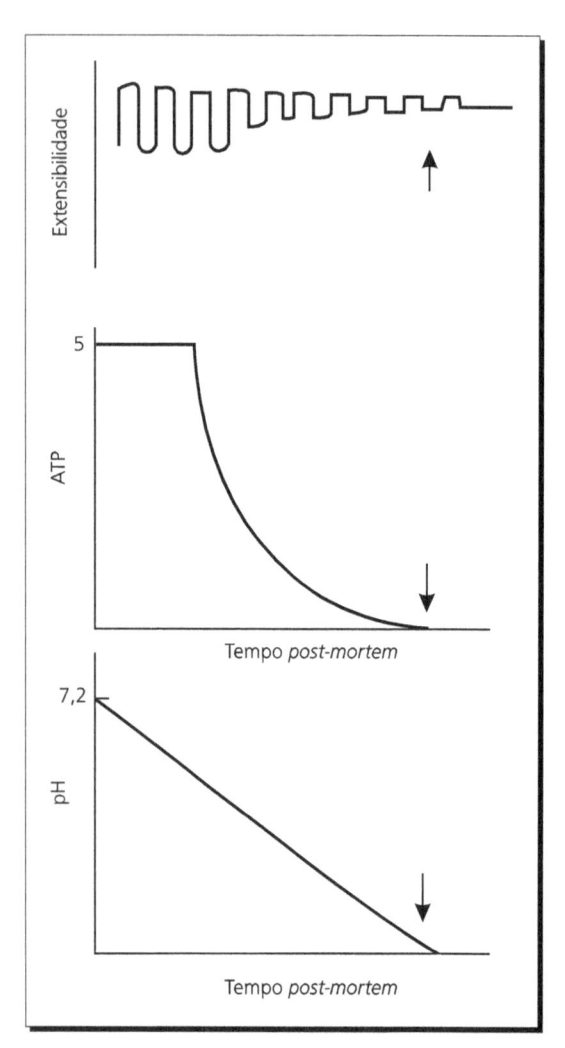

Figura 7.6 Comparação entre a extensibilidade, a concentração de ATP e o pH muscular durante o desenvolvimento do *rigor mortis*. A seta indica o momento em que se instaura o *rigor mortis*.

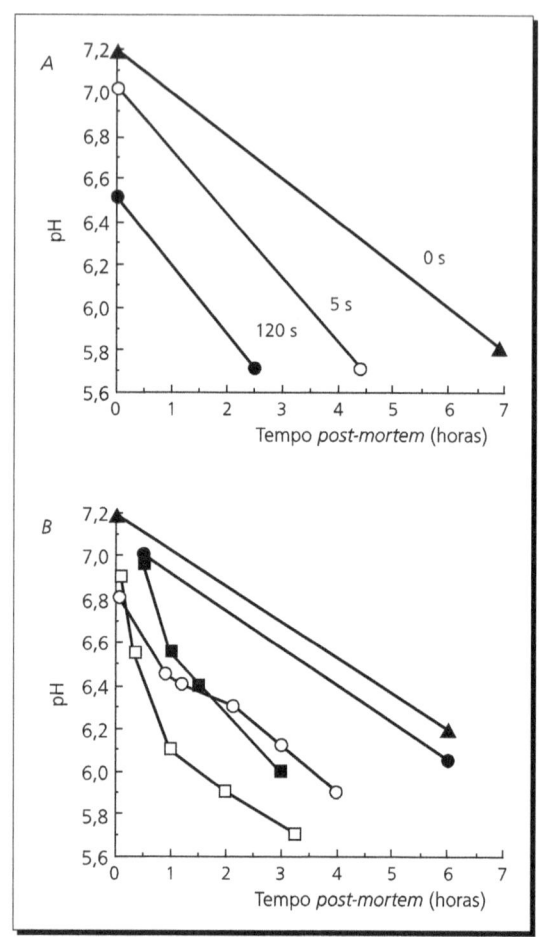

Figura 7.7 Aceleração do decréscimo de pH pelo efeito do estímulo elétrico. A) Efeito do tempo de estimulação: estímulo elétrico com 200 V e armazenamento a 35°C, (▲) sem estimular, (○) estimulado durante 5 segundos, (●) estimulado durante 120 segundos. B) Efeito da voltagem e do tempo transcorrido entre o abate e a aplicação do estímulo elétrico: (▲) sem estimular, (●) estimulado via nervosa com 12 V aos 30 minutos *post-mortem*, (○) estimulado via nervosa com 12 V aos 5 minutos *post-mortem*, (■) estimulado diretamente com 200 V aos 5 minutos *post-mortem*, (□) estimulado diretamente com 200 V aos 5 minutos *post-mortem*.

gens mais altas para conseguir os mesmos efeitos que os obtidos com menor voltagem em tempos *post-mortem* mais curtos. Aumentando o tempo de aplicação do estímulo elétrico, também aumenta a velocidade de decréscimo do pH. O uso do estímulo elétrico permite a refrigeração quase imediata da carne sem que ocorram fenômenos de encurtamento. Além disso, oferece outras vantagens, como proporcionar carnes mais macias, de melhor cor e de melhor aroma.

O *rigor* do descongelamento é o termo que se usa para descrever o encurtamento que ocorre ao se descongelar carne que foi congelada em estado de *pre rigor mortis*. Assim como no encurtamento pelo frio, produz carne mais dura e maior quantidade de exsudação. Para evitar isso, recomenda-se que a carne seja congelada quando se instaura o *rigor mortis*. O uso de estímulo elétrico oferece as mesmas vantagens descritas anteriormente e parece ser o melhor método para solucionar o problema do *rigor* do descongelamento quando se deseja congelar carne imediatamente após o abate.

Maturação da carne

A maturação da carne ou resolução do *rigor mortis* compreende as mudanças posteriores ao desenvolvimento da rigidez cadavérica que determinam relaxamento lento do músculo, provocando amolecimento da carne após 3 a 4 dias de armazenamento em refrigeração. É um processo muito complexo, mas parece claro que se deve a proteinases endógenas entre as quais destacam-se as catepsinas e as calpaínas ou proteinases neutras ativadas pelo cálcio (CAF). As catepsinas podem atuar nas condições presentes na carne e degradar a actina e a miosina. As calpaínas têm atividade proteolítica muito variada, atuando preferencialmente sobre as proteínas da faixa Z. À medida que o pH diminui durante o período *post-mortem*, as catepsinas se ativam e começam a degradar as proteínas. As catepsinas B (pH ótimo de atividade 3,5 a 6), H (pH ótimo 6), D (pH ótimo 3 a 5) e L (pH ótimo 3 a 6) são capazes de hidrolisar as proteínas miofibrilares e inclusive os segmentos polipeptídicos que resultam dessa hidrólise. Apesar disso, parece que as catepsinas lisossomais não são as principais proteinases na proteólise *post-mortem*, e que esta, assim como o amolecimento que se produz, decorre do sistema proteolítico das calpaínas junto com o cálcio.

No músculo, existem dois tipos de calpaínas, um chamado mM-calpaína (calpaína II) que, para ser ativado, requer concentrações milimolares de Ca^{2+} (1-5 mM de Ca^{2+}), o que é difícil conseguir na carne, e outro que requer apenas concentrações micromolares de Ca^{2+} (50 a 70 μM de Ca^{2+}). Esta última calpaína, a micromolar ou CAF micromolar (μM-calpaína ou calpaína I) parece ser responsável em grande parte pelo amolecimento *post-mortem* da carne (Koohmaraie, 1994).

Em qualquer caso, as mudanças que ocorrem na carne durante o armazenamento *post-mortem* e que participam na resolução do *rigor mortis* ou amolecimento são (Koohmaraie, 1994):

1. Degradação do disco Z com fragmentação das miofibrilas.
2. Degradação da desmina, o que também causa fragmentação das miofibrilas, provavelmente por ruptura das ligações cruzadas transversais entre miofibrilas.
3. Degradação da titina, que conecta filamentos de miosina ao longo do sarcômero desde o centro da miosina (linha M) até o disco Z. Parece que a titina regula a elasticidade do músculo e sua degradação contribui para o amolecimento.
4. Degradação da nebulina, embora não esteja claro como essa degradação afeta o amolecimento.
5. Desaparecimento da troponina T com aparecimento de polipeptídeos de 28 a 32 kDa. Não está claro o efeito da degradação da troponina T no amolecimento da carne, mas parece que o desaparecimento da troponina T e o aparecimento dos polipeptídeos podem ser um bom indicador de proteólise *post-mortem*.
6. Aparecimento dos polipeptídeos de 95 kDa de origem e significância desconhecidas.
7. As principais proteínas contráteis (actina e miosina) não são afetadas.

Processos *post-mortem* anômalos e carnes PSE e DFD

Um dos principais problemas da indústria cárnea e, sobretudo, daquela que se dedica ao abate e à obtenção de carne suína, é a elevada incidência das chamadas carnes PSE (*pale, soft* e *exudative*: pálidas, moles e exsudativas). Essas carnes, como seu nome indica, caracterizam-se por serem carnes mais pálidas, mais moles e mais exsudativas do que as obtidas em processos *post-mortem* normais. Além disso, são carnes nas quais houve acentuada hipertermia durante o período *post-mortem*.

O que caracteriza o desenvolvimento de carnes PSE é uma glicólise *post-mortem* muito rápida que causa pH muito baixo quando a temperatura da carne ainda é elevada. Na Figura 7.8, está representado como deve ser o decréscimo do pH para que uma carne seja considerada PSE; deve-se destacar que, mais importante que o pH final, é a queda de pH que ocorre na primeira hora *post-mortem*. O decréscimo de pH é muito mais rápido em uma carne PSE do que em uma normal, sendo que na primeira pode-se atingir o pH final já nos 15 a 20 minutos *post-mortem*, quando a temperatura do músculo ainda está próxima a 37°C. A combinação de pH baixo e temperatura elevada (hipertermia) provoca precipitação das proteínas sarcoplásmicas e menor capacidade de retenção de água devido à desnaturação das proteínas miofibrilares. Além disso, produz-se uma estrutura aberta das fibras musculares, dando lugar às características das carnes PSE. Essas carnes encontram-se sobretudo em suínos e, para evitar seu desenvolvimento, recomenda-se bom manejo dos animais, visto que, quando se reduz ao mínimo o estresse, durante o transporte e o abate, consegue-se redução na incidência dessas carnes.

Com menos freqüência que nas carnes PSE, às vezes, aparecem no suíno e, sobretudo, no bovino, carnes mais secas, mais firmes e mais duras que as normais, sendo chamadas de DFD (*dark, firm* e *dry*: escuras, duras e secas) (Figura 7.8).

A queda de pH é muito pouco acentuada devido à baixa concentração de glicogênio muscular, levando a que a combinação pH-temperatura tenha pouca incidência sobre as proteínas sarcoplásmicas e miofibrilares, dando lugar a carnes mais secas e escuras, reflexo de sua maior capacidade de retenção de água. As carnes DFD, devido a seu pH mais elevado, são mais suscetíveis a alterações de origem microbiana,

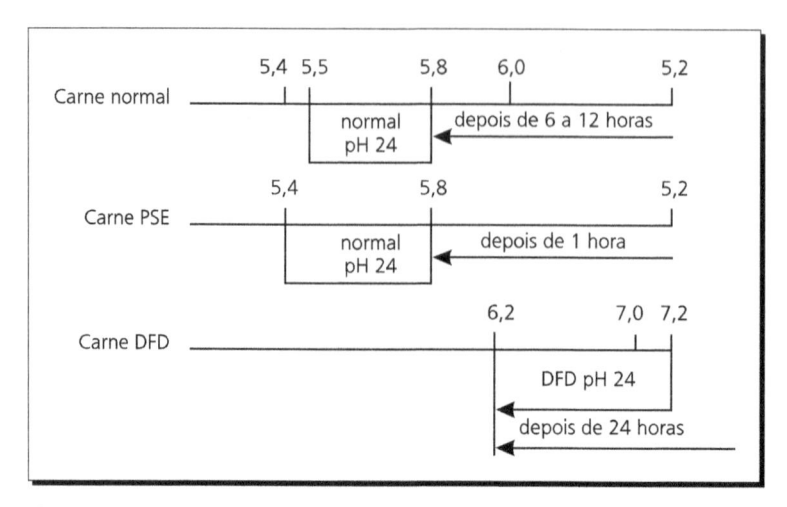

Figura 7.8 Valores de pH na carne normal, PSE e DFD. Carne normal: depois de 6 a 8 horas, o pH é menor que 5,8. Depois de 24 horas, o pH final é de 5,5 a 5,8. Carne PSE: depois de 1 hora, o pH é igual ou menor que 5,8. Depois de 24 horas, o pH final é de 5,4 a 5,8. Carne DFD: depois de 24 horas, o pH final é superior a 6,2.

por isso se aconselha a ter cuidado extremo com as condições higiênicas de obtenção quando são manipuladas carnes desse tipo.

A incidência de carnes DFD pode ser limitada com boas práticas de manejo durante o transporte e o abate dos animais, o que permite preservar as reservas de glicogênio muscular e, portanto, tornando mais fácil o decréscimo de pH durante o período *post-mortem*.

REFERÊNCIAS BIBLIOGRÁFICAS

BELITZ, H. D. y GROSCH, W. (1997): *Química de los alimentos*. 2ª ed. Acribia. Zaragoza.
FENNEMA, O. R. (1992): *Química de los alimentos*. Acribia. Zaragoza.
KOOHMARAIE, M. (1994): "Muscle proteinases and meat aging". *Meat Science*, 36: 93-104.

RESUMO

1. O tecido muscular esquelético representa, aproximadamente, a metade da carcaça dos bovinos, ovinos ou suínos. O músculo esquelético é formado por fibras musculares recobertas de tecido conjuntivo, cujo principal componente é o colágeno.

2. As fibras musculares contêm miofibrilas que, por sua vez, apresentam miofilamentos grossos e delgados. Ambos são constituídos por grande diversidade de proteínas, sendo a actina e a miosina as principais.

3. A unidade estrutural do tecido muscular é o sarcômero, delimitado por duas linhas Z; é a unidade básica na qual ocorrem os ciclos de contração e relaxamento.

4. A carne é um alimento altamente protéico (16 a 22%), composto também por água (65 a 80%), que é seu componente principal, gordura, cujo conteúdo é muito variável (3 a 13%) e cinzas (1,1 a 1,4%), que são bastante constantes. Existem, ainda, pequenas quantidades de outras substâncias, como as nitrogenadas não-protéicas (aminoácidos livres, peptídeos, nucleotídeos e creatina), carboidratos, ácido láctico, vitaminas e minerais.

5. As proteínas podem ser divididas em sarcoplásmicas (mioglobina e enzimas) miofibrilares (actina, miosina, tropomiosina, troponina, actinas, titina, nebulina e outras em menor quantidade) e proteínas insolúveis do estroma (colágeno, elastina e reticulina).

6 A fração de gordura é a mais variável, tanto do ponto de vista quantitativo como qualitativo, visto que seu conteúdo depende da espécie animal, do sexo, da idade, da alimentação, da região anatômica, etc. O componente majoritário são os triglicerídeos, que se localizam fundamentalmente nos depósitos de gordura, na zona subcutânea e no tecido muscular. Os fosfolipídeos e outros lipídeos polares, embora sejam minoritários, exercem funções muito importantes, contribuindo para a estrutura e a funcionalidade das membranas celulares.

7 Os ácidos graxos são muito diversos, mas a grande maioria tem número par de átomos de carbono (4 a 24). Os ácidos graxos saturados costumam ter de 12 a 20 átomos de carbono, e os insaturados, de 14 a 20. Os ácidos graxos mais abundantes, entre os saturados, são o palmítico, o esteárico e o mirístico. O oléico é o monoenóico mais abundante, seguido do palmitoléico. Entre os poliinsaturados destacam-se o linoléico, o linolênico e o araquidônico.

8 A carne praticamente não contém carboidratos, já que o glicogênio transformou-se quase que totalmente em ácido láctico.

9 A carne contém, em proporções muito pequenas, uma série de componentes minoritários, como aminoácidos livres, peptídeos, creatina, creatinina, vitaminas e nucleotídeos. Esses componentes adquirem grande importância, dado que alguns (p. ex., os nucleotídeos) degradam-se nos processos *post-mortem*, contribuindo para as características finais da carne, enquanto outros (p. ex., açúcares residuais e aminoácidos) são o substrato inicial dos microrganismos presentes que, ao proliferar-se, serão os responsáveis pela alteração da carne.

10 As principais mudanças *post-mortem* que acontecem no músculo são a degradação do glicogênio e a do ATP, que levam a decréscimo do pH até valores finais em torno de 5,5. Do ponto de vista físico, ocorre, primeiro, a rigidez cadavérica, devido à formação de actomiosina e depois, a resolução do *rigor mortis* devido à atuação de enzimas endógenas.

11 Os principais processos *post-mortem* anômalos do músculo resultam em carnes PSE ou DFD, as primeiras são pálidas, moles e exsudativas, e as últimas, escuras, firmes e secas.

CAPÍTULO 8

Características sensoriais da carne

Neste capítulo, é abordado o conceito de capacidade de retenção de água (CRA) da carne, os fatores de que depende e sua importância nos produtos cárneos. Também são analisadas as características sensoriais da carne: suculência, cor, textura, dureza, odor e sabor.

INTRODUÇÃO

Os alimentos são avaliados primeiro pelo olhar (forma, aspecto, cor), depois pelo olfato (odor) e, em algumas situações, pelo tato. A impressão causada por essas sensações predispõe ao seu consumo. Depois, mediante a mastigação, o sentido do tato informa sobre sua textura e o do gosto, sobre seu sabor. Paralelamente, o sentido do olfato recebe, pela parte interna do nariz em comunicação com a boca, uma segunda impressão olfativa, em geral muitíssimo mais completa do que a primeira. Portanto, a sensação agradável ou desagradável que provoca a aceitabilidade ou a recusa de um alimento é o resultado da combinação de todos os estímulos captados pelos cinco sentidos.

A carne possui características organolépticas excepcionais que, associadas ao seu valor nutritivo, convertem-na em um dos alimentos de origem animal mais valorizado pelo consumidor.

CAPACIDADE DE RETENÇÃO DE ÁGUA

Entende-se por capacidade de retenção de água (CRA) a aptidão da carne para reter total ou parcialmente a própria água e, eventualmente, a água adicionada durante seu tratamento. Trata-se, portanto, de uma medida da capacidade da carne ou de um produto derivado para manter seu conteúdo aquoso durante a aplicação de forças externas (compressão, impacto, cisalhamento) ou ao longo de um determinado processo (maturação, cozimento, congelamento). A CRA ou capacidade de absorção de água tem forte repercussão no desenvolvimento e na apreciação das características sensoriais, no valor nutritivo, no valor comercial e na atitude tecnológica da carne. A cor, a textura, a firmeza, a maciez e, sobretudo, a suculência são fortemente condicionadas pela CRA. A suculência e a palatabilidade dos produtos reduzem-se com sua diminuição. Por outro lado, a água liberada arrasta proteínas solúveis, vitaminas e minerais com a conseqüente redução do valor nutritivo. Quando os tecidos têm pouca CRA, as perdas de umidade e, conseqüentemente, de peso, durante seu armazenamento e processamento, podem ser significativas.

Em geral, denomina-se *gotejamento* (*weep*) a liberação de fluido aquoso, e fala-se de *mermas* para referir-se às perdas de peso por essa causa. Esse fenômeno ocorre nas superfícies musculares da carcaça durante o armazenamento. Contudo, as perdas de umidade são favorecidas ao se ampliar a superfície muscular exposta quando é realizado o retalhamento e os cortes comerciais. Para reduzir a liberação de fluido, tende-se a acondicionar e a envolver as porções cárneas em materiais com baixo coeficiente de transmissão de vapor d'água e a colocar materiais absorventes para reter a exsudação e melhorar seu aspecto comercial.

Entretanto, o incremento maciço da CRA dá lugar ao chamado *inchamento*, isto é, à entrada espontânea de água na carne com o conseqüente aumento de volume.

Conteúdo aquoso da carne

O tecido muscular contém aproximadamente 75% de água, embora, sob certas condições, possa incorporar e reter bem mais. Como em qualquer outro alimento, a água da carne está associada a seus componentes de formas muito diversas, ainda que o principal responsável pela retenção de água seja o elemento protéico. Comprovou-se que, no tecido muscular, para cada 100 g de proteína, encontram-se de 350 a 360 g de água, podendo-se chegar até 700 e 800 g.

O estudo da isoterma de adsorção da água da carne revela que pequena quantidade desse componente (entre 0,04 e 0,1 g/g de proteína) está fortemente ligada à estrutura do músculo (água de *estrutura* ou de *constituição* ou *água fortemente ligada*). Esse conteúdo de água estabiliza a estrutura das proteínas, sendo impossível extraí-lo, a não ser que se provoquem modificações consideráveis de sua conformação e de suas propriedades funcionais. Requer energia de dessorção elevada, entre 12 e 25 kJ/mol para variações de volume da ordem de 0,05 mL/g de proteína. Estima-se que essa água represente 1/5 da quantidade necessária para formar uma camada monomolecular em torno das moléculas protéicas e que esteja ligada diretamente aos grupos carregados e polares (NH^{3+} e COO^-) destas. Esse conteúdo aquoso não está disponível nem como solvente nem como reativo, nem é congelável.

À medida que aumenta a pressão de vapor d'água com aumento significativo da a_w, estabelece-se, primeiro, uma segunda camada de moléculas de água (água de *hidratação* ou *água ligada*), ordenada, igualmente, em torno dos grupos hidrófilos das proteínas (em torno de 0,2 g/g de proteína) e, depois, camadas sucessivas de moléculas, cada vez com menos fixação, à medida que aumenta a distância em relação ao grupo reativo da proteína. Todas essas camadas de moléculas de água organizadas em torno das proteínas estão relacionadas entre si através de ligações de hidrogênio e interações dipolo-dipolo. Devido às fortes interações com as proteínas, a água assim imobilizada não cristaliza durante o decréscimo da temperatura (água *não-congelável*, entre 0,3 e 0,5 g/g de proteína) embora esteja disponível como solvente e como reativo.

O restante do conteúdo aquoso da carne (em torno de 95% do total) encontra-se como água *livre* ou debilmente ligada. Essa água não se libera espontaneamente dos tecidos animais, salvo se eles estiverem danificados fisicamente ou tenham sido modificados por agentes químicos. Sua liberação da massa cárnea exige energia variável, que pode ser avaliada submetendo o sistema a diversas forças; dessa forma, pode-se determinar sua capacidade para reter ou absorver esse elemento. Essa fração de água é congelável, pode dissolver solutos e intervir em diversas reações. A mobilidade da água livre ou debilmente ligada é limitada por diversos mecanismos. Estima-se que no tecido conetivo encontrem-se aproximadamente 10% da água da carne, enquanto as proteínas sarcoplasmáticas associam-se a 20% do conteúdo aquoso. A maior porcentagem de água (em torno de 70%) está associada à estrutura das miofibrilas.

A água livre ou debilmente ligada inclui a água extracelular, a correspondente ao espaço sarcoplasmático e a água retida nos espaços capilares e microcapilares. A extracelular representa menos de 10% da água total do músculo vivo, embora na carne, devido às mudanças *post-mortem*, possa elevar-se a mais de 15%. Essa água encontra-se fora das células, em espaços macrocapilares, e pode migrar lentamente para a superfície da carne, onde se evapora ou se desprende em forma de *gotejamento*. Considera-se que, do conteúdo aquoso do espaço sarcoplasmático, uma proporção muito baixa corresponde à água livre ou debilmente retida físico-quimicamente. A liberação dessa água é freada pelo comportamento e pela integridade do sarcolema. Portanto, a capacidade de retenção de água está associada, fundamentalmente, às proteínas miofibrilares, dado que a maior quantidade desse elemento (até 10 g água/g de proteína) encontra-se no interior, presa no retículo tridimensional das miofibrilas. Esta é a água *embebida*, água dos microcapilares ou água fixada ao filamento, retida nas redes de cadeias polipeptídicas dessa estrutura própria do tecido muscular estriado.

O comportamento das miofibrilas pode ser considerado similar ao de um gel formado por moléculas anisodiamétricas. Trata-se de uma estrutura formada por moléculas de cadeia longa e de pequeno diâmetro, ligadas lateralmente por pontes de hidrogênio e interações eletrostáticas, dando lugar a uma rede tridimensional, na qual a água permanece imobilizada em maior ou menor grau. A quantidade de água que esse retículo é capaz de imobilizar depende do espaço disponível; conseqüentemente, todo os fatores que diminuam a coesão entre as moléculas adjacentes (p. ex., ao incrementar-se a repulsão eletrostática entre as cadeias protéicas) ampliarão os espaços da rede tridimensional, aumentando a capacidade de embebição, a menos que a rede se debilite tanto que a estrutura se converta em uma solução coloidal, em que as macromoléculas possam circular livremente no meio aquoso. Ao contrário, todo agente que incremente a atração entre as cadeias protéicas (p. ex., aumentando as forças eletrostáticas na estrutura protéica) provocará a retração da rede tridimensional e diminuirá a quantidade de água que esta é capaz de abrigar, forçando-se a expulsão do excesso (*sinérese*).

Modificações da capacidade de retenção de água

Os fatores que modificam a CRA são diversos. Entre eles, têm um forte efeito as mudanças *post-mortem*, que levam à produção de ácido láctico, à perda de ATP, à instauração do *rigor mortis* e a mudanças da estrutura celular associadas à atividade proteolítica enzimática. Entretanto, os ingredientes e as operações do processo de elaboração dos produtos cárneos podem modificar a CRA da carne utilizada, permitindo que o produto resultante apresente uma determinada CRA. A seguir, discute-se o efeito dos agentes que afetam com mais intensidade a CRA da carne e dos produtos derivados dela.

pH

Esse fator influi no número e na natureza das interações eletrostáticas das moléculas protéicas. A CRA da carne é mínima com pH de 5 a 5,1, coincidindo com o ponto isoelétrico das proteínas miofibrilares. A esse pH, o número de grupos carregados é máximo, mas a carga líquida é zero ao igualar-se o número de grupos carregados positiva e negativamente. Nessas condições, não há repulsão entre as moléculas e sim um máximo de interações entre os grupos carregados com sinais diferentes de uma proteína e os de outra. A adição tanto de ácidos como de álcalis aumenta a CRA (Figura 8.1), já que a pH acima do ponto isoelétrico desaparecem algumas cargas positivas, enquanto, abaixo deste, desaparecem algumas das negativas, o que se traduz em que as moléculas apresentem carga líquida de mesmo sinal. Surgem, como conseqüência, fenômenos de repulsão entre as cadeias polipeptídicas que incrementam os espaços entre os filamentos, aumentando, com isso, a CRA. Pode-se dizer, então, que todos os fatores *ante mortem* que provocam esgotamento parcial da reserva de glicogênio e que, portanto, afastam o pH final do ponto isoelétrico das proteínas miofibrilares, provocam aumento da CRA. O efeito do pH é, em certa medida, responsável pelas diferenças na CRA que se observam entre animais da mesma espécie e mesmo entre os músculos de uma mesma carcaça.

Fatores ligados à transformação do músculo em carne

Diante da elevada CRA da carne *pre rigor*, os valores mais baixos costumam apresentar-se entre 1 e 2 dias após o sacrifício (Figura 8.2). O acentuado decréscimo da CRA que ocorre durante o desenvolvimento do *rigor mortis* deve-se parcialmente (cerca de uma terça parte) às mudanças de pH experimentadas durante esse processo; o restante é associado ao estabelecimento de interações irreversíveis entre as moléculas de actina e de miosina em face do esgotamento do ATP, com a consequente redução do espaço interfibrilar. Ao resolver-se o *rigor mortis*, a CRA aumenta sem que se produza simultaneamente um incremento substancial do pH. Esse fato não se deve às mudanças no grau de ionização dos grupos dissociáveis, mas sim à desorganização da estrutura miofibrilar. Esse fenômeno decorre da ruptura dos filamentos finos no nível de sua inserção no disco Z pela ação proteolítica das calpaínas sobre a α-actinina, ou também da fratura das moléculas de miosina sob a ação de enzimas lisossomáticas ao nível da união dos subfragmentos S1 e S2 da molécula de meromiosina pesada. Qualquer dessas duas ações provoca ampliação dos espaços intrafibrilares, que se traduz em aumento da CRA.

A importância do efeito das interações actina-miosina na CRA da carne evidencia-se quando se comparam as per-

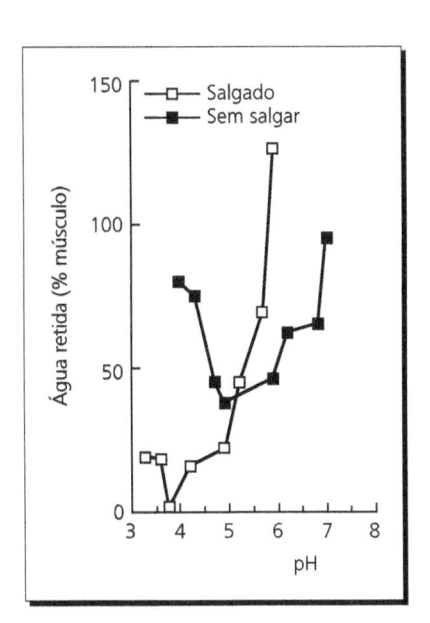

Figura 8.1 Influência do pH e do NaCl a 2% na CRA da carne picada.

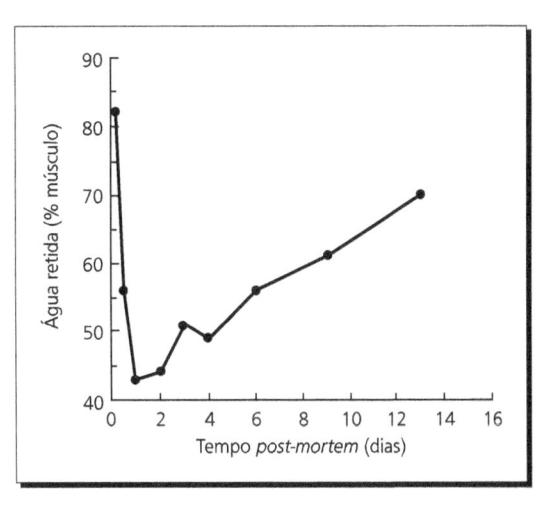

Figura 8.2 Relação entre a CRA da carne e o tempo *post-mortem*.

das de exsudação dos músculos que entram em *rigor* com as miofibrilas em extensão (com um mínimo de interação actina-miosina) ou em graus diferentes de encurtamento do sarcômero. Quando a entrada do músculo em *rigor* é acompanhada do encurtamento do sarcômero, sobretudo quando o encurtamento ultrapassa 30% da extensão em repouso, as perdas por exsudação são intensas. Esse fato adquire particular relevância no *rigor* do frio e do descongelamento. Neste último, em que o encurtamento pode chegar até 60% da extensão do sarcômero, as perdas podem representar até 25% do peso total do músculo. Levando em conta a conhecida correlação negativa entre a CRA da carne e o grau de associação entre miofibrilas e a correlação positiva existente entre essas interações e a dureza, as carnes duras associam-se a uma escassa CRA, enquanto as macias relacionam-se a valores elevados desta.

Ação do calor

O aquecimento incrementa as associações entre as moléculas protéicas, sendo esta a base de algumas manifestações de desnaturação. Uma conseqüência desses fenômenos é o decréscimo da CRA e a perda de suco decorrente. A maior parte desses processos ocorre a temperaturas inferiores a 50°C. A redução da CRA com a elevação da temperatura de tratamento é muito escasso no intervalo de temperaturas entre 50 e 90°C (Figura 8.3). Contudo, acima deste, a CRA pode, inclusive, aumentar devido às transformações do colágeno e à sua passagem final a gelatina.

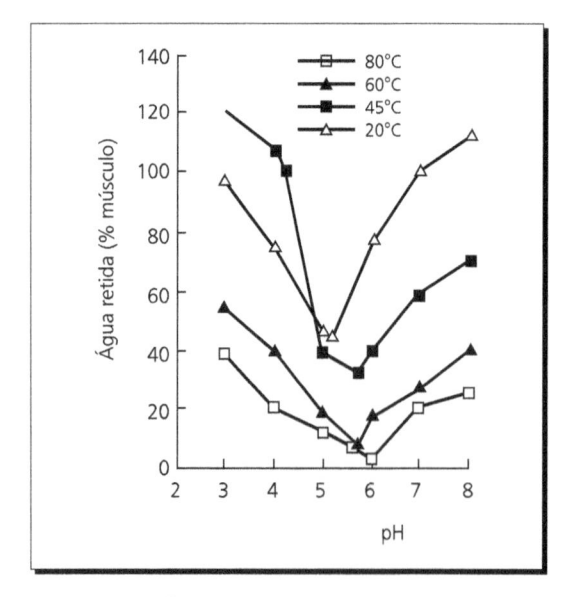

Figura 8.3 Efeito do calor e do pH na CRA da carne.

Influência da força iônica

O efeito da força iônica na CRA da carne, ligado à adição de sais, depende da quantidade e do tipo de sal utilizado e do pH do sistema. Os íons dos sais neutros, em concentração compreendida entre 0,5 e 1 M, aumentam a solubilidade das proteínas (efeito do salgamento ou *salting-in*). Se a concentração dos sais neutros é superior a 1 M, a solubilidade das proteínas decresce e pode levar à precipitação destas (*salting-out*). Esse efeito decorre da concorrência entre as proteínas e os íons salinos pelas moléculas de água necessárias para suas respectivas solubilizações. Com forte concentração salina, as moléculas de água disponíveis não são suficientes para a solubilização da proteína, porque a maior parte da água está fortemente ligada aos sais. Nessas condições, as interações proteína-proteína são mais relevantes do que as interações proteína-água, podendo haver agregação seguida da precipitação das moléculas protéicas.

A chamada *série de Hofmeister* ordena os cátions e também os ânions da mesma carga segundo a magnitude do efeito *salting-out*. Os íons polivalentes são mais ativos que os monovalentes, mas os cátions bivalentes são menos que os monovalentes. Assim, o iodeto é mais eficaz que o brometo, e este, mais que o cloreto, mas isso não tem relevância prática na indústria cárnea, visto que o sabor limita o emprego de outros sais, embora em pesquisa se faça amplo uso do efeito desintegrador do iodeto potássico nas interações actiona-miosina.

Na concentração de NaCl utilizada normalmente na indústria cárnea para a elaboração de produtos maturados e cozidos (próxima a 2%), superado o ponto isoelétrico das proteínas miofibrilares, a CRA aumenta, enquanto, a pH inferiores, diminui (Figura 8.1). No entanto, o NaCl produz deslocamento do ponto isoelétrico das proteínas funcionais da carne em uma unidade de pH abaixo do correspondente na ausência desse elemento. Dado que, nas condições usuais, o pH da carne sempre ultrapassa o ponto isoelétrico (5,1), a adição de NaCl na elaboração de produtos como salsichas tipo Frankfurt e presunto cozido leva ao incremento da CRA. Esse efeito pode decorrer da neutralização de cargas positivas por íons Cl^-, que têm grande capacidade de interagir com as moléculas protéicas (Figura 8.4). Os possíveis efeitos contrários do cátion Na^+, que poderiam neutralizar os do íon Cl^-, são muito inferiores em virtude de sua débil associação às cargas negativas das proteínas.

Outras explicações foram dadas a esse fenômeno. Uma vez que os íons Ca^{2+} e Mg^{2+} (liberados no curso da degradação do ATP) podem estabelecer pontes metálicas entre os filamentos protéicos, diminuindo a CRA, sugeriu-se que o efeito do NaCl deve-se ao deslocamento dos cátions bivalentes das proteínas musculares. Dessa forma, haveria relaxamento da microestrutura tissular do músculo e se incrementaria a CRA.

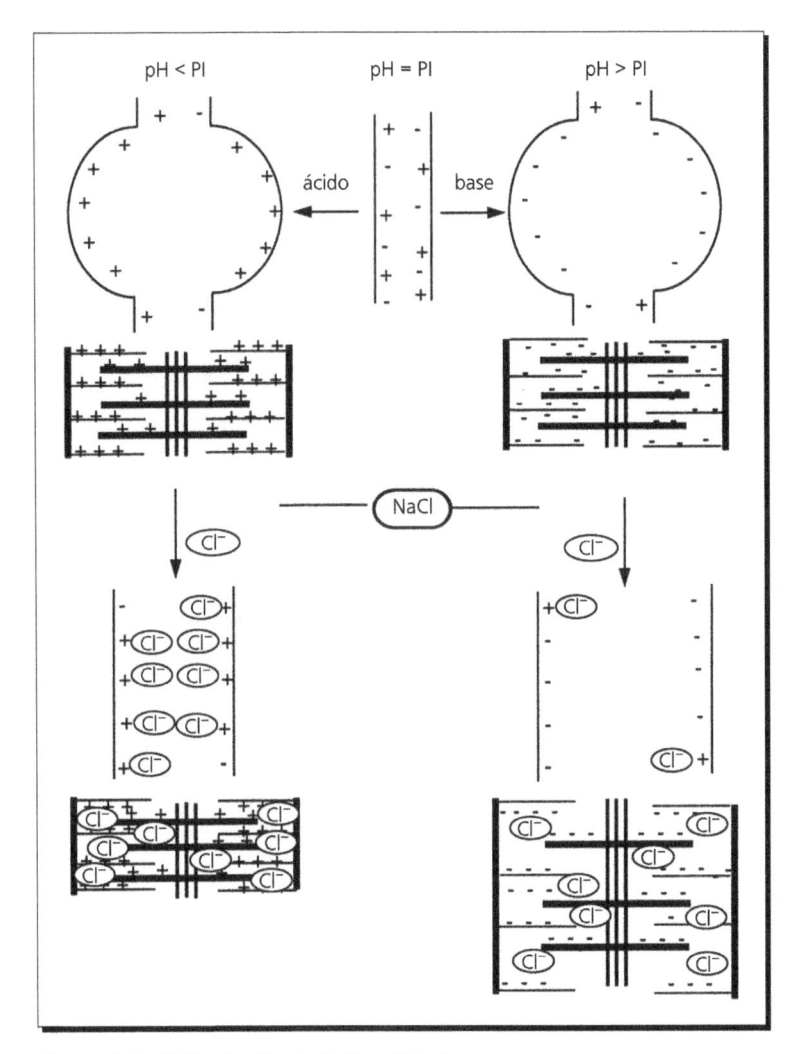

Figura 8.4 Efeito do pH e do NaCl na CRA da carne.

Contudo, esse efeito seria praticamente nulo nas carnes em *rigor* e nas *post-rigor*, nas quais, respectivamente, o ATP sofreu hidrólise parcial ou total, e as pontes entre íons bivalentes e cadeias polipeptídicas já teriam se instaurado.

Entretanto, o sal tem efeito mais acentuado sobre a carne em *pre rigor* do que quando ela se encontra no desenvolvimento do *rigor*, e praticamente nenhum com o máximo de rIgidez. Pode-se manter a carne em *pre rigor*, com elevada CRA, triturando-a e salgando-a nas primeiras horas após o abate. O fenômeno envolvido não pode ser explicado por bloqueio do mecanismo de degradação do ATP, visto que a adição de sal à carne cortada acelera essa reação. Contudo, observou-se que, embora durante as primeiras horas após o abate, a cinética das reações de degradação do glicogênio a ácido láctico não se modificam pela adição de NaCl, depois de certo tempo, a formação de ácido láctico é freada pela adição desse sal. Porém, essa observação não é suficiente para explicar a manutenção da elevada CRA na carne pré-salgada em *pre rigor*.

Quelantes

Devido ao efeito já mencionado dos cátions polivalentes que a carne contém, como Ca^{2+}, Mg^{2+} e Zn^{2+}, é de se esperar que a adição de qualquer quelante seja acompanhada do incremento de CRA, o que ocorre na maioria dos casos.

Fosfatos

A indústria cárnea utiliza amplamente os fosfatos e polifosfatos com o objetivo de incrementar a CRA. Alguns são ácidos e outros alcalinos. Os que alcalinizam exercem sua ação, pelo menos em parte, deslocando o pH para zonas mais favoráveis para a CRA. Contudo, tanto uns como outros têm ações mais complexas. São quelantes dos íons Ca^{2+} e Mg^{2+} e, por isso, seu efeito depende, em certa medida, do conteúdo do músculo destes cátions bivalentes. No entanto, seus ânions unem-se às proteínas miofibrilares, produzindo incremento de carga negativa e favorecendo sua repulsão. Dessa forma, incrementam a CRA a pH mais elevados que o do ponto isoelétrico, da mesma maneira que o NaCl, e reduzem-na em pH mais ácidos. Os pirofosfatos exercem ainda ação dissociadora da actomiosina, que parece ser devido à capacidade de substituir o ATP em sua ação fluidificante. Esses elementos poderiam interagir com os mesmos pontos da proteína em que deve estabelecer-se a interação filamento fino-filamento grosso.

O efeito dos fosfatos na CRA decorre da ação conjunta dos mecanismos citados, e é mais acentuado nos trifosfatos que nos difosfatos, e nestes mais do que nos monofosfatos. Há vantagens tecnológicas tanto na presença como na ausência do NaCl, embora seus efeitos sejam sinérgicos e persistam nas carnes submetidas a tratamento térmico.

Outros fatores

A CRA da carne varia de uma espécie a outra. Em termos gerais, considera-se que a CRA da carne de suíno é maior que a de bovino, a do bovino maior do que a do eqüino e esta superior à das aves. A carne dos animais jovens retém mais água que a dos adultos. A CRA também varia de acordo com os indivíduos de uma mesma espécie, com os músculos de um mesmo indivíduo e, ainda, com a zona do músculo considerado. As variações intra-específicas, intermuscular e intramuscular, são muito mais intensas nos suínos e nas aves. As causas de todas essas oscilações parecem estar relacionadas com o valor de pH alcançado no desenvolvimento do *rigor*, com o conteúdo em tecido conetivo (com baixa CRA) e com a riqueza do músculo em cátions polivalentes.

Em geral, a adição de proteínas com capacidade emulsificante e de geleificação na elaboração de um produto cárneo, independentemente de sua natureza, incrementa seu CRA. Os músculos que possuem elevado conteúdo de gordura intramuscular costumam ter uma CRA maior, talvez devido a esse conteúdo lipídico relaxar sua microestrutura, permitindo, assim, a retenção de maior quantidade de água.

Importância da capacidade de retenção de água da carne e de seus produtos

A CRA deve ser sempre levada em conta, seja qual for o destino que se pretenda dar a uma carne. Pode-se afirmar que todos os fatores envolvidos na cadeia de distribuição e todas as variáveis de processo influirão na CRA da carne. A perda de água que a carne experimenta durante seu transporte, armazenamento, congelamento e descongelamento depende de sua CRA, do mesmo modo que as perdas sofridas pela carne e seus derivados ao serem processados termicamente, picados e misturados com componentes não-cárneos. Este último aspecto tem relevância particular na otimização dos processos de elaboração de produtos como presunto cozido, salsichas, mortadelas e produtos similares. Em todos os casos, é preciso obter proporção de proteína/água adequada, tanto para a palatabilidade como para alcançar rendimento suficiente no peso do produto final.

A CRA das carnes está intimamente associada com sua capacidade emulsificante, já que uma e outra dependem das propriedades funcionais das proteínas miofibrilares. A fabricação de produtos elaborados a partir de emulsões cárneas estabilizadas pelo calor requer o emprego de quantidade mínima de proteína com alta capacidade funcional. Se o nível de proteínas é escasso ou se sua capacidade funcional está reduzida, a emulsão se rompe antes ou durante o tratamento térmico, exsudando gordura, grande quantidade de água ou ambas. Para evitar esses problemas, é comum recorrer ao emprego de polifosfatos e NaCl, em quantidades de 0,4% e 2% respectivamente. Recorre-se também ao uso de carnes processadas a quente, aproveitando a alta capacidade funcional das proteínas dos músculos que não entraram em *rigor*.

A musculatura dos animais fatigados, com escasso conteúdo de glicogênio, apresenta maior CRA devido a menor queda do pH. Essa carne, ainda que difícil de conservar por seu elevado pH, é particularmente apropriada para a fabricação de pastas finas.

Na elaboração de presunto cozido e de fiambre de presunto, recorre-se também à adição de NaCl e de polifosfatos, que facilitam a extração das proteínas miofibrilares (elemento ligante entre as várias porções cárneas) e aumentam a CRA, evitando perdas de água durante a cocção e, dessa forma, permitem obter um produto suculento. Em todos esses casos, a utilização de carnes com baixa CRA, como a procedente dos suínos PSE, provoca grandes perdas durante o processamento e origina produtos de baixíssima qualidade sensorial, qualificados como insípidos, exsudativos e mal ligados.

A importância da CRA não é menor na produção de embutidos maturados em cujo processo de elaboração inclui-se uma etapa crítica de desidratação cuja evolução deve ser cuidadosamente regulada a fim de evitar defeitos de liga, formação de crostas e ocos. Embora não seja o único, a CRA da carne é um dos fatores que afeta substancialmente sua velocidade de desidratação. Nesses casos, a utilização de carnes exsudativas com pouca CRA leva à dessecação muito rápida na fase inicial, com a formação de casca superficial, dificultando a desidratação posterior do núcleo do embutido. O produto resultante apresenta liga deficiente e corte defeituoso.

A CRA também é muito importante quando se pretende comercializar a carne fresca. A exsudação decorrente de baixa CRA chama a atenção particularmente em cortes recentes, produzindo aspecto desagradável que o consumidor tende a rechaçar. Este é o problema mais sério apresentando pela comercialização de carne PSE como produto fresco. Essa carne possui grande porcentagem de água livre que se acumula na superfície dos cortes imediatamente após seu acondicionamento. Do mesmo modo, a rápida liberação de suco nos pacotes com cortes ou porções de carne de aves obriga, em muitos casos, a que os próprios vendedores realizem as operações de retalhação, embora o corte e o acondicionamento pudessem ser muito mais eficazes nos matadouros de aves.

Determinação da capacidade de retenção de água

As perdas de peso, suculência e valor nutritivo em conseqüência do decréscimo da CRA da carne fazem com que sua determinação seja particularmente importante na indústria cárnea. Essa determinação pode ser feita por diversos procedimentos, embora os resultados sejam absolutamente dependentes da técnica utilizada e só possam ser comparados com os dados obtidos operando exatamente da mesma forma.

Em geral, a determinação da CRA é feita de forma indireta, medindo a água eliminada ao submeter a carne ou o produto cárneo a determinada força externa. A quantidade de água *livre* ou *ligada* é expressa com referência à totalidade da água ou, melhor ainda, à quantidade de carne muscular ou de proteína muscular. Entre os procedimentos utilizados para a determinação da CRA, vale mencionar:

Método de inchamento

Nesse caso, os pedaços de músculo são introduzidos em água e em soluções aquosas com diferentes concentrações de sal ou de açúcar, e observam-se as variações de peso até determinar a concentração de equilíbrio (concentração em que não se produz nenhuma modificação na pesagem da porção cárnea). Esse método é pouco utilizado na prática, visto que é difícil obter resultados precisos.

Método de filtração

Consiste, primeiramente, em homogeneizar a carne com determinada quantidade de líquido para depois submetê-la à filtração. À medida que aumenta a CRA, também é incrementado o volume do filtrado obtido (ERV, *extract release volumen*). Esse método, assim como o anterior, é de fácil execução, mas pouco preciso.

Método de centrifugação

O material que se vai analisar é primeiramente homogeneizado, com ou sem adição de água, e depois submetido à centrifugação. A CRA é calculada pela quantidade de líquido separada ou pelo peso do resíduo de centrifugação. O método de centrifugação é muito adequado para as análises em série. Para esses testes, foram desenvolvidos frascos de centrifugação específicos, como os tubos de centrifugação de gesso, que são muito fáceis de fabricar, não apresentam problema durante a centrifugação e, além disso, evitam que o líquido tissular expulso permaneça em contato com a amostra. Utilizaram-se igualmente tubos divididos por uma placa porosa de fundo estreito e calibrado e tubos de fundo perfurado colocados no interior de outro (no primeiro coloca-se a amostra e, ao final da centrifugação, pesa-se a água, que passa ao segundo, previamente tarado).

Método de compressão

O mais antigo desses métodos é o da compressão entre placas, proposto por Grau e Hamm em 1953. Consiste em colocar uma amostra de aproximadamente 0,3 g de carne sobre papel de filtro e comprimir o conjunto entre duas placas *depressivas*. Para normalizar a pressão aplicada, realizaram-se numerosas variantes; entre as quais encontra-se a colocação sobre placas de 1 kg durante 10 minutos, a realização da compressão mediante parafusos, que atravessam as placas e que são apertados com roscas à mão, ou colocando as placas em uma prensa hidráulica, que em alguns casos opera a 3,5 e, em outros, a 7 MPa. De qualquer forma, como resultado da compressão, forma-se uma película fina de carne, e a água liberada por ela é absorvida pelo papel de filtro, aparecendo nele um círculo molhado em torno da película de carne. A água liberada é proporcional à diferença da área do círculo empapado (L1) e da película de carne (L2), que podem ser determinadas facilmente mediante planímetro. A quantidade de água expulsa pode ser obtida, no caso da compressão por parafusos, mediante a seguinte expressão matemática:

mg H$_2$O = Superfície da água liberada × 0,84/0,0948

sendo a superfície correspondente à água liberada a diferença entre L1 e L2, expressa em cm^2.

A medida da CRA (g H$_2$O/100 g) é dada pela diferença entre a quantidade total de água da amostra e a quantidade de água *livre*. Esse procedimento é simples e o resultado se mantém em forma de imagem sobre o papel de filtro. Entertanto, é um método adequado para amostras fragmentadas ou desfragmentadas, submetidas ou não a tratamento térmico. Contudo, essa técnica não é adequada para produtos muito heterogêneos, dado que a alíquota analisada deve ser muito pequena. A presença de gordura é outro problema, pois pode modificar o resultado obtido.

A CRA também pode ser determinada pesando a amostra antes e depois de realizar a compressão. Nesse caso, colocam-se dois papéis de filtro, um por cima e outro por baixo da carne que será comprimida, interpondo entre eles uma porção de *nylon* para evitar aderências da carne.

Volumetria capilar

Esse método é realizado com um dispositivo desenhado para esse fim, no qual se coloca uma amostra e sobre esta uma peça de gesso. Este último, por sua grande capacidade absorvente, aspira quantidade maior ou menor de líquido em função do grau de umidade e de CRA. O líquido absorvido desloca a quantidade correspondente de ar, que sobe por um tubo calibrado com um líquido que é deslocado diante do avanço do ar. O aparelho e o procedimento de medição são muito simples.

Perdas por gotejamento

Trata-se de um método no qual a amostra é introduzida em uma pequena bolsa laminada impermeável ao vapor d'água e deixa-se que libere líquido sem exercer qualquer tipo de força externa. Esse método é particularmente útil para determinar a perda de líquido que se produz no descongelamento.

Perda por cocção

A CRA dos produtos cárneos crus está relacionada com as perdas que sofrem ao serem aquecidos. A determinação desse parâmetro por esse procedimento é muito simples, embora requeira alto grau de normalização e de uniformidade em sua realização.

Existem outros métodos de determinação da CRA e de inchamento da carne, como a sedimentação ou o emprego de aparelhos específicos, como o *plastógrafo*, o *farinógrafo* ou o viscosímetro de rotação. Um método que difere bastante dos anteriormente expostos é o da extração da água com metanol. Nesse caso, a amostra triturada é submetida a agitação com cem vezes seu peso em metanol em presença de pérolas de vidro durante 5 segundos. Determina-se a quantidade de água liberada por espectrofotometria infravermelha em face dos valores obtidos com metanol.

SUCULÊNCIA

A suculência ou a liberação de sucos durante a mastigação da carne desempenha papel importante na percepção de sua palatabilidade. Durante esse processo, a detecção do líquido desprendido acompanha a fragmentação da carne e reduz a sensação de dureza. Por outro lado, os sucos são portadores de substâncias sápidas e aromáticas, que favorecem sua detecção. Dessa forma, a suculência da carne pode aumentar a satisfação sensorial global.

As principais fontes de suculência da carne são o conteúdo aquoso e os lipídeos intramusculares. Estes últimos, fundidos e combinados com a água e substâncias solubilizadas, constituem um caldo que vai sendo liberado progressivamente durante a mastigação. Na percepção da suculência, distingue-se uma primeira sensação úmida, experimentada durante os primeiros movimentos mastigatórios e que se deve ao desprendimento rápido de líquido da carne. A sensação sustentada de suculência detectada em seguida depende da liberação progressiva de líquido e do incremento da secreção salivar devido ao efeito estimulante da gordura que acompanha os sucos da carne. Esta última sensação perdura mais do que a provocada pela liberação inicial de líquido, demonstrando que a suculência está mais relacionada com o conteúdo de gordura do que com a capacidade de retenção de água da carne.

A suculência da carne cozida de diferentes espécies de animais e inclusive de diferentes porções da carcaça varia consideravelmente. Todos os fatores que modificam a capacidade de retenção de água ou que afetam o conteúdo de gordura intramuscular influem nessa característica sensorial. A carne bem marmorizada dos animais adultos cevados é mais suculenta que a dos animais jovens. A carne destes últimos produz sensação aquosa ao iniciar-se a mastigação, mas no final fica mais seca devido ao seu baixo conteúdo de gordura.

A maciez e a suculência estão intimamente relacionadas, de modo que, quanto mais tenra é a carne, mais rapidamente liberam-se os sucos durante a mastigação, sendo maior a sensação de suculência que se produz.

As operações envolvidas nas diferentes formas de processar a carne modificam em maior ou menor grau sua suculência. O congelamento, quando realizado adequadamente e quando a manipulação do produto é correta, quase não afeta a suculência. Contudo, a desidratação por métodos convencionais ou por liofilização, mesmo que se realize em condições ótimas, implica ligeira redução dessa característica sensorial. Esse efeito pode ser compensado elevando-se parcialmente o pH final da carne.

O tipo de preparação culinária é o fator que mais influi na suculência da carne. Em geral os procedimentos que produzem menos perda de suco e gordura são os que proporcionam carne mais suculenta. Por esse motivo, a diminuição da suculência está diretamente relacionada com as perdas causadas pelo cozimento e com a intensidade do tratamento aplicado. Assim, a carne de bovino *malpassada* é mais suculenta do que a submetida a tratamento térmico mais intenso. As carnes de suíno e de cordeiro, que normalmente são mais aquecidas, são menos suculentas do que a carne de bovino. O assado no forno a temperaturas relativamente baixas reduz as perdas do cozimento e, com isso, permite obter carnes mais suculentas. Durante o processo culinário, o estriamento da carne aumenta indiretamente a suculência. A gordura, ao fundir-se, estende-se ao longo das faixas de tecido conetivo perimisial. Essa distribuição uniforme dos lipídeos ao longo do músculo atua como barreira em face das perdas de umidade. Por isso, a carne com alguma marmorização perde menos fluidos e apresenta-se mais suculenta. De forma similar, durante o forneamento, a gordura subcutânea diminui a dessecação.

As diferenças de suculência observadas durante o processamento ou o tratamento térmico entre porções cárneas com conteúdo de gordura similar devem-se às diferenças em sua capacidade de reter água. Dessa forma, os fatores citados no ponto anterior como modificadores de CRA também mudam essa característica sensorial.

COR

A cor é a primeira característica sensorial apreciada pelo consumidor, e sua recusa ou aceitação determina que uma peça de carne seja escolhida com mais ou menos agrado. Essa impressão óptica é relacionada, de imediato, com diversos aspectos ligados à qualidade e ao grau de frescor. Assim, o aspecto exterior pode ser associado ao tempo de armazenamento, à vida útil, à dureza e à suculência.

A cor da carne dos animais de abate oscila entre o rosa pálido e o pardo (marrom), passando pelo vermelho intenso, embora em determinadas apresentações possa ser violeta.

Pigmentos básicos da carne

Para efeitos práticos, a carne apresenta apenas dois pigmentos cujas propriedades espectrais influem efetivamente na cor apreciada; esses pigmentos são a mioglobina (Mb) e a hemoglobina (Hb), duas proteínas de natureza e comportamento similares. Outros pigmentos podem ser encontrados na carne, como citocromos, mas sua contribuição para a cor é desprezível.

A quantidade de Mb (pigmento muscular) da carne, dependendo da eficácia da sangria, é de 3 a 9 vezes superior à de Hb (pigmento sangüíneo).

A molécula de Mb é uma quarta parte menor que a de Hb. A Mb (Figura 8.5) é formada por uma porção protéica, denominada *apomioglobina* ou *globina*, e por um grupo prostético de natureza não-protéica. Este último é um *anel* ou *grupo heme*, ferro portoporfirina IX. A *globina* encontra-se dobrada em oito segmentos helicoidais em torno do grupo heme. Este último é constituído por um anel plano, formado, por sua vez, por quatro anéis pirrólicos, unidos por pontes metínicas e providos de restos de metila, vinila e ácido propiônico e de um átomo de ferro situado no centro. Esse átomo está ligado com os de hidrogênio dos quatro núcleos pirrólicos por ligações de coordenação e com um resto de histidina da globina (histidina proximal ou F8). O átomo de ferro pode encontrar-se em estado reduzido (Fe^{2+}, ferroso) ou oxidado (Fe^{3+}, férrico). O pigmento correspondente a esta última situação denomina-se metamioglobina (MetMb, ferromioglobina), e nela o átomo de ferro pode combinar-se com outras moléculas. Contudo, quando se encontra em estado férrico, pode reagir com uma molécula de água, originando a mioglobina (Mb) propriamente dita (ferromioglobina), ou pode compartilhar elétrons com o oxigênio molecular, formando-se, nesse caso, o pigmento denominado oximioglobina (MbO_2) (Figura 8.5).

Portanto, dependendo do estado químico do ferro, distinguem-se três formas básicas de pigmento: a Mb propriamente dita, a MbO_2 e a MetMb. Cada uma delas oferece espectro de absorção diferente. Enquanto a primeira delas tem, no máximo, um pico agudo a 550 nm, a segunda e a última apresentam dois, a 542 e a 575 nm para a MbO_2 e a 505 e a 627 para a MetMb. As diferenças do espectro de refletância determinam que a Mb ofereça tonalidade púrpura, a MbO_2, cor vermelho-vivo e a MetMb, tom pardo. Dessa forma, a Mb, pigmento apreciado em corte recente, corresponde à cor do interior da carne, enquanto a cor vermelho-brilhante, desejada pelo consumidor por estar associada à carne fresca, deve-se à MbO_2. Contudo, recusa-se a cor marrom parda da MetMb por estar relacionada a um período de armazenamento muito longo.

Entre as três formas, estabelecem-se inter-relações que permitem a conversão reversível de umas em outras. A Mb transforma-se em MbO_2 por fixação de oxigênio, e esta naquela por desoxigenação (Figura 8.6). Por oxidação do átomo de ferro da Mb, forma-se MetMb, do mesmo modo que a partir da MbO_2. A redução da MetMb produz Mb ou MbO_2, se for acompanhada da fixação de oxigênio (Figura 8.6).

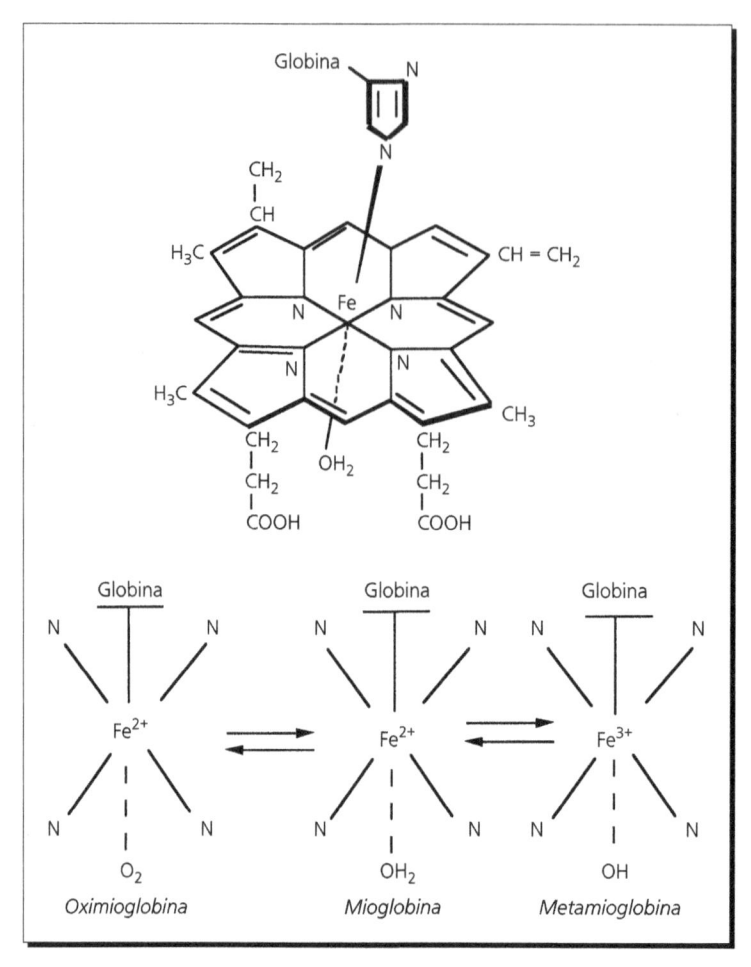

Figura 8.5 Esquema da molécula de mioglobina e suas formas.

Fatores dos quais depende a cor da carne

Conteúdo de mioglobina e tensão de oxigênio

A cor apresentada pela carne depende, fundamentalmente, da quantidade total de Mb que contenha e do equilíbrio estabelecido nas camadas superficiais entre as três formas citadas do pigmento-base. Como já mencionado no item "Proteínas" do Capítulo 7, a quantidade total de Mb depende de vários fatores, entre os quais podem-se destacar a espécie, o sexo, a idade, o regime de vida, o músculo considerado e inclusive a porção deste que se analisa, a alimentação e a existência de determinados processos patológicos. A cor das diversas espécies de abate pode ser definida em termos gerais como: vermelho-cereja brilhante no bovino maior, rosado na vitela, vermelho-escuro nos eqüínos, vermelho-tijolo em ovelhas e cabras, vermelho pálido e acinzentado no suíno e rosa pálido e esbranquiçado nas aves.

As diferenças observadas na intensidade da cor entre uns músculos e outros devem-se à freqüência com que se apresentam fibras vermelhas. O treinamento físico tende a enriquecer a porcentagem dessas fibras e, portanto, a aumentar o conteúdo em Mb.

Entretanto, o equilíbrio entre as três formas do pigmento depende das condições presentes no ambiente da carne.

A carne fresca apresenta condições redutoras devido à atividade enzimática normal (a chamada cadeia transportadora de elétrons), que ocorre continuamente. Essas enzimas utilizam todo o oxigênio disponível no interior dos músculos. Dessa forma, na carne sem retalhar, a Mb é encontrada em forma reduzida, já que só pode reagir com a água. Contudo,

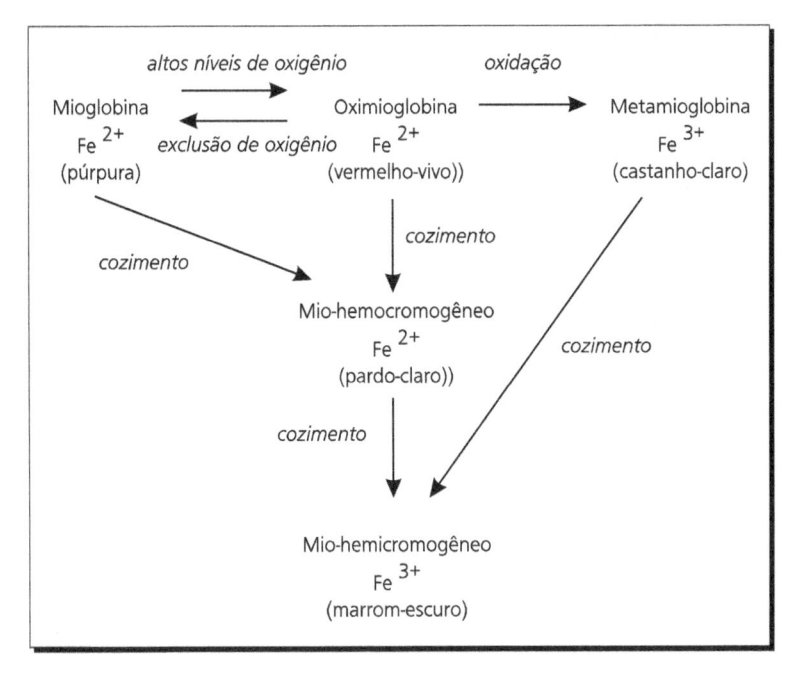

```
                altos níveis de oxigênio              oxidação
  Mioglobina   ──────────────►    Oximioglobina   ──────────►   Metamioglobina
   Fe²⁺        ◄──────────────     Fe²⁺                          Fe³⁺
  (púrpura)    exclusão de oxigênio (vermelho-vivo)             (castanho-claro)
      │                               │
      │                          cozimento
      │   cozimento                   │
      │                               ▼
      └──────────────────►   Mio-hemocromogêneo
                                   Fe²⁺                cozimento
                               (pardo-claro)
                                   │
                               cozimento
                                   ▼
                            Mio-hemicromogêneo
                                   Fe³⁺
                              (marrom-escuro)
```

Figura 8.6 Formas de mioglobina e modificações sofridas durante o cozimento.

quando se faz um corte transversal em uma peça de carne fresca, podem ser observadas três camadas, uma externa, de cor vermelha, com alguns milímetros de profundidade, outra pardacenta, mais grossa, situada imediatamente abaixo, e uma terceira, mais interna, de tonalidade violácea. Depois de algum tempo, todo o corte adquire a mesma cor que a camada superficial. A cor vermelha da superfície deve-se à MbO$_2$, formada por reação espontânea entre a Mb e o oxigênio do ar, a segunda camada apresenta a tonalidade própria da MetMb, e a mais profunda, a da mioglobina.

A proporção total do pigmento (Mb) que se encontra em estado de MbO$_2$ ajusta-se à seguinte expressão:

$$MbO_2/Mb = K\,(pO_2)$$

Portanto, é função da pressão de oxigênio(pO_2). Nesse caso, K independe do pH, sendo muito favorável à formação de MbO$_2$.

Quando 50% ou mais do total de mioglobina encontram-se em forma de MbO$_2$, a cor que predomina é a desta última. Isso se consegue pelo menos com pressão de O$_2$ de 20 mm de Hg (pressão um pouco menor que a metade da que se apresenta no ar). A MbO$_2$ forma-se em 30 a 45 minutos de exposição ao ar. À pressão de O$_2$ habitual no ar, toda a Mb encontra-se em forma de MbO$_2$ (Figura 8.7). A profundidade da camada vermelha depende da difusão do oxigênio e do seu consumo pelos processos aeróbios residuais. Dado que os gases difundem-se para o interior da carne, estabelece-se um gradiente de oxigênio e, conseqüentemente, de cor, da superfície para o interior. A estabilidade da cor vermelho-brilhante da superfície depende do aporte contínuo de oxigênio, já que as enzimas envolvidas no metabolismo oxidante consomem rapidamente o oxigênio disponível. Se a carne fresca refrigerada tem cor vermelha mais brilhante, isso se deve, entre outras coisas, à melhor difusão do oxigênio e ao menor consumo deste.

A MetMb responsável pela cor parda, que aparece abaixo da vermelha superficial, forma-se por oxidação da Mb ou da MbO$_2$ (com liberação do oxigênio em forma de radical hidroperóxido). A oxidação de ambas é favorecida pelas baixas tensões de oxigênio (Figura 8.7). A porcentagem de MetMb cresce com tensão de oxigênio de 0 a 7 mm de Hg e logo diminui à medida que cresce a tensão de oxigênio, sendo ínfima a pressões parciais de 60 a 80 mm. Isso explica o fato de que, ao se colocar um corte de carne em contato com uma superfície plana, a área de contato adquira a cor marrom devido à dificuldade de oxigenação.

Condições que favorecem a formação de metamioglobina

Quando a carne fica armazenada por algum tempo, apresenta coloração pardacenta, porque, na superfície, do-

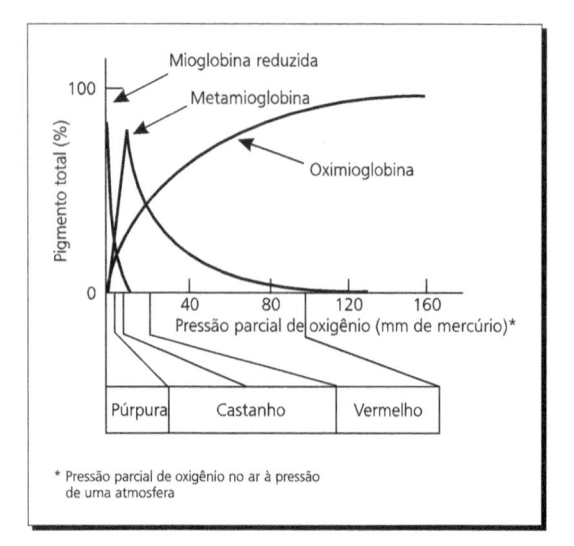

Figura 8.7 Relação entre a pressão parcial de oxigênio e o estado do pigmento mioglobina.

mina a MetMb. Isso pode decorrer de que há, na carne, lenta e contínua transformação de Mb e de MbO_2 em MetMb, mas também regeneração daquelas a partir desta última. Essas reações ocorrem por rotas enzimáticas que se desativam com o tempo.

Por outro lado, a Mb e as duas porções que a constituem encontram-se em contínuo processo de associação/dissociação, claramente deslocado para a formação de Mb a pH 7. Porém, quando esse parâmetro se aproxima de 5, predomina a dissociação. Nesse estado, a porção protéica tende a desnaturar-se, e o grupo heme, a oxidar-se.

A oxidação da Mb é favorecida por diversas condições, como a presença de cátions metálicos, o aumento da temperatura, a exposição às radiações ultravioleta, estando visível, do mesmo modo que a elevadas concentrações salinas. O desenvolvimento microbiano, à medida que leva à queda da pressão, também facilita a formação de MetMb. Geralmente as peças de carne mantêm sua cor atrativa por 72 horas, desde que seja realizada uma manipulação adequada (condições higiênicas, temperaturas de armazenamento de 0°C ou ligeiramente inferiores).

Processamento da carne

Muitas operações envolvidas no processamento da carne afetam significativamente sua cor. O estímulo elétrico melhora o aspecto da carne refrigerada ao provocar rápido esgotamento das rotas aeróbias. O congelamento implica o desenvolvimento da tonalidade pardacenta em face da dificuldade da penetração do oxigênio e por levar ao acúmulo de eletrólitos que favorecem a formação de MetMb. O ácido ascórbico e a cisteína, por serem capazes de reduzir a MetMb, facilitam a conservação da cor vermelha.

Na comercialização de porções de carne fresca, é preciso ter cuidado para que os materiais de embalagem tenham elevada permeabilidade ao oxigênio, mas pouca permeabilidade ao vapor d'água. A celulose, o cloreto de polivinila e o polietileno apresentam coeficiente de transmissão de oxigênio adequado para a conservação da cor vermelha da carne. O acondicionamento a vácuo, pela falta de oxigênio, leva ao aparecimento da tonalidade vermelho-púrpura típica da Mb, que se transforma no vermelho-brilhante da MbO_2 quando as embalagens são abertas e o ar penetra. Para manter o aspecto correspondente à presença de MbO_2 na embalagem de produtos cárneos em atmosferas modificadas, enriquece-se a atmosfera, ao mesmo tempo em CO_2 e O_2 (Capítulo 9). A cor vermelho-cereja da carboximioglobina (CO + Mb), que é mais estável que a MbO_2, foi sugerida como solução para o problema do acondicionamento de carne em condições especiais.

Entretanto, na elaboração de carnes curadas, aparecem novas formas do pigmento (óxido nítrico mioglobina ou nitrosomioglobina e óxido nítrico hemocromogênio ou nitrosohemocromogênio) devido à ação dos componentes dos sais de curado e às condições do processo de elaboração utilizado (Capítulo 10).

A Mb é uma das proteínas sarcoplasmáticas mais estáveis à ação do calor. Requerem temperaturas entre 80 e 85°C para alcançar sua desnaturação quase completa. Durante o cozimento da carne, a porção globina pode desnaturar-se mesmo que o núcleo heme permaneça intacto, aparecendo derivados como o mio-hemocromogênio de cor pardo-clara e o mio-hemicromogênio de cor castanho-parda escura (Figura 8.6). Alguns autores consideram que, na coloração da carne cozida, estão envolvidas hemoproteínas desnaturadas, nas quais a porção protéica pode ser uma proteína alterada do entorno, diferente inclusive da globina. Participam ainda da tonalidade castanha das carnes cozidas os produtos resultantes da caramelização dos açúcares e da reação de Maillard. Assim, a cor da carne de porco cozida, que tem relativamente pouca mioglobina, deve-se em grande parte a esta última reação.

Fatores que condicionam a presença de colorações anormais

A coloração anormal da carne PSE e da carne de corte escuro (Capítulo 7) deve-se, sobretudo, à influência da capacidade de reter água na reflexão da luz. A palidez da carne de suíno PSE está associada à grande proporção de água livre dos tecidos e ao efeito direto do baixo pH nos pigmentos. Os tecidos que contêm grande quantidade de água extracelular apresentam muitas superfícies reflectantes, que refletem totalmente a luz. Portanto, possuem apenas capacidade limitada de absorção luminosa e a intensidade da cor reduz muito. Contudo, o maior decréscimo do pH, que experimentam as carnes PSE, pode afetar a estrutura dos pigmentos e modificar as propriedades refletantes da luz destas (sobretudo se a queda do pH for muito rápida e a temperatura *post-mortem* ainda estiver elevada).

A grande capacidade de ligar água da carne escura ao corte (DFD) permite manter uma proporção maior de água intracelular. Isso faz com que a reflexão de luz branca diminua e a absorção da cor aumente. Por outro lado, devido ao seu alto pH, esse tipo de carne mantém a disposição das enzimas que utilizam o oxigênio rapidamente, reduzindo a proporção de pigmento vermelho em estado oxigenado (MbO_2).

As superfícies de carne expostas ao ar durante muito tempo podem apresentar escurecimento devido à dessecação e à conseqüente concentração de pigmentos.

Na superfície da carne, pode aparecer um esverdeado em função da proliferação microbiana e da desnaturação da fração protéica do pigmento. Essa tonalidade não deve ser confundida com a difração da luz branca que, às vezes, ocorre na superfície das porções de carne quando estão cobertas por uma fina película de gordura.

A desnaturação da globina e a redução do núcleo heme podem ocorrer quando a Mb está exposta simultaneamente à ação do sulfeto de hidrogênio e do oxigênio (para formar sulfomioglobina de cor verde), ou do peróxido de hidrogênio e do ácido ascórbico ou de outro agente redutor (para formar coleglobina de cor verde). Esses pigmentos são produzidos durante o crescimento de alguns microrganismos e quando se lesiona *in vivo* o tecido muscular. A formação de sulfomioglobina é observada com maior freqüência na carne com pH final superior a 6, já que a valores inferiores cessa a formação de SH_2 por parte dos microrganismos produtores, fundamentalmente *Shewanella putrefaciens*.

A exposição à luz ultravioleta pode causar o aparecimento de coloração castanha na superfície da carne devido, provavelmente, à desnaturação da globina. Pode-se dizer que a luz visível não afeta a cor da carne fresca, embora possa dissociar o óxido nítrico do pigmento da carne curada, descolorindo-a.

Determinação do conteúdo em mioglobina da carne

Além da avaliação subjetiva da cor mediante análise sensorial, esta pode ser relacionada à forma em que se encontra o pigmento Mb com determinações espectrofotométricas. Em alguns casos, relacionou-se o estado de frescor da carne com a proporção dos pigmentos Mb, MbO_2 e MetMb que apresentava. Para isso, utilizou-se a leitura a 525 nm (como referência do conteúdo em Mb total e reflexo da intensidade geral da cor) e a correspondente a 572 nm (em relação à presença de MbO_2 e Mb reduzida). A diferença na refletância a 572 e a 525 nm é associada à quantidade de MetMb em relação aos dois pigmentos em estado ferroso. A leitura a 474 nm é uma medida da quantidade de MbO_2 e MetMb. A diferença na refletância a 474 e a 525 nm corresponde à Mb reduzida em relação às outras formas do pigmento.

TEXTURA E DUREZA

A textura e a dureza são as características organolépticas da carne mais apreciadas pelo consumidor. No primeiro termo, englobam-se todas as propriedades que se devem à estrutura. Portanto, a textura da carne depende do tamanho dos feixes de fibras nos quais o músculo se encontra longitudinalmente dividido pelos septos de tecido conjuntivo que constituem o perimísio. Sob esse aspecto, consideram-se músculos de *grão rijo* ou *grosso*, quando apresentam feixes de fibras com calibre relativamente grande, envolvidos por películas de tecido conjuntivo abundantes, e de *grão fino*, quando apresentam pequenos feixes separados por um perimísio delgado. O tamanho dos feixes depende tanto do número de fibras que contêm como do diâmetro destas. Em geral, ao aumentar a idade do animal, a textura torna-se mais basta ou grosseira, o que é mais evidente nos músculos constituídos por fibras grossas do que nos que apresentam fibras finas. A carne de animais machos costuma apresentar textura mais grosseira do que a procedente das fêmeas. Detectaram-se, igualmente, diferenças entre raças; os músculos dos animais de maior porte apresentam, normalmente, textura mais grosseira que a dos pequenos.

A quantidade de tecido conjuntivo que envolve cada feixe de fibra também condiciona essa característica sensorial: quanto maior ela é, mais grosseira costuma ser a textura. A carne de ave apresenta textura fina resultante do escasso desenvolvimento do perimísio e da finura dos feixes de fibras musculares. Ao contrário, a carne de bovino apresenta textura muito mais grosseira. Os músculos que realizam exercícios vigorosos, como o bíceps femoral ou o semitendinoso, apresentam textura rija, enquanto os pouco exercitados, como o *psoas maior*, oferecem textura fina. Os primeiros desenvolvem quantidades manifestas de tecido conetivo para facilitar sua atividade.

Embora a textura dependa da quantidade de tecido conetivo, não se encontrou uma correlação direta entre esta e a dureza da carne cozida. Contudo, existe correlação indireta entre o diâmetro da fibra e a dureza, que decorre da facilidade com que se pode desagregar a estrutura fibrilar durante a mastigação.

A dureza da carne é a qualidade pela qual o consumidor se mostra mais preocupado. Trata-se de uma sensação que, em si mesma, tem vários componentes de importâncias diversas e que é difícil definir em termos simples. A percepção da dureza pode ser descrita baseando-se em comportamentos diversos da carne durante a mastigação, entre os quais podem ser mencionados:

- A sensação tátil experimentada quando a carne entra em contato com as paredes da cavidade bucal e com a língua.
- Resistência à pressão dental ou facilidade para a penetração dos dentes.
- Facilidade de fragmentação, isto é, a capacidade dos dentes para cortar transversalmente as fibras e romper os sarcolemas. Quando as fibras fragmentam-se com muita facilidade, produzem-se partículas muito pequenas que grudam na língua e nas paredes da boca, criando a sensação de secura. Isso é conhecido como *farinosidade*.
- A adesão como medida da força com que as fibras tendem a manter-se unidas. Esse comportamento depende da resistência do tecido conetivo que envolve as fibras e os eixos musculares.
- Resíduos ou restos de mastigação, que aparecem quando se mastigou a maior parte da porção introduzida na boca, os quais correspondem, fundamentalmente, a resíduos de perimísio e de epimísio.

A dureza da carne está relacionada, fundamentalmente, com a presença de tecido conetivo e com o estado de contração em que se encontram as fibras musculares. Alguns autores também incluem o conteúdo lipídico da carne, ainda que sua contribuição tenha pouca importância. Nesse caso, o efeito percebido deve-se mais ao papel desse componente na suculência. Contudo, a gordura intramuscular contribui para a firmeza da carne refrigerada. Sua solidificação, pelo decréscimo da temperatura, facilita a obtenção de cortes de tamanho e de forma uniformes e melhora seu aspecto para a venda.

O papel do tecido conjuntivo na dureza depende tanto da quantidade como do tipo de tecido conetivo que a carne apresente. Em geral, o maior conteúdo em tecido conetivo está associado a maior dureza. Quando se refere a esse tecido, incluem-se fibras de colágeno e, em proporção muito menor, fibras de elastina e de reticulina. Todos os fatores que incrementam a estabilidade e a resistência dessas estruturas favorecem a dureza.

As variações da dureza da carne devido ao aparelho contrátil, isto é, ao estado da miofibrilas, depende do grau de interação actina-miosina e da extensão da zona do sarcômero carente de interação. Quanto maior for o número de interações entre a actina e a miosina, maior será a dureza; ao contrário, quanto maior for a zona do sarcômero sem interações, menor será a dureza. As zonas livres de solapamento de filamentos finos com filamentos grossos são particularmente frágeis e rompem-se com facilidade diante da ação cisalhante da dentadura durante a mastigação. A Figura 8.8 mostra a relação entre o grau de encurtamento do sarcômero e a dureza da carne (expressada como resistência ao corte).

Marsh e Carse (1974) lançaram uma hipótese para explicar a relação entre o estado do sarcômero e a dureza da carne. Segundo esse estudo, se o sarcômero distende-se até 90 ou 100% de seu comprimento, praticamente não haveria contato entre os extremos dos filamentos de actina e de miosina. Com 33% de extensão, os extremos dos filamentos finos atingem a região da zona central dos grossos, onde não existem projeções de miosina. Com 24% de extensão, os filamentos de actina de cada lado se tocam. Quando o encurtamento é de 24%, os extremos dos filamentos grossos já tocam a estrutura do disco Z, de forma que encurtamentos superiores levam esses filamentos a atravessarem o disco Z ou a se dobrarem sobre si mesmos. Em um encurtamento de 35%, o extremo dos filamentos finos do outro lado do disco Z alcança os grossos que atravessaram esse sarcômero; com isso, um mesmo filamento de miosina poderia estar interagindo com filamentos de actina de dois sarcômeros. O incremento da dureza que se apresenta à medida que o grau de estiramento cai entre 95% e 33% seria resultado do incremento do número total de ligações actina-miosina e da diminuição da extensão das zonas carentes de solapamento. O aumento da dureza que acompanha o encurtamento superior a 24% é explicado pela interação dos filamentos grossos com filamentos finos dos

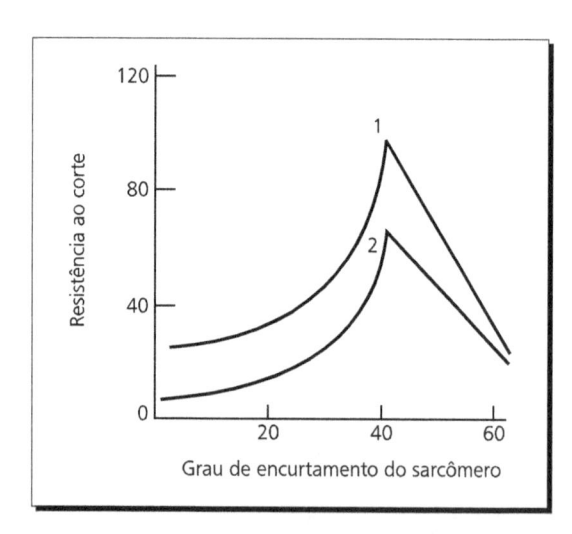

Figura 8.8 Relação entre o encurtamento do músculo cru e a resistência ao corte da carne cozida. Curva 1: Carne sem maturar cozida a 80°C. Curva 2: Carne com 3 dias de maturação a 15°C cozida a 80°C.

sarcômeros adjacentes. Essa hipótese pode ser válida para explicar o comportamento da carne até esse grau de encurtamento. Contudo, quando a redução do sarcômero supera 35 a 40%, observa-se queda da dureza. O estudo por microscopia eletrônica dos músculos que sofreram encurtamento de 40 a 50% ou superiores, mostram a existência de zonas supercontraídas, com encurtamento de mais de 80%, ao lado de outras nas quais as miofibrilas aparecem fraturadas nas proximidades do disco Z. Estas últimas são tanto mais abundantes quanto maior é o grau de encurtamento médio. A destruição da estrutura miofibrilar explica a perda de dureza acima de um grau de encurtamento crítico (maior que 25 a 30%) em face do incremento esperado teoricamente.

Fatores que modificam a dureza da carne

Entre os fatores que afetam essa característica organoléptica, deve-se diferenciar entre aqueles que exercem sua ação antes do abate e aqueles cujo efeito ocorre nos processos *post-mortem*.

Fatores prévios ao abate

Os fatores que influem na dureza da carne antes do abate são, em geral, aqueles que modificam a quantidade, a distribuição e o tipo de tecido conetivo. Entre eles devem ser mencionados particularmente:

A idade

Os animais jovens costumam apresentam maior quantidade de tecido conjuntivo do que os adultos, embora sua carne seja consideravelmente mais tenra. A carne procedente de vitelas de seis semanas é aproximadamente três vezes mais rica em colágeno que a correspondente aos novilhos de dois anos. Essa descoberta demonstrou que a quantidade desse tecido conjuntivo não era o único determinante da dureza. Estudos realizados a esse respeito evidenciaram que a estrutura do colágeno era reforçada e se tornava mais estável com a idade do animal, incrementando-se, dessa forma, a resistência e a dureza da carne.

O colágeno dos animais jovens apresenta ligações intermoleculares, nas quais um resto de lisina (ligação tipo deidro-hidroxilisina-norleucina ou aldimina) ou hidroxilisina (ligação hidroxil-lisina-5-ceto-norleucina) de uma molécula de tropocolágeno, que sofreu desaminação oxidante para dar o aldeído correspondente, reage com o resto de hidroxilisina de outra molécula de tropocolágeno. Essas uniões são relativamente lábeis ao ataque químico e enzimático, como também ao tratamento térmico e à tração mecânica. Essa estrutura mostra elevada capacidade de redução pelo boroidreto. Ao elevar-se a idade do animal, aumenta o número e a estabilidade das ligações intermoleculares (uniões tri ou tetravalentes, tipo desmosina) do colágeno, possivelmente devido a que restos de lisina ou de hidroxilisina adicionam-se ao grupo ceto da hidroxillisina-5-ceto-norleucina ou ao grupo aldeimina da deidrohidroxilisina-norleucina. Com isso, incrementa-se a resistência das fibras dessa proteína ao ataque químico e enzimático, assim como a resistência ao aquecimento e à tração mecânica. Entretanto, aparece menor capacidade de redução pelo boroidreto.

Apesar de tudo isso, o desenvolvimento da dureza e a idade não têm relação linear devido ao condicionamento orgânico e fisiológico do processo. Em primeiro lugar, deve-se considerar que nem todos os animais envelhecem na mesma velocidade. O período de crescimento rápido está relacionado com o aumento da maciez da carne, o que é particularmente importante nas espécies de aptidão cárnea. Nessa etapa, o aumento rápido da fibra muscular dilui o efeito do tecido conjuntivo.

A espécie e a raça

As diferenças devido a esses fatores refletem a textura apresentada pelos músculos. Nesse aspecto, estima-se que a dureza da carne é um fator 60% hereditário.

A porção da carcaça considerada

É outro parâmetro de variação, relacionado, particularmente, com o conteúdo de colágeno e de elastina dos músculos. Em primeiro lugar, a quantidade de tecido conjuntivo de uma porção muscular depende de sua atividade. Os músculos das pernas e os que se situam em torno da coluna vertebral, de grande desenvolvimento e força, apresentam quantidade significativa de tecido conjuntivo (endomísio, perimísio e epimísio), que assegura a ancoragem e mantém a integridade desses músculos durante sua atividade.

Dentro de um determinado músculo, a dureza pode variar bastante. Assim, no músculo semimembranoso do bovino, a dureza aumenta progressivamente do extremo proximal ao distal, enquanto em outros, como o *L. dorsi* do suíno, as porções laterais são mais tenras do que a porção central.

A alimentação

Também condiciona a dureza, devido, fundamentalmente, a que a gordura intramuscular dilui os elementos do tecido conetivo do músculo. Disso decorre a menor dureza da carne dos animais bem-alimentados.

Fatores posteriores ao abate

As variações de dureza que podem ser observadas em um determinado músculo, no qual a quantidade e o tipo de tecido conetivo são constantes, devem-se a fatores *post-mortem* que alteram, fundamentalmente, a estrutura miofibrilar. Entre estes, podem ser mencionados;

Glicólise *post-mortem* e desenvolvimento do *rigor mortis*

Quando os músculos não estão ligados ao esqueleto, nem distendidos de nenhuma outra forma (podem contrair-se livremente), o endurecimento que sofrem durante a instauração do *rigor mortis* é diretamente proporcional ao grau de retração experimentado, isto é, ao grau de solapamento dos filamentos de actina e miosina. Dado que o grau de encurtamento do sarcômero depende da temperatura a que o músculo entra em *rigor*, a dureza, devido a essa causa, está igualmente relacionada com essa variável. Como se mostra na Figura 8.9, o encurtamento do sarcômero é mínimo (e, conseqüentemente, também o aumento da dureza) no intervalo de temperaturas de 15 a 20°C. Acima e abaixo desses valores, aumenta bastante. O fato de aumentar o grau de encurtamento ao se estabelecer o *rigor* além dos 20°C é um problema tecnológico fácil de solucionar, visto que os sistemas atuais de refrigeração permitem o resfriamento rápido e imediato após o abate. Contudo, é importante controlar o grau de resfriamento, pois o encurtamento (*rigor* do frio) observado abaixo de 15°C pode superar 40% com forte repercussão na dureza e na consistência da carne.

A relação entre o encurtamento pelo frio e a dureza desenvolvida nunca é linear. Se o músculo em *pre rigor* é exposto isoladamente a temperaturas que induzem ao encurtamento pelo frio, a dureza da carne aumenta quando o encurtamento passa de 20 a 40% do comprimento inicial. Depois, à medida que o encurtamento aumenta até 60%, a dureza volta a diminuir em face da desorganização da estrutura miofibrilar.

Especulou-se também acerca de ser possível que, em determinadas circunstâncias, se estabeleçam ligações actina-miosina de maior intensidade do que as usuais. Isso poderia explicar o endurecimento do peixe armazenado em congelamento, que transcorre com a insolubilização das proteínas miofibrilares.

Se durante a implantação do *rigor mortis* impede-se o encurtamento do músculo, o efeito da temperatura não se reflete, de forma manifesta, na dureza da carne cozida. Desse modo, a suspensão das carcaças nos trilhos aéreos exerce grande tensão em alguns músculos, proporcionando carnes mais tenras. Quando as carcaças bovinas são suspensas verticalmente pelo tendão de Aquiles, conforme a prática comercial ordinária, durante a glicólise *post-mortem*, os comprimentos dos sarcômeros dos músculos *psoas maior* e *rectus femoris* são maiores, e a dureza é menor do que quando elas são suspensas em posição horizontal. A suspensão pelo *foramen obturatus* é ainda mais eficaz, visto que afeta maior número de músculos. A dureza do *biceps femoris*, *semimembranosus* e *longisimus dorsi* reduz-se à metade mantendo-se as carcaças de cordeiro em posição horizontal, em vez de suspendê-las verticalmente.

Por outro lado, a velocidade da glicólise *post-mortem* e sua intensidade também afetam a dureza da carne de ovino, de porco e de cordeiro. À medida que o pH aumenta de 5,5 para 6, a dureza da carne também aumenta, mas quando o pH final é superior a 6,0, a dureza volta a diminuir. Quando o pH é de 6,8, a carne é excessivamente macia e pode apresentar consistência gelatinosa. A relação entre a dureza e o pH do músculo varia de um músculo a outro, e seu efeito é reflexo do maior conteúdo de água, do incremento da CRA e, enfim, do estado de inchamento em que se encontram as fibras musculares a pH elevados.

A maturação

A dureza da carne diminui durante a maturação, e é com esse objetivo que normalmente se permite o desenvolvimento desse processo na carne. O efeito não se deve à dissolução da actomiosina formada durante a instauração do *rigor mortis*, mas sim à ação de diversas enzimas na estrutura muscular. Como se mencionou antes (item "Maturação da carne" no Capítulo 7), a ação proteolítica endógena em pontos estraté-

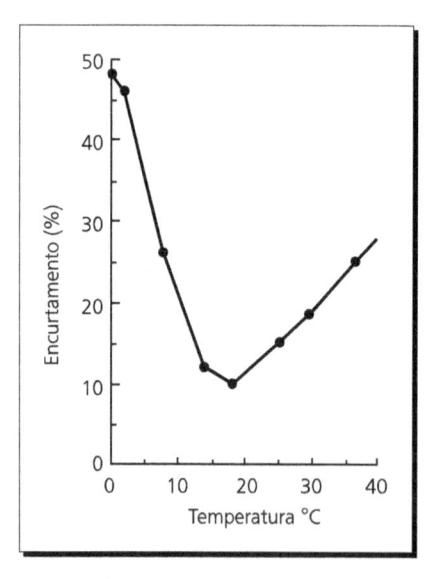

Figura 8.9 Relação entre o grau de encurtamento do sarcômero e a temperatura do processo *post-mortem*.

gicos da estrutura do disco Z e dos filamentos finos e grossos provoca a perda de integridade das miofibrilas. Desempenham um papel importante nisso as calpaínas e as catepsinas. Por outro lado, embora aparentemente as proteínas do tecido conetivo não sofram proteólise, rompem-se determinadas ligações cruzadas das moléculas de colágeno, possivelmente devido à ação das enzimas lisossômicas. Além disso, as catepsinas colagenolíticas podem cindir a porção telepeptídio do colágeno, liberando cadeias α.

As enzimas proteolíticas do músculo apresentam maior atividade a 37°C e, conseqüentemente, a carne leva menos tempo para alcançar um grau de amolecimento quando a temperatura de maturação é elevada, ainda que isso favoreça o crescimento microbiano.

A preparação culinária

O tratamento térmico pode diminuir ou aumentar a dureza da carne, dependendo de diversos fatores, como a temperatura alcançada e a porção cárnea de que se trate. Em geral a cocção determina amolecimento ao converter o colágeno em gelatina, mas determina também a coagulação e o endurecimento das proteínas miofibrilares. Os dois efeitos dependem do tempo e da temperatura de tratamento. Para o amolecimento do colágeno, o tempo é o mais importante, enquanto, para o endurecimento das microfibrilas, a temperatura é o fator mais crítico. Se a temperatura da carne se mantém dentro da margem de 57 a 60°C durante um certo tempo, é possível amolecer o tecido conjuntivo sem endurecer as proteínas miofibrilares. Por essa razão, quando a carne é rica em tecido conetivo, aconselham-se tempos de cozimento prolongados e temperaturas baixas, e vice-versa.

A elastina é a segunda proteína em importância quantitativa do tecido conetivo. Essa molécula possui núcleo central com uma estrutura desmosina e isodesmosina derivada da lisina, que lhe confere grande resistência ao calor e, portanto, à degradação durante o cozimento. Embora, em princípio, se pudesse pensar que sua contribuição para a dureza da carne fosse importante, a quantidade dessa proteína não-associada aos vasos sangüíneos é muito pequena, e só se deveria considerá-la nos músculos em que é mais prevalente (exemplo, *semitendinosus*).

Processamento

A maioria dos processos tecnológicos aos quais a carne é submetida modifica sua dureza. No congelamento *post-rigor* a velocidades que induzem o crescimento de cristais de gelo no interior das fibras musculares leva à queda manifesta da dureza.

Os tratamentos de irradiação da carne em doses médias ou altas dão lugar à diminuição da dureza. Esse fato possivelmente se deva às modificações que experimenta a molécula de colágeno, visto que a temperatura de retração do colágeno isolado cai de 61 a 47°C e mesmo a 27°C quando a dose de irradiação aplicada é muito alta.

A redução de tamanho (picado, corte em pedaços, redução a uma massa fina) pode ser utilizada no aproveitamento de porções cárneas excessivamente duras.

Amaciamento artificial da carne

Foram muitos os procedimentos utilizados, de forma mais ou menos tradicional, para reduzir a dureza da carne. Com esse fim, recorreu-se a métodos mecânicos com os quais se pretende bater a carne e permitir que sistemas de facas ou de agulhas múltiplas incidam nela com o intuito de cortar as fibras de tecido conetivo e interromper a estrutura muscular.

Pode-se também a amolecer a carne submetendo-a a pressões e temperaturas elevadas. Nesse caso, o efeito parece produzir-se por fragmentação da estrutura contrátil.

Por outro lado, recorreu-se a métodos enzimáticos e químicos. Sob esse aspecto, pode-se mencionar que, há pelo menos 500 anos, os índios mexicanos cozinhavam a carne envolvida em folhas de papaia. Com isso, utilizavam as enzimas proteolíticas que, posteriormente, foram descobertas em determinadas plantas (papaína, bromelina e ficina). Essa atividade proteolítica, que se encontrou também em diversos fungos e bactérias, foi empregada comercialmente no amaciamento artificial da carne. A Tabela 8.1 apresenta algumas das enzimas utilizadas com esse objetivo. No início, submergia-se a carne em soluções dessas enzimas. Esse procedimento não se mostrou adequado, porque a superfície das porções cárneas amolecia em excesso, a textura se perdia e, às vezes, elas adquiriam sabores anômalos, enquanto o interior das peças mantinha a dureza original. A reidratação de porções desidratadas em soluções muito diluídas de enzimas proteolíticas deu bons resultados. Para obter distribuição mais uniforme das soluções enzimáticas, recorreu-se à injeção múltipla na carne e ao bombeamento através dos vasos sangüíneos das porções cárneas. Contudo, o procedimento mais drástico dessa natureza consiste em injetar o complexo enzimático nos animais entre 1 e 30 minutos antes do abate. Neste último método, a distribuição enzimática pode ser maior nos músculos mais ativos e vascularizados, e alguns órgãos, como o fígado, podem desintegrar-se durante o cozimento.

As enzimas proteolíticas de origem bacteriana e fúngica utilizadas (Tabela 8.1) digerem primeiro o sarcolema, e depois causam o desaparecimento dos núcleos e degradam as miofibrilas, provocando, às vezes, o desaparecimento das estriações transversais. Já as enzimas de origem vegetal atuam preferencialmente sobre as fibras do tecido conetivo. No início, degradam o mucopolissacarídeo da substância

Tabela 8.1 Efeito de diversas enzimas em algumas proteínas da carne

Tipo de enzima	Intensidade do efeito*		
	Actomiosina	Colágeno	Elastina
Bacterianas e fúngicas			
Protease 15	+++	–	–
Rhozyma	++	–	–
Amilase fúngica	+++	Residual	–
Hidrolase D	+++	Residual	–
Vegetais			
Ficina (figo)	+++	+++	++++
Papaína (papaia)	++	+	++
Bromelaína (pinha)	Residual	+++	+

++++: muito intenso.
+++: intenso.
++: medianamente intenso.
+: leve.
–: sem efeito aparente.

de recheio e, depois, progressivamente, degradam as fibras de tecido conetivo a uma massa amorfa. Essas enzimas não atacam o colágeno nativo, mas sim aquele desnaturado pela ação do calor durante o processo culinário. Observou-se que estas últimas enzimas modificam tanto a dureza inicial como a quantidade de resíduos após a mastigação, enquanto as enzimas proteolíticas de procedência fúngica afetam apenas a dureza inicial.

Contudo, em vez de acrescentar enzimas proteolíticas, a carne pode ser amaciada artificialmente estimulando-se a atividade das próprias enzimas musculares. Quando se induz deficiência em vitamina E, aumenta a atividade das enzimas dos lisossomos (captesinas). A liberação destas também pode ser facilitada mediante excesso de vitamina A.

Outra possibilidade consiste em inibir a formação de mucopolissacarídeos do material de recheio do tecido conjuntivo ou a formação de colágeno mediante a administração de cortisona ou induzindo deficiência em vitamina E.

O amaciamento artificial da carne também pode ser feito mediante procedimentos químicos, recorrendo ao emprego de ácidos comestíveis ou ao incremento da força iônica. Para esse fim, recorreu-se ao emprego de vinagre, extrato de limão, ácido láctico e sal. Os ácidos degradam a estrutura protéica e, desse modo, diminuem a consistência da carne. O cloreto de sódio (a concentração de 2%) e outros sais podem reduzir a dureza, embora esse efeito seja aparente e possivelmente se deva ao incremento da CRA.

Outras experiências demonstraram que se pode reduzir a dureza submetendo a carne dos animais recém abatidos a pressão muito elevada (superior a 1 MPa) durante curtos períodos (2 a 4 minutos). Esse fato aparentemente se deve a que as elevadas pressões determinam intensa contração e desorganização da estrutura muscular. Por outro lado, também foram utilizados tratamentos com ultra-sons como forma de interromper a estrutura muscular.

Neste item, é preciso considerar ainda a suspensão das carcaças que, como já se mencionou, aumenta a tensão em alguns músculos, reduzindo o encurtamento dos sarcômeros, e o esgotamento do ATP mediante o estímulo elétrico das carcaças. Este último procedimento pode ser considerado em si mesmo como um procedimento de amaciamento. São muitas as experiências que confirmaram a menor dureza da carne das carcaças submetidas a esse tratamento. Acredita-se que a coincidência de pH baixo e temperaturas elevadas após o estímulo elétrico favoreça a ruptura das paredes dos lisossomos com a conseqüente liberação das enzimas autolíticas que contêm. Por outro lado, as fortes contrações decorrentes da descarga elétrica provocam a destruição de alguns sarcômeros.

Determinação objetiva da dureza

Diversos métodos físicos e químicos foram projetados com a finalidade de avaliar de forma objetiva a consistência da carne e poder comparar os resultados assim obtidos com aqueles proporcionados pelos testes sensoriais. Os métodos físicos buscam obter, por métodos simplificados, parâmetros que permitam determinar o comportamento da carne mediante esforços mecânicos. Os métodos químicos baseiam-se na determinação da quantidade de tecido conetivo e na utilização de sistemas enzimáticos.

Por consistência, entende-se a resistência que um fluido real opõe às deformações. Fluidos são substâncias que sofrem deformação contínua pela ação de uma forma de cisalhamento. Na indústria cárnea, trabalha-se com materiais mais ou menos sólidos (carne, toucinho, coagulados) e com soluções, emulsões e massas. Nestas últimas, recorre-se à fluidez, à consistência e à viscosidade para caracterizar seu comportamento. As determinações realizam-se preferencialmente com viscosímetros capilares, de derrame por inércia, de queda de bola e, sobretudo, com viscosímetros rotativos. A maior parte das substâncias apresenta fluidez não-newtoniana, isto é, ao modificar-se o efeito de cisalhamento, modifica-se também a viscosidade. Nos materiais *sólidos*, interessa conhecer a textura, a resistência mecânica e a plasticidade. Entre os esforços mecânicos utilizados para esse tipo de análise, encontram-se a tração, o cisalhamento simples, a cisalha de Kramer, a compressão, a pressão diametral, o achatamento, a estampagem, o fluxo em fendimento e a resistência ao dobrar, à penetração de cilindros e ao corte.

Esse tipo de determinação tem importância cada vez maior na industrialização da carne. A estimativa da dureza é particularmente útil na otimização de muitos processos, na regulação do cozimento ou no assado, no desenvolvimento e na tipificação de produtos e no controle da maturação de embutidos crus e cozidos.

O *rigôrmetro Shonoord* é uma ampliação particular desses métodos; consiste em um aparelho de contrapressão que mede o grau de rigidez da musculatura e o estado de rigidez cadavérica em determinado momento.

ODOR E SABOR

Pode-se dizer que o sabor e o aroma são as características organolépticas que mais satisfações produzem durante o consumo de determinado produto. Eles também desempenham importante papel na alimentação, dado que estimulam a secreção das glândulas salivares e do suco gástrico, aumentando o apetite e favorecendo a digestão. O odor e o sabor são sensações extremamente complexas e estão intimamente relacionadas. A proximidade das zonas de projeção cerebral e a carência de educação sensorial fazem com que, freqüentemente, as percepções gustativas se confundam com as olfativas. Contudo, esse erro não é importante, pois existe grande sinergismo entre os dois sentidos. Denomina-se *aroma* a sensação global produzida por compostos que interagem com as terminações sensitivas do gosto e do olfato.

A dificuldade no momento de analisar separadamente os estímulos proporcionados por um alimento quando ingerido impõe a utilização de qualificativos complexos nos quais se relacionam características organolépticas diversas ou o emprego do termo anglo-saxão *flavour* ou *flavor*. O vocábulo abarca o conjunto de sensações que se percebem quando um alimento entra na cavidade bucal. Portanto, o *flavor* inclui as sensações do sabor, do odor, do tato, da textura, do palatabilidade, da temperatura e mesmo das sonoras. Em português não existe um termo análogo, mas alguns autores já o utilizam habitualmente.

As percepções olfativas originam-se no nariz por excitação dos nervos do olfato (epitélio olfativo) e descreve-se segundo o tipo, a intensidade e a evolução. Considera-se *odor* a sensação percebida durante a inspiração do ar pelo nariz. O *aroma* é produzido pela mastigação e pelo calor da cavidade bucal, que provoca a liberação de substâncias voláteis que sobem ao nariz, onde são percebidas. As percepções gustativas são aquelas correspondentes às sensações do gosto; originam-se nas mucosas da língua, da cavidade bucal e do palato.

A percepção do aroma depende simultaneamente do gosto e do olfato, sendo difícil distinguir o nível de intervenção do odor e do sabor. Dos dois sentidos, o do olfato é muito mais sensível e pode ser estimulado a grande distância. O sabor é considerado uma sensação tridimensional, visto que são admitidos quatro sabores básicos ou sensações sápidas primárias: doce, salgado, amargo e ácido. Em todo caso, as diferenças sápidas que os alimentos apresentam devem-se ao fato de que o homem pode perceber centenas ou milhares de sabores diferentes, que se supõe tratar-se de combinações dessas quatro sensações primárias. Contudo, poderia haver outras classes ou subclasses de sensações primárias menos evidentes. Atualmente, alguns autores ampliaram esse número a mais um, o chamado sabor *umami* ou *delicioso*.

As substâncias associadas à percepção odorífera compreendem um grupo numeroso e altamente diversificado de compostos voláteis que, em geral, são bastante reativos. Muitos fisiologistas estão convencidos de que a maioria das sensações olfativas depende de algumas sensações primárias, como ocorre com o gosto. Contudo, até hoje não se teve muito êxito na determinação e na classificação das sensações olfativas primárias, embora se tenha indicado que seu número pode ser muito elevado.

Existem muitas substâncias que desencadeiam tanto sensações sápidas como odoríferas e, por isso, utiliza-se o qualificativo substâncias aromáticas. Os alimentos normalmente apresentam grande variedade de substâncias voláteis, embora nem todas possam ser qualificadas como aromáticas.

O(s) componentes responsável(is) pelo aroma característico de determinado alimento (são) denominado(s) substância(s)-*impacto*, após o qual o aroma global se completa ou alcança sua plenitude com outros compostos secundários. Conforme a presença desses compostos, podem ser considerados quatro grupos de alimentos:

- Aqueles cujo aroma se deve decisivamente a um único composto. A presença de outras substâncias aromáticas serve apenas para matizar o aroma característico do alimento.
- Aqueles nos quais o aroma é determinado por diversos compostos, embora um deles possa desempenhar papel mais relevante.
- Aqueles nos quais o aroma só pode ser reproduzido com grande número de compostos, dos quais nenhum pode ser considerado como substância-*impacto*.
- Alimentos nos quais não se conseguiu reproduzir o aroma nem mesmo utilizando grande número de compostos voláteis.

O aroma da carne cozida pertence ao penúltimo grupo e, em alguns casos, ao último.

Precursores do sabor e do aroma da carne

A carne crua apresenta sabor característico (de *soro*), levemente salino, parecido com o do sangue, e aroma pouco acentuado; é após o tratamento térmico que a carne desenvolve efetivamente sua plenitude sensorial. Os precursores do sabor da carne incluem tanto compostos não-voláteis (peptídeos, aminoácidos, alguns ácidos orgânicos, açúcares, metabólitos de nucleotídeos, tiamina e lipídeos), como voláteis.

De maneira geral, os precursores essenciais do sabor de carne são compostos não-voláteis, solúveis em água e com peso molecular baixo. Contudo, o aroma específico de cada espécie é atribuído fundamentalmente a componentes voláteis de origem lipídica (produtos de oxidação e de degradação dos lipídeos). As características sensoriais finais de um produto cárneo dependem do tipo e da proporção de precursores presentes na matéria-prima, dos ingredientes que se adicionam na elaboração, assim como da forma como o processamento ou cozimento afeta os componentes da carne.

No desenvolvimento das propriedades sensoriais intervêm também potencializadores e sinergistas. Trata-se de uma série compostos que, por si mesmos, não possuem propriedades aromáticas nem sápidas, mas reforçam o efeito de outros que a possuem. Seu efeito manifesta-se mesmo em quantidades muito pequenas.

Os L-aminoácidos que apresentam cinco átomos de carbono (como o ácido glutâmico) e os 5'-ribonucleotídeos que contêm 6-hidroxipurina (5'-GMP, 5'-IMP e 5'-XMP) são compostos com efeito potencializador. Estas últimas substâncias apresentam também acentuado efeito sinergista com o ácido glutâmico e com o L-glutamato monossódico (MGS) para a potencialização do sabor (sinergismo binário). Adicionalmente, misturas de glicina, ácido glutâmico e 5'-IMP revelam evidente sinergismo terciário.

Embora se tenha dedicado muitíssima atenção aos 5'-ribonucleotídeos e ao MSG, existem outros compostos potencializadores do sabor. Como potencializador do sabor cárneo, com efeitos similares ao ácido glutâmico, são conhecidos os ácidos homocisteínicos, cistein-S-sulfônico, tricolômico e ibotênico.

Os potencializadores de sabor purificados empregados na indústria alimentícia procedem de fontes microbianas, entre as quais se incluem os nucleotídeos fosforilados derivados do ARN.

A seguir, são apresentadas as características das substâncias voláteis e não-voláteis envolvidas no desenvolvimento do sabor e do aroma da carne.

Compostos voláteis

Estão presentes em baixas concentrações e causam uma variedade de diferentes sensações de odor. Decorrem principalmente de carboidratos, gorduras e proteínas. Visto que a composição de todas as carnes é similar, existe grande semelhança entre os compostos voláteis detectados em diferentes espécies.

Foram identificados mais de 450 compostos associados ao aroma da carne cozida, sem que nenhum deles, aparentemente, seja o único responsável pelo aroma global. As diferenças observadas no aroma da carne submetida a diversos tratamentos culinários devem-se, possivelmente, à temperatura e ao grau de umidade da carne. Assim, o aroma desenvolvido na carne cozida produz-se em presença de água quando a temperatura de tratamento não ultrapassa 100°C. Já os aromas da carne assada são liberados quando a temperatura supera 100°C sob condições de relativa secura. De qualquer forma, o *flavor* da carne que surge no seu processamento térmico decorre de fenômenos de condensação e degradação de precursores e da interação de diversos elementos através de vias complexas, como a reação de Maillard e a oxidação lipídica. A Figura 8.10 apresenta um esquema dos diversos componentes da carne em relação à geração térmica do aroma. Entre as substâncias voláteis detectadas, encontram-se hidrocarbonetos, aldeídos, cetonas, álcoois, ácidos carbonílicos, ésteres, éteres, derivados do benzol, furano γ e δ-lactonas, piranos, oxazolinas, pirróis, piridinas, pirazinas, tióis, sulfetos, tiofenos, tiazóis, tritiolanos, tritianos, ditiazinas, ditiolanos e ditianos (Tabela 8.2). Sabe-se que os compostos sulfurados desempenham papel importante no aroma da carne, e que se formam, possivelmente, por reação entre compostos carbonílicos, SH_2 e NH_3. Alguns compostos foram qualificados com aroma tipo cárneo, como é o caso de metional, 2-formiltiofeno, 5-tiometilfurfural e 3,5-dimetil-1,2,4-tritioleno. Um composto aromático típico dos condimentos cárneos é o 2-hidroxi-3-metil-4-etil-2-buten-1,4-olídio, que procede da treonina através da formação de ácido 2-ceto-butírico. Contudo, o aroma da carne, em suas muitas variantes, procede de conjuntos, mais ou menos complexos, de compostos com várias características e em diferentes concentrações.

Compostos não-voláteis

As substâncias não-voláteis contribuem fundamentalmente para as propriedades sápidas dos produtos cárneos e, em geral, estão presentes em concentrações relativamente altas. Analisando em detalhe cada um dos precursores sápidos mencionados, pode-se deduzir que alguns aminoácidos contribuem para o sabor doce da carne, enquanto outros são relativamente amargos. O sabor amargo e o *umami* foram relacionados com diversos peptídeos e com a hipoxantina. Muitos peptídeos apresentam sabor amargo, associado ao caráter hidrofóbico das cadeias laterais de seus aminoácidos, embora apenas aqueles a 6.000 dáltons apresentem esse sabor. Por outro lado, isolou-se da carne um octapeptídeo com sabor cárneo (*beef meaty peptide*). Vários dipeptídeos com L-Glu terminal têm sabor *umami*, como Glu-Asp, Glu-Thr, Glu-Ser e Glu-Glu, embora seja muito menos intenso que o glutamato monossódico.

Outros sabores também foram descritos nos peptídeos, tendo-se encontrado peptídeos salgados e doces. O sabor ácido está presente em dipeptídeos que contêm Glu e/ou Asp e nas seqüências Gly-Asp-Ser-Gly, Pro-Gly-Glu e Val-Val-Glu.

Alguns aminoácidos e diversos ácidos orgânicos, como o láctico, o inosínico, o ortofosfórico e o succínico, contribuem para o sabor ácido da carne. Os açúcares e os sais de sódio dos ácidos glutâmico e aspártico participam, respectivamente, nos matizes doces e salgados da carne.

Entre os aminoácidos que proporcionam a sensação predominantemente doce, incluem-se hidroxiprolina, alanina, glicina, serina e treonina. Os sabores amargos estão relacionados com histidina, arginina, metionina, valina, isoleucina, fenilalanina e triptofano. A acidez é característica dos ácidos aspártico e glutâmico e da histidina e da asparagina.

Os ribonucleotídeos, inosina-5'monofosfato e guanosina-5'monofosfato, além de desempenhar importante papel no desenvolvimento do sabor da carne devido à sua capacidade, já mencionada, de potencializar esse sabor, suprimem os matizes sápidos *sulfúrico, gorduroso*, de *queimado, amargo* e de *hidrolisado vegetal* que podem apresentar-se nos produtos cárneos. Por outro lado, os ribonucleotídeos desempenham importante papel na gênese do aroma cárneo durante a cocção, sobretudo, por se tratar de fontes potenciais de açúcares redutores, como ribose e ribose fosfato, que participam das reações de Maillard.

Algumas substâncias, ainda que não intervenham diretamente no desenvolvimento do sabor, favorecem sua manutenção na boca e contribuem para a sensação sápida global. É este o papel atribuído a componentes como creatina, carnosina, anserina, lisina, arginina e histidina.

Vale acrescentar que, independentemente da origem da carne, quando esta é armazenada e aquecida, produzem-se compostos resultantes de processos complexos, como glicólise, proteólise, lipólise, oxidações ou pirólise, e de interações entre produtos resultantes de cada via. Os compostos que se formam são responsáveis pelo aparecimento de matizes sápidos tanto desejáveis como indesejáveis. A auto-oxidação dos lipídeos é a principal causa do desenvolvimento de sabores

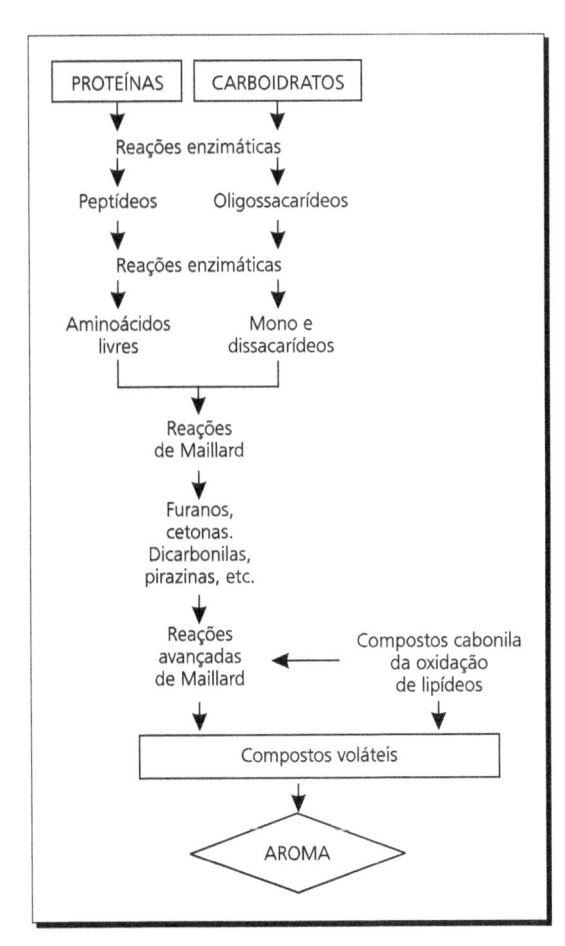

Figura 8.10 Geração térmica do aroma na carne.

Tabela 8.2 Diversos compostos voláteis identificados na carne de bovino

HIDROCARBONETOS	CETONAS	ÉSTERES
n-hexano	acetona	acetato de etila
n-dodecano	2-butanona	
n-pentadecano	4-octanona	ÉTERES
n-hexadecano	3-nonanona	Éter de hexila
n-octadecano	3-dodecanona	
1-undeceno	diacetil	LACTONAS
1-pentadeceno	acetoína	a-valerolactona
ALDEÍDOS	ÁLCOOIS	COMPOSTOS
formaldeído	metanol	AROMÁTICOS
acetaldeído	etanol	benzeno
propanol	n-propanol	tolueno
2-metilpropanal	n-butanol	n-propilbenzeno
n-pentanal	n-pentanol	benzaldeído
3-metilbutanal	n-hexanol	O-metilbenzaldeído
n-hexanal	n-octanol	
n-heptanal	isobutanol	COMPOSTOS
n-octanal	isopentanol	SULFURADOS
n-nonanal	2-hexenol	metil mercaptã
n-hexadecanal	1-penten-3-ol	etil mercaptã
2-octenal	1-octen-3-ol	dimetil sulfeto
6-metil-2-hepten-1-al		metilpropil sulfeto
hepta-2-en-1-al	ÁCIDOS	metilalil sulfeto
octa-2-en-1-al	fórmico	dialil sulfeto
nona-2-en-1-al	acético	sulfeto de hidrogênio
deca-2-en-1-al	propiônico	
undeca-2-en-1-al	butírico	DERIVADOS
deca-2-en-1-al	hexanóico	NITROGENADOS
	2-metilpropiônico	amoníaco
	láctico	metalamina

estranhos e desagradáveis, conhecidos como *off-flavor*. Sob esse aspecto, nos peptídeos de baixo peso molecular, constatou-se a existência de uma relação entre o predomínio dos grupos hidrofílicos com os sabores desejáveis da carne. Contudo, a abundância de restos hidrofóbicos nos peptídeos estaria ligada a matizes sápidos indesejáveis (*off-flavor*). A natureza desses peptídeos, originados pela fragmentação de proteínas, depende das condições de processamento da carne. Assim, observou-se que, quando a carne preaquecida é armazenada a 4°C, há diminuição de restos hidrofílicos sem que haja nenhuma mudança manifesta nos hidrofóbicos.

Fatores que participam do desenvolvimento do sabor e do aroma da carne

O sabor e o aroma da carne dependem de múltiplos fatores que, para seu estudo, podem ser englobados em dois grupos: os extrínsecos ou *ante mortem* e os intrínsecos ou vinculados diretamente à estrutura da carne e aos processos pós-morte.

Além dos fatores mencionados anteriormente, é importante destacar a importância do tratamento térmico aplicado, incluindo aqui tanto a forma de aquecimento como sua intensidade (tempo e temperatura de tratamento) e o tipo e as condições de processamento.

Fatores extrínsecos

A espécie, o sexo, a raça, a alimentação e o manejo do animal são variáveis de efeito comprovado no desenvolvimento dessas características organolépticas da carne. De acordo com os trabalhos realizados nesse campo, parece que a espécie animal é o componente genético mais importante na determinação dos matizes sápidos, enquanto a alimentação é o evento de maior repercussão entre as variáveis do ambiente. De maneira geral, considerou-se que as diferenças sápidas decorrentes da espécie ou da raça estão associadas ao componente lipídico, ainda que, por si só, ele não seja suficiente para explicar o amplo espectro de substâncias envolvidas na produção dos diversos aromas e sabores. Por outro lado, pôde-se comprovar que muitos dos precursores do aroma decorrem da fração magra.

Os melhores atributos sápidos e aromáticos foram associados, em geral, às raças de aptidão cárnea. Em relação à idade, vale dizer que a intensidade do aroma da carne parece aumentar à medida que o animal envelhece, ainda que também aumente a incidência no aparecimento de matizes sápidos *estranhos* e *desagradáveis* (*off-flavor* ou *over-all*). Alguns autores consideram que o sabor genuíno da carne de uma espécie em particular não se apresenta enquanto o animal não tiver alcançado a maturidade sexual. Muitas diferenças associadas à idade são vistas como dependentes do sexo do animal, ao mesmo tempo em que as diferenças devidas a este último fator tornam-se mais ostensivas à medida que aumenta a idade. Isso pode ser observado especialmente no caso da carne de suíno. Comprovou-se que o esteróide α-androst-16-en3ona é um componente específico da gordura do suíno não-castrado, responsável pelo odor específico que surge durante o tratamento culinário.

Vários estudos mostraram que a dieta dos animais afeta, em maior ou menor medida, o aroma da carne. Esse efeito se deve, sobretudo, ao tipo de alimentação recebida no período imediatamente anterior ao abate e está relacionado com as características do componente lipídico da dieta.

Fatores intrínsecos

As características estruturais da carne, assim como as condições de armazenamento e os processos *post-mortem* que ocorrem no músculo e que levam à sua transformação em *carne*, são fatores de comprovada repercussão no desenvolvimento das características organolépticas.

Encontraram-se diferenças significativas no desenvolvimento do sabor gerado pelos diferentes cortes anatômicos. Vários autores encontraram forte relação entre as características anatômicas do músculo e o desenvolvimento do sabor da carne, como também de sua deterioração. A localização das proteínas contráteis próxima ao sistema de membranas sarcoplasmáticas e lisossomal facilita a ação das hidrólises lisossomais nos processos *post-mortem*. Isso faz com que muitos elementos nitrogenados não-protéicos e inclusive fragmentos protéicos mais simples derivem do complexo de proteínas miofibrilares. Alguns desses elementos de baixo peso molecular parecem estar relacionados com o sabor da carne.

Por outro lado, a morfologia do músculo permite que apenas as estruturas superficiais, especialmente os fosfolipídeos das membranas musculares, estejam expostas diretamente ao oxigênio molecular. Este é o principal catalisador na geração de compostos que contribuem para o chamado *off-flavor*, matizes sápidos estranhos, claramente desagradáveis, que aparecem em alguns produtos cárneos mal-acondicionados.

A carne apresenta sabor e aroma mais agradáveis depois da maturação. Muitas das variações apreciadas devem-se à acentuada atividade enzimática desse processo (item "Mudanças *post-mortem* do músculo" no Capítulo 7), que modifica, quantitativa e qualitativamente, os precursores sápidos e aromáticos. Assim, depois da maturação, observa-se alteração significativa nos níveis de açúcares, ácidos orgânicos, peptídeos, aminoácidos livres e metabólitos do ATP. Alguns desses compostos são princípios sápidos, enquanto outros são intermediários na síntese daqueles realmente responsáveis pelo sabor próprio dos produtos cárneos frescos ou cozidos. É o caso dos produtos resultantes da reação de Maillard, formados durante o aquecimento por interação entre açúcares e aminoácidos.

O esgotamento do ATP do músculo durante os processos *post-mortem* está associado ao conseqüente acúmulo dos metabólitos resultantes de sua degradação. O IMP é o 5'-nucleotídeo mais abundante na carne e, como já mencionado, participa em vários mecanismos do desenvolvimento do sabor e do aroma. Esse nucleotídeo (IMP) degrada-se autoliticamente, de modo lento, para formar fósforo inorgânico e inosina, a qual, por sua vez, converte-se (pela atividade da fosforilase do músculo ou pela ribosido hidrolase, ou mesmo pela atividade da microbiota) em hipoxantina e ribose ou ribose 5'-fosfato; a partir da hipoxantina, podem-se formar, entre outros produtos, xantina, ácido úrico e amoníaco. Considera-se que a maturação é ótima quando se detectam entre 1,5 e 2 μmol de hipoxantina por grama de carne. Também foram detectadas na carne pequenas quantidades de ribonucleotídeos e de desoxirribonucleotídeos, como guanosina 5'-fosfato (GMP), citosina 5'-fosfato (CMP) e uridina-5'-fosfato (UMP).

Alterações decorrentes do tratamento térmico e das condições de processamento da carne

Embora tenham sido realizadas várias pesquisas sobre o efeito do calor na estrutura das proteínas musculares, prestou-se pouca atenção às alterações induzidas na atividade hidrolítica das enzimas endógenas (lipases, glicosidases e proteinases). O conhecimento da atividade das proteínas musculares é muito importante para compreender o desenvolvimento do sabor na carne aquecida, dado que, por se tratar de um produto eminentemente protéico, informa sobre a origem da maioria dos princípios sápidos.

As enzimas revelam diversos níveis de atividade em diferentes temperaturas de cocção. Grande parte da atividade enzimática desenvolvida sobre a miosina e a actomisosina cessa durante a cocção convencional e mesmo com tratamentos menos intensos. As melhores candidatas a participar da produção de peptídeos relacionados com o desenvolvimento do sabor cárneo são as tiolproteinases (catepsinas B e L). Estas enzimas têm pH ótimo de atividade (5 a 6) próximo do pH final *postmortem* da maioria das carnes. Por outro lado, as catepsinas B e L retêm mais de 20% de sua atividade acima de 70°C. A esta temperatura e acima dela, formam-se numerosos peptídeos, coincidindo com as mudanças fundamentais do sabor da carne fresca. Por outro lado, a mioglobina nativa, que é um inibidor endógeno da atividade das catepsinas B e L, desnatura-se pelo calor e pela degradação proteolítica derivada do efeito da catepsina D. Dessa forma, esta última enzima realçaria a atividade das catepsinas B e L.

Durante o aquecimento a elevadas temperaturas (acima de 100°C), produzem-se reações de desaminação das proteínas. O amoníaco que se libera procede, fundamentalmente, dos grupos amida da glutamina e da aspargina. A desaminação pode ser seguida do estabelecimento de novas ligações covalentes com restos de aminoácidos.

Diversos autores obtiveram aroma *cárneo* ao aquecer os componentes de baixo peso molecular dos extratos aquosos de carne. As substâncias envolvidas incluem aminoácidos livres (entre eles, Cys, β-Ala, Glu, Trp), peptídeos, açúcares livres (glicose, frutose, ribose), açúcar-fosfato, glicosamina, ácidos orgânicos, ácidos nucléicos, nucleotídeos livres, nucleotídeos unidos a peptídeos ou a açúcar e nucleosídeos.

O fato de se obter aroma similar com o aquecimento de extratos aquosos de carne magra de diversas espécies levou à suposição de que as características específicas do sabor decorriam do componente gorduroso e provavelmente de compostos carbonilas. Alguns autores consideram que as carbonilas lipossolúveis contribuem mais que as hidrossolúveis para o sabor e o aroma da carne.

É evidente que as substâncias responsáveis pelo sabor da carne cozida surgem durante o tratamento térmico, direta ou indiretamente, a partir de precursores não-voláteis. Entre as reações envolvidas, incluem-se a degradação de açúcares, a pirólise de proteínas e aminoácidos e a degradação lipídica. Podem ocorrer também interações de dois ou mais precursores, como é o caso das reações de Strecker e de Maillard e das interações entre proteínas e lipídeos. Na seqüência, produzem-se derivados de outras reações secundárias, nas quais estão envolvidos produtos de reações anteriores, incrementando-se, assim, o número de fenômenos que participam do desenvolvimento do *flavor*, implicando aparição de numerosos compostos. Os processos químicos que ocorrem incluem oxidações, fragmentações, recombinações, hidrólises, desidratações, descarboxilações, condensações e ciclações.

A pirólise é associada a tratamentos de aquecimento superiores aos habituais durante a cocção. Contudo, diversos produtos resultantes dessas reações podem ser encontrados, em quantidades residuais e muito pouco significativas, na carne tratada a temperaturas inferiores. Entre os produtos da pirólise, incluem-se amoníaco, dióxido de carbono, aminas, aminoácidos, hidrocarbonetos, nitritos e compostos carbonilas.

A degradação de açúcares é uma fonte importante de di e tricarbonilas que podem reagir na seqüência com aminoácidos nas degradações de Strecker. As temperaturas utilizadas nos estudos dessa degradação são superiores às utilizadas na cocção de carne, já que entre 100 e 130°C, a estrutura molecular não é alterada. Contudo, podem estar presentes, ainda que em quantidades residuais na carne assada.

Tanto em tratamentos tecnológicos industriais como nos culinários ou durante o armazenamento dos alimentos que contêm proteínas e carboidratos redutores, ou compostos carbonilas, produz-se o escurecimento não-enzimático ou a reação de Maillard. Muitas das reações que acontecem nesse processo têm energia de ativação alta e, por isso, são consideravelmente potencializadas durante a cocção, o tratamento térmico, a evaporação e a desidratação.

A reação de Maillard (Volume 1, Capítulo 5) é induzida pelo aquecimento de produtos ou substâncias que contêm um grupo amina livre (aminoácidos, aminas, peptídeos, proteínas, amoníaco) em presença de compostos com um grupo carbonila (acetonas, aldeídos, açúcares redutores) e é, provavelmente, a reação mais relacionada com o desenvolvimento do sabor da carne (Figura 8.10). A sucessão de reações envolvidas consiste em uma série complexa de interações e decomposições da qual resultam numerosos produtos voláteis. Entre eles, encontram-se aldeídos alifáticos, furanos e derivados, acetonas (incluindo α-dicarbonilas), álcoois, ésteres cíclicos, pirróis, piridinas, pirazinas, oxazóis e oxazolinas. Além disso, quando estão envolvidos aminoácidos sulfurados, os produtos originários podem incluir tióis, sulfitos, tiofenos, tiazóis e tiazolinas. A reação de Maillard desenvolve-se pela reorganização de Amadori ou Heyns e implica a degradação de Strecker dos aminoácidos. Começa a 90°C, é inibida pela água e potencializa-se com o tempo e a temperatura.

No caso dos produtos cárneos, produzem-se mudanças substanciais do sabor e do aroma, dependendo de sua composição e das características do processo aplicado. A origem das substâncias responsáveis por essas características organolépticas nos embutidos crus curados varia. Algumas incorporam-se durante a elaboração (cloreto sódico, especiarias, componentes da fumaça); outras formam-se a partir de seus precursores sem intervenção microbiana (como as substâncias derivadas das reações de auto-oxidação), há as que provêm da atividade de enzimas próprias do músculo (lipases e proteases); e uma grande parte procede da atividade metabólica dos microrganismos. Os compostos que predominam nos embutidos de maturação curta são os produtos da fermentação microbiana dos carboidratos, principalmente ácido láctico. Quanto mais se prolonga a maturação e maior é a atividade dos microrganismos, maior é a variedade e a quantidade de componentes aromáticos e sápidos. Provavelmente os produtos da degradação das proteínas (peptídeos, aminoácidos livres), nucleotídeos e nucleosídeos tenham efeito mais acentuado no sabor, enquanto, nos produtos da lipólise e na posterior degradação dos ácidos graxos (ácidos graxos voláteis, aldeídos, cetonas), são mais importantes para o aroma final do produto.

Embora os nitritos estejam estreitamente relacionados com o sabor e o aroma dos produtos cárneos curados, sabe-se pouco acerca dos mecanismos envolvidos. Estes últimos não foram associados com a formação de compostos específicos, e tudo parece indicar que estariam relacionados com a atividade inibidora dos processos de oxidação lipídica.

Saborizantes, aromatizantes e potencializadores do sabor utilizados na indústria cárnea

Na maioria dos casos, o desenvolvimento de um sabor adequado ocorre depois de certo tempo de repouso ou de maturação, ou através de um processo culinário trabalhoso, sem esquecer, naturalmente, a qualidade dos ingredientes. Atualmente vem se impondo a chamada *cozinha rápida* nas sociedades dos países com maior renda. Em geral os pratos prontos ou semiprontos e as porções de preparação simples que esses mercados demandam necessitam de respaldo para potencializar suas características sensoriais. Daí a necessidade da adição de potencializadores e precursores do sabor e do aroma, ainda que, por razões diversas, sempre tenha existido a necessidade de recorrer à utilização de aditivos saporíficos e aromatizantes.

Não se pode esquecer que o cozimento da carne apresenta características organolépticas muito apreciadas pelo consumidor. É por essa razão que tem sido um dos sabores e aromas mais buscados e estudados. Infelizmente, e apesar dos avanços recentes, os *simuladores* do sabor da carne (saborizantes cárneos) não alcançaram o grau de desenvolvimento necessário para reproduzir as características sápidas e aromáticas desejadas, o que se deve, obviamente, à complexidade do sabor da carne que, realmente, é muito difícil de reproduzir. Por outro lado, é preciso levar em conta que as características organolépticas da carne dependem do tipo de tratamento térmico ou culinário aplicado. São muito diferentes o sabor e o aroma esperados de um assado, de um guisado ou de um caldo de carne e, portanto, a natureza dos potencializadores ou saborizantes requeridos em cada caso seria distinta.

Os *flavorizantes* cárneos são apresentados comercialmente como produtos líquidos, concentrados em forma de massa ou pó. Nestes últimos, pode haver perdas de compostos voláteis durante a desidratação.

A seguir, serão abordados alguns aspectos dos saborizantes e potencializadores do sabor cárneo.

Preparados a partir de extratos cárneos

Em 1865, Hieling criou, na América do Sul, uma empresa para a elaboração de preparados cárneos que continham os chamados *extrativos* (incluíam, fundamentalmente, creatina, xantina, hipoxantina e carnosina). Desde então, os *extratos de carne* passaram a ser utilizados na indústria cárnea. Eles são de dois tipos: a *essência* e o *extrato* de carne. O primeiro termo foi utilizado para o produto resultante da extração aquosa dos componentes da carne; a solução assim obtida geleificada quando refrigerada, e, normalmente, 13 ou 14 partes de carne rendem uma parte do preparado com conteúdo aquoso de 34%. O *extrato* cárneo é obtido submergindo carne em água e fervendo por tempo limitado; o produto resultante é concentrado até conseguir um líquido semi-sólido de cor castanho-escuro, de aroma penetrante e acre. Geralmente 50 partes de carne proporcionam uma de extrato com 17% de umidade. Esses produtos apresentam certo sabor de carne quando se diluem, embora possam apresentar aromas e sabores penetrantes desagradáveis.

Preparados a partir de potencializadores de sabor e especiarias

O primeiro potencializador de aroma identificado foi o L-glutamato monossódico (MGS), isolado em 1909 por Ikeda a partir de uma alga marinha (*Laminaria japonica*) freqüente nas águas do Japão. Imediatamente após sua descoberta, o MGM começou a ser produzido comercialmente, sendo elaborado a partir de hidrolisados protéicos de plantas. Foi, de fato, o primeiro condimento químico produzido comercialmente, e sua utilização como potencializador do sabor dos alimentos naturais está amplamente difundida. Por outro lado, Kodama, em 1913, isolou um nucleotídeo (IMP) de certos peixes capturados no Japão (bonito e atum), mas sua utilização como potencializador do sabor só ocorreu em 1960, quando se passou a obter comercialmente *in vitro* a partir de ácido ribonucléico.

Uma vez reconheceu a importância do MGS e dos 5'-ribonucleotídeos como potencializadores do sabor e eles se tornaram comercialmente disponíveis, começaram a ser elaboradas diversas combinações com especiarias, procurando conseguir o sabor característico dos caldos de carne.

Preparados a partir de hidrolisados protéicos

A produção de hidrolisados protéicos de origem vegetal (HVP) (glúten de trigo e de milho, restos extraídos de amendoim e de soja) e de certas leveduras (*Sacchamoryces* e *Torula* spp.) contribuiu de forma significativa para o desenvolvimento de saborizantes de carne. Esse fato decorre do conhecido papel dos aminoácidos livres como precursores do sabor. Entretanto, encontrou-se um paralelismo entre a atividade *post-mortem* das catepsinas do músculo e o resultado da hidrólise protéica de vegetais e leveduras. De fato, as primeiras formulações que exibiram notas características de sabor *de carne* foram obtidas com hidrolisados protéicos aos quais se acrescentaram misturas de especiarias e de nucleotídeos. Depois da II Guerra Mundial, os hidrolisados protéicos passaram a desempenhar papel muito significativo como aditivos, o que se deveu às suas qualidades sápidas, à situação econômica do momento e, sobretudo, a que os extratos cárneos careciam de qualidade sensorial. Atualmente, dispõem-se de muitos tipos de hidrolisados de várias proteínas com diversas propriedades e sabores.

Preparados a partir de precursores do sabor

Baseiam-se na utilização de *produtos de reação* obtidos a partir do aquecimento de substâncias conhecidas como precursoras do sabor.

Existe grande número de patentes dessa natureza, que incluem diversas misturas de Cys e outros aminoácidos (Glu, β-Ala, Gly), junto com pentoses ou hexoses (ribose, glicose), gliceraldeído, polipeptídeos ou hidrolisados de caseína, de amendoins ou de sementes de soja, que proporcionam sabores cárneos quando aquecidos.

Particularidades dos métodos de análise de detecção e avaliação das substâncias sápidas e aromáticas

A concorrência de diversos fatores dificulta a análise das substâncias responsáveis pelo sabor e pelo aroma. Entre outros, podem ser mencionados a presença dessas substâncias em pequenas concentrações, a complexidade das misturas responsáveis por essa característica organoléptica, o caráter volátil e pouco estável de muitas substâncias e a existência de compostos em equilíbrio dinâmico com outros constituintes dos alimentos.

A identificação dos compostos responsáveis pelo sabor e pelo aroma requer isolamento dos alimentos para que depois, misturados entre si, possam reproduzir-se as características sensoriais nativas com a mínima distorção. A busca e a quantificação de parâmetros químicos que sirvam como referência para a estimativa da intensidade e da qualidade das propriedades sensoriais foi uma meta idealizada pelos pesquisadores desse campo.

Embora a tecnologia tenha desenvolvido instrumentos e equipamentos que podem distinguir diferentes aromas e que determinam a composição química e a textura de alguns alimentos, os resultados obtidos ainda deixam muito a desejar. O conhecimento das substâncias voláteis foi favorecido pelo avanço das técnicas de cromatografia gasosa, espectrometria de massa e ressonância magnética nuclear. Assim, há apenas trinta anos conheciam-se 500 compostos relacionados com o aroma dos alimentos, e hoje a lista supera 4.000. No caso das substâncias sápidas não-voláteis, a complexidade residia em relacionar determinados sabores complexos com misturas ou produtos concretos. Nessas pesquisas, foram particularmente valiosas as técnicas de fracionamento, com base em diferentes características do produto a ser analisado.

Qualquer que seja a técnica de análise escolhida, os resultados não terão verdadeiro valor até que a pesquisa seja complementada com determinações ou testes sensoriais. Esses testes permitem relacionar os compostos químicos identificados com os receptores orgânicos e, portanto, avaliar realmente seu significado sápido ou aromático. No entanto, os testes sensoriais são a melhor ferramenta para detectar mudanças na qualidade organoléptica de um produto.

Ainda que o formato de testes sensoriais seja realmente complexo e requeira procedimento muito cuidadoso para evitar erros devidos à variabilidade do juízo humano, eles são, ainda hoje, imprescindíveis. Não existem instrumentos mecânicos ou eletrônicos que possam duplicar ou substituir o ditame humano. As qualificações sensoriais permitem a integração simultânea de múltiplas sensações, que se associam para emitir uma valoração conjunta do produto, que nunca poderia ser alcançada com simples determinações químicas ou físicas.

Existe ampla bibliografia na qual são descritas a forma de proceder e os tipos de análises sensoriais mais adequadas para cada caso. Para que os resultados oferecidos por eles sejam exatos, confiáveis e repetitivos, requerem-se condições de trabalho muito estritas. Com isso, pode-se passar de uma valoração subjetiva para resultados objetivos que, submetidos a tratamento estatístico adequado, permitem obter conclusões válidas e repetitivas. Foram alcançados grandes progressos na aplicação de métodos estatísticos que estabelecem correlação matemática entre a informação obtida por técnicas sensoriais e aquela proporcionada pelas determinações químicas ou físicas.

REFERÊNCIAS BIBLIOGRÁFICAS

FORREST, J. C.; ABERLE, E. D.; HEDRICK, H. B.; JUDGE, M. D. y MERKEL, R. A. (1979): *Fundamentos de Ia Ciencia de Ia Carne*. Acribia. Zaragoza.

LAWRIE, R. A. (1977): *Ciencia de Ia carne*. Acribia. Zaragoza.

MacLEOD, G. y SEYYEDAIN-ARDEBILI, M. (1981): "Natural and simulated meat flavours (with particular reference to beef)". *CRC Critical Reviews in food science and nutrition*, 14: 309-439.

MARSH, B. B. y CARSE, W. A. (1974): "Meat tenderness ant the sliding - filament hypothesis" *J. Food Technol*, 9: 129-139.

SHAHIDI F.; RUBIN, L. J. y D'SOUZA, L. (1986): "Meat flavor volatiles: a review of the composition techniques of analysis, and sensory evaluation". *CRC Critical Reviews in food science and nutrition*, 24: 141-243.

RESUMO

1   A CRA da carne é a aptidão que esse produto tem para reter total ou parcialmente a própria água e, eventualmente, a água adicionada durante seu processamento. A CRA tem grande repercussão no desenvolvimento e na percepção das propriedades sensoriais (cor, textura, firmeza, dureza e, sobretudo, suculência), no valor comercial e na aptidão tecnológica da carne. A CRA pode modificar-se durante as mudanças *post-mortem* (glicólise anaeróbia, degradação do ATP, *rigor mortis* e mudanças da estrutura celular) do músculo, com a adição de ingredientes (fosfatos, proteínas com capacidade emulsificante e geleificante) e com as operações do processamento (redução de tamanho, mistura, pH, força iônica, etc.). Em geral a CRA é determinada mediante técnicas de avaliação indireta, medindo a água eliminada ao se submeter a carne ou o produto cárneo a determinada força externa.

2   A suculência da carne desempenha papel importante na percepção de sua palatabilidade. Os sucos cárneos, por outro lado, veiculam substâncias sápidas e aromáticas que favorecem a satisfação sensorial.

3   A carne, para efeitos práticos, contém um pigmento, a mioglobina (Mb), cujas propriedades espectrais influem na sua cor. Dependendo do estado químico do ferro da Mb, distinguem-se três formas básicas do pigmento: mioglobina propriamente dita (Fe^{2+}) que proporciona à carne cor vermelho-púrpura (pouco apreciada pelo consumidor), Mb oxigenada ou oximioglobina (Ee^{2+} que compartilha elétrons com oxigênio muscular), que confere à carne cor vermelho-brilhante (a preferida pelo consumidor) e Mb oxidada ou metamioglobina (Fe^{3+}), que dá à carne cor parda (recusada pelo consumidor). Entre as três formas, estabelecem-se interações que permitem converter-se uma em outras até que, com o tempo, a Mb se oxida irreversivelmente.

4   A textura da carne depende do tamanho dos feixes de fibras nos quais o músculo está dividido longitudinalmente pelos septos de tecido conjuntivo que constituem o perimísio.

5   A dureza é uma sensação complexa, difícil de definir em termos simples; está relacionada, fundamentalmente, com a presença de tecido conectivo (quantidade e estrutura do colágeno) e com o estado de contração das fibras musculares (grau de interação actino-miosina e extensão da zona do sarcômero carente de interação). A dureza da carne está ligada a múltiplos fatores, tanto independentes do sacrifício (idade, porção anatômica da carcaça), como decorrentes dos fenômenos *post-mortem* (glicólise *post-mortem* e desenvolvimento do *rigor mortis*), e também à forma do processamento e à preparação culinária. Muitos procedimentos foram utilizados para reduzir a dureza da carne; entre eles, cabe mencionar os métodos mecânicos (aplicação de pressão), enzimáticos (enzimas proteolíticas, como bromelina) e químicos (aumentando a força iônica do meio), a aplicação de elevadas pressões (superiores a 1 MPa) e ao estímulo elétrico das carcaças.

6   A carne crua apresenta sabor característico (de *soro*), ligeiramente salino, parecido com o de sangue e aroma pouco acentuado; é depois do tratamento culinário que realmente a carne desenvolve sua plenitude sensorial. Seu sabor e seu aroma se devem tanto a compostos não-voláteis (peptídeos, aminoácidos, alguns ácidos orgânicos, açúcares, metabólitos e nucleotídeos, tiamina e lipídeos), como voláteis (hidrocarbonetos, aldeídos, cetonas, alcoóis, ácidos carbonílicos, ésteres, éteres, derivados do benzol, furano, lactonas, piranos, oxazolinas, pirróis, pirazinas, tióis, sulfetos, tiofenos, tiazóis, tritiolanos, tritianos, ditiazinas, ditolanos e ditianos). As características sensoriais finais de um produto cárneo dependem do tipo e da proporção de precursores presentes na matéria-prima, dos ingredientes que se acrescentam na elaboração e da forma como o processamento ou cozimento (temperatura e grau de umidade) afete os componentes da carne.

7   Os L-aminoácidos que apresentam 5 átomos de carbono (como o ácido glutâmico) e os 5'-ribonucleotídeos que contêm 6-hidroxipurina (5'-GMP, 5'-IMP e 5'-XMP) são compostos com efeito potencializador do sabor cárneo. As últimas substâncias apresentam, além disso, acentuado sinergismo com o ácido glutâmico e com o L-glutamato monossódico (MSG). Adicionalmente, misturas de glicina, ácido glutâmico e 5'-IMP mostram um manifesto sinergismo terciário. Os ácidos homocisteínicos, cistein-S-sulfônico, tricolômico e ibotênico exercem efeitos similares ao do ácido glutâmico.

CAPÍTULO 9

Conservação da carne mediante a aplicação de frio

Este capítulo estuda a aplicação de frio (refrigeração e congelamento) para conservar a carne. Descreve as melhores condições para o resfriamento e o armazenamento em refrigeração da carne, assim como o fundamento da ampliação da vida útil da carne refrigerada mediante seu acondicionamento em atmosferas modificadas, e as misturas de gases mais adequadas. Igualmente, descreve o congelamento, o armazenamento e o descongelamento junto com a vida útil recomendada para carnes de diferentes espécies.

INTRODUÇÃO

A Tecnologia de Alimentos dispõe de métodos de conservação que podem controlar adequadamente a atividade enzimática e os processos físico-químicos que alteram os produtos e limitar ou anular por completo a atividade dos microrganismos. A inibição que esses métodos de conservação conseguem pode ser, portanto, parcial ou total.

A conservação dos alimentos pode ser feita por procedimentos químicos (geralmente modificando a composição dos produtos) ou físicos (pela ação de determinados fatores externos).

O uso do frio oferece uma série de vantagens de grande interesse para a indústria, que podem ser sintetizadas nos seguintes pontos:

— máximo prolongamento da conservação dos alimentos.
— mínima modificação das características sensoriais e do valor nutritivo
— ampla esfera de uso
— custos razoáveis
— Ausência de ações nocivas para a saúde.

Com a aplicação do frio na carne, são buscados fundamentalmente os seguintes objetivos:

- Inibição (refrigeração) ou suspensão do crescimento microbiano. O metabolismo e proliferação dos diversos microrganismos durante a refrigeração e congelamento da carne são muito variáveis. Do ponto de vista sanitário, vale dizer que, salvo alguma exceção (*Listeria monocytogenes*, *Yersinia enterocolitica* e *Aeromonas hidrophyla*), os microrganismos patogênicos, como salmonelas, estafilococos, clostrídios, etc., não podem proliferar-se em temperatura inferior a 5°C. Portanto, se a conservação é feita a menos de 5°C, a carne é um alimento bastante seguro, muito mais quando se leva em conta que, para ser consumida, ela é quase sempre submetida a tratamentos térmicos culinários.
- Controle ou inibição (refrigeração e congelamento, respectivamente) de enzimas tissulares ou microbianas. Há uma série de microrganismos que causam alteração e que se proliferam na fase líquida, mesmo abaixo do ponto de congelamento. Até aproximadamente –8°C, proliferam-se algumas bactérias; até –10°C, algumas leveduras; e até –12°C, alguns tipos de mofos, significando que, na carne, consegue-se a estabilidade microbiológica apenas quando ela é armazenada a temperaturas inferiores a –12°C.

As enzimas produzidas pelos microrganismos presentes na carne antes do congelamento podem atuar mesmo abaixo de –12°C. Isso significa que se uma carne antes do congelamento, continha carga microbiana elevada, pode ter grande taxa de enzimas que atacam as proteínas e as gorduras, podendo causar uma acentuada perda de qualidade durante o congelamento. Com isso, assinala-se a importância de manter estritas medidas higiênicas durante o abate, a conservação e a manipulação da carne. Seu congelamento e seu armazenamento a temperaturas inferiores a −12°C impedem o metabolismo e a proliferação microbiana, mas não podem ser considerados como medida para eliminar totalmente os microrganismos presentes. Durante o congelamento, é possível destruir de 10 a 50% dos microrganismos existentes, dependendo da velocidade de congelamento e da temperatura. A −5°C será eliminada porcentagem muito menor do que, por exemplo, a −30°C. Por isso, o congelamento deve ser considerado como um método seletivo que favorece os microrganismos resistentes ao frio. Visto que eles estão bem adaptados ao frio, podem proliferar-se rapidamente depois do congelamento e sob condições favoráveis.

- Redução das reações com o oxigênio ambiental. Às temperaturas de refrigeração e congelamento, freiam-se as reações que provocam a rancificação oxidativa das gorduras. Contudo, é muito difícil frear em sua totalidade esse tipo de reações, a não ser que se evite o contato com o O_2.

REFRIGERAÇÃO DA CARNE

Atualmente a refrigeração das carcaças é feita mediante ar frio. Apenas em alguns casos utilizam-se outros meios para baixar a temperatura.

Até há alguns anos ainda era comum, após o abate, deixar as carcaças durante algumas horas primeiro em salas de aragem e, em seguida, em antecâmaras em temperatura entre 15 a 20°C para o seu resfriamento. Depois, as carcaças eram transferidas a câmaras frigoríficas de 0 a 4°C. As razões para agir desse modo eram geralmente os custos de energia. Esse procedimento é conhecido como *refrigeração escalonada*. Quando a produção de frio tornou-se mais barata, introduziram-se os chamados sistemas de resfriamento *rápido* e *super-rápido*.

No resfriamento *rápido*, a carcaça é resfriada imediatamente após o abate em temperatura ambiente de −1 a 2°C até conseguir temperatura interna de 4°C. Mediante esse procedimento, o tempo de resfriamento de carcaça de bovino reduz-se a 18 até 24 horas, enquanto com os métodos tradicionais que incluem aragem, eram necessárias de 36 a 48 horas. O passo seguinte foi o resfriamento *super-rápido* ou *choque de frio*. Nesse sistema, aplicam-se durante as duas primeiras horas ou até que se esteja próximo de alcançar o ponto de congelamento na superfície da carne, temperaturas de −3 a −5°C no bovino e de −5 a −8°C no suíno. Em seguida, continua-se resfriando a temperatura de 0 a 2°C. Esse processo requer entre 12 e 18 horas para conseguir que as carcaças de bovino cheguem a 4°C. Os tempos de resfriamento, análogos para o suíno, são de 10 a 16 horas.

Mediante esses processos de refrigeração acelerada, atinge-se melhoria em relação à higiene da carne e, simultaneamente, redução na perda de peso por evaporação durante a fase de resfriamento. No sistema de resfriamento rápido, calcula-se que exista perda, por evaporação de água, de 1,0 a 1,5% aproximadamente, enquanto no resfriamento lento essa quantidade pode elevar-se de 2 a 2,5%. Contudo não se pode superestimar as vantagens de redução da perda de resfriamento; esse é um fato calculável na economia do comércio cárneo. Do ponto de vista da conservação de carne, a secagem adequada da superfície, que logicamente está em estreita relação com a perda de peso, é uma medida de higiene necessária (diminuição da a_w na superfície) para o transporte e armazenamento de carne.

Contudo, o emprego desses sistemas rápidos pode implicar certas desvantagens na qualidade da carne. Se a carcaça recém obtida e é resfriada a temperaturas inferiores a 10°C, antes da instauração do *rigor mortis*, ocorre acentuado encurtamento das fibras musculares devido a complexos mecanismos bioquímicos. Esse fenômeno é conhecido como encurtamento pelo frio (*cold shortning*), decorrente da aplicação antecipada de frio, produzindo carnes muito duras e mais exsudativas. O encurtamento pelo frio, produto do desenvolvimento de métodos de refrigeração cada vez mais rápidos, foi observado pela primeira vez em cordeiros da Nova Zelândia nos anos 1960.

A refrigeração rápida pode influir negativamente na parte periférica das carcaças, sendo prejudicadas com isso as partes mais valiosas, como o lombo e certas regiões do quarto traseiro. O encurtamento pelo frio já não ocorre mais quando a carne atinge o pH de 6 ou inferior.

Pode-se dizer que o resfriamento rápido tem certas limitações e que os sistemas de resfriamento não podem ser analisados unicamente com base no aspecto higiênico e comercial. A tendência atual é que não se apliquem métodos de resfriamento mais rápidos, mas que se procure retardar a aplicação do frio até que se tenha resolvido o *rigor mortis*. Para atingir boa qualidade é importante controlar a umidade ambiental e adotar medidas para reduzir as perdas de peso e a contaminação microbiana.

Nos últimos anos, desenvolveu-se um procedimento que se adapta às reações bioquímicas que ocorrem na carne até que se cumpra o *rigor mortis*. É o chamado acondicionamento (*conditioning*). O modo mais comum de conseguir isso é manter as carcaças a 13°C até o momento da rigidez cadavérica. Com isso, volta-se ao sistema de *refrigeração escalonada*. A proliferação microbiana é combatida tratando a superfície da carcaça com soluções de ácidos (láctico, cítrico), bases (trifosfato sódico) e sal comum. As perdas por evaporação que, logicamente, são mais elevadas com temperaturas mais altas, podem ser evitadas ou reduzidas colocando as carcaças em ambiente com umidade relativa elevada ou com o uso de envoltórios plásticos. Para evitar o crescimento microbiano, também se propôs começar o resfriamento a 0°C, até que a superfície da carcaça chegue a 10°C, depois elevar a temperatura entre 10 e 15°C até se produzir o *rigor mortis* e, finalmente, completar o resfriamento entre 0 e 4°C.

O acondicionamento das carcaças completa-se em 24 horas, mas, se forem mantidas assim por mais 24 horas, ter-se-á melhora da qualidade sensorial devido à *maturação*. Deve-se levar em contra que há dois processos distintos envolvidos: o acondicionamento, que é uma prevenção do endurecimento, e a maturação, verdadeiro processo de amaciamento.

Devido a pressões dos higienistas para que sejam utilizadas temperaturas mais baixas, comprovou-se que a refrigeração a 7°C não causa prejuízo nenhum às carcaças de cordeiro (mas poderia causar ao músculo do bovino isolado), sendo que a essa temperatura o acondicionamento completo ocorre em 24 horas. Os tempos recomendados de acondicionamento (24 horas) são necessários para proteger totalmente a carne em face de um congelamento subseqüente.

Outras formas de solucionar o problema do encurtamento pelo frio poderiam ser o estímulo elétrico ou o estiramento que se dá ao pendurar as carcaças.

Armazenamento da carne refrigerada

A temperatura ótima dos armazéns de carne refrigerada é de −1 a 2°C. A velocidade do ar deverá ser moderada (0,1 a 0,2 m/s) para evitar *bolsas de ar* entre as carcaças. Para estabelecer a umidade relativa ótima, devem-se considerar aspectos higiênicos e econômicos. Porém, é preciso evitar as elevadas perdas por dessecação superficial, o que requer umidade relativa de 95%, embora estas condições não devam permitir que a a_w na superfície da carne permaneça alta ou se eleve ainda mais.

Atualmente costuma-se armazenar a carne refrigerada de duas formas básicas distintas (Tabela 9.1). A maneira tradicional (carne não-acondicionada) permite o contato da carne com o ambiente, e por isso, além da temperatura, devem ser controladas a umidade relativa e a velocidade do ar para evitar dessecações superficiais excessivas ou condensações de água na superfície da carne, conforme se empreguem umidades relativas altas ou baixas, respectivamente.

É cada vez maior a quantidade de peças pequenas de carne ou filés armazenadas e expostas acondicionadas em películas plásticas. Sendo estas impermeáveis ao vapor d'água, a umidade relativa ambiental perde importância, já que o produto está protegido. Algumas dessas carnes são apenas recobertas com uma película plástica que as protege da contaminação e permite manipulação fácil e higiênica. Outras, além da película plástica, têm atmosfera distinta da normal do ar. Em outras carnes, realiza-se o acondicionamento a vácuo e em outras modifica-se a atmosfera, geralmente enriquecendo-as em dióxido de carbono e oxigênio.

Alteração da carne refrigerada

A carne, devido à sua composição química e ao seu grande conteúdo de água, constitui excelente substrato para grande variedade de microrganismos. A carne dos animais sadios pode ser considerada, em seu interior, como um produto que não contém microrganismos e, quando contém, eles são muito escassos. Sua contaminação superficial ocorre durante o abate e em operações posteriores. A superfície da carcaça pode contaminar-se facilmente a partir de diversas fontes, entre as quais destaca-se a pele do animal que, além de sua flora característica, contém grande número de espécies de microrganismos procedentes das fezes, do solo, da água, da ração, etc. As facas, panos, mãos e roupas dos operários podem atuar como intermediários na contaminação durante o desossamento, a evisceração, o retalhamento, etc. Nos locais de venda a varejo e em casa ocorrem contaminações

Tabela 9.1 Condições ótimas para o armazenamento de carne refrigerada

CARNE NÃO-ACONDICIONADA
Temperatura: −1 a 2°C
Umidade relativa: 85 a 95%
Velocidade de circulação do ar: 0,1 a 0,2 m/s
Compromisso intermediário entre conservação (μR 85%) e perdas de peso (μR 95%)

CARNE ACONDICIONADA (apenas com envoltório plástico ou com envoltório plástico e a vácuo ou em atmosferas modificadas)
Temperatura: −1 a 2°C
Umidade relativa insignificante
Velocidade de circulação do ar suficiente para permitir o intercâmbio de temperatura

adicionais a partir dos utensílios (panelas, facas, recipientes, etc.) utilizados. Pode-se concluir que, ainda que se mantenham as medidas higiênicas mais estritas, não é possível impedir que os microrganismos cheguem à carne; portanto, sua contaminação é inevitável. Uma carne obtida com boas práticas de fabricação pode ter, depois do abate e de manipulações posteriores, uma carga bacteriana inicial da ordem de 10^3 a 10^4 ufc/cm^2.

A vida útil da carne refrigerada em aerobiose não é muito longa, não mais que uma ou duas semanas, e depende fundamentalmente da taxa bacteriana original e de diversos fatores, como a temperatura de armazenamento, o pH, a tensão de oxigênio e o potencial redox. Sua alteração fica a cargo das bactérias psicrotróficas (aquelas cuja temperatura ótima de crescimento situa-se em torno de 20 a 23°C, mas podem proliferar-se sem grandes dificuldades a temperaturas de refrigeração). São muitos os tipos de microrganismos psicrotróficos detectados na carne refrigerada; entre os mais freqüentes vale mencionar espécies dos gêneros: *Pseudomonas, Moraxella, Acinetobacter, Flavobacterium, Micrococcus, Brochothrix, Lactobacillus, Enterobacter, Hafnia* e *Alteromonas*. Contudo, também foram encontradas, embora com menos freqüência, espécies dos gêneros *Yersinia, Campylobacter, Alcaligenes, Vibrio, Aeromonas* e *Arthrobacter*. Em meio a essa diversidade, as aeróbias Gram negativas são as que adquirem maior importância e, dentro destas, diversas espécies do gênero *Pseudomonas* são normalmente as responsáveis pela alteração da carne refrigerada, sem descartar a possível colaboração de outras. Em algumas ocasiões (carnes com pH elevado), participam da alteração de forma regular, junto com as pseudomonas, outras bactérias, entre as quais se destaca a *Shewanella* (*Alteromonas*) *putrefaciens*, em função deste microrganismo ser muito sensível ao decréscimo do pH e só se proliferar quando esse parâmetro está próximo a 6.

A alteração da carne refrigerada em aerobiose é um fenômeno superficial e transcorre com o aparecimento de odores anômalos, normalmente desagradáveis, quando a taxa bacteriana alcança um valor de 5×10^7ufc/cm^2, aproximadamente, e com o aparecimento de substâncias viscosas (polissacarídeos sintetizados pelas bactérias), quando essa taxa ultrapassa o nível de 10^8ufc/cm^2. Esses valores são os que geralmente se admitem para definir uma carne alterada, isto é, quando são detectadas as mudanças organolépticas devido aos metabolitos resultantes do crescimento microbiano.

Afirmou-se anteriormente que a vida útil da carne refrigerada depende da contaminação original e da temperatura de armazenamento. A Figura 9.1 mostra a evolução da flora microbiana em carne refrigerada conservada em diferentes temperaturas. Observa-se que quanto maior for a temperatura de armazenamento, menor será a vida útil. A temperaturas de refrigeração, a vida útil é de três semanas se a temperatura de armazenamento for de 0°C, e reduz-se a duas

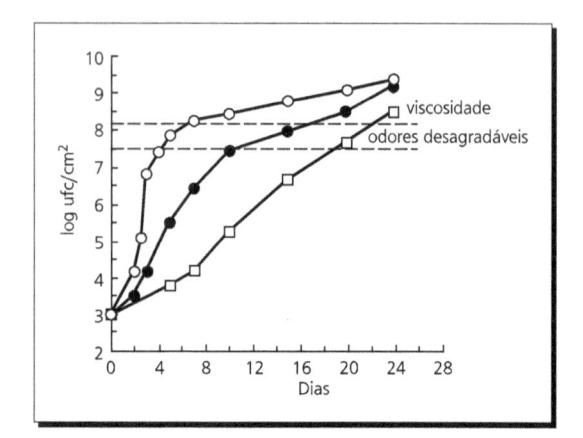

Figura 9.1 Crescimento microbiano em carne bovina armazenada em diferentes temperaturas. (□) 1°C, (●) 5°C e (○) 15°C.

semanas se a carne é mantida a 5°C. Acima desses valores, a alteração é muito rápida (menos de uma semana).

Como a contaminação inicial da carne é um fato totalmente aleatório, os tipos de microrganismos que chegam ao produto são variados; depende dos existentes no ambiente, mas sempre se encontram espécies de muitos dos gêneros mencionados antes, que são de natureza ubíqua. Contudo, as porcentagens de uns e outros podem variar expressivamente. A Figura 9.2 mostra a evolução relativa da carga bacteriana em uma carne cuja microbiota inicial era composta majoritariamente de cepas dos gêneros *Acinetobacter, Pseudomonas* e *Micrococcus*. As pseudomonas, que no início são apenas pequena porcentagem da flora total (aproximadamente 5%), proliferam-se ativamente e, ao final do período de armazenamento (carne alterada), são as que atingem as maiores taxas, sendo, portanto, as responsáveis pela alteração. O comportamento mostrado na Figura 9.2 constitui apenas um exemplo, mas são observações que foram confirmadas repetidas vezes. Essa prevalência, quase invariável, das pseudomonas decorre do fato de que são as bactérias de crescimento mais veloz; seus tempos de geração (g) a temperatura de refrigeração (em torno de 8 horas) são mais curtos do que os de outras bactérias normalmente presentes nas carnes.

Sabe-se que a maioria das pseudomonas elabora proteases e lipases extracelulares; poderia parecer óbvio deduzir que essas enzimas atacam, respectivamente, as proteínas e lipídeos da carne, liberando substâncias que servem de substrato para o seu crescimento. Nada mais distante. Quando a alteração da carne começa a ser detectada, ainda não se observam atividades proteo e lipolíticas manifestas; somente após a alteração é que se observam claramente essas atividades. Quais são, então, as substâncias da carne que as bactérias usam inicialmente como substrato? As pseudomonas,

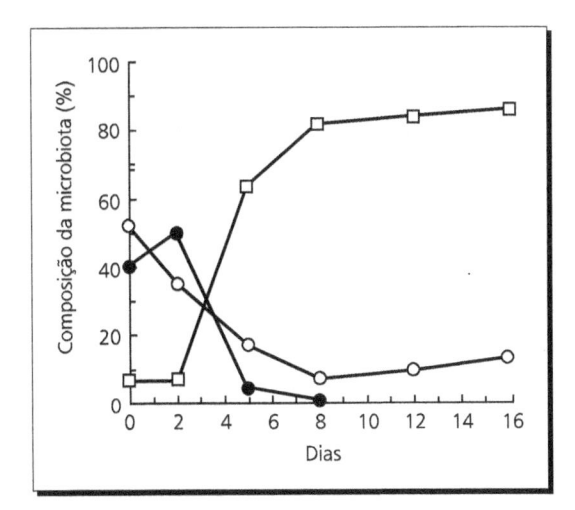

Figura 9.2 Mudanças percentuais na microbiota dominante de carne de suíno armazenada a 3°C. Taxa inicial: 10^3ufc/cm^2. Taxa aos 8 a 10 dias: 10^8ufc/cm^2. (□) *Pseudomonas*, (○) *Micrococcus* e (●) *Acinetobacter*.

Todas as pseudomonas produzem ainda diversos tipos de hidrocarbonetos, tanto aromáticos como alifáticos e amoníaco. Entre as aminas detectadas como metabólitos das pseudomonas, vale citar a putrescina, resultante da descarboxilação da arginina, a cadaverina, que provém da lisina, a tiramina, cuja fonte é a tirosina, e a histamina, que surge ao se descarboxilar a histidina.

Evidentemente combinações e concentrações definidas de todas essas substâncias, e de outras ainda não-identificadas, produzem as variadas descrições sensoriais utilizadas para denominar a carne refrigerada alterada, que, em geral, manifesta-se mediante odores desagradáveis (*pútridos, de sulfureto, de repolho*) devido, fundamentalmente, às substâncias sulfuradas geradas.

Acondicionamento e armazenamento da carne refrigerada a vácuo e em atmosferas modificadas

tanto as fluorescentes como as não-fluorescentes, utilizam primeiro a glicose e a glicose 6-P, depois os aminoácidos livres, e quando estes se esgotam podem usar a creatina e inclusive o ácido láctico. São estas substâncias que servem como fonte de nutrientes primários para as pseudomonas, isto é, não necessitam utilizar os produtos de degradação das proteínas para poder alcançar as taxas de 10^7 a 10^8 ufc/cm^2. Contudo, pode ocorrer, posteriormente, degradação protéica importante.

Em relação aos metabólitos resultantes do crescimento bacteriano, demonstrou-se que, em aerobiose, o gliconato e o 2-cetogliconato são produtos transitórios do metabolismo da glicose pelas pseudomonas, mas estes também se metabolizam quando a glicose se esgota. Durante o metabolismo subseqüente dos aminoácidos, formam-se numerosas substâncias. Entre elas, aldeídos e cetonas C2-C8, ésteres metílicos e etílicos de ácidos graxos C2-C8, ácidos graxos C1-C8, álcoois C1-C8, compostos sulfurados (fundamentalmente SH_2, mercaptanos), aminas e hidrocarbonetos aromáticos e alifáticos. As espécies de pseudomonas que normalmente alteram a carne produzem ésteres metílicos e etílicos de ácidos graxos de cadeia curta que conferem à carne odor afrutado e substâncias sulfuradas (iso-propil mercaptano, tioacetato e sulfúreos, entre outras), produzindo odores pútridos que se sobrepõem aos anteriores. Outras pseudomonas geram fundamentalmente compostos sulfurados (como metil-mercaptano, tioacetato, sulfuretos), que provocam o aparecimento de aromas de *repolho* e *pútridos*. Há outras pseudomonas (as menos freqüentes) que produzem aldeídos, cetonas, álcoois, etc., que estão relacionados com odores *de ranço, de queijaria* e *de estábulo*.

Como se comentou antes, a vida útil da carne refrigerada em aerobiose é muito curta, no máximo de uma ou duas semanas; esse tempo quase sempre é suficiente para a distribuição local. Entretanto, pode ser curto quando se consideram, por um lado, a forma de vida atual nas grandes cidades e, por outro, o tipo de comércio existente hoje. Em relação ao primeiro ponto, vale dizer que é cada vez mais comum nos grandes supermercados acondicionar a carne cortada em bandejas de plástico opaco e poroso recobertas com uma película de plástico transparente para sua exposição e venda a varejo. Por outro lado, o comércio de carne atual requer, às vezes, em âmbito nacional, o transporte a regiões distantes dos centros de produção; outras vezes, esse comércio é feito em âmbito internacional, dentro de um mesmo continente ou procedente de além-mar. Em todos os casos, a duração do transporte pode ser longa demais e, muitas vezes, é difícil assegurar boa qualidade microbiológica do produto, sendo, por isso, necessário colocá-la à venda rapidamente.

Essas circunstâncias e provavelmente outras permitem deduzir a necessidade de aumentar a vida útil da carne. Entre os métodos desenvolvidos está a utilização de atmosferas cuja composição é diferente daquela do ar. No caso particular da carne para a venda a varejo, o sistema que se emprega é o acondicionamento em atmosferas modificadas (MA), nas quais realiza-se apenas uma mudança inicial da atmosfera de acordo com as necessidades previstas para todo o armazenamento. O acondicionamento a vácuo será considerado como um tipo de atmosfera modificada. Os dois sistemas implicam, evidentemente, no acondicionamento da carne em plásticos com baixa permeabilidade aos gases (inferior a 20 mL/m^2 · 24 horas · 1 atm para o oxigênio e de menos de 50 mL/m^2 × 24 horas · 1 atm para o dióxido de carbono) e seu armazenamento sob refrigeração.

A alteração da carne refrigerada em anaerobiose é sempre de origem microbiana; são os microrganismos que se desenvolvem em sua superfície os responsáveis pela alteração. Contudo, quando se consegue retardar o crescimento dos microrganismos, pode ocorrer que outros agentes alterantes entrem em jogo, em particular a auto-oxidação lipídica. Além disso, também é importante levar em conta a cor nas carnes com elevado conteúdo de mioglobina; embora a perda de cor vermelho-brilhante que caracteriza a carne fresca não seja uma verdadeira alteração, o consumidor pode recusar o produto por apresentar aspecto pouco atrativo. Por essas razões, ao estudar o aumento da vida útil da carne mediante o uso de MA, é necessário levar em conta os três fatores: carga microbiana, cor da carne e grau de oxidação.

As atmosferas utilizadas normalmente para aumentar a vida útil da carne são as enriquecidas em CO_2, que atua como agente inibidor da microbiota aeróbia, as enriquecidas em CO_2 e O_2 (o oxigênio favorece a manutenção da cor vermelho-brilhante que caracteriza a carne fresca) e o acondicionamento a vácuo. Estes são, talvez, os sistemas mais eficazes. Porém, às vezes, o nitrogênio faz parte da mistura de gases, e sua função, por ser um gás inerte, é simplesmente atuar como gás complementar de recheio. Essa missão adquire mais relevância quando a atmosfera é composta de CO_2 e N_2 já que, nesse caso, ao dissolver-se o CO_2 no alimento, se não existisse um gás de recheio, a embalagem poderia danificar-se em torno do alimento, com grande prejuízo de sua aparência.

Na massa interna de uma carne fresca, a mioglobina (Mb) está em forma reduzida e quando se faz um corte, ao entrar em contato com o oxigênio atmosférico, rapidamente se oxigena, transformando-se em oxiomioglobina (MbO_2), que proporciona à carne a cor vermelho-brilhante, a preferida do consumidor. Embora a molécula de oxigênio proporcione certa estabilidade à Mb, ao aumentar o tempo de exposição ao ar ela se oxida, transformando-se em metamioglobina (MetMb) de cor parda. A oxidação da Mb no músculo *semitendinosus* é máxima a tensões de oxigênio de 6 ± 3 mm de Hg a 0°C e de 7,5 ± 3 mm de Hg a 7°C, correspondendo a concentração um pouco menor do que 2% do oxigênio na atmosfera; a tensões superiores a 30 mm de Hg (4% de O_2 a 1 atm de pressão), a velocidade de oxidação independe da tensão de oxigênio. A oxidação da Mb no início é reversível. De forma simultânea à oxidação, um sistema redutor de natureza enzimática existente no músculo reduz o Fe^{3+} da MetMb ao estado ferroso. Portanto, quando a carne é armazenada nas condições usuais (em ar), produz-se inicialmente aumento da concentração de MetMb até que se alcance um pseudo-equilíbrio entre a oxidação e a redução. Esse equilíbrio mantém-se por um certo tempo (depende de diversos fatores: atividade do sistema enzimático, do músculo, da presença de íons Cu^{2+} ou Fe^{3+}, da umidade relativa, etc.), mas, finalmente, o sistema enzimático redutor acaba se desativando e o equilíbrio se rompe em favor da oxidação, e a carne adquire uma cor parda irreversível. É essa cor parda da MetMb que a oxidação da Mb revela macroscopicamente; o consumidor recusa a carne, associando-a a um produto alterado.

As atmosferas modificadas (MA) enriquecidas de dióxido de carbono são compostas por esse gás (normalmente à concentração de 20% ou um pouco superior), sendo o restante ar ou uma mistura de ar e nitrogênio e, em outros casos, oxigênio.

A contagem total de microrganismos viáveis na carne acondicionada em atmosferas enriquecidas em CO_2/ar (20/80) (v/v) aumenta continuamente desde o início do período de conservação, embora esse incremento seja mais lento do que o produzido na carne em atmosfera de ar (Figura 9.3). Conseqüentemente, o tempo necessário para que se alcancem taxas de cerca de 5×10^7 ufc/cm^2 (nas quais se detecta a alteração em aerobiose pela emanação de odores anômalos) na superfície da carne é, aproximadamente, o dobro do necessário para serem alcançadas as mesmas taxas em atmosferas de ar. Por exemplo, a 1°C, é de cerca de 20 dias em atmosferas enriquecidas com 20% de CO_2 contra os 9 a 11 dias em aerobiose. Os microrganismos mais abundantes ao final do armazenamento são *Brochothrix thermosphacta* e *Lactobacillus* spp., embora também seja comum detectar enterobactérias. Em atmosferas de ar, os microrganismos responsáveis pela alteração são bactérias Gram negativas estritamente aeróbias (principalmente pseudomonas). O dióxido de carbono causa, portanto, forte inibição da microbiota aeróbia Gram negativa, deixando de ser os microrganismos responsáveis pela alteração. Para concluir, a aplicação de CO_2 às concentrações mencionadas causa aproximadamente a duplicação da vida útil da carne do ponto de vista microbiológico.

No caso das carnes vermelhas, sua cor, como se disse anteriormente, adquire grande relevância. Não há consenso entre os cientistas sobre a porcentagem de MetMb a que a carne apresenta macroscopicamente cor parda manifesta, embora as opiniões mais generalizadas situem esse nível em torno de 60%. Tomando esse valor como referência, pode-se dizer que tanto em ar como em atmosfera de CO_2/ar (20/80) (v/v) esse nível é alcançado entre 10 e 15 dias (Figura 9.4), isto é, o enriquecimento da atmosfera nesse gás não afeta a oxidação da Mb e, portanto, não se consegue mantê-la em estado oxigenado (vermelho-brilhante). Mas, ao contrário, é interessante lembrar, ao analisar conjuntamente a carga microbiana e o acúmulo de MetMb, que, em atmosfera de ar, o fator limitante da vida útil da carne é o crescimento microbiano, enquanto, em atmosferas de CO_2/ar (20/80) (v/v), pode ser a oxidação da Mb. Como se comentou anteriormente, a taxa de 5×10^7 ufc/cm^2 não é alcançada antes de 20 dias

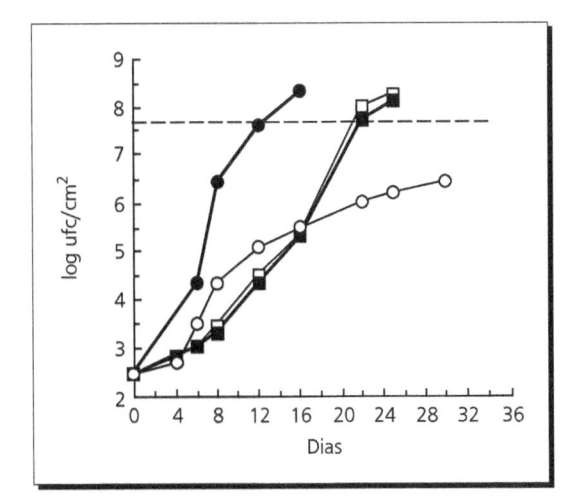

Figura 9.3 Evolução da microbiota total em carne de suíno refrigerada (1°C), acondicionada em atmosferas de ar (●), CO_2 20% + ar 80% (□), CO_2 20% + O_2 80% (■) e a vácuo (○).

decorridos do armazenamento, enquanto se chega ao nível de 60% de MetMb em aproximadamente duas semanas.

Quando se utilizam MA enriquecidas em dióxido de carbono, a concentração do primeiro gás é de normalmente 20 a 30% e a do segundo de 80 a 70%. Nesse sistema, a evolução da microbiota da carne é similar à observada em MA CO_2/ar (20/80) (v/v). Em ambas MA, os gráficos da evolução microbiana praticamente se sobrepõem (Figura 9.3). Deve-se concluir, portanto, que o dióxido de carbono é o agente que provoca a duplicação da vida útil da carne do ponto de vista microbiológico e que a concentração de oxigênio não afeta o desenvolvimento dos microrganismos. Do mesmo modo, a composição da microbiota em atmosfera de CO_2/ O_2/ar (20/80) (v/v), quando se manifesta a alteração, corresponde majoritariamente, assim como na atmosfera de CO_2/ar (20/80) (v/v), a *Br. thermosphacta* e *Lactobacillus* spp.

Mas observam-se diferenças em relação à oxidação da Mb (Figura 9.4). Em atmosferas de CO_2 e O_2 (20/80) (v/v) leva-se mais tempo para atingir o valor de 60% de MetMb, cerca de 20 dias, permitindo concluir que o acondicionamento da carne em MA enriquecidas em dióxido de carbono e oxigênio pode ajudar a aumentar a vida útil da carne, tanto do ponto de vista microbiológico como sensorial (cor). A demora na oxidação da Mb não se deve à ação conjunta dos dois gases, mas sim ao enriquecimento da atmosfera em oxigênio. Mas por que a Mb permanece mais tempo em estado oxigenado em MA enriquecidas em oxigênio se a velocidade de oxidação do pigmento é constante a concentrações de O^2 superiores a 4%? Trata-se simplesmente de um efeito físico. Por existir alta porcentagem de oxigênio na atmosfera e ao difundi-lo da superfície para o interior da carne, haverá maior proporção de oxigênio a maior profundidade e, portanto, a espessura da camada de MbO_2 também será maior. Visto que a cor apresentada pela carne se deve ao estado em que se encontra majoritariamente a Mb nos primeiros milímetros superficiais, a camada superficial de MbO_2 mascara a MetMb formada a maior profundidade. Nesse sentido, calculou-se que em *longissimus dorsi* de bovino, uma camada de MbO_2 de uns 5 mm de espessura é suficiente para manter uma razoável cor vermelho-brilhante durante uma semana a 1°C. Essas condições são as que se apresentam na carne exposta ao ar. Portanto, em atmosferas enriquecidas com 80% de oxigênio, a espessura será maior e, com isso, a retenção da cor vermelho-brilhante durará mais tempo.

Ainda não foram esclarecidos os mecanismos pelos quais o CO_2 inibe os microrganismos aeróbios e alguns anaeróbios de forma específica. Contudo, propuseram-se vários, que são explicados no item "Atmosferas" do Volume 1.

A rancificação oxidativa é o terceiro agente que pode ser o causador da alteração da carne. Esse fenômeno é um processo químico autocatalítico que afeta os ácidos graxos insaturados e leva ao acúmulo de numerosas substâncias de baixo peso molecular (aldeídos, cetonas, ácidos graxos, epóxidos, etc.), que conferem ao produto odor e sabor rançosos.

A evolução do índice do TBA, um dos testes químicos utilizados para estimar o grau de oxidação, em amostras de carne armazenadas em atmosferas de CO_2/ar (20/80) (v/v) e CO_2/ O_2 (20/80) (v/v), é diferente; é mais rápida na atmosfera que contém maior quantidade de oxigênio. A oxida-

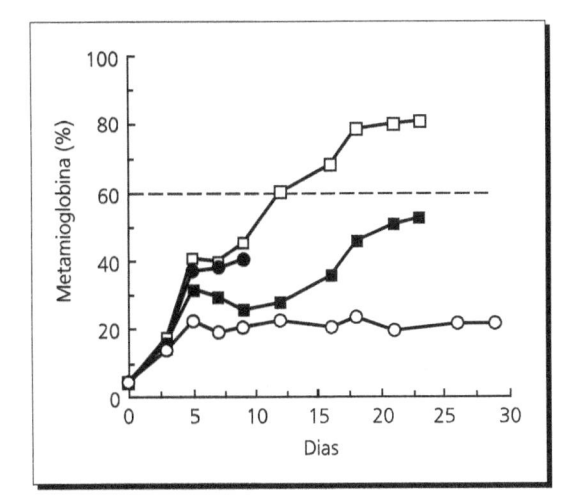

Figura 9.4 Formação de metamioglobina em carne de suíno refrigerada (1°C), acondicionada em atmosferas de ar (●), CO_2 20% + ar 80% (□), CO_2 20% + O_2 80% (■) e a vácuo (○).

ção lipídica da carne depende de vários fatores, entre eles, da espécie (p. ex., na carne de suíno é sempre mais rápida que na de ovino, devido ao fato de que a gordura de suíno contém número maior de ácidos graxos insaturados que a do ovino) e, dentro da mesma espécie, do músculo (a gordura dos músculos vermelhos é mais propensa a oxidar-se do que a dos brancos, provavelmente, devido ao seu maior conteúdo de ferro). Por isso, é de se esperar comportamento diferente da oxidação lipídica dependendo do músculo de que se trate.

Não há consenso sobre o valor do índice TBA (mg de maloaldeído por 1.000 g de amostra) a partir do qual se detecta organolepticamente a rancificação. Alguns autores propuseram o valor de 5 a 6. A carne com grande conteúdo de Mb (músculos vermelhos), quando acondicionada em atmosferas de CO_2/O_2 (20/80) (v/v), chega a um índice de TBA de 5 aproximadamente em três semanas de armazenamento, justamente quando a MetMb atinge a concentração de 60% (cor manifestamente parda). Contudo, na mesma carne armazenada em atmosferas de CO_2/ar (20/80) (v/v), não se atinge o valor de 5 nem sequer depois de 25 dias de armazenamento. Em músculos brancos, a auto-oxidação lipídica é mais lenta.

Pode-se dizer, portanto, que, em atmosferas enriquecidas em dióxido de carbono e oxigênio, não é descartável a hipótese de que a auto-oxidação é o fator limitante da vida útil da carne, mas, naquelas enriquecidas apenas em dióxido de carbono, pode-se afirmar que a oxidação da Mb o seja.

As misturas de gases mais adequadas para o MA das carnes são as de CO_2 (20 a 30%) e oxigênio (80 a 70%). Com isso, quase se consegue duplicar a vida útil, sempre, naturalmente, sob refrigeração (menos de 5°C). Leve-se em conta que a solubilidade do CO_2 aumenta conforme diminui a temperatura; assim, esse gás em temperatura ambiente quase não inibe o crescimento microbiano.

A evolução da microbiota em carne acondicionada a vácuo nos primeiros 15 a 20 dias (Figura 9.3) é similar à que se observa em MA (enriquecidas em CO_2), mas depois a taxa microbiana na carne a vácuo estabiliza e não chega ao nível de 10^8 ufc/cm². Essa taxa de bactérias pode permanecer assim durante semanas (7 a 10) e raramente, se é que ocorre, observou-se taxa superior àquela. A composição da microbiota também é um pouco diferente da que prevalece na carne acondicionada em MA. Na carne a vácuo, quase que invariavelmente são as bactérias lácticas, em particular as pertencentes ao gênero *Lactobacillus*, embora também se detectem enterobactérias, mas a taxas muito mais baixas, da ordem de 10^4 a 10^5 ufc/cm². Com menos freqüência que em MA, detecta-se *Br. thermosphacta*. Devido a essa estabilização da taxa de bactérias abaixo do nível de 10^8 ufc/cm², é difícil dizer quando a carne a vácuo não está apta para o consumo. Além disso, as substâncias resultantes do metabolismo das bactérias lácticas (ácido láctico, diacetil, ace-

toína, etc.) conferem à carne um aroma que foi chamado de *vacum packed meat odour* (odor de carne acondicionada a vácuo). Esse termo engloba aromas *de ácido, de leiteria, de estábulo, de queijo*, que não são claramente desagradáveis e, por outro lado, dissipam-se rapidamente ao ser aberta a embalagem. Contudo, a carne fresca acondicionada a vácuo não é um produto muito apreciado pelo consumidor. Provavelmente isso se deve, no caso particular do acondicionamento de porções de carne, por um lado, à deformação da peça quando a evacuação foi intensa e, por outro, à sua cor (no caso das carnes vermelhas), que é proporcionada pela Mb (vermelho-púrpura). Os níveis de MetMb em carne acondicionada a vácuo são realmente baixos, não chegam a 20% depois de 25 dias (Figura 9.4) e, além disso, essa concentração é atingida nos primeiros dias, talvez devido ao oxigênio residual (recorde-se que a oxidação da Mb é máxima à tensão de oxigênio de 7,5 mm de Hg), mas esse gás esgota-se rapidamente pelas atividades metabólicas do músculo e dos microrganismos. Não havendo oxigênio, evidentemente, não se forma MetMb, mas, pela mesma razão, também não se forma MbO_2. Por isso, a carne apresenta a cor vermelho-púrpura típica da Mb reduzida, não tão atrativa como o vermelho-brilhante da MbO_2 que apresentam as carnes acondicionadas em atmosferas enriquecidas em oxigênio.

Em relação à auto-oxidação das gorduras, é óbvio que será mínima, dado que é um processo oxigênio-dependente. Finalmente, cabe apontar que o acondicionamento a vácuo é utilizado amplamente para numerosos produtos cárneos, sobretudo aqueles que têm sua cor estabilizada.

Os fenômenos microbiológicos descritos antes são válidos nos casos em que o pH da carne é de cerca de 5,5 (carnes de suíno, de bovino e de cordeiro). Esse fator adquire grande importância em carnes com pH normal (peru, músculo de frango) ou anormalmente elevado (carnes DFD de suíno e bovino, principalmente), podendo chegar a ser crítico. A aplicação do MA nesses casos é mais limitada. Deve-se, fundamentalmente, ao fato de que sua alteração é rápida, não sendo as bactérias lácticas ou *Br. thermophacta* os microrganismos que prevaleçam; entretanto, a alteração pode dever-se, muitas vezes, à proliferação de certas bactérias, entre as quais destaca-se a *Shewanella putrefaciens*. Essa bactéria, em comparação com os aeróbios Gram negativos, caracteriza-se por sua sensibilidade ao pH. A *S. putrefaciens* não prolifera em carnes com pH de cerca de 5,5, mas prolifera nas de pH elevado (maior que 5,8 a 5,9). Essa bactéria prolifera-se velozmente com metabolismo similar ao das pseudomonas (de fato, até pouco tempo estava incluída no gênero *Pseudomonas*). Por outro lado, enquanto o CO_2 inibe eficazmente as bactérias aeróbias Gram positivas (p. ex., pseudomonas), a *S. putrefaciens* é mais resistente, tendo-se descrito que só se inibe seu crescimento debilmente com

20% de CO_2, podendo proliferar, portanto, quando se encontra em carnes com pH elevado. Conseqüentemente, a alteração das carnes acondicionadas em MA (com 20% de CO_2) e a vácuo pode ficar a cargo de *S. putrefaciens;* é portanto, muito rápida (menos de 2 semanas) e transcorre de forma similar à da carne refrigerada em aerobiose, isto é, odores desagradáveis quando a taxa é da ordem de 5×10^7 ufc/cm².

Embora o crescimento de *S. putrefaciens* quase não seja inibido com 20% de CO_2 na atmosfera, é certo que a concentração de 40% desse gás é eficaz para evitar sua proliferação ativa. Por isso, aconselha-se que nas carnes com pH elevado seja aumentada a concentração de CO_2 até esse valor ou mais a fim de ampliar a vida útil; chegou-se a utilizar inclusive concentrações de 100% para o acondicionamento de frango e peru em grande escala. O acondicionamento a vácuo não é aconselhável para esse tipo de carnes.

Até aqui ficou claro que as MA, incluindo o vácuo, prolongam a vida útil da carne, porque inibem a flora psicrotrófica Gram negativa, principal responsável pela alteração desses alimentos quando são mantidos em aerobiose sob refrigeração. Contudo, vários pesquisadores advertiram sobre o possível crescimento de microrganismos causadores de toxinfecções nos alimentos assim acondicionados. À primeira vista, pode-se pensar que se o CO_2 inibe a flora alterante típica, os microrganismos mais resistentes a esse gás não terão flora competidora e se desenvolverão mais facilmente. Por isso, embora a carga inicial do patógeno não seja muito elevada, se for resistente ao CO_2, pode atingir taxas perigosas. Considerando as temperaturas mínimas de crescimento dos microrganismos patogênicos, os únicos que poderiam proliferar-se à temperatura usual de armazenamento da carne acondicionada em MA seriam *Aeromonas hydrophila, Yersinia enterocolitica* e *Listeria monocytogenes*. Em termos de temperatura, também seria possível o desenvolvimento de *Clostridium botulinum*, mas esta bactéria, felizmente, não representa nenhum problema no acondicionamento de carne fresca.

Em diversas pesquisas, evidenciou-se que *Aeromonas hydrophila, Yersinia enterocolitica* e *Listeria monocytogenes* são capazes de desenvolver-se tanto em vácuo como em atmosferas enriquecidas de CO_2, mas seus tempos de geração são mais prolongados que os característicos do armazenamento em ar. Ou seja, podem proliferar-se em carne acondicionada em MA, mas de forma mais lenta que em um produto mantido em aerobiose. A atmosfera menos inibidora é o vácuo e, como era de se esperar, quanto maior for a concentração de CO_2, mais intensa será a inibição dos patógenos, isto é, mais prolongados serão os tempos de geração, chegando, inclusive, a impedir-se por completo a proliferação. Também foi observado que outros fatores, fundamentalmente a temperatura de armazenamento e o pH da carne, podem ser decisivos no crescimento de um patógeno. O pH mais ácido sempre freia o desenvolvimento. O caso mais evidente é o de *L. monocytogenes*, que cresce bem em carne de peru (pH 6) acondicionada em 40% de CO_2 a 7°C, enquanto em carne suína (pH 5,3) não cresce bem em aerobiose. Ao mesmo tempo, este patógeno não cresce na carne de peru (pH6), a 1°C.

Em resumo, pode-se concluir que não existem provas de que o acondicionamento de carne em MA represente risco sanitário maior que o do armazenamento convencional sob refrigeração.

CONGELAMENTO DA CARNE

O desenvolvimento de microrganismos, de reações químicas ou de mudanças físicas na carne congelada está muito relacionado com o conteúdo em água da carne e com a água ainda disponível durante o transcurso das reações. A carne magra contém 75% de água. Abaixo de –1,5°C, começa a congelar, mas não de forma completa, pois sempre haverá uma fração líquida maior ou menor, dependendo da temperatura. A –5°C, 75% da água transforma-se em gelo; a –10°C, 82%; a –20°C, 85%; e a –30°C, 87%. A –65°C, encontra-se em estado sólido a totalidade da água congelável, que representa 88% do total. Em torno de 12% da água total, encontra-se tão fortemente ligada à proteína que não é possível congelá-la nem mesmo com temperaturas mais baixas.

A água livre que se encontra disponível para os processos biológicos contém solutos orgânicos e inorgânicos. É esta a razão pela qual o ponto de congelamento desce para –1,5°C ou –1,8°C. Quanto maior é a porcentagem de sal, tanto menor é o ponto de congelamento: os produtos cárneos podem congelar a –2°C (embutidos escaldados) ou a –5°C (embutidos crus).

O tipo de cristal de gelo formado no congelamento e sua distribuição nos espaços intra ou extracelulares são de grande interesse para a qualidade da carne congelada.

Durante o congelamento lento, formam-se cristais de gelo extracelulares, parte da água intracelular migra paulatinamente para o exterior da fibra muscular, e o tamanho desses grandes cristais vai aumentado. Ao contrário, no congelamento rápido, forma-se grande número de pequenos cristais, tanto dentro como fora da fibra.

A velocidade de congelamento, independentemente do sistema utilizado, determina a eficácia do processo (ver Capítulo 10, Volume 1). Contudo, não é fácil expressar o conceito de velocidade de congelamento; tentou-se de muitas formas, incluindo o tempo requerido para atingir determinada temperatura no centro do produto ou o tempo requerido para que o centro do produto atravesse um intervalo de temperaturas de congelamento (zona crítica de congelamento), compreendido entre 0 e -5°C. Um dos melhores sistemas para expressar a velocidade de congelamento é mediante a velocidade da frente de gelo em seu avanço para o interior do produto. À medida que a água cristaliza, o ponto de cristalização migra do exterior frio para o interior mais aquecido do produto. Os métodos de congelamento rápido provocam migração mais rápida da frente de gelo.

No congelamento lento, a temperatura do produto permanece dentro da zona crítica de congelamento (0 a –5°C) durante mais de duas horas (ver Capítulo 10, Volume 1), enquanto no congelamento rápido, a passagem entre essas duas temperaturas ocorre em menos de duas horas. O tempo de permanência nessa zona crítica deve ser mínimo, para evitar a concentração de sais na fração de água ainda não-congelada. Essa solução concentrada danifica as proteínas (efeito *salting-out*) e modifica a permeabilidade das membranas, reduzindo a capacidade de retenção de água das proteínas e aumentando a exsudação produzida após o descongelamento.

O congelamento rápido é o mais adequado para a carne, pois, durante o processo de congelamento, a água procedente da fusão dos cristais de gelo é mais bem-distribuída e pode ser mais facilmente reabsorvida pelas proteínas ao descongelar. Quando predominam cristais de gelo grandes e extracelulares, a retenção de água é menor. As consequências disso são perdas de sucos, obtendo-se carne seca.

A capacidade de retenção de água (CRA) da carne, medida como a produção de exsudação depois de descongelar, depende de diversos fatores, entre os quais se destacam: tipo de músculo, condições de maturação, pH, área de corte por unidade de volume, velocidade de congelamento, condições de armazenamento e velocidade de descongelamento.

Durante o congelamento, ocorrem mudanças na CRA da carne que produzem exsudações após o descongelamento (Figura 9.5). Isso é devido à migração de água ao espaço extracelular e à distorção da estrutura miofibrilar. A perda de água das miofibrilas, junto com o aumento da concentração de solutos (10 vezes a –20°C) causa desnaturação protéica que afeta a CRA. A desnaturação aumenta de forma considerável à medida que diminui a velocidade de congelamento e afeta as cabeças de miosina; os filamentos de actina e as caudas de miosina quase não sofrem alterações. Contudo, os aumentos de exsudação não se devem apenas aos fenômenos de desnaturação protéica. A relação entre a quantidade de exsudação e a velocidade de congelamento é relativamente complexa. Em velocidades de congelamento rápidas, quando se formam cristais extra e intracelulares, a quantidade de exsudação depende muito da velocidade de congelamento. Quando a velocidade é muito rápida e se forma grande número de cristais de gelo pequenos e intracelulares, a produção de exsudação é muito baixa. Os cristais de gelo são de maior tamanho quando diminui a velocidade de congelamento, aumentando, por sua vez, a quantidade de exsudação. A máxima produção de exsudação em condições de congelamento rápido ocorre quando se forma um único cristal de gelo que ocupa todo o interior da fibra muscular. A produção de exsudação, quando há congelamento rápido, é considerada como produto da distorção da estrutura miofibrilar com aumento do tamanho dos cristais de gelo.

Quando a velocidade de congelamento é lenta, os cristais de gelo são quase que exclusivamente extracelulares e a produção de exsudação é quase independente dessa velocidade. A desidratação das fibras causa a desnaturação das cabeças de miosina e perda da CRA. As fibras musculares são, então, incapazes de reabsorver toda a água procedente do espaço extracelular quando a carne descongela, liberando-se a água como exsudação. Na Figura 9.5, observa-se a relação entre a velocidade de congelamento (tc) e a exsudação (Δ) ou aumento da quantidade de exsudação. Pode-se observar que a máxima produção de exsudação ocorre a velocidades de congelamento rápidas e coincide com a existência de um único cristal de gelo dentro das fibras.

Para realizar o congelamento adequado, deve-se atingir –10°C na parte mais interna da carne em um período máximo de 24 horas.

A carne deve ser congelada depois de finalizado o *rigor mortis* e após refrigeração completa. Quando o congelamen-

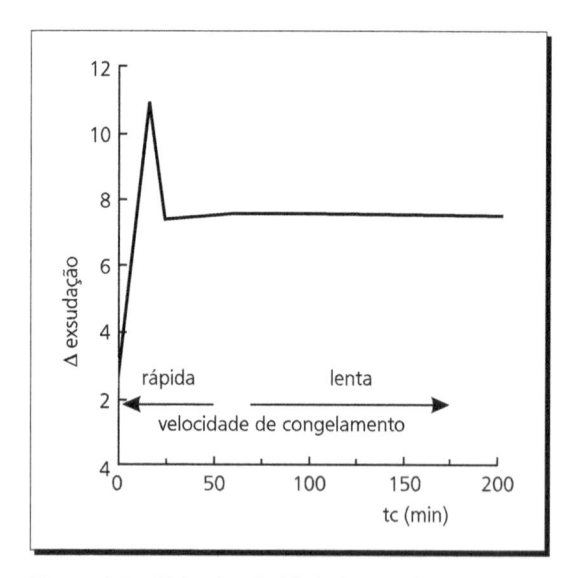

Figura 9.5 Efeito da velocidade de congelamento na quantidade de exsudação.

to é realizado de forma lenta e antes que ocorra a rigidez cadavérica, geralmente ocorre o encurtamento pelo frio. Contudo, quando se congela muito rapidamente a carne ainda quente, pode-se impedir o *rigor mortis* devido à inibição das alterações *post-mortem* e à formação de cristais de gelo. Contudo, depois do descongelamento, prosseguem a degradação do ATP e do glicogênio e a formação de ácido láctico, que se tinham interrompido. Isso produz o *rigor* do descongelamento que transcorre com acentuada contração muscular depois do descongelamento. Esse *rigor* do descongelamento pode provocar grande perda de água tissular e dureza extrema da carne. Por essas razões, a carne deve ser congelada depois de finalizada a refrigeração e a rigidez cadavérica. Quando são tomadas precauções para evitar o *rigor* do descongelamento, é possível congelar a carne rapidamente após o abate. A matriz de gelo previne fisicamente o encurtamento se os níveis de ATP e de glicogênio diminuem enquanto o músculo ainda está congelado, o que se pode conseguir aumentando a temperatura da carne de –20 a –1°C, mantendo a carne a –12°C durante 20 dias ou a –3°C durante cinco dias.

Contudo, para obter carne destinada à elaboração de embutidos cozidos, costuma-se congelar a carne imediatamente após o retalhamento; pretende-se, mediante o congelamento rápido, deter a degradação do ATP e o decréscimo do pH. Conteúdo elevado de ATP e pH pouco ácido favorecem a retenção de água e a capacidade emulsificante. Essa carne congelada a quente que, em geral, encontra-se congelada em blocos, não é descongelada, mas sim picada diretamente.

Há uma tendência de congelar carne desossada. Esse método oferece vantagens notáveis: a carne é mais fácil de congelar e facilita o armazenamento com melhor aproveitamento do espaço. Além disso, os blocos assim congelados podem ficar mais protegidos da queimadura do frio (dessecação) e da rancificação. Essa proteção é muito mais difícil de atingir na partes volumosas da carcaça sem desossar. Assim como nos casos anteriores, a carne deve ser congelada após boa refrigeração e quando o *rigor mortis* for resolvido. Outra possibilidade para congelar o mais rápido possível é o emprego do estímulo elétrico. Com base no pH, nas perdas por exsudação, na CRA e na dureza, a qualidade da carne de bovino não-estimulada é melhor quando a velocidade de congelamento é de 2,5 cmh^{-1}, enquanto, no caso de se realizar o estímulo, a velocidade de congelamento pode ser de 1,8 cmh^{-1}.

Métodos de congelamento

O congelamento da carne pode ser realizado com qualquer um dos sistemas disponíveis (ver Capítulo 10, Volume 1), mas a escolha adequada de um ou outro é determinada pela velocidade de congelamento desejada, pela forma e pelo tamanho das peças de carne e pela carne estar ou não desossada.

O congelamento por contato com fluidos criogênicos tem as vantagens de elevado coeficiente de transferência de calor e a capacidade de congelar peças de forma irregular. Esse método de congelamento implica a imersão da peça de carne no fluido ou a atomização deste na superfície do produto. Quando é empregado esse procedimento, a carne deve ser protegida com envoltórios para prevenir o contato com o fluido refrigerante, que pode proporcionar sabores anômalos ao produto. O congelamento por esse método é comum em frangos recobertos com uma película plástica, produzindo-se congelamento rápido da superfície e a formação de cristais pequenos de gelo que potencializam a cor esbranquiçada dos músculos. O congelamento por imersão também foi realizado em peças de carne pré-acondicionadas de forma individualizada. Em muitos desses casos, a imersão é um passo prévio completado com congelamento por ar forçado.

O congelamento mediante ar frio é muito usado; trata-se de um processo simples que evita muitos inconvenientes associados ao emprego de salmouras ou de fluidos criogênicos. Esse método tem o inconveniente de que a transferência de calor é significativamente mais baixa do que quando são utilizados fluidos criogênicos, evitando-se, porém, o problema do contato com o fluido. O coeficiente de transferência de calor aumenta quando aumenta a velocidade do ar. Os sistemas de congelamento mediante ar empregam ar entre –20 e –40°C. A temperatura ótima encontra-se em torno de –30°C, e a velocidade de circulação do ar é de 2 a 4 ms^{-1} (Tabela 9.2). Sob essas condições, consegue-se congelamento rápido e satisfatório tanto em carcaças estripadas como em carne desossada. São necessárias de 40 a 60 horas para atingir –18°C no interior de quartos traseiros de bovino. Em carne que não tem envoltórios plásticos, é importante trabalhar com velocidade de ar um pouco menor (1 ms^{-1}) para evitar perdas por dessecação superficial. Uma vez congelada a camada superficial da carne, pode-se aumentar a velocidade do ar até 2 a 4 ms^{-1}, pois, estando a superfície congelada, a evaporação de água diminui de forma considerável.

Para o congelamento de peças de carne grandes desossadas, de carne picada ou retalhada, são muito apropriados os congeladores por contato em placas metálicas frias horizontais ou verticais (–30 a –40°C). Nesse caso, consegue-se o congelamento mais rapidamente do que com ar.

O congelamento não é uma operação que vise melhorar a qualidade da carne; o que se pretende é conservá-la durante o período mais longo possível, reduzindo ao mínimo as alterações adversas no produto. Admitindo essas particularidades, existem regras fundamentais que devem ser seguidas para que o produto obtido seja de melhor qualidade (Tabela 9.3).

Tabela 9.2 Principais sistemas para congelar carcaças e carne desossada

SISTEMA DE CONGELAMENTO MEDIANTE AR FRIO:
Temperatura: –30 a –45°C
Velocidade do ar: 2 a 4 ms^{-1}
SISTEMA DE CONGELAMENTO POR CONTATO DE PLACAS:
Temperatura das placas: –30 a –40°C
Utiliza-se preferencialmente para carne desossada

Tabela 9.4 Tempo aconselhado para o armazenamento em congelamento de diferentes tipos de carne (em meses)

	Temperatura		
Produto	–12°C	–18°C	–30°C
Bovino maior	4	4	12
Vitela	3	3	8
Ovino	3	6	12
Suíno	1	2	3
Aves	2	8	10

Tabela 9.3 Condições necessárias para congelamento adequado da carne

1. A carne deve ter boa qualidade inicial, tanto do ponto de vista microbiológico como do químico
2. O processamento prévio ao congelamento deve ser realizado respeitando as boas práticas de fabricação
3. A carne deve ser congelada o mais rápido possível
4. Quando não se podem evitar demoras, a carne deve ser protegida de todo tipo de contaminações e ser mantida bem refrigerada para minimizar o crescimento microbiano
5. O congelamento deve ser feito conforme parâmetros predeterminados
6. A carne congelada deve ser armazenada sempre a temperaturas adequadas

Armazenamento

O armazenamento da carne congelada é ótimo entre –20 e –30°C. O tempo que a carne pode permanecer congelada sob armazenamento, sem que se afete adversamente sua qualidade, depende antes de tudo da temperatura do armazém (Tabela 9.4). A temperatura de –30°C permite, em comparação com a de –18°C, quase duplicar o tempo de armazenamento. A essas temperaturas, as reações bioquímicas são quase completamente detidas, o que tem significância particular na degradação da gordura, razão pela qual a alteração da gordura costuma ser o fator limitante do tempo de armazenamento.

Outro aspecto na diminuição da qualidade é a dessecação da superfície ou queimadura pelo frio nas peças de carne quando ficam armazenadas durante tempo prolongado, sem envoltórios ou envolvidos de modo deficiente. Para evitar essa dessecação, deve manter-se uma umidade relativa próxima ao grau de saturação. Pela mesma importância e por efeitos similares, é preciso regular a condução do ar nos grandes armazéns. O correto é que a circulação de ar seja lenta e homogênea em todas as áreas do armazém. A maior parte das alterações que ocorrem na carne durante o armazenamento deve-se ao controle deficiente da umidade e da circulação de ar no armazém.

Durante o armazenamento da carne congelada, ocorrem mudanças na estrutura cristalina do gelo, provocando desnaturações protéicas. A importância dessas mudanças depende da extensão do período de armazenamento. As alterações na estrutura cristalina compreendem fenômenos de recristalização com o conseqüente aumento do tamanho médio dos cristais de gelo. Os cristais grandes aumentam de tamanho às expensas dos menores, diminuindo seu número. O transporte de água entre cristais de tamanho diferente compreende processo de fusão dos pequenos com difusão e solidificação dos grandes. À temperatura constante de armazenamento em congelamento, é difícil evitar um pouco de recristalização, mas esta se acelera muito mais com as flutuações de temperatura.

Durante o armazenamento, prossegue a desnaturação protéica iniciada no congelamento. A carne congelada a velocidades rápidas que contêm cristais de gelo intra e extracelulares sofre, durante 15 semanas, aumento na desnaturação das cabeças de miosina de 19% (imediatamente após o congelamento) até 60%. Esse fenômeno é bastante independente da temperatura de armazenamento. Contudo, a desnaturação das caudas de miosina está diretamente relacionada com a temperatura de armazenamento, aumentando a velocidade de desnaturação ao incrementar-se a temperatura. Quando o congelamento é feito em velocidades lentas, a maior parte (cerca de 40%) da desnaturação das cabeças de miosina ocorre nesse momento. A desnaturação durante o armazenamento é lenta e só ocorrem mais 20% depois de 40 semanas. As alterações nas cabeças e caudas de miosina produzem aumento na produção de exsudações quando são aumentados a temperatura e o tempo de armazenamento.

Quanto maior é a porcentagem de gordura da carne e mais elevada a proporção de ácidos graxos insaturados, mais rapidamente será provocada a alteração da gordura, reduzindo-se, portanto, o tempo de armazenamento. Essa é a razão pela qual a carne de suíno encontra-se em desvantagem, no que se refere ao tempo de armazenamento, em relação à carne magra de outros animais de abate. Parece que a oxidação lipídica na carne congelada tem duas fases. A primeira ocorre durante os três primeiros meses de armazenamento em congelamento e recai nos fosfolipídeos, e a segunda, que se produz aos 5 a 6 meses, compreende a oxidação dos triglicerídeos. Os fosfolipídeos são mais suscetíveis à oxidação por conter elevada proporção de ácidos graxos insaturados, entre os quais encontram-se o C18:3 e o C20:4. Esses ácidos graxos estão associados às membranas celulares, que podem romper-se durantes as operações de picar, facilitando-se a exposição ao oxigênio, aos pigmentos heme e aos íons metálicos. Por essa razão, a rancificação pode ser um problema muito significativo em carnes picadas congeladas.

Pode-se dizer que a oxidação lipídica cessa aos $-30°C$ quando a quase totalidade da água está congelada. A oxidação lipídica ocorre, sobretudo, a temperaturas de -2 a $-4°C$ quando ainda resta bastante água por congelar e a atividade enzimática ainda é elevada.

A suscetibilidade à oxidação não depende apenas da porcentagem de gordura e de sua composição em ácidos graxos, mas também do método de congelamento, do grau em que se retalha a carne e do tipo de envoltório utilizado. Para que a carne congelada se mantenha em boas condições durante período prolongado, é necessário partir de carne fresca com curto período de refrigeração prévia e ótima qualidade microbiológica. A capacidade de conservação aumenta sensivelmente mediante o uso de envoltórios impermeáveis ao vapor d'água e ao oxigênio. O NaCl é um pró-oxidante potente e está relacionado com o rápido desenvolvimento da rancificação em produtos como o *bacon* congelado.

Na carne congelada, podem ocorrer fenômenos de lipólise enzimática embora em menor grau do que a rancificação oxidante; participam lipases e fosfolipases, dando lugar à formação de ácidos graxos livres que, depois, sofrem fenômenos de auto-oxidação.

A mioglobina da carne congelada pode oxidar-se a metamioglobina, e existe forte associação com a rancificação da gordura. A cor da carne congelada não deve ser mais escura do que a da fresca, embora a desidratação da superfície concentre os pigmentos e favoreça a formação de metamioglobina.

Quanto menor é a relação superfície/volume da carne congelada, maior é o tempo de armazenamento. Quando aumenta a superfície, aumentam as possibilidades de dessecação superficial e, no caso da carne não-acondicionada, esta fica mais exposta à ação do oxigênio ambiental.

Descongelamento

Existem diversos critérios para realizar o processo de descongelamento da carne. De maneira geral, ainda predomina o critério de que as peças de carne devem ser descongeladas de preferência de forma lenta a baixas temperaturas (0 a 5°C). Dessa maneira, a reabsorção da água tissular pela proteína é mais completa. Quando se trata de peças de tamanho grande, é preciso levar em conta que o descongelamento lento é antieconômico e que, durante esse lapso de tempo, pode aumentar bastante a contaminação microbiana na superfície.

Depois do descongelamento da carne, os microrganismos sobreviventes proliferam-se ativamente, mas a opinião tão difundida de que a carne descongelada sofre alteração microbiana mais rápida que a refrigerada não tem valor. É muito mais correto dizer que a carne descongelada possui o mesmo grau de conservação do que a carne refrigerada, desde que ambas tenham sofrido a mesma manipulação. Esse critério errôneo se deve, em geral, ao fato de que, no caso da carne descongelada, produz-se superfície muito úmida que provoca, logicamente, rápida proliferação microbiana. Contudo, um método correto de descongelamento poderia incluir a secagem da superfície de carne, com o que seriam evitados esses problemas.

Para o descongelamento de peças de carne volumosas, estabeleceu-se como medida satisfatória o descongelamento com ar em temperatura de 10°C até um máximo de 15°C. Na medida do possível, o ar deve estar saturado de umidade ou, pelo menos, deve ter umidade relativa de 95%. Ao mesmo tempo, deve oferecer rápido intercâmbio de calor, o que se consegue mediante alta velocidade do ar (2 a 4 m/s). É de suma importância que algumas horas antes de finalizar o processo de descongelamento, a temperatura se reduza a 4°C e que se empregue ar seco. Com isso, consegue-se ligeira secagem da superfície da carne (diminuição da a_w), impedindo-se ativa proliferação microbiana. Nessas condições (temperaturas de 15°C, na fase final 4°C, umidade relativa próxima à saturação, na fase final ar seco), é possível o descongelamento de quartos traseiros de bovino em 36 horas, enquanto, em uma câmara de 0 a 2°C, seriam necessários de 4 a 5 dias.

A emissão de ar desde cima, nas câmaras de descongelamento, para que incida verticalmente na carne, é vantajosa. Desta maneira, as partes mais volumosas da carcaça (quartos traseiros) ficam perto da saída de ar, obtendo-se descongelamento homogêneo; impede-se, sobretudo, que as partes dorsais e ventrais, menos volumosas, sofram descongelamento antecipado enquanto o quarto traseiro ainda está congelado. Os quartos de bovino descongelados dessa maneira apresentam, em geral, perda de água por gotejamento inferior a 1%.

Outra possibilidade para o descongelamento é realizá-lo na água. O método tem a vantagem de que o intercâmbio de calor se produz mais rapidamente. Outra vantagem que se atribui a ele é que não ocorrem perdas significativas. Essa afirmação é válida unicamente para o peso. Não se deve ignorar o fato de que há perdas de proteínas, vitaminas e minerais durante a lavagem da superfície.

Deve-se considerar ainda o problema microbiológico que apresenta o descongelamento de carne não-acondicionada por esse método. Se na mesma água colocam-se diversos pedaços de carne, pode haver contaminação cruzada e se atingirem contagens microbianas elevadas. Por isso, o descongelamento em água deve ser realizado apenas em alguns casos, quando é preciso que seja rápido. Durante esse procedimento de descongelamento, deve-se procurar renovar a água constantemente. Se possível, convém envolver a carne que se vai descongelar em uma película plástica para evitar a lavagem superficial. Obviamente, no caso de porções de carne congelada acondicionada a vácuo, são muitas as vantagens do descongelamento em água.

REFERÊNCIAS BIBLIOGRÁFICAS

ASENSIO, M. A.; ORDÓÑEZ, J. A. y SANZ, B. (1988): "Effect of carbon dioxide and oxygen enriched atmospheres on the shelf-life of refrigerated pork packed in plastic bags". J. *Food Prot*, 51: 356-360.

DAINTY, R. H.; SHAW B. G.; HARDING, C. D. y MICHANIE, S. (1979): "The spoilage of vacuum-packed beef by cold tolerant bacteria". En *Cold tolerant microbes in spoilage and the environment*. Eds. A. D. Russell y R. Fuller, pp. 83-100. Academic Press. Londres.

HOOD, D. E. y MEAD, G. C. (1993): "Modified atmosphere storage of fresh meat and poultry". En *Principles and applications of modified atmosphere packaging of food*. Eds. R. T. Parry, pp. 269-298. Blackie Academic & Professional. Londres.

NOTTINGHAM, P. M. (1982): "Microbiology of carcass meats". En *Meat microbiology*. Ed. M. H. Brown. pp. 13-65. Applied Sci. Pub. London.

STILES, M. E. (1991): "Modified atmosphere packaging of meat, poultry and their products". En *Modified atmosphere packaging of food*. Eds. B. Ooraikul y M. E. Stiles, pp. 118-147. Ellis Horwood. Nueva York.

TROEGER, K. (1992): "Tratamiento y almacenamiento de la materia prima". En *Tecnología de los embutidos escaldados*. Eds. F. Wirth, pp. 21-40. Acribia. Zaragoza.

VARNAM, A. H. y SUTHERLAND, J. P. (1995): *Meat and meat products*. Chapman & Hall. Londres.

RESUMO

1. A carne fresca é um alimento altamente perecível. Atualmente a carne obtida industrialmente é sempre submetida a refrigeração até chegar ao consumidor ou à indústria transformadora.

2. A refrigeração da carne consiste na queda da temperatura do produto até valores inferiores a 0°C. O produto mantém seu estado físico e as características nutritivas e sensoriais são pouco modificadas.

3. A refrigeração da carne limita o crescimento das bactérias mesófilas, de tal forma que atualmente já não se pode falar em decomposição (putrefação) do produto. Contudo, seleciona-se a microbiota psicrotrófica aeróbia Gram negativa, representada fundamentalmente pela *Pseudomona* spp., que costuma ser a bactéria mais envolvida na alteração da carne.

4. Embora a refrigeração amplie a vida útil da carne, o armazenamento prolongado nessas condições leva inevitavelmente à sua alteração devido à microbiota mencionada anteriormente. Há pouco tempo, passou-se a utilizar o acondicionamento em atmosferas modificadas, sempre enriquecidas em CO_2, a fim de aumentar a vida útil da carne refrigerada. Com isso, consegue-se pelo menos duplicar sua vida comercial.

5. O congelamento da carne consiste na aplicação do frio até valores inferiores aos do ponto de congelamento (normalmente -18 e -30°C). Com isso, detém-se o crescimento microbiano e inibem-se eficazmente as reações enzimáticas e químicas, atingindo-se tempos de armazenamento muito longos, às vezes de 12 meses.

6. O congelamento, entretanto, sempre rompe estruturas celulares que podem provocar algumas alterações adversas, especialmente na textura, que depreciam o produto.

CAPÍTULO 10

Produtos cárneos

Este capítulo começa com o estudo dos conceitos de emulsão e de gel cárneo, prossegue com o dos sais de cura e finaliza com a elaboração dos diferentes tipos de produtos cárneos, incluindo o defumado, as carnes reestruturadas e os sucedâneos de carne.

INTRODUÇÃO

A carne fresca, por sua composição química e por sua elevada atividade de água, é um produto altamente perecível. Uma vez sacrificado o animal, a carne fica exposta à contaminação por uma diversidade de microrganismos que levam, inexoravelmente, à sua alteração (Capítulo 9). A tudo isso, é preciso acrescentar ainda o risco da presença de microrganismos patogênicos e de substâncias tóxicas. Conseqüentemente, a vida útil da carne fresca é muito curta.

Na Antigüidade, o homem não conhecia os microrganismos, mas sabia que os alimentos deterioravam se não fossem consumidos rapidamente. Para evitar isso, viu-se obrigado a idealizar formas para ampliar sua vida útil. Assim, observou que a vida útil da carne prolongava-se se, depois de picá-la, misturava sal e ervas aromáticas e se dessecava, após embuti-la, proporcionando um produto de sabor muito agradável. Parece que a elaboração de embutidos iniciou-se por volta de 1500 a.C. Os embutidos crus têm sua origem na área mediterrânea, cujo clima era e é muito favorável para sua maturação.

A primeira referência documental encontra-se no livro XVIII da *Odisséia* (900 a.C), onde se fala de *tripas de cabra recheadas com sangue e gordura*. Os romanos herdaram dos gregos, e aperfeiçoaram, as técnicas de preparação desse tipo de alimento, incorporando diferentes ingredientes. Desde então, esses produtos diversificaram-se e se estenderam por todo o mundo. Pode-se dizer que há tantos tipos de embutidos quanto áreas geográficas e, embora a base de sua fabricação seja sempre uma combinação de processos de fermentação e de desidratação, existem claras diferenças regionais.

Atualmente a fabricação de embutidos crus curados representa uma parte importante da indústria cárnea, sendo sua maior área de influência os países mediterrâneos e a Alemanha, um dos principais países produtores. Segundo dados do Ministério da Agricultura, Pesca e Alimentação (1992), a produção de embutidos crus curados na Espanha superou as 166.000 Tm, o que representa a quinta parte da produção total de produtos cárneos.

Dentre os produtos cárneos salgados, o presunto é um dos que é elaborado há mais tempo. Era fabricado na Europa e na China há pelo menos 2.500 anos. Já no século II a.C., Catão descreve o processo de elaboração do presunto que praticamente não se diferencia do que se utiliza hoje na Itália, na França, nos Estados Unidos e na China. Em seus primórdios, a elaboração do presunto surge como um meio de conservação cuja finalidade era dispor de um alimento rico em proteínas durante períodos prolongados. Atualmente a Tecnologia de Alimentos está desenvolvendo outros métodos mais eficazes para a conservação da carne, como a aplicação de frio ou calor. Por isso, a elaboração de produtos cárneos deve ser entendida, hoje, como uma forma de oferecer ao consumidor diversidade maior de alimentos, ou seja, como um processo de transformação.

PRODUTOS CÁRNEOS: CONCEITO E DEFINIÇÃO

Consideram-se produtos e derivados cárneos os produtos alimentícios preparados total ou parcialmente com carnes, miúdos ou gorduras, e subprodutos comestíveis procedentes dos animais de abate ou outras espécies e, eventualmente, ingredientes de origem vegetal ou animal, como também condimentos, especiarias e aditivos autorizados.

Ao longo da história, foram se desenvolvendo novos produtos, com sabores e texturas característicos, de certa forma, como resposta às necessidades de cada zona geográfica; assim, os produtos cozidos desenvolveram-se no norte da Europa, onde as condições climáticas permitiam sua conservação e seu armazenamento, enquanto os embutidos crus curados são mais característicos da Europa meridional, já que são produtos mais estáveis a temperaturas moderadas. Atualmente a elaboração de produtos cárneos é considerada uma tecnologia altamente sofisticada, na qual as inovações na engenharia mecânica, a imaginação do fabricante e a pesquisa de instituições, tanto públicas como privadas, fazem desses produtos um setor de grande futuro.

Basicamente, os produtos cárneos podem ser classificados em 5 grupos principais:

1. Produtos cárneos frescos
2. Produtos cárneos crus condimentados
3. Produtos cárneos tratados pelo calor
4. Embutidos crus curados
5. Produtos cárneos salgados

Antes de passar a descrever as características de cada um dos processos de elaboração dos diferentes tipos de produtos cárneos, é necessário conhecer uma série de conceitos básicos que ajudarão a compreender o fundamento dos processos de fabricação.

EMULSÕES CÁRNEAS

Conforme sua estrutura básica, uma emulsão cárnea pode ser considerada uma mistura na qual os constituintes da carne, finamente divididos, dispersam-se de modo análogo a uma emulsão de gordura em água; a fase descontínua é a gordura, e a fase contínua é constituída por uma solução aquosa de sais e proteínas, com proteínas insolúveis em suspensão, porções de fibras musculares ainda dentro do sarcolema e restos de tecido conjuntivo (Figura 10.1).

Os principais agentes emulsificantes são as proteínas cárneas solúveis em soluções salinas (proteínas miofibrilares). As proteínas sarcoplasmáticas e as do estroma (solúveis em água) não têm capacidade de emulsificar a gordura.

As proteínas miofibrilares, fundamentalmente a miosina, devido ao seu caráter polar, atuam como ponte de ligação entre a água e a gordura; tendem a colocar-se na interface água/gordura com sua parte hidrófoba voltada para a gordura e a parte hidrófila para a água; associam-se umas às outras formando na superfície da gota de gordura uma matriz protéica ou *película* dotada de viscoelasticidade que lhe confere resistência mecânica relacionada diretamente com a concentração de proteína por unidade de área (Figura 10.2). A área-limite para que exista essa resistência é conhecida com o nome de *área superficial crítica* e, acima dela, a membrana perde sua resistência mecânica.

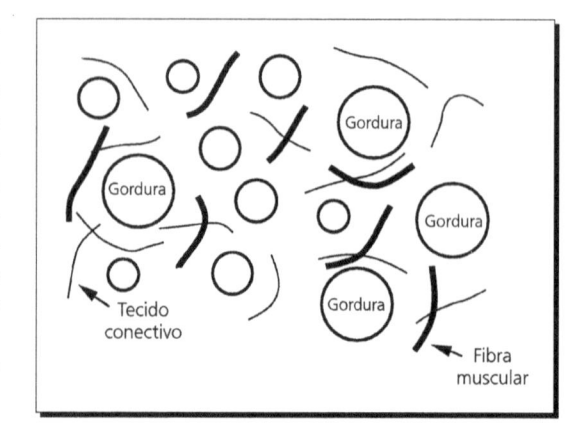

Figura 10.1 Esquema de uma emulsão cárnea.

A eficácia emulsificante das proteínas e, em última análise, a estabilidade da emulsão cárnea depende tanto do pH da carne como da quantidade de sal empregada na formulação. Se o pH situa-se acima de 5,7 e o conteúdo de sal supera a concentração de 0,5 M (4% aproximadamente), seja separadamente ou em combinação, melhora-se a eficácia das proteínas miofibrilares. Por isso, para preparar as emulsões cárneas os fabricantes picam junto às carnes, o gelo ou a água, o sal, as especiarias e os agentes da cura; a água e o sal adicionados formam uma salmoura que contribui para a dissolução das proteínas miofibrilares e, conseqüentemente, para a estabilização da emulsão, obtendo-se a textura desejada. A quantidade de proteína extraída depende, entre outros fatores, do tempo

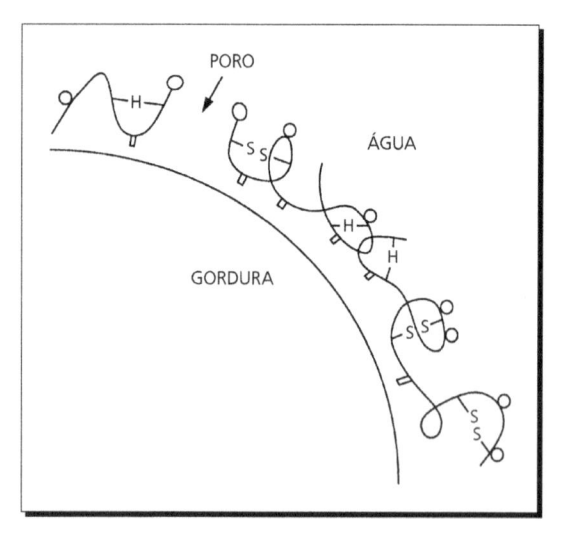

Figura 10.2 Representação esquemática da membrana viscoelástica.

usado para picar e da temperatura. Para conseguir a máxima estabilidade, costuma-se trabalhar a temperaturas que oscilam entre 3 e 11°C.

Com o objetivo de diminuir a quantidade de proteína cárnea empregada, é comum recorrer à substituição de parte dessas proteínas por outras, de origem vegetal (soja) ou láctea (lactossoro). Quando empregados agentes ligantes, eles são adicionados junto com as carnes magras para que se dissolvam bem e sejam mais eficazes na estabilização da emulsão e na retenção de água.

Fatores dos quais depende a estabilidade de uma emulsão cárnea

A quantidade de gordura incorporada a uma emulsão estável e a estabilidade desta depende de uma série de fatores que são detalhados a seguir:

Temperatura

A temperatura em que se prepara uma emulsão é extremamente importante. Comprovou-se que se a temperatura de emulsão é superior à faixa de 15 a 20°C, esta se rompe facilmente. O efeito da temperatura pode ser explicado da seguinte maneira:

- A estabilidade decresce quando a viscosidade diminui como conseqüência do uso de temperaturas relativamente elevadas.
- Com o aumento da temperatura, as gotículas de gordura fundem-se e tendem a aumentar de tamanho e, com isso, aumenta a área superficial crítica, isto é, as necessidades de proteína emulsificante.
- As temperaturas elevadas favorecem a desnaturação das proteínas e, portanto, contribuem para a redução de sua capacidade emulsificante.
- As temperaturas elevadas favorecem a *coalescência* (reagregação) das gotículas de gordura.

Tamanho das gotas de gordura

Durante a emulsificação, a gordura presente nos ingredientes cárneos deve subdividir-se em partículas cada vez menores até se formar uma emulsão. Contudo, à medida que diminui o tamanho da partícula de gordura, há aumento proporcional da área da superfície total ocupada pelas partículas de gordura e, por isso, requer-se quantidade maior de proteína emulsificante para recobrir a totalidade das gotículas de gordura. Na prática, isso implica que quando as emulsões são excessivamente picadas, pode ser criada uma área superficial crítica tão grande, que a proteína presente não pode estabilizar adequadamente a emulsão.

pH

O valor do pH afeta a emulsificação devido ao seu efeito sobre as proteínas. As proteínas miofibrilares alcançam sua máxima capacidade emulsificante quando o pH está próximo da neutralidade. Com os pH normais dos produtos cárneos (5,8 a 6), a capacidade emulsificante das proteínas cárneas eleva-se ao aumentar a concentração de sal.

Estado e tratamento da carne após o abate

A carne em *pre rigor* tem maior capacidade emulsificante do que a carne *post-rigor*. Esse efeito é atribuído não apenas ao fato de que a quantidade de proteína solúvel em solução salina é maior que na carne *pre rigor* (50% a mais), mas também a que a quantidade de gordura emulsificada por unidade de proteína é 60% superior nesse tipo de carne. A maior capacidade emulsificante dessa carne é atribuída à existência de pH mais elevado e ao fato de que a actina e, sobretudo, a miosina estão livres.

Pré-mistura

A pré-mistura dos ingredientes de cura tem efeito positivo na capacidade emulsificante das proteínas, incrementando-a sensivelmente. Parece que, nesse período, facilita-se a dissolução das proteínas, que podem então participar mais ativamente da formação de emulsões.

Viscosidade da emulsão

A viscosidade das emulsões cárneas se reduz quando aumenta a quantidade de água acrescentada. A adição de sal aumenta a viscosidade até a concentração salina da ordem de 6%. Também depende do pH, paralelamente à capacidade de retenção de água, com um mínimo de viscosidade e pH de aproximadamente 5, o ponto isoelétrico das proteínas miofibrilares.

A estabilidade da emulsão cárnea pode ser explicada matematicamente, de maneira geral, pela equação de Stokes (Volume 1, Capítulo 4).

GÉIS CÁRNEOS

Uma vez que a gordura é recoberta por proteínas, a emulsão permanece estável apenas por algumas horas. A estabilidade das emulsões por um período mais longo (ligação) é obtida desnaturando as proteínas mediante a aplicação de tratamento térmico (produtos cárneos cozidos) ou mediante o decréscimo do pH (produtos cárneos fermentados), a fim de facilitar as interações intermoleculares que criam uma rede tridimensional de fibras protéicas. Isto é, facilita-se a formação de *gel cárneo*.

A formação de géis requer, portanto, a desnaturação parcial das proteínas com desdobramento das cadeias polipeptídicas que, depois, se associam para formar redes tridimensionais por meio de pontes de hidrogênio, forças eletrostáticas, de *van der Waals*, pontes dissulfeto e interações hidrofóbicas. Essas redes podem reter e imobilizar a água e outros componentes do sistema, principalmente gordura.

Entre os parâmetros críticos para o tipo de gel formado, encontram-se a temperatura, o pH e a concentração de sal e proteína. Os géis mais interessantes são aqueles formados pela miosina, que é a proteína cárnea emulsificante por excelência. A desnaturação da miosina em concentrações salinas e pH normalmente utilizados na indústria (3 a 4% e pH 6, respectivamente) ocorre a 45°C; os géis formados pela miosina surgem como resultado da aparição de agregações entre as cabeças e as caudas das moléculas de miosina, adquirindo maior firmeza em presença de concentrações salinas crescentes, pelo menos até 4%.

REAÇÕES DE CURA E COADJUVANTES

A cura da carne remonta, sem dúvida, a épocas primitivas, e representa uma das primeiras tentativas satisfatórias na conservação de alimentos. No início, elaboravam-se produtos derivados do suíno introduzidos em barris; eram produtos extremamente variáveis em sua qualidade e, muitas vezes, salgados demais e sem uniformidade na cura. Atualmente, com o desenvolvimento de outros métodos de conservação, a maioria dos produtos cárneos curados são medianamente curados e, com poucas exceções, devem ser mantidos sob refrigeração.

Ingredientes de cura e suas funções

O processo de cura é realizado acrescentando à carne alguns agentes de cura; cada ingrediente tem características únicas e desempenha um papel importante no processo. Os principais ingredientes compreendem sal (NaCl), açúcar, nitratos e/ou nitritos, ascorbato sódico e, muitas vezes, fosfatos.

Papel do cloreto de sódio

Pode-se dizer que o sal é um componente básico de todas as misturas de cura, sendo o único absolutamente necessário. Além de potencializar o sabor, atua desidratando e modificando a pressão osmótica, o que inibe o crescimento microbiano e, portanto, limita a alteração bacteriana. Contudo, o uso isolado de sal resulta em produtos secos, de textura inadequada e baixa palatabilidade, apenas com sabor de sal. Além disso, provoca a oxidação do pigmento mioglobina, produzindo cor escura indesejável (metamioglobina), que não é aceita pelo consumidor. Os efeitos dos níveis de sal no crescimento microbiano podem ser resumidos indicando que 5% de NaCl inibe completamente o desenvolvimento de bactérias anaeróbias, ao passo que não tem um efeito manifesto nos aeróbios (p. ex., micrococos) e anaeróbios facultativos (p. ex., estafilococos). A 10% de NaCl, o crescimento da maioria das bactérias é inibido, ainda que algumas espécies halotolerantes possam crescer inclusive em meios que contenham até 15% de sal. Em salmouras com grandes quantidades de tecidos animais, o crescimento bacteriano ocorre principalmente na interface carne/salmoura.

O sal desempenha um papel importante na textura dos produtos cárneos picados. Possivelmente isso se deva ao fato de que o sal facilita a solubilização das proteínas miofibrilares e, quando falta, a solubilização é incompleta e a textura característica do produto se perde durante a cocção.

Além disso, sabe-se que o sal influi não apenas no sabor, mas também no aroma dos alimentos, embora se tenha constatado que os níveis necessários podem variar conforme os produtos. Entretanto, o sal atua como pró-oxidante nos sistemas cárneos. Afirmou-se que o NaCl pode ativar algum componente na carne magra, o qual acelera a auto-oxidação dos lipídeos. É possível que a contribuição desejável de sal ao desenvolvimento do aroma se deva à sua interação com os tecidos magros e/ou gordos para produzir compostos aromáticos desejáveis. Parece que o aroma da carne curada se deve à combinação de compostos (aminoácidos livres, ácidos graxos livres, peróxidos, ácidos orgânicos solúveis em água, etc.), mais do que a um único componente ou a um sistema de dois compostos.

Papel do açúcar

Embora a carne possa ser conservada apenas com o uso do sal, às vezes acrescenta-se também açúcar ou diferentes melaços que evitam o salgamento excessivo, ao mesmo tempo diminuindo a umidade e moderando o sabor. O açúcar também é um conservante eficaz e retarda o crescimento bacteriano. Ele serve para proporcionar bom aroma à carne curada e permite o desenvolvimento de algumas bactérias desejáveis, produtoras de aroma.

É provável que o açúcar de cura contribua para o desenvolvimento de reações de escurecimento e para a produção de substâncias geradas durante a defumação e o cozimento. A adição de pequenas quantidades de glicose aos embutidos fermentados é uma prática normal.

O açúcar cria condições redutoras durante o processo de cura, o que, provavelmente, faz com que as carnes curadas não desenvolvam aromas de oxidado.

Parece que as condições de redução influem na cor da carne curada porque estabilizam o Fe^{2+}. O açúcar melhora a cor da carne curada, pois estabelece condições redutoras que favorecem o desenvolvimento dos pigmentos cárneos desejados. Também se afirmou que o açúcar tende a prevenir a oxidação dos pigmentos cárneos, bloqueando a formação de derivados indesejáveis durante o processo de cura. Por outro lado, o açúcar serve como fonte energética para alguns microrganismos desejáveis (lactobacilos) que produzem ácido, obtendo-se um pH que acompanha as condições redutoras e favorecendo a formação de pigmentos cárneos desejados. As condições redutoras também desempenham papel importante na redução de nitratos a nitritos, e destes a óxido nítrico, substância ativa que reage com os pigmentos da carne.

Papel dos nitratos e nitritos

Os nitratos foram usados pela primeira vez na cura da carne de forma acidental e observou-se que estabilizavam a cor da carne curada. Normalmente utilizam-se nitratos sódico e potássico. Os nitritos fixam mais rapidamente a cor, requerendo-se quantidades menores do que de nitratos.

Os nitratos e nitritos, à margem da estabilização da cor, exercem outros efeitos não menos importantes; suas funções são:

1. Estabilizar a cor
2. Contribuir para desenvolver o aroma característico da carne curada
3. Inibir o crescimento de algumas bactérias, especialmente o *Cl. botulinum*
4. Retardar o desenvolvimento da rancificação

A ação antimicrobiana dos nitratos é dirigida fundamentalmente contra as bactérias anaeróbias. Para muitos microrganismos aeróbios, representam uma fonte de nitrogênio. Do nitrato, por si só, não se pode esperar ação direta inibidora do crescimento bacteriano; a ação antimicrobiana deve-se em maior parte aos nitritos resultantes e, concretamente, ao ácido nitroso gerado e aos ácidos que se formam a partir dele. O nitrito atua apenas sobre as bactérias e não afeta o crescimento de fungos nem de leveduras.

A atividade dos nitritos aumenta à medida que diminui o pH. A adição de ácidos fracos, de glicono-lactona, ou a inoculação com lactobacilos potencializa a atividade dos nitritos.

Efeitos dos nitratos e/ou nitritos na cor da carne curada

No músculo, existe grande número de pigmentos, incluindo mioglobina, hemoglobina residual, citocromos, enzimas que contêm flavina, catalases e outros. Contudo, a mioglobina é o pigmento mais abundante entre aqueles presentes na carne, e seu estado é, em grande parte, responsável pela cor da carne (Capítulo 8).

Os nitratos e nitritos são usados para combater os efeitos adversos do sal na cor, produzindo pigmentos estáveis. Os nitritos requerem um passo a menos na estabilização da cor, visto que os nitratos precisam ser previamente reduzidos a nitritos, como se mostra de forma resumida a seguir:

$$\text{Nitrato} \xrightarrow{\text{organismos redutores}} \text{Nitritos}$$

$$\text{Nitrito} \xrightarrow[\text{ausência de luz e ar}]{\text{condições favoráveis}} NO + H_2O$$

$$NO + Mb \xrightarrow{\text{condições favoráveis}} NOMb$$

$$NO + MetMb \longrightarrow NOMetMb$$

$$NOMetMb \xrightarrow{\text{condições favoráveis}} NOMb$$

$$NOMb + \text{calor} + \text{fumaça} \rightarrow NO\text{-hemocromogênio}$$

Abreviaturas: Mb: mioglobina; MetMb: metamioglobina; NOMb: nitrosomiogobina; NOMetMb: óxido nítrico metamioglobina; NO-hemocromogênio: nitroso-hemocromogênio.

O óxido nítrico (NO) é o componente ativo que se combina com a mioglobina para formar NOMb. A produção de óxido nítrico a partir dos nitritos e a reação com os pigmentos musculares ou sangüíneos dependem de diversos fatores, como temperatura, pH, oxigênio e substâncias redutoras. As condições que favorecem as reações que provocam a formação dos pigmentos da carne curada (óxido nítrico mioglobina ou nitrosomioglobina e nitroso-hemocromogênio) devem ser criadas com a cura da carne. O pigmento normal da carne curada não-tratada pelo calor é a nitrosomioglobina que, pelo aquecimento, transforma-se em nitroso-hemocromogênio. O primeiro passo da formação desses pigmentos é a oxidação da mioglobina pela ação dos nitritos dando metamioglobina com a simultânea redução do nitrito a óxido nítrico (NO). Acredita-se que, posteriormente, o nitrito una-se à metamioglobina para formar uma substância intermediária (nitrosometamioglobina), que sofre oxidação muito rápida, dando origem ao cátion nitrosomioglobina. O passo final nas carnes curadas não-tratadas por calor é uma redução posterior do cátion radical nitrosilmioglobina a nitrosilmioglobina ou nitrosomioglobina. O pigmento nitrosomioglobina é instável em presença de ar e pode oxidar-se produzindo nitrosometamioglobina.

A quantidade mínima de nitrito requerida para produzir a cor adequada na carne e em todos os produtos cárneos é estimada entre 30 e 50 mg/kg.

Efeito dos nitratos e/ou nitritos nas características sensoriais das carnes curadas

Os nitratos transformam-se pela ação de microrganismos e é provável que tenham participação importante no aroma característico produzido.

O aroma dos produtos cárneos tratados por calor também difere no caso dos curados e no dos crus. Evidentemente, a elevadas temperaturas, produzem-se aromas diferentes ou adicionais. O aroma de curado deve-se às reações de uma diversidade de constituintes cárneos com os nitritos e o óxido nítrico. As substâncias identificadas até agora são álcoois, aldeídos, inosina, hipoxantina e, em particular, compostos sulfurados. A quantidade de nitritos requerida para produzir aroma de curado típico em um produto cárneo é de 20 a 40 mg/kg.

Papel dos nitratos e/ou nitritos na inibição dos microrganismos produtores de toxinfecções

Os nitratos e/ou nitritos exercem acentuado efeito inibidor nas bactérias, inclusive em pequenas quantidades. O crescimento de algumas espécies de microrganismos causadores de toxinfecções (*Cl. botulinum*, *Salmonella*, *Staphylococcus*) é inibido a concentrações de nitritos de 80 a 150 mg/kg.

O efeito conservante dos nitritos deve ser levado em conta junto com outros fatores, como a a_w, o pH, a temperatura, o potencial redox, etc.

Embora os nitratos possam exercer alguma ação bacteriostática nas carnes, pode-se dizer que são muito pouco tóxicos para os microrganismos em soluções não-ácidas se não se reduzirem antes a nitritos.

Ao aquecer a carne, muitos nitritos presentes no produto cru se transformam. É um fato bem conhecido que a adição de nitratos ou nitritos a alimentos protéicos pode levar ao aparecimento de nitrosaminas. Dado que muitas delas são suspeitas de atuar como carcinógenos para o homem, recomenda-se reduzir a adição desses aditivos à quantidade mínima possível para exercer suas funções.

Alguns componentes dos alimentos inativam reações, e outros as catalisam. Os principais inibidores são o ácido ascórbico ou eritórbico e tocoferol (vitamina E). Por essa razão, em muitos países, é obrigatória a adição de ácido ascórbico na cura da carne.

Quando se examinam outros antimicrobianos como alternativas aos nitritos, isso se faz sempre em relação ao *Cl. botulinum*. Os dados obtidos baseiam-se no trabalho NAS (1982), que faz referência às alternativas antibotulínicas mais promissoras (sem ordem de prioridade):

- Irradiação: com ou sem concentrações reduzidas de nitritos. A irradiação pode ter atividade antibotulínica excelente a doses de 1 a 1,5 Mrad.
- Sorbatos: comprovou-se em vários produtos comerciais que somente a combinação de sorbato potássico a 2.600 mg/kg e de concentrações reduzidas de nitrito sódico (40 a 80 mg/kg) podem ser eficazes.
- Hipofosfito sódico: quando se comparou seu efeito no *bacon*, constatou-se que apenas a 3.000 mg/kg ou a 3.000 ou 1.000 mg/kg com baixas concentrações de nitrito sódico (40 mg/kg) foi equivalente ao uso convencional dos nitritos como proteção antibotulínica.
- Ésteres fumáricos: embora se tenha pesquisado pouco, trabalhos de simulação comercial indicaram que determinados ésteres fumáricos (especialmente metil fumarato) proporcionam atividade antibotulínica comparável ao uso convencional dos nitritos.
- Acidificação com bactérias produtoras de ácido láctico: parece ser tão efetivo como os nitritos para o controle de *Cl. botulinum* desde que o pH seja inferior a 4,5.
- α-tocoferol e ascorbatos: a adição desses compostos ao produto bloqueia a formação de nitrosaminas, que podem ser produzidos durante a produção ou cocção de produtos cárneos curados. As implicações microbiológicas desse processo não foram muito estudadas, mas há indícios de que haja interferências na atividade antibotulínica dos nitritos.

Papel do ascorbato sódico e/ou isossorbatos

Efeito na cor

O ácido ascórbico ou vitamina C está praticamente ausente nos produtos cárneos. O ácido ascórbico e o isoascórbico ou ácido eritórbico, assim como seus respectivos sais, são usados normalmente como coadjuvantes da cura. Originalmente eram usados para melhorar a cor da carne; sua ação parece residir em sua capacidade para reduzir a metamioglobina a mioglobina e em potencializar a produção de óxido nítrico a partir de nitritos. Os dois mecanismos ajudam no desenvolvimento e na estabilização da cor da carne. As salsichas Frankfurt fabricadas com ascorbato sódico ou isoascorbato têm cor interna mais atrativa do que aquelas em que não são utilizados. Igualmente as que são fabricadas sem ascorbatos apresentam cor menos uniforme que se perde mais rápido.

Os ascorbatos e isoascorbatos ajudam a deter as perdas de cor nas carnes curadas; acredita-se que a razão disso é que mantêm as condições redutoras na superfície das carnes expostas e convertem elevada proporção de pigmentos cárneos em nitroso-hemocromogênio (estável) durante o processo de cocção.

As quantidades normalmente adicionadas são de 0,03 a 0,05% ou 0,05 a 0,07% de ácido ascórbico ou de ascorbato sódico respectivamente. O ácido ascórbico atua mais rapidamente que os ascorbatos. Além disso, é um agente redutor poderoso, formando NO a partir de NO_2:

$$C_6H_8O_6 + 2HNO_2 \rightarrow C_6H_6O_6 + 2NO + 2H_2O$$
ácido ascórbico   ácido deidroascórbico

Importância no bloqueio da formação de N-nitrosaminas

Talvez até mais importante que os efeitos de ascorbatos/isoascorbatos na cor da carne seja sua ação bloqueadora do desenvolvimento de N-nitrosaminas em carnes curadas. A adição de altos níveis de ascorbato (1.000 a 2.000 mg/kg) em *bacon* curado bloqueia a formação de N-nitrosopirrolidina durante a fritura do *bacon*. Esse efeito ocorre igualmente em outros produtos curados. Por isso, recomenda-se que todas as carnes curadas contenham ascorbatos ou eritorbatos em concentrações de 550 mg/kg.

Efeitos no aroma e no odor

Os ascorbatos também influem no sabor e no odor. Níveis baixos de ácido ascórbico (100 mg/kg) catalisam o desenvolvimento de oxidações em carnes picadas e, ao combinar-se com fosfatos, protege da rancificação de forma sinérgica. O ácido ascórbico proporciona condições redutoras que previnem a oxidação. O Fe^{2+} é o catalisador ativo da oxidação em carnes picadas, e as condições redutoras favorecidas pela presença de ascorbatos possibilitam atividade antioxidante.

Dado que o ácido ascórbico e os fosfatos exercem um sinergismo importante prevenindo a oxidação nas carnes curadas, é óbvio que o uso de ascorbatos, isolado ou combinado com fosfatos, explica a rara rancificação nos produtos cárneos curados. Parece que os níveis relativamente altos de ascorbato utilizados nas carnes curadas para bloquear a formação de N-nitrosaminas são suficientes e, portanto, úteis para prevenir a oxidação.

Papel dos fosfatos

Os fosfatos potencializam a capacidade de retenção de água e melhoram a cor e o aroma dos produtos cárneos.

A melhoria da capacidade de retenção de água explica-se como resultado de pH superior, que aumenta o espaço em torno das proteínas onde se aloja a água.

Os fosfatos mais usados foram os polifosfatos e, quando combinados com outros compostos alcalinos, observou-se que atuam sinergicamente, aumentando os rendimentos do presunto e de outros produtos cárneos. Parece que apenas os fosfatos alcalinos são eficazes para melhorar a retenção da salmoura e aumentar os rendimentos finais dos produtos cárneos curados. A melhoria dos rendimentos é mais efetiva quando se aumenta a temperatura do processamento.

A melhoria da cor e do aroma aparentemente se deve à ação antioxidante dos fosfatos, e é provável que esteja relacionada à formação de complexos com metais pesados presentes em quantidades residuais como contaminantes dos sais de cura. Talvez se deva à união de íons ferrosos aos fosfatos, já que o íon ferroso livre é um oxidante eficaz.

FABRICAÇÃO DE PRODUTOS CÁRNEOS: PROCESSOS GERAIS

Ingredientes dos produtos cárneos

A seleção dos ingredientes é um dos passos mais importantes a levar em conta no processo de elaboração de qualquer produto cárneo, já que as características organolépticas típicas dos produtos finais dependerão de sua natureza e proporção. Basicamente os ingredientes utilizados são detalhados na Tabela 10.1.

Matéria-prima básica

A matéria-prima básica é de origem exclusivamente animal: carne, gordura e outros tecidos. Utiliza-se normalmente carne bovina e suína. Em geral prefere-se a carne dos animais adultos para embutidos maturados e a de animais mais jovens para produtos cozidos por terem maior capacidade de retenção de água. Obtêm-se os melhores rendimentos com as carnes muito frescas, por sua maior capacidade de retenção

Tabela 10.1 Ingredientes básicos dos produtos cárneos

Carne de uma ou várias espécies de abate, aves e caça autorizadas
Miúdos comestíveis das espécies de abate, aves e caça autorizadas
Sangue e/ou seus componentes
Gorduras e azeites comestíveis
Farinhas, amidos e féculas de origem vegetal (menos de 10% do produto acabado)
Proteínas lácteas e de origem vegetal (menos de 10% do produto acabado)
Hidratos de carbono solúveis em água (menos de 5% do produto acabado)
Condimentos e especiarias

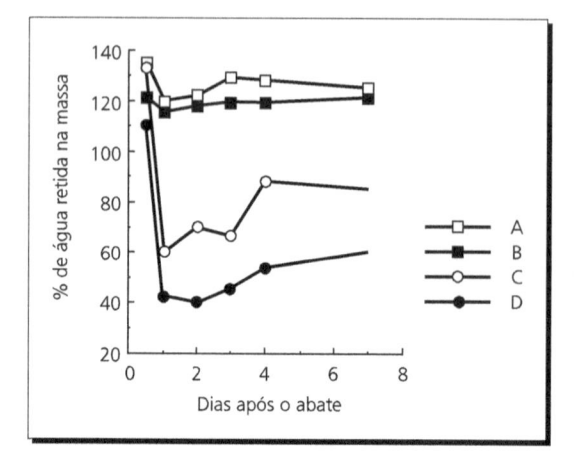

Figura 10.3 Efeito do pré-salgamento da carne de bovino na capacidade de retenção de água. A concentração de sal adicionado é de 2%. (A) Carne quente salgada e picada; continuou-se processando depois do tempo indicado. (B) Carne quente salgada processada imediatamente depois na cúter; continuou-se processando depois do tempo indicado. (C) Carne conservada em câmara (peças) durante o tempo indicado e posteriormente picada, salgada e processada. (D) Carne conservada em câmara (peças) durante o tempo indicado, e posteriormente picada e processada sem a incorporação de sal.

de água e por conterem maiores quantidades de proteína miofibrilar (miosina) em estado livre. Entretanto, e como conseqüência de sua comercialização em grande escala, são poucos os estabelecimentos que dispõem de carne recém-abatida. Por isso, a carne que será destinada à elaboração de embutidos pode ser tratada de três diferentes formas:

Pré-salgamento

A adição de NaCl à carne procedente de um animal recém-abatido impede ou retarda sensivelmente a formação do complexo actomiosina, visto que os íons monovalentes se rompem e ocupam os lugares potenciais de ligações intermoleculares, facilitando, com isso, a solubilidade das proteínas e aumento da capacidade de retenção de água (Figura 10.3).

O efeito benéfico do NaCl aumenta com a concentração; o ideal seria incorporar quantidade de sal em torno de 5%, mas isso não é factível por razões sensoriais e dietéticas. O salgamento normal situa-se em torno de 1,5 a 2%, embora se deva levar em conta a quantidade de sal incorporado à carne para calcular o conteúdo em NaCl final do produto cárneo. O pré-salgamento requer tempo de penetração do sal (4 horas em bovino e 1 hora em suíno); por isso, é necessário refrigeração durante 2 a 3 dias para que não aumente a taxa bacteriana.

Congelamento

Muito mais eficaz que o pré-salgamento é o congelamento rápido em pedaços pequenos (6 mm de espessura) e picar a carne sem descongelar ou após um descongelamento lento, embora este último processo seja menos recomendável pela perda de água que implica.

Liofilização

Para realizar a liofilização, a carne desossada, cortada e padronizada a quente é picada em partículas de 3 a 5 mm de espessura com 2% de sal nitrificante. Procede-se ao seu congelamento a temperatura de −40°C em camadas de pequena espessura e, em seguida, à liofilização. O conteúdo final de água não deve superar 3%.

Os resultados obtidos com a incorporação de carne liofilizada são excelentes devido à sua alta capacidade de retenção de água. Contudo, industrialmente, pode ser uma operação que encareça excessivamente o produto final.

Em relação ao pH, os valores após 24 h do abate, com boa refrigeração, situam-se em torno de 5,5 a 5,7 para bovino e de 5,6 a 6 para suíno. Em princípio as duas são adequadas para uso nos produtos cárneos por se tratar de valores adequados para que se forme uma emulsão. As carnes DFD são adequadas, em tese, por ter pH alto e por apresentar, desse modo, alta capacidade de retenção de água, não sendo, porém, muito recomendáveis, já que o elevado pH favorece o crescimento microbiano. As carnes PSE talvez sejam as menos adequadas por apresentar baixos valores de pH e, conseqüentemente, baixa CRA, o que daria lugar a produtos secos e descorados. Contudo, nem todos os cortes da carcaça têm as características PSE e, assim, os cortes mais adequados dentro de uma carcaça PSE são a escápula, a agulha e a barriga.

No que se refere à gordura, utiliza-se fundamentalmente gordura suína por ter sabor menos forte e por ser mais facilmente emulsificável que a gordura de bovino. A maior parte é gordura subcutânea, procedente da escápula, da papada, da nuca e dos rins. Recomenda-se utilizar qualquer tipo de gordura fresca e bem-refrigerada, pois aquela que permanece armazenada por muito tempo pode ter sofrido processos oxidantes que conferem sabores estranhos.

Podem-se utilizar ainda outros tecidos de origem animal, como o conetivo (pele), para a formação de gelatina a partir do colágeno. O sangue (para morcelas) e o plasma sangüíneo são amplamente utilizados por sua riqueza protéica e por sua contribuição para a emulsificação da massa. E podem-se utilizar igualmente vários órgãos, como fígado (para patês), coração e estômago, língua, etc. Todos esses materiais podem contaminar-se durante sua obtenção e, por isso, é necessário higiene adequada.

Preparação da mistura

A preparação da mistura compreende as operações de picar e amassar as carnes entre si e com os demais ingredientes. No Capítulo 12 do Volume 1, detalhou-se o maquinário utilizado com mais freqüência para essa finalidade.

Para picar a carne, em geral empregam-se máquinas picadoras, cúter (de preferência a vácuo) e moedores coloidais, dependendo do tamanho de partícula que se queira obter e levando em conta que a trituração muito intensa prejudicaria o produto, pois poderiam surgir problemas na ligação dos componentes. Com a trituração, tem-se uniformidade maior do produto, já que se consegue tamanho uniforme de partícula, facilita-se a distribuição homogênea dos ingredientes e o amaciamento da carne ao subdividi-la em partículas menores. O processo de trituração é um dos que apresenta maior risco de contaminação microbiana, seja por contato da carne com os equipamentos ou pela adição de matéria-prima ou aditivos sem esterilização. Por isso, é importante realizar a operação de trituração nas melhores condições higiênicas possíveis.

A trituração e a mistura dos ingredientes são feitas na seguinte ordem:

a) Carnes magras em pedaços junto com o sal, agentes de cura e fosfatos, batendo até obter mistura homogênea

b) Água em forma de gelo para não aumentar a temperatura da massa e favorecer a solubilização das proteínas
c) Carnes gordas, toucinho
d) Demais ingredientes e condimentos, batendo até obter a mistura homogênea

A temperatura final não deve ultrapassar 15°C em nenhum caso.

Pode-se afirmar, de maneira geral, que a temperatura mais adequada é de –2 a 2°C. Não é aconselhável utilizar carne fresca a temperatura ambiente, para evitar a separação e o achatamento das fibras, e tampouco carnes ultracongeladas, visto que os cristais grandes também podem provocar a desordem da fibra muscular.

Moldagem dos produtos cárneos: embutidura

O processo de embutir tem a finalidade de dar forma ao produto cárneo; tradicionalmente utilizam-se tripas de calibres distintos, de origem natural ou artificial, dependendo do produto que vai ser elaborado.

Tripas

O embutido em tripas naturais é o procedimento mais antigo e tradicional. As tripas naturais utilizadas correspondem ao trato intestinal do ovino, do suíno e do bovino, principalmente, e sua preparação exige limpeza intensa com água potável abundante depois da evisceração. Em primeiro lugar, procede-se à separação total da gordura mesentérica do intestino delgado, e do intestino grosso (fase de estiramento); em seguida, procede-se ao esvaziamento do conteúdo intestinal, deixando perfeitamente limpo o interior (fase de esvaziamento) e vira-se a tripa do avesso para deixar para fora a camada mucosa (fase de virada); finalmente, procede-se à eliminação da mucosa e, em alguns casos, da serosa (fase de raspagem ou rascamento), e, nesse ponto, estão aptas para ser utilizadas.

As tripas limpas, com leve cor rosada e aspecto translúcido, quase transparente, são medidas, calibradas e enroladas, classificando-se de acordo com seu tamanho, tipo e qualidade. Imediatamente procede-se à salga utilizando sal de grão não muito fino, deixa-se até exsudar líquido. Depois, são retiradas, volta-se a salgar se for preciso, e acondicionam-se para o transporte. Conservam-se sempre a 5°C, no máximo, até o momento de sua utilização.

Podem-se apresentar igualmente de forma hidratada, introduzindo-as em bolsas hermeticamente fechadas, nas quais as tripas ficam submersas em salmoura de 95°. Atualmente são comercializadas tripas pré-entubadas, que são preparadas passando-as, depois de limpas e calibradas, em tubos flexíveis de plástico; são acondicionadas em bolsas igualmente cobertas de salmoura.

No momento de seu uso, as tripas passam por uma lavagem intensa com água que, às vezes, é acrescida de 2% de ácido láctico para melhorar sua estabilidade.

As tripas naturais são permeáveis à água e à fumaça. Atualmente essas tripas são utilizadas para determinado tipo de produtos, geralmente os de melhor qualidade (p. ex., tripa grossa), já que sua utilização supõe processo descontínuo e, além disso, são mais caras, relativamente frágeis, sendo que seu armazenamento requer refrigeração para evitar a contaminação microbiana (Tabela 10.2).

As tripas *artificiais* são utilizadas com muito mais freqüência, pois não implicam problemas higiênicos, favorecem o embutimento contínuo e não acarretam nenhum problema na hora do armazenamento e do manejo. Normalmente são apresentadas em grandes madeixas de calibre definido, fino ou grosso, dispostas para serem utilizadas em embutido contínuo; talvez essa seja uma de suas principais vantagens.

As tripas artificiais usadas com mais freqüência são as de colágeno, de celulose ou, então, as plásticas, elaboradas fundamentalmente à base de poliamida, poliéster, polietileno e cloreto de polivinila; algumas delas são impermeáveis à água e à fumaça, sendo, por isso, usadas em produtos cárneos que não serão dessecados ou defumados.

Embutimento

O processo de embutimento consiste em introduzir a massa já preparada na tripa previamente selecionada e disposta para esse fim. Para isso, utilizam-se *embutidoras* que podem trabalhar de forma descontínua (a pistão) ou contínua (à vácuo), dependendo das necessidades (Figura 10.4).

As embutidoras *descontínuas* ou a *pistão* são compostas por um cilindro onde se desloca um pistão sobre o qual se dispõe a massa a ser embutida. Quando o pistão sobe pelo cilindro, direciona a massa a um orifício conhecido como *pico*. Sua capacidade oscila entre 20 e 70 litros, e são empregadas para plantas-piloto, pequenas partidas ou especialidades concretas, devido à sua pequena capacidade.

Sem dúvida nenhuma, as mais utilizadas são as embutidoras contínuas que, em geral, trabalham a vácuo. Devido à extração do ar, consegue-se melhor formação e conservação de cor, consistência mais firme e, além disso, retardam-se as reações de oxidação da gordura e evita-se a presença de ar entre a massa e a tripa, o que dá à superfície do produto cárneo um aspecto pouco agradável. São compostas por um grande funil coletor no qual se dispõe uma vareta que mexe a massa, evitando sua condensação. A massa é impelida por pressão até o orifício de saída, onde se localiza a tripa. Essas embutidoras contínuas podem trabalhar a um ritmo de 6.000 a 9.000 kg/h.

Tabela 10.2 Principais características das tripas utilizadas na fabricação de produtos cárneos

Naturais	Artificiais
Permeáveis à água e à fumaça	Escolha entre permeáveis e impermeáveis
Embutimento descontínuo	Embutimento contínuo
Condições especiais de armazenamento	Armazenamento simples
Características higiênicas desfavoráveis	Características higiênicas favoráveis
Superfície oleosa	Sem oleosidade superficial
Calibre desigual	Calibre homogêneo
Pior manejo mecânico	Bom manejo mecânico
Comestível	Comestível ou não-comestível
Aspecto decorativo	Aparência de artificial
Fácil ruptura	Firmes no embutido
Embutido difícil de automatizar	Embutido facilmente automatizável

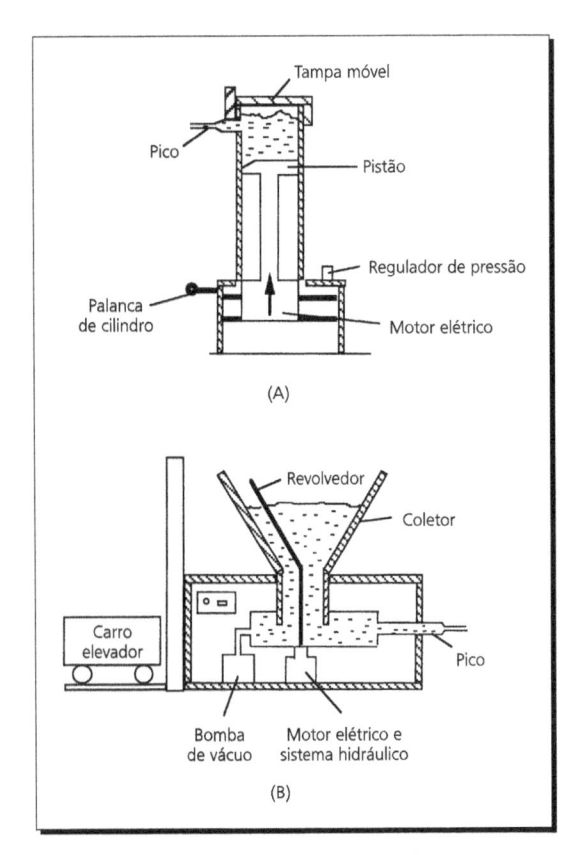

Figura 10.4 Esquema básico das embutidoras descontínua (A) e contínua (B).

Recentemente, desenvolveu-se um novo sistema de embutimento automatizado por co-extrusão da massa do embutido com uma pasta de colágeno, de tal forma que a massa fica no centro, coberta por uma película de colágeno cujo posterior esfriamento dará ao produto a resistência mecânica necessária nas operações seguintes. Esse sistema é utilizado principalmente para embutidos de massa fina, especialmente para salsichas do tipo *frankfurt*.

Uma vez finalizado o embutimento, as peças vão sendo individualizadas mediante fios, grampos metálicos ou cortes com facas; com isso, consegue-se um aspecto satisfatório do produto.

CARACTERÍSTICAS PARTICULARES DOS PROCESSOS DE ELABORAÇÃO DOS PRODUTOS CÁRNEOS

Nesta seção, pretende-se descrever o processo de elaboração dos diversos grupos de produtos cárneos, enfatizando particularmente aos aspectos tecnológicos característicos de cada um deles.

Produtos cárneos frescos

Os produtos cárneos frescos são aqueles elaborados à base de carnes com ou sem gordura, picadas, acrescidas ou não de condimentos, especiarias e aditivos e que não são submetidos a tratamentos de dessecação, cozimento ou salga. Podem ser embutidos ou não.

O processo tecnológico de elaboração desses produtos é, na verdade, muito simples, já que se limita a picar a carne, a misturá-la com especiarias e aditivos que se deseje para dar um determinado sabor e, posteriormente, a conformá-la em moldes circulares (p. ex., hambúrgueres) ou em tripas (p. ex., salsichas frescas). Nos produtos desse grupo elaborados à base de carne de peru e de frango, generalizou-se a incorporação de proteína texturizada de soja, uma vez que seu caráter hidrófilo faz com que haja perdas menores de água no cozimento, observando-se igualmente retenção maior de sais minerais.

Nesse grupo, incluem-se os hambúrgueres, a carne picada como tal, assim como as carnes recheadas de carne picada com ou sem especiarias, nas quais misturam-se carnes de bovino e de suíno em proporções variáveis. Também estão incluídos os pastéis e as tortas elaborados à base de carne acrescida de especiarias, o *bacon*, o queijo, e os espetinhos, apimentados ou não. Finalmente, incluem-se nesse grupo as salsichas frescas elaboradas à base de carne de bovino e de suíno, como também de carne de ave.

É muito importante destacar que esses produtos devem ser conservados sob refrigeração (máximo de 4°C) até o momento de serem consumidos para assegurar sua qualidade microbiológica.

Produtos cárneos crus temperados

São produtos cárneos elaborados com peças de carne inteira ou pedaços identificáveis submetidos à ação de sal, especiarias e condimentos que lhes conferem aspecto e sabor característicos, recobertos ou não de páprica. Esses produtos não são submetidos a nenhum tratamento térmico.

Os ingredientes de tempero mais utilizados são páprica doce ou picante, orégano, alho, salsa, azeite de oliva, vinagre, açúcares e vinho branco odorífero. As soluções de tempero são elaboradas selecionando-se quantidades diversas de alguns ou de todos os ingredientes conforme o gosto do fabricante.

A maior vida útil desses produtos em relação à carne fresca deve-se à presença de ácido acético (vinagre) nas soluções de tempero nas quais se submergem as peças cárneas. A fase aquosa do meio de imersão deve ter pelo menos 3,6% de ácido para assegurar o decréscimo do pH que impeça o crescimento microbiano, conseguindo-se, assim, o prolongamento da vida útil do produto. Quando se incorpora açúcar à solução de tempero, é necessário diminuir um pouco mais o pH para compensar o efeito favorável que tem para os microrganismos a incorporação desse ingrediente.

No caso de pedaços pequenos de carne (p. ex., para espetinhos), o tempero consiste em sua imersão em soluções aquosas preparadas com os ingredientes selecionados; a temperatura deve situar-se em torno de 4°C, revolvendo a cada 24 horas.

No caso de peças grandes (p. ex., lombo de suíno), injeta-se salmoura e procede-se à batedura dessas peças, utilizando tambores giratórios nos quais se introduz uma solução aquosa concentrada com os ingredientes adequados; o líquido de exsudação forma com estes uma pasta que cobre inteiramente a peça. A salmoura contribui também para a conservação do produto pelo decréscimo da a_w a níveis suficientes para inibir o crescimento microbiano de microrganismos alterantes. Além de sal comum, as salmouras utilizadas podem conter nitratos ou nitritos para favorecer o desenvolvimento da cor característica, assim como fosfatos.

Produtos cárneos tratados pelo calor

Trata-se de produtos elaborados à base de carne e/ou miúdos comestíveis acrescidos ou não de especiarias e condimentos e submetidos à ação do calor, alcançando em seu interior temperatura suficiente para conseguir a coagulação total das proteínas cárneas. Nesse grupo, encontram-se produtos como mortadelas, *chopped*, salsichas e presunto cozido.

Com o tratamento térmico, obtém-se uma série de efeitos tecnológicos e higienizadores como:

a) a ligação da massa mediante a coagulação das proteínas, estabelecendo-se um gel cárneo e, portanto, favorecendo o aparecimento da textura desejada (65 a 70°C);
b) desenvolvimento das características sensoriais desejadas: sabor, textura e cor no caso dos produtos curados (presunto cozido);
c) inativação de enzimas cárneas que poderiam causar alterações posteriores no produto (60 a 75°C); e
d) destruição das formas vegetativas dos microrganismos (72°C).

A aplicação de calor é feita mediante imersão das peças em banhos de água quente que não chegam a alcançar as temperaturas de ebulição. O tempo de imersão depende do calibre da peça, mas, em todo caso, deve ser suficiente para que chegue a 72°C no seu interior, isto é, para que se realize uma pasteurização do produto; costuma oscilar entre 10 minutos e 3 horas. Nessas condições, atingem-se os objetivos expostos antes, embora os esporos microbianos e fúngicos não se destruam com esse tratamento, podendo chegar a desenvolver-se posteriormente caso estejam presentes as condições favoráveis, como o armazenamento a temperatura ambiente. Por isso, durante o cozimento (escaldadura) devem ser realizados controles precisos da temperatura, utilizando, para isso, pares termelétricos periodicamente calibrados. Após esse tratamento térmico e a fim de assegurar sua eficácia, procede-se ao resfriamento rápido das peças, de preferência em duchas ou banhos de água fria (0 a 4°C), seguido de armazenamento a temperaturas que nunca devem superar 10°C.

Se a temperatura ou o tempo for superior ao necessário, ocorre o *supercozimento*, que leva ao surgimento de consistência inadequada, pouco desenvolvimento da cor e instabilidade desta, perda da suculência e alterações do sabor. O resfriamento rápido minimiza esses defeitos. Por outro lado, ele é importante por razões higiênicas, sobretudo no intervalo compreendido entre 20 e 40°C, visto que se o produto permanece muito tempo a essa temperatura, ótima para muitas bactérias, favorece-se a reativação dos microrganismos sobreviventes, sobretudo os esporulados; além disso, é possível perda de sabor como conseqüência da atividade microbiana e enzimática, que prossegue nessas circunstâncias.

Para fixar o ótimo efeito do tratamento por calor requerido em determinado produto, é necessário determinar a termorresistência dos microrganismos presentes, estimando, assim, a temperatura e o tempo necessários para o tratamento térmico; mas não se pode esquecer que esse tratamento também modifica as características sensoriais e nutritivas do produto.

No caso de produtos enlatados (salsichas) ou apresentados em embalagens de vidro, o tratamento térmico é feito em autoclave a 121°C, levando a produtos estéreis, prolongando-se sua conservação, mesmo em ambientes não-refrigerados.

A base da grande maioria dos produtos cárneos tratados por calor são as *pastas finas*, sendo praticamente inesgotáveis os produtos cárneos que podem ser elaborados à base delas. São basicamente emulsões cárneas nas quais as carnes foram picadas muito intensamente mediante o trabalho mecânico de uma cúter ou de um moedor coloidal; é o tipo de pasta característica das salsichas ou das mortadelas. Os ingredientes básicos são carne magra de suíno, gordura e gelo ou água muito fria; é muito importante a utilização de carnes présalgadas para conseguir emulsão estável. Seu aspecto é de uma papa firme, brilhante e sem grumos; pode-se modificar sua cor com o uso de corante, e seu sabor, com a adição de diversas especiarias. Para formar *mosaicos*, incorpora-se ovo duro, hortaliças, azeitonas, pistache, etc. A moldagem de qualquer produto cárneo elaborado com base de pasta fina geralmente é feita em moldes de aço inoxidável com a forma mais adequada, depositando a massa sobre um plástico que se dispõe cobrindo o interior do molde. O tratamento térmico que se aplica foi o descrito anteriormente.

Um dos grupos mais importantes de produtos cárneos tratados pelo calor é aquele constituído por *galantinas*. São elaborações consideradas como de alta qualidade e podem ser feitas com diversas carnes, incluindo as aves e suas vísceras, assim como diferentes vegetais. Seu campo de possibilidades é, portanto, muito amplo, podendo-se elaborá-las de qualquer tipo e com diferentes sabores e odores. Basta acrescentar às pastas finas diferentes ingredientes, os quais proporcionam sabores característicos; assim, obtêm-se sabores especiais adicionando suco de laranja, limão ou toranja, licores como conhaque, Porto, Cointreau, etc. Os mosaicos são feitos à base de carnes e língua nitrificadas, e também com gemas de ovo, azeitonas, pimentas, trufas, nozes, pistaches e outros vegetais.

Os *patês* constituem outro grupo muito importante de produtos cárneos cozidos elaborados à base de gordura de suíno, miúdos, fundamentalmente fígado, agentes emulsificantes (ovo, leite, caseinatos) e de liga (p. ex., amido). Esses componentes dariam lugar ao patê clássico, cujo sabor pode ser modificado mediante a adição de especiarias, licores, pescados, mariscos, queijo, etc. Podem-se utilizar igualmente saborizantes artificiais. A quantidade e o tipo de gordura incorporados são de grande relevância na textura final, visto que amenizarão, pelo menos em parte, a secura provocada pelo fígado depois de sua cocção. Os processos de elaboração são muito simples; alguns deles têm como base uma pasta fina.

Mas, sem dúvida nenhuma, a especialidade mais importante dentro desse bloco de produtos cárneos é o presunto cozido. É definido como o produto elaborado a partir do pernil de suíno sem osso, sem pele, curado em salmoura e cozido em seu pedaço original. Para escolher a matéria-prima, é essencial o valor de pH da peça; deve situar-se em torno de 5,8, dado que a estes valores consegue-se uma boa CRA. A determinação do pH deve ser feita no interior da peça em pelo menos em três lugares diferentes. Para atingir boa coesão no interior da peça, é necessário liberar o músculo da gordura e do tecido conjuntivo mole, como também eliminar gânglios linfáticos, cartilagens, ossos e a linha de gordura que existe entre a capa e a contracapa. Também é aconselhável que se façam cortes no tecido conjuntivo que cobre cada músculo para favorecer a saída da proteína muscular e a posterior geleificação. Quando a peça está limpa, procede-se à injeção de salmoura, utilizando agulhas multicanal que injetam a uma pressão de 200 kPa, pressão suficiente para que entre com força e para que não ocorram rompimentos no músculo.

Em seguida, aplica-se um tratamento mecânico a fim de romper as fibras musculares, favorecer a saída das proteínas miofibrilares, conseguir o amaciamento da carne e distribuição melhor e mais rápida dos agentes da cura. Pode ser realizado mediante tambores rotatórios (malaxador), nos quais a carne gira e ao mesmo tempo é objeto de intenso tratamento mecânico a cargo de pazinhas, obstáculos e lâminas diretivas, ou mediante amassamento ou fricção, tratamento mecânico menos intenso no qual a carne é movida por braços ou pás agitadoras que giram em torno de um eixo vertical, de maneira que não ocorram movimentos de queda, mas apenas uma fricção muscular.

Em todo caso, o tratamento mecânico é realizado em intervalos em que se intercalam fases de repouso (tambleamento) para favorecer a ruptura da fibra. Também é muito eficaz o tratamento com ultra-sons, embora ainda não esteja muito desenvolvido na indústria, por requerer instalações complexas e onerosas.

Antes de proceder ao aquecimento, as peças são introduzidas em moldes de aço inoxidável forrados com plástico. O tratamento mecânico é feito com caldeiras de água em torno de 80°C durante o tempo necessário para que se atinja 70°C no interior da peça. Também se utilizam tratamentos intensivos nos quais se desenvolve uma primeira fase de 30 a 60 minutos de duração a 90°C para, em seguida, diminuir, em uma segunda fase, até 75 a 85°C. Dessa maneira, com a primeira fase consegue-se o fechamento dos poros, aumentando o rendimento. É preciso considerar que a redução do tempo de tratamento para atingir 70°C prolonga o tratamento e pode modificar as características organolépticas. Recentemente, desenvolveram-se tratamentos por radiofreqüência, baseados na condutividade térmica do produto. Esses tratamentos são muito pouco difundidos na indústria, sendo necessário, ainda, pesquisas adicionais.

Embutidos crus curados

São produtos elaborados com carnes e gorduras cortadas e picadas com ou sem miúdos, aos quais incorporam-se especiarias, aditivos e condimentos autorizados, submetendo-os a um processo de maturação (secagem) e, opcionalmente, defumação. Incluem-se nesse grupo salsichão, salame, fuet, chouriço, salpicão e lingüiça. Trata-se de produtos nos quais ocorre uma fermentação microbiana que leva ao acúmulo de ácido láctico com a conseqüente queda do pH, que rege o crescimento microbiano e as complexas reações bioquímicas que ocorrem durante o processo de maturação.

Basicamente, o processo de elaboração dos embutidos crus curados passa pelas seguintes fases:

1. Após picar e amassar, deixa-se em repouso durante 24 horas a 4°C antes de realizar o embutimento e a individualiza-

ção das peças. Nesse momento, a carga microbiana inicial não ultrapassa 10^6 ufc/g e procede dos ingredientes da massa e da contaminação ambiental. Após o armazenamento da massa em refrigeração e em condições de aerobiose, a microbiota compõe-se basicamente de bacilos psicrotróficos Gram negativos, oxidase positiva, fundamentalmente *Pseudomonas*, assim como *Achromobacter* e *Flavobacterium*. Podem-se encontrar também enterobactérias psicrotróficas, leveduras e mofos, enquanto as bactérias Gram positivas são escassas.

2. *Fase de fermentação:* ocorre em secadoras onde as peças recém-embutidas são mantidas a temperaturas compreendidas entre 22 e 27°C e com umidade relativa em torno de 90% durante 48 horas. Desde o momento de sua introdução na tripa, a massa sofre mudanças ambientais que favorecem o desenvolvimento de alguns dos microrganismos que se encontravam nela inicialmente. Os agentes de cura, as especiarias, a desidratação, a baixa tensão de oxigênio, a acidez e a anaerobiose favorecem uma *inversão microbiológica*. Conseqüentemente, a microbiota Gram negativa vai desaparecendo e desenvolve-se a flora Gram positiva, composta pelos gêneros *Lactobacillus*, *Micrococcus*, *Pediococcus*, *Leuconostoc* e *Bacillus* no interior, e mofos e leveduras no exterior, já que estes últimos suportam bem as condições de pH e a_w que vão se criando, mas necessitam de oxigênio para poder crescer. Na Figura 10.5, observa-se a evolução dos diferentes grupos de microrganismos que são os principais envolvidos no desenvolvimento das características organolépticas dos embutidos crus curados.

Nessa fase, ocorrem dois fenômenos de grande importância para o desenvolvimento das características organolépticas do produto, nos quais estão diretamente envolvidos diferentes grupos microbianos: a redução dos nitratos e a fermentação dos açúcares.

A *redução dos nitratos* é realizada por ação das bactérias da família *Micrococcaceae*, durante as primeiras 24 horas, mais concretamente entre as primeiras 8 a 16 horas já que, nesses momentos, os níveis de ácido são suficientemente baixos para que não se iniba sua atividade redutora. Essas bactérias possuem um sistema nitrato e nitrito-redutase que favorece o desenvolvimento das reações do curado, e estas contribuem para o aparecimento da cor rosa-avermelhada estável, característica desses produtos; sua atividade é favorecida por temperaturas relativamente baixas e altas concentrações iniciais de cloreto de sódio, sendo inibidas por pH inferiores a 5. As micrococáceas estabilizam-se durante os primeiros dias em níveis muito próximos a 10^6 ufc/g, mas vão desaparecendo pouco a pouco devido ao fato de que as condições de microaerofilia e o baixo pH impedem seu desenvolvimento; contudo, as contagens realizadas para fazer acompanhamento durante a maturação demonstram que vão sendo substituídas por outros microrganismos Gram positivos, catalase positivos, como alguns membros do gênero *Bacillus*, o que justifica que as contagens não caiam de forma tão drástica como se poderia esperar.

A estabilidade do pigmento nos embutidos é tanto menor quanto mais abaixo de 6 estiver o pH. Assim, o pH e potenciais redox baixos, o nitrosomiocromogênio que aparece como degradação da nitrosomioglobina pode ser oxidado a colemioglobina, de cor verde, por ação dos peróxidos formados pelas bactérias lácticas. Daí a importância de utilizar tecido gorduroso fresco e de excluir o máximo possível de oxigênio na massa do embutido.

A *fermentação dos açúcares* é realizada fundamentalmente por ação de diferentes espécies de *Lactobacillus* homofermentativos, que fermentam os açúcares adicionados intencionalmente à massa (principalmente glicose), produzindo ácido láctico via *Embden-Meyerhof* (Capítulo 5, Figura 5.5.) com o conseqüente decréscimo do pH, importantíssimo para a maturação desses produtos. Também podem estar envolvidos nesse processo *Pediococcus* e, em proporção muito menor, *Lactococcus*. As bactérias lácticas heterofermentativas são indesejáveis pela produção de gás.

As espécies de lactobacilos mais freqüentes nos embutidos maturados são *Lb. curvatus*, *Lb. plantarum* e *Lb. sake* (talvez o mais importante). *P. acidilactici* e *P. pentosoceus* são as espécies de mais relevância pertencentes ao gênero *Pediococcus*.

Os lactobacilos crescem de forma explosiva durante os primeiros dias, causando o decréscimo rápido do pH. A taxa dessas bactérias permanece em níveis altos (aproximadamente 10^8 ufc/g), chegando a constituir a quase totalidade da microbiota total (Figura 10.5).

Além da carga inicial de lactobacilos, há outros fatores que influem na queda do pH:

a) Tamanho do embutido por sua relação direta com o conteúdo de oxigênio no interior; não se pode esquecer que os lactobacilos são microaerófilos.

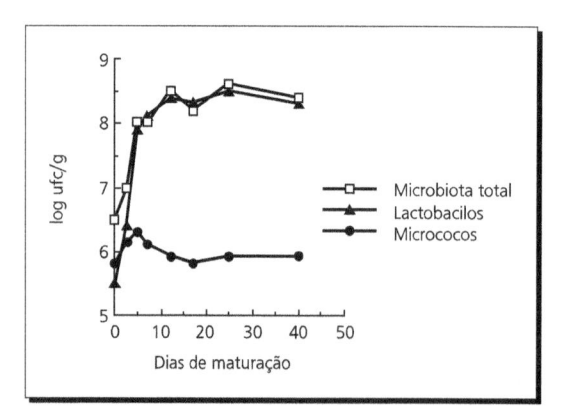

Figura 10.5 Evolução dos principais grupos microbianos durante a maturação dos embutidos crus curados.

b) pH inicial da carne: se for baixo, a acidificação será excessiva e, conseqüentemente, também a secagem da peça.
c) Tipo e quantidade de carboidrato: é preciso levar em conta que nem todos os microrganismos são capazes de produzir ácido na mesma velocidade; por isso, é necessário atingir o equilíbrio entre o açúcar incorporado e a atividade dos lactobacilos presentes na mistura. Além disso, um decréscimo muito rápido do pH no início provocaria o desaparecimento de microrganismos sensíveis, como os micrococos, que não poderiam desenvolver bem sua função e, com isso, os embutidos ficariam com cor defeituosa.
d) Utilização de acidulantes químicos (ácidos orgânicos e glicano-c-lactona), que provocam a queda rápida, do pH em curto período de tempo, embora a conservação e as propriedades sensoriais não sejam totalmente aceitáveis, e de alguns ingredientes, como também de certas especiarias que têm efeito estimulante do crescimento das bactérias lácticas, como a proteína da soja.

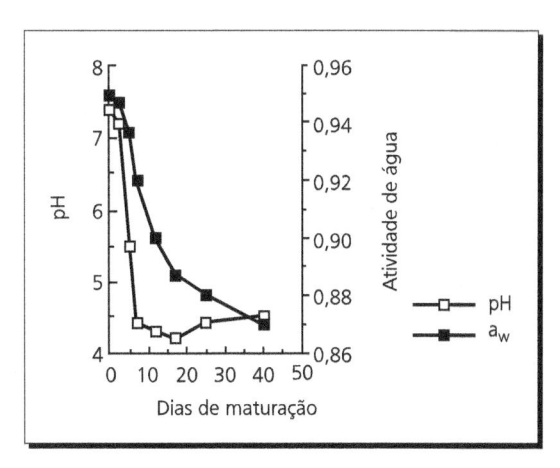

Figura 10.6 Evolução do pH e da a_w ao longo do processo de maturação dos embutidos crus curados.

O decréscimo do pH, além da transformação da emulsão original em gel mediante a coagulação das proteínas, produz rápida inibição de *Pseudomonas* e de outras bactérias Gram negativas presentes na massa; por outro lado, quando o pH desce, alcança-se o pI das proteínas, com o que elas perdem sua capacidade de retenção de água e o embutido desidrata-se, seca. A perda de água implica decréscimo da a_w, o que leva à inibição da microbiota não-halotolerante, associado à queda do pH e à ausência de oxigênio, que é cada vez mais patente. Os lactobacilos e os micrococos, estes últimos apenas nos primeiros dias, são os únicos microrganismos que suportam essas condições disgenésicas.

A Figura 10.6 mostra a evolução do pH e da a_w durante o processo de maturação dos embutidos crus curados. Pode-se observar que o pH desce de forma rápida (formação de ácido láctico) até valores em torno de 5,5 a 5,6 e, em seguida, de forma lenta e progressiva até estabilizar-se em valores em torno de 4,5. A a_w desce de valores iniciais próximos a 0,96 até valores finais de aproximadamente 0,88. Esse fato é de grande importância, pois inibe fortemente o crescimento de *Pseudomonas*, que é o principal agente da alteração da carne fresca; como conseqüência, favorece-se o desenvolvimento das bactérias lácticas e das micrococáceas. A perda de água acarreta perda de peso que oscila entre 20 e 40% do peso inicial.

Essa perda de água depende dos seguintes fatores:

a) Temperatura e *UR* ambiental. Estão intimamente relacionados entre si, de tal modo que, conforme sua temperatura, o ar pode reter determinada quantidade de vapor d'água até atingir o grau de saturação, de maneira que ao se elevar a temperatura, aumenta a capacidade do ar de captar água. Assim, é importante que exista um gradiente de umidade entre o interior do embutido e o ar circundante para que se produza a desidratação. Se esse gradiente é muito acentuado, a desidratação periférica será muito acentuada e se formará uma crosta superficial impermeável que impedirá a eliminação de água do interior, favorecendo, portanto, o desenvolvimento de microrganismos indesejáveis no interior.
b) Velocidade de circulação do ar. Se for muito intensa, permitirá rápida dessecação da parte mais externa do embutido, aparecendo crosta superficial pouco desejável.
c) Composição da massa original. Quantidade maior de toucinho na massa proporciona menor conteúdo de umidade e a_w mais baixa, de forma que a desidratação é menor.
d) Grau de picado e calibre do embutido. O picado fino proporciona maior capacidade de retenção de água e, por isso, a desidratação é mais lenta. Por outro lado, os embutidos de calibre fino desidratam-se com maior rapidez por sua maior relação superfície/volume.
e) pH. O efeito é similar ao anterior devido à modificação que introduz na CRA da carne. Soma-se a esse efeito o do NaCl.

3. *Fase de maturação*: aqui, os embutidos são submetidos a outras condições de temperatura (12 a 14°) e de umidade relativa (75 a 85%). Nessa fase, produz-se a maior parte da desidratação do produto; por isso, é importante o efeito da aeração dos secadores e a distribuição uniforme do ar ao seu ambiente. Durante a maturação, não apenas o pH e a a_w continuam evoluindo, como ocorre hidrólise enzimática das proteínas e dos lipídeos.

A primeira mudança observada na fração protéica é a insolubilização das proteínas provocada pelo decréscimo do pH, seguido de hidrólise das proteínas preferencialmente miofibrilares, já que a hidrólise das sarcoplasmáticas é menor. Durante a fase de fermentação, há aumento da concentração dos compostos nitrogenados de baixo peso molecular (peptídeos, aminoácidos, amoníaco), embora a principal fração nitrogenada não-protéica sejam os peptídeos, enquanto os aminoácidos e as frações de peptídeos pequenos aumentam em etapas posteriores. Os aminoácidos mais abundantes são alanina, leucina, valina, serina, glicina e prolina. Todos esses compostos têm repercussão importante no sabor dos embutidos, de tal modo que sempre será necessário certo grau de proteólise para que se desenvolvam as características de um embutido.

Os processos proteolíticos são de natureza enzimática. As enzimas são tanto de origem microbiana (lactobacilos e micrococos) como tissular (calpaínas, catepsinas, carboxipeptidases, dipeptidases e dipeptil-peptidades).

Alguns aminoácidos sofrem fenômenos posteriores de descarboxilação ou de desaminação, dando lugar à acumulação de amoníaco e aminas que provocam ligeiro aumento do pH final da maturação. Por outro lado, quando os aminoácidos desaminam, produzem também ácidos orgânicos que, por sua vez, podem transformar-se em substâncias voláteis, como aldeídos e álcoois, que contribuem para o sabor e o aroma desses produtos. A proteólise também influi na modificação das propriedades nutritivas dos embutidos, já que aumenta a digestibilidade tanto das proteínas como dos aminoácidos considerados isoladamente.

A lipólise ocorre por ação de lipases sobre as ligações éster dos triglicerídeos, com o conseqüente aumento de glicerol, de ácidos graxos livres e de glicerídeos parciais; também podem intervir fosfolipases que liberam ácidos graxos livres a partir dos fosfolipídeos das membranas, ainda que em proporção muito menor. As lipases são normalmente de origem microbiana, embora nas primeiras etapas sejam as lipases da carne que atuam; as microbianas procedem fundamentalmente das micrococáceas e das bactérias lácticas, pois, ainda que os micrococos desapareçam durante a maturação, as lipases produzidas permanecem no meio e podem atuar durante mais tempo. Os ácidos graxos liberados são constituintes, por si mesmos ou por meio de compostos originados a partir deles, do conjunto de substâncias voláteis que contribuem para o sabor e o aroma dos embutidos.

A fração volátil dos produtos curados é composta principalmente por carbonilas, álcoois, ácidos carboxílicos e ésteres.

Outro fenômeno importante que afeta a gordura é o processo de oxidação. Seu desenvolvimento acarreta o aparecimento de substâncias voláteis que, em grandes quantidades, dão lugar ao aparecimento de sabores desagradáveis de ranço. Em pequenas quantidades, podem contribuir beneficamente para o desenvolvimento do sabor e do aroma característicos, tais como peróxidos e, fundamentalmente, carbonilas.

Produtos cárneos salgados

Consideram-se produtos cárneos salgados as carnes e produtos de retalhação submetidos à ação do sal comum e dos demais ingredientes da salga, em forma sólida ou em salmoura, a fim de garantir sua conservação para o consumo. Esses produtos podem ser temperados, secos ou defumados.

Na Espanha, a salga por excelência talvez seja, em razão de sua abundância e consumo, o presunto curado comumente chamado de *presunto serrano*.

A diversidade de áreas geográficas na Espanha leva a que cada uma delas elabore presuntos, procedentes tanto de suíno branco como de suíno ibérico, com características peculiares contempladas nas *denominações de origem*. Na Alemanha, na França, na Itália e nos Estados Unidos, também são fabricados presuntos curados, sendo os mais difundidos o presunto de Parma e San Daniele (Itália). O presunto americano compreende um processo adicional de defumação e costuma-se cozinhá-lo antes de consumir.

Embora o processamento do presunto apresente grande variabilidade, a elaboração industrial de *presuntos de suíno branco* segue dois procedimentos. O processo *lento* baseia-se na utilização de condições suaves e em secadores naturais, enquanto o processo *rápido* aplica condições mais rígidas a fim de acelerar a secagem das peças com o uso de secadores artificiais. Independentemente de utilizar um ou outro processo, a elaboração de presunto curado de suíno branco passa pelas etapas apresentadas na Figura 10.7.

Preparação dos pernis

A elaboração destes produtos cárneos começa com a *seleção da matéria-prima*. Atualmente leva-se muito em conta a seleção genética das raças a fim de obter animais que sejam rentáveis por apresentar carnes magras adequadas para esse tipo de produto. Não é aconselhável a utilização de animais jovens, visto que sua carne é pobre em mioglobina e não possui a infiltração adequada de gordura que influi favoravelmente na cor e no sabor do produto final. Também influem a alimentação do animal e as condições de abate, manejo, retalhação e transporte. Todos esses fatores fazem com que o industrial selecione com cuidado os pernis que serão usados para a elaboração do presunto.

As peças são selecionadas igualmente em função do peso, do conteúdo de gordura, da temperatura e do pH (Tabela 10.3).

O peso dos presuntos é, atualmente, o parâmetro que determina os dias de permanência na salga. A difusão do sal para o interior do presunto depende da distância entre a periferia e o centro, que é proporcional ao peso e à conformação das peças. Isto é, os presuntos com mais peso, redondos e compactos, requerem tempos de pós-salgamento mais longos que os pequenos e planos. São utilizadas peças entre 8 e 13 kg.

Branco		Ibérico	Parma
Rápido	Lento		
	Seleção	Seleção	Seleção
	Salga	Salga	Salgamento
	2 a 5°C, 1 dia/kg	1 a 5°C, 1 dia/kg	2°C, 4 semanas
	UR, 90 a 95%	UR, 80 a 90%	UR, 85 a 95%
	Repouso	Repouso	Repouso
	3 a 6°C, 30 a 60 dias	3 a 6°C, 35 a 45 dias	4°C, 70 a 100 dias
	UR, 95%	UR, 80 a 90%	UR, 60 a 80%
	Secagem	Secagem	Secagem
	3 a 12°C, 30 dias	2 a 3 meses	Não
	UR 65 a 85%	Ambiente	
			Despensa
	Despensa	Despensa	Inferior a 20°C, 8 a 9
Artificial	Inferior a 22°C,	Ambiente	meses
16 a 18°C, 4 meses	7 a 10 meses	7 a 16 meses	UR, 70 a 90%
UR, 70 a 75%	UR, 65 a 70%		
Estufa			
28 a 30°C, 15 dias			

Figura 10.7 Esquema comparativo do processo de fabricação de diferentes tipos de presunto curado.

Tabela 10.3 Características que os presuntos de suíno branco devem cumprir para obtenção de maior rendimento

Característica	Tipo	Devoluções
Gordura do toucinho	Muito magro: 10 mm Magro: 10 a 20 mm Gordo: 20 mm	Inferior a 5 mm
Peso (kg)		Inferior a 8 kg; superior a 13 kg
Temperatura:		
Refrigerados	0 a 3°C em profundidade inferior a 4°C a 1 cm da superfície	Superior a 5°C
Congelados	–18°C em profundidade	Superior a –14°C Queimaduras por frio
pH	5,6 a 6,2	Superior a 6,2; inferior a 5,6

Fonte: Tapiador (1993).

A composição e a quantidade da gordura constituem fator de grande importância que rege o comportamento do presunto, afetando a cinética da secagem e o desenvolvimento do sabor e da suculência do produto final; assim, as peças com maior conteúdo de gordura apresentam sabor salino mais atenuado e maior suculência.

A temperatura condiciona o crescimento microbiano e a difusão salina, dado que, abaixo de 1°C, esta é muito lenta e, acima de 5°C, rápida. Os pernis congelados são cada vez mais utilizados, pois neles a difusão salina é da ordem de 1,3 a 1,7 vez superior do que na carne fresca, devido à maior quantidade de líquido extracelular que liberam após o descongelamento.

O pH dos pernis deve estar entre 5,6 e 6,2; em todo caso, deve-se aproximar o pI do conjunto das proteínas miofibrilares e sarcoplasmáticas, que é de cerca de 5, ponto no qual a capacidade de retenção de água das proteínas alcança valores mínimos e, por isso, torna-se mais rápida a perda de água, propriedade fundamental aproveitada na salga.

Após essa primeira seleção, procede-se à *conformação* dos pernis, recortando a pele para dar o aspecto característico em forma de V, típica do corte *serrano*.

Nessas primeiras etapas, inclui-se também o *sangramento* dos pernis mediante pressão manual ou mecânica que força a saída do sangue retido na artéria femoral, que apareceria em forma de manchas pretas após o processo de salga e cura.

Fase da salga

Nesta fase, coloca-se o sal em contato com o pernil para que penetre até o interior da peça. Para isso, utiliza-se basicamente sal marinho isoladamente ou associado com nitratos, nitritos, açúcares, especiarias (fundamentalmente páprica) e coadjuvantes da cura.

Utilizam-se três técnicas de salga:

1. Salga direta em pilhas, que consiste na superposição de camadas alternadas de sal e pernis até a altura máxima de oito camadas, para evitar que as peças de baixo suportem peso excessivo.
2. Salga por massagem mecânica ou manual das peças com determinada quantidade de sal a intervalos fixos de tempo.
3. Salga mista, que é uma mistura das outras duas: massagem com sal e posterior *enterramento* em pilhas. Essa técnica é a mais usada.

O período de salga oscila entre 17 horas e 2 dias/kg de peso a 4°C, com umidade relativa de 85 a 95%, virando as peças pelo menos uma vez durante esse tempo para favorecer a penetração do sal. A temperatura é um ponto muito importante a controlar, visto que, embora a difusão salina seja maior a temperaturas superiores, estas não são desejáveis do ponto de vista microbiológico.

A penetração de sal começa pela parte magra, pois a gordura e a pele representam uma barreira para sua passagem ao interior.

Uma vez terminada a salga, os presuntos são lavados e raspados para eliminar o sal superficial.

Fase de maturação ou pós-salga

Nessa fase, conhecida como fase de repouso, equilíbrio ou assentamento, ocorre a difusão do sal pelo interior do pernil a partir da parte magra por um processo de capilaridade ou osmose. O sal penetra no interior da fibra muscular ao mesmo tempo em que a água sai para o exterior em um esforço de equilibrar as concentrações salinas do interior e do exterior da célula.

Os presuntos são mantidos entre 3 e 6°C durante 30 a 45 dias com umidade relativa de 85 a 95%. Esses longos períodos de tempo são indispensáveis para a total difusão do sal, sendo essencial o controle da temperatura de refrigeração até se atingirem valores de a_w suficientemente baixos (pelo menos 0,95) para controlar o crescimento microbiano. Contudo, a presença de nitrito na salga contribui para o controle microbiano. Pode-se conseguir difusão mais rápida do sal utilizando pernis congelados ou empregando quantidade maior de sal, mas esta última opção não é muito recomendável, visto que pode produzir sabores não-aceitáveis.

Quanto mais longa for essa fase, melhores características organolépticas terá o produto final, pois nessa etapa começa a hidrólise das proteínas e dos lipídeos.

Fase de secagem

Nesta etapa, gera-se o sabor e o aroma mediante a exposição dos presuntos a temperaturas mais altas, desenvolvendo-se em 3 a 4 ciclos ou etapas nos quais a temperatura é aumentada progressivamente. No processo industrial, regula-se a temperatura, a umidade e a velocidade do ar em câmaras de maturação. A sucessão de etapas costuma ser a seguinte:

- 1ª etapa: 45 dias entre 12 a 14°C e UR de 60 a 80%
- 2ª etapa: 35 dias entre 16 a 24°C e UR de 60 a 80%
- 3ª etapa: 30 dias entre 24 a 34°C e UR de 60 a 80% (estufagem)

A umidade deve ser baixa, para favorecer a secagem rápida do presunto.

Durante essa fase, há muitas alterações na gordura e nas proteínas, que irão contribuir de forma definitiva para o sabor e o aroma do presunto.

A gordura desempenha papel importante no sabor do presunto, pois ajuda a prolongar a percepção na boca dos compostos voláteis e atenua os sabores intensos devido ao sal e outros compostos por interagir com ele, evitando, assim, seu contato com as papilas gustativas. Ao longo da maturação, a gordura sofre duas mudanças importantes: lipólise e oxidação.

O aumento do nível de ácidos graxos livres procedentes da hidrólise lipídica é mais acentuado depois de 12 meses, pois o processo lipolítico é acelerado pela temperatura de secagem dos presuntos. Os compostos finais, em sua maioria, são voláteis (carbonilas, álcoois, cetonas, ésteres, lactonas, etc.) e participam das características organolépticas do produto por si mesmos ou mediante reações com outros componentes da carne.

A oxidação dos ácidos graxos, sobretudo os que se encontram livres, dá lugar a peróxidos que, posteriormente, transformam-se em compostos carbonila participantes do aroma do presunto. A evolução dos peróxidos mostra aumento na primeira etapa, atingindo-se o máximo até os 24 meses, para depois decrescer, provavelmente por sua transformação em carbonilas.

Ao longo do processo de maturação, as proteínas sofrem dois tipos de mudanças: desnaturação e proteólise. Os dois fenômenos são evidenciados por perda na solubilidade e na extratividade das proteínas e por aumento de compostos nitrogenados de baixo peso molecular, fundamentalmente pequenos peptídeos, aminoácidos e aminas.

Além das enzimas microbianas cuja especificidade, em virtude de sua origem, pode ser muito diversa, detectou-se na carne a presença de enzimas endógenas que também contribuem para a hidrólise desses componentes majoritários.

Fase de estacionamento

Feita a secagem, os presuntos são resfriados (15 a 20°C) durante pelo menos 35 dias antes de serem colocado à venda, para que continuem se produzindo as reações iniciadas na fase anterior que serão, como dito anteriormente, as responsáveis pelo *bouquet* final do produto. Essa fase pode prolongar-se por até 1 ano, como no caso dos presuntos de suíno ibérico, totalizando, assim, uma média de 18 meses de processamento.

Em relação ao *presunto curado de suíno ibérico*, cabe destacar que cada denominação de origem possui suas características peculiares; na Figura 10.7, descreve-se o processo de elaboração do presunto denominado *Dehesa de Extremadura*. Em todo caso, a qualidade da matéria-prima e as condições climáticas de determinada zona geográfica permitem a elaboração de produtos com características sensoriais típicas e bem-definidas. Utilizam-se sempre ambientes naturais, embora aos poucos venham sendo introduzidas tecnologias que permitem a normalização do produto final.

Outra característica do presunto ibérico é o longo período de permanência no armazém (12 a 24 meses) devido à sua grande quantidade de gordura, que dificulta a perda de água ou secagem.

A origem das enzimas que participam na maturação do presunto é dupla. Por um lado, estão as enzimas próprias da carne, principalmente catepsinas, calpaínas e lipases, ainda que, de fato, se conheça pouco acerca de seu grau de participação. Além disso, os microrganismos presentes na superfície do presunto (bactérias halotolerantes, leveduras e mofos) também produzem enzimas que podem influir no sabor e no odor do presunto. Entretanto, cabe perguntar-se se realmente as enzimas microbianas podem difundir-se até os tecidos do interior e participar no sabor e no aroma do produto final. Tudo isso está sendo objeto de estudo, atualmente.

Outro tipo de salga freqüente e característica na Espanha é a *chacina*, cujo processo de elaboração e de secagem é muito similar ao do presunto curado.

A chacina é um produto de alta qualidade, sendo elaborada fundamentalmente com carne procedente dos quartos traseiros de gado bovino de qualidade extra, sem estruturas ósseas, fator muito importante para sua comercialização, sendo constituída por massa muscular compacta.

O processo de elaboração é muito similar ao do presunto curado e está sujeito à normalização do Conselho Regulador das Denominações de Origem. Talvez a mais conhecida na Espanha seja a denominação de origem *chacina de Leon*, cujo processo de elaboração dura no mínimo 7 meses a partir da data da salga.

As características mais importantes do processo são o tempo de salga, que oscila entre 7 e 14 h/kg peso, e a duração da fase de assentamento, compreendida entre 30 e 45 dias. É comum a defumação das peças com lenha de carvalho ou de azinheira durante 12 a 16 dias, normalmente antes de proceder à secagem, que é feita em secadores naturais.

O *bacon* também é considerado como um produto de salga, visto que é elaborado a partir de toucinho salgado ou toucinho onde se injeta salmoura. Esse tipo de salga tem como principal característica o tratamento de defumação posterior à salga.

Produtos cárneos hipocalóricos e hipossódicos

A fim de contribuir para a inclusão dos produtos cárneos em dietas hipocalóricas, desenvolveram-se produtos de baixo conteúdo em gordura, cuja elaboração supõe modificação do processo tecnológico habitual. A quantidade de gordura eliminada é suprida basicamente com carne magra, embora, às vezes, se substitua por água e agentes de corpo e de ligação.

A supressão de gordura acarreta mudança no sabor, já que se sente com mais intensidade o sabor das especiarias e a sensação sápida proporcionada pelo sal. O primeiro passo é, portanto, diminuir a concentração de sal, o que reverte em menor extração de proteínas miofibrilares e em decréscimo da retenção de água e na cor. Observa-se, como conseqüência, falta de ligação que se compensa incorporando carne a quente, fosfatos ou polifosfatos e proteínas não-cárneas de origem vegetal ou animal (proteína de plasma sangüíneo, soja, sólidos lácteos, albumina de ovo, hidrolisados de colágeno); essas substâncias não contribuem para aumentar a força iônica do meio, mas intensificam os fenômenos de ligação, aumentam a firmeza e melhoram o aspecto dos produtos cárneos com problemas de coesão.

O trabalho mecânico mais intenso, sobretudo durante mais tempo, facilita a liberação de proteínas e, conseqüentemente, compensa-se, pelo menos em parte, a perda de sal. A aplicação de ultra-sons também é favorável para obter boa ligação, visto que favorece a separação e a destruição das fibras musculares, aumentando com isso sua funcionalidade. Potencializa-se a cor incorporando mais coadjuvantes da cura (ácido ascórbico) e, no caso dos produtos cozidos, com um tratamento térmico suficientemente prolongado para compensar a menor quantidade de sal nitrificante.

Modificações similares devem ser feitas no preparo de produtos cárneos hipossódicos, visto que a diminuição do conteúdo de sal provoca, como se explicou anteriormente, decréscimo na ligação da massa que, nesse caso, é mais acentuado. Nos embutidos crus curados, quando se acrescenta pouca quantidade de sal, a a_w permanece em valores que permitem o desenvolvimento dos microrganismos indesejáveis e, por isso, o produto pode ser instável e perigoso do ponto de vista sanitário. Em função disso, nesses produtos cárneos trabalha-se com estrito controle, procurando não ultrapassar 10°C e favorecendo o decréscimo rápido do pH com o emprego de agentes acidulantes; com essas precauções, obtêm-se produtos com conteúdo de sal inferior a 1,8%.

Cultivos iniciadores

A grande demanda desses produtos atualmente tornou necessária a sua normalização; para isso, desenvolveram-se cultivos iniciadores, isto é, cultivos individuais ou mistos de microrganismos selecionados para determinada atividade enzimática acrescentados em quantidades definidas a fim de obter a transformação desejada do substrato. As diferenças entre os cultivos reside no tipo de bactéria ou nas combinações de bactérias que os compõem.

Em termos gerais, os cultivos iniciadores destinados à indústria dos embutidos devem ter as seguintes características:

a) devem ser tolerantes ao sal e ao nitrito (6% de NaCl e 100 mg/kg de nitrito);
b) devem crescer bem entre 27 e 30°C, mas também em temperaturas mais baixas, as de maturação (12 a 15°C);
c) não devem produzir sabores nem odores anômalos;
d) não devem ser microrganismos prejudiciais à saúde: não devem ser patogênicos nem produtores de toxinas ou antibióticos;
e) se o cultivo iniciador inclui uma bactéria láctica, ela deve ser homofermentativa, visto que a produção de gás e a presença de componentes diferentes podem provocar mudanças indesejáveis no sabor e no aroma;
f) não devem descarboxilar os aminoácidos a aminas biógenas.

Do ponto de vista tecnológico, devem ter as seguintes características:

a) permitir o desenvolvimento da cor típica e de firmeza ao corte nas primeiras 48 horas;
b) produzir decréscimo rápido do pH até alcançar valores próximos a 5,1;
c) participar do desenvolvimento das características sensoriais do produto.

Os cultivos iniciadores preparados atualmente para os embutidos crus curados são constituídos principalmente de membros dos gêneros *Lactobacillus*, *Micrococcus* e *Pediococcus*, especialmente selecionados por apresentar as características mencionadas anteriormente. Devido à grande variedade de embutidos existentes e à diversidade de tecnologias empregadas na elaboração destes, é fácil compreender que um cultivo iniciador não deve ser utilizado em qualquer tipo de embutido. Isso justifica as pesquisas que vêm sendo realizadas com o objetivo de selecionar os microrganismos integrantes de um cultivo iniciador com base em conhecimentos científicos e tecnológicos.

Além dos microrganismos citados até agora, é preciso levar em conta que, na superfície dos embutidos, instala-se com bastante freqüência uma camada superficial de mofos.

Na maioria dos casos, provêm do ambiente das fábricas, desenvolvendo-se, portanto, uma monocultura específica de cada um deles. Contudo, o risco de implantação de um mofo toxigênico torna cada vez mais freqüente a inoculação intencional da superfície do embutido com cepas atoxigênicas.

Ainda não é bem conhecido o papel desempenhado pelos mofos nos embutidos. Parece que, com seu micélio, ajudam a controlar a saída de água do interior, de modo que ela é eliminada uniformemente. Além disso, as enzimas resultantes de seu metabolismo podem penetrar no interior do embutido e contribuir para as reações proteolíticas e lipolíticas que ocorrem nele. De todo modo, dão ao produto final um aspecto externo que, em alguns casos, é sinal de qualidade.

Os mofos encontrados com mais freqüência nos embutidos pertencem aos gêneros *Penicillium* e *Aspergillus*, que se desenvolvem sem nenhum problema na superfície desses produtos. Os cultivos de mofos disponíveis comercialmente pertencem a *Penicillium nalgiovense*, *P. expansum* e *P. chrysogenum*.

DEFUMAÇÃO DE PRODUTOS CÁRNEOS

É comum expor os produtos cárneos, sobretudo os cozidos, crus curados e salgados, à ação da fumaça procedente da combustão de aparas ou serragem de madeira na qual se produz a pirólise de seus componentes (celulose, hemicelulose e lignina), liberando-se grande quantidade de compostos, fundamentalmente ácidos, álcoois, carbonilas e fenóis, que adsorvem ou condensam na superfície desses produtos, contribuindo para o desenvolvimento de sabor, cor e aroma característicos.

Os componentes da fumaça mais diretamente envolvidos no desenvolvimento do *bouquet* próprio dos produtos cárneos defumados são as carbonilas e os fenóis; estes últimos possuem, além disso, atividade antioxidante, contribuindo para retardar a rancificação da gordura.

Evidentemente o tipo de madeira influi de maneira significativa nas características organolépticas dos produtos defumados. Assim, as madeiras mais recomendáveis são as duras (carvalho, faia), enquanto as coníferas e as plantas aromáticas podem desenvolver sabores e odores pouco agradáveis ou intensos demais, não sendo quase usadas.

O procedimento de defumação mais utilizado é o *tradicional*, isto é, a exposição direta das peças à ação da fumaça procedente de uma instalação anexa onde se queima a madeira. Nesse tipo de instalação, costumam-se utilizar sistemas de filtração (cortinas de água, filtros eletrostáticos) para evitar os alcatrões e os hidrocarbonetos policíclicos aromáticos.

A defumação tradicional pode ser feita *a frio* (20 a 25°C, 70 a 80% UR) durante algumas horas ou vários dias, ou *a quente* (50 a 55°C ou 75 a 80% UR) com injeção de vapor d'água para evitar a dessecação do produto. Este último é utilizado sobretudo em embutidos de pasta fina, como as salsichas, nas quais, ao mesmo tempo em que se produz a defumação, a temperatura permite a coagulação das proteínas e, portanto, a estabilidade da emulsão cárnea.

Contudo, é cada vez mais freqüente a utilização de aromas e condensados de fumaça, assim como vapores líquidos; nesses preparados, eliminam-se os hidrocarbonetos policíclicos aromáticos que surgem como resultado da pirólise da lignina. Esses componentes são os menos desejados, visto que alguns deles (p. ex., α-benzopireno) são compostos mutagênicos e carcinogênicos.

Outra vantagem que oferece o uso de aromas e condensados de fumaça e vapor líquido é que eles podem ser aplicados de diferentes formas, podendo-se utilizá-los inclusive em embutidos ou naqueles preparados com tripas estéreis.

Os condensados de fumaça mais utilizados em produtos cárneos apresentam-se sob diferentes formas:

a) líquidas: dissolvidos em água, azeite ou solventes orgânicos
b) sólidas: em estado de pó adsorvidos basicamente em sal, especiarias, glicose e gomas (2 a 5%)

Sua utilização é muito simples e rápida, apresentando a vantagem adicional de diminuir a emissão das câmaras de defumação e o custo de limpeza destas. Podem-se utilizar diferentes formas:

a) incorporação direta à mistura dos ingredientes, como nos produtos picados (salsicha, salame);
b) imersão dos produtos a serem defumados em solução de aromas de fumaça (5 a 60 segundos). Deixa gosto muito leve e é empregada basicamente para peças pequenas (salsichas, paletas);
c) pulverização ou atomização sobre a superfície do produto cárneo. O sabor também aparece de forma superficial. Utilizado em salsichas e presuntos;
d) mistura-se com a salmoura em dose variadas (0,25 a 1%) e injeta-se no produto. Confere sabor homogêneo a repetitivo. Emprega-se muito em presuntos;
e) utilização de tripas envolvidas em fumaça líquida; para isso, a tripa é envolvida por dentro com fumaça líquida e, em seguida, procede-se ao recheio. Utiliza-se para produtos cozidos de grande calibre.

Qualquer desses métodos apresenta o inconveniente de ser incompleto quanto ao efeito buscado; o mais comum é combiná-los para obter as características organolépticas desejadas.

O tratamento superficial com fumaça líquida (imersão, pulverização ou envolvimento das tripas) tem a vantagem de não exigir nem condições especiais nem câmaras de defumação. Pode ser empregado tanto em tripas permeáveis como impermeáveis à água ou ao ar. Deve-se apenas evitar que essas tripas se molhem antes do recheio, visto que a fumaça líquida desprende-se da tripa com a água.

O tratamento de produtos cárneos com fumaça líquida requer processo térmico posterior para que se desenvolvam as reações químicas necessárias à formação da cor. Por isso, esse tratamento deve ser visto como uma alternativa ou complemento da defumação tradicional a quente.

Nos produtos cárneos que vão ser defumados a frio, quase não se pode usar a fumaça líquida, já que não há evaporação e a fumaça líquida adsorvida condensa-se em forma de gotículas, podendo provocar falhas na cor.

CARNES REESTRUTURADAS

O termo *carne reestruturada* começou a ser utilizado no início da década de 1970 para incluir uma série de produtos elaborados a partir de porções cárneas magras e gordas, cortadas em pedaços mais ou menos grossos, e mesmo trituradas e reduzidas a pasta fina, comercializados como produtos crus (refrigerados ou congelados) ou como pré-cozidos ou cozidos. Essa definição abarcaria amplo número de derivados cárneos. Mas hoje, esse termo tende a limitar-se àqueles nos quais se tenta imitar o aspecto da carne integral. Os produtos reestruturados, por suas características, podem ser considerados como intermediários entre a carne picada e uma peça de carne. Em sua elaboração, parte-se de partículas cárneas de diversos tamanhos para conseguir um produto consistente, com aspecto muito similar ao de um filé, ao de um pedaço de carne para assar ou ao de uma determinada porção cárnea. Esses produtos podem ter distintas composições químicas e graus de redução de tamanho, ingredientes não-cárneos diversos ou ter sofrido operações tecnológicas distintas, o que faz com que sua aparência final seja diferenciada.

Com esse procedimento, é possível elaborar produtos de qualidade considerável a partir de porções de carne com textura deficiente e de difícil comercialização. Além disso, ele permite diversificar a oferta no que se refere aos produtos cárneos. Por outro lado, pode servir para comercializar produtos cárneos de composição garantida, de uso dietético ou fortificados com componentes diversos (p. ex., no conteúdo de aminoácidos sulfurados e de cálcio).

Os produtos reestruturados podem ser moldados e comercializados em porções regulares e individuais, que requerem preparação culinária simples e rápida. Assim, ajustam-se às demandas atuais da chamada *cozinha rápida*.

Composição dos produtos reestruturados

A carne pode proceder de todas as espécies de abate, sendo muito difundido o emprego de carnes de ave, especialmente de frango, peru e, mais recentemente, de pato. As técnicas de reestruturação constituem excelente ferramenta para a preparação de peças de carne, mais ou menos grandes e uniformes, a partir de porções ou partículas de vários tamanhos. Um dos primeiros objetivos na elaboração desse tipo de produtos foi dar saída a cortes de carne surgidos da retalhação das carcaças, em particular aquelas com conteúdo de gordura e tecido conetivo limitado. A carne recuperada mecanicamente também pode ser utilizada (até 15 ou mesmo 20%), com redução considerável do custo de produção e sem que se modifiquem as características do produto final.

Por razões econômicas, testaram-se a incorporação e a adição de determinados miúdos e vísceras. Coração, língua, tripas, fígado, baço e rim foram objeto da maioria das experiências realizadas nesse campo. O coração e a língua têm composição muito similar à do músculo esquelético. O coração tem o inconveniente de dar lugar a emulsões menos estáveis, enquanto a língua sofre maior retração no cozimento. Por isso, nos dois casos, seu emprego limita-se a um máximo de 40%. As tripas, devido ao seu maior conteúdo de tecido conjuntivo e menor presença de mioglobina, não podem ser utilizadas em porcentagens superiores a 10%, pois, do contrário, obtêm-se produtos de textura e cor deficientes. No caso de fígado, baço e rim, o limite de sua incorporação é determinado por seu sabor e, de maneira geral, sua presença nesse tipo de produtos cárneos não ultrapassa 10%.

A gordura é o componente das carnes reestruturadas que apresenta mais variações quantitativas. Normalmente, um produto reestruturado tem conteúdo de gordura de 10 a 15%, podendo superar 20% sem que se modifiquem as características sensoriais. Contudo, atualmente, tende-se a elaborar produtos hipocalóricos, com pouco conteúdo lipídico, limitando-se o componente gordura a níveis inferiores a 3,5%.

Na formulação de um produto reestruturado intervém ainda uma série de ingredientes não-cárneos cuja adição é feita por razões puramente tecnológicas, para melhorar as condições de fabricação ou as características organolépticas do produto. O cloreto de sódio, os fosfatos e os polifosfatos são substâncias usuais nesses produtos cárneos, recorrendo-se a elas para aumentar a força iônica do meio e a solubilidade das proteínas miofibrilares.

Para melhorar a coesão e a textura, empregam-se emulsificantes do tipo dos alginatos e diversas proteínas de origem animal não-cárneas e de origem vegetal. Entre as proteínas do primeiro grupo, encontram-se os sólidos lácteos totais (bons aglutinantes), as proteínas do plasma sanguíneo, a albumina do ovo e a gelatina. Entre as proteínas de origem vegetal, pode-se recorrer às proteínas isoladas de soja e ao glúten de trigo.

Na elaboração de um produto reestruturado, normalmente acrescentam-se pequenas quantidades de água a fim de compensar as perdas ocorridas durante o processamento. A água é necessária como solvente dos componentes do sabor e ao mesmo tempo confere ao produto a adequada suculência.

Embora possam ser utilizados outros, os componentes mencionados anteriormente são os empregados com mais freqüência para a elaboração de um produto cárneo reestruturado.

Estrutura e características de um produto reestruturado

Quando se deseja elaborar um produto reestruturado de qualidade razoável, para ser comercializado sem nenhum tipo de envoltório externo, é preciso levar em conta que seu aspecto deve se aproximar ao de uma porção cárnea íntegra. Portanto, deverá apresentar cor vermelho-vivo, semelhante à de uma porção de carne fresca, partículas de gordura mais ou menos pequenas e finamente distribuídas de forma similar às matizes da carne e textura firme como corresponde a uma estrutura muscular. Para conseguir esse acabamento, requer-se planejamento adequado do processo de elaboração, evitando o acréscimo de aditivos e ingredientes que interfiram na tonalidade da carne mas que potencialize a ligação entre os componentes que intervêm na formulação do produto.

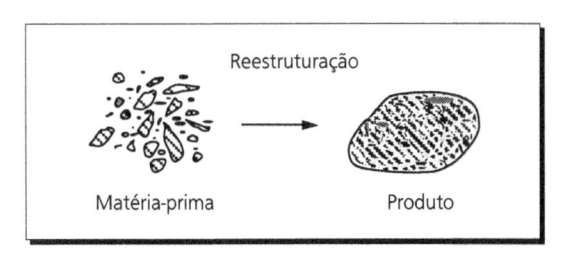

Figura 10.8 Elaboração de um produto reestruturado.

Assim como outros produtos cárneos (mortadelas, salsichas e embutidos em geral), a elaboração de carnes reestruturadas depende da formação de uma matriz protéica funcional no interior do produto. O mecanismo que opera é o da extração de proteínas miofibrilares. A partir delas, e entre as porções cárneas, surge uma matriz de ligação que facilita a absorção da água e a estabilidade da gordura e dos demais componentes do sistema. Para obter a extração das proteínas miofibrilares, recorre-se ao fracionamento da carne em proporções mais ou menos grandes. Com isso, consegue-se a interrupção da fibra muscular e o conseqüente incremento das superfícies expostas a qualquer interação. Consegue-se a extração e solubilização das proteínas miofibrilares aumentando a força iônica do meio, e para isso recorre-se ao emprego de NaCl e de outros sais.

Dessa forma, a estrutura de um filé reestruturado é dada pela simples aparência de pedaços ou partículas de carne grandes e pequenos (Figura 10.8), entre os quais a proteína exsudada forma uma massa ligante ou aglutinante. O produto cru tem consistência muito frágil e deve ser protegido mediante congelamento. De outro modo, pode-se recorrer ao emprego de aglutinantes que aumentem a consistência, à colocação de revestimentos externos (empanado, películas obtidas por co-extrusão) e a uma manipulação muito cuidadosa. Com o calor aplicado durante o processo culinário, a carne reestruturada adquire firmeza, devido, sobretudo, à geleificação das proteínas miofibrilares. Esse fato permite a estabilidade das interações das moléculas protéicas entre si e com os demais componentes do produto. Como resultado final, a carne reestruturada apresentará na mesa perfeita coesão e consistência firme, que a aproxima de uma porção cárnea íntegra.

Todos esses fatos, mencionados brevemente, devem-se ao estabelecimento de uma série de interações complexas proteína-proteína, que são a base dos fenômenos de *ligação*. A *força de ligação*, como se entende nesse campo, é definida como aquela requerida por unidade da área de corte para separar (direta ou indiretamente) as peças integrantes do produto cárneo. O mecanismo de ligação entre as porções cárneas é extremamente complexo e ainda não está totalmente esclarecido, mas sabe-se que depende particularmente da natureza da proteína extraível, da força iônica e do pH do meio, como também do tratamento mecânico aplicado.

Papel das proteínas cárneas nos fenômenos de ligação

Como mencionado anteriormente, a capacidade de união e ligação das porções cárneas deve-se às proteínas miofibrilares, sendo muito secundário o papel correspondente às proteínas do estroma e do sarcoplasma. A união entre os pedaços de carne é um fenômeno no qual se produzem reordenamentos estruturais das proteínas solubilizadas da carne. Demonstrou-se que o mecanismo de união entre as partículas cárneas incluía a interação de filamentos grossos de nova formação, constituídos a partir de cadeias de miosina sal-solubilizada, com estruturas miofibrilares existentes nas células musculares da superfície dos pedaços de carne ou próximas a ela. Essas afirmações baseiam-se na capacidade da miosina em formar filamentos em solução. Dessa forma, esses filamentos grossos formados a partir da proteína extraída seriam os responsáveis pela ligação dos produtos cortados antes de serem submetidos a tratamento térmico.

As alterações que ocorrem nas proteínas da carne submetida a ebulição devem-se à dissociação das porções helicoidais das moléculas protéicas da carne que, uma vez despregadas, dão lugar a pontes de ligação intermoleculares que terminam na configuração de um gel. Assim, essas moléculas protéicas desestruturadas seriam as responsáveis pela união dos pedaços de carne após o tratamento térmico.

Estudando mais profundamente esses fatos, observou-se que a miosina sofre uma série de modificações pela ação do calor, que começam com a perda da atividade da ATPase e prosseguem com a perda progressiva da solubilidade. Em seguida, produz-se a agregação das porções globulares das cabeças das moléculas, com temperatura de transição de 43°C (em pH 6,0 e KCl 0,6 M) e o estabelecimento de interações intermoleculares como resultado do desdobramento da porção α-helicoidal da cauda, com temperatura de transição de 55°C. Dessa forma, a miosina, pela ação do calor, dá lugar a ligações claramente estáveis devido a mudanças irreversíveis em sua estrutura quaternária que são a base de géis estáveis. O resultado é uma rede tridimensional de fibras protéicas inter-relacionadas especialmente por interações iônicas e pontes de hidrogênio, onde ficam retidos e imobilizados a água e os demais componentes do sistema (gordura e outros).

A geleificação ótima da miosina é obtida a 60 a 70°C com pH de 6 em soluções de 0,6 M de KCl, embora a coagulação comece a 45°C. Parece que as moléculas livres e intactas de miosina oferecem melhor funcionalidade. Desse modo, explica-se a maior funcionalidade das carnes *pre rigor* em comparação com as *post-rigor* a igual pH. Contudo, observou-se que a mistura de actina e miosina em certas proporções (em um meio de pH 6 e força iônica KCl 0,6 M) tem efeito sinérgico, incrementando-se a resistência do gel. O efeito máximo apresenta-se quando apenas 15 a 20% do total das proteínas existentes aparecem como actomiosina e o restante da miosina está livre. O sinergismo também se apresenta com as misturas de miosina e actomiosina. Essas apreciações sugerem que a melhoria na formação do gel, em ambos os casos, deve-se ao fato de que a actomiosina atua como ligação cruzada entre as porções da cauda da miosina ligada e às moléculas de miosina livres, conferindo maior força ao gel.

Em relação às outras proteínas cárneas, a tropomiosina nativa (complexo tropomiosina-troponina) não tem efeito sobre a estrutura do gel. A actina por si mesma dá lugar a géis que sofrem fortes problemas de sinérese. As troponinas e a tropomiosina não geleificam nas condições industriais normais e, inclusive, interferem no papel da miosina. As proteínas sarcoplasmáticas geleificam somente a elevadas concentrações e dão lugar a géis que se desintegram sob pequenas forças físicas. Das proteínas do estroma, vale mencionar apenas o colágeno que, a temperaturas superiores a 70°C, degrada-se a gelatina.

Durante o tratamento térmico, as proteínas miofibrilares e o colágeno têm comportamento claramente distinto. O processo de solubilização do colágeno intensifica-se com o aumento da temperatura e produz-se rapidamente a 125°C; o sol de colágeno não geleifica até que a temperatura desça abaixo de 33°C. Normalmente a gelatina se solidifica, ocupando cavidades e, por isso, os níveis baixos (inferiores a 7%) de colágeno podem ser vantajosos e proporcionar aspecto melhor. Contudo, quantidades maiores dessa proteína são associadas ao aparecimento de gelatina na superfície dos produtos, que apresentam pior palatabilidade e o caráter frágil e quebradiço dos géis de gelatina.

Por outro lado, o tecido conjuntivo residual após a mastigação é um dos principais inconvenientes para conseguir boa aceitabilidade no mercado dos produtos reestruturados elaborados com porções cárneas ricas nesse tecido. Sob esse aspecto, testou-se a aplicação, prévia ao processamento, de métodos físicos de amaciamento com bons resultados. Contudo, a utilização de técnicas enzimáticas ou químicas de amaciamento (diversas colagenases e ácido láctico) não é adequada para a elaboração desse tipo de produto.

Papel do sal na estabilidade das carnes reestruturadas

O papel do sal, nas concentrações empregadas para a elaboração de produtos reestruturados (geralmente de 0,5 a 3,5%), é permitir a extração e a solubilização parcial das proteínas miofibrilares, gerando no meio a força iônica necessária e as condições adequadas para o estabelecimento de uma rede tridimensional coerente. O sal solubiliza parcialmente as proteínas miofibrilares, obtendo-se, assim, um sol. Quando a miosina, a actina e a actomiosina são aquecidas em um meio de força iônica elevada, dão lugar a uma estrutura firme, enquanto na ausência de sal, produz-se uma estrutura esponjosa de pouca resistência.

A adição de sal, entretanto, apresenta dois grandes inconvenientes: a perda de calor e a indução à alteração das gorduras. Os dois fatos devem-se à capacidade pró-oxidante do NaCl. O efeito deste sobre a cor da carne adquire importância particular quando se pretende elaborar produtos com aparência de carne fresca. A presença de NaCl favorece a formação de metamioglobina por um processo oxidante promovido pelo ânion, mas o ponto mais crítico reside em que, pelo mesmo mecanismo, acelera e intensifica os processos de rancificação das gorduras.

A fim de diminuir os níveis de utilização do NaCl, pode-se recorrer ao emprego de outros sais. Sob esse aspecto, é bastante conhecido, na indústria cárnea, o efeito sinérgico entre o cloreto de sódio e os fosfatos e polifosfatos. Sua adição conjunta permite diminuir as perdas por cozimento e incrementar a ligação. Os polifosfatos atuam também como quelantes de íons metálicos bivalentes. Conseqüentemente, têm certo efeito protetor sobre a gordura ao se opor aos fenômenos de oxidação e, pelo mesmo mecanismo, protegem a cor, dando lugar a produtos com aspecto mais próximo ao da carne crua. A eficácia desses aditivos diminui com o aumento da extensão da cadeia dos fosfatos. Em linhas gerais, as concentrações de 0,5 a 1,5% de NaCl são as mais adequadas para a elaboração de filés reestruturados, tanto de carne de suíno como de vaca, e recomenda-se a combinação de 0,75% de sal e 0,125% de trifosfato sódico.

Efeito de diversos aditivos na estabilidade dos produtos reestruturados

Na formulação de carnes reestruturadas, além do cloreto de sódio e dos polifosfatos, costuma-se utilizar outros aditivos ou ingredientes (alginatos, proteínas não-cárneas, etc.). Essas substâncias em geral não contribuem para a força iônica nem modificam o pH do meio, mas, por diversos mecanismos, intensificam os fenômenos de ligação, incrementam a firmeza e melhoram o aspecto do produto final. O emprego de alginatos e proteínas não-cárneas, seja de origem animal ou vegetal, é justificado pela busca de um fenômeno de co-geleificação. Obtiveram-se bons resultados com a adição de concentrados de proteína de soja e de glúten de trigo. Nesse contexto, tem especial relevância o emprego de moléculas que interagem com as proteínas cárneas. As proteínas da carne reagem (especialmente mediante forças eletrostáticas) com os géis de alginato. Além disso, estes últimos diminuem os efeitos da retração do tecido conjuntivo após o processo culinário, que permite o emprego de carnes com conteúdo maior de tecido conjuntivo.

Processo de elaboração

O processo de elaboração dos produtos cárneos reestruturados (Figura 10.9) implica, fundamentalmente, operações de redução de tamanho, mistura e moldagem. As proporções

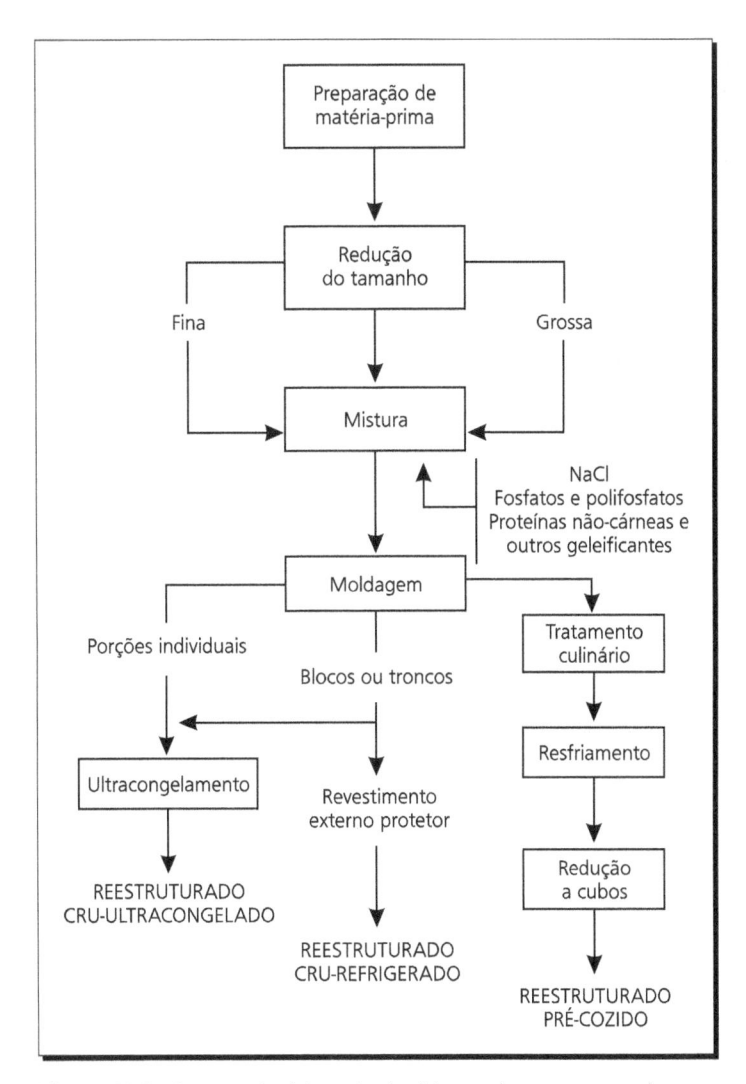

Figura 10.9 Processo de elaboração de vários produtos reestruturados.

de carne a reestruturar são submetidas, às vezes, a uma série de operações preliminares, destinadas, sobretudo, a reduzir seus defeitos de dureza e melhorar a eficácia do restante do processo. Dessa forma, procede-se à eliminação de toda presença de osso, de grande quantidade de aponeuroses, tendões e do excesso de depósitos de gordura. Para conseguir melhor aproveitamento das porções cárneas de maior dureza, recorre-se ao emprego de métodos físicos de amaciamento, que contribuem para a interrupção da estrutura da carne e permitem liberação maior de proteínas funcionais.

Redução de tamanho

Esta operação permite diminuir a dureza, subdividindo a matéria-prima em porções mais ou menos pequenas, e incrementar a área superficial, facilitando assim a disposição de proteínas miofibrilares. Uma das primeiras dificuldades colocadas pela reestruturação da carne foi a busca de um método de redução de tamanho capaz de solucionar os defeitos de dureza da matéria-prima e que, ao mesmo tempo, proporcionasse aspecto claramente distinto daquele oferecido pela carne picada tradicional. Esses problemas se resolveram misturando no mesmo produto distintos tamanhos. Em uma carne reestruturada, pode-se encontrar desde uma massa muito fina até pequenos músculos inteiros, além de fracionamento ou picado mais ou menos grosseiro, cubos e lâminas ou flocos de carne. Para realizar essa operação, pode-se recorrer ao emprego de um ou vários sistemas de redução. Os equipamentos convencionais, tipo picadoras, cúter e fragmentadoras ou cortadores em cubos ou quadrados, são apropriados para esse fim, visto que podem adaptar-se a diferentes graus de redução e condições de processamento (ver Capítulo 12, Volume 1).

Os produtos reestruturados elaborados a partir de películas ou flocos apresentam melhor textura do que aqueles obtidos com outras formas de redução, maior capacidade de retenção de água e coesão. Essas vantagens devem-se à forma do corte, que permite grande desenvolvimento superficial e facilita o estabelecimento de interações entre as proteínas solubilizadas e as estruturas miofibrilares da superfície das porções de carne. Para conseguir esse tipo de corte, costuma-se recorrer ao sistema Urschel Comitrol® ou a um equipamento similar (ver Capítulo 12, Volume 1).

Para evitar perdas de funcionalidade nas proteínas miofibrilares, aconselha-se que durante essa operação a temperatura seja mantida entre 5,6 e –4,4°C (a gordura tem melhor comportamento entre 0 e –2°C).

Mistura de ingredientes

Com esta operação, pretende-se pôr em contato os ingredientes que formulam o produto final, homogeneizar o conjunto e aumentar a área superficial e a ruptura da fibra muscular, favorecendo, assim, a liberação dos componentes intracelulares. Normalmente recorre-se ao emprego de misturadoras de cuba horizontal dotada de um par de pás que se movem a 100 rpm em trajetórias opostas (ver Capítulo 12, Volume 1). Com esse procedimento, consegue-se efeito de amassadura e massagem, ao mesmo tempo em que se submetem as porções de carne a uma força de cisalhamento ao forçá-las a passar através dos espaços existentes entre a cuba e as pás.

No caso de se adicionar gordura (em produtos com mais de 10% de gordura), isto é feito depois de ter misturado as porções cárneas magras com a salmoura e quando a matriz protéica já estiver estabilizada.

O trabalho mecânico da mistura não deve degradar a estrutura das porções cárneas obtidas na redução de tamanho. A máxima ligação é alcançada entre 12 e 18 minutos de mistura. Quando se prolonga excessivamente o tempo de trabalho, pode ocorrer uma grave queda da força de ligação e da textura do produto final. Por outro lado, a realização da mistura sob certo grau de vácuo permite obter produtos com melhores características organolépticas.

Moldagem

Esta operação geralmente é realizada prensando a massa cárnea dentro de um molde. Costuma-se congelar o produto logo que cessa a aplicação de pressão.

A moldagem também pode ser realizada aplicando altas pressões (em torno de 2×10^5 kPa) sobre um bloco da mistura cárnea previamente congelado (–10 a –15°C). Quando o produto começa a descongelar, como conseqüência da aplicação de pressão, configura-se um determinado molde para dar ao conjunto a forma final. Nessa situação, cessa a aplicação de pressão, provocando a rigidez do produto por congelamento e a fixação da estrutura desejada.

Outra possibilidade para dar forma aos produtos reestruturados é mediante extrusão, a frio ou a quente, da mistura cárnea. Dessa forma, podem-se obter derivados nos quais sobrepõem-se zonas com características e composição distintas, com o objetivo de imitar o aspecto heterogêneo de algumas porções cárneas.

A aplicação de altas pressões (10 a 15 MPa) na moldagem de filés de carne fragmentada ou picada leva ao incremento da coesão entre as partículas cárneas. Parece que a aplicação de elevadas pressões induz a desagregação dos filamentos de miosina e sua conseqüente reorganização em configuração diferente. Esse efeito deve-se ao fato de que a pressão favorece a ruptura das interações iônicas e hidrofóbicas e ao estabelecimento de pontes de hidrogênio. Uma vez que as interações iônicas são muito importantes na estabilização das proteínas miofibrilares, a aplicação de pressões promoveria a liberação dessas proteínas, mas requerem-se força iônica e pH no meio adequados para sua solubilização, visto que o efeito da pressão é reversível e reverte quando esta é interrompida.

Apresentação e comercialização dos produtos reestruturados

O primeiro protótipo de filé de carne reestruturada foi apresentado perante o *National Pork Producers Council* pela Universidade de Nebraska em 1969. Esse produto foi o resultado de pesquisas realizadas com o objetivo de desenvolver produtos cárneos adequados para a cozinha rápida e para a alimentação coletiva (forças armadas, linhas aéreas, hospitais, restaurantes e cafeterias).

Os produtos reestruturados oferecidos atualmente no mercado de diversos países são apresentados como filés ou imitando o aspecto de certas porções cárneas e como peças de carne para assar. De acordo com a forma de comercialização, podem-se estabelecer três famílias ou grupos de produtos: crus-ultracongelados, crus-refrigerados e pré-cozidos ou cozidos (Figura 10.9).

Os produtos crus-ultracongelados são conservados a temperaturas de congelamento, o que permite manter a forma e a consistência até que, mediante o processo culinário, alcance a estabilidade final. Para a moldagem desse tipo de produtos, recorre-se à aplicação de altas pressões, e esta pode ser feita em filés ou porções individuais e em blocos ou troncos de carne, de um ou vários quilos de peso. Esses produtos são submetidos imediatamente a ultracongelamento.

Ao contrário do que ocorre nos produtos crus-ultracongelados, nos refrigerados a coesão inicial não está protegida pelo frio, e o aspecto da matéria-prima também não pode ser encoberto pelo gelo. Por isso, são produtos frágeis e lábeis, difíceis de manejar, que exigem para sua elaboração porções cárneas de boa aparência visual. Para melhorar a firmeza desses produtos, é comum recorrer ao emprego de diversos geleificantes (alginatos, por exemplo) e à manipulação muito cuidadosa. Normalmente são comercializados em forma de troncos ou porções de carne para assar, às vezes, com preparação análoga ao *tournedo*. A moldagem normalmente é feita empregando embutidoras tradicionais de chacina com algumas adaptações sem, contudo, recorrer à aplicação de pressões elevadas. Os blocos de carne podem ser protegidos com um envoltório ou crosta que aumenta sua consistência. Normalmente são envolvidos por uma camada obtida por co-extrusão de gordura e tecido conjuntivo (tendões e fáscias) revestida, por sua vez, por uma rede de fio de algodão. Em outros casos, induz-se a formação de uma crosta externa por injeção de CO_2 ou se recobre com uma película plástica.

A coesão dos produtos reestruturados pré-cozidos ou cozidos, por terem sofrido certo tratamento térmico, é excelente. Nesse grupo, encontram-se os cubos de carne reestruturada preparados para serem incorporados a diversas especialidades culinárias.

Na Tabela 10.4, são apresentados alguns exemplos desse tipo de produtos. Atualmente algumas cadeias de comida rápida oferecem ampla variedade de produtos reestruturados elaborados a partir de carne de bovino, suíno ou mesmo de ovino, como costeletas para assar ou para sanduíche e os chamados filés *Filadélfia*. Sem dúvida, a maior variedade de produtos no caso dos reestruturados é oferecida a partir de carne de ave (frango, peru e pato). São múltiplas as formas de apresentação desses produtos, seja em porções para fritura (filés, músculos conformados, etc.) ou para assar, que são elaborados, fundamentalmente, a partir de carne de peito e de carne mecanicamente recuperada.

Cabe acrescentar que esta mesma tecnologia está sendo aplicada para a elaboração de filés e produtos reestruturados de pescados.

Estes produtos são comercializados sob diversas denominações (dedos, delícias, palitos, etc.) geralmente congelados, protegidos por uma película ou empanados, estabilizados por pré-fritura para aumentar a consistência.

ANÁLOGOS DA CARNE

Consideram-se produtos análogos da carne aqueles que apresentam características organolépticas e valor nutritivo similares aos de uma porção cárnea ou de um derivado cárneo. Neles, as proteínas cárneas são substituídas, total ou parcialmente, por proteínas de outra origem. Com esse tipo de produtos, pretende-se que o consumidor tenha a sensação de encontrar-se diante de uma verdadeira peça de carne ou de um derivado cárneo. Essa imitação pode ser feita por razões econômicas, a fim de oferecer um produto peculiar, com características organolépticas e nutritivas a preço acessível. Em outras ocasiões, o que se busca é elaborar produtos adequados às demandas de certos grupos sociais que, por razões dietéticas, de saúde, culturais ou sociais, têm restrições ao consumo de alguns derivados cárneos.

O emprego de concentrados protéicos de pescado (FPC) e, mais especificamente, dos concentrados protéicos texturizados de músculo de pescado (*carne marinha* ou *marinbeef*), na elaboração de produtos cárneos (ver Capítulo 13) representa uma interessante possibilidade de substituição (total ou parcial) da carne dos animais de abate. Outra possibilidade consiste na utilização de *surimi* e de materiais similares elaborados a partir de carne de frango (*ayami*) ou de carnes de difícil comercialização (ver Capítulo 13). Esses extratos protéicos carecem de sabor e de aroma e podem ser utilizados para diversificar a oferta no mercado dos derivados cárneos, assim como na substituição da carne de suíno ou de

Tabela 10.4 Exemplos de produtos cárneos reestruturados

Produto	Método de fracionamento	Forma de apresentação
Peru desossado	Corte grosseiro	Cru, congelado
Presunto de peru	Corte em pedaços	Pré-cozido, congelado
Peito de peru	Corte em pedaços	Pré-cozido, congelado
Roast beef	Corte em pedaços	Cru, congelado
Costela de boi	Escamas	Pré-cozido, congelado
Cubos de frango	Corte em pedaços	Pré-cozido, liofilizado
Cubos de peru	Escamas	Pré-cozido, congelado
Presunto	Corte em pedaços	Pré-cozido, refrigerado
Presunto de peru	Corte em pedaços	Pré-cozido, congelado
Chuleta de vitela	Escamas	Cru, congelado
Presunto curado	Corte grosseiro	Enlatado
Espetinhos de bovino	Corte grosseiro	Cru, congelado
Porções de frango	Corte em pedaços	Cru, congelado

bovino na fabricação de *análogos* dos produtos, normalmente elaborados com essas carnes, para sociedades muçulmanas ou hindus. Por outro lado, esses materiais protéicos, do mesmo modo que as proteínas vegetais, podem ser utilizados para melhorar a estabilidade dos produtos hipocalóricos.

O termo carnes *fabricadas*, *pré-fabricadas* ou *simuladas* é utilizado quando as proteínas de origem animal são substituídas por proteínas de outra origem a fim de obter produtos com textura, aroma, cor e valor nutritivo similares aos da carne. Esses produtos podem ser verdadeiros sucedâneos de carne quando a proteína cárnea é substituída totalmente por proteínas vegetais. Para esse fim, empregam-se diversas proteínas de leguminosas e cereais, como o glúten do trigo e as globulinas da soja, tendo-se utilizado também proteínas de origem animal não-cárneas, como caseinatos, globulinas do ovo e gelatina. De todas estas, a que apresenta melhores perspectivas é a proteína de soja, que possui valor biológico comparável ao da carne. Trata-se, além disso, de uma proteína com elevada capacidade emulsificante e de geleificação que, adequadamente processada por extrusão, pode proporcionar textura similar àquela apresentada por produtos cárneos.

A texturização dessa proteína pode ser feita por coagulação térmica para conseguir uma película, por formação de fibras e por extrusão termoplástica (Capítulo 4, Volume 1). Esses dois últimos procedimentos são os de maior relevância para a elaboração de análogos da carne. O procedimento seguido para a formação de fibras é mostrado na Figura 10.10.

A textura é obtida a partir de um *colóide* ou solução concentrada de soja (10 a 40%) a pH elevado (maior ou igual a 10) que é bombeado através de uma placa perfurada (*fileira*) com orifícios com tamanho compreendido entre 50 e 150 μm. Com isso, força-se o alongamento e a orientação em paralelo das moléculas protéicas. À saída da fileira, provoca-se a coagulação da proteína submergindo-a em uma solução ácida e salina. Com isso estabelecem-se ligações dissulfeto e pontes de hidrogênio intermoleculares que dão lugar à formação de fibras protéicas hidratadas (Figura 10.10). As fibras são retiradas do banho e comprimem-se entre os cilindros de superfície quente (Figura 10.10). Essa operação favorece o estabelecimento de novas ligações entre as moléculas protéicas (*cristalização parcial*), aumentando a resistência mecânica e o caráter mastigável das fibras. Por último, são submersas em um banho de água para eliminar os restos de ácido e novamente comprimidas por um par de cilindros a fim de eliminar o excesso de água. Para finalizar, os feixes de fibras são cortados, agrupados e prensados para obter a forma e o tamanho desejados. Esse material texturizado e combinado com outros agentes geleificantes (p. ex., pode-se acrescentar, antes do aquecimento, gelatina, clara de ovo e glúten), lipídeos, corantes e substâncias aromatizantes, é válido para elaborar carnes *simuladas*. Assim, no mercado de produtos para vegetarianos, podem ser adquiridos produtos dessa natureza em forma de filés e de chuletas de carne ou de fiambres, tipo presunto cozido e similares.

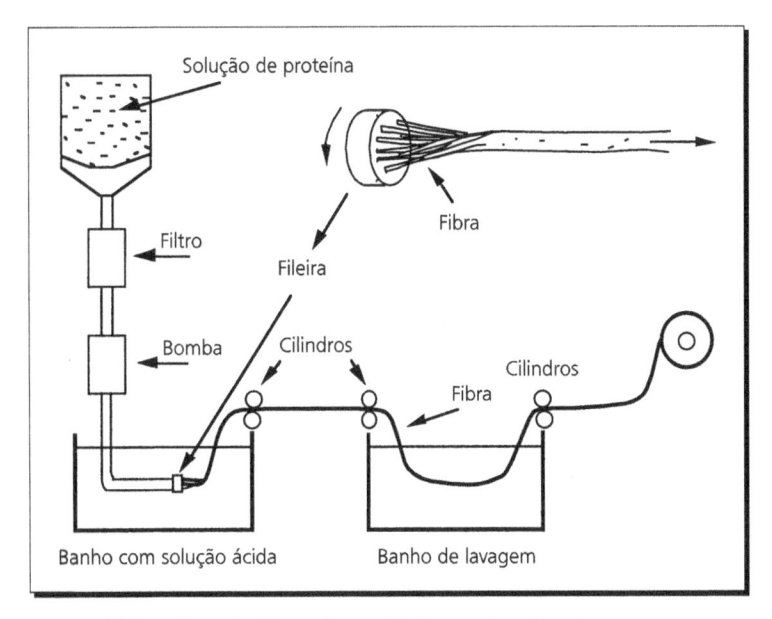

Figura 10.10 Texturização em forma de fibra protéica de soja.

Quando a proteína de soja (isolado protéico ou farinha) é texturizada por extrusão termoplástica, obtêm-se grânulos e partículas fortemente desidratados de estrutura fibrosa e porosa. Nesse processo, a proteína hidratada com 10 a 30% de água é submetida ao trabalho de um extrusor, onde se atingem elevadas pressões (10.000 a 20.000 kPa) e temperaturas (150 a 200°C) durante curtos períodos de tempo (15 a 20 segundos). O material protéico é submetido a descompressão súbita ao sair do extrusor através de uma abertura estreita e passar à pressão atmosférica, provocando a evaporação instantânea da água que contém, com a formação de borbulhas de vapor que expandem o produto e lhe conferem caráter esponjoso.

A proteína de soja pode ser tratada isolada ou em combinação com caseínas e amido para melhorar a textura final. Resultados similares são obtidos com a adição de até 3% de NaCl ou de cálcio. O produto resultante é reidratado com facilidade, admitindo de 2 a 4 vezes seu peso em água. Dessa forma, adquire textura fibrosa, esponjosa, parcialmente elástica e mastigável, similar à da carne picada. Por isso, esse produto é utilizado na elaboração de hambúrgueres, almôndegas, no recheio de raviólis e em alguns produtos de chacina.

REFERÊNCIAS BIBLIOGRÁFICAS

BABJI, A. S.; OSMAN, Z.; AZAT, J. y GNA, S. K. (1992): *"Beefrimi* and *Ayami.* New raw materials for value-added meat production". *Meat focus international.* 1992, 1(5): 226-228.

CAMBERO, M. I.; LÓPEZ, M. O.; HOZ, L., y ORDÓNEZ J. A. (1991): "Carnes reestructuradas. I. Composición y fenómenos de ligazón". *Revista de Agroquímica y Tecnología de los Alimentos,* 1991, 31(3): 293-309.

CAMBERO, M. I.; LÓPEZ, M. O.; GARCÍA DE FERNANDO, G. D.; HOZ, L. y ORDÓNEZ, J. A. (1991): "Carnes reestructuradas. II. Proceso de elaboración y comercialización". *Revista de Agroquímica y Tecnología de los Alimentos* 31(4): 447-457.

CHEFTEL, J. C.; CUQ, J. L. y LORIENT, D. (1989): *Proteínas alimentarias. Bioquímica. Propiedades funcionales. Valor nutritivo. Modificaciones químicas.* Acribia. Zaragoza.

GIRARD, J. P. (1991): *Tecnologia de la carne y de los productos cárnicos.* Acribia. Zaragoza.

HAMM, R. (1966): "Heating of muscle systems". En: *The Physiology and Biochemistry of Muscle as a Food.* Ed. E. J. Briskey, R. G. Cassens y J. C. Trautman. Univ. of Wisconsin Press, Madison.

KAMINER, B. y BELL, A. L. (1966): "Myosin filamentogenesis: Effects of pH and ionic concentration". *Journal of Molecular Biology,* 20: 391-395.

KING, N. L. (1979): "Tensile strength of heat-coagulated myosin fibres". *Meat Science,* 3: 75-80.

MACFARLANE, J. J. (1985): "High pressure technology and meat quality". En: *Developments in Meat Science. 3*. Ed. R. A. Lawrie. Elsevier Applied Science Publishers, Londres.

MANDIGO, R. W. (1988): "Restructured meats". En: *Developments in Meat Science-4*. Ed. R. Lawrie. Elsevier Applied Science. Nueva York.

PRICE, J. F. y SCHWEIGERT, B. S. (1994): *Ciencia de la carne y de los productos cárnicos*. Acribia. Zaragoza.

POTTHAST, K. (1986): "Humo líquido". *Fleischwirtschaft español, 1*: 27-33.

PSZCZOLA, D. E. (1995): "Tour highlights production and uses of smoked-based flavors". *Food Technology, 49* (1): 70-74.

SIEGEL, D. G. y SCHMIDT, G. R. (1979a): "Ionic, pH and temperature effects on the binding quality of myosin". *Journal of Food Science*, 44: 1686-1691.

SIEGEL, D. G. y SCHMIDT, G. R. (1979b): "Crude myosin fractions as meat binders". *Journal of Food Science*, 44: 1129-1132.

TAPIADOR, J. (1993): "El jamón curado, materia prima y calidad". *Eurocarne*, 13: 17-29.

WIRTH, F. (1992): *Tecnología de los embutidos escaldados*. Acribia. Zaragoza.

RESUMO

1 Consideram-se produtos e derivados cárneos aqueles alimentos preparados total ou parcialmente com carnes, miúdos ou gorduras e subprodutos comestíveis, procedentes de animais de abate e de outras espécies e, eventualmente, com ingredientes de origem vegetal ou animal, e ainda com condimentos, especiarias e aditivos, desde que sejam autorizados, ajustando-se às normas específicas de qualidade. Os produtos cárneos podem ser classificados em cinco principais grupos: frescos, crus temperados, tratados pelo calor, embutidos crus curados e produtos cárneos salgados.

2 A emulsão cárnea pode ser considerada como a emulsão de gordura em água, cuja fase descontínua é a gordura, e a contínua, a solução aquosa de sais e proteínas, na qual encontram-se em suspensão proteínas insolúveis, pedaços de fibras musculares e restos de tecido conjuntivo.

3 A formação de géis cárneos requer a desnaturação parcial das proteínas com a desagregação das cadeias polipeptídicas que, depois, se associam umas às outras formando redes tridimensionais através de pontes de hidrogênio, forças eletrostáticas, de *van der Waals*, pontes dissulfeto e interações hidrofóbicas. Essas redes retêm e imobilizam a água e os demais componentes do sistema, principalmente a gordura.

4 Os sais de cura são compostos por diversos ingredientes (cloreto de sódio, açúcar, nitratos e/ou nitritos, ascorbato sódico e, muitas vezes, fosfatos) com características únicas que desempenham funções muito importantes no processo de cura. Entre elas, diminuem a a_w (solutos em geral, principalmente o NaCl), que inibe o crescimento de bactérias alterantes, favorecem a solubilização das proteínas miofibrilares (ao aumentar a força iônica), servem de substrato de microrganismos desejáveis (açúcares e nitratos e/ou nitritos), determinam o sabor (NaCl, açúcar, nitratos e/ou nitritos, fosfatos) e a cor (nitratos e/ou nitritos, açúcar, ascorbato, fosfatos) do produto final e minimizam a formação de N-nitrosaminas (ascorbato).

5 Os produtos cárneos frescos são aqueles elaborados à base de carnes com ou sem gordura, picadas, acrescidas ou não de condimentos, especiarias e aditivos e que não são submetidas a tratamentos de dessecação, cocção nem salga. Podem ser embutidos ou não.

6 Os produtos cárneos crus temperados são elaborados com peças inteiras de carne ou pedaços identificáveis, submetidos à ação do sal, especiarias e condimentos, que lhes conferem aspecto e sabor característicos, podendo ser recobertos ou não com páprica. Não são submetidos a nenhum tratamento térmico.

7 Os produtos cárneos tratados pelo calor são elaborados à base de carne e/ou miúdos comestíveis acrescidos ou não de especiarias e condimentos e submetidos à ação do calor, alcançando em seu interior temperatura suficiente para obter a coagulação total das proteínas cárneas, a ligação da massa, o desenvolvimento das características sensoriais desejadas, a inativação de enzimas cárneas e a destruição de microrganismos não-esporulados.

8. Os embutidos crus curados são produtos que se elaboram cortando em pedaços e picando carnes e gorduras com ou sem miúdos, aos quais são incorporados especiarias, aditivos e condimentos autorizados, submetendo-os a um processo de maturação (secagem) e, opcionalmente, defumação. São produtos nos quais ocorre fermentação microbiana que leva ao acúmulo de ácido láctico, com o conseqüente decréscimo do pH, que rege o crescimento microbiano e as complexas reações bioquímicas que se desenvolvem durante o processo de maturação.

9. Consideram-se produtos cárneos salgados as carnes e produtos de retalhação submetidos à ação do sal comum e demais ingredientes da salga, em forma sólida ou de salmoura, a fim de garantir sua conservação para o consumo. Podem ser temperados, secos e defumados.

10. Entende-se como carne reestruturada uma série de produtos elaborados a partir de porções cárneas magras e gordas, cortadas em pedaços mais ou menos grossos e mesmo trituradas e reduzidas a uma pasta fina. Comercializam-se como produtos crus (refrigerados ou congelados) ou como pré-cozidos ou cozidos.

11. Consideram-se produtos análogos à carne aqueles que apresentam características sensoriais e valor nutritivo similares aos de uma porção cárnea ou de um derivado cárneo. Neles, as proteínas cárneas são substituídas, total ou parcialmente, por proteínas de outra origem.

CAPÍTULO 11

Características gerais do pescado

Este capítulo estuda a estrutura, a composição química e as alterações *post-mortem* do pescado e do marisco, dando ênfase especial às características distintas das da carne.

INTRODUÇÃO

O pescado é uma das principais fontes de proteínas na alimentação humana. Mas não é apenas um bom alimento, pois também proporciona óleos, rações e produtos de valor para a indústria. Esse uso tão variado pode ser explicado pelas diversas espécies de peixes que existem e pelas variadas estruturas histológicas e composição química de suas partes.

São conhecidas mais de 12.000 espécies de peixes que vivem em diferentes oceanos, mares, rios e lagos. Somente cerca de 1.500 dessas espécies são pescadas em quantidade suficiente para ser consideradas de relevância comercial.

A maior parte dos peixes de interesse comercial pertence às ordens superiores de peixes ósseos (*Teleósteos*), embora alguns sejam cartilaginosos-ósseos e outros cartilaginosos. De acordo com seu modo de vida e hábitat, os peixes podem ser divididos nos seguintes grandes grupos:

a) Marinhos: vivem e se reproduzem em água marinha. Dividem-se em dois grandes grupos, sendo que o primeiro inclui os peixes *pelágicos*, que habitam em zonas geográficas muito diferentes, mas têm em comum o fato de viver formando grandes grupos ou bancos (cardumes) e de ser de tamanhos bastante similares (arenque, sardinha, anchova), e o segundo inclui os peixes *demersais*, que vivem perto ou no fundo do mar, e costumam ser de conformação grande (bacalhau, merluza, peixe-espada).
b) De água doce: vivem e se reproduzem em água doce. São representados por carpas, lúcios, percas, trutas, etc.
c) Migratórios: vivem no mar e desovam nos rios ou vice-versa. Podem ser *anádromos*, vivem no mar e desovam no rio (salmão), e *catádromos*, vivem no rio e desovam no mar (enguias). Existem alguns peixes marinhos semi-migratórios, que vivem nas partes menos salgadas do mar, perto dos estuários, e, às vezes, sobem aos rios para desovar percorrendo certas distâncias.

ESTRUTURA DO CORPO

A maioria dos peixes, com exceção dos planos (robalo, peixe-galo, linguado), têm estrutura simétrica, que pode ser dividida em cabeça, corpo e cauda. A superfície do corpo é recoberta de pele e nela, na maior parte das espécies de pescado, assentam-se as escamas.

A musculatura do peixe consta de três grupos de músculos estriados: da cabeça, do corpo e aletas. Os do corpo encontram-se dos dois lados da espinha vertebral e compõem-se de quatro músculos dispostos de forma longitudinal, dois dorsais e dois ventrais, separados uns dos outros por tecido conjuntivo forte. As fibras musculares correm em direção longitudinal, sendo separadas perpendicularmente por tabiques de tecido conjuntivo (*miocomata*). Os segmentos musculares situados entre esses dois tabiques de tecido conjuntivo são chamados de *miótomos*.

O músculo do peixe é funcionalmente muito parecido com o dos mamíferos, mas há diferenças importantes quanto ao comprimento das fibras musculares (mais curtas nos peixes) e à inserção das fibras no miocomata. O tecido muscular do peixe, assim como o dos mamíferos, é composto de músculo estriado cuja unidade funcional é a fibra muscular, constituída de sarcoplasma com núcleos, grãos de glicogênio, mitocôndrias, etc., e um grande número (até 1.000) de miofibrilas. A fibra muscular é envolvida pelo sarcolema, e contém as miofibrilas que, do mesmo modo que nos mamíferos, constam de proteínas contráteis, sendo as mais abundantes a actina e a miosina. Essas proteínas ou miofilamentos são ordenadas de forma alternada, proporcionando o estriamento muscular característico. É muito importante o fato de que, no pescado, existem dois tipos de tecidos musculares, o branco ou claro e o vermelho ou escuro. Geralmente o tecido muscular do peixe é claro, mas, em muitas espécies, a porção de músculo escuro é significativa. O músculo escuro localiza-se abaixo da pele, ao longo da linha lateral nos flancos do corpo do animal, e está relacionado com a sustentação da natação. A proporção entre músculo claro e músculo escuro varia de acordo com a atividade do peixe. Nos pelágicos, que nadam mais ou menos de forma contínua (arenque, sardinha, cavala), até 48% do peso do músculo pode corresponder ao escuro. Nos peixes demersais (merluza, bacalhau), que se alimentam no fundo do mar e que se movem apenas periodicamente, a quantidade de músculo escuro é muito pequena. Existem muitas diferenças na composição química dos dois tipos de músculo, destacando-se o maior conteúdo de gordura, mioglobina e glicogênio no músculo escuro. Para generalizar, pode-se dizer que o tecido muscular do peixe constitui 40 a 60% do total do animal; e representa a principal porção comestível. Em algumas espécies, o fígado e as glândulas sexuais (ovas) também são relevantes como alimentos.

COMPOSIÇÃO QUÍMICA

A carne do pescado, que é sua porção comestível mais importante, constitui-se principalmente de tecido muscular, tecido conetivo e gordura. A composição química da carne do pescado depende de muitas variáveis, entre as quais se destacam espécie, idade, estado fisiológico, época e região de captura. O peixe de mais idade geralmente é mais rico em gordura e, portanto, contém menor proporção de água. Em determinadas épocas, os peixes ficam mais magros e a carne apresenta conteúdo maior de água, enquanto sua riqueza em proteínas e, sobretudo, em gordura é menor. Normalmente esse estado aparece após a desova, o que ocorre na primavera na maioria das espécies que vivem em águas temperadas ou árticas. Quando os animais começam a se alimentar de novo, recuperam suas características habituais. Pode-se dizer, portanto, que, conforme as estações, observam-se mudanças cíclicas na composição da carne da maioria, se não de todas, as espécies. Essas mudanças são mais acentuadas em algumas espécies pelágicas que apresentam elevado conteúdo de gordura. Por exemplo, o conteúdo intramuscular de gordura do arenque (*Clupea harengus*) e da cavala (*Scomber scombrus*) pode variar de menos de 10 a mais de 25% entre o final da desova e a época de máxima alimentação.

A água é um dos componentes do peixe que apresenta maiores variações relacionadas às espécies e às épocas do ano, e pode compreender de 53 a 80% do total. De maneira geral, admite-se que há nos peixes correlação inversa entre o conteúdo de água e o de lipídeos totais, muito mais acentuada no caso das espécies gordas. Não é fácil oferecer a composição química das principais espécies comerciais de pescado devido às variações sazonais e de outro tipo que sofrem, mas a título de orientação apresenta-se a composição média percentual de algumas delas na Tabela 11.1.

Tabela 11.1 Composição química aproximada (%) de algumas espécies de pescado e de marisco

Espécie	Água	Proteína	Gordura	Sais minerais
Merluza	79,2	17,9	1,5	1,3
Bacalhau	80,8	17,3	0,4	1,2
Truta	78,2	18,3	3,1	1,4
Cavala	67,5	18,0	13,0	1,5
Atum	70,4	24,7	3,9	1,3
Lagostim	78,0	19,0	2,0	1,4
Ostras	83,0	9,0	1,2	2,0
Mexilhões	83,0	10,0	1,3	1,7

Proteínas

A maioria dos componentes nitrogenados do pescado faz parte das proteínas. Entretanto, o tecido muscular contém igualmente compostos nitrogenados não-protéicos. O conhecimento da composição e das propriedades dos diversos componentes nitrogenados é de grande relevância prática, uma vez que as características próprias do músculo dependem, em grande parte, da concentração e da proporção desses componentes.

Dependendo de sua solubilidade, as proteínas podem ser divididas, assim como as da carne, em sarcoplasmáticas, miofibrilares e insolúveis ou do estroma. Estas últimas proteínas têm menos interesse no pescado do que na carne, destacando-se, nos dois casos, o colágeno e a elastina. O tecido conetivo do pescado é muito mais débil e fácil de romper do que o dos mamíferos, degradando-se mais rapidamente e a temperaturas mais baixas.

Proteínas sarcoplasmáticas

As proteínas do sarcoplasma do músculo do pescado representam em torno de 20 a 30% do total de proteínas e, de maneira geral, suas características são similares às da carne dos animais de abate. Assim, são solúveis em água ou em soluções salinas fracas, e sua importância reside em que a maioria tem atividade enzimática. Normalmente as proteínas sarcoplasmáticas do pescado apresentam peso molecular médio inferior à dos mamíferos. Também se observam diferenças acentuadas nos modelos eletroforéticos dos extratos sarcoplasmáticos de diferentes espécies de pescado, o que permite sua diferenciação. As quantidades de proteínas sarcoplasmáticas coloridas, como mioglobinas e citocromo, variam muito segundo as espécies, mas nunca atingem os valores da carne. De fato, algumas espécies de pescado contêm apenas quantidades residuais nos músculos claros.

Proteínas miofibrilares

Este grupo de proteínas ocupa lugar de grande importância do ponto de vista nutritivo e também tecnológico. Há uma clara evidência de que as mudanças que alteram a textura do pescado são o resultado direto das mudanças que ocorrem nas proteínas miofibrilares. No pescado, a proporção de proteínas miofibrilares em termos de proteína muscular (65 a 75% do total) é superior à da carne dos animais de abate, mas basicamente encontram-se os mesmos tipos de proteínas e quase nas mesmas proporções relativas. As três principais proteínas miofibrilares são: actina, miosina e tropomiosina.

Nos músculos dos moluscos e de outros vertebrados, encontra-se a paramiosina, que representa em torno de 50% da proteína estrutural total dessas fibras musculares. Seu peso molecular é de 220 kDa e localiza-se no interior do miofilamento grosso.

Proteínas do estroma

São de alguma importância na textura do pescado. Sua quantidade é quase sempre menor do que na carne dos mamíferos, variando de 3% nos gadídeos (merluza, bacalhau) a 10% nos elasmobrânquios (raias, tubarões). A temperatura de gelatinização do colágeno do pescado é inferior à do colágeno dos mamíferos.

Aminoácidos

As diversas espécies de pescado não diferem muito quanto à sua composição em aminoácidos, embora algumas espécies possam ser excepcionalmente ricas em histidina. Na Tabela 11.2, mostra-se a composição dos principais aminoácidos das proteínas musculares do pescado e dos moluscos (mg/g de nitrogênio). Devido ao conteúdo em aminoácidos essenciais, o valor nutritivo das proteínas do pescado é muito alto.

Gordura

O conteúdo de gordura do pescado sofre variações muito significativas, dependendo da época do ano, da dieta, da temperatura da água, da salinidade, da espécie, do sexo e da parte do corpo analisada. As variações lipídicas entre indivíduos da mesma espécie são muito acentuadas. Por isso, empreenderam-se muitos esforços para distinguir diferentes categorias de pescado em relação ao seu conteúdo de gordura. Stansby e Olcott (1968) classificaram-nos em cinco categorias, de acordo com a quantidade de gordura e proteína:

a) pouca gordura (menos de 5%) — muita proteína (15 a 20%);
b) gordura média (5 a 15%) — muita proteína (15 a 20%).
c) muita gordura (mais de 15%) — pouca proteína (menos de 15%);
d) pouca gordura (menos de 5%) — muitíssima proteína (mais de 20%);
e) pouca gordura (menos de 5%) — pouca proteína (menos de 15%).

Para ilustrar as amplas variações de conteúdo de gordura de espécies diferentes, apresenta-se a seguir a porcenta-

Tabela 11.2 Principais aminoácidos das proteínas musculares do pescado e dos moluscos (mg/g de nitrogênio)

Aminoácidos	Pescado	Moluscos
Ile	330	300
Leu	530	480
Lys	610	500
Met	180	170
Cys	70	100
Phe	260	260
Tyr	220	260
The	300	290
Trp	70	80
Val	360	390

gem de gordura de vários pescados; assim, o bacalhau contém menos de 1%, a merluza de 1 a 1,5%, a truta tem valores médios em torno de 5% e a sardinha, a cavala e o arenque podem atingir até 25%, ou mais.

A gordura não se distribui por igual em todo o corpo do animal, a composição varia bastante, dependendo do tecido ou órgão considerado. Os peixes magros, como o bacalhau, têm fígados gordos, e a pele de algumas espécies, como dos escombrídeos (p. ex., a cavala), possui alto conteúdo de gordura, que representa 50% dos componentes da pele e 40% da gordura corporal.

O termo gordura engloba um grupo muito heterogêneo de substâncias que, do ponto de vista funcional, podem ser divididas em dois grandes grupos:

a) *Lipídeos de reserva*: são os que se encontram em proporções superiores a 1% do peso vivo e, entre os peixes que possuem músculos escuros e aqueles com músculos claros, são mais abundantes nos primeiros. Assim como nos vertebrados terrestres, são constituídos majoritariamente por triglicerídeos.
b) *Lipídeos estruturais*: não servem como material de reserva, mas desempenham alguma função biológica. A maior parte é constituída por fosfolipídeos.

A proporção de lipídeos de reserva e estruturais varia muito, dependendo da porcentagem de gordura total. Quanto maior é o conteúdo de gordura total, maior é a porcentagem de lipídeos de reserva e, portanto, de triglicerídeos. A gordura do pescado diferencia-se das gorduras vegetais e daquela procedente de animas de abate em três aspectos fundamentais:

- No pescado, há variedade maior de ácidos graxos.
- No pescado, a proporção de ácidos graxos de cadeia longa é maior.
- As gorduras do pescado são mais ricas em ácidos graxos poliinsaturados (PUFA).

Os ácidos graxos saturados costumam ter de 12 a 24 átomos de carbono, embora às vezes também se detectem ácidos graxos de cadeia mais curta. O comprimento da cadeia dos insaturados oscila entre 14 e 22 átomos de carbono, mas também se detectaram outros de cadeia mais curta (C10:1; C12:1) e mais longa (C24:1). A complexidade dos ácidos graxos dos lipídeos do pescado é muito maior do que a dos animais de abate devido à existência de múltiplos isômeros dos ácidos mono e polienóicos. Assim, foram descritos nos óleos de pescado 12 ácidos graxos de 20 átomos de carbono, 10 de 18 átomos de carbono e 9 de 22 átomos de carbono.

A maioria dos PUFA pertence às famílias n-3, n-6 e n-9; entretanto, podem encontrar-se igualmente as famílias n-1, n-4, n-5 e n-7. Na gordura do pescado, assim como na maioria das gorduras animais, o palmítico (C16:0) é o ácido graxo saturado mais abundante (10 a 30%) e, em geral, a taxa do mirístico (C14:0) oscila entre 3 e 6%. Quando a concentração total de ácidos graxos saturados está compreendida entre 20 e 30%, o esteárico (C18:0) não atinge concentrações superiores à faixa de 1 a 3%, e o C20:0, C22:0 e C24:0 encontram-se em níveis inferiores a 0,2%. Os ácidos graxos monoenóicos da gordura do pescado podem ser sintetizados pelo animal a partir do acetato, seguindo a mesma rota utilizada por outros microrganismos. Acredita-se que determinadas espécies possam dominar a soma da porcentagem total de C16:1 e C18:1, pois observou-se que animais procedentes dos dois lados do Atlântico, por exemplo, o salmão de Terranova (*Mallotus villosus*), apresentam o mesmo valor na soma destes dois ácidos graxos. Entre os isômeros dos ácidos graxos monoenóicos, há grandes variações. Assim, no caso do C20:1, sempre se detectam o C20:1n-9, o C20:1n-11 o C20:1n-7. Contudo, podem-se encontrar igualmente isômeros como o C20:1n-5, mas em quantidades menores. A abundância das séries C22:1 parece ter estreita relação com os alimentos que o animal recebe. Dessa série, existem normalmente três isômeros, n-9, n-11 e n-7; o C22:1n-11 é encontrado em maiores proporções.

São os PUFA que de fato diferenciam a gordura dos peixes da gordura dos animais terrestres e que, portanto, conferem suas características particulares. Em geral, e comparando com outros tipos de gorduras, pode-se afirmar que a do pescado possui quantidades relativamente abundantes de PUFA, com longitude de cadeia superior a 18 átomos de carbono. A soma dos PUFA com mais de 18 átomos de carbono pode significar, inclusive, mais de 30% do total dos ácidos graxos. Em contraste com a gordura do pescado, a porcentagem desses ácidos graxos na gordura do leite raramente ultrapassa 3%; no toucinho não chega a 1%, mesmo quando contém alta porcentagem de ácidos graxos insaturados com 18 átomos de carbono; e nos azeites vegetais predominam os ácidos graxos com 18 átomos de carbono, com 1, 2 ou 3 ligações, salvo no de colza, que possui alta porcentagem de erúcico (C22:1n-9). A maioria dos PUFA do pescado pertencem à família n-3, enquanto os da n-6 constituem porcentagem menor. Os ácidos graxos mais representativos da carne do pescado são o C20:5n-3 e o C22:6n-3, sendo que sua proporção depende dos hábitos alimentares dos diferentes peixes.

Na década passada, foram publicados numerosos artigos sobre os efeitos dos ácidos graxos da família n-3 na saúde humana. Em muitos países ocidentais, a ingestão de ácidos graxos n-3 parece inadequada para compensar a elevada ingestão daqueles da família n-6, e o excesso destes últimos pode interferir nos efeitos benéficos dos n-3 ao reduzir a agregação plaquetárias. Por isso, sugeriu-se que, aumentando a consumo de PUFA n-3 até 0,5 a 1,0 g/dia, seria possível reduzir em 40% o risco de mortes por problemas cardiovasculares em pessoas de meia-idade. Aumentando a ingestão do precursor do PUFA n-3, o ácido α-linolênico, consegue-se aumento dos PUFA n-3 no plasma.

O pescado, de maneira geral, tem gordura muito mais insaturada e com maior conteúdo de PUFA n-3 que a da carne, sendo, por isso, um alimento muito mais saudável do ponto de vista nutritivo em relação aos níveis de colesterol sérico e de eicosanóides dos consumidores. Por essa razão, em muitos países, seu consumo vem aumentando.

Nos peixes de vida silvestre, tanto de águas marinhas como continentais, a dieta tem influência poderosa na composição dos ácidos graxos dos lipídeos, independentemente de qual seja o tecido de procedência. As influências que a dieta exerce na composição dos ácidos graxos dos lipídeos foram estudadas muito mais intensamente em experiências planejadas para controlar os aspectos nutritivos e econômicos do cultivo de peixes.

O consumo de alimentos ricos em PUFA n-3 aumentou nos últimos anos, como se mencionou antes, devido a pesquisas que demonstram o efeito positivo desses ácidos graxos na prevenção de certas doenças, especialmente as cardiovasculares. Nesse sentido, o consumo de pescado ou de marisco foi potencializado por sua riqueza em PUFA n-3, embora nem todos esses produtos tenham a mesma abundância nos ácidos graxos dessa família. A proporção entre n-3 e n-6 é muito distinta em pescados de águas doces e pescados marinhos, sendo a relação aproximada de 12:5 e 33:5 respectivamente. Os lipídeos dos peixes e dos crustáceos criados em cativeiro também contêm mais PUFA n-6 e menos n-3 que os mesmos animais de vida silvestre, dado que, nos animais criados em cativeiro, reflete-se a composição da gordura da dieta baseada principalmente em óleos vegetais. Esse fato implica que os efeitos benéficos do consumo de pescado e de marisco podem não se concretizar se esses animais tiverem se alimentado com dietas ricas em PUFA n-6, dando lugar a lipídeos com baixos níveis de PUFA n-3 e baixas relações n-3/n-6. Mudanças na dieta podem causar alterações na proporção de ácidos graxos. Assim, pode-se aumentar o conteúdo em ácidos graxos n-3 dos lipídeos do peixe-gato (*Ictalurus punctatus*) suplementando a gordura da dieta com óleo de pescado, sem que a conservação em congelamento e as características sensoriais sejam afetadas negativamente.

Outros componentes menores

Compostos nitrogenados não-protéicos

Os componentes nitrogenados não-protéicos são substâncias minoritárias do pescado que estão dissolvidas no sarcoplasma e no líquido intercelular. Em muitos peixes, constituem apenas de 9 a 18% do total do nitrogênio muscular, embora nos elasmobrânquios seu conteúdo oscile entre 33 e 39% do nitrogênio.

Do nitrogênio não-protéico, 95% ou mais são formados por aminoácidos livres, dipeptídeos, compostos de guanidina, óxido de trimetilamina e seus derivados, uréia e nucleotídeos e compostos afins.

De maneira geral, os aminoácidos livres são encontrados em pequenas quantidades no músculo dos peixes marinhos e fluviais. Determinadas espécies de pescado (cavala, cimarrão, atum, bonito, sardinha, etc.) pertencentes às famílias dos escombrídeos e clupeídeos, contêm elevados níveis de histidina no músculo (100 a 200 mg/100 g de músculo) que, às vezes, após descarboxilação microbiana, pode transformar-se em histamina. O consumo dessas espécies de pescado em algumas ocasiões foi associada à intoxicação por consumo de histamina (intoxicação escombróide). Os músculos de moluscos e de crustáceos são ricos em aminoácidos livres, e representam de 20 a 30% do total de nitrogênio não-protéico.

Os principais dipeptídeos são a carnosina e a anserina. A balenina também é importante mas foi encontrada apenas em baleias. Como regra geral, somente um desses compostos apresenta-se de forma majoritária em uma espécie de pescado: a carnosina no esturjão e na enguia e a anserina no bacalhau, nas trutas, em alguns esqualídeos e em outros peixes típicos de origem marinha.

Os compostos de guanidina constituem um grupo muito importante de compostos nitrogenados não-protéicos que desempenham papel de destaque na fisiologia do peixe e nas alterações *post-mortem*. O principal composto é a creatina (300-700 mg/100 g em músculos de peixes), que muitas vezes aparece fosforilada como creatina fosfato.

O óxido de trimetilamina e seus derivados compreendem um conjunto de componentes nitrogenados não-protéicos ausentes na carne dos animais de abate e relativamente abundantes nas espécies de pescado de origem marinha. O óxido de trimetilamina (OTMA) atinge valores máximos nos tecidos dos elasmobrânquios e lulas (75 a 250 mg N/100 g), sendo seguido dos gadídeos, como o bacalhau e a merluza (60 a 120 mg N/100 g). Os peixes planos e pelágicos apresentam os valores mínimos. Contudo, existem diferenças entre indivíduos da mesma espécie, que se devem principalmente à estação, ao tamanho e à idade. O OTMA [$(CH_3)_3NO$] presente no pescado reduz-se, por ação bacteriana ou enzimática ou de ambas, a trimetilamina [TMA, $(CH_3)_3N$] que, junto com a dimetilamina [DMA, $(CH_3)_2NH$], produz o odor característico de peixe alterado. Por isso, as taxas de TMA ou a relação TMA/OTMA foram utilizadas como índice de alteração do peixe. Durante o armazenamento do pescado em refrigeração, a degradação do OTMA produz essencialmente TMA, embora nem sempre a diminuição dos níveis de OTMA reflita em aumento equivalente de TMA, visto que pode haver perdas com a água de escorrimento ou volatilizações. Durante o armazenamento de pescado congelado, sobretudo nos gadídeos, o OTMA pode render TMA e formaldeído pela ação da enzima OTMA demetílase. Em gadídeos conservados em congelamento, há relação positiva entre a formação de DMA/formaldeído e o endurecimento da carne (perda da textura ideal do pescado).

O conteúdo de uréia no músculo dos peixes é muito variável. Assim, os elasmobrânquios são particularmente ricos (2% do tecido muscular), enquanto os teleósteos costumam apresentar taxas reduzidas (menos de 0,05% do tecido muscular). A importância do elevado conteúdo de uréia em alguns pescados reside em que, por ação bacteriana, pode transformar-se em amoníaco que, junto com a TMA, produz odores desagradáveis.

No músculo do pescado, os nucleotídeos de adenina representam mais de 90% do total desses compostos e o principal é o ATP. Durante os processos *post-mortem* do pescado, instaura-se o metabolismo anaeróbio, que diminui a formação de ATP e cessa quando cessam as reservas de glicogênio muscular. A diminuição e o desaparecimento do conteúdo de ATP dá origem ao aparecimento do *rigor mortis*. A degradação que a ATP sofre no músculo do pescado é: ATP → ADP → AMP → IMP → Inosina (HxR) → Hipoxantina (Hx), enquanto no músculo de invertebrados é: ATP → ADP → AMP → Adenosina (Ad) → Inosina (HxR) Hipoxantina (Hx).

Em geral, a passagem ATP → IMP é um processo autolítico rápido que ocorre antes que o pH muscular chegue a nível final constante. Considera-se que o pescado está fresco nesse ponto. A presença de IMP no pescado proporciona um sabor agradável. A passagem de IMP para HxR ou Hx ocorre de forma mais lenta quando o pH está mais ou menos constante. O acúmulo de inosina ou de hipoxantina indica que o pescado está começando a perder frescor. A presença de HxR ou Hx no pescado acarreta leve sabor amargo indesejável. Dado que o tempo de armazenamento em gelo aumenta o conteúdo de Hx, foi possível utilizar o conteúdo de hipoxantina como indicador químico do frescor do pescado. Em alguns peixes, a degradação do ATP não chega até Hx, mas forma-se unicamente inosina (HxR), ou se formam as duas. É por esse motivo que atualmente deixou-se de utilizar exclusivamente o conteúdo em hipoxantina para estabelecer o frescor do pescado, passando-se a empregar a reação completa de degradação do ATP (item "Indicadores químicos" neste capítulo).

Minerais e vitaminas

O pescado e os mariscos têm grande variedade de minerais, dos quais os mais abundantes são cálcio, fósforo, sódio, potássio e magnésio. Em quantidades residuais podem-se encontrar iodo, ferro, cobre, flúor, cobalto e zinco. Alguns pescados são excelentes fontes de cálcio, apresentando concentrações que variam de 5 a 200 mg por 100 g de produto. Essa variabilidade pode ser atribuída à quantidade de cálcio na água e/ou nos alimentos do peixe, à idade, ao tamanho e ao desenvolvimento sexual do animal. Os pescados consumidos inteiros são uma boa fonte de cálcio; a carne dos crustáceos e dos moluscos costuma conter mais cálcio que a do pescado. São particularmente boas fontes de cálcio os pescados enlatados com as espinhas (sardinhas, sardinelas, etc.) e as ostras. O conteúdo de fósforo do pescado varia de 100 a 400 mg por 100 g de carne, sendo que as variações decorrem de fatores muito similares aos descritos no caso do cálcio. Os crustáceos e os moluscos costumam ter menos fósforo do que o pescado. O conteúdo de sódio do pescado varia de 30 a 150 mg com valores médios de 60 mg/100 mg de músculo. Portanto, pode-se dizer que o conteúdo do pescado em sódio é baixo e, de fato, seu consumo é recomendado para pessoas com dietas pobres nesse mineral. O conteúdo de sódio de moluscos e crustáceos variável, mas geralmente supera o do pescado. Alguns produtos enlatados, graças ao sal adicionado durante o processamento, podem ser muito ricos em sódio. O pescado e os mariscos não são considerados como as principais fontes de potássio, embora o pescado proporcione de 200 a 500 mg/100 g de músculo e o marisco contribua geralmente com quantidades menores. Considera-se o pescado como uma boa fonte de magnésio (10 a 50 mg/100 g), embora as concentrações variem conforme as espécies. Os produtos de origem marinha são os alimentos naturais mais ricos em iodo. Os valores descritos no pescado variam de 16 a 318 μg/100 g de carne. Normalmente o conteúdo em iodo é superior na gordura e inferior nos peixes de água doce, que proporcionam quantidades variáveis de 1,7 a 40 μg/100 g de carne. O pescado contém cerca de 1 mg de ferro para cada 100 g de carne. O músculo escuro é mais rico nesse elemento do que o claro. As ostras são uma fonte excepcionalmente boa de ferro. Também são boas fontes as amêijoas e os lagostins. Os mariscos parecem ser uma boa fonte de cobre, com valores médios superiores a 0,25 mg/100 g, que são os descritos para o pescado.

A quantidade de vitaminas do pescado varia conforme a espécie, a idade, a estação, a maturidade sexual e a área geográfica da pesca.

A vitamina A encontra-se concentrada nas vísceras, especialmente no fígado. Os óleos de fígado de pescado, sobretudo aqueles extraídos do bacalhau e de diversos tipos de tubarão, são excelentes fontes dessa vitamina. O músculo escuro, por ser mais rico em gordura que o músculo claro, também é rico em vitamina A. A carne de pescado contém de 0 a 1.800 UI de vitamina A. O conteúdo de vitamina D depende das espécies. Os pescados gordos, como a cavala e o arenque, contêm níveis superiores aos dos magros. Diferentemente das vitaminas lipossolúveis, as hidrossolúveis são mais abundantes na carne do que nas vísceras. O músculo do pescado contém valores médios aproximados de tiamina de 100 $\mu g/100$ g. As ostras são uma boa fonte de tiamina, com 1,2 mg/100 g de carne. O músculo do pescado é uma boa fonte de niacina, sendo que as concentrações variam de 0,9 mg a 3,1 mg/100 g de tecido. Entre os mariscos, as ostras são fontes razoavelmente boas dessa vitamina. A concentração de riboflavina no pescado varia muito segundo o tecido analisado. O músculo escuro contém mais do que o claro, embora se possa dizer, de maneira geral, que o conteúdo de riboflavina de muitos pescados é comparável ao que se encontra nos animais terrestres.

O pescado inteiro é uma boa fonte de piridoxina, e seus valores oscilam entre 100 e 200 $\mu g/100$ g de carne.

A vitamina B_{12} encontra-se em quantidades significativas principalmente no pescado gordo e no marisco. As quantidades encontradas no músculo do pescado variam de 0 em alguns tipos de tubarão a 1,9 $\mu g/100$ g de carne em alguns tipos de arenque.

As maiores concentrações de ácido pantotênico encontram-se nas gônadas. Nem o ácido fólico nem a vitamina C são encontrados em quantidades significativas nas porções comestíveis do pescado.

ALTERAÇÕES *POST-MORTEM* DO PESCADO

O pescado é um dos alimentos mais perecíveis e, por isso, necessita de cuidados adequados desde que é capturado fresco até chegar ao consumidor ou à indústria transformadora. A maneira de manipular o pescado nesse intervalo de tempo determina a intensidade com que se apresentam as alterações, que obedecem a três causas: enzimática, oxidativa e bacteriana. A rapidez com que se desenvolve cada uma dessas alterações depende de como foram aplicados os princípios básicos da conservação dos alimentos, assim como da espécie dos peixes e dos métodos de pesca.

É evidente que todo pescado recém-capturado está fresco. Por outro lado, grande proporção do pescado é vendida fresca. Aqui inclui-se todo pescado vendido inteiro, limpo e cortado e o marisco fresco.

De todos os significados existentes para a expressão *peixe fresco*, há duas em que está implícito o emprego correto de *fresco*:

a) recém-produzido, sem conservar nem armazenar (costuma-se admitir refrigeração em gelo);
b) que apresenta suas qualidades originais intactas, isto é, sem alteração de nenhum tipo. O pescado que se congela e descongela cuidadosamente e que, além disso, é de boa qualidade, poderia muito bem ser considerado *fresco* de acordo com a segunda definição, mas não pela primeira, a partir do momento em que se realiza o congelamento. De acordo com o que se expôs anteriormente, é útil definir o termo pescado fresco ou produtos frescos como o pescado e os produtos pesqueiros integrais ou preparados, incluídos os produtos acondicionados a vácuo ou em atmosferas modificadas, que não tenham sido submetidos a nenhum outro tratamento a não ser o congelamento, destinado a garantir sua conservação. O frescor do pescado determina, portanto, a qualidade dos produtos derivados e a limita significativamente.

Influem no frescor do pescado (seja qual for a definição aplicada) várias circunstâncias, entre as quais se destacam:

Grau de esgotamento

Os peixes que são muito ativos, como o atum e a cavala, podem sofrer grande excitação e inclusive morrer em estado de intensa agitação quando ficam presos nos fios. Da mesma maneira, alguns tipos de equipamento de pesca, como as redes, podem provocar a morte dos peixes depois de esforço extenuante. Essa atividade desenvolvida antes de morrer causa rápido *rigor mortis*, ao qual se seguem sinais precoces de alteração durante a conservação em gelo. Ao contrário, muitos peixes são capturados com cordas e anzóis superficiais, sobem a bordo rapidamente, sendo abatidos, em seguida, mediante um golpe na cabeça. Esses *abates limpos* se mostram muito importantes no momento de prolongar o frescor e melhorar a qualidade do pescado, do mesmo modo que ocorre com os animais de abate. Constatou-se em viveiros de trutas que o emprego de um dispositivo que atordoe ou mate a truta mediante a ação de uma corrente elétrica é positivo, pois implica uma melhoria da qualidade.

Danos físicos

O equipamento empregado e a manipulação a que se submete o pescado quando é içado a bordo muitas vezes provocam a contusão ou o rompimento das peças. A carga ou descarga dos peixes no barco com a ajuda de garfos, tridentes ou varas terminadas em ganchos é desfavorável devido aos orifícios que produzem nos peixes, prejudicando seu aspecto e sua futura conservação, já que nesses danos físicos avançam com grande rapidez as alterações de origem bacteriana.

Limpeza

Os peixes que estavam comendo ativamente no momento da captura são os que mais costumam apresentar alterações autolíticas em razão das enzimas digestivas; por isso, precisam ser eviscerados e misturados com gelo rapidamente.

De maneira geral, deve-se procurar, sempre que possível, limpar todo o peixe imediatamente após a captura, isto é, tirar-lhes as vísceras e as brânquias.

O peixe pode morrer durante a pesca, enquanto ainda está na água, ou por efeito do acúmulo de animais. Às vezes, ele é tirado da água e morre imediatamente por asfixia. Quando o peixe morre, há uma série de *mudanças físicas e químicas* no corpo que, de forma progressiva, levam à alteração final. Essas mudanças incluem a produção de *mucos* na superfície, desenvolvimento da *rigidez cadavérica*, *autólise* e, finalmente, *decomposição bacteriana*. Essas mudanças não são consecutivas. Seu princípio, fim e duração podem variar dependendo de muitos fatores, como espécie animal, sistema de captura, temperatura de armazenamento, etc.

Produção de mucos

Ocorre nas glândulas mucosas da pele como uma reação particular do organismo moribundo às condições desfavoráveis à sua volta. A produção de muco, às vezes, é tão significativa que o corpo fica recoberto por uma fina camada de limo que representa de 2 a 2,5% do peso total.

Esse limo ou muco é constituído principalmente pela glicoproteína mucina, que é um bom meio para o desenvolvimento de microrganismos. A produção de muco não significa que o pescado esteja em más condições para o consumo, mas, visto que facilita o crescimento bacteriano na superfície, é, em muitos casos, o veículo da penetração microbiana em outras partes do pescado.

Rigor mortis

É o resultado de reações bioquímicas complexas no músculo, similares às descritas para a carne. Quando cessa o aporte de oxigênio do músculo, o metabolismo torna-se anaeróbio, e a principal fonte de energia é a degradação do glicogênio muscular. Geralmente o glicogênio se esgota em menos de 24 horas. A queda do pH muscular está associada ao acúmulo de ácido láctico procedente da glicólise e à hidrólise do ATP. Ao degradar-se o ATP, graças ao qual as principais proteínas musculares miofibrilares actina e miosina permanecem dissociadas, formam-se complexos de actomiosina, associado à alteração do estado coloidal das proteínas que provoca a contração das miofibrilas com o correspondente encurtamento muscular.

O pH do músculo do pescado desce menos do que o dos animais de abate devido à menor reserva de glicogênio. Pode-se dizer, de forma geral, que o pH desce de 6,9 a 7 até 6,2 a 6,3 em pescados magros, embora possam atingir valores de aproximadamente 5,5 a 5,7 em pescados de carne escura, como alguns tuníneos, cavala, etc.

O momento em que aparece o *rigor mortis*, assim como sua duração, depende de muitos fatores, entre os quais se destacam a espécie, o estado do peixe, o modo de captura, a temperatura de armazenamento, etc. De maneira geral, pode-se dizer que nos peixes ativos, de movimentos rápidos e enérgicos, o rigor aparece primeiro e resolve-se antes que nos peixes mais sedentários. Em peixes sadios e bem-nutridos, o rigor é mais acentuado do que nos mal-nutridos ou doentes. Se o peixe é retirado rapidamente da água e logo é sacrificado, o *rigor* demora mais tempo a aparecer e a resolver-se do que nos animais mortos por asfixia. Quanto maior é a temperatura de armazenamento, mais rápido aparece e menos tempo demora para o *rigor mortis* ser resolvido.

Autólise

É o processo de degradação das proteínas e gorduras devido à ação das proteases e lipases tissulares, respectivamente. As enzimas proteolíticas do aparelho digestório podem causar danos importantes à qualidade do pescado, especialmente se o peixe estava se alimentando no momento da captura. Poucas horas depois da morte do animal, as proteases podem degradar a parede abdominal e parte da musculatura adjacente. As espécies pelágicas, como atum, sardinha e arenque são mais suscetíveis à proteólise causada pelas enzimas intestinais.

Junto com a proteólise, produz-se a lipólise, que leva ao acúmulo de ácidos graxos livres. O pescado com ligeiro grau de autólise é perfeitamente utilizável; por isso, não se deve confundir autólise com alteração. Mas é certo que a autólise produz alterações profundas nos tecidos que modificam a consistência da carne. A proteólise e a lipólise, por sua vez, criam um meio favorável aos microrganismos, facilitando, conseqüentemente, a alteração.

De maneira geral, as alterações que ocorrem no músculo estão resumidas na Figura 11.1.

Decomposição bacteriana

As proteínas do pescado sofrem decomposição acentuada devido à ação das bactérias com a formação de grande número de compostos tóxicos e/ou fétidos.

A contaminação da carne do pescado ocorre principalmente por bactérias do intestino, das brânquias ou da pele. Ao iniciar a autólise, criam-se condições ótimas para o crescimento de microrganismos, o que, por sua vez, acentua a proteólise e a lipólise. O processo e a natureza da decomposição bacteriana dependem da composição da microflora, da oxidação aeróbia ou de processos de redução anaeróbia. Os principais produtos finais da decomposição bacteriana são: substâncias inorgânicas, hidrogênio, CO_2, amoníaco; compostos sulfurados, SH_2 e mercaptanos; ácidos graxos de cadeia curta (acético, propiôni-

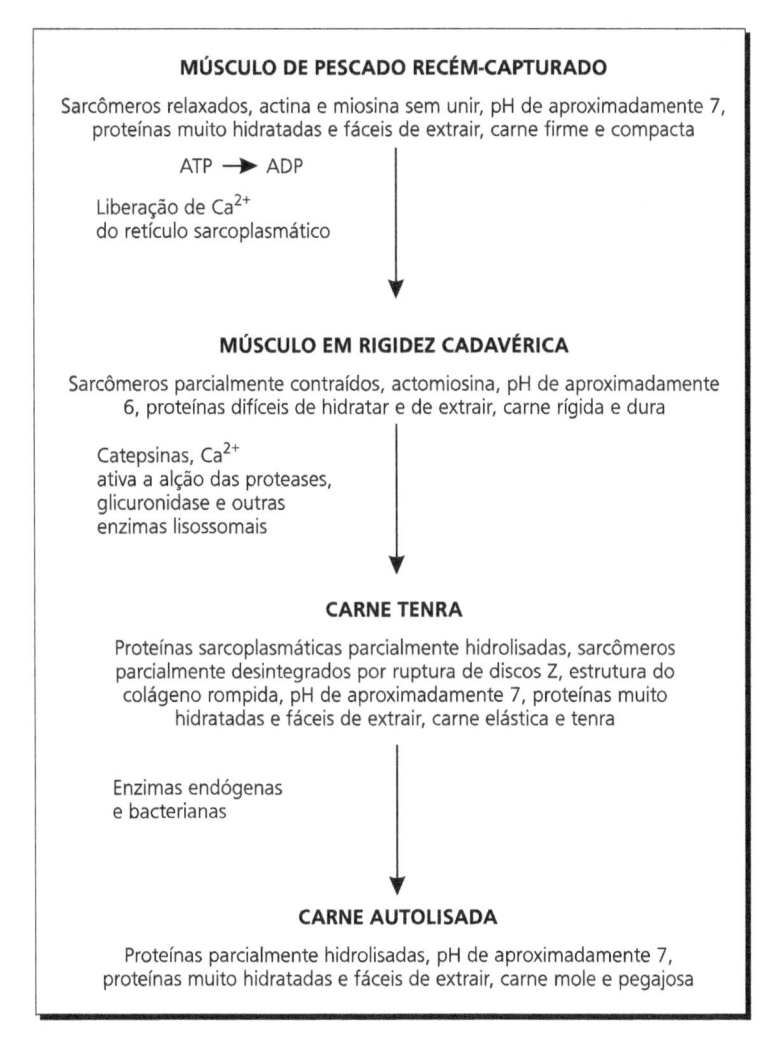

```
┌─────────────────────────────────────────────────────────────┐
│              MÚSCULO DE PESCADO RECÉM-CAPTURADO             │
│  Sarcômeros relaxados, actina e miosina sem unir, pH de     │
│  aproximadamente 7, proteínas muito hidratadas e fáceis     │
│  de extrair, carne firme e compacta                         │
│                                                             │
│      ATP ⟶ ADP                                              │
│      Liberação de Ca²⁺                                      │
│      do retículo sarcoplasmático                            │
│                           ↓                                 │
│                MÚSCULO EM RIGIDEZ CADAVÉRICA                │
│  Sarcômeros parcialmente contraídos, actomiosina, pH de     │
│  aproximadamente 6, proteínas difíceis de hidratar e de     │
│  extrair, carne rígida e dura                               │
│                                                             │
│      Catepsinas, Ca²⁺                                       │
│      ativa a alção das proteases,                           │
│      glicuronidase e outras                                 │
│      enzimas lisossomais                                    │
│                           ↓                                 │
│                       CARNE TENRA                           │
│  Proteínas sarcoplasmáticas parcialmente hidrolisadas,      │
│  sarcômeros parcialmente desintegrados por ruptura de       │
│  discos Z, estrutura do colágeno rompida, pH de             │
│  aproximadamente 7, proteínas muito hidratadas e fáceis     │
│  de extrair, carne elástica e tenra                         │
│                                                             │
│      Enzimas endógenas                                      │
│      e bacterianas                                          │
│                           ↓                                 │
│                     CARNE AUTOLISADA                        │
│  Proteínas parcialmente hidrolisadas, pH de aproximadamente │
│  7, proteínas muito hidratadas e fáceis de extrair, carne   │
│  mole e pegajosa                                            │
└─────────────────────────────────────────────────────────────┘
```

Figura 11.1 Mudanças na carne do pescado fresco.

co, valérico, láctico, succínico), ácidos aromáticos (benzóico, fenil propiônico e seus sais amoniacais), bases orgânicas, incluindo as mais simples monoaminas (metilamina, dimetilamina e trimetilamina), monoaminas cíclicas (histamina e feniletilamina) e diaminas (putrescina e cadaverina). As principais alterações nos compostos nitrogenados não-protéicos são a redução do óxido de trimetilamina (OTMA) a trimetilamina (TMA), a descarboxilação de histidina dando histamina e a decomposição da uréia com liberação de amoníaco.

As bactérias também decompõem a gordura, acarretando hidrólise de triglicerídeos e oxidação de gorduras, formando peróxidos, aldeídos, cetonas e ácidos graxos de cadeia curta. Esses processos são mais lentos do que a decomposição das substâncias nitrogenadas, razão pela qual estas últimas costumam ser a principal causa de alteração durante o armazenamento.

A velocidade de autólise e de desenvolvimento bacteriano dependem da temperatura.

ESTIMATIVA DO GRAU DE ALTERAÇÃO DO PESCADO

Indicadores sensoriais

As principais mudanças na estrutura e na composição química dos tecidos do pescado podem ser observadas por mudanças nas propriedades sensoriais, como aparência externa, firmeza, consistência da carne e odor que, junto com os testes químicos, permitem saber se o pescado é apropriado ou não para o consumo.

Os sinais organolépticos do pescado alterado são:

a) *rigor mortis* resolvido: o corpo perdeu firmeza e retém a marca dos dedos ao pressionar;
b) olhos fundos e opacos;
c) as brânquias passam da cor vermelha-brilhante a cores mais pardas, recobertas de muco com odores pútridos ao final;
d) ânus úmido, inchado e avermelhado;
e) superfície do pescado escura, recoberta de limo opaco e de odor pútrido ao final;
f) cortes transversais mostram descolorações vermelhas próximas da espinha; e
g) carne mole, formando camadas ao longo dos septos facilmente separáveis dos ossos; carne anormalmente esverdeada ou avermelhada e odor pútrido ao final.

Indicadores químicos

A avaliação sensorial apresenta alguns problemas, fundamentalmente subjetividade, com tendência a comparar mais do que a realizar uma avaliação objetiva.

A alteração do pescado deve-se principalmente ao desenvolvimento microbiano (item "Alteração do pescado" no Capítulo 12), dando lugar à produção das diferentes substâncias mencionadas anteriormente. Algumas delas não se encontram no animal vivo, enquanto outras, normalmente presentes, aumentam sua concentração de forma paralela ao crescimento microbiano.

De maneira geral, o pescado pode ser considerado fresco se o conteúdo de nitrogênio básico volátil total (NBVT) não exceder 20 mg/gordo por 100 g. Porém, no caso do pescado gordo, a medida da rancificação pode ser indicador melhor do que o NBVT. A alteração das elasmobrânquias caracteriza-se pela formação de quantidade considerável de amoníaco por degradação da uréia. Devido à grande diversidade de espécies de pescado, propuseram-se vários indicadores químicos para estabelecer de forma objetiva o frescor; todos eles baseiam-se na detecção e na mensuração de compostos de degradação: ácidos orgânicos, etanol, bases voláteis, produtos derivados da degradação lipídica, derivados dos nucleotídeos e aminas. Os principais indicadores de alteração do pescado são descritos a seguir.

Bases voláteis

A taxa de nitrogênio básico volátil total (NBVT) foi o primeiro indicador químico proposto, sendo usado ainda de forma generalizada. O valor do NBVT expressa quantitativamente o conteúdo de bases voláteis de baixo peso molecular e de aminas procedentes da descarboxilação microbiana dos aminoácidos, e foi considerado representativo do grau de alteração do pescado e dos produtos pesqueiros. O nível máximo tolerável e que coincide com as alterações organolépticas acentuadas é de 30 a 35 mg NBVT/100 g. Para pescados gordos, como o arenque e a cavala, propuseram-se taxas um pouco inferiores (20 mg NBVT/100 g), muito parecidas com as recomendadas para as ostras (17 mg NBVT/100 g) e inferiores às propostas para as lulas (45 mg NBVT/100 g). Contudo, os níveis de NBVT podem variar muito em um mesmo estado de decomposição.

A trimetilamina (TMA) proporciona indicação muito útil de alteração microbiana em algumas espécies de pescado, mas nem sempre é exata, pois outros fatores podem afetar sua taxa. No caso do pescado, consideram-se como valores-limite aceitáveis aqueles compreendidos entre 10 e 15 mg N-TMA/100 g de pescado.

Um critério químico que leva em conta os dois fatores é o valor P:

$$P = TMA/TVBN \times 100$$

O bacalhau e a cavala, que apresentam diferentes taxas de aminas em estado similar de alteração, têm o mesmo valor P, o que aconselha o uso do valor P mais do que da taxa de TMA ou NBVT como critérios isolados de frescor.

Derivados da degradação de nucleotídeos

O valor K, indicador do frescor do pescado, baseia-se na determinação dos compostos resultantes da degradação do ATP que dá lugar a ADP, AMP, IMP, inosina e hipoxantina.

$$K = inosina + hipoxantina \times 100/ATP + ADP + AMP + IMP + inosina + hipoxantina$$

Alguns sistemas para determinar o frescor do pescado baseiam-se unicamente no conteúdo de hipoxantinas; isto é útil, sobretudo, nos primeiros momentos do armazenamento.

O valor K baixo indica, de maneira geral, pescado fresco.

Aminas

Sob a denominação genérica de aminas incluem-se histamina, tiramina, agmatina (típica da lula), cadaverina, putrescina, espermidina, espermina e triptamina.

A mais interessante destas aminas é a histamina, que procede da descarboxilação da histidina. Sua determinação quantitativa constitui um indicador de qualidade do ponto de vista sanitário, sendo útil sua determinação nas conservas de pescado, já que se demonstrou ser termoestável inclusive a tratamentos de 116°C durante 90 minutos.

No caso do atum, formulou-se um indicador de qualidade que tem boa correlação com a avaliação sensorial expressado como:

Índice de qualidade = (ppm histamina + ppm putrescina + ppm cadaverina)/(1 + ppm espermidina + ppm espermina)

A escolha desse índice baseia-se no conhecimento de que as concentrações de histamina, putrescina e cadaverina aumentam, enquanto a espermidina e a espermina diminuem à medida que sua decomposição avança.

A relação entre formação de aminas e qualidade também está sendo estudada para mariscos, nos quais foram encontradas grandes quantidades de arginina. No músculo adutor da vieira foram encontradas putrescina e ortinina, ambas produzidas a partir da arginina, que parecem ser úteis como indicadores de frescor.

REFERÊNCIAS BIBLIOGRÁFICAS

ACKMAN, R. G. (1979): "Fish lipids. Part 1". En *Advances in fish science and technology* (eds. J. J. Connell ans staff of Torry Research Station). Fishing News Books Ltd. Farnham, pp. 86-103.

HUSS, H. H. (1988): El *pescado fresco: su calidad y cambios de calidad*. Colección FAO: Pesca. N° 29.

STANSBY, M. E. y OLCOTT, H. S. (1968): "Composición dei pescado". En *Tecnología de la industria pesquera* (ed. M.E. Stansby). Acribia. Zaragoza, pp, 391-402.

RESUMO

1 Sob o nome de pescado e marisco, engloba-se grande variedade de espécies de peixes, crustáceos e moluscos de origem marinha ou de água doce. Os peixes de relevância comercial são, em sua maioria, teleósteos, tanto pelágicos como demersais.

2 A estrutura da fibra muscular dos peixes, de maneira geral, é similar à dos animais de abate.

3 Dentro da composição química, o componente em que há mais diferença em relação aos animais de abate é a gordura. Sua quantidade pode variar de menos de 2% (pescados magros e mariscos) até valores superiores a 15% (pescados gordos).

4 A variedade dos ácidos graxos dos lipídeos do pescado é muito maior do que na carne. Além disso, esses caracterizam-se por conter elevada concentração de ácidos graxos poliinsaturados e grande riqueza daqueles pertencentes à família n-3.

5 As mudanças *post-mortem* são similares às que ocorrem no músculo dos animais de abate, com a diferença principal de que o pH final no pescado é, quase sempre, sensivelmente mais elevado (superior a 6), o que é muito relevante, visto que, de certo modo, determina o tipo de microbiota que prevalecerá durante o armazenamento.

6 O pescado de origem marinha, diferentemente do pescado de água doce e da carne, caracteriza-se por seu conteúdo em óxido de trimetilamina cuja degradação no processo *post-mortem* e durante o armazenamento contribui para o aparecimento de substâncias que participam, em uma primeira fase, no sabor e no aroma característicos do pescado fresco e, em etapas mais avançadas, nos do pescado alterado.

7 O grau de frescor do pescado normalmente é determinado examinando-se suas propriedades sensoriais. Mas, para isso, desenvolveram-se alguns indicadores químicos, sendo o valor K um dos mais utilizados; ele relaciona o conteúdo em inosina e hipoxantina em função do ATP e de seus produtos de degradação.

CAPÍTULO 12

Conservação do pescado e do marisco mediante a aplicação de frio

Este capítulo começa com o estudo da alteração do pescado fresco e de sua manipulação a bordo. Ao mesmo tempo, é abordado o emprego do frio (refrigeração e congelamento) para conservar o pescado. Também aborda de forma sumária o uso de atmosferas modificadas para a ampliação da vida útil do pescado refrigerado.

ALTERAÇÃO DO PESCADO

O pescado é um dos alimentos mais perecíveis, sendo por isso, necessário manejo cuidadoso desde a captura até a venda ou industrialização. O tempo que dura esse período e a maneira de manipular o pescado nesse intervalo determinam fortemente seu grau de alteração. Participam da alteração do pescado fenômenos enzimáticos, oxidativos e bacterianos. A rapidez com que se desenvolve cada um desses processos durante o armazenamento do pescado depende, em primeiro lugar, da aplicação dos princípios de conservação de alimentos e, em segundo lugar, do tipo de pescado e dos métodos da captura. Porém, a ação microbiana é o fator que sempre adquire maior relevância na alteração do pescado fresco, devido, sem dúvida, aos elevados valores de pH de a_w e à riqueza de nutrientes disponíveis para o crescimento microbiano.

Durante o *rigor mortis*, os músculos dos peixes sofrem as mesmas mudanças bioquímicas observadas na carne, mas seu pH final é maior (6,2 ou superior), embora o de algumas espécies de peixes planos, como o halibute e alguns tunídeos, possa ser inferior a 5,8. Não se sabe com certeza se as mudanças bioquímicas *post-mortem* exercem influência direta no crescimento microbiano, mas observou-se que os processos de alteração microbiana só se tornam evidentes depois da resolução do *rigor mortis*. Contudo, o elevado pH, em comparação com o da carne, condiciona a instauração de um ou outro tipo de microrganismos.

A alteração microbiana do pescado é descrita correntemente como um processo *proteolítico*. Embora exista, sem dúvida, algum grau de hidrólise protéica, pelo menos nos estágios iniciais, parece que o processo implica a utilização pelos microrganismos de componentes nitrogenados não-protéicos solúveis. Salvo nos moluscos, os carboidratos desempenham um papel menor. No entanto, podem utilizar a ribose produzida como conseqüência da degradação do ATP. Normalmente considera-se que o músculo e os órgãos internos do pescado recém-capturado são estéreis, mas a pele, brânquias e intestinos estão sempre contaminados. As bactérias da pele e das brânquias do pescado são predominantemente aeróbias. A quantidade de anaeróbios abrigados nas superfícies externas geralmente é muito pequena, mas, no intestino, podem encontrar-se clostrídios e outros anaeróbios em quantidades significativas.

Os microrganismos da pele, das brânquias e do aparelho digestário proliferam-se com muita rapidez, chegando a atingir valores superiores a 10^6 ufc/g de produto. Ao mesmo tempo, em determinadas espécies de pescado, as enzimas endógenas e microbianas reduzem o OTMA a TMA e degradam as proteínas e aminoácidos formando amoníaco, substâncias sulfuradas e outros compostos indesejáveis, característicos da alteração microbiana. O principal objetivo da conservação do pescado é frear, reduzir ou inibir a alteração microbiana. No caso dos peixes gordos, a conservação também procura reduzir a oxidação lipídica. A relevância do crescimento microbiano na alteração do pescado foi deduzida de pesquisas realizadas com tecido muscular do pescado, obtido assepticamente e mantido em condições de refrigeração durante semanas, tendo-se observado que não se desenvolvem odores e sabores desagradáveis. As mudanças bioquímicas endógenas produzidas no pescado após a morte são importantes, particularmente o pH, visto que condicionam o substrato à ação bacteriana, mas os fenômenos autolíticos são, por si mesmos, um fato insignificante, exceto em peixes armazenados sem eviscerar e que, portanto, mantêm íntegra a cavidade abdominal.

Parece que as bactérias ficam confinadas nas camadas superficiais até que se desenvolva a alteração. Inicialmente afirmou-se que os microrganismos penetravam nos tecidos ou chegavam a eles através dos vasos sangüíneos, mas estudos recentes sugerem que isso não ocorre em pescado inteiro ou eviscerado, mantido a baixas temperaturas. Nos filés, a penetração é mais rápida, mas há muito mais atividade bacteriana na superfície, que é de natureza oxidante.

A maioria dos estudos assinala que as bactérias bacilares Gram negativas dos gêneros *Pseudomonas, Alteromonas, Shewanella, Moraxella, Acinetobacter, Flavobacterium* e *Vibrio* são os tipos predominantes e representam 80% da microbiota do pescado (Hobbs, 1991). No caso de crustáceos, apontou-se o predomínio de *Moraxella-Acinetobacter* e a presença significativa de corineformes e micrococos. Em pescado procedente de zonas tropicais e subtropicais, pode haver predomínio de gêneros Gram positivos, como *Bacillus, Micrococcus* e corineformes. Situação similar ocorre com os peixes de água doce, nos quais predominam os Gram positivos nas espécies de água quente e os Gram negativos nas de água fria. Entretanto, em pescado de água doce de regiões frias, pode-se esperar também a presença de *Streptococcus, Micrococcus, Bacillus*, embora acabem predominando *Pseudomonas, Moraxella* e *Acinetobacter*. Do ponto de vista sanitário, existem duas espécies bacterianas que podem fazer parte da microflora normal do pescado, que são o *Clostridium botulinum* do tipo E e dos tipos não-proteolíticos B e F, e *Vibrio parahaemolyticus*. Depois dos artigos de Shewan (1971), no qual se revisa a bibliografia sobre a microbiologia do pescado desde 1930, e de Stenstrom e Molin (1990), em que se apresentam os resultados da alteração do pescado de numerosas espécies, fica evidente que durante o armazenamento, *Pseudomonas* e *Shewanela putrefaciens* assumem rapidamente posição dominante, sendo os dois grupos responsáveis, portanto, pela alteração do pescado em condições de anaerobiose. Contudo, a *Moraxella-Acinetobacter* e a *Flavobacterium* também podem estar envolvidas, mas suas taxas são mais baixas (Hobbs, 1991). Essa situação é similar à que se observa na carne refrigerada, com exceção da *S. putrefaciens*, que é uma bactéria muito sensível ao pH e que não prolifera aos valores normais de pH (5,5) da carne.

As pseudomonas que chegam a ser dominantes incluem grande número de diferentes tipos que compartilham características comuns. Todas crescem rapidamente a temperaturas de refrigeração baixa e, para o seu crescimento, utilizam com rapidez e eficiência grande variedade de compostos de baixo peso molecular presentes nos fluidos tissulares do pescado. Nem todas as bactérias produzem odores de alterado quando crescem em cultivos puros ou em caldo de pescado obtido por pressão. Os compostos sulfurados são talvez os mais importantes como componentes do odor de alterado, sendo gerados pela atividade de *Pseudomona fluorescens, Ps. putida* e *S. putrefaciens*. Em termos de alteração do pescado, o aparecimento de microrganismos produtores de substâncias sulfuradas, quando sua taxa supera 10^6 a 10^7 ufc/cm^2, é sinal de alteração, assim como ocorre com a carne. A produção de amoníaco e de ácidos voláteis nos últimos estágios da alteração decorre, sem dúvida, dos aminoácidos e de outras substâncias nitrogenadas não-protéicas.

O predomínio das pseudomonas no pescado deve-se ao fato de terem os tempos de geração mais curtos a temperaturas de 0,5°C e à sua capacidade de usar as substâncias nitrogenadas não-protéicas como substrato. Essa população de pseudomonas oxida os aminoácidos e, nos últimos estágios, produzem proteases e uma variedade de compostos sulfurados derivados de cisteína e metionina junto com outros compostos que, em combinação com os anteriores, produzem o odor típico sentido na alteração.

Há exceções a esse comportamento geral. No caso do lagostim, parece que dominam cepas de *Moraxella* e corinebactérias, enquanto na carne de caranguejo a alteração se deve à proliferação de bactérias Gram positivas.

Como ocorre nas conservas, alguns métodos de conservação do pescado modificam substancialmente as características do produto, ao passo que a refrigeração, a curto prazo, e a seqüência de congelamento, armazenamento e descongelamento, a um prazo mais longo, normalmente procuram reter ao máximo as características do pescado fresco.

O número e os tipos de bactérias são afetados pelas operações realizadas na preparação do pescado para sua venda ou industrialização. Uma vez que as bactérias estão confinadas principalmente à pele, nas brânquias e no intestino do pescado recém-capturado, é de se esperar que a evisceração, a retirada da cabeça, o corte em filés e a extração da pele reduzam a contagem bacteriana do produto final. Entretanto, isso depende, em grande parte, de contaminações cruzadas e da presença de bactérias no ambiente atmosférico. Na prática, mesmo quando se utilizam água clorada e desinfetantes em máquinas, luvas e facas, além de outras precauções, os filés, postas e outros produtos de carne de pescado geralmente apresentam contagens iniciais de 10^3 ufc/g no caso mais favorável, e da ordem de 10^5 ufc/g se a limpeza não foi realizada de forma higiênica.

MANIPULAÇÃO DO PESCADO A BORDO

O pescado começa a alterar-se imediatamente após sua captura. Por essa razão, é imprescindível que se aplique manipulação cuidadosa o quanto antes para conseguir manter o grau de frescor inicial tanto quanto possível. A manipulação cuidadosa implica ter presentes três princípios gerais: resfriar o pescado o mais rapidamente possível após a captura, evitar abusos de temperatura e manter elevado grau de limpeza tanto na cobertura como no porão do barco. Se a manipulação a bordo e a estiva são realizadas de forma adequada, contribui-se significativamente para manter o frescor do pescado.

A operação mais crítica da manipulação do pescado a bordo, de maneira geral, é conseguir rápido resfriamento. Às vezes, e especialmente quando se trata de peixes demersais grandes, procede-se a evisceração prévia ao resfriamento, o que diminui o risco de autólise por ação das enzimas intestinais e evita o ataque bacteriano procedente do conteúdo intestinal. Essa operação é eficaz desde que seu tempo de duração e o aquecimento que o pescado pode sofrer durante a espera não minimizem a melhoria da qualidade que sua realização proporciona. Em climas quentes, quando o pescado é mantido na cobertura e o tempo dedicado à evisceração é longo, talvez seja mais conveniente resfriamento anterior do pescado.

Quando se trata de peixes pelágicos, normalmente não se efetua a evisceração logo após a captura; isso se deve, sobretudo, à dificuldade derivada do grande número de animais capturados. Em geral, a evisceração de peixes pequenos não pode ser feita a bordo, a não ser que se disponha de máquinas para esse fim. Antes de estivar o pescado nos porões do barco, costuma-se lavá-lo com água limpa do mar, eliminando-se grande parte da contaminação superficial e restos de sangue e vísceras.

Em todo caso, a conservação do pescado a bordo requer boa refrigeração e manejo adequado para evitar que o produto sofra danos físicos. A utilização de gelo triturado de água potável é o procedimento mais tradicional. Quando se emprega o gelo de forma adequada e na devida proporção, ele contribui para conservar o pescado de duas formas:

1) Reduzindo a temperatura do pescado até 0 ou 2°C, o que retarda as alterações de tipo bacteriano e enzimático.
2) Banhando o pescado com água limpa e fria resultante da fusão do gelo, o que exerce duplo efeito de esfriamento e lavagem. Para que o gelo atue sobre o pescado de forma adequada, deve haver no porão do barco quantidade suficiente para envolver o produto a fim de possibilitar rápida refrigeração e a manutenção da temperatura do produto o mais próxima a 0°C. O gelo e o pescado devem ser distribuídos de forma tal que a água de fusão escorra por toda a massa de pescado, exercendo efeito de lavagem. A mistura de pescado e gelo não deve exercer pressões excessivas sobre a massa do produto situada mais abaixo, de modo a evitar perdas por danos mecânicos.

Uma vez eviscerado e lavado, quando isso é feito, costuma-se estivar o pescado com gelo, empregando-se um dos três seguintes sistemas: a granel, em estantes ou em caixas. Na estiva a granel, um depósito geral é subdividido em compartimentos mediante o uso de tabiques verticais desmontáveis e estantes horizontais, sobre os quais é depositada a mistura de pescado e gelo. Para evitar pressões excessivas nas camadas inferiores de pescado, a camada de pescado e gelo não costuma ultrapassar 50 cm. A quantidade de gelo que é preciso utilizar costuma variar entre as proporções de 1/4 e 1/1 em relação ao peso do produto.

A estiva em estantes geralmente é realizada para pescado de tamanho grande. Nesse caso, o pescado é disposto formando uma única camada com o abdome para baixo e completamente rodeado de gelo.

A estiva em caixas oferece a possibilidade de separar o pescado de diferentes capturas e mantém o pescado refrigerado dentro da caixa, inclusive durante o desembarque e o transporte. Para que a estiva em caixas seja feita de forma adequada, a caixa deve ser bem desenhada. Deve dispor de espaço suficiente para abrigar o pescado e o gelo, não deve ser tão profunda a ponto de comprimir o pescado do fundo da caixa e deve ser suficientemente longa para alojar peixes longos sem dobrá-los. O material empregado em sua construção deve ser de fácil limpeza, não devendo transferir odores, sabores ou partículas estranhas ao pescado. Ao mesmo tempo, precisa ser forte para resistir às condições de trabalho do barco e apropriado para permitir a manipulação durante o desembarque. As caixas podem ser armazenadas umas dentro das outras quando estão vazias, e formar pilhas quando estão cheias, permitindo boa drenagem da água resultante da fusão do gelo.

Quando a pesca que se estiva é de 2 ou 3 dias, deve-se seguir uma série de recomendações gerais que afetam o manejo e a estiva.

Princípios básicos de manejo:

- O pescado é um alimento. Deve ser tratado como tal.
- Limpar todas as áreas do barco que estarão em contato com o pescado antes dele chegar.
- Se possível, eviscerar o pescado imediatamente após a captura.
- Não deixar restos de intestino e de fígado na carcaça. O pescado mal-eviscerado pode ser pior que o não-eviscerado.

- Os cortes no abdome do pescado devem ser retos e pequenos. Do contrário, o pescado se deprecia diante do comprador.
- Não deixar as vísceras extraídas sobre outros peixes para não contaminá-los.
- Não misturar peixes frescos com outros de capturas anteriores à espera da evisceração e estiva. Sempre processar primeiro o mais antigo.
- Se possível, limpar antes os peixes pequenos, já que eles se alteram antes que os grandes.
- Eliminar a água suja.

Princípios básicos de estiva:

- Estivar o pescado com gelo o quanto antes possível.
- Usar sempre gelo limpo e fresco. Não utilizar restos de gelo.
- Empregar gelo em pedaços pequenos ou escamas. Os pedaços grandes de gelo deixam marcas na superfície do pescado e não esfriam bem.
- Colocar quantidades adequadas de gelo, inclusive quando se vai descarregar logo.
- Mesmo que o pescado ainda não tenha sido eviscerado, ele deve ser colocado em gelo.
- Quando a estiva é feita em caixas, estas devem estar limpas, com uma camada de gelo no fundo, o pescado bem misturado com gelo e outra camada deste por cima.
- Não encher demais as caixas para evitar perdas de qualidade no pescado.
- Permitir que a água de fusão flua por cima do pescado e drene para o exterior da caixa. Assim, o pescado esfria antes e eliminam-se restos de sangue e muco.
- Manter raias e tubarões separados de outros pescados. Eles formam amoníaco muito rapidamente e podem conferir esse odor-sabor aos outros.

REFRIGERAÇÃO E ACONDICIONAMENTO EM ATMOSFERAS MODIFICADAS

O método mais importante de conservação do pescado fresco durante sua comercialização é a refrigeração a 0°C. O meio mais comum de refrigeração é o emprego de gelo, seguindo-se, de maneira geral, os mesmos princípios descritos na estiva. A vida de armazenamento do pescado mantido em gelo depende de grande número de fatores (Figura 12.1). Esses valores referem-se à truta arco-íris (*Salmo gairdneri*) e resultam de grande número de experiências sobre a qualidade e o tempo de armazenamento dessa espécie (Hansen, 1980).

A qualidade da truta foi determinada mediante um júri de degustadores pela análise sensorial de amostras cozidas.

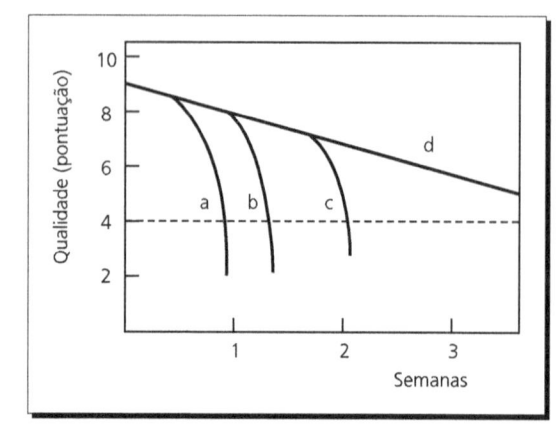

Figura 12.1 Curvas de alteração de trutas refrigeradas.

Para pontuar, utilizou-se uma escala hedônica com valores de 10 para ideal, 8 para muito boa, 6 regular, 4 no limite aceitável/inaceitável, 2 pobre e 0 muito pobre.

A curva (a) da Figura 12.1 mostra a rápida alteração devido a sais biliares e a reações enzimáticas intestinais na zona da cavidade abdominal de trutas inteiras, sem vísceras, cobertas de gelo. Essas reações reduzem a vida útil a menos de uma semana, mas podem ser eliminadas eviscerando após o abate, como é o caso de (b), (c) e (d).

A curva (b) mostra a alteração das paredes da cavidade abdominal devido à rancificação oxidativa, o que reduz a vida de armazenamento da truta eviscerada recoberta de gelo a uma semana e meia. A rancificação pode ser prevenida mediante o acondicionamento a vácuo em sacos plásticos imediatamente após o abate, como nos casos (c) e (d).

A curva (c) mostra vida útil de um pouco mais de 2 semanas a 0°C em trutas evisceradas e acondicionadas a vácuo. Elas se alteram principalmente pela ação de bactérias que chegam a taxas de 10^6 a 10^7 ufc/g de filé.

A curva (d) mostra vida útil que excede três semanas para truta eviscerada, acondicionada a vácuo e irradiada em acelerador de elétrons, imediatamente após o abate. A dose usada, de 0,5 a 2 Gray, reduz a carga microbiana, e a alteração só é detectada em quatro semanas de refrigeração.

Embora se procure eliminar ou controlar as principais causas de alteração, a qualidade do pescado ao longo do armazenamento decresce de forma lenta, mas contínua, provavelmente devido a reações de autólise.

Na Figura 12.1, pode-se verificar que, quando se utiliza a pontuação 6 (regular) como limite da vida útil da truta, não são muitas as diferenças observadas entre as curvas (c) e (d). Em outras, palavras, a irradiação não aumenta a vida útil dessas trutas como produto de primeira qualidade, mas as faz permanecer mais tempo na categoria de regular. Isso talvez explique por que tanto as radiações como os tratamentos com antibióticos e outras substâncias não foram bem aceitos, apesar dos inúmeros esforços realizados para o seu desenvolvimento. Outra razão para o fracasso desses métodos de conservação foi a sensibilização do consumidor contra determinados sistemas de conservação de alimentos.

O que foi dito anteriormente pode aplicar-se a outras espécies de pescado, destinadas a chegar ao consumidor como pescado de primeira classe e a outros métodos de conservação, como a irradiação, que tendem a reduzir a atividade e o crescimento microbiano.

O gráfico da Figura 12.1 não é igual para todas as espécies de pescado. Por exemplo, o pescado magro não oferece problemas de oxidações lipídicas, mas algumas espécies, como os gadídeos (merluza, bacalhau) talvez apresentem uma curva de alteração devido à degradação do OTMA. Para cada espécie de pescado deveria ser elaborada uma figura do tipo de 12.1, o que permitiria conhecer as principais causas de sua alteração em refrigeração e assim poder aplicar os métodos mais eficazes de conservação.

O conhecimento que se tem hoje do acondicionamento em atmosferas modificadas (MA) para prolongar a vida útil do pescado procede de trabalhos realizados a partir de 1980. Foram feitas experiências de acondicionamento em atmosferas modificadas, sobretudo em: bacalhau, hadoque, pescada, linguado, arenque, cavala, salmão, truta, peixe-gato e diversos mariscos. Em contraste com a carne, as pesquisas realizadas a respeito foram menos numerosas e, devido à diversidade de espécies existentes, como tamanho e composição muito diferentes, os resultados obtidos para determinada espécie só podem ser transpostos a outras afins.

Contudo, pode-se fazer uma série de considerações gerais. Visto que a alteração do pescado refrigerado em aerobiose se deve, assim como na carne, ao crescimento de bactérias aeróbias Gram negativas conjuntamente com *S. putrefaciens*, as atmosferas também devem ser enriquecidas em CO_2, mas sua composição varia dependendo das espécies. Assim, em filés de pescado de carne branca de tamanho grande (merluza, garoupa, bacalhau, etc.) e nos pigmentados (p. ex. salmão), não é necessário utilizar atmosferas enriquecidas em oxigênio, dado que essas espécies possuem pouca mioglobina. Costumam-se empregar, nesses casos, e dado que seu pH normalmente é superior a 6, atmosferas com conteúdo de CO_2 de, pelo menos, 40%, sendo o resto ar em nitrogênio. Em escombrídeos (bonito, atum, cavala), dado seu maior conteúdo de mioglobina, convém utilizar atmosferas semelhantes às usadas na carne, isto é, enriquecidas em CO_2 e O_2, embora deva-se aumentar a concentração de O_2 até, pelo menos, 40% devido ao elevado pH (aproximadamente 6) desses produtos que, em consequência, pode levar à proliferação de *Shewanella putrefaciens*, uma bactéria mais resistente ao CO_2 do que as aeróbias Gram negativas (Lópes-Gálvez et al., 1995). No pescado de tamanho pequeno (salmonete, pescada, etc.), a qualidade microbiológica inicial adquire grande importância; é preciso que a taxa original de bactérias seja baixa, pois, do contrário, o CO_2 não poderá inibir a flora aeróbia em crescimento exponencial e, conseqüentemente, não poderá ampliar sua vida útil.

Outro aspecto que se deve levar em conta é a procedência do pescado. Nos de água doce (truta, por exemplo), a ampliação da vida útil mediante o acondicionamento em atmosferas modificadas talvez seja maior que nos de origem marinha; isso porque os primeiros não contêm óxido de trimetilamina (OTMA), enquanto, nos últimos, esse composto reduz-se a trimetilamina (TMA) cujos derivados determinam, em grande parte, o odor característico do pescado alterado. Contudo, as atmosferas enriquecidas em CO_2 também retardam a redução de OTMA a TMA, dado que esse fenômeno depende da atividade da flora alterada típica do pescado refrigerado em aerobiose. A *Shewanella putrefaciens*, por exemplo, reduz o OTMA e produz SH_2 (Hood e Mead, 1993).

Em qualquer caso, a extensão da vida útil de muitos pescados acondicionados em MA não é equivalente à inibição microbiana e não se explica bem a razão pela qual a vida útil do pescado aumenta menos do que a da carne. Nesse sentido, observou-se recentemente (Dalgaard et al., 1993; Dalgaard, 1995) que um microrganismo Gram negativo, cocobacilar e pleomórfico (2 a 4 por 2 a 5 mm) e de baixa sensibilidade ao CO_2, denominado *Photobacterim phosphoreum*, pode ser o responsável pela alteração do bacalhau acondicionado em MA. Se a descoberta for confirmada, talvez seja essa a explicação da curta ampliação da vida útil do pescado em MA em comparação com a carne.

As conclusões dos estudos realizados sobre o acondicionamento do pescado em atmosferas modificadas indicam que a atmosfera deve ser sempre enriquecida em CO_2. Alguns autores afirmam que são suficientes concentrações relativamente baixas em CO_2, entre 20 e 45%, mas outros recomendam até 100% desse gás.

As pesquisas sobre o acondicionamento em MA dos crustáceos não estão muito desenvolvidas. Nesses produtos, além de tudo o que foi mencionado anteriormente para o pescado, é preciso ter presente a *melanose*, produzida no cefalotórax como resultado da atividade das polifenoloxidases. Embora em seus primeiros estágios não seja uma verdadeira alteração, o aparecimento da melanose leva o consumidor a rejeitar o produto. Parece que a aplicação de atmosferas modificadas, além do enriquecimento da atmosfera em CO_2, requer tratamento dos crustáceos com sulfitos, que inibem as enzimas mencionadas.

CONGELAMENTO DO PESCADO E DO MARISCO E SEU ARMAZENAMENTO E DESCONGELAMENTO

Congelamento do pescado e do marisco

O congelamento natural foi conhecido durante séculos como meio de conservação a longo prazo em países com invernos suficientemente frios. Porém, a qualidade dos primeiros pescados congelados naturalmente e distribuídos de forma comercial era bastante baixa. Resultados adversos foram obtidos também com as primeiras tentativas de congelamento mecânico. Na prática, motivaram o consumidor a desconfiar do pescado congelado. Exigiu-se grande esforço para estabelecer a tecnologia adequada ao congelamento do pescado, e um dos maiores êxitos foi distinguir entre congelamento inicial e armazenamento posterior.

A maior parte da água do pescado converte-se em gelo durante o congelamento, que deve ser realizado em poucas horas. Embora a água pura congele a 0°C, o pescado começa a congelar a aproximadamente $-1°C$; isso se deve aos sais e a outras substâncias que compõem o músculo. À medida que as temperaturas caem abaixo de $-1°C$, a água começa a congelar, e na fração não-congelada concentram-se solutos. Mesmo a $-5°C$, mais de 20% da água do músculo ainda não congelou. A maior parte da água converteu-se em gelo a $-18°C$. O congelamento lento (cerca de 0,2 cm h^{-1}) leva à formação de grandes cristais de gelo nos espaços intercelulares, devido ao fato de que a velocidade de formação do gelo é menor que a migração de água do interior das fibras musculares (onde a concentração de solutos inicialmente é maior) até os espaços intracelulares (onde a concentração salina é mais baixa), aumentando durante o congelamento devido à cristalização. Quando se realiza congelamento rápido (superior a 2 cm h^{-1}), formam-se pequenos cristais de gelo distribuídos uniformemente pelo interior da fibra muscular. A formação de grandes cristais de gelo nos espaços intercelulares causa danos irreversíveis à qualidade do pescado. Levando em conta esses aspectos, é importante realizar sempre congelamento rápido, que se define como uma velocidade de congelamento tal que nenhuma parte do pescado leve mais de duas horas para passar de 0 a $-5°C$. De maneira geral, no congelamento do pescado, aplicam-se as mesmas considerações feitas para a carne (Capítulo 9) quanto ao conceito de velocidade de congelamento, à relação entre a velocidade de congelamento e a formação de exsudados e à qualidade do produto.

O efeito do congelamento na carga microbiana do pescado é variável e de difícil previsão. Em geral, há algum decréscimo nas contagens, e a carga costuma diminuir durante o descongelamento. Os Gram negativos normalmente são mais sensíveis ao congelamento do que os Gram positivos, e os esporulados muito resistentes. As salmonelas e outras enterobactérias estão entre as bactérias mais sensíveis, mas sua resposta é muito variável no pescado. No caso de microrganismos sensíveis ao frio, como *Vibrio parahaemolyticus*, pode inclusive haver sobreviventes após o congelamento. Em qualquer caso, é preciso ter presente que o congelamento não pretende destruir os microrganismos, embora sejam destruídos em grande quantidade, mas deter seu crescimento.

Infelizmente, do ponto de vista prático, as condições de congelamento e de posterior armazenamento a frio mais desejáveis para boa qualidade organoléptica do produto (congelamento rápido, armazenamento a frio sem flutuações de temperatura) são as que mais protegem as bactérias presentes. A regra mais segura que se pode seguir é pensar que o congelamento respeita o estado microbiológico do produto. Por isso, deve-se partir de uma boa qualidade microbiológica.

O congelamento é, sem dúvida, um método eficaz para deter a ação bacteriana. Poucos microrganismos podem crescer a $-7,5°C$, embora na prática não exista atividade bacteriana significativa a menos de $-5°C$. Quando os produtos marinhos congelados são descongelados e armazenados a temperaturas de refrigeração, desencadeia-se alteração bacteriana similar à do produto descongelado. Não há evidências convincentes de que a alteração de um produto descongelado seja mais rápida que a de um produto fresco.

O congelamento do pescado também freia determinadas modificações bioquímicas responsáveis pela deterioração. De maneira geral, o congelamento não inativa por completo a maioria das enzimas, embora em temperaturas baixas a atividade possa diminuir de forma significativa.

Os atuais equipamentos de congelamento são desenhados para conseguir congelamento rápido (ver Capítulo 10, Volume 1). No geral, são utilizados equipamentos de ar forçado que servem para congelar tanto peixes inteiros de tamanho grande como blocos de pescados pequenos ou de pescado picado. O ar circula a -30 ou $-40°C$ em velocidade de 4 a 6 m s^{-1}. Para o congelamento de pequenos moluscos e crustáceos, utilizam-se também os congeladores de leito fluidificado, enquanto as grandes placas são empregadas principalmente no congelamento de filés ou blocos, pois permitem contato adequado entre as superfícies do pescado e as placas que se encontram a $-40°C$. Quando se requerem velocidades de congelamento muito altas, recorre-se a congeladores criogênicos, que permitem congelar separadamente moluscos, crustáceos e filés pequenos.

Armazenamento

O pescado só deverá ser armazenado nas câmaras de armazenamento congelado quando o processo de congelamento estiver finalizado. Essas câmaras normalmente são desenhadas para manter determinada temperatura, em geral, compreendida entre −25 e −35°C.

A alteração do pescado congelado pode afetar a superfície ou a totalidade dos tecidos. Os danos na superfície muitas vezes estão associados a fenômenos de sublimação causadores da queimadura do frio, que é uma dessecação nas camadas externas do pescado. No caso dos pescados gordos, é freqüente a oxidação relativamente rápida dos lipídeos da superfície que se sobressaem e rancificam.

A Figura 12.2 mostra o efeito da temperatura de armazenamento na qualidade e na vida útil da truta eviscerada e congelada imediatamente após o abate (Hansen, 1980). A truta armazenada a −10°C rancifica e apresenta sabor ruim aos 3 a 4 meses, enquanto a armazenada a −20°C demora até 7 a 8 meses, e a −30°C mantém-se mais tempo. Como se pode observar na Figura 12.2, o índice de peróxidos das mesmas amostras de pescado depende da temperatura de armazenamento; é menor quanto mais baixa é a temperatura. A oxidação dos lipídeos do pescado armazenado em congelamento não se deve, na maioria dos casos, a enzimas, embora tenham sido descritas ações de lipoxigenases e de outras enzimas. No pescado com conteúdos de gordura superiores à faixa de 2 a 3%, os produtos resultantes da oxidação reduzem sensivelmente as qualidades sensoriais relativas a sabor e odor (Figura 12.2). O pescado magro, de baixo conteúdo lipídico, normalmente não rancifica, mas há processos similares ao da oxidação que provocam odores e sabores anômalos, denominados *cold store flavour* (sabor de armazenamento a frio), que lembram, em certa medida, os aromas típicos do pescado seco-salgado.

O armazenamento prolongado do peixe congelado também pode afetar de forma adversa a textura. O OTMA presente em algumas espécies de pescado, principalmente em gadídeos, tende a transformar-se em dimetilamina (DMA) e formaldeído (FA) em quantidades eqüimoleculares durante o armazenamento em congelamento pela ação da enzima OTMA-demitilase, reação que pode estar correlacionada com a mudança adversa da textura. Parte do formaldeído pode interagir com compostos de baixo peso molecular (nucleotídeos, aminoácidos, creatinina, etc.) e, preferencialmente, com proteínas, causando desnaturações protéicas. Do ponto de vista químico, a reação do formaldeído com as proteínas é afetada por fatores como temperatura, pH e tipo de proteína. Em geral, o FA reage mais com as proteínas miofibrilares do que com as sarcoplasmáticas. Na Figura 12.3, observa-se a correlação existente entre a textura dos filés de merluza e o conteúdo de dimetilamina. Quanto mais baixa é a temperatura de armazenamento, menor é a formação de DMA. A temperaturas próximas a −40°C, a formação de DMA é mínima, o que permite a manutenção da textura do pescado durante longos períodos de tempo (de Koning e Mol, 1992). Na Tabela 12.1, apresenta-se, de forma indicativa, a vida útil de algu-

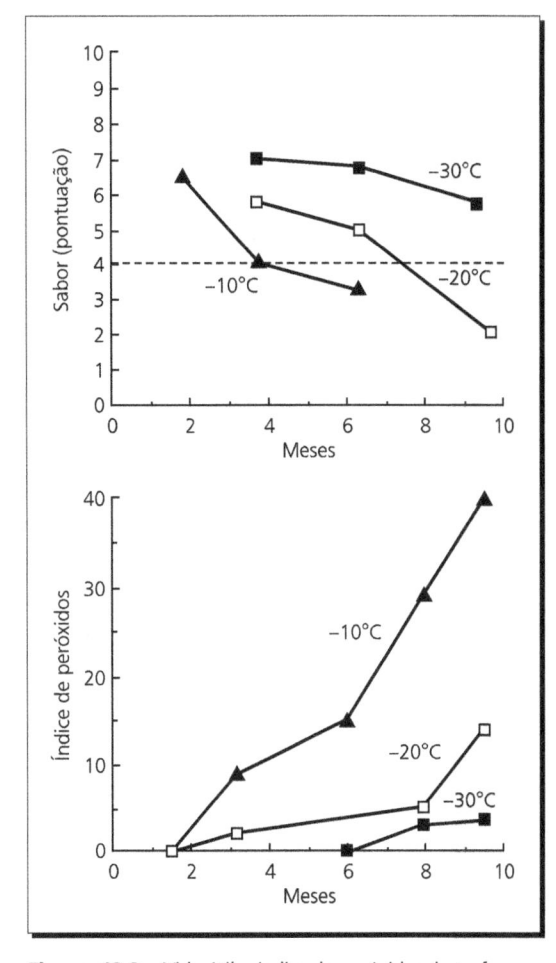

Figura 12.2 Vida útil e índice de peróxidos de trufas congeladas armazenadas em diferentes temperaturas.

mas espécies de pescado a diferentes temperaturas de armazenamento.

As superfícies do pescado congelado podem ser protegidas mediante glaciação, envoltórios impermeáveis ou acondicionamento a vácuo. A glaciação proporciona um revestimento protetor de gelo nas superfícies do pescado. Esse revestimento é obtido passando o pescado congelado por um jato de água fria ou submergindo-o em água fria durante 2 a 3 segundos. A operação pode ser repetida várias vezes, com intervalos de mais de 20 segundos, até ser obtida uma camada de gelo adequada na superfície. O peso do glaciado de um bloco de pescado congelado pode representar de 2 a 7% do total do bloco. O glaciado deve ser repetido ao cabo de 4 ou 5 meses de armazenamento para renovar a camada protetora de gelo. O desenvolvimento da rancificação no pescado congelado é difícil de controlar, mas o emprego do acondiciona-

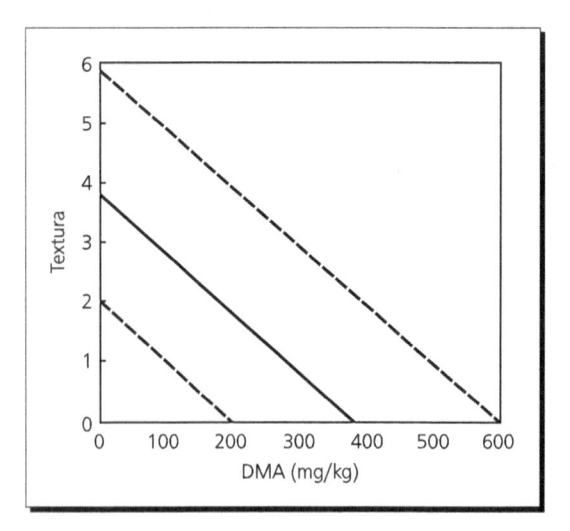

Figura 12.3 Relação entre a textura dos filés de merluza e o conteúdo de dimetilamina (DMA) (mg/kg de pescado). Pontuações de textura: 5, macia, textura de pescado fresco; 4, levemente dura; 3, dura, mas comestível; 2, muito dura; 1, difícil de mastigar; 0, não-comestível.

Tabela 12.1 Vida útil (meses) indicativa do pescado congelado em diferentes temperaturas

Espécie	Temperatura de armazenamento		
	−18°C	−25°C	−30°C
Merluza	5	12	18
Cavala	4	7	10
Lagostim	5	9	12
Ostras	5	9	12

mento a vácuo em plásticos adequados prolonga de forma significativa a vida útil dos produtos.

Descongelamento

Em qualquer sistema de descongelamento do pescado, a temperatura do ambiente não deve superar 20°C para evitar dessecações superficiais e alterações no produto. Muitos sistemas de descongelamento de pescado foram testados e, de maneira geral, os melhores resultados foram obtidos realizando a fusão do gelo lentamente, permitindo que as proteínas miofibrilares reabsorvam bem a água.

As peças individuais de pescado grande congelado e os blocos de pescado congelado podem ser descongelados a temperatura ambiente com um pouco de movimento de ar, desde que a temperatura deste não exceda 18 a 19°C. Recomenda-se também que o tempo de descongelamento não seja muito prolongado. Se a temperatura do produto permanece por muito tempo na zona crítica (0 a −5°C), podem ocorrer desnaturações protéicas.

O descongelamento em água é mais rápido do que em ar, mas deve-se evitar a água morna ou quente e manter em agitação. O produto que não esteja bem protegido com envoltórios plásticos não pode ser descongelado dessa forma, pois há perdas de aroma e absorção de água. O pescado pode ser descongelado de forma mais rápida usando outras técnicas, como o descongelamento a quente a vácuo ou por técnicas de descongelamento mediante a geração de calor por radiações eletromagnéticas não-ionizantes (dielétricas, ôhmicas e microondas), que são mais rápidas do que as descritas anteriormente, visto que o calor é uniformemente gerado na massa de produto congelado.

Em algumas circunstâncias, é necessário congelar duas vezes o pescado. Por exemplo, às vezes, o peixe é congelado em alto mar, depois descongelado e cortado em filés, que são novamente congelados. Deve-se levar em conta que tanto o primeiro congelamento como o primeiro armazenamento danificam de algum modo os tecidos. Ao se repetir o congelamento e o armazenamento, o efeito negativo se acumula, e é difícil que a qualidade de um produto duplamente congelado seja melhor do que a de um congelado apenas uma vez.

REFERÊNCIAS BIBLIOGRÁFICAS

DALGAARD, P. (1995): "Qualitative and quantitative characterization of spoilage bacteria from packed fish". *Int. J. Food Microbiol.*, 26: 319-333.

DALGAARD, P., GRAM, L. y HUSS, H. H. (1993): "Spoilage and shelf-life of cod fillets packed in vacuum or modified atmospheres". *Int. J. Food Microbiol*, 19: 283-294.

KONING, A. J., y MOL, T. (1992): "Quantitative quality tests for frozen fish. Dimethylamine content as a quality criterion for frozen South African hake (*Merluccius capensis* and *Merluccius paradoxus*) fillets and mince stored at −5°C, −18°C and −40°C". *J. Sci. Food Agric.*, 59: 135-137.

HANSEN, P. (1980): "Fish preservation methods". En *Advances in fish science and technology*. Eds. J. J. Connell, Director, and staff of Torry Research Station, pp. 28-55. Fishing News Books Ltd. Farnham.

HOBBS, G. (1991): "Fish: microbiological spoilage and safety". *Food Sci. Technol. Today*, 5: 166-173.

HOOD, D. E. y MEAD, G. C. (1993): "Modified atmosphere storage of fresh meat and poultry". En *Principles and applications of modified atmosphere packaging of food*. Eds. R.T. Parry, pp, 269-298. Blackie Academic & Professional. Londres.

LÓPEZ-GÁLVEZ, D., DE LA HOZ, L. y ORDÓÑEZ, J. A. (1995): "Effect of carbon dioxide and oxygen enriched atmospheres on microbiological and chemical changes in refrigerated tuna *(Thunnus alalunga)* steaks". *J. Agric. Food Chem.*, 43: 483-490.

SHEWAN, J. M. (1971): "The microbiology of fish and fishery products. A progress report". *J. Appl. Bacteriol*, 34: 299-315.

STENSTROM, I. M. y MOLIN, G. (1990): "Classification of the spoilage flora of fish, with special reference to Shewanella putrefaciens". *J. Appl. Bacteriol.*, 68: 601-618.

RESUMO

1 Os microrganismos constituem os principais agentes causadores da alteração do pescado fresco, devido, sem dúvida, aos elevados valores de pH, de a_w e à riqueza de nutrientes disponíveis para o seu crescimento. Entre a grande diversidade de microrganismos que podem ser encontrados no pescado, os que adquirem maior relevância como agentes de alteração são as bactérias Gram negativas, fundamentalmente *Pseudomonas* spp. e *Shewanella putrefaciens*.

2 Após a captura do pescado em alto-mar, é necessário uma correta e higiênica manipulação a bordo. A operação mais crítica é o resfriamento rápido do produto, que normalmente é feito mediante a adição de escamas de gelo que recobrem o produto até seu desembarque. Os peixes de tamanho grande podem ser eviscerados a bordo para retardar a contaminação de origem intestinal e evitar a atuação de enzimas autolíticas de mesma origem.

3 Quando o pescado é desembarcado, deve-se manter a temperatura sob refrigeração até sua venda ou industrialização.

4 As atmosferas modificadas que se utilizam para ampliar a vida útil do pescado refrigerado devem ser sempre enriquecidas de CO_2 (p. ex., 40%). O restante da atmosfera depende da espécie de que se trate. Nos escombrídeos, convém enriquecê-los também em O_2 para manter sua cor atrativa, enquanto nos pescados de carne branca recomenda-se que, além de CO_2, empregue-se ar, nitrogênio e misturas de ambos. No caso dos crustáceos, além de utilizar a mistura de gases CO_2/ar, convém realizar tratamento prévio por imersão em agentes conservadores (p. ex., metabissulfitos), que inibem o avanço do escurecimento enzimático (melanose).

5 O congelamento do pescado acarreta importante ampliação da vida útil desse alimento. Às temperaturas de armazenamento entre −25 e −30°C são conseguidos tempos de armazenamento de 12 a 18 meses para o pescado magro, de 7 a 10 meses para o gordo e de 9 a 12 meses para o marisco.

CAPÍTULO 13

Produtos derivados da pesca

Este capítulo aborda vários métodos de conservação do pescado, excluindo o emprego do frio. Entre eles, a salga e/ou dessecação, a defumação, os escabeches e as conservas e semiconservas. Estuda também o processo de elaboração do surimi e de seus derivados, de concentrados protéicos e de óleo de pescado e, por último, trata do aproveitamento das ovas.

SALGA E/OU DESSECAÇÃO DO PESCADO

Salga

A salga do pescado é um dos métodos mais antigos empregado pelo homem para conservar os alimentos. Essa tecnologia é regida, sobretudo, pelo tamanho do pescado e pelo conteúdo de gordura. Os peixes pequenos e os planos finos podem ser salgados inteiros, mas os de tamanho médio ou grande precisam ser eviscerados, abertos ou cortados em filés antes da salga, pois, caso contrário, o sal não penetrará suficientemente para evitar a alteração no centro da peça. No caso dos pescados gordos, deve-se evitar o contato com o ar para prevenir a rancificação durante e após a salga.

O processo de produção do pescado salgado compreende três etapas: colocação do pescado em sal ou salmoura, formação do sistema salmoura-sal-pescado e, por último, maturação do pescado salgado com alterações do sabor e do aroma. Essas etapas não são consecutivas, visto que a maturação inicia-se no momento em que o pescado entra em contato com o sal.

A formação de uma solução de NaCl é indispensável para o transporte do sal e da água dentro do sistema pescado-sal; produz-se difusão de sal até o interior do pescado e saída da água do produto, que passa a fazer parte da salmoura.

O efeito conservador do pescado deve-se à redução da a_w do produto pela desidratação parcial deste e pela concentração de solutos (sal) no interior do pescado, inibindo o crescimento de muitas bactérias alterantes e também algumas reações enzimáticas.

Para que a salga seja feita de forma adequada, é importante que a diminuição de umidade e a penetração de sal sejam rápidas. A velocidade de penetração é influenciada pela temperatura, pela pureza e pela concentração do sal; aconselha-se o uso da mistura de sal *grosso e fino* em partes iguais, isento de bactérias halófilas e de impurezas. A presença de impurezas retarda a penetração do sal nos tecidos (Ca, Mg), favorece a rancificação (Cu), causa escurecimentos superficiais (Cu) e produz aromas anômalos ($MgSO_4$).

Conforme a quantidade de sal empregada, pode-se falar de três tipos de salga: forte, médio ou leve. A forte implica conteúdo de sal de pelo menos 25 kg em 100 kg de pescado, a média contém 15 a 17 kg de sal para 100 kg de pescado e a leve requer apenas 8 a 10 kg de sal. Em relação à quantidade de sal no produto final, também se fala de salga forte quando 100 g de líquido tissular do pescado contêm mais de 20 g de NaCl. A salga suave tem no mínimo 12 g de NaCl, mas pode chegar até 20 g.

Conforme a maneira como é realizada, pode-se falar de quatro tipos de salga: salga seca, salga seca para formar salmoura, salga úmida e salga com fermentações.

Salga seca

É o método mais simples para salgar pescado; preparam-se camadas alternadas de sal e peixe, permitindo que a salmoura formada durante o processo vá sendo eliminada. Muitas vezes, é necessário empilhar novamente e voltar a salgar. Em geral o pescado magro de tamanho grande é eviscerado e aberto até o último terço da espinha central. Em seguida, salga-se em camadas durante vários dias, e quase semanalmente refaz-se a pilha e ressalga-se durante um mês. O produto obtido pode ter pouco mais de 50% de água e cerca de 18% de sal, significando que a fase aquosa está saturada de sal. Mesmo assim, o pescado salgado não se conserva bem a temperaturas superiores a 10°C, já que podem crescer bactérias halofílicas causadoras de colorações avermelhadas na superfície (*pink*) e de odores estranhos. Para tornar o produto mais estável, deve-se baixar o conteúdo de umidade a menos de 50%.

Salga seca para formar salmoura

Formam-se camadas de sal e de pescado em recipientes que impedem a perda da salmoura formada com as exsudações tissulares e o sal. Pode-se acrescentar mais sal ou salmoura para que o pescado fique submerso no meio o quanto antes possível. Em alguns casos, colocam-se pesos na parte superior da pilha para pressionar de modo que as camadas superficiais de pescado e o sal fiquem dentro da salmoura. Muitas espécies salgadas por esse sistema são gordas, e procura-se retirar o oxigênio para que não ocorram rancificações. Quando o pescado é grande, pode-se eviscerá-lo, tirar a cabeça ou pelo menos extrair as brânquias, sendo que em espécies pequenas pode-se salgar o peixe inteiro.

Salga úmida

É feita com uma salmoura cuja força pode ser variável, embora as mais usadas sejam as superiores a 80°C (Tabela 13.1). Emprega-se em espécies gordas e também como preparação da matéria-prima que depois será temperada em escabeche ou defumada.

Salga com fermentações

Enquanto o pescado magro é salgado apenas para sua conservação, nas espécies gordas pequenas geralmente há certo grau de fermentação associado à salga. Em alguns casos em que se realiza salga forte seca para formar salmoura, empregando-se como matéria-prima alguns peixes pelágicos, como as anchovas, produz-se, além da salga, fermentação ou *maturação*, na qual a textura do pescado abranda pela ação de enzimas intestinais e microbianas que contribuem para o amolecimento do produto e para o surgimento de fortes odores e sabores. Uma vez concluído o processo, o pescado pode ser cortado em filés e acondicionado em azeite como produto de alto valor. No processo anterior, ou *anchovamento*, o amolecimento é desejável apenas até certo ponto, visto que na Europa os produtos liquefeitos são considerados alterados. Na Ásia, entretanto, salgam-se certos pescados e deixa-se fermentar até se produzirem molhos líquidos ou massas moles para uso alimentar.

Dois exemplos dos pescados salgados mais consumidos, um magro e outro gordo, são o bacalhau e as anchovas.

Salga de bacalhau

O bacalhau (*Gadus morhua*) é a principal espécie magra que se salga pelo sistema seco para formar salmoura; seu processo de elaboração é aplicável a outras espécies. Eviscera-se o pescado e, após categorização por tamanho, retira-se a cabeça e corta-se longitudinalmente, deixando a espinha central presa a um dos lados do pescado. Lava-se bem e adiciona-se sal, depositando tudo em tanques. Assentam-se camadas de sal e de pescado, sempre com a pele para baixo, e mantêm-se por 3 semanas ou mais. Podem ser colocados pesos sobre as camadas de pescado para reter o produto dentro da salmoura, e vai se adicionando sal ou salmoura para preservar a saturação.

Em seguida, amontoam-se as peças de bacalhau com a pele para cima em pilhas de cerca de 90 cm, de modo que o peso da pilha expulsa a salmoura para fora das peças. Pode-

Tabela 13.1 Concentração e grau de saturação de salmouras de NaCl a 16°C

Concentração % (p/v) de NaCl na salmoura	Força da salmoura*
2,7	10
5,6	20
8,6	30
11,8	40
15,2	50
18,8	60
22,7	70
26,8	80
31,1	90
35,8	100

*Graus (°) ou saturação da solução (%).

se aumentar a pressão com pesos. A cada 24 horas (umas três vezes) refazem-se as pilhas, colocando em cima as peças de bacalhau que antes estavam em baixo e vice-versa. Com esse empilhamento, consegue-se que o bacalhau expulse parte da salmoura contendo água, sal e também proteína dissolvida procedente do pescado. O sal contido no bacalhau oscila de 4%, correspondendo a um produto levemente salgado durante dois dias, até 20%, que se encontra no produto intensamente salgado durante 21 dias. O bacalhau levemente salgado tem cerca de 73% de umidade, com perda de peso durante a salga de 15 a 20%. O bacalhau muito salgado contém cerca de 58% de água e a perda de peso de 32 a 37%. O bacalhau, nesse ponto, está *verde* ou em salmoura, visto que ainda contém muita água, cujo excesso é eliminado por dessecação. O bacalhau levemente salgado é dessecado até ficar com 35% de umidade, enquanto o muito salgado costuma ficar com 40% de umidade. O produto final salgado-dessecado perde de 55 a 60% de seu peso em relação ao pescado fresco eviscerado e sem a cabeça.

Fabricação de anchovas

O boqueirão ou anchova (*Engraulis encrasicholus*) é a principal matéria-prima para o anchovado, embora, às vezes, empreguem-se pescados com características similares. O processo de elaboração baseia-se na salga e posterior fermentação.

O pescado, ao chegar à fábrica, é salgado com sal grosso ou com salmoura saturada durante 1 a 2 dias. Em seguida, faz-se uma lavagem com salmoura saturada e, posteriormente, retira-se a cabeça e eviscera-se. A evisceração não é completa, eliminando-se apenas a parte do intestino que acompanha a cabeça quando esta é retirada. Resta sempre parte das vísceras com sua carga de enzimas. Depois, deposita-se o pescado em barris, formando camadas ordenadas de sal e anchovas. A primeira e a última camada são de sal grosso, e sobre elas estendem-se tiras de madeira ou de algum material inerte na superfície, e por cima de tudo colocam-se pesos na ordem de 10 kg para cada 5 a 6 kg de pescado. A relação sal-pescado é de aproximadamente 1:4. Do segundo ao quarto dia, forma-se uma salmoura com sal, líquidos tissulares e gordura, e diminui a altura da pilha de sal e pescado. Enchem-se os barris com pescado e salmoura procedentes de outros barris, e eliminam-se os restos de gordura e sangue que flutuam na superfície do barril. Quando a altura da camada de sal e pescado se estabiliza, começa a maturação, e acrescenta-se salmoura a 25%, que recobre totalmente o pescado, impedindo que as camadas superficiais fiquem secas e em contato com o ar. A maturação ou fermentação é um fenômeno principalmente enzimático; dura de 6 a 7 meses dependendo da temperatura a que os barris são armazenados e é suspensa quando são obtidas as características típicas do produto final. As temperaturas mais adequadas para o processo situam-se entre 12 e 17°C. A anchova assim preparada tem concentração de sal de aproximadamente 22%. O produto pode ser acondicionado em grandes latas recobertas de sal ou, após uma lavagem com salmoura, ser cortado em filés, limpo das espinhas e dos restos de pele e enlatado junto com azeite de origem vegetal. Essas latas não recebem nenhum tratamento térmico e devem ser conservadas em refrigeração. A concentração de sal desses produtos costuma ser inferior a 15%.

Dessecação

A dessecação do pescado, como único método de conservação, é utilizada desde a antigüidade, e ainda se emprega para dessecar grande quantidade de pescado. Trata-se de um método eficaz de conservação quando a umidade final do produto é inferior a 10% e quando as condições de armazenamento são adequadas. O pescado com pouco conteúdo de gordura é mais apropriado para dessecar do que o que contém grandes quantidades, pois, nesse caso, pode rancificar. A dessecação, em muitos casos, complementa algum outro processo de conservação, e tem papel de destaque na fabricação de produtos salgados-dessecados e defumados.

Dado que a espessura da peça do pescado é um fator crítico, os pescados de tamanho médio e grande são abertos ou cortados em filés. Ainda assim, a dessecação natural ou mecânica ao ar livre é um processo longo que pode levar várias semanas. Quando realizado de forma natural, mesmo em condições climáticas adversas, os resultados podem ser variáveis. Quando as condições são adversas, o produto final se altera facilmente. Esses problemas podem ser evitados mediante o emprego de dessecadores mecânicos, nos quais se controlam as condições de trabalho. Os equipamentos utilizados têm o inconveniente de consumir muita energia, encarecendo o processo e, em muitos casos, o inviabiliza.

A temperatura durante a secagem de pescado fresco ou de filés de animais procedentes de águas temperadas não deve exceder 30°C para evitar perdas de qualidades, sobretudo por desnaturações protéicas. A temperatura-limite equivalente para o pescado de águas tropicais pode ser um pouco mais alta, em torno de 50°C.

Em muitas regiões tropicais, seca-se grande quantidade de peixes pequenos, na maioria dos casos ao sol. Muitas vezes, esse pescado é gordo, o que provoca rancificações e colorações anômalas. Contudo, em algumas especialidades tradicionais, valoriza-se um determinado grau de rancificação. No procedimento de dessecação ao sol, os peixes podem ser expostos à ação solar em bandejas ou ser pendurados verticalmente. Costuma-se proteger o pescado à noite e quando chove. Se as temperaturas ambientais são elevadas, as bandejas são empilhadas durante as horas mais quentes a fim de evitar superaquecimentos. A tradicional secagem incontrolada do pescado nos trópicos acarreta grandes problemas com infestações por insetos, tanto durante como após a secagem, provocando grandes perdas. Na Ásia, alguns pescados são secados crus e, outros, depois de cozinhar. No último caso, incluem-se as brânquias de tubarão e vários tipos de marisco. Alguns produtos são temperados e aromatizados ou defumados após a secagem.

A maioria dos consumidores de pescado seco prefere adquiri-lo inteiro ou em fragmentos identificáveis, mas a fabricação de produtos dessa natureza tem o inconveniente da lentidão do processo sendo, às vezes, excessivamente oneroso. Contudo, pode-se liofilizar o pescado picado, obtendo-se bons resultados. Sua aplicação comercial fica restrita a pratos instantâneos e a sopas de pescado.

O pescado desseca ao evaporar-se a água presente em sua camada superficial. Inicialmente realiza-se o que é chamado de *dessecação a velocidade constante* e, em seguida, a *dessecação a velocidade decrescente*. No primeiro período, a velocidade de dessecação depende da taxa de evaporação da água presente na superfície exposta; depois de algum tempo, a superfície começa a secar, e a velocidade de dessecação diminui, iniciando-se a *dessecação a velocidade decrescente* (ver Capítulo 11, Volume 1).

Quando se acrescenta sal ao pescado, modificam-se as constantes de dessecação. O primeiro período fica mais curto, e a velocidade de dessecação se reduz devido à redução da pressão de vapor d'água na superfície do produto. Reduz-se também o período de dessecação a velocidade decrescente, visto que a difusibilidade da água no músculo do pescado diminui com a adição de sal. Os peixes gordos dessecam-se mais lentamente que os magros, uma vez que a difusão de água diminui à medida que aumenta o conteúdo de gordura.

DEFUMAÇÃO

A defumação do pescado como método de conservação data, provavelmente, da Pré-história, e utiliza os princípios da secagem, da salga, da defumação e, em alguns casos, do cozimento. Atualmente existem muitos métodos alternativos de conservação, mas a defumação do pescado continua desfrutando de grande popularidade, visto que confere ao produto características sensoriais muito apreciadas pelos consumidores. Em muitos casos, grande parte dos produtos defumados elaborados hoje são quase tão perecíveis quanto o pescado fresco e, por isso, devem ser tratados com extremo cuidado.

Em nível mundial, e dependendo do tipo de pescados disponíveis e da metodologia empregada no processo, desenvolveu-se uma gama enorme de produtos defumados. De maneira geral, pode-se falar de duas formas principais de defumação: defumação a frio e defumação a quente.

Nos dois casos, realiza-se salga, dessecação mais ou menos intensa e defumação. A diferença reside em que, na defumação a frio, a temperatura do ar não ultrapassa 30°C, enquanto, na defumação a quente, pretende-se um cozimento do pescado ao mesmo tempo em que se defuma. A temperatura da fumaça chega a alcançar 120°C, e no centro do pescado, 60°C. A defumação muda a microbiota Gram negativa normalmente presente no pescado para uma Gram positiva, na qual dominam corineformes, micrococos e bacilos. Se não for bem-acondicionado e refrigerado, desenvolve-se no pescado defumado a frio uma microbiota alterante, constituída fundamentalmente por *Pseudomonas*.

A conservação por defumação, tanto a frio como a quente, pode ser desdobrada em três fases principais: preparação da matéria-prima, salga e defumação.

Como matéria-prima, deve-se utilizar apenas pescado da melhor qualidade, pois, do contrário, obter-se-á um produto final de qualidade inferior. Também se pode empregar pescado congelado, desde que seja de boa qualidade. Em muitos casos, é necessário abrir e limpar o pescado, tomando muito cuidado para não deixar restos de brânquias, intestino e sangue. Muitas dessas operações podem ser realizadas de forma mecânica.

A salga pode ser feita com sal seco ou por imersão em salmouras. A salga seca permite alguma perda de umidade no produto. Tradicionalmente os filés de salmão são salgados dessa maneira, o que permite ainda acrescentar outro ingrediente ao sal, proporcionando os sabores desejados. Em muitos casos, recorre-se à salga úmida, introduzindo o pescado em salmoura mais ou menos forte (Tabela 13.1). Em geral utilizam-se salmouras fortes de 70 a 80°C. As salmouras mais fortes podem provocar a formação de cristais de sal na superfície do pescado, e as mais fracas podem fazer com que o pescado absorva água que depois será preciso eliminar durante a defumação. As salmouras devem ser trocadas pelo menos uma vez por dia a fim de reduzir ao mínimo o acúmulo de escamas, bactérias e exsudações protéicas. Se houver pouca renovação da salmoura, o produto final pode apresentar alterações. Tanto na salga seca como na salmoura, o sal empregado deve ser de grande pureza, pois, do contrário, podem desenvolver-se sabores amargos e frear-se a penetração do sal. O tempo da salga depende de vários fatores, como espessura do pescado, conteúdo de gordura, força e temperatura da salmoura. Depois da salga, aconselha-se a pendurar, durante algumas horas, em refrigeração o pescado que será defumado a frio; durante esse tempo, a superfície do filé desseca-se, e a proteína que havia se dissolvido por ação da salmoura fica retida na superfície, dando-lhe um aspecto lustroso que constitui um dos critérios comerciais de qualidade. Os melhores resultados obtêm-se mantendo as peças penduradas durante longos períodos, de cerca de 18 horas, após aplicar salmouras fortes de 70 a 80°. O pescado defumado sem salga não tem nenhum brilho, e seu aspecto é pouco atraente. O pescado submetido a defumação a quente não costuma ser pendurado, mas sim colocado no defumador imediatamente após a saída da salmoura.

A defumação pode ser feita em defumadores tradicionais ou mecânicos. Gera-se fumaça queimando madeira ou outros materiais. O tipo de combustão que a madeira sofre no forno do defumador produz mais de 400 componentes voláteis que participam do sabor, da cor e da conservação do pescado. Contudo, nem todos os compostos identificados encontram-se em proporções significativas nem são detectados em todas as fumaças analisadas. Para a produção de fumaça, costuma-se dar preferência às aparas ou serragem de misturas à base de 50% de madeiras duras (faia, carvalho, azinheira, nogueira) e madeiras moles (tília, choupo, álamo). As madeiras duras proporcionam boa cor, mas, utilizadas em excesso, produzem aroma de resina.

A fumaça em si mesma é um aerossol complexo que contém duas fases. Há uma fase de vapor, que compreende os componentes mais voláteis, e outra líquida, com gotas de pequeno diâmetro (0,1 mm). A fase de vapor é a mais importante; proporciona 95% dos componentes da fumaça que o pescado assimila.

Ao mesmo tempo em que é realizada a defumação, produz-se a secagem do produto. Os produtos defumados a frio sofrem perdas de 5 a 15% do peso, enquanto, na defumação a quente, essas são ainda maiores, visto que, juntamente com maior perda de água, há certa perda de gordura por fusão. Durante a defumação a frio, ocorrem duas fases distintas de secagem, sendo preciso controlar a velocidade a que ocorrem para obter um produto satisfatório. Na primeira fase, há evaporação de água da superfície à velocidade mais ou menos constante. Quando a superfície está quase seca, a água necessária para evaporações posteriores deve migrar do interior do tecido muscular. Se a água da superfície evapora com muita rapidez, forma-se uma película dura, que dificulta a perda do restante da água, formando-se uma crosta. Isso costuma ocorrer, sobretudo, com espécies de pescado gordo.

A velocidade de dessecação do pescado durante o período de velocidade constante depende da relação superfície/volume do produto, da velocidade do ar e da umidade relativa do ar.

Defumadores

Pode-se falar de três sistemas de defumação: defumadores tradicionais, defumadores mecânicos e saporíficos de fumaça.

O defumador tradicional é, essencialmente, uma chaminé larga na qual se pendura o pescado sobre o rescaldo de uma fogueira que produz fumaça. Embora se possa obter um produto final satisfatório com pessoal bem-treinado, normalmente é difícil controlar o processo; a direção da fumaça varia ao longo deste e, às vezes, a chama pode reavivar-se, causando o superaquecimento do pescado pendurado nas proximidades. Além disso, é difícil obter dessecação uniforme do pescado, visto que a fumaça encontra-se praticamente saturada de vapor, depois de ter passado pelas primeiras filas, e não se atinge a secagem dos pescados da parte alta. Evita-se isso mudando a posição do pescado ao longo da defumação embora seja uma operação trabalhosa. Nas noites úmidas e quentes, não se pode defumar, pois as chaminés não *puxam* e, mesmo que o façam, não há dessecação adequada do produto, pois a fumaça está saturada de vapor d'água.

O defumador mecânico permite grande controle das condições que imperam no defumador, em particular da temperatura e da velocidade da fumaça. Assim, controlando esses dois fatores e a quantidade de ar que entra e sai do defumador, é possível regular a velocidade de dessecação. A fumaça é gerada fora do corpo principal do defumador, e existem produtores automáticos que regulam a quantidade de fumaça obtida. O pescado é introduzido e retirado do defumador suspenso em estantes ajustadas a carretilhas. Enquanto uma partida de pescado está sendo defumada, pode-se ir preparando outra. O controle permitido por esse tipo de defumadores assegura a obtenção de produtos mais limpos (sem fuligem nem cinzas) e de qualidade mais uniforme, com o emprego de menos mão-de-obra independentemente das condições climáticas.

Os saporíficos de fumaça foram testados há muito tempo, mas não tiveram muito êxito. Deve-se levar em conta que, para obter um produto defumado tradicional, é preciso haver algum grau de dessecação.

Tratamento após a defumação

Os produtos defumados fabricados hoje são geralmente menos salgados, defumados e dessecados do que os obtidos há alguns anos, o que obriga, na maioria dos casos, a recorrer ao acondicionamento a vácuo e à refrigeração para prolongar a vida útil desses produtos. Pode-se dizer que a defumação, atualmente, é um método de transformação, mais do que de conservação.

Fabricação de salmão defumado

Um dos produtos derivados do pescado mais popular em todo o mundo é o salmão defumado. Sua preparação segue essencialmente as mesmas indicações feitas para a defumação a frio.

Eviscera-se o salmão, limpa-se a cavidade abdominal e eliminam-se todos os resquícios de sangue. Retira-se a cabeça e corta-se em filés, mantendo as espinhas laterais que facilitam na hora de pendurar. Essas espinhas são eliminadas ao preparar-se o produto após a passagem pelo defumador. Uma vez obtidos os filés de salmão, eles são depositados sobre uma camada de sal (com a pele para baixo) e recobertos por outra camada de sal com 1 cm. O tempo de salga depende do tamanho e da quantidade de gordura das peças. Em geral, empregam-se 12 horas para filé de 0,7 a 0,9 kg; e 16 a 20 horas para filés de 1,4 a 1,8 kg. As perdas de peso durante a salga são de 9 a 10%, e a carne torna-se mais firme e salgada. Depois da salga, os filés são lavados para eliminar todo o resto de sal e pendurados para escorrer; eles podem permanecer pendurados durante 24 horas em uma sala de secagem, mantendo-se a temperatura de 21°C, e depois serem defumados com fumaça densa durante 6 a 7 horas. O salmão também pode ser defumado com fumaça leve durante cerca de 12 horas. Os dois métodos dão bons resultados. Um filé bem-defumado perderá de 9 a 10% do peso durante os processos de defumação e secagem. Assim, incluído o peso perdido durante a salga, a perda total de peso é de 20%. A perda de peso em relação ao salmão inteiro é de 30 a 35%. Após a defumação, eliminam-se as espinhas restantes e cortam-se os filés para que adquiram boa apresentação comercial. Finalmente os filés são resfriados, acondicionados a vácuo e mantidos sob refrigeração ou congelamento.

A composição aproximada do salmão defumado é de 60% de umidade, 4% de gordura e 7% de sal. A textura do produto final deve permitir a formação de tiras.

ESCABECHES

Escabeche significa o emprego de um molho de vinagre e, em muitos casos, de louro, para a conservação do pescado e de outros alimentos de origem animal. O termo escabeche provém dos árabes, mas não foram eles os inventores do processo, uma vez que esse tratamento remonta à época de gregos e romanos.

A aplicação do escabeche foi variando ao longo dos anos. No início, sua finalidade era conservar o alimento (carne ou pescado) durante o maior período possível e, de forma secundária, diversificar a apresentação de alguns pescados, principalmente, arenques, atuns, mexilhões e cavalas. Com o passar do tempo, ao se desenvolverem métodos eficazes de conservação de alimentos, a finalidade de conservação do escabeche ficou relegada a um segundo plano, prevalecendo o objetivo de diversificação. O escabeche aplica-se tanto à carne como ao pescado, embora o do pescado talvez tenha se difundido mais. Em pescados, o escabeche pode ser aplicado à maioria das espécies, destacando-se, na Espanha, a fabricação de anchovas, atum, mexilhões, sardinhas, cavala, etc. Em outros países europeus e nos Estados Unidos, o arenque destaca-se como matéria-prima para o escabeche.

O efeito de conservação do escabeche reside na ação combinada de ligeira perda de água durante o processo, do decréscimo do pH devido à ação do ácido acético do vinagre e da leve ação do NaCl e das especiarias adicionadas, e, nos escabeches cozidos ou assados, da ação do calor. Todos esses fatores combinados costumam oferecer boa estabilidade microbiológica.

Sob a denominação de escabeche, incluem-se três produtos distintos: frios, cozidos e fritos.

Para a realização de escabeche frio, o pescado (anchova ou arenque, em particular), após retirar-se a cabeça, eviscerar e cortar em filés, é submerso no banho de escabeche, que contém vinagre (5 a 6% de ácido acético) e 7 a 8% de NaCl. Em alguns casos, e quando a matéria-prima é muito delicada, ela é introduzida durante 1 a 2 horas em uma solução salina a 8 a 10% para dar consistência aos tecidos. O escabeche pode ser feito em grandes banhos, tendo-se o cuidado de manter leve movimento na massa de líquido e pescado para que o contato entre as superfícies dos filés e o líquido de tempero seja adequado. Para determinar as quantidades de vinagre e sal a ser utilizados, é fundamental a proporção pescado:líquido de tempero ou de escabeche (Tabela 13.2). Na prática, é comum trabalhar com 1,5 parte de pescado para 1 de líquido. Durante o processo de preparação do escabeche, uma parte do vinagre e do sal é absorvida pelo pescado, sendo que o vinagre penetra mais rápido que o sal.

A duração do processo depende da temperatura. As mais adequadas situam-se entre 10 e 15°C e, nessas condições, o escabeche se completas em 4 a 6 horas. O líquido que resta ao final do processo ainda contém, pelo menos, 2,4% de ácido acético e 6% de sal. O pH final do escabeche costuma ser de 4 a 4,5. O efeito do ácido e do sal na consistência do pescado segue direções opostas. Enquanto o vinagre amolece a carne, o sal tende a endurecê-la. Um pescado gordo e de carne mole requer mais sal do que um magro.

Concluído o período no líquido do escabeche, escorre-se o pescado e, em seguida, acondiciona-se com um líquido de cobertura que, dependendo das especialidades, pode ir desde o azeite de oliva até um líquido também composto de vinagre (2% de ácido acético) e sal (1%) no qual se podem incluir diversas especiarias.

Os arenques em escabeche têm um conteúdo de ácido acético nos tecidos de 1,5 a 2,5% e de 2 a 4% de NaCl. Sua apresentação típica se dá em frascos de vidro com tampa giratória ou em latas fáceis de abrir. A vida comercial desses escabeches frios entre 0 e 8°C é de cerca de duas semanas.

Tabela 13.2 Proporção pescado:líquido de escabeche com diferentes concentrações de ácido acético e de NaCl

Proporção pescado:líquido	Ácido acético (%)	NaCl (%)
1,0:1	5,0	8
1,5:1	6,0	10
1,75:1	6,5	12
2,0:1	7,0	14
2,5:1	7,5	16

Os escabeches cozidos são pescados ou porções de pescado submetidos a um cozimento em banho de sal e vinagre e que, depois de acondicionados, são recobertos com uma solução de gelatina contendo sal, ácido acético e especiarias. A matéria-prima mais comum são arenques (também se utilizam bacalhau, cavala, salmão) que, depois de cortados em filés, são lavados e passados em um banho de água salgada (NaCl a 10%), onde permanecem de 30 a 60 minutos. Esse banho endurece e branqueia o pescado. Uma vez tirado do banho e após escorrido, o pescado é fervido durante 10 a 20 minutos em solução contendo 4% de ácido acético e 6 a 8% de sal. Quando se trabalha em processos contínuos, é muito importante controlar, além da temperatura e da duração do tratamento, os conteúdos de sal e de ácido acético para mantê-los constantes. Deve-se eliminar também a espuma que se forma. Com esse tratamento, o pescado passa a ter 0,4% de ácido acético e 1,5% de sal, e seu pH fica próximo a 6. As porções já cozidas são borrifadas com água fria e, em seguida, escorridas e depois acondicionadas junto com uma solução de gelatina entre 4 e 5%. Como o pH de 6 não assegura a estabilidade microbiológica do produto, aconselha-se baixar o pH a menos de 4,6. Para isso, o ácido acético e o sal necessários são misturados à solução de gelatina empregada como salmoura de cobertura. Às vezes, a quantidade necessária de ácido acético para atingir pH inferior a 4,6 é tão grande que os produtos adquirem sabor excessivamente ácido. Substituindo-se 25% do ácido acético por ácido cítrico, o pH desce a menos de 4, e o sabor ácido diminui. A adição de sacarose à solução de gelatina reduz a atividade de água do produto, dificultando ainda mais o crescimento bacteriano. A adição de sorbatos impede o crescimento de mofos. A vida útil desses produtos é de 1 a 6 meses, dependendo das concentrações finais de ácido acético, sal e outros conservantes, assim como da temperatura de armazenamento, que deve ser de refrigeração.

Os escabeches fritos são fabricados com grande quantidade de pescados, como arenque, sardinha, cavala, atum, enguia, mexilhões, etc. O pescado destinado à elaboração de escabeches fritos é lavado, eviscerado e a cabeça extraída e novamente lavado. Depois é introduzido em um banho salino (NaCl entre 4 e 5%) cuja finalidade é potencializar o sabor e aumentar a consistência dos tecidos. Depois de escorrido, o pescado passado na farinha é frito em azeite vegetal, o que provoca perdas de peso de 20 a 30%. A duração da fritura depende da espessura do produto, mas costuma ser de 4 a 6 minutos entre 170 e 180°C, até que o produto adquira a cor dourado-amarelada. Antes do acondicionamento, o produto deve ser resfriado; depois de pronto, é introduzido nas embalagens, nas quais adiciona-se o líquido de controle (sal, vinagre e especiarias). O pescado absorve aproximadamente 20% desse líquido. O equilíbrio entre o pescado e o líquido de controle realiza-se nas embalagens fechadas, sendo atingido aos 7 a 10 dias. O líquido de controle costuma ter de 2,5 a 3,5% de ácido acético, que cai a 1,3 até 1,8% depois que o ácido e o sal se difundem no interior do pescado. Os produtos fritos em escabeche, após o acondicionamento, podem sofrer tratamento térmico (para converter-se em conservas) ou não, de modo que sua vida útil depende da temperatura de armazenamento e da quantidade de ácido acético e sal nos tecidos. Entre 0 e 8°C, eles podem conservar-se por até 1 ano.

CONSERVAS E SEMICONSERVAS

Há muitas espécies de pescados que são enlatadas para sua conservação, destacando-se sardinha, atum, cavala e outras espécies pelágicas. Há também algumas espécies demersais que têm certa relevância. Independentemente da matéria-prima empregada, as operações prévias ao tratamento térmico devem ser realizadas de forma higiênica para minimizar as contaminações adicionais e assegurar que o tratamento térmico seja eficaz.

As operações básicas realizadas durante o enlatamento são: preparação do alimento, preenchimento das embalagens, evacuação do espaço de cabeça, fechamento das latas, lavagem com água e detergente, tratamento térmico, resfriamento, limpeza, rotulagem e armazenamento. A ordem das operações pode sofrer alguma variação, segundo o tipo de conserva e, em alguns casos, algumas operações não são realizadas.

Preparação do alimento

Em geral, a preparação do pescado, antes de ser enlatado, consiste em lavar, descamar, eviscerar, retirar a cabeça e, novamente, lavar para eliminar restos de sangue e de vísceras e salgar em banho.

Esta última operação é muito importante e se realiza até que a carne adquira 1 a 2% de NaCl. Essa salga melhora o sabor, aumenta a consistência da carne, endurece a pele e aumenta o brilho ao eliminar o muco superficial.

Posteriormente o pescado pode ser enlatado e submetido ao tratamento esterilizante ou a um tratamento térmico prévio. Existem, portanto, dois tipos de conservas de pescado: *a)* pescados que são submetidos a tratamentos além do comum, como é o caso da fritura, do pré-cozimento ou da defumação (enlatado *tipo atum*), que é feito em atum, sardinha, etc. *b)* pescados que são submetidos apenas ao tratamento térmico esterilizante (enlatado *tipo salmão*).

Preenchimento das embalagens

Pode ser realizado manual ou mecanicamente. Nos dois casos, as embalagens devem estar bem secas e limpas. Alguns pescados devem ser pesados antes de enlatar; em outros, o volume que ocupam equivale a um determinado peso, sendo, por isso, introduzidos nas latas sem pesar. É importante que o peso seja correto, não apenas do ponto de vista econômico e legal, mas também porque influi na operação de formação do espaço de cabeça ou de evacuação. O preenchimento não deve possibilitar a inclusão de grandes volumes de ar na lata. Os pescados de tamanho pequeno são enlatados justapostos. Muitas vezes, acrescenta-se também o molho ou líquido de controle que acompanha o pescado. A lata não deve ficar cheia demais. Deve-se deixar um espaço de cabeça de 2,5 mm entre o nível do alimento e a face interna da tampa.

Evacuação do espaço de cabeça

A evacuação é a expulsão de ar da lata antes de fechar, produzindo vácuo parcial no espaço de cabeça do frasco. Mediante a evacuação, consegue-se diminuir as fugas devidas ao aumento de volume da lata que ocorre com a dilatação do conteúdo do interior durante o aquecimento. Expulsando-se o oxigênio, retarda-se a corrosão da lata. A evacuação cria vácuo no interior da lata quando esta esfria e quando o fundo e a tampa ficam ligeiramente côncavos. A presença de tampas e fundos convexos é indicativa de possível alteração do conteúdo. A evacuação também previne a oxidação lipídica.

A evacuação é necessária, sobretudo em latas grandes. Nas pequenas não é tão importante, visto que nelas a resistência mecânica é maior do que nas latas grandes.

Os métodos de evacuação do ar são: evacuação por calor, fechamento a vácuo e injeção de vapor. Na evacuação por calor, aquecem-se as latas antes de fechá-las para liberar o ar que se encontra no alimento, dilatar o alimento e retirar o ar retido no produto. O aquecimento normalmente é realizado em câmaras de vapor a temperaturas de 93 a 98°C pelas quais as embalagens circulam em esteiras transportadoras. Os frascos recebem jatos de vapor, e a permanência depende do grau de vácuo desejado. As latas são fechadas logo ao sair do túnel e antes que o conteúdo esfrie. Com esse método, ao chegar a embalagem parcialmente quente na autoclave, não é preciso aquecer por muito tempo para obter a temperatura programada. No fechamento a vácuo, coloca-se o produto na lata e veda-se com máquinas seladoras a vácuo que extraem o ar, ou em uma câmara de vácuo com máquinas seladoras normais. Quando se realiza a injeção de vapor, este expulsa o ar; em seguida, fecha-se a lata e, quando o vapor se condensa, forma-se o vácuo.

As latas devem ser fechadas o mais rápido possível após a extração do ar.

Fechamento das latas

O propósito desta operação é obter uma sutura que permita manter a embalagem hermética. As máquinas de vedação realizam dupla sutura, que une hermeticamente a tampa ao corpo da embalagem. As máquinas seladoras podem produzir várias centenas de latas por minuto.

Lavagem com água e detergente

Com esta operação, elimina-se o azeite e a sujeira externa das embalagens. É realizada mecanicamente.

Tratamento térmico

É feito depois que a lata é bem fechada, tendo como finalidade a destruição dos microrganismos para conseguir a esterilidade comercial (Capítulo 8, Volume 1).

Em alguns produtos enlatados, como anchovas, caviar e sucedâneos, e em certos tipos de escabeches, a principal operação realizada é o preenchimento das embalagens sem tratamento térmico, ou apenas com tratamento pasteurizador. Esses produtos são conhecidos como semiconservas, não sendo estáveis à temperatura ambiente. Devem ser conservados em temperaturas de refrigeração, visto que sua conservação depende do efeito combinado da salga ou do escabeche e da refrigeração. Já alguns escabeches, como os de mexilhões e de atum (escabeches fritos) recebem tratamento térmico para garantir sua conservação em temperatura ambiente.

Resfriamento

Imediatamente após o tratamento térmico, é preciso resfriar as embalagens até atingir uma temperatura de 40 a 45°C. A velocidade de resfriamento deve ser de pelo menos 4°C por minuto para evitar cocção excessiva.

Limpeza

Às vezes, costuma-se realizar uma lavagem com água.

Rotulagem e armazenamento

Depois do resfriamento e da lavagem, costuma-se armazenar as latas 2 a 4 semanas antes de rotulá-las. Esse armazenamento permite que o conteúdo estabilize até que o líquido de cobertura penetre no produto.

SURIMI E DERIVADOS

Embora a elaboração do surimi seja um processo realizado há séculos no Japão, sua introdução nos países ocidentais é relativamente recente. Por isso, talvez sua tecnologia seja menos conhecida que a dos processos explicados em itens anteriores. Assim, a elaboração do surimi será descrita mais detalhadamente.

Surimi é um termo japonês que significa *músculo de pescado picado*, embora não seja estritamente isso, mas um pouco mais. Seu processo de elaboração implica eliminar espinhas, tecido conjuntivo e tudo aquilo que pode ser considerado *não-funcional*, para obter uma massa de actomiosina com conteúdo aquoso similar ao original do músculo de pescado. Trata-se, portanto, de um extrato de proteínas miofibrilares de pescado que, por isso, tem elevada capacidade geleificante e emulsificante. O surimi não é um produto final, mas sim uma matéria-prima que, por suas propriedades funcionais, é válida para criar e imitar texturas, e que pode servir de base para a elaboração de ampla gama de produtos.

O surimi é preparado a partir de espécies de pescado pouco valorizadas e de difícil comercialização. Mas é elaborado também para melhorar o aproveitamento das capturas sazonais, ajudando na regulação do mercado. Sua difusão nos últimos anos foi rápida, e seu futuro é realmente alentador, já que se trata de um material protéico com o qual podem ser elaborados produtos muito bem aceitos pelo consumidor. O Japão, país pioneiro em sua obtenção, duplicou sua produção utilizando a biomassa de badejo do Alasca do mar de Bering. Essa atividade representou para o Japão, em 1984, rendimento econômico superior a 500 milhões de dólares. Hoje são muitos os países que utilizam essa tecnologia para melhorar o rendimento de sua riqueza pesqueira.

Processo de obtenção

O surimi é um produto resultante da tecnologia desenvolvida no Japão desde o século XII com o objetivo de diversificar o emprego do pescado fresco. O processo de elaboração foi sendo melhorado nesse país durante centenas de anos e, atualmente, aplica-se em todo o mundo. A evolução dessa tecnologia foi particularmente rápida nos últimos 30 anos, o que permitiu reduzir consideravelmente os custos de produção, chegar à automatização completa do processo e à normalização da produção. As operações envolvidas na elaboração do surimi são apresentadas na Figura 13.1. A seguir, detalham-se alguns aspectos desse processo.

Espécies de pescado utilizadas e operações iniciais

A distribuição variada de espécies, dependendo da zona geográfica e da época do ano, faz com que os tipos de pescado destinados à obtenção de surimi sejam muito diversos. Em geral, utilizam-se as espécies mais abundantes em cada caso e menos apropriadas para o consumo direto. Além disso, são aproveitados restos de pescado resultantes do corte em filé. Estima-se que mais de 60 espécies diferentes sejam empregadas para a elaboração desse produto. Entre as mais freqüentes, vale citar o badejo do Alasca (*Theragra chalcogramma*), a corvina (*Argyrosomus argentatus*), a morena do Japão (*Muraenesox cireneus*) e diversos tipos de tubarões e linguados. Também se utilizaram diferentes espécies de merluza (*Merluccius hubbsi*, *Merluccius gayi* e *Merluccius australis*), polaca (*Micromesistius australis*), bacalhau (*Gadus morhua*), hadoque (*Micromesistius poutassous*), hoki (*Macruronus novaezelandidas*) e espécies pelágicas, como menhaden (*Brevoortia tyrannus*), cavala (*Scomber scombrus*), arenque (*Clupea harengus*), jurel (*Trachurus tachurus*), tuníedes (*Thunnus* sp.) e sardinhas (*Sardina pilchardus*). Mas é preciso acrescentar que a tecnologia do surimi foi vista também como forma de aproveitamento do krill do Antártico (*Euphasia superba*) com excelentes resultados.

O rendimento varia conforme a espécie utilizada; por exemplo, no caso do badejo do Alasca, para cada 100 t de pescado obtém-se 22 de surimi. As demais espécies de gadídeos proporcionam rendimento similar.

A qualidade do produto obtido depende, em grande parte, do grau de frescor do pescado utilizado. O surimi com maior capacidade funcional é obtido a bordo de barcos-fábrica que processam pescado fresco. Esses produtos são denominados AS. O que é elaborado a partir do pescado conservado

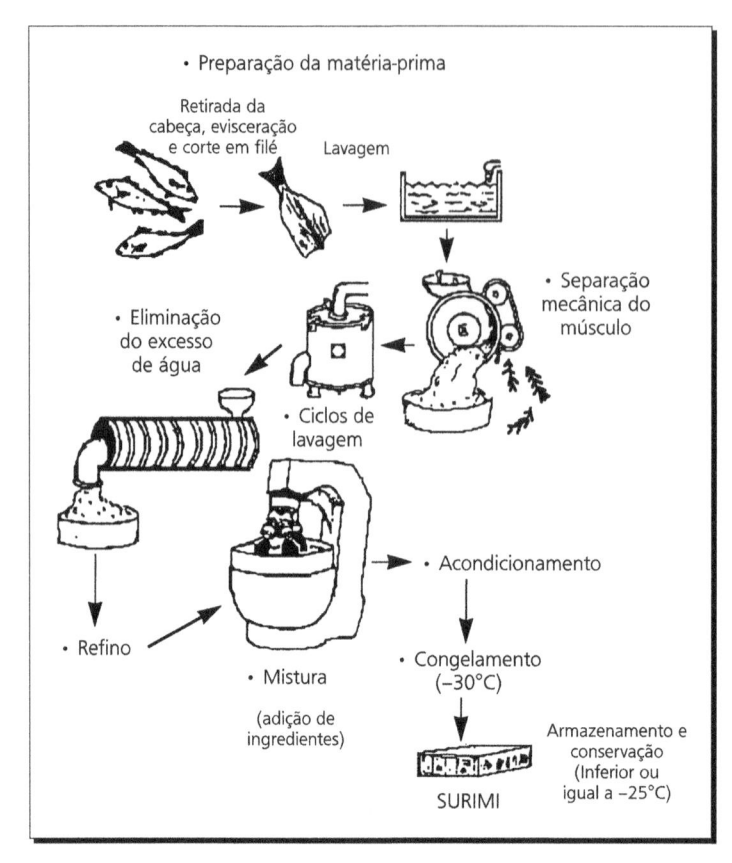

Figura 13.1 Operações envolvidas no processo de elaboração do surimi. Modificada por Suzuki (1987).

durante um dia em gelo é considerado de qualidade ou grau 1. A atribuição do grau 2 ou 3 aplica-se quando o processamento é realizado 2 ou 3 dias após a captura. O pescado não deve ser congelado em nenhum caso. A manipulação adequada requer que seja mantido em gelo ou em água/gelo em tanques com não mais que 1 metro de altura ou em pilhas que não ultrapassem 50 cm.

Para começar o processo, retira-se a cabeça do pescado, eviscerando-o completamente. Depois, ele é lavado para a eliminação de restos de intestino, peritônio, coágulos de sangue e vísceras. Para esse fim, são utilizadas máquinas de tambor rotatório. Aconselha-se que a operação seja realizada duas vezes, já que esta primeira limpeza aumenta a eficácia do resto do processo. Em alguns casos, o pescado é cortado em filé antes de continuar seu processamento.

O processo de obtenção do surimi difere sensivelmente, conforme se empreguem espécies magras, com pouca presença de músculo escuro ou vermelho, ou, ao contrário, utilizem-se espécies pelágicas, mais ou menos ricas em gordura e abundantes em músculo escuro.

Elaboração de surimi a partir de espécies magras

Separação mecânica do músculo

Para a separação das partes moles (carne) das porções mais grosseiras (espinhas, pele, brânquias, escamas, etc.), utiliza-se equipamentos que introduzem o pescado entre uma correia móvel de material flexível e um tambor com orifícios de 3 a 5 mm de diâmetro. A pressão e a força de cisalhamento exercida por essa correia forçam a extrusão do músculo através das perfurações para o interior do tambor (Figura 13.1). Consegue-se, assim, uma separação parcial do músculo, já que pequenas espinhas, algumas escamas e tecido conjuntivo também passam através dos orifícios do crivo. Essas máquinas podem ser alimentadas de forma manual ou automática, alcançando um rendimento entre 1.800 e 3.000 kg de pescado/hora.

Ciclos de lavagem

A lavagem com água do pescado picado (*otoshimi*) em várias etapas permite a eliminação dos componentes que proporcionam características sensoriais indesejáveis. Além disso, pretende-se excluir tudo aquilo que reduza a estabilidade e a capacidade funcional do surimi.

Os ciclos de lavagem são realizados com dois objetivos fundamentais:

a) Separação mecânica de impurezas. Consegue-se isso submetendo à agitação uma mistura de água e de pescado para separar a gordura e os possíveis restos de peritônio, aparelho digestório, pele e escamas que se eliminam por decantação.
b) Eliminação de substâncias solúveis em água. Por lavagem e lixiviação, consegue-se arrastar e eliminar sangue, proteínas sarcoplasmáticas, sais inorgânicos, substâncias de baixo peso molecular e outras impurezas que proporcionam coloração mais ou menos escura e aroma indesejável e que podem afetar a capacidade funcional das proteínas miofibrilares.

Observou-se que as proteínas sarcoplásmicas interferem na geleificação da actomiosina. Além disso, muitas dessas proteínas são enzimas com atividade proteolítica. Contudo, associou-se a desnaturação protéica sofrida durante o congelamento do surimi com a crioconcentração dos sais contidos no músculo. Por tudo isso, quanto maior é o número de lavagens, maior é a capacidade funcional do surimi, já que aumenta a possibilidade de eliminar os componentes alheios às proteínas miofibrilares.

Nos primeiros processos de obtenção do surimi, a lavagem era feita de forma descontínua em cinco ciclos, usando quantidades de água próximas a 30 ou 40 vezes a quantidade de pescado tratado. Isso encarecia bastante o processo, dado o custo da água e do tratamento de depuração de efluentes. Hoje já se conseguiu automatizar totalmente o processo e aumentar a eficácia dos ciclos de lavagem, reduzindo de forma significativa o gasto de água. Essa operação era realizada de forma contínua, geralmente utilizando três tanques com agitação. O funcionamento destes é sincronizado, de modo que um tanque é cheio enquanto o outro encontra-se em fase de lavagem e um terceiro é esvaziado. Em geral, bastam três ciclos de lavagem, com gasto de água inferior a 25 vezes o peso do surimi processado. Cada lavagem é seguida de um clareamento e da eliminação de água em um tambor giratório colocado em plano inclinado e dotado de filtros de náilon, de aço inoxidável ou de cerâmica. A eliminação de água é maior nas primeiras fases; por isso, o diâmetro dos orifícios decresce à medida que o produto avança (de 1,3 a 0,5 mm). No processo, perdem-se pequenas partículas de carne que passam através dos filtros. Essas perdas podem significar 8% do volume de carne inicial, mas recuperam-se facilmente por sedimentação ou centrifugação da água de lavagem e voltam a se incorporar ao final dos ciclos de lavagem ou são destinadas, juntamente com outros resíduos, à elaboração de farinhas.

Extraem-se 50% dos componentes solúveis no primeiro ciclo de lavagem. Embora a qualidade do surimi melhore com o número de lavagens, também se intensifica o inchamento do músculo e a dificuldade de eliminar o excesso de água posteriormente. Dessa forma, na prática industrial, a tendência é que os ciclos de lavagem tenham duração de 9 a 12 minutos cada um, empregando-se a cada vez uma quantidade de água de 3 a 4 vezes o peso do músculo tratado.

Nas instalações de processamento a bordo de alguns barcos-fábrica, faz-se a primeira lavagem de cada lote com a água procedente da segunda lavagem do lote anterior, economizando-se assim grandes quantidades de água doce. Nesses casos, pode-se chegar à proporção de água:carne de 2:1.

Os principais fatores que determinam a eficácia da água de lavagem são sua dureza, o pH e a temperatura:

a) Dureza da água. Influi na capacidade de retenção de água do músculo e conseqüentemente, nas características dos géis elaborados com o surimi produzido. Durante a lavagem, o músculo se torna mais hidrofílico e absorve maior quantidade de água. Se a água da lavagem é mole, o músculo absorve mais água, o que dificulta o ajuste do conteúdo de umidade no produto final, tornando menos resistentes os géis fabricados com esse surimi. Se, ao contrário, a água utilizada é muito dura, incorpora-se grande quantidade de sais ao surimi, com sério risco de deterioração durante sua conservação e congelamento. Por essas razões, a água mais adequada para a obtenção de surimi é a de dureza mediana. Quando a água disponível é mole, pode-se adicionar entre 0,1 e 0,3% de cloreto de sódio, cálcio ou magnésio (nunca mais de 0,6).
b) pH da água. Assim como no caso anterior, seu efeito se deve à capacidade de retenção de água. Sob esse aspecto, seria adequado um pH próximo ao ponto isoelétrico das proteínas miofibrilares; dessa forma, evita-se a retenção excessiva de água. Contudo, a capacidade funcional dessas proteínas diminui de forma significativa a pH inferior a 6,3. Diante disso, diversos autores recomendam trabalhar em pH entre 6,5 e 7.
c) Temperatura. Para reduzir a desnaturação protéica e o crescimento microbiano, deve-se manter a temperatura da água entre 3 e 10°C. O efeito do incremento térmico é tanto mais evidente quanto menor é a temperatura do

hábitat da espécie de pescado utilizada. Por outro lado, a eficácia da lavagem aumenta com o incremento da temperatura da água de lavagem. Por isso, costuma-se trabalhar no intervalo de temperaturas mais elevado, que não implica risco sanitário nem alterações tecnológicas. Para o badejo do Alasca, recomenda-se mantê-la a 10°C, enquanto para o rosado a lavagem pode ser feita a 15°C.

Eliminação do excesso de água

O excesso de água absorvida pela massa de carne durante a lavagem é eliminado parcialmente até um conteúdo final de umidade entre 75 e 80%, dependendo da qualidade do surimi, sendo mínimo no grau superior (SA).

Para ajustar o conteúdo aquoso, pode-se recorrer ao emprego de um tambor perfurado giratório, dotado também de um sistema vibratório para favorecer o escorrimento. Em seguida, a massa semi-sólida resultante é levada a uma prensa de rosca onde é eliminado o restante de água. Dessa forma, podem ser tratadas em processo contínuo mais de 20 t/dia.

A eliminação do excesso de água nem sempre é tarefa simples, pois, além de depender da pressão aplicada, é condicionada pela capacidade de retenção de água da massa de pescado, que varia bastante. Entre outros fatores, depende da época da captura (aumenta até o início da desova e diminui no final do verão), do frescor do pescado (aumenta ao diminuir esse fator), do pH do músculo, do grau de redução de tamanho da carne, da relação carne/água utilizada na lavagem e da dureza e do pH da água.

Refino

Esta operação é realizada com o objetivo de eliminar pequenos fragmentos de espinhas, escamas, restos de tecido conjuntivo e outras impurezas que o produto ainda possa conter. O refino pode ser feito antes ou depois da eliminação do excesso de água.

Na *refinadora*, um conjunto de lâminas, que giram a grande velocidade, lança o músculo picado através dos pequenos orifícios da parede do tambor, e a carne sai para o exterior finamente triturada, enquanto os elementos mais grossos permanecem no interior do equipamento. Em outros sistemas, o surimi avança pelo impulso de uma rosca sem fim.

Atribui-se a qualidade máxima ao surimi que passa pelos orifícios, enquanto a porção retida sofre um novo refino para recuperar a maior quantidade possível de carne. O surimi resultante deste último processo apresenta cor mais escura e capacidade funcional muito menor.

Adição de ingredientes

Até o momento, o produto obtido é composto basicamente de proteínas miofibrilares (*surimi-nama* ou *surimi cru*). Para facilitar sua comercialização, recorre-se normalmente ao congelamento. Contudo, comprovou-se que, após o descongelamento, as proteínas miofibrilares perdiam parte de sua capacidade para formar géis, o que foi associado à tendência da miosina a experimentar fenômenos de agregação intermolecular quando a água fica imobilizada em forma de gelo. Para atenuar esse problema, nos anos de 1960, foram utilizados diversos crioprotetores (aminoácidos e derivados, ácidos carboxílicos e seus sais e certos carboidratos), o que permitiu a produção de surimi em grande escala e a difusão em massa dos produtos derivados em diversos mercados. A Tabela 13.3 apresenta alguns desses crioprotetores agrupados de acordo com a intensidade de seu efeito. Os polifosfatos também são úteis para impedir a perda de funcionalidade durante o congelamento, seja por seu efeito nesse processo ou como coadjuvantes da ação dos açúcares. Eles também favorecem a formação de géis estáveis. Os mais eficazes são os pirofosfatos e os tripolifosfatos.

Na indústria do surimi, os crioprotetores mais utilizados são os açúcares, em quantidades que não ultrapassam 8% no produto final (sacarose ou mistura com 4% desta e sorbitol). O sorbitol, dentro desse grupo, é o mais empregado. Diferentemente de outros açúcares (como sacarose), essa substância proporciona menos sabor e não potencializa a reação de Maillard, que ocorreria durante o tratamento de geleificação posterior do surimi. Acrescentam-se polifosfatos até concentrações de 0,2 a 0,3%. Quantidades superiores podem desenvolver sabores indesejáveis. Os glicerídeos, além de reduzir o tamanho dos cristais de gelo, proporcionam maior suavidade ao produto final. O *Puribesuto* é um aditivo criado pela Associação de Surimi no Japão para a conservação adequada do surimi em congelamento. O *Puribesuto TP433* é uma mistura de D-sorbitol a 87%, polifosfatos a 6,5% e glicerídeos a 6,5%, enquanto o *TP423* contém 89% de D-sorbitol e 6,6% de glicerídeos.

O surimi congelado pode ser de dois tipos, dependendo da adição ou não de sal. Dessa forma, denomina-se *Ka-en* aquele ao qual se adiciona NaCl (2,5%), e *mu-en* o que não leva sal. Este último é o mais utilizado no Ocidente como base para a elaboração de diversos produtos.

A incorporação dessas substâncias pode ser feita em um misturador comum ou em um equipamento *silent cutter*. Para proteger as proteínas miofibrilares durante essa operação é preciso evitar a elevação de temperatura (–1 a 3°C), e recomenda-se operar a vácuo para impedir a incorporação de ar à massa. A adição de crioprotetores também pode ser feita du-

Tabela 13.3 Substâncias utilizadas como crioprotetores na elaboração de surimi

A) Efeito acentuado

Açúcares		
Sorbitol	Glicose	Galactose
Lactose	Sacarose	Maltose
Frutose		

Aminoácidos		
Ácido aspártico	Ácido glutâmico	Cisteína

Ácidos carboxílicos		
Malônico	Metil malônico	Maléico
Glutárico	Láctico	L-málico
Tartárico	Glicônico	Cítrico
α-amino butírico		

Outros
Etilenodiamino tetracético (EDTA)

B) Efeito moderado

Açúcares		
Glicerina	Propileno glicol	Ribose
Xilose	Rafinose	

Aminoácidos		
Lisina	Histidina	Serina
Alanina	Hidroxiprolina	

Ácidos carboxílicos	
L-málico	Adípico

Outros
Ácido trifosfórico

Fonte: Borderías e Tejada (1987).

rante o refino, aproveitando o efeito de mistura do equipamento utilizado nessa operação. Dessa forma, consegue-se abreviar o processo.

Congelamento e conservação do surimi

Após a mistura com os crioprotetores, o surimi está pronto para o congelamento. Na prática industrial, são preenchidos sacos de polietileno com aproximadamente 10 kg de surimi. Estes são depositados e moldados em forma de blocos sobre bandejas de metal. O produto é congelado a –30°C em armários de placas horizontais. O armazenamento e a conservação realizam-se a temperaturas iguais ou inferiores a –25°C, evitando-se sempre as oscilações de temperatura.

O congelamento do surimi também pode ser feito em congeladores de cilindros giratórios. Nesse caso, o processo pode ser contínuo. Obtém-se o surimi *em escamas*, com enormes vantagens, visto que é mais fácil armazenar, ocupa menos espaço, não é preciso descongelar para o tratamento posterior sendo de mais fácil manejo e dosagem quando utilizado como ingrediente.

Assim como no congelamento do pescado, é importante que a zona crítica de temperatura (entre 0 e 5°C) seja superada o mais rápido possível. A capacidade de formar géis do surimi elaborado com pescado fresco e em bom estado mantém-se por mais de um ano quando a temperatura de conservação é inferior a –20°C (de preferência a –30°C). Acima dessa temperatura, e diante de oscilações térmicas, a funcionalidade das proteínas reduz-se rapidamente (a temperaturas maiores ou iguais a –10°C em menos de dois meses), o que foi atribuído ao decréscimo na extratabilidade da actomiosina, causada pela desnaturação protéica durante o congelamento.

O surimi também é comercializado, embora com muito menos freqüência, como produto desidratado. Nesse caso, a estabilidade também é muito elevada, com a vantagem de ser mais fácil de utilizar e manipular em nível industrial e de não requerer câmaras de congelamento para sua conservação. Contudo, algumas propriedades funcionais podem ser modificadas pelo processo de dessecação. No processo de obtenção, costumam-se utilizar secadores de cilindro.

Particularidades da fabricação do surimi a partir de espécies pelágicas

A fabricação de surimi a partir de espécies pelágicas, com maior proporção de músculo escuro (entre 10 e 20%), requer modificações importantes do processo original, já que o músculo desse tipo de pescado apresenta particularidades que podem afetar a capacidade funcional do surimi.

A carne desses pescados, além de apresentar cor mais escura, possui maior conteúdo de gordura (particularmente no verão) e sabor mais intenso. Em geral tende-se a eliminar o músculo escuro e os depósitos de gordura nos primeiros estágios da fabricação do surimi. Por outro lado, as espécies pelágicas (sardinha, cavala, etc.) contêm grande quantidade de glicogênio e, depois da morte, sofrem maior decréscimo do pH (5,7 a 6), o que pode afetar intensamente as propriedades funcionais das proteínas miofibrilares e, em particular, a capacidade de formar gel. Por essa razão, a obtenção de surimi dessas espécies deve ser feita em período curto depois da captura (1 ou 2 dias), e é preciso neutralizar o pH do músculo o mais rápido possível. A operação de lavagem, além disso, deve ser particularmente intensa para eliminar o maior conteúdo de proteínas sarcoplasmáticas.

Várias modificações foram propostas para a obtenção de surimi a partir de espécies de pescado gordo com grande quantidade de músculo escuro. Entre elas, vale mencionar as seguintes:

Método da Associação Japonesa de Fabricantes de Surimi

Trata-se de um procedimento convencional que permite alto rendimento, ainda que, por não eliminar a gordura e o músculo escuro, o surimi resultante apresente cor escura e um pouco de odor de pescado e proporcione géis de baixa resistência.

A principal modificação desse método está na lavagem, que é realizada em vários ciclos (em geral, 3 ou 4). No primeiro, utiliza-se uma solução de bicarbonato de sódio a 0,5% para neutralizar o pH do músculo (Figura 13.2). Em seguida, realizam-se lavagens com água muito fria e, freqüentemente, recorre-se a uma solução de NaCl a 0,3% para incrementar a força iônica e facilitar a eliminação do excesso de água.

Método do jato de água

Neste procedimento, separa-se o músculo branco do restante, aproveitando a desagregação do feixe muscular diante

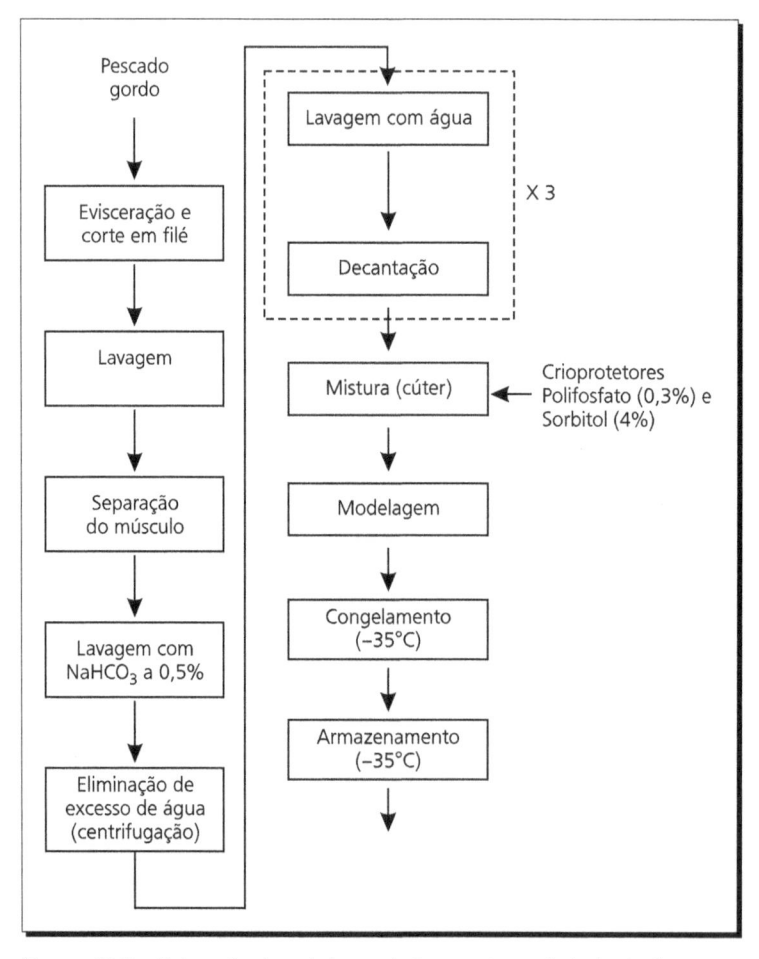

Figura 13.2 Elaboração do surimi a partir de pescado gordo (método da Associação Japonesa de Fabricantes de Surimi).

do impacto de um jato de água a pressão (de 2 MPa). Para isso, retira-se a cabeça do pescado, eviscera-se, abre-se em borboleta e coloca-se para cima, de forma que as cavidades internas e o músculo claro fiquem expostos ao jato de água. Com esse método, extrai-se o músculo claro quase sem contaminação de gordura e de músculo escuro. O rendimento é pequeno (17 a 20% do peso inicial de pescado); contudo, o surimi obtido tem características organolépticas e funcionais adequadas.

Separação por decantação

Consiste em esmigalhar o pescado antes da lavagem; em seguida, submerge-se em uma solução de bicarbonato de sódio a 0,8%. O músculo escuro e a gordura tendem a depositar-se na superfície, e podem ser retirados da porção de maior densidade de carne branca.

Eliminação prévia do músculo escuro

Imobiliza-se a estrutura do pescado por congelamento e, em um tambor giratório dotado de superfícies cortantes e lâminas vibratórias, eliminam-se as porções mais externas, em que há predominância de músculo escuro e gordura. Esse sistema possibilita perda parcial desses componentes.

O restante do processo é igual ao mencionado na elaboração de surimi a partir de espécies magras.

Composição química e características do surimi

Tabela 13.4 Composição química média do surimi

Água[a] (%)	60-80
Proteínas totais (%)	12-17
Proteínas miofibrilares[b]	~100
Proteínas sarcoplasmáticas[b]	N.C.
Proteínas de estroma[b]	N.C.
Nitrogênio não-protéico	N.C.
Gordura[c] (%)	0-3
Açúcares[d] (%)	4-8
Polifosfatos (%)	0,2
Cinzas (%)	3,0
Cálcio (mg/100 g)	25,0
Sódio (mg/100 g)	1.000
Fósforo (mg/100 g)	60,0
Ferro (mg/100 g)	1,0
Vitamina B_2 (mg/100 g)	0,01
Niacina (mg/100 g)	0,5

[a]Segundo processo de fabricação.
[b]Porcentagem sobre proteínas totais.
[c]Segundo espécie e processo de fabricação.
[d]Derivado da adição de crioprotetores.
N.C: Não contém ou apresenta quantidades muito baixas.
Fonte: Tejada e Borderías (1987); Suzuki (1987).

O surimi de pescado magro deve ser branco, inodoro e sem resíduos, com conteúdo de umidade entre 75 e 84%, dependendo das condições do processo de obtenção e da espécie de pescado utilizada. A presença de gordura é praticamente nula, enquanto o conteúdo protéico oscila entre 12 e 17%. A quase totalidade dessa proteína deve ser miofibrilar (Tabela 13.4). Por isso, é considerado um produto rico em proteínas, que pode ser utilizado para suplementar o aporte protéico da dieta.

A propriedade funcional mais importante do surimi é a capacidade de formar géis com textura (denominada *ashis*) e consistência que não podem ser igualadas por outras proteínas utilizadas na indústria alimentícia. Para fabricar esses géis, é necessário adicionar sal ao surimi previamente descongelado, em concentração de 0,4 a 0,5 M (2,5 a 3% de NaCl). O processo realiza-se em um amassador-misturador controlando a temperatura para evitar que se eleve acima de 10°C, o que provocaria perda considerável da capacidade funcional das proteínas. Nessas circunstâncias, solubilizam-se os miofilamentos e obtém-se um colóide de actomiosina que se apresenta como uma massa plástica muito viscosa.

Ao extrair-se a actomiosina diante do incremento da força iônica derivada da adição de sal, muda-se a configuração desta molécula, expondo-se zonas que, em estado natural, permaneciam no interior. Uma vez que se perde a estrutura original, a proteína fica em condições de interagir com outras moléculas protéicas e com a água para formar a matriz de um gel. Esses efeitos são favorecidos pela aplicação de tratamento térmico. Os géis resultantes têm elevada capacidade de retenção de água, propriedades elásticas acentuadas, não apresentando sinérese.

A estabilidade desses géis depende de ligações hidrofóbicas e de pontes de hidrogênio estabelecidas entre as moléculas protéicas. A conduta de geleificação está intimamente relacionada com a temperatura a que esta se produz, de forma que as pontes de hidrogênio predominam na geleificação a baixa temperatura e as ligações hidrofóbicas, a alta temperatura. Com aquecimento lento, produz-se uma estrutura frouxa, com poucos agregados, mas de tamanho grande, enquanto, com o aquecimento rápido, forma-se um gel com forte rede estrutural e de grande coesão, com elevado número de pequenos agregados.

Dessa forma, quando se deixa o colóide de actomiosina em repouso por algum tempo a temperatura ambiente, ou se aquece a aproximadamente 40°C, aparece um gel translúcido chamado *suwari* (Figura 13.3), no qual predominam as pontes de hidrogênio. Se esse gel formado é aquecido entre 80 e 90°C, consegue-se um gel definitivo denominado *kamaboko* (Figura 13.3), mais firme e opaco, no qual predominam as ligações hidrofóbicas. Se o gel *suwari* é mantido a temperatura ambiente ou, em alguns casos, aquecido lentamente a 60°C, ocorre a ruptura do gel, conhecida com o nome de *modori* (Figura 13.3). Esse estado é irreversível e, ainda que se realize tratamento térmico, já não é mais possível o estabelecimento do gel *kamaboko*. Esse fenômeno parece estar associado à ação proteolítica de certas proteases alcalinas que estão presentes em muitas espécies de pescado e, conseqüentemente, a incidência desse problema dependeria da eficácia dos ciclos de lavagem no processo de obtenção do surimi.

Os diversos géis que podem ser obtidos a partir de surimi denominam-se, em seu conjunto, *neriseihin*, e a forma mais conhecida no mundo ocidental é o *kamaboko*, termo que tende a ser aplicado a todos os géis dessa origem.

O surimi de badejo do Alasca é considerado o melhor quanto à cor, ao odor e à capacidade de formar géis. Contudo, o surimi elaborado com qualquer uma das espécies citadas anteriormente está apto a formar géis de resistência superior a 40 kPa e, em muitos casos, são obtidos géis que suportam até 80 kPa.

Produção de surimi e de produtos derivados

O surimi é, atualmente, o produto derivado do pescado de maior difusão e futuro. Os principais países produtores são Japão (com consumo que ultrapassa 7 kg/habitante ano), Estados Unidos, Coréia do Norte e do Sul, Nova Zelândia, Tailândia, Singapura e Taiwan, que o exportam de forma mais ou menos volumosa. Na Europa, os primeiros países a contar com fábricas de produção foram a Islândia, a Noruega e a antiga URSS, mas hoje a maior produção européia localiza-se na Escócia, na Noruega e nas Ilhas Feroe. Mais da metade da produção mundial de surimi ocorre em fábricas móveis em alto-mar.

Os produtos *neriseihin* fabricados atualmente podem ser enquadrados em três grandes grupos: produtos tradicionais japoneses, novos produtos e análogos de mariscos e salsichas e embutidos. A fabricação desses produtos difere não apenas na formulação (quantidade e tipo de ingredientes), mas também na forma de realizar o aquecimento e no procedimento aplicado para conseguir a textura final. A Figura 13.4 apresenta as operações comuns envolvidas no processo de elaboração dos derivados do surimi. Os blocos de surimi são descongelados por vários métodos, cortados em pedaços pequenos e acrescidos de NaCl (2 a 3%). A mistura e a amassadura são realizadas normalmente em um morteiro de pedra ou em um cutelo. Nessa operação, é necessário controlar a temperatura (menos de 10°C) e o tempo de trabalho (entre 5 e 10 minutos), já que disso depende a consistência do produto final. Às vezes, é preciso adicionar certa quantidade de água para ajustar o conteúdo de

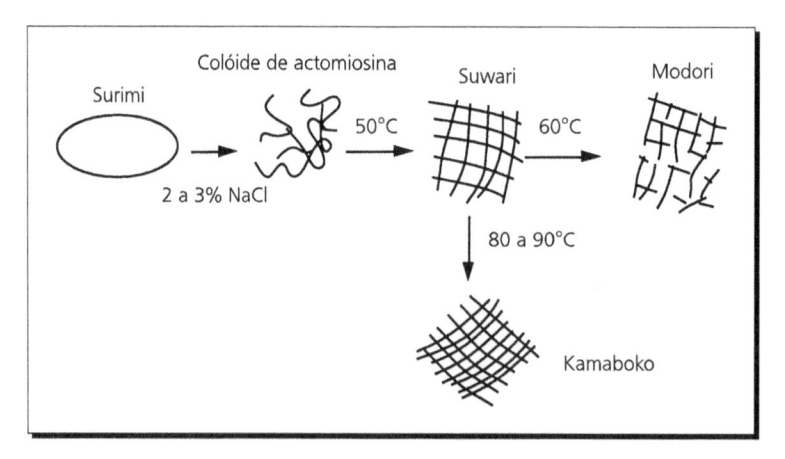

Figura 13.3 Obtenção de géis (*neriseihin*) de surimi. *Fonte:* Suzuki (1987).

```
                    Surimi
                   congelado
                      │
                      ▼
                ┌─────────────┐
                │Descongelamento│
                └─────────────┘
                      │
                      ▼
                ┌─────────────┐
                │ Redução do  │
                │   tamanho   │
                └─────────────┘
                      │
                      ▼                    Água
                ┌─────────────┐            Amido
NaCl (2 a 3%) ─▶│   Mistura   │◀── Albumina de ovo
                │(cúter, morteiro)│       Outros ingredientes
                └─────────────┘
                      │
                      ▼
                ┌─────────────┐
                │ Modelagem e │
                │ geleificação│
                └─────────────┘
```

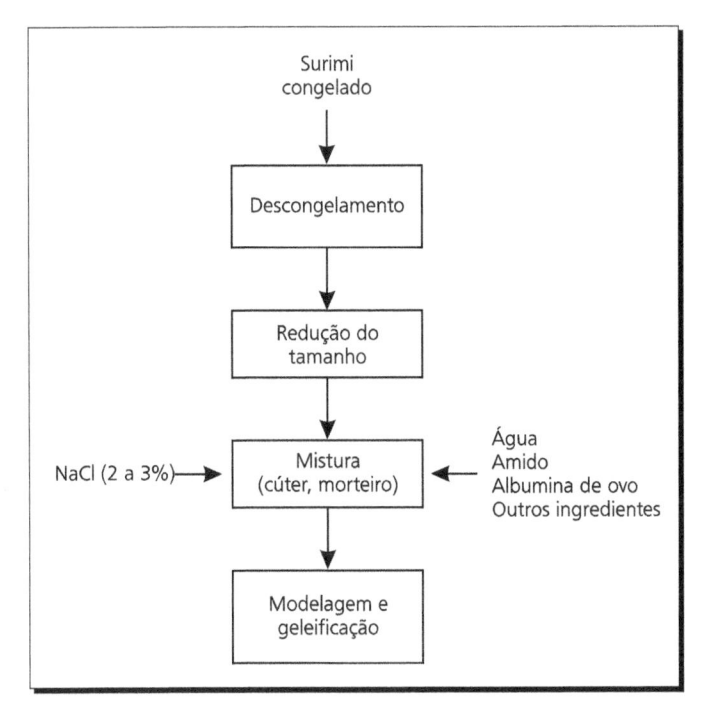

Figura 13.4 Operações implicadas no processo de obtenção de derivados do surumi.

umidade do produto final, pois disso depende, em grande parte, a textura do gel. É preciso levar em conta a quantidade de aditivos e de ingredientes a serem utilizados na formulação do produto. O conteúdo final de umidade compreendido entre 75 e 80% permite boa geleificação (de consistência e suculência adequadas). Acima desses níveis, o gel se debilita e pode desintegrar-se.

Quando o surimi converte-se em uma pasta viscosa por solubilização da actomiosina, podem ser acrescentados outros ingredientes e aditivos. A maioria dos produtos derivados do surimi apresenta adição de 5 a 29% de amido (de diversas origens e modificado por vários agentes), que tem como finalidade incrementar a resistência do gel e a capacidade de retenção de água. Em muitos casos utiliza-se igualmente albumina de ovo, que aumenta a resistência do gel e confere maior brilho ao produto obtido. Podem-se utilizar ainda proteínas lácteas, de soja (farinha texturizada, isolada ou concentrada) e de glúten de trigo para aumentar a resistência do gel, embora em quantidades inferiores a 5%, para não modificar a cor, o sabor e o aroma do produto final. Também podem ser adicionados alginato sódico e carboxi-metil-celulose, mas a melhoria da textura do gel nesses casos é muito menos perceptível.

No Japão, a elaboração de produtos a partir do surimi é conhecida há mais de 1.500 anos. No início, a fabricação desses produtos era feita imediatamente após obter o surimi. Os produtos tradicionais japoneses mais conhecidos são o *Kamaboko* tipo *itatsuki*, que se apresenta sobre uma pequena tábua e é aquecido a vapor ou na grelha, o *Kamaboko satsuma age* e *tempura*, que se obtêm por fritura em óleo de soja ou de colza, o *Hanpen*, que se ferve e é muito esponjoso, e o *Chikuwa*, que é um produto cilíndrico assado na grelha.

No mercado ocidental, os produtos de maior aceitação são os chamados análogos de mariscos. De fato, o desenvolvimento desse tipo de produto na década de 1970 foi o fator que impulsionou a difusão da tecnologia do surimi dos mercados japoneses para o resto do mundo.

As maiores dificuldades com que se depara o tecnólogo dos alimentos para a fabricação de análogos ou imitações de produtos concretos consistem em obter sabor, textura e aparência similares aos do produto que se quer imitar. O sabor tem de ser o mais natural possível, nem muito suave e nem tão forte que seja associado à utilização de aromas e saborizantes artificiais. Além disso, precisam ser estáveis durante a comercialização e o cozimento posterior. A textura deve ser firme e ligeiramente elástica durante a mastigação, similar à do músculo. Em todo caso, é preciso evitar a formação de bolhas, pois, do contrário, seria obtido um produto esponjoso, distante da estrutura do tecido muscular. A forma, a cor e a textura devem apresentar as irregularidades próprias dos produtos naturais. Para a coloração, devem-se utilizar substâncias insolúveis em água para evitar perdas durante o cozimento; para isso, são utilizados pigmentos carotenóides.

A comercialização desses produtos costuma ser feita em estado congelado. Em geral são produtos pré-cozidos e congelados individualmente, mas, no mercado, também são encontrados produtos refrigerados e enlatados. A composição é muito variada e depende do produto que se quer imitar e do fabricante. No mercado mundial, o produto dessa natureza mais conhecido e difundido é o que se chama de *patas* ou *palitos de caranguejo*. Trata-se de uma imitação das patas de caranguejo russo (*Paralithodes camchatica*). São comercializadas como pequenas barras de corte circular ou ovalado, com diâmetro de 2 cm e comprimento de 12 a 13 cm, ou cortados em porções (*bite size* ou *ready-cut style*). Para que seu aspecto seja similar ao do produto natural, a superfície apresenta tonalidade avermelhada. No mercado também se encontra carne de caranguejo preparada para saladas, em fibras ou desfiada. Outros produtos que se tentou imitar foram os análogos de vieiras, lagostins, rabos de lagosta, tiras de amêijoas e, mais recentemente, os análogos de enguias (*gulas*).

Para conseguir a forma e a textura desejadas nos diversos derivados de surimi comercializados, recorre-se a vários procedimentos tecnológicos que permitem agrupar esses produtos em quatro tipos:

- Produtos moldados. Elaborados mediante a moldagem da pasta amassada na forma desejada, deixando que se assente e forme o gel elástico. A moldagem pode ser feita por extrusão simples, por coextrusão e recorrendo ao emprego de moldes. No primeiro caso, a pasta é extrusada através da abertura simples de uma boquilha. Assim, da mesma maneira que nos moldes, consegue-se textura uniforme. Esse procedimento é válido para a fabricação de produtos como rabos de lagostins. Na coextrusão, utilizam-se boquilhos com vários orifícios, de maneira que se obtém múltiplos filamentos, um sobre o outro, produzindo textura concorrente similar à do feixe muscular do pescado ou marisco.
- Produtos com aparência fibrosa. Nesse caso, a pasta é extrusada através de uma saída de abertura retangular para formar uma fina lâmina (geralmente de 1 a 2 mm de espessura). Em seguida, esquenta-se de forma suave para formar o gel *suwari* (p. ex., 40°C durante 20 minutos). Depois, a lâmina é resfriada e passa para um cortador que realiza incisões longitudinais sem afetar toda a espessura da camada. Dessa forma, uma parte da lâmina permanece inteira e serve para englobar o conjunto de estrias. Essa operação é realizada mediante um sistema estrangulador de cilindros, que permite enrolar o conjunto aproximando os extremos da camada externa contínua. Posteriormente, colore-se o cilindro obtido em sua camada externa ou envolve-se em uma película plástica à qual se adere um corante. Outras vezes, utiliza-se uma lâmina plástica, na qual se depositou previamente uma lâmina de surimi colorida. Para concluir o processo, esquenta-se a 90°C durante trinta minutos e, finalmente, esteriliza-se. O tratamento térmico deve ser feito nas duas etapas definidas, pois se for aquecido inicialmente acima de 100°C, possibilita-se a formação de bolhas no interior do produto, aparecendo textura esponjosa. Após o resfriamento, os cilindros são cortados no comprimento requerido para sua comercialização, acondicionados e armazenados em congelamento.

Na fabricação de análogos de vieiras, criam-se lâminas mais largas, para que, ao enrolá-las, seja obtido diâmetro maior, e o corte é feito em porções menores.
- Produtos moldados-compostos. Nestes produtos, formam-se primeiro fibras ou tiras de gel com o comprimento adequado e colocam-se em moldes, onde se misturam com pasta de surimi (geralmente mais mole, com maior conteúdo de umidade). As fibras são obtidas pelo método anterior ou simplesmente fragmentando um bloco de gel em peças retangulares.
- Produtos emulsificados. Estes produtos são elaborados de forma similar às emulsões cárneas estabilizadas por calor. Nesses derivados, a adição de gordura geralmente é inferior a 10%. A textura e a consistência finais do produto são dadas pelo tratamento térmico final, que permite a geleificação do sistema. Dessa forma, obtêm-se salsichas e diversos embutidos de surimi.

O surimi, além de ser utilizado para a elaboração dos produtos obtidos por sua geleificação, pode ser empregado como ingrediente no processo de elaboração de produtos de natureza distinta (comidas prontas, palitos de pescado, etc.). Em 1988, foi aprovada nos Estados Unidos a utilização do surimi como ingrediente na formulação de produtos derivados do pescado. Ele vem sendo utilizado para melhorar a estabilidade de alguns produtos cárneos e, inclusive, para substituir o conteúdo de gordura na elaboração de produtos *baixos em calorias*. Além disso, a capacidade de formar emulsões e espumas estáveis e sua elevada capacidade de retenção de água são muito adequadas para a formulação de cremes, géis hidratantes e produtos cosméticos em geral.

Alguns pesquisadores começaram a aplicar a tecnologia desenvolvida para a fabricação de surimi a fim de obter um produto com características similares a partir de carne de diversos animais. Dessa forma, essa tecnologia pode servir para incrementar o aproveitamento das proteínas da carne mecanicamente recuperada, ou de porções de difícil comercialização, e ampliar a utilização de animais de produção rápida e barata de carne, como frango (*ayami*) e peru.

Vale acrescentar que, no processo de fabricação do surimi, obtêm-se uma série de subprodutos que podem ser aproveitados para a elaboração de vários produtos secundários. Nesse aspecto, entre as porções de pescado que não são utilizadas para a obtenção de surimi destacam-se as ovas que, em algumas espécies de pescado, atingem valor comercial superior ao do surimi, com o conseqüente aumento do rendimento econômico da indústria. As sobras correspondentes à cabeça, vísceras, espinhas e pele destinam-se à obtenção de farinha e óleo. As proteínas solúveis que são arrastadas durante a lavagem podem ser recuperadas por eletrocoagulação ou por precipitação mediante aquecimento da água de lavagem, e destinadas, igualmente, à elaboração de farinha.

CONCENTRADOS PROTÉICOS DE PESCADO (FPC)

Os concentrados protéicos de pescado (FPC, *fish protein concentrate*) são basicamente produtos desidratados e moídos, com conteúdo variável de proteínas, que podem apresentar ou não sabor e aroma de pescado, dependendo do método de obtenção utilizado. O que se pretende com a fabricação dos FPC é a elaboração de um produto estável, com concentração de proteínas superior à do músculo de pescado. A fabricação desse tipo de produto, assim como no caso do surimi, permite o aproveitamento de espécies que não são aceitas para o consumo direto e dos recortes e porções resultantes do corte em filé de algumas espécies de pescado.

Embora se tenha aplicado esse termo para englobar um conjunto muito variado de produtos (como diversos tipos de molhos de pescado elaborados na Ásia), distinguem-se, fundamentalmente, dois tipos de FPC, denominados de *tipo A* e de *tipo B*.

FPC de tipo A

São produtos em forma de pó de cor esbranquiçada, com umidade próxima a 8%, conteúdo protéico entre 60 e 88%, e porcentagem de gordura inferior a 0,75%. É justamente esse baixo conteúdo lipídico que faz com que os FPC de tipo A careçam das características organolépticas próprias do pescado. São produtos praticamente inodoros e insípidos e, conseqüentemente, podem ser utilizados como fonte protéica na elaboração de vários alimentos sem alterações, com suas características sensoriais originais.

Processo de elaboração e características do produto

Para obter um FPC de tipo A, deve-se reduzir o conteúdo de gordura da carne de pescado a menos de 1%. Para isso, a não ser que se parta de porções realmente magras, é preciso recorrer à extração do componente lipídico com solventes orgânicos, geralmente utiliza-se álcoois, como etanol e propanol. De qualquer forma, para a elaboração desse tipo de FPC, são adequadas as espécies de pescado magras ou pouco gordas. A Figura 13.5 apresenta o diagrama de fluxo correspondente a um processo dessa natureza. Como se pode observar, a seqüência de operações inclui a lavagem do pescado com água doce, operação de redução de tamanho ou trituração e a extração com solventes orgânicos, que normalmente é feita em três etapas em extratores com agitação. O etanol ou propanol utilizado arrasta parte da água, a gordura e outras substâncias responsáveis pelo sabor e aroma do pescado. No primeiro extrator, o tratamento é realizado a frio durante pelo menos 50 minutos. Nas duas extrações seguintes utiliza-se solvente quente (até 75°C), e o tratamento pode prolongar-se até 75 a 90 minutos. Em cada caso, a mistura de carne e solvente é submetida à centrifugação na saída do extrator, obtendo-se uma fase sólida e outra líquida. Esta última é tratada em um destilador para separar a gordura e recuperar o solvente, que se continuará utilizando em extrações posteriores. A fase sólida prossegue o ciclo de extração. Nesse processo, normalmente a reutilização do solvente e o movimento da matéria sólida tratada são realizados em contracorrente.

A fase sólida correspondente ao último extrator (*torta úmida*) é tratada em dessecador rotatório a vácuo para eliminar o solvente residual. Os vapores que se desprendem nessa etapa são condensados para recuperar o solvente. O concentrado protéico seco obtido dessa maneira é triturado e acondicionado. Esse produto geralmente apresenta menos de 0,3% de gordura.

Nesse processo, além do FPC, obtém-se produção colateral de gordura ou óleo de pescado. Dado que o método de extração com solventes orgânicos a quente é muito difícil, a gordura obtida contém não apenas lipídeos de depósito, como também fosfolipídeos e outros lipídeos funcionais. Essa gordura tem cor mais escura que a resultante de outras técnicas menos agressivas (como por pressão), é mais instável e costuma conter produtos de oxidação, tendo, por isso, menor valor comercial.

Por outro lado, a extração com solventes orgânicos afeta a capacidade funcional das proteínas, em particular diminui a capacidade de retenção de água, a capacidade de geleificação e seu caráter emulsificante. Embora o processo de obtenção seja caro, os FPC de tipo A constituem um aditivo de grande valor nutritivo, que pode ser acondicionado sem alterar as características organolépticas de produtos

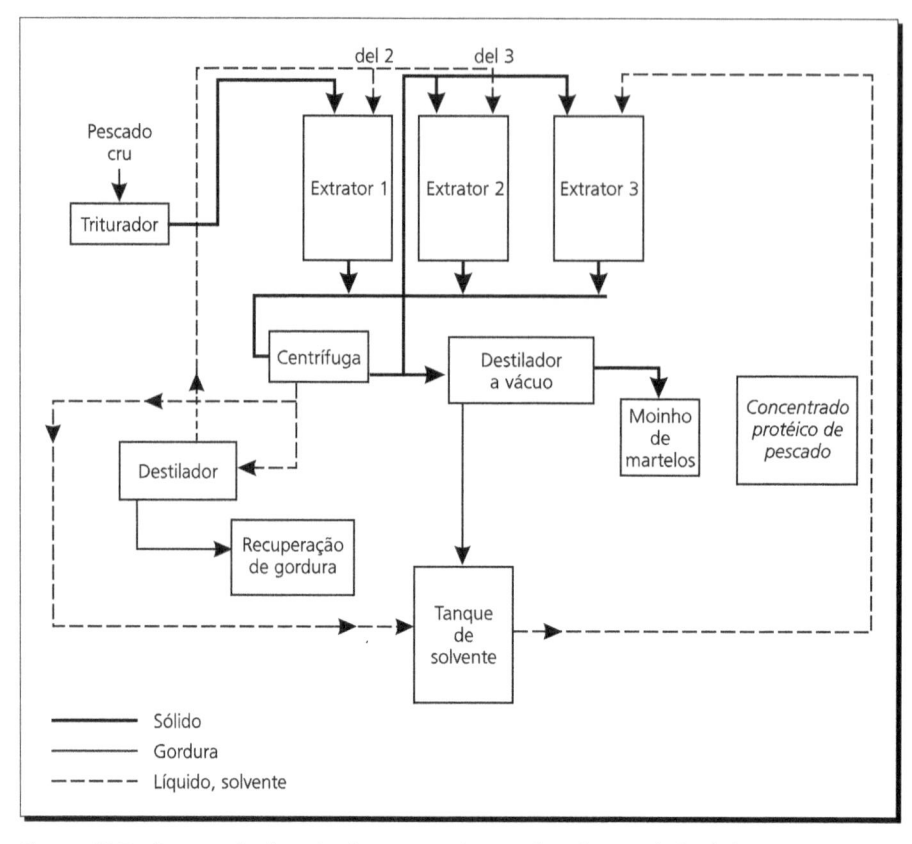

Figura 13.5 Processo de obtenção de concentrados protéicos de pescado (FPC) de tipo A.

muito diversos, como pão, biscoitos, massas, sopas, molhos, bebidas à base de leite, alimentos infantis, cereais para desjejum, embutidos cárneos, pratos prontos, alimentos dietéticos, etc.

FPC de tipo B

Assim como no caso anterior, são produtos em forma de pó, mas com acentuado odor e sabor de pescado. Sua composição química aproximada inclui conteúdo de umidade de 10%, em torno de 70 a 75% de proteína e porcentagem de gordura que pode ultrapassar 10%. O processo de obtenção desse tipo de FPC é relativamente barato, já que não recorre, como no caso anterior, ao emprego de solventes orgânicos. Nesse processo, aplicam-se várias operações de separação (prensagem, centrifugação) para eliminar apenas certa quantidade de gordura do pescado previamente cozido e, portanto, esses FPC apresentam as características organolépticas próprias do pescado desidratado e certa cor, particularidades que conferem aos produtos aos quais são adicionados.

Processo de elaboração e características do produto

Em princípio, qualquer pescado é aceitável para a obtenção desse tipo de FPC, embora normalmente sejam destinadas espécies gordas para esse fim.

No processo de obtenção (Figura 13.6), o pescado utilizado como matéria-prima é submetido a um tratamento de cocção durante 10 a 15 minutos. Em seguida, realiza-se prensagem a quente para separar a matéria sólida ou *torta de prensa* (com 4 a 5% de gordura e conteúdo de umidade de 55%) do líquido de prensa ou *água pegajosa* (com 20% de extrato seco). A torta de prensa pode ser submetida diretamente à dessecação e à trituração para obter a correspondente *farinha de pescado*. O líquido que flui da prensa é tratado por diversas operações de separação (tamisação, centrifugação, *prensa de*

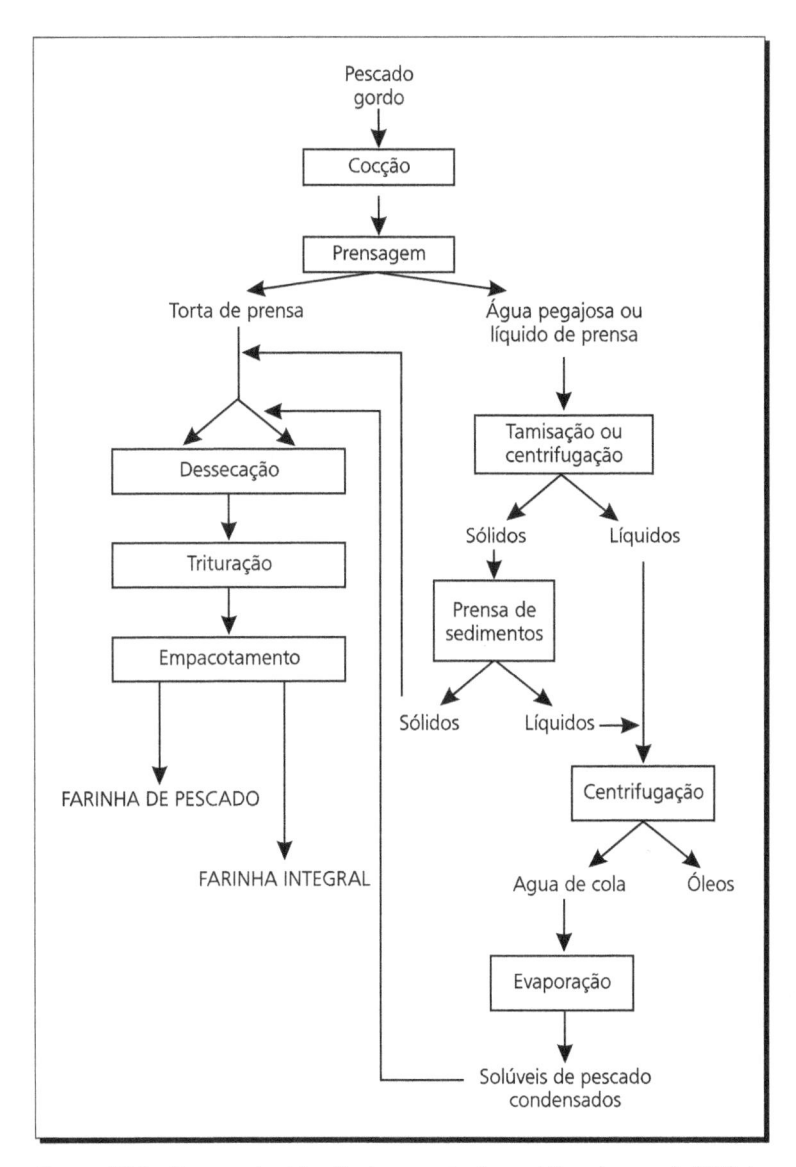

Figura 13.6 Processo de obtenção de concentrados protéicos de pescado (FPC) de tipo B.

sedimentos) para recuperar, na medida do possível, seu conteúdo de sólidos, adicionados à torta para incorporar-se à produção de farinha de pescado. Denomina-se *farinha integral* aquela que inclui os *solúveis de pescado condensados* (com 50% de umidade), obtidos por concentração (por evaporação) da *água de cola*, obtido ao separar por centrifugação o componente lipídico (óleo de pescado) do líquido de prensa.

Os concentrados protéicos de pescado dessa natureza podem ser utilizados como suplemento protéico, mas, por suas características sensoriais, sua adição só é aceitável em preparados à base de pescado.

Nesse processo, além do FPC, obtém-se óleo de pescado de alta qualidade, constituído, fundamentalmente, por gordura de depósito. Esse óleo é mais estável e tem melhores características organolépticas do que o derivado da elaboração de um FPC de tipo A. Portanto, adquire maior valor comercial e pode ser utilizado para a obtenção de *óleo de pescado endurecido* para consumo humano.

CONCENTRADO PROTÉICO TEXTURIZADO DE MÚSCULO DE PESCADO (*MARINBEEF*)

O concentrado protéico texturizado de músculo de pescado (*marinbeef* ou *carne marinha*) é resultado de uma série de pesquisas realizadas no Japão a fim de obter um concentrado protéico com características apropriadas para ser utilizado como suplemento protéico na elaboração de produtos cárneos. O *marinbeef*, assim como os FPC de tipo A, carece das características organolépticas próprias do pescado. Enquanto os FPC têm pouca capacidade de reidratação (o que dificulta sua adição a muitos produtos), o *marinbeef* absorve água facilmente, dando lugar a uma textura similar à da carne picada dos animais de abate.

Processo de elaboração e características do produto

Assim como outros concentrados protéicos, o *marinbeef* é obtido a partir de espécies de pescado desvalorizadas ou de restos musculares resultantes do corte em filé para a comercialização no varejo. O processo de elaboração (Figura 13.7) implica operações de lavagem, separação de músculo, decantação e refinamento, com o objetivo de eliminar todo material alheio ao componente miofibrilar. Em seguida, controla-se o pH para mantê-lo entre 7,4 e 7,8. Para isso, empregam-se soluções de bicarbonato a 0,5%. Depois, acrescenta-se cloreto de sódio (de 1 a 2% em peso) e amassa-se o conjunto até obter uma massa viscosa. Por último, elimina-se a gordura por extração com etanol em três ciclos de 15 minutos. Essa extração é realizada a frio (5 a 10°C) quando se processa pescado magro, ou a quente (até 70°C) quando é utilizado pescado gordo. Do mesmo modo que se procede na fabricação de FPC de tipo A, a mistura de solvente e músculo é tratada por centrifugação para separar o componente sólido, que é extrusado e desidratado em forma de filamentos.

O produto final tem conteúdo de umidade inferior a 10% e porcentagem de proteína superior, em muitos casos, a 88% (Tabela 13.5). Apresenta-se em grânulos desidratados (de 1 a 2 mm de diâmetro e de 2 a 4 mm de comprimento, dependendo do extrusor utilizado), de cor esbranquiçada, que pode absorver de 5 a 10 vezes seu peso em água. Misturado com carne picada (até 60%), dá lugar a produtos de textura muito similar àqueles elaborados apenas com carne. Este fato se deve a que

Tabela 13.5 Composição química média do *marinbeef*

Componentes	Marinbeef	
	de badejo do Alasca	de sardinha
Água (%)	8,0	9,5
Proteína	91,8	89,2
Gordura	0	resíduos
Cinzas	3,0	3,.5
Carboidratos	0	0
Cálcio (mg/100 g)	193	523
Sódio	976	818
Fósforo	247	395
Ferro	11,4	20,3
Vitamina B_1	0,04	0,02
Vitamina B_2	0,32	0,47
Niacina	0,16	0,09

Fonte: Suzuki (1987).

no processo de obtenção da *carne marinha* as fibras musculares se mantêm inteiras em razão da baixa concentração de NaCl adicionada. Contudo, devido ao etanol utilizado na extração do componente lipídico, a actomiosina está desnaturada. Trata-se, portanto, de um produto que não tem capacidade de geleificação, embora sua estrutura porosa e esponjosa permita que, ao reidratar-se, apresente textura particularmente elástica, que lembra a da carne picada. Por isso, utilizou-se com êxito na elaboração de hambúrgueres, almôndegas, tiras de carne e molhos de carne. Em todos esses casos, a substituição da carne de bovino por *marinbeef* é parcial, obtendo-se boas avaliações sensoriais até com 60% de adição. Os produtos cárneos suplementados com esse concentrado protéico apresentam melhores características organolépticas do que aqueles nos quais a carne é substituída por quantidades iguais de proteína vegetal (soja, glúten de trigo).

ÓLEOS DE PESCADO

A produção de óleo de pescado é uma forma de aproveitar os depósitos de gordura (pele, músculo, cavidade torácica e abdominal) das espécies pelágicas. Essas reservas lipídicas

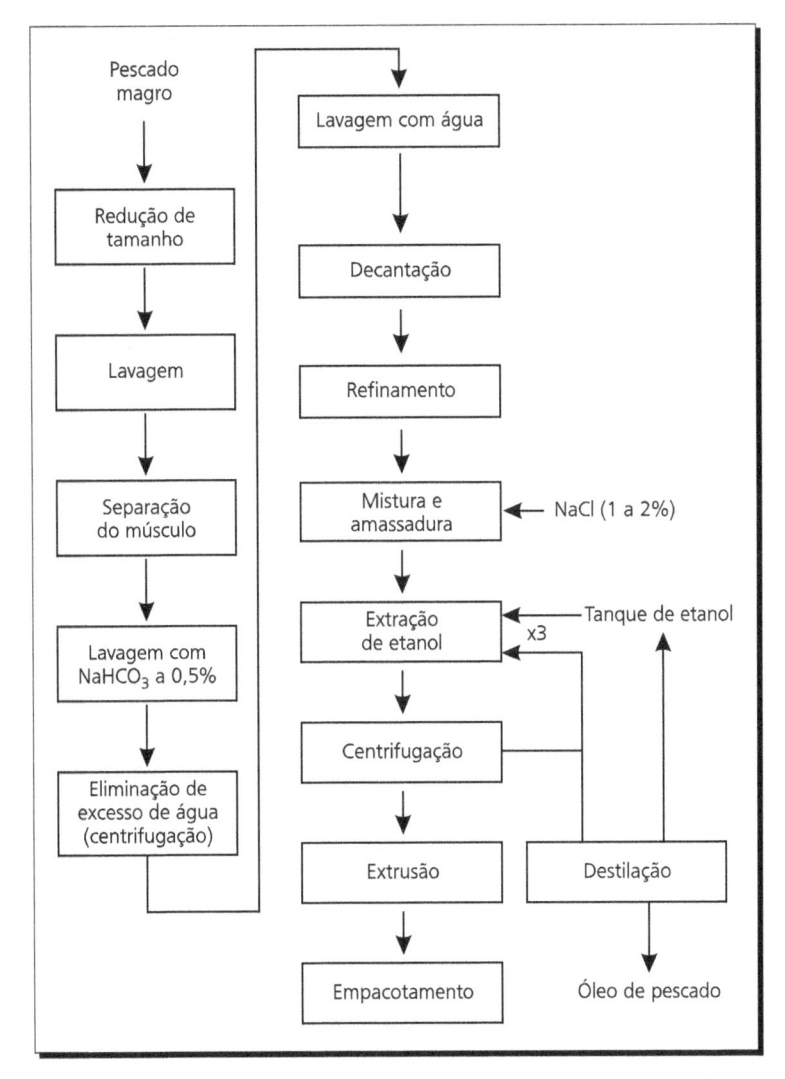

Figura 13.7 Processo de obtenção de concentrados protéicos texturizados de músculo de pescado (*marinbeef*).

variam de uma espécie a outra e sofrem fortes oscilações (quantitativas e qualitativas) ao longo do ano, condicionadas por múltiplos fatores, entre os quais podem ser mencionados a disposição de alimentos, a temperatura da água e o ciclo fisiológico. Além do óleo de pescado corporal, mantém-se uma pequena produção de óleo de fígado de pescado que provém, fundamentalmente, das pescas de gadídeos. Esses óleos são utilizados na alimentação animal e humana e na indústria farmacêutica.

Produção e características do óleo de pescado corporal

A maioria dos óleos de pescado manejados na indústria alimentícia é obtida por centrifugação do líquido resultante da prensagem do pescado gordo cozido. Essa operação, como já mencionado, realiza-se na primeira fase de produção do FPC de tipo B (Figura 13.6). A gordura assim obtida é resfriada e conduzida a um tanque de armazenamento, onde se deixa decantar. Dessa forma, as camadas superiores apresentam o óleo mais puro, enquanto as impurezas e a água que o contaminam são depositadas no fundo.

Os óleos de pescado são constituídos principalmente por triglicerídeos que têm como característica apresentar ácidos graxos com elevado grau de insaturação. Por isso, esses óleos são particularmente suscetíveis a apresentar problemas de rancificação, o que dificulta sua utilização direta. No manejo industrial, esse problema é atenuado hidrogenando os ácidos graxos. Dessa forma, consegue-se transformar óleos líquidos em gorduras com ponto de fusão mais elevado e de maior estabilidade. O processo é denominado *endurecimento* e requer as etapas que são detalhadas a seguir:

- Refinamento. Consiste em tratar o óleo com uma solução aquosa alcalina para diminuir os ácidos graxos livres em forma de sabões e favorecer a coagulação de mucilagens presentes.
- Branqueamento. É realizado com o objetivo de reduzir o conteúdo em pigmentos naturais do óleo e eliminar os restos de mucilagens em suspensão. Normalmente realiza-se adicionando argilas naturais ou ativadas e submetendo o conjunto à agitação. Uma vez que se completa o branqueamento, a argila é eliminada mediante filtração.
- Hidrogenação. Para realizar essa operação, é preciso pôr o óleo em contato com hidrogênio em presença de um catalisador sólido (níquel a 0,005 a 0,1%). O conjunto é submetido a temperatura e pressão elevadas. Quando a hidrogenação alcança o grau desejado, o óleo é resfriado rapidamente e, em seguida, filtrado para recuperar o catalisador.
- Segundo refinamento. É realizado antes da desodorização para melhorar a estabilidade do aroma.
- Desodorização. Consiste na eliminação dos compostos mais voláteis por destilação a vácuo em corrente de vapor seco (livre de oxigênio).

Os óleos de pescado *endurecidos* podem ser utilizados na fabricação de margarina e em pastelaria, embora em alguns países seu emprego na produção de margarinas de mesa seja limitado por imprimir sabor característico (*hardening flavor*).

Produção e características do óleo de fígado de pescado

Os fígados de algumas espécies de pescado constituem boa fonte de vitaminas, especialmente das lipossolúveis A e D, embora também se encontrem em quantidades significativas as vitaminas E e K e as hidrossolúveis tiamina, riboflavina e niacina. Por isso, esses órgãos foram utilizados para a obtenção de óleo destinado a elaborar diversos preparados medicinais. Os mais empregados para esse fim foram os fígados dos gadídeos. Esses órgãos representam em torno de 4 a 9% do peso corporal e possuem entre 45 e 77% de gordura. O processo de obtenção de óleo de fígado (Figura 13.8) consiste basicamente em cozinhar a víscera a uma temperatura de 90 a 95°C. O tratamento térmico provoca a coagulação das proteínas e a separação da gordura, e, por simples decantação ou centrifugação do conjunto, consegue-se o isolamento do óleo.

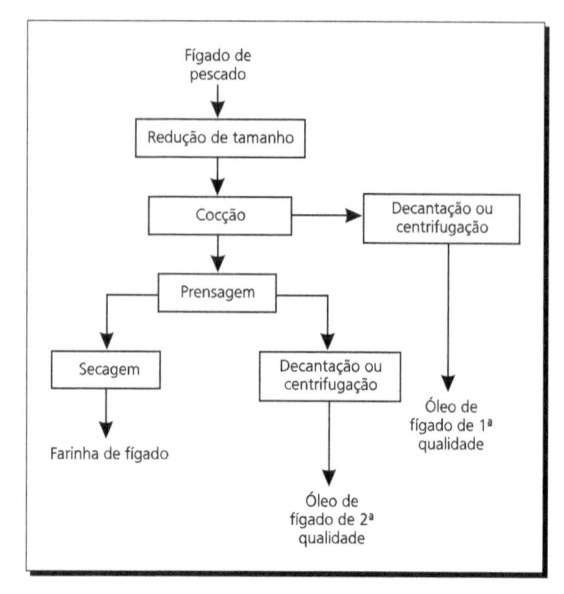

Figura 13.8 Processo de obtenção de azeite de fígado de pescado.

O produto assim obtido é de cor amarelo-clara e tem alto conteúdo de vitaminas. Esse é o óleo de fígado de pescado de primeira qualidade, cuja produção é inteiramente destinada à indústria farmacêutica. Quando, após a cocção e antes da decantação ou centrifugação, os órgãos são prensados para forçar a separação da gordura (fase líquida), obtém-se o óleo de fígado de segunda qualidade. Este último tem cor vermelho-alaranjada e conteúdo menor de vitaminas; costuma ser destinado à alimentação animal e para fins industriais (cura de couros).

APROVEITAMENTO DAS OVAS DE PESCADO

As *ovas duras* ou ovários, isto é, os óvulos de muitas espécies de pescado, são comercializadas como alimento para o consumo humano, alcançando, em muitos casos, elevado valor comercial. A denominação aplicada a esses produtos varia dependendo da espécie de origem e do país. O termo mais utilizado é *caviar*, para referir-se às ovas de esturjão (*Acipenser* sp.), e fala-se de sucedâneo deste quando se comercializam as ovas das diversas espécies coloridas, tentando imitar o aspecto das primeiras. Nos demais casos, geralmente comercializam-se como ovas do pescado correspondente.

As ovas duras têm conteúdo protéico que oscila entre 20 e 30%, enquanto os lipídeos representam entre 11 e 22%. A água representa em torno de 51%, os hidratos de carbono estão próximos de 1,5% e o conteúdo de vitaminas (A, C, B_2, B_{12}, ácido fólico e pantotênico) e minerais a 3%. A textura que apresentam depende, fundamentalmente, da integridade da estrutura do óvulo (*grão*), que varia ligeiramente de uma espécie a outra. Assim, as ovas de esturjão possuem saco vitelino semitransparente formado por um conjunto de três membranas, uma externa rígida, outra média porosa e outra interna mole. Em todos os casos, o conteúdo interior corresponde a uma solução coloidal de proteínas, na qual podem aparecer gotículas de gordura em suspensão. Esse conjunto rodeia e envolve a vesícula germinativa. A integridade da ova e o grau de dureza que apresenta é um dos parâmetros de qualidade (duras, semiduras e moles).

O tamanho das ovas é uma característica que depende do estado de desenvolvimento do ovário e da espécie considerada. Entre as de maiores dimensões, encontram-se as do salmão do Pacífico (*Oncorhynchus* sp.), com diâmetro compreendido entre 4 e 7 mm. As de esturjão oscilam entre 2 e 5 mm. A carpa (*Cyprimus carpio*), mujol (*Mugil* sp.) e arenque (*Clupea harengus*) apresentam tamanho entre 1 e 1,5 mm.

A coloração decorre da estrutura do saco vitelino ou da presença de pigmentos em suspensão no interior do óvulo. É uma característica que varia de uma espécie a outra e que se modifica ligeiramente, dependendo do grau de maturação e do frescor das ovas. O caviar é qualificado conforme sua cor, como cinza-claro (incluindo o tipo não-pigmentado), cinza (inclui as variedades douradas), cinza-escuro (inclui as variedades de marrom-escuro) e preto (pior qualidade). As ovas de salmão podem ser laranja-avermelhadas, as da carpa e do lúcio (*Esox lucius*) são cinzas com tonalidades amareladas, esverdeadas ou pardas, nos gadídeos são amarelo-claras, e as de ciclóptero ou lumpo (*Cyclopterus lumpus*) e arenques são laranjas.

Os ovários situam-se na cavidade abdominal, estendendo-se simetricamente aos dois lados da espinha vertebral. Nos esturjões, esses órgãos são ramificados, formando lóbulos que partem de uma espécie de linha ou eixo central. Em outras espécies (como salmões, carpas e gadídeos), são lisos e uniformes. O tamanho dos ovários aumenta à medida que se aproxima o período de reprodução (ovários maduros), chegando a ocupar a maior parte da cavidade abdominal.

A produção de caviar provém principalmente do Irã, da Rússia e de outros países das margens do mar Cáspio. São conhecidas mais de vinte variedades diferentes de esturjão, das quais seis são criadas nas águas desse mar e, delas, apenas quatro são consideradas adequadas para a produção de caviar e para o consumo de sua carne; são os chamados *beluga*, *sevruga*, *asetra* e *karaburun*. O esturjão *beluga* é de tamanho grande (até 4 m de comprimento e mais de 1.000 kg de peso, com média de 40 a 300 kg), os ovários podem chegar a representar 15% de seu peso corporal. O caviar (de 15 a 20 kg/ animal) que proporciona é de cor cinza-claro (o mais apreciado) a cinza-escuro, de *grão* grande e envoltura suave. O *asetra* é um esturjão de tamanho intermediário (até 2 m de comprimento e 200 kg de peso, com média de 1,2 m e de 20 a 80 kg), do qual se obtém caviar de cor marrom-cinza escuro a dourado (*gold* ou *royal*, o mais valorizado) e delicado sabor de noz. O esturjão *sevruga* é o menor (comprimento máximo de 1,5 e 25 kg de peso), apresenta um caviar de cor cinza-escuro, de grão pequeno, muito apreciado por seu aroma incomparável. O esturjão *karaburun*, de dimensões similares ao *asetra*, oferece caviar de cor cinza com reflexos amarelo-âmbar e fino sabor.

A captura desses animais geralmente é feita em duas temporadas, correspondentes aos períodos entre fevereiro e maio e de finais de agosto a outubro.

Em todos os casos, para o processamento das ovas duras, é importante extrair os ovários imediatamente após a captura e proceder à lavagem e limpeza. A não ser que se pretenda processar os ovários inteiros, realiza-se em seguida uma coadura a fim de eliminar as películas de tecido conjuntivo que rodeiam os óvulos e a gordura adjacente. Os óvulos desprendem-se dos *suportes* tanto mais facilmente quanto maior é seu grau de *maturação*, enquanto as formas *imaturas* aderem intimamente e são difíceis de extrair. Uma vez isolados, os óvulos são lavados novamente com água fria (8 a 10°C) e mantidos a 0°C até seu processamento final. Esse produto, dadas suas características estruturais e sua composição química, é muito perecível.

Os ovários ou os óvulos isolados (grãos) podem ser submetidos à salga (seca ou úmida). A quantidade de sal utilizado depende do processo, da espécie e das características desejadas no produto final. O caviar *malassol* (termo russo que significa pouco salgado) é aquele levemente salgado (menos de 6% de NaCl), com excelentes características sensoriais, embora se altere com facilidade. As ovas das várias espécies de salmão costumam ser tratadas com menos de 8,5% de sal (*Keta*, *Del Amur*) para obter um produto com características similares ao *malassol*. Normalmente se utilizam concentrações de NaCl compreendidas entre 3,5 e 12,5% para realizar a salga a seco ou recorre-se ao emprego de salmouras saturadas a frio (especialmente para ovas duras inteiras). Durante a salga, o ideal é tratar lotes de 8 a 10 kg, para assegurar que o tratamento seja homogêneo.

A salga pode ser combinada com tratamentos de desidratação e/ou defumação; o produto resultante deve ser mantido em refrigeração. Outra prática corrente é a salga das ovas com salmoura saturada a quente e posterior prensagem. Obtém-se assim um produto em forma de blocos ou barras. Às vezes, coloca-se por fora um revestimento de cera para prevenir o desenvolvimento de mofos e retardar os fenômenos de oxidação. Em outros casos, após a salga, as *ovas* são acondicionadas e pasteurizadas. O caviar, assim como outras ovas duras, apresenta-se fundamentalmente sob quatro formas comerciais: como ovas inteiras salgadas (sem coar), como *malassol* acondicionado em potes ou latas, como grãos prensados em barras (*caviar prensado*) e como grãos pasteurizados. Dentro de cada variedade, o caviar é classificado de acordo com sua cor, consistência, tamanho, odor, sabor e brilho. O de maior qualidade e ligeiramente salgado é acondicionado em semivácuo em latas metálicas tradicionais de aproximadamente 2 kg, que são enchidas manualmente com 20% mais que sua capacidade (com topete). Ao se colocar a tampa desloca-se o ar e perde-se o líquido supérfluo. As embalagens são conservadas entre -1 e $-3°C$. As ovas mais imperfeitas e misturas de diferentes qualidades são destinadas à elaboração de caviar prensado. Esse produto tem preço muito mais acessível no mercado e é muito bem aceito pelo consumidor.

As ovas comercializam como sucedâneos de caviar são acidificadas, salgadas e condimentadas, recebem corantes (tragacanto) e, às vezes, também conservantes. Em alguns casos, acrescenta-se glicerol e azeite vegetal purificado para dar melhor aparência ao produto. O chamado *caviar alemão* é preparado com ovas de ciclóptero.

O esperma dos peixes é conhecido pelo nome de *lácteas de pescado* ou *ovas moles*. Esse produto é muito menos conhecido que as *ovas duras*, embora em alguns países seja comercializado o esperma de algumas espécies de peixes marinhos (especialmente de arenque) e de água doce, salgando ou submetendo a certo tratamento térmico. Em alguns casos, adiciona-se a algumas conservas de pescado, em forma de molho, para melhorar o sabor.

REFERÊNCIAS BIBLIOGRÁFICAS

BORDERIAS, A. J. y TEJADA, M. (1987): "El surimi". *Rev Agroquim. Tecnol. Aliment.*, 27:1-14.
LEE, C. M. (1984): "Surimi process technology. Mechanically deboned, washed and stabilized fish flesh in being increasingly used as a functional ingreadient in fabricated seafood". *Food Technology*, 38: 69-80.
LEE, C. M. (1992): "Surimi: science and Technology". En: *Encyclopedia of Food Science and Tecnology*. YH Hui (Ed). John Wiley and Sons, Inc., Nueva York.
SUZUKI, T. (1987): *Tecnología de las proteínas de pescado y krill*. Acribia. Zaragoza.
TEJADA, M. y BORDERIAS, A. J. (1987): "Productos derivados del surimi". *Rev. Agroquim. Tecnol. Aliment.*, 27: 161-172.

RESUMO

1 Elabora-se o pescado salgado colocando-o em sal ou salmoura e, em alguns casos, submetendo-o ainda a uma maturação na qual se produzem modificações do sabor e do aroma. Essas etapas não são consecutivas, visto que a maturação inicia-se no momento em que o pescado entra em contato com o sal. Pode-se falar de quatro tipos de salga: salga seca, salga seca para formar salmoura, salga úmida e salga com fermentações.

2 Há duas principais formas de defumação: a frio e a quente. Em ambas realiza-se salga, dessecação mais ou menos intensa e defumação.

3 O efeito conservante do escabeche reside na ação combinada de leve perda de água durante o processo, de queda do pH devido à ação do ácido acético do vinagre, da leve ação do NaCl e das especiarias adicionadas e, nos escabeches fritos e cozidos, da ação do calor. Sob o nome de escabeche, incluem-se três produtos distintos: frios, cozidos e fritos.

4 Algumas espécies de pescado são enlatadas como conservas *tipo salmão*, o que implica o acondicionamento do produto cru acompanhado de uma salmoura; outras são preparadas como *tipo atum*, onde o produto é pré-cozido antes de encher e fechar a lata. As operações realizadas durante o enlatamento são: preparação do pescado, enchimento das embalagens, formação do espaço de cabeça, fechamento das latas, lavagem destas com água e detergente, tratamento térmico, resfriamento, limpeza, rotulagem e armazenamento.

5. *Surimi* é um termo japonês que significa *músculo de pescado picado*. Seu processo de elaboração implica eliminar todo o material que pode ser considerado como não-funcional para obter uma massa de actomiosina com conteúdo aquoso similar ao original do músculo de pescado. Trata-se, portanto, de um extrato de proteínas miofibrilares de pescado que possui elevada capacidade geleificante e emulsificante. O *surimi* não é produto final mas, sim, matéria-prima.

6. Os concentrados protéicos de pescado (FPC, *fish protein concentrate*) são, basicamente, produtos desidratados e moídos, com conteúdo variável de proteínas, que podem ou não apresentar sabor e aroma de pescado, dependendo do método de obtenção utilizado. Com essa tecnologia, pretende-se conseguir um produto estável, com concentração de proteínas superior à do músculo de pescado.

7. A maioria dos óleos de pescado empregados na indústria alimentícia é obtida por centrifugação do líquido resultante de pescado gordo cozido. Essa operação é realizada na primeira fase de produção de farinha de pescado.

8. Os óvulos (*ovas duras* ou *ovários*) de muitas espécies de pescado são comercializados como alimento. A denominação aplicada a esses produtos varia, dependendo da espécie de origem e do país. O termo mais utilizado é *caviar*, para referir-se às ovas de esturjão, e fala-se em sucedâneo deste quando são comercializadas as ovas de diferentes espécies tentando imitar o aspecto das primeiras. Nos demais casos costumam ser comercializadas como ovas do pescado correspondente.

CAPÍTULO 14

Ovos e produtos derivados

Este capítulo estuda a estrutura e a composição das diferentes partes do ovo: casca, clara e gema. Em seguida, aborda as principais mudanças sofridas pelos ovos durante seu armazenamento e os métodos desenvolvidos para aumentar a vida útil dos ovos inteiros. A segunda parte do capítulo trata dos aspectos tecnológicos particulares dos processos de elaboração dos produtos do ovo.

OVOS

Os ovos de galinha (*Gallus domesticus*) são utilizados quase que exclusivamente para o consumo humano, uma vez que o conteúdo líquido completo é uma excelente fonte de nutrientes. As Tabelas 14.1 e 14.2 mostram a composição das diferentes partes do ovo. Os ovos têm peso médio de 58 g e são constituídos por 8 a 11% de casca, 56 a 61% de clara e 27 a 32% de gema.

Estrutura e composição da casca e de suas membranas

Casca

É formada por uma *matriz* de fibras entrelaçadas de natureza protéica e cristais de carbonato cálcico intersticiais. Além disso, sua superfície é coberta por uma cutícula de natureza protéica (Figura 14.1).

A matriz tem grande influência na resistência da casca; é formada por complexos proteína-mucopolissacarídeos e consta de duas zonas: matriz esponjosa e protuberâncias mamilares.

A casca é rica em elementos minerais, sobretudo cálcio (98,2%), magnésio (0,9%) e fósforo (0,9%) em forma de fosfato. É perpassada por numerosos poros em forma de funil (7.000 a 17.000 por ovo), que dão lugar a ductos que conectam as membranas da casca e a cutícula. Esses poros são preenchidos por fibras de natureza protéica que evitam a entrada de microrganismos. A superfície do ovo é coberta por uma camada protéica de 10 a 30 μm de espessura, denominada cutícula; é composta de mucoproteína cujos polissacarídeos são constituídos basicamente de glicose, manose, frutose e galactose.

Membranas da casca

Entre a superfície interna da casca e a clara existem duas membranas constituídas de fibras de proteína-polissacarídeo. A membrana *externa* está fortemente unida à casca por numerosos cones da sua superfície interior e por associação de fibras orientadas em várias direções. Os núcleos das protuberâncias mamilares penetram nessa membrana. A membrana *interna* é formada por três camadas paralelas à casca. As duas membranas formam um ângulo reto entre si.

Composição da clara

A clara do ovo é basicamente uma solução aquosa de proteínas de natureza viscosa (Tabela 14.1); a variabilidade do conteúdo em proteína (9,7 a 10,6%), componente majoritário, é atribuída à idade da ave. O conteúdo lipídico (0,03%) é muito baixo, sobretudo se comparado ao da gema. Os carboidratos (0,8%) aparecem tanto unidos às proteínas como

Tabela 14.1 Composição aproximada das diferentes partes do ovo (%)

Componentes	Casca	Clara	Gema	Ovo inteiro
Água	1	88,5	46,7	74
Proteína	3,8	10	16	13
Lipídeos	0	0,03	35	11
Hidratos de carbono	0	0,8	1	1
Minerais	95	0,5	1,1	0,1
Proporção do peso total	10,3	56,9	32,8	
Extrato seco	98,4	12,1	51,3	26,5

Tabela 14.2 Conteúdo em vitaminas do ovo inteiro, da clara e da gema (mg/100 g parte comestível)

Vitamina	Ovo inteiro	Clara	Gema
A	0,22	0	1,12
Tiamina	0,1 1	Traços	0,29
Riboflavina	0,3	0,27	0,44
Niacina	0,1	0,1	0,1
Piridoxima, piridoxal, piridoxamina	0,12	Traços	0,3
Ác. pantotênico	1,59	0,14	3,72
Biotina	0,025	0,007	0,04
Ác. fólico	0,051	0,016	0,15
Tocoferóis	1	0	3

em estado livre; o componente majoritário é a glicose, seguida de D-manose, D-galactose, glicosamina, ácido siálico e galactosamina.

O conteúdo de minerais situa-se em torno de 0,5% e não costuma apresentar muitas variações; o potássio e o sódio são os cátions mais abundantes. As vitaminas encontram-se em quantidade muito baixa.

A clara é constituída de quatro camadas distintas: externa fluida (fina), densa (grossa), interna fluida (fina) e as chalazas (cordões de sustentações da gema), que constituem, respectivamente, cerca de 23, 58, 17 e 3% da clara.

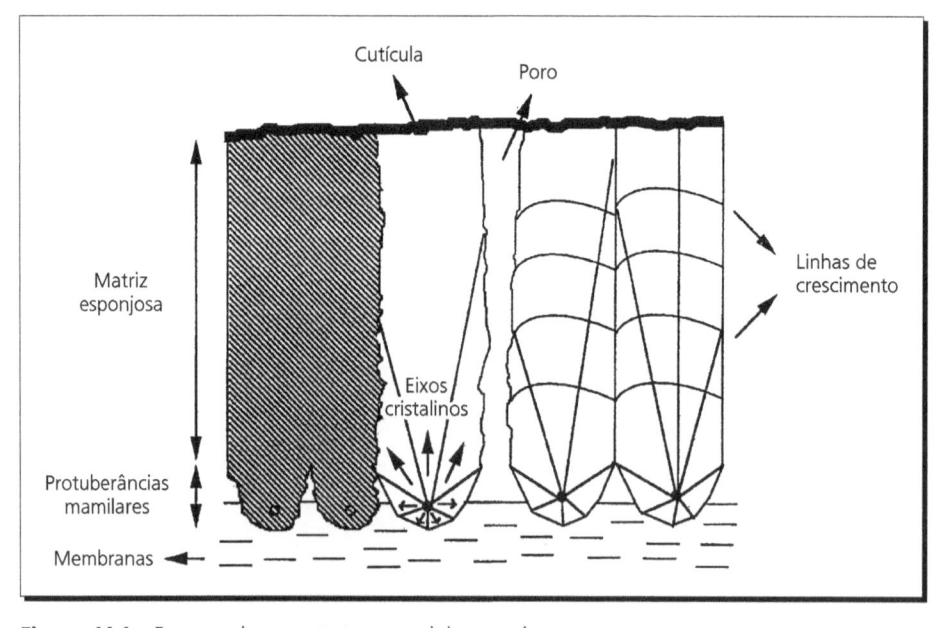

Figura 14.1 Esquema de um corte transversal de casca de ovo.

Proteínas da clara

O sistema protéico da clara é constituído por fibras de ovomucina incluídas em solução aquosa de numerosas proteínas globulares. A composição protéica das camadas delgada e grossa diferencia-se apenas no conteúdo em ovomucina, que é cerca de quatro vezes superior na camada grossa. Na Tabela 14.3, apresentam-se as principais características das proteínas da clara.

Ovoalbumina

É a proteína majoritária da clara; trata-se de uma fosfoglicoproteína, visto que contém fosfatos e carboidratos unidos à cadeia polipeptídica. É constituída por três componentes (A_1, A_2 e A_3), que se diferenciam pelo número de grupos de fosfato (dois, um ou nenhum). O grupo carboidrato consta de duas moléculas de N-acetilglicosamina e de quatro unidades de manose. A cadeia polipeptídica tem 385 resíduos de aminoácidos, 4 grupos sulfidrila e 1 grupo dissulfeto.

Durante o armazenamento dos ovos, a ovoalbumina converte-se em S-ovoalbumina, proteína mais termoestável devido a um intercâmbio sulfidrila-dissulfeto. Essa proteína desnatura-se com relativa facilidade nas interfaces após a agitação ou batedura em solução aquosa (espumas e emulsões). É resistente ao calor.

Conalbumina ou ovotransferrina

É constituída por uma única cadeia polipeptídica, podendo existir em equilíbrio sob três formas distintas conforme o conteúdo de ferro (dois, um ou nenhum átomo por molécula). A conoalbumina é mais sensível ao calor, sendo menos suscetível à desnaturação nas interfaces do que a ovoalbumina.

Ovomucóide

Esta proteína contém nove pontes dissulfeto, o que a torna mais estável à coagulação pelo calor; precipita-se apenas em presença de lisozima e em meio alcalino. Contém de 20 a 25% de carboidratos constituídos por D-manose, D-galactose, glicosamina e ácido siálico.

Lisozima ou ovoglobulina G1

A lisozima encontra-se amplamente difundida na natureza, estando presente também em numerosos tecidos e secreções animais. Caracteriza-se por lesar as paredes das bactérias Gram positivas (mureína). Sua inativação pelo calor depende do pH e da temperatura. É muito mais sensível ao calor na própria clara do que quando está presente apenas em tampão fosfato de pH 7 a 9.

Tabela 14.3 Proteínas da clara de ovo

Proteínas	% na clara	Peso molecular	Ponto isoelétrico	Características
Ovoalbumina	57	44.500	4,5	Fosfoglicoproteína
Conalbumina	13	76.000	6,1	Fixa íons metálicos
Ovomucóide	11	28.000	4,1	Inibidor proteinase
Lisozima	3,5	14.600	10,7	Lesa algumas bactérias
Ovoglobulina G2	4	45.000	5,5	Espumante
Ovoglobulina G3	4		5,8	Espumante
Ovomucina	3,5	8.300.000	4,5-5	Sialoproteína, viscosa
Flavoproteína	0,8	32.000	4	Fixa riboflavina
Ovoinibidor	1, 5	49.000	5,1	Inibidor proteinases
Ovoglicoproteína	1	24.400	3,9	Sialoproteína
Ovomacroglobulina	0,5	≈ 830.000	4,5	Fortemente antigênica
Avidina	0,05	67.000	10	Fixa biotina

Ovomucina

É uma glicoproteína que contribui para a estrutura gelatinosa da camada grossa da clara. O conteúdo em carboidratos da proteína purificada é de aproximadamente 30%, sendo os mais importantes a hexosamina e o ácido siálico. Foi separada em duas frações, uma rica em carboidratos (50%) e outra pobre nesses componentes (15%), denominadas, respectivamente, β e α-ovomucina. É uma proteína termoestável. Junto com a lisozima forma um complexo insolúvel em água, cuja estabilidade depende do pH. Assim, essa ligação torna-se mais instável à medida que alcaliniza o meio. É provável que esse fato esteja relacionado com a perda de viscosidade observada na clara do ovo durante o armazenamento, embora se tenham lançado hipóteses contraditórias.

Outras proteínas

A *avidina* é uma glicoproteína básica composta de quatro subunidades idênticas; pode-se fixar a cada uma delas uma molécula de biotina com a conseqüente perda de atividade vitamínica. As *ovoglobulinas G2* e *G3* são agentes espumantes. O ovoinibidor é capaz de inibir tripsina, quimotripsina e enzimas microbianas. A flavoproteína é formada por uma apoproteína ligada solidamente à riboflavina, embora não tenham sido observados efeitos nutricionais negativos. Parece ter a função de facilitar o transporte da coenzima do soro sangüíneo para o ovo.

Composição da gema

A gema do ovo é uma emulsão de gordura em água com extrato seco em torno de 50%, constituído por um terço de proteínas e dois terços de lipídeos (Tabelas 14.1 e 14.4). A fração lipídica é constituída por 66% de triglicerídeos, 28% de fosfolipídeos e 5% de colesterol; 64% dos ácidos graxos são insaturados, predominando o C18:1 e o C18:2. O conteúdo em carboidratos livres e combinados é similar ao da clara. Os carboidratos unidos a proteínas (0,2%) são polissacarídeos de manose-glicosamina. Os elementos minerais mais abundantes são cálcio, potássio e fósforo.

A gema pode ser considerada como uma dispersão que contém diversas *partículas* distribuídas uniformemente em uma solução protéica denominada *livetina* ou *plasma*.

O plasma representa cerca de 78% da gema e contém 49% de água. Em termos de extrato seco, 77 a 81% são lipídeos, 18% proteína e 2% cinzas.

As partículas podem ser classificadas em dois grupos:

1) *Gotículas de gema* de tamanho compreendido entre 20 e 40 μm de diâmetro de aspecto semelhante aos glóbulos de gordura. São constituídas essencialmente de lipoproteínas de baixa densidade (LDL), e algumas delas apresentam membrana protéica. Há três tipos: esferas de membrana grossa, fina e superfícies desnudas, que são as mais abundantes.

2) *Grânulos*. No microscópio eletrônico são observados como estruturas densas, com diâmetro de 1 a 1,3 μm, bem menores e mais abundantes que as gotículas de gema e de tamanho mais uniforme. Os grânulos representam de 20 a 23% dos sólidos totais da gema e, em termos de extrato seco, contêm 34% de lipídeos, 60% de proteína e 6% de cinzas.

Quando é centrifugada, a gema separa-se em seus dois componentes: os grânulos (sedimento) e um sobrenadante transparente (plasma). Por adição de sal comum, os grânulos se separam em uma fração lipoprotéica de baixa densidade (LDL dos grânulos) e no complexo lipovitelina-fosvitina. O plasma, após a adição de sal comum, separa-se em uma fração lipoprotéica de mais baixa densidade (LDL, lipovitelina) e na fração livetina hidrossolúvel.

Proteínas e lipoproteínas dos grânulos

Os grânulos são compostos por 61% de lipovitelinas, 16% de fosvitina e 16% de lipoproteínas de baixa densidade (LDL).

Lipovitelinas

Trata-se de lipoproteínas de alta densidade (HDL). São separadas por cromatografia em coluna de hidroxiapatita

Tabela 14.4 Composição da gema de ovo e de suas partes integrantes (porcentagens de extrato seco)

Fração	Lipídeos	Proteínas	Minerais
Gema	64	33	2
Grânulos	34	60	6
Lipovitelina HDL	19	42	
Fosvitina		16	
LDL	14	2	
Plasma	80	18	2
Livetina		11	
LDL	80	7	

HDL: Fração lipoprotéica de alta densidade
LDL: Fração lipoprotéica de baixa densidade

ou por eletroforese de interface livre em duas frações, α e β, em função de seu conteúdo em fósforo protéico (0,5 e 0,27% respectivamente). A fração lipídica é constituída por 60% de fosfolipídeos e 40% de lipídeos neutros. O componente protéico é pouco caracterizado, mas supõe-se a existência de subunidades com pesos moleculares em torno de 20.000. São encontradas formando um complexo com a fosvitina.

Fosvitina

Contém cerca de 10% de fósforo. Por filtração em gel de Sephadex, diferenciam-se dois componentes, α e β, que se distinguem por seu peso molecular (160.000 e 190.000, respectivamente). A fosvitina forma complexos com íons metálicos e, sobretudo, com cálcio, magnésio e ferro. Com este último, chega a saturar-se, formando um complexo solúvel que contribui para o transporte de ferro na gema.

Lipoproteínas de baixa densidade (LDL) e figuras de mielina (MF)

As lipoproteínas da gema contêm 84% de lipídeos constituídos por 31% de fosfolipídeos, 3,7% de colesterol e 65% de triglicerídeos.

Mediante filtração em gel de Sepharosa 2B, separam-se das LDL determinadas estruturas conhecidas como *figuras de mielina*, compostas de um núcleo eletronicamente pouco denso, coberto por pequenas lâminas mais densas, eqüidistantes entre si, e que se repetem a cada 4,5 nm. Seu conteúdo em lipídeos é de 86%, dos quais 35% são fosfolipídeos e 11,5% colesterol; também contêm 5% de carboidratos.

Proteínas e lipoproteínas do plasma

O plasma é constituído por uma fração protéica globular denominada livetina e por uma fração lipoprotéica de baixa densidade, que representam, respectivamente, 11% e 87% dos sólidos totais da gema.

Livetina

É uma fração protéica globular hidrossolúvel que pode ser separada por eletroforese em três componentes, α, β e γ, que se comportam de maneira idêntica à soroalbumina, à $α_s$-glicoproteína e à γ-livetina do soro sangüíneo da galinha.

Lipoproteínas de baixa densidade (LDL)

São facilmente isoláveis, visto que são obtidas no sobrenadante quando é centrifugada a gema diluída. Também são conhecidas como lipoproteínas de densidade muito baixa. Contêm entre 84 e 89% de lipídeos, dos quais 75% são triglicerídeos e 25%, fosfolipídeos. Comprovou-se que a micela de LDL tem forma esférica com um núcleo de triglicerídeos sobre o qual se distribuem as camadas concêntricas de fosfolipídeos e proteínas. É provável que as micelas estabilizem mediante ultrapartículas adsorvidas à superfície dos núcleos de triglicerídeos.

Outros componentes

A gema é mais rica em vitaminas do que a clara, e contém principalmente vitamina A e ácido pantotênico. Sua cor laranja deve-se à combinação de carotenos lipossolúveis, associados às lipoproteínas, e xantofilas (luteína e zeaxantina). O aroma deve-se a mais de 80 substâncias voláteis, das quais mais de 60% são 2-metilbutanol, ácido 5-heptadecanóico e indol. Sua alteração deve-se à formação de trimetilamina por degradação da colina. O açúcar majoritário é a glicose, sendo que entre os minerais predominam o fósforo, o potássio e o cálcio.

Alterações durante o armazenamento dos ovos

Durante o armazenamento dos ovos, a clara sofre aumento de pH de valores de 7,6 a 9,2 em apenas três dias de armazenamento a 3°C; isso se deve à perda de dióxido de carbono através dos poros da casca. Esse aumento de pH provoca ruptura da estrutura de gel característica da camada densa da clara, e, por isso, perde-se um dos atributos de qualidade do ovo: a consistência ou viscosidade da clara. Na gema, as mudanças de pH oscilam entre valores de 6 (gema fresca) e 6,5 (em 18 dias a 37°C).

A cessão de vapor d'água através da casca provoca diminuição da densidade e aumento da câmara de ar. Como conseqüência do dedecréscimo a viscosidade da clara, a gema ascende, a forma esférica da gema se achata, e a membrana envolvente rompe-se com facilidade quando o ovo é quebrado. Produz-se o chamado *gosto de velho*. Essas mudanças são levadas em conta para determinar a idade do ovo: prova de flutuação (mudanças de densidade), exame por translucidação (forma e posição da gema), medida da câmara de ar, medida do índice de refração e do gosto *de velho*.

As perdas de qualidade são menores quanto mais baixa é a temperatura de armazenamento e quanto menores são as perdas de água e de CO_2. Por isso, o armazenamento em frigoríficos deve ser realizado entre 0 a 1,5°C e 85 e 90% de umidade relativa. Nessas condições, podem ser conservados durante 6 a 9 meses com perdas de peso que oscilam entre 3 a 6,5%.

Conservação dos ovos íntegros

O ovo apresenta várias barreiras protetoras diante da invasão microbiana procedente, sobretudo, das fezes das aves e da sujeira dos ninhos. A primeira delas é a casca com sua cutícula, mas são barreiras de tipo temporal e não impedem que as hifas fúngicas penetrem no interior. O envelhecimento dos ovos também provoca alterações nas membranas que favorecem a proliferação microbiana.

Vários métodos foram concebidos para eliminar a sujeira e assim aumentar a conservação dos ovos durante seu armazenamento:

a) *Limpeza a seco* por corrente de areia, serragem, cal, sal ou cinza. É uma das mais usadas, mas causa desprendimento parcial da cutícula.
b) *Lavagem* com água quente ou soluções de lavagem como lixívia, ácidos, formalina, hipocloritos, compostos de amônia quaternária, detergentes e combinações de uns com outros. Empregam-se a temperaturas entre 32 e 60°C no máximo, pois, se o líquido estiver muito quente, pode passar ao interior do ovo pelos poros.
c) *Cobertura com azeite*. Pode ser feita por imersão ou nebulização; é uma prática muito freqüente, já que evita o acúmulo de umidade na casa, retarda a desidratação, a penetração de ar, retém o CO_2 e retarda as mudanças físicas e químicas.
d) *Emprego de conservantes*. O uso de conservantes destina-se a manter a casca seca e a reduzir a penetração do oxigênio no ovo e a saída de umidade e de CO_2. Assim, a imersão em uma solução de silicato sódico, altamente alcalina, é utilizada por seu poder inibidor. A alteração fúngica diminui quando se trata o fundo de envoltórios e recipientes, onde são mantidos durante o armazenamento, com pentaclorofenato sódico.
A atmosfera dos armazéns é enriquecida com gases, como dióxido de carbono, ozônio e nitrogênio em concentrações máximas de 15%. Observou-se que concentrações de 5% de ozônio melhoram o sabor dos ovos devido ao efeito desodorizante desse gás.
e) *Termoestabilização*. A aplicação de calor durante a cobertura com azeite foi considerada como um método muito benéfico, visto que não apenas se conseguem destruir os microrganismos superficiais que possam causar alterações, como também formam uma membrana interna de proteínas coaguladas que reduz as perdas de água durante o armazenamento. Esse tratamento deve ser aplicado durante as primeiras 24 horas posteriores à coleta para evitar o acesso dos microrganismos ao interior. A Tabela 14.5 mostra os tempos e as temperaturas que devem ser aplicados para obter eficácia quer o meio de aquecimento seja água quer seja ar ou azeite.

Tabela 14.5 Tempos e temperaturas recomendados para a termoestabilização dos ovos com casca

Meio	Tempos	Temperatura (°C)
Água	15 min	54
	2-3 s	100
Azeite	16 min	54-58
	5s	99-110
Ar	4 h	60
	5s	320-610

Estimativa da qualidade dos ovos

A qualidade dos ovos e suas características de mercado são determinadas de acordo com sua aparência externa e pelas características físicas e sensoriais dos ovos abertos.

Aparência externa

O estudo da aparência externa refere-se ao tamanho, à forma, à cor da casca e à uniformidade de determinado lote de ovos. Não tem nenhuma influência quanto ao valor nutritivo, mas serve para estabelecer categorias.

Em relação ao *peso*, estabelecem-se oito grupos: superior a 70 g, entre 65 a 70 g, 60 a 65 g, 55 a 60 g, 50 a 55 g, 45 a 50 g, 40g a 45g e inferior a 40 g. A forma não costuma ter muita importância; a única coisa que pode ser destacada é que os mais arredondados não têm boa saída no mercado, e por isso são destinados à elaboração de produtos do ovo. A mesma situação ocorre com os ovos que apresentam superfícies enrugadas e desiguais. Embora não exista correlação entre a *cor* da casca e a qualidade interior, cada mercado tem uma série de preferências; assim, em determinadas regiões prefere-se consumir os de cor branca e, em outras, os de cor marrom.

Um dos controles mais importantes é o que se realiza por *ovoscopia*, na qual os ovos são observados por translucidação, utilizando-se uma câmara escura na qual se instala um ponto de luz, sobre o qual são dispostos os ovos a serem estudados. Mediante essa técnica, são estimadas as características da casca, da gema, da clara, do germe e da câmara de ar.

Excluem-se os ovos que apresentam casca fina demais; a câmara de ar que existe entre as duas membranas na zona mais apical do ovo deve permanecer fixa, já que seu deslocamento pelo interior do ovo indica que a membrana interna se rompeu; as claras devem ser firmes, claras e viscosas, e as gemas não devem mover-se com facilidade pelo interior; por último, o germe não deve ser visível em nenhum momento.

Por ovoscopia também é possível observar a presença de pequenos coágulos ou *manchas* de sangue, que não são nada mais do que o resultado da ruptura de pequenos vasos enquanto o ovo está se formando. Essas manchas aparecem na superfície da gema e tornam o ovo inaproveitável para venda.

Qualidade dos ovos abertos

Há uma outra série de características dos ovos que só podem ser observadas quando se rompe a casca. É o caso do odor, do sabor e da cor da gema; o aparecimento de odores e sabores anômalos deve-se ao fato de que os ovos foram armazenados junto com substâncias ou outros alimentos de odor ou sabor forte e desagradável.

Quando se abre um ovo, deve-se observar a aparência da gema e da clara. Esta última deve ser firme e viscosa, e nela deve-se encontrar a gema com aspecto compacto e proeminente. O aparecimento de claras aquosas e de gemas achatadas é um indício de menos frescor e, conseqüentemente, de maior período de armazenamento.

PRODUTOS DERIVADOS DO OVO

Os produtos derivados dos ovos são preparados a partir de ovos inteiros, da clara ou da gema separadamente; são utilizados como produtos líquidos, congelados ou desidratados, principalmente na indústria de sobremesas e panificação, na elaboração de massas alimentícias, maioneses, sopas em pó, margarina, cremes, licor de ovo, etc. A utilidade dos produtos do ovo em grande quantidade de alimentos deve-se à sua coagulabilidade por ação do calor, por sua capacidade formadora de espuma e por sua ação emulsificante, além da cor e do aroma que conferem.

Propriedades funcionais mais importantes

A *coagulabilidade térmica* produz-se a cerca de 62°C na clara e a 65°C na gema. Todas as proteínas, exceto a fosvitina e o ovomucóide, são facilmente coaguláveis. Devido a essa propriedade, os produtos de ovos são importantes meios aglutinantes.

A *formação de espuma* é outra das características mais importantes dos produtos derivados do ovo. A espuma forma-se com a incorporação de ar, e as proteínas do ovo são adsorvidas na interface líquido/ar, formando uma película elástica que é responsável pela estabilidade característica das espumas elaboradas com ovo.

A capacidade *emulsificante* do ovo inteiro ou da gema é uma das propriedades mais interessantes. O exemplo mais clássico é o da maionese, uma emulsão gordura/água com 65 a 80% de azeite. Como componentes ativos, devem ser consideradas as lipoproteínas e as proteínas da gema, assim como os fosfolipídeos, os quais são agentes tensoativos, e as figuras de mielina. Para preparar uma maionese estável, é necessário dispersar corretamente gotículas de gordura em uma fase aquosa contínua com viscosidade suficientemente grande para impedir a coalescência das gotas de gordura. Estas são cobertas por camadas protetoras constituídas pelas lipoproteínas de baixa densidade e pelas lipovitelinas procedentes da ruptura dos grânulos da gema por ação do sal.

Fabricação de produtos derivados do ovo

Na Figura 14.2, é apresentado um esquema das etapas seguidas na elaboração de produtos derivados de ovo.

Preparação e separação de gemas e claras

Os ovos, depois de selecionados por ovoscopia, são lavados mecanicamente e clareados em uma solução com 200 a 500 ppm de cloro. Procede-se à sua abertura automática após a qual o conteúdo cai em um recipiente, onde é realizada a inspeção e separam-se as gemas das claras mediante um sistema de ralos. As gemas e as claras, juntas ou separadamente, são filtradas para a eliminação dos pedacinhos de casca e dos restos de chalazas, mas às vezes essa separação é feita por centrifugação.

Eliminação de açúcares

Para evitar o desenvolvimento das reações de escurecimento não-enzimático, que podem surgir durante os tratamentos térmicos e o armazenamento dos produtos derivados do ovo, procede-se à eliminação dos açúcares presentes com a finalidade de separar total ou parcialmente a glicose.

A eliminação desses açúcares é realizada mediante duas técnicas:

- Fermentação microbiana, processo mediante o qual a glicose fermenta a ácido glicônico. É necessário ajustar o pH entre 7 e 7,5 com ácido cítrico ou láctico antes de inocular os microrganismos adequados. Foram utilizadas espécies de *Lactococcus*, *Lactobacillus* e *Enterobacter* (*E. aerogenes*). O processo ocorre em menos de 24 horas. Também se pode utilizar uma levedura (*Saccharomyces cerevisiae*), que é capaz de fermentar os açúcares da cla-

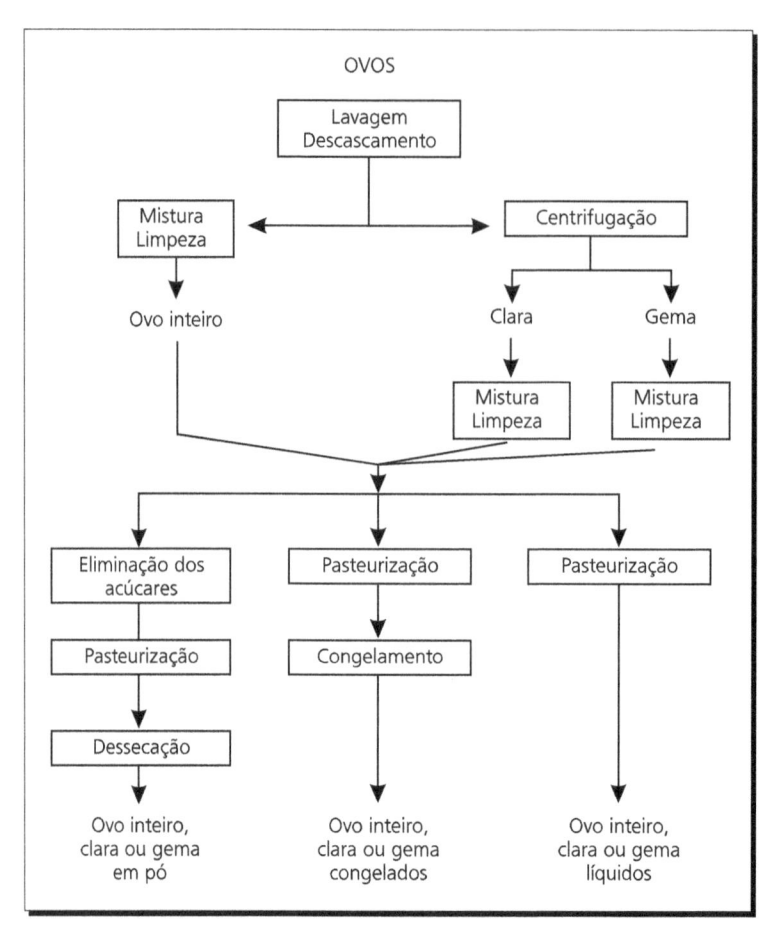

```
                          OVOS
                            │
                    ┌───────┴───────┐
                    │    Lavagem    │
                    │  Descascamento│
                    └───────┬───────┘
              ┌─────────────┴─────────────┐
        ┌─────┴─────┐              ┌──────┴──────┐
        │  Mistura  │◄────────────►│Centrifugação│
        │  Limpeza  │              └──────┬──────┘
        └─────┬─────┘                     │
              │                    ┌──────┴──────┐
              ▼                    ▼             ▼
          Ovo inteiro            Clara          Gema
                                   │             │
                            ┌──────┴─────┐ ┌─────┴──────┐
                            │  Mistura   │ │  Mistura   │
                            │  Limpeza   │ │  Limpeza   │
                            └──────┬─────┘ └─────┬──────┘
              ┌────────────────────┼─────────────┘
              │                    │                       │
              ▼                    ▼                       ▼
      ┌──────────────┐     ┌──────────────┐        ┌──────────────┐
      │ Eliminação dos│    │ Pasteurização│        │ Pasteurização│
      │   açúcares   │     └──────┬───────┘        └──────┬───────┘
      └──────┬───────┘            │                       │
             ▼                    ▼                       │
      ┌──────────────┐     ┌──────────────┐               │
      │ Pasteurização│     │ Congelamento │               │
      └──────┬───────┘     └──────┬───────┘               │
             ▼                    │                       │
      ┌──────────────┐            │                       │
      │  Dessecação  │            │                       │
      └──────┬───────┘            │                       │
             ▼                    ▼                       ▼
        Ovo inteiro,         Ovo inteiro,            Ovo inteiro,
        clara ou gema        clara ou gema           clara ou gema
           em pó              congelados                líquidos
```

Figura 14.2   Esquema da elaboração de produtos derivados do ovo.

ra do ovo em 2 a 4 horas. A aplicação dessa técnica à gema pode provocar ligeiras mudanças no sabor.
• Processo enzimático utilizando duas enzimas (glicose-oxidase e catalase) e adição de peróxido de hidrogênio.

$$2O_2 + 2C_6H_{12}O_6 + 2H_2O \xrightarrow[\text{oxidase}]{\text{Glicose}} 2C_6H_{12}O_7 + 2H_2O_2$$

$$2H_2O_2 \xrightarrow{\text{Catalase}} 2H_2O + O_2$$

Reação global:

$$2C_6H_{12}O_6 + O_2 \rightarrow 2C_6H_{12}O_7$$
$$\text{Ác. glicônico}$$

Esse método não deixa sabores estranhos, e por isso pode ser utilizado em todos os produtos derivados do ovo, embora deva ser aplicado em refrigeração para evitar o crescimento microbiano. Tem o inconveniente de formar espuma após a incorporação do peróxido de hidrogênio e, além disso, de ser um método caro.

Pasteurização

A temperatura máxima que pode ser aplicada ao ovo é limitada pela coagulação da clara; por isso os tratamentos mais rígidos são empregados em ovos inteiros e em gemas, e os mais suaves, em claras. As combinações tempo/temperatura necessárias para a destruição dos microrganismos, fundamentalmente *Salmonella*, são ou se aproximam muito das que afetam negativamente as propriedades físicas e funcionais desses produtos. As temperaturas recomendadas oscilam entre 64 a 65°C durante 2 a 20 minutos, porém, o mais comum é empregar tempos inferiores a 8 minutos. A adição de NaCl e de sacarose permite aplicar temperaturas de até 66 a 67°C. Não está completamente estabelecida a temperatura que deve ser utilizada para as claras, mas a mais adequada parece situar-se entre 55 e 57°C. Além disso, se levadas a pH 7, as proteínas da clara ficam mais estáveis e não sofrem mudanças em suas propriedades funcionais após o processo de pasteurização.

Para evitar a perda do valor nutritivo e a funcionalidade dos ovos inteiros, desenvolveu-se, recentemente, um tratamento de ultrapasteurização de ovos líquidos, utilizando binômios temperatura/tempo que oscilam entre 60 e 72°C e 30 e 95 segundos. Há muitas combinações possíveis, mas parece que o tratamento a 68°C durante 60 segundos assegura boa vida útil ao produto, sem perder significativamente sua funcionalidade durante um período superior a quatro semanas. O acondicionamento acético desse produto consegue prolongar a vida útil inclusive até seis meses.

A pasteurização é feita em trocadores de calor convencionais (ver Capítulo 8, Volume 1).

A ação protetora do sal e da sacarose baseia-se, provavelmente, na queda do ponto de congelamento.

Além do problema da viscosidade, a gema descongelada apresenta leve redução em sua capacidade emulsificante, menos acentuada em presença de sal, mas, ao contrário, não sofre nenhuma mudança em seu valor nutritivo.

De qualquer maneira, é conveniente que a velocidade de congelamento/descongelamento seja alta para que os cristais de gelo sejam pequenos e não se provoque a desidratação das proteínas.

No *ovo inteiro*, também é observado aumento da viscosidade, embora esse fenômeno seja menos acentuado do que nas gemas, talvez pelo efeito diluente da clara. Esse aumento da viscosidade deve-se, igualmente, às interações entre os componentes do ovo que provocam a formação do gel. A maioria das propriedades funcionais do ovo não se modifica com o congelamento; mas vale assinalar um ligeiro decréscimo da capacidade espumante devido à insolubilização ou desnaturação das proteínas.

Congelamento

O congelamento de produtos derivados do ovo é um dos processos mais utilizados hoje para sua conservação. Pode-se congelar o ovo inteiro, a gema ou a clara separadamente, assim como misturas entre eles e outros ingredientes, como sal e sacarose, principalmente.

Costuma-se realizar o congelamento em congeladores de placas (ver Capítulo 10, Volume 1) entre −23 e −25°C, podendo-se conservar até 10 meses a temperaturas de −15 e −18°C.

As propriedades funcionais da *clara* de ovo não sofrem mudanças significativas quando submetidas ao processo de congelamento/descongelamento desde que se realize congelamento rápido para evitar a presença de cristais grandes que possam permanecer retidos na clara do ovo durante o descongelamento. Para isso, costuma-se acrescentar hexametafosfato sódico e citrato trissódico, capazes de formar uma rede entre as proteínas que as torna menos sensíveis ao estresse do congelamento/descongelamento.

Quando se congelam as *gemas* separadamente, observa-se aumento da viscosidade e decréscimo da solubilidade do produto descongelado, sobretudo se ele foi mantido abaixo de −6°C. Esse fenômeno se deve a que, para congelar a gema, é necessário reduzir a temperatura abaixo desse valor; a formação de cristais de gelo implica desidratação das proteínas, que estabelecem interações intermoleculares, dando lugar a uma rede protéica que produz gel. Para evitar isso, homogeneizam-se as gemas, acrescenta-se NaCl (2 a 10%) ou sacarose (8 a 10%) (Figura 14.3), ou incorporam-se enzimas proteolíticas (papaína e tripsina) e fosfolipase A, cuja atividade leva ao desaparecimento do gel.

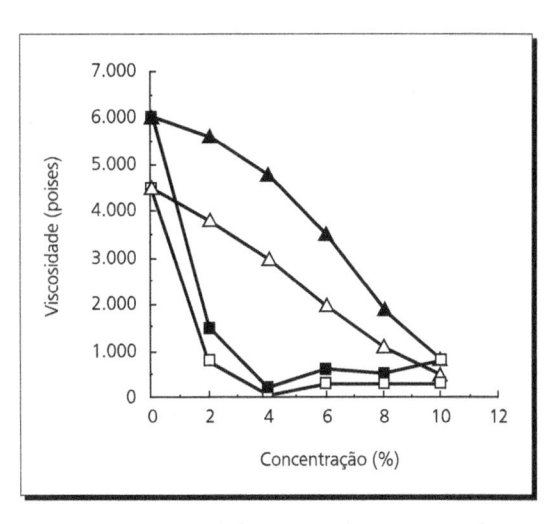

Figura 14.3 Viscosidade da gema de ovo após a adição de sal comum e de sacarose e armazenamento em congelamento nas condições indicadas: símbolos vazios, 5 dias a -29°C; símbolos cheios, 5 dias a −29°C seguidos de um mês a −18°C (quadrados: sal; triângulos: sacarose).

Concentração

Com a eliminação de parte da água presente nos produtos derivados do ovo líquidos, consegue-se reduzir os custos de tratamentos posteriores, de transporte e armazenamento. É possível obter ovo inteiro e clara com extrato seco de 40 e 20% respectivamente.

A concentração pode ser feita por evaporação ou por filtração através de membranas (osmose inversa ou ultrafiltração) (Ver Capítulo 11, Volume 1). No primeiro caso, há alterações importantes nas propriedades funcionais por desnaturação das proteínas, enquanto, no segundo caso, quer se utilizem técnicas de osmose inversa ou de ultrafiltração, por se tratar de processos em que não se aplica calor, praticamente não há mudanças nas proteínas e, por isso, esses concentrados conservam bem as propriedades funcionais dos produtos derivados do ovo.

Desidratação

A desidratação é um tratamento que confere aos produtos derivados do ovo uma série de vantagens sobre os que foram tratados por outros procedimentos:

- Podem ser armazenados em temperatura ambiente, sem o risco de desenvolvimento microbiano, devido à baixa a_w do produto.
- Custos de armazenamento e transporte menores que os dos produtos derivados do ovo líquidos, congelados ou concentrados.
- São produtos homogêneos e fáceis de utilizar.
- Permitem realizar controle preciso da quantidade de água adicionada nas formulações dos produtos aos quais são incorporados, como também sua utilização em forma seca.

A desidratação pode ser feita pelo método de cilindros, mas, para evitar a perda de funcionalidade das proteínas, é muito mais recomendável a atomização do produto (ver Capítulo 11, Volume 1). As temperaturas a que estão submetidos os produtos derivados do ovo são:

- Temperatura de entrada: 120 a 230°C
- Temperatura de saída: 50 a 80°C
- Temperatura final do produto: 30 a 75°C

É possível aplicar também o processo de *liofilização*, embora essa técnica seja menos utilizada por seu custo elevado.

A secagem dos produtos derivados do ovo em forma de espuma (previamente batidos) mediante uma corrente de ar quente é muito eficaz, e os produtos preparados dessa maneira são reconstituídos com muita facilidade.

Em todo caso, é importante não ultrapassar 5% de umidade no produto final para evitar o aparecimento de alterações organolépticas. Os problemas de solubilização são resolvidos por *instantaneização* do produto final.

Os derivados do ovo desidratados conservam-se muito bem durante pelo menos um ano em refrigeração, mas podem aparecer alterações no aroma das gemas como resultado da oxidação dos ácidos graxos dos fosfolipídeos.

As propriedades funcionais dos produtos derivados do ouro desidratados são muito boas, desde que o tratamento térmico não tenha sido muito elevado e o armazenamento seja correto (máximo 24°C). A capacidade emulsificante e geleificante conserva-se muito bem, assim como a viscosidade das claras. Contudo, as gemas e os ovos inteiros podem apresentar aumento em sua viscosidade, que poderia alterar a estabilidade das emulsões. Além disso, a desidratação influi ligeiramente na capacidade emulsificante das proteínas da clara ao desnaturar-se por efeito do calor, embora este efeito negativo possa ser compensado pelas forças de cisalhamento a que são submetidas as proteínas durante a atomização, visto que favorecem as disposição nas interfaces.

REFERÊNCIAS BIBLIOGRÁFICAS

BELITZ, H. D. y GROSCH, W. (1997): *Química de los Alimentos*. Acribia. Zaragoza.

FENNEMA, O. W. (1996): *Food Chemistry*. Marcel Dekker, Inc. Nueva York.

FRAZIER, W. C. y WESTHOFF, D. G. (1985): *Microbiología de los Alimentos*. Acribia, Zaragoza.

MARTINEZ, R. M.; DAWSON, P. L.; BALL, H. R.; SWARTZEL, K. R.; WINN, S. E. y GIESBRECHT, F. G. (1995): "The effects of ultrapasteurization with and without homogenization on the chemical, physical and functional properties of aseptically packaged liquid whole egg". *Poultry Science*, 74:742-752.

NESHERM, M. G.; AUSTIC, R. E. y CARD, L. E. (1979): *Poultry production*. Lea and Febiger. Philadelphia.

TAPON, J. L. y BOURGEOIS, C. M. (1994): *L'aeuf et les ovoproduits*. Technique et Documentation. Lavoisier. París.

RESUMO

1. Os ovos de galinha são amplamente utilizados na alimentação humana. O estudo de sua composição revela que aproximadamente 74% do ovo é água, 13% proteína e 11% é constituído de lipídeos; os hidratos de carbono constituem cerca de 1%, e o restante são minerais e vitaminas.

2. A casca do ovo funciona como uma capa protetora, constituída externamente por uma cutícula protetora de carbonato de cálcio e uma matriz, formada por complexos proteína-mucopolissacarídeos e perpassada por inúmeros poros. Sob ela situam-se algumas membranas que a separam da clara.

3. A clara é, basicamente, uma solução aquosa de proteínas, constituída por quatro camadas de viscosidade distinta. A proteína majoritária é a ovoalbumina, seguida da conalbumina e do ovomucóide.

4. A gema é uma emulsão de gordura e água, cujo extrato seco é constituído por um terço de proteínas e dois terços de lipídeos. Pode ser considerada como uma dispersão de partículas ou grânulos em uma solução protéica denominada plasma.

5. Durante o armazenamento dos ovos inteiros, observa-se alcalinização da clara e perda de água através da casca. Para sua melhor conservação, recomendam-se temperaturas baixas e umidades relativas em torno de 85 a 90%.

6. Os produtos derivados do ovo podem ser preparados a partir do ovo inteiro, da gema ou da clara separadamente. O tratamento mais comum é a pasteurização, que deve ser feita com muita precaução (temperaturas relativamente baixas e tempos muito precisos) para não alterar suas propriedades funcionais e seu valor nutritivo.

7. O congelamento pode ser feito quase sem alterar a funcionalidade da clara; contudo, a gema pode sofrer geleificação parcial, o que leva ao aumento de sua viscosidade. Por isso, incorporam-se substâncias que evitam a formação do gel.

8. Podem-se obter também produtos derivados do ovo concentrados ou desidratados, utilizando basicamente técnicas de filtração por meio de membranas e atomização, respectivamente. Se as condições são adequadas, as propriedades funcionais dos produtos derivadosdo ovo desidratados mantêm-se razoavelmente bem até por mais de um ano.